MANAGEMENT SCIENCE AND ENGINEERING CLASSICS　管理科学与工程经典译丛

MODERN DATABASE MANAGEMENT

管理科学与
工程经典译丛

现代数据库管理

（第 **10** 版）

杰弗里·A·霍弗（Jeffrey A. Hoffer）
V.拉梅什（V. Ramesh）　　著
海基·托皮（Heikki Topi）

郎　波　译

中国人民大学出版社

·北京·

《管理科学与工程经典译丛》
出版说明

中国人民大学出版社长期致力于国外优秀图书的引进和出版工作。20世纪90年代中期，中国人民大学出版社开业界之先河，组织策划了两套精品丛书——《经济科学译丛》和《工商管理经典译丛》，在国内产生了极大的反响。其中，《工商管理经典译丛》是国内第一套与国际管理教育全面接轨的引进版丛书，体系齐整，版本经典，几乎涵盖了工商管理学科的所有专业领域，包括组织行为学、战略管理、营销管理、人力资源管理、财务管理等，深受广大读者的欢迎。

管理科学与工程是与工商管理并列的国家一级学科。与工商管理学科偏重应用社会学、经济学、心理学等人文科学解决管理中的问题不同，管理科学与工程更注重应用数学、运筹学、工程学、信息技术等自然科学的方法解决管理问题，具有很强的文理学科交叉的性质。随着社会对兼具文理科背景的复合型人才的需求不断增加，有越来越多的高校设立了管理科学与工程领域的专业，讲授相关课程。

与此同时，在教材建设方面，与工商管理教材相比，系统地针对管理科学与工程学科策划组织的丛书不多，优秀的引进版丛书更少。为满足国内高校日益增长的需求，我们组织策划了这套《管理科学与工程经典译丛》。在图书遴选过程中，我们发现，由于国外高等教育学科设置与我国存在一定的差异，不存在一个叫做"管理科学与工程"的单一的学科，具体教材往往按专业领域分布在不同的学科类别中，例如决策科学与数量方法、工业工程、信息技术、建筑管理等。为此，我们进行了深入的调研，大量搜集国外相关学科领域的优秀教材信息，广泛征求国内专家的意见和建议，以期这套新推出的丛书能够真正满足国内读者的切实需要。

我们希望，在搭建起这样一个平台后，有更多的专家、教师、企业培训师不断向我们提出需求，或推荐好的教材。我们将一如既往地做好服务工作，为推动管理教学的发展做出贡献。

中国人民大学出版社

译者序

随着信息技术的飞速发展与普及，数据库技术在各行各业得到了普遍应用，几乎成为所有计算环境中的支撑技术。有关现代数据管理的理论和技术，不仅是计算机专业的必修内容，也已经成为很多信息处理与信息管理相关专业学生必须掌握的一项技能。《现代数据库管理》是美国一本经典的数据库教材。从1983年推出第1版开始，至今已经畅销发行30年，目前的最新版本是第10版。

本书的特点是，不仅包含数据库的基本原理，更侧重数据库的应用技术，为企业数据库应用的建立及高效运营，以及企业数据的有效管理，提供了全面、实用的理论与方法。具体体现在两个方面：（1）对于建立数据库应用的关键理论与技术——E-R模型、SQL语言、数据库逻辑设计与物理设计，都有深入细致的描述；（2）对于企业数据管理中的关键问题，包括如何建立数据仓库、企业数据质量以及企业数据高效集成、数据安全管理、数据备份与恢复、数据库性能调整方法等，都给出指导原则与解决方法。

第10版反映了信息系统领域的主要发展趋势，全书内容可分为3个部分。

第1～第7章，主要是关于数据库系统的核心理论与方法。包括数据库的概念模型（E-R模型）、关系模型、数据库的逻辑设计与物理设计、SQL语言，以及数据库系统的体系结构等。这部分对E-R概念模型的建模方法、SQL语言等都进行了全面介绍。

第8～第11章，介绍了数据库系统的开发与应用技术。这部分给出了创建两层、三层应用的最新技术，还介绍了可扩展标记语言（XML）以及Web服务等技术。介绍了数据仓库的基本概念，给出了可供选用的数据仓库架构和数据仓库数据模型，定义了运营数据存储、数据集市，以及各种形式的在线分析处理（OLAP），还介绍了数据可视化、业务运行管理以及数据挖掘。另外，介绍了企业数据管理中一些关键问题的处理方法，包括数据治理、数据质量、主数据管理及数据集成、数据安全管理、信息仓库、数据库恢复与备份，以及版本控制等。

第12～第14章，主要是关于数据管理的一些高级技术，包括分布式数据库、面向对象数据建模以及使用关系数据库进行对象持久化。

这本书的前两部分内容可以作为本科生、研究生的数据库课程的教材或主要参考资料，第3部分内容可作为学生的扩展阅读材料。

全书由郎波翻译并负责书稿整理，同时得到了多位老师、同学的大力协助。王庆文阅读了书稿，并提出了很多宝贵的修改意见。研究生段亚伟、田超、朱忠良翻译了部分章节的初稿。

由于译者水平有限，译文中难免会有疏漏和错误之处，敬请广大读者批评指正。

郎　波

于北京航空航天大学

前　言

　　这本教材计划用于数据库管理的入门课程。这种课程通常是商业学校、计算机技术培训计划和应用计算机科学系等信息系统相关课程的一部分。信息系统协会（Association for Information Systems，AIS），计算机协会（Association for Computing Machinery，ACM），以及国际信息处理联合会（International Federation of Information Processing Societies，IFIPS）的课程大纲中（例如，2010 年的大纲），都列出了这种类型的数据库管理课程。本书之前的版本，在本科生和研究生层次以及管理和专业发展计划中，已经成功使用超过了 27 年。

此版本中的新内容

　　改进的管理实践、数据库设计工具和方法以及数据库技术，给很多领域带来了日新月异的变化。目前第 10 版的现代数据库管理，更新和扩展了这些领域的相关资料。后面我们会详细介绍每一章的变化。第 10 版的主题反映了信息系统领域的主要发展趋势，以及现代信息系统毕业生所应具有的技能：

　　● 数据质量和数据库处理的准确性，这些都是极为重要的。国家和国际法规，如《萨班斯—奥克斯利法案》（Sarbanes-Oxley Act），Basel Ⅱ，COSI 和 HIPAA，现在要求组织依照相关标准准确报告财务数据，并确保数据的隐私性。本书中，关于数据质量和主数据管理已经进行了更新，覆盖了更多的人员、过程和技术方面，以及国际公认的信息系统开发和管理最佳实践（具体是 ITIL）。

　　● 多个内部和外部数据库和数据源的数据集成，这是构建数据仓库和其他类型企业系统都要涉及的问题，并且也能处理企业重组、兼并和收购所带来的组织信息系统快速变化问题。前面两项重要内容在修订后的第 10 章中得以实现，该章更新和完善了资料，介绍了这些领域的最新准则。

　　● 说明了在两层和三层客户/服务器环境的数据库应用开发中，如何使用数据库知识和技巧。在第 10 版（第 8 章和第 14 章），我们提供了从主流的编程语言如 Java，VB. NET，以及 Web 开发语言如 Java Server Page（JSP），ASP. NET 和 PHP 连接到数据库的例子。这一版也修订了 XML 相关内容，强调了 XML 在数据存储和检索中的作用。

　　● 将面向对象的信息系统开发环境（如 Java 技术和 Microsoft . NET）与组织数据维护的主流技术——关系数据库相结合，并且处理这种过程中面向对象和关系框架之间的显著差异。这一重大变化在第 9 版中就已经出现，在第 10 版中又进行了更新，它反映了数据库处理环境的快速变化。

　　此外，我们非常高兴地在学生辅助网站上提供新开发的短视频，这些视频涉及本书不同章节的关键概念和技能。这些由本书作者使用 Camtasia 制作的视频，帮助学生通过印刷教材和小型讲座或教程学习难点内容。目前已经开发了第 1 章（数据库概述）、第 2 章和第 3 章（概念数据建模）、第 4 章（规范化）、第 6 章和第 7 章（SQL）的辅助视频。在未来版本中会制作更多的视频。这些章开篇页上的特殊图标，会提醒读者到 www. pearsonhighered. com/ hoffer 网址上查找这些视频。

本书的改进具体包括以下几个方面：

● 大致按照难度递增的顺序排列了问题和练习，以使教师和学生更容易确定实践和作业的题目。

● 使用贯穿全书的标准数据命名约定，使学生更容易从概念到物理形态上区分数据元素。

● 通过系统建模和设计阐明系统需求，并概要给出使用行业和业务功能商业数据模型的一般过程，这些模型日益流行，它们的使用可以加快系统的开发过程。新的内容侧重于说明，组织使用打包数据模型时数据库开发过程的变化。学生现在更容易明白，为什么这些数据模型是重要的，以及如何看懂和使用（裁剪）它们。

● 通过增加一些更常用的语言组件扩大了 SQL 的介绍范围。我们还创建了新的图表，以图形方式描述 SQL 查询处理逻辑，这给学生尤其是视觉学习者提供了编写查询的新工具。

● 增加了新的屏幕截图，以反映最新的数据库技术，并且更新了每章列出的 Web 资源的内容，所列出的网站能够向学生提供最新的数据库发展趋势信息，并且扩展了书中所覆盖重要主题的详细背景信息。

● 减少了纸质书的篇幅，我们从第 8 版开始就这样做了。缩减后的长度与现在数据库课程涵盖的范围更加一致，并且可以满足最重要的主题在深度上的需要。具体来说，在第 10 版中，我们将第 9 版中的前两章合并成一章，使学生可以更快速地了解背景主题，然后深入到数据库管理的核心内容中去。我们也将第 9 版中的客户/服务器和 Internet 数据库两章合并成一章，在这一章中论述多层计算环境中的数据库问题。我们还更新了分布式数据库、面向对象数据模型，以及使用关系数据库提供对象持久化等章节，在印刷的课本中只包含了这些章节的内容概述，而将完整版本放到了教材的网站上。书中图表的布局也注意进行了调整，这也减少了书的篇幅，同时加入了一些新图和图中的元素，以更好地将文字叙述与图表进行关联。书的页数缩减没有减少所覆盖的知识范围，并且会鼓励更多的学生购买和阅读这本书。这本书现在也可通过一个新颖的电子图书发送系统 CourseSmart 得到。

▌ 现代数据库管理：一种复古和未来的角度_____

第 10 版是一个震撼人心的里程碑。我们非常感谢在过去的 27 年中，审稿人、学生、同事、编辑和出版工作人员给予我们的所有支持。这些年来数据库技术已经"长大"，从只面向最先进的组织，到成为几乎任何计算环境中的支撑技术。如关系数据库等一些主题，从一开始就作为本书的核心部分；其他主题，如数据仓库、商业智能、面向对象数据库以及互联网上的数据库，都是新的主题。本书最初的一位作者目前仍然是现在的合著者之一，新一代的数据库学术专家又给本书带来了新的风格和创造性。最初的作者不是学习商业信息系统专业的，而今天我们的新作者，不仅在这个作为现代组织成功核心的领域受过教育，而且具有丰富的经验。

作为一本我们认为已成功占据数据库管理教材市场领先地位的教材，这本书的定位是继续领先至少 27 年（以纸质书或电子版形式）。写这本书已经成为并仍将成为一种令人敬畏的责任。我们意识到本书所支持的课程是学生数据库职业生涯的基础。多年来，我们已经看到学生们在出差或旅行的飞机上读我们的书，并且不管你是否相信，我们还看见在春假期间，学生们在佛罗里达州的海滩上阅读本书。作者将继续致力于通过合理的教学法展示书中的内容，包括成功数据库专业人员关注的关键主题（既有简单的又有困难的，既有传统的又有现代的），并且我们也随时跟踪揭示什么将是数据库管理"下一件大事"的研究工作。正是本着这种精神，我们庆祝这个里程碑版本的诞生，它将为后续更多的版本奠定基础。

■ 致"现代数据库管理"的新读者

《现代数据库管理》自 1983 年第 1 版开始，就成为一本领先的教材。尽管具有市场的领导地位，但一些教师还是使用其他优良的数据库管理教材。这些教师为什么要在这个时候改用这本书呢？这里有几个很好的理由改用《现代数据库管理》，包括：

● 我们在每一版本中的目标之一，是引导其他书包含最新的原理、概念和技术。请参见我们在第 10 版"此版本中的新内容"部分增加的说明。在过去，我们在书中领先加入了面向对象数据建模和 UML、Internet 数据库、数据仓库、以及使用 CASE 工具支持建模等内容。在第 10 版中，我们又领先在书中包含了基于 Internet 应用的数据库开发，数据质量和集成，连接关系数据库与面向对象开发环境，以及包装数据库模型作为敏捷、快速信息系统开发组件所起到的日益重要的作用。我们也首次随书提供了 Camtasia 制作的视频教程，而未来版本将带有更多的视频。

● 本书的内容要保持是最新的，因此，处于领导地位的从业者指出的对于数据库开发人员最重要的东西，是本书的重点。我们和很多从业者一起工作，包括数据管理协会（Data Management Association，DAMA）和数据仓库研究院（The Data Warehousing Institute，TDWI）的专业人员、重要的顾问、技术带头人，以及在流行最广的专业刊物上发表文章的作者。我们吸取这些专家的意见，以确保书中所包括的内容是重要的，不仅涵盖重要的入门级知识和技能，而且包括通向长期职业生涯成功之路的基石。

● 这本非常成功的教材的第 10 版，是以一种十分便于学生阅读的形式展现书中内容的。通过连续超过 27 年的市场反馈以及作者自己的教学实践，我们的方法已经得到逐步优化。总的来说，这本书的教育思想是合理的。我们使用许多插图，以使重要的概念和技术更加明确清晰。我们使用了最现代的表示法。这本书的组织很灵活，所以可以按学生的学习习惯，任意组织这些章节。我们随书补充了数据集以方便学生动手实践，并补充了新的媒体资源，使一些更具挑战性的话题更有趣。

● 你可能对于在课程中较早引入 SQL 特别感兴趣。我们的教材能够适应这一点。第一，我们用两个完整的章节深入介绍了 SQL 这一数据库领域的核心技术。第二，我们在前面的章节中给出了许多 SQL 例子。第三，很多教师已经成功地在他们的课程中较早使用了这两个 SQL 章节。虽然关于实现的部分，逻辑上包含在第 6 章和第 7 章的系统开发的生命周期中，但是，许多教师在第 1 章之后就立即使用了这两章，或与其他前面的章节平行使用。最后，我们在整本书中都使用了 SQL，例如，第 8 章中关于 Web 应用程序连接到关系型数据库的描述，第 9 章中的在线分析处理，以及第 14 章中的从面向对象开发环境访问关系数据库等。

● 本书有最新的补充资源和 Web 站点支持。关于你和学生可访问的所有资源的详细信息，请参阅补充包。

● 这本教材是现代信息系统课程的一部分，侧重于商业系统开发。为了加强来自其他经典课程（如系统分析和设计、网络、网站设计与开发、MIS 原理以及计算机程序设计）的理论与原则，书中也包括了相关主题。本教材的重点是现代信息系统中数据库组件开发，以及数据资源的管理。因此，本书是实用的，不仅支持工程项目和其他课程实践活动，并且鼓励将数据库概念与学生正在学习的其他课程联系起来。

每章改进内容概述

以下各部分逐章描述了此版本中的主要变化。每章描述都首先陈述了该章的目的，然后说明在第 10 版中的改变和修订的内容。每段的结束部分都指出了从之前版本中保留下来的优势。

第 I 篇：数据库管理的背景

第 1 章：数据库环境与开发过程　这一章讨论了数据库在组织中的作用，并且预览了本书其余部分的主要论题。本章在第 10 版中进行了大幅度的重新组织，因为它与先前的两个章节的合并，使学生能更快速地阅读到预览本书其余部分内容的文字。本章在简要介绍了与存储和检索数据相关的基本术语后，给出了传统文件处理系统和现代数据库技术的清晰比较。然后本章介绍数据库环境中的核心部件，以及目前组织正在使用的各种数据库应用，包括个人应用，两层、多层和企业级应用。企业数据库的解释说明，包括作为企业资源规划系统一部分的数据库，以及数据仓库。本章还介绍了数据库技术的发展简史，从前期数据库文件到现代的对象—关系技术。本章接着解释了在结构化的生命周期法、原型设计法和敏捷开发方法背景下数据库的开发过程。这些内容与随书系统中的 Hoffer，George 和 Valacich 的相关论述一致。本章还讨论了数据库开发中的重要问题，包括数据库开发相关人员的管理，以及帮助理解数据库体系结构和技术（例如，三级模式结构）的框架。审稿人经常提到本章与学生在系统分析和设计课程中所学内容的兼容性。

第 II 篇：数据库分析

第 2 章：组织中的数据建模　本章详细介绍了基于实体—联系（E-R）模型的概念数据建模。这一章的标题强调实体—联系模型的动机：明确记录影响数据库设计的业务规则。在具体小节中详细解释如何命名和定义数据模型的元素，这对于建立一个明确的 E-R 图是必要的。在第 10 版中，我们提供了一些新的问题和练习，改进了松树谷家具的例子，以说明数据库概念设计与实施之间的关系，并且在图中给出了更多的批注，以便更好地突出关键要素并更好地将图与文字说明联系起来。本章继续沿用了从简单例子到更为复杂的例子的做法，并以一个松树谷家具公司的完整 E-R 图结束。

第 3 章：增强型 E-R 模型　本章给出了几种高级的 E-R 数据模型结构的讨论，主要是超类/子类关系。本章的一个主要变化是删去了业务规则这一节，原因是许多教师和审稿人说，他们没有时间在课堂上覆盖这部分内容。本章增加的最显著内容，是更详细地描述了如何在数据建模项目中使用打包的数据模型，这部分新内容可以使学生更好地利用现成的商品化软件（commercial off-the-shelf，COTS）和购买的数据模型，以完成实现模式中的主要工作，并使组织应用程序部署具有可重用性。和第 2 章一样，本章中的图通过增加更多的批注而得到改进，能够更加清晰地说明重要的数据建模结构。本章继续全面介绍了超类/子类关系，并且包含了一个松树谷家具公司的扩展 E-R 数据模型的完整例子。

□ 第Ⅲ篇：数据库设计

第 4 章：数据库逻辑设计和关系模型　本章描述了将概念数据模型转换为关系数据模型的过程，以及如何将新关系融合到现有的规范化数据库中。本章提供了实用的规范化介绍，强调函数依赖和决定因素作为关系规范化基础的重要性。在附录 B 中，扩展介绍了规范化和范式的概念。本章特别讨论了外码的特性，并介绍了非智能企业码这个重要概念。随着一些面向对象概念迁移到关系技术世界，企业码（数据仓库中也称为替代码）得到越来越多的关注。本章中增加了一些新的复习题、问题和练习，并且还对一些关键概念的表述进行了修订，使其更清晰。本章继续强调关系数据模型的基本概念，以及数据库设计者在逻辑设计过程中的作用。

第 5 章：数据库物理设计和性能　本章介绍了实现一个高效数据库设计的基本步骤，并且重点介绍现代数据库环境中，数据库专业人员可控的数据库设计和实施方面的问题。修订后的这一章比前一版明显缩短，但我们相信，长度的减少并没有丢失重要的内容。去掉的主要是由于技术变化导致不再或不直接与数据库设计相关的内容（例如，存储技术）。因此，本章更关注核心概念。本章包含了几个新的复习题、问题和练习。本章包含了提高数据库性能的一些方法，这些方法使用 Oracle 和其他 DBMS 提供的具体技术，来提高数据库的处理性能。索引的讨论包括索引类型的描述（主索引和辅助索引、连接索引、哈希索引），索引作为提高查询处理速度的数据库技术被广泛应用。附录 C 为需要覆盖这个主题的进一步学习，提供了很好的基本数据结构背景介绍。本章继续强调物理设计过程，以及这一过程的目标。

█ 第Ⅳ篇：实现

第 6 章：SQL 入门　本章对大多数 DBMS 所使用的 SQL（SQL：1999）进行了全面介绍，并且介绍了在最新标准（SQL：200n）中包括的变更。本书对 SQL 的覆盖是非常广泛的，包括本章和下一章。本章包含了 SQL 代码的例子，主要使用 SQL：1999 和 SQL：200n 的语法，以及一些 Oracle 11g 和 Microsoft SQL Server 语法。本章也提及了 MySQL 的一些独特功能，并且覆盖了动态和物化视图的概念。第 6 章说明了用来创建和维护数据库以及编写单表查询的 SQL 命令。历史和 SQL 技术环境部分，在第 10 版中已经被精简了。本章中包含和完善了双表、空或非空（IS NULL/IS NOT NULL）、更多的内置函数、导出表和聚集函数规则以及 GROUP BY 子句等内容。本章中增加了新的问题和练习，并继续使用松树谷家具公司的案例来说明各种实用查询以及查询结果。

第 7 章：高级 SQL　本章继续描述 SQL，细致说明了多表查询、事务完整性、数据字典、触发器和存储过程（现在更清楚地解释了这二者之间的差异），以及在其他编程语言中使用的嵌入式 SQL。所有形式的 OUTER JOIN 命令都涵盖了。在第 7

章中也使用了标准 SQL。本章说明了如何将查询结果存储在导出表中，实现数据在不同数据类型之间转换的 CAST 命令，以及在 SQL 中做条件处理的 CAST 命令。本章减少了 SQL：200n 中联机分析处理（online analytical processing，OLAP）功能的篇幅，实际上这部分内容在第 9 章中也讲述。本章中增加了一个新的小节，介绍自连接，并解释何时使用 EXISTS（NOT EXISTS）和 IN（NOT IN）。本章还加强解释了嵌入式 SQL 中的游标。本章继续强调 SQL 集合处理方式与编程语言的记录处理方式之间的比较，学生可能对后者比较熟悉。本章增加了新的问题和练习。本章继续包含对子查询和相关子查询的明确解释，这二者是 SQL 中最复杂和最强大的组成部分。

第 8 章：数据库应用开发 本章讨论客户/服务器体系结构，以及当代数据库环境中的应用、中间件和数据库访问，介绍了创建两层、三层应用的常用技术。本章中包括了很多图，以展示多层网络中的一些可选项，包括应用和数据库服务器，数据库处理在网络层之间分布的可选方案，以及浏览器（瘦）客户端。这一版中新增加的内容是样例应用程序，它展示了如何从流行的编程语言如 Java，VB. NET，ASP. NET，JSP 和 PHP 中访问数据库。这一章为本书其余部分介绍 Internet 主题奠定了技术基础，并且突出强调了在创建基于 Internet 三层应用中需要考虑的一些重要因素。本章还增加了可扩展标记语言（Extensible Markup Language，XML）、数据存储和检索相关技术的介绍。涵盖的主题包括 XML 模式结构、XQuery 和 XSLT 的基础知识。本章的结尾部分概要介绍了 Web 服务，相关标准和技术，以及它们在 Web 应用中实现无缝、安全数据传输中的作用。本章还包括了面向服务的架构（service-oriented architecture，SOA）的简要介绍。关于安全的主题，包括 Web 安全，在第 11 章中介绍。

第 9 章：数据仓库 本章介绍了数据仓库的基本概念，数据仓库被认为是许多组织获得竞争优势的关键原因，以及数据仓库特有的数据库设计活动和结构。一个更新后的小节回顾了确定空间模型需求的最佳做法。一个简短的新增小节介绍了新兴的列数据库技术，该技术是特别为数据仓库应用开发的。新练习中增加了对数据集市的动手实践，以及使用 SQL 和名为 MicroStrategy 的 BI 工具，该工具在 Teradata 大学网络上支持。本章的主题包括可供选用的数据仓库架构和数据仓库的空间数据模型（或星型模型）。关于架构的内容根据数据仓库的发展趋势进行了精简，并对如何处理缓慢变化的维度数据进行了深入解释。本章定义了运营数据存储，独立型、依赖型、逻辑型数据集市，以及各种形式的在线分析处理（OLAP）（包括 SAMPLE SQL 命令，该命令对于分析市场调研活动数据是很有用的）。本章还介绍了用户界面，包括 OLAP、数据可视化、业务运行管理与仪表板，以及数据挖掘。

▌ 第 V 篇：高级数据库主题

第 10 章：数据质量与数据集成 本章在第 9 版首次推出，已经进行了重新组织，以更好地反映组织中企业数据管理（enterprise date management，EDM）活动的本质。本章首先介绍了作为 EDM 活动核心的数据治理原则，随后介绍了数据质量。本章描述了管理组织数据质量的有效计划的需求，并概括了被认为是当今数据质量管理最佳实践的步骤。本章定义了高质量数据，明确指出数据质量低劣的原因。本章还讨论了提高数据质量的方法，如数据审计、改进数据捕获方法（数据库设计的一个关键部分）、数据管家和治理、全面质量管理（TQM）原则、现代数据管理技术以及高品质数据模型。目前的热门话题——主数据管理，一种整合组织关键业务数据的方法，在本章中进行了介绍。本章概述了不同的数据集成方法，以及每种方法的动机。数据仓库的 ETL 过程也在本章中进行了详细讨论。作者认为，在本章中所涉及的内容继续代表着数据库管理教材向前迈出的重要一步。

第 11 章：数据和数据库管理 本章深入讨论了数据和数据库管理的重要性和作用，并介绍了执行这些功能时出现的一些关键问题。本章强调了数据和数据库管理的角色变化以及相应方法，重点是数据质量和高性能。本章包含了对数据库备份程序的全面讨论，扩展了数据安全威胁与响应、数据可用性的内容。数据安全性主题包括了数据库安全策略、程序和技术（包括加密和智能卡）。这个版本中扩展增加了数据库在遵从《萨班斯—奥克斯利法案》中的作用。我们在讨论中再次加入了开源 DBMS，增加了关于这项技术的好处和危害，以及如何选择开源 DBMS 的内容。此外，本章还在数据库性能改进的内容中包括了心跳查询主题。本章继续强调，数据和数据库管理对于企业数据资产管理的至关重要性。

第 12 章：分布式数据库 本章讨论了分布式数据库的作用、技术和独特的数据库设计时机，涵盖了分布式数据库的目标和取舍、数据复本的可选方案、选择数据分布策略时要考虑的因素，以及分布式数据库的厂商和产品。本章全面讨论数据库并发访问控制。修订后的本章，介绍了与数据管理和网络技术进步相关的几个技术更新，这两种技术构成了分布式数据库的背景。本章的概述包括在纸质教材中，本章的完整版本已移至教材的网站上。许多评论者表示，他们很少能在介绍性课程中覆盖本章，但提供这些内容对于高水平的学生或某些特殊主题的讲解是很重要的。在书中包含概述，而学生又可以得到完整的章节内容，这不仅提供了最大的灵活性而且是非常经济的。

第 13 章：面向对象数据建模 本章介绍了使用对象管理组织的统一建模语言（UML）进行面向对象建模的方法。本章已经过仔细审查，以确保与最新的 UML 表示法和最佳行业实践一致。UML 为表示类和对象提供了一种行业标准的表示法。本章继续强调基本的面向对象概念，如继承、封装、复合和多态性。本章的修订版本还包括一些全新的建模练习。与第 12 章和第 14 章相同，纸质教材包含了本章的一个简短的概述，而完整版在网站上可以找到。

第 14 章：使用关系数据库提供对象持久化 本章介绍了如何在面向对象开发环境，如 Java EE 和 Microsoft. NET 中使用关系数据库的最新方法。在本章中，概要指出了面向对象方法和关系方法设计上显著不匹配的地方，并给出了数据库和应用开发人员处理这些问题的方法。本章回顾了调用级应用程序接口，SQL 查询映射框架，以及作为对象持久化方法的对象—关系映射框架，该框架是现代开发环境的基本要素。本章已经进行了修改，增加考虑了对象—关系映射（ORM）技术，并介绍了 Java 持久化 API（Java Persistence API，JPA）标准。本章是使用 Hibernate 的 XML 映射文件对对象—关系映射进行说明的，Hibernate 是最流行的 ORM 框架和使用最广泛的 JPA 标准实现。与第 12 章和第 13 章相同，纸质教材包含了本章的一个简短的概述，而完整版在网站上可以找到。

▌附录

第 10 版包含了 3 个附录，旨在为那些希望在某些主题上进行更深入探讨的读者提供更多的内容。

附录 A：数据建模工具和表示法 本附录解决了许多读者提出的一个问题，即如何将本书中的 E-R 表示法，转换为 CASE 工具或课堂上的 DBMS 所使用的 E-R 图形式。具体来说，本附录比较了 CA ERwin 数据建模器 r7.3，Oracle Designer 10g，Sybase PowerDesigner 15 以及 Microsoft Visio Pro 2003 等几种表示法。附录 A 中，使用的表格和插图显示了在这些流行的软件程序包中，相同构造元素所使用的不同符号。

附录 B：高级范式 本附录介绍了 Boyce-Codd 范式和第四范式（带有例子），包括给出了一个 BCNF 的例子，来说明如何处理重叠的候选码。本章还简要介绍了其他范式。Web 资源部分包含了许多高级范式主题相关信息的引用。

附录 C：数据结构 本附录介绍了通常作为数据库实现基础的几种数据结构，涵盖的主题包括指针、栈、队列、排序列表、多重列表和树等结构的使用。

教学练习

本书的章后内容已经做了很多补充和改进，为用户提供了更广泛和更丰富的选择。最重要的改进包括如下几点：

（1）**复习题** 问题已经更新，以支持新的和更新后的章节内容。

（2）**问题和练习** 每章的这一部分内容都经过检查，并且许多章为了支持更新后的章节内容都增加了新的问题和练习。特别是很多章节中的问题能够让学生有机会使用本书提供的数据集。此外，问题及练习已经大致按照难度递增的顺序重新排列，这应该有助于教师和学生找到适合自己的练习。

（3）**实地练习** 这部分提供了一组"动手"小案例，它可以让单个学生或学生小组完成。实地练习的范围是从 Internet 搜索到其他类型的研究性练习。

（4）**案例** 山景社区医院（Mountain View Community Hospital，MVCH）的案例，在第 10 版中只是针对第 9 版中合并的章节进行了更新。在每章中，该案例开始时都描述了与该章相关的现实医院场景。随后给出了一系列特定于案例不同方面的问题和练习。最后一部分包括了课程设计作业，该作业将一些跨章节的问题和活动绑在一起，可以由单个学生或由多名学生组成的小型项目团队完成。这种作业，是学生利用其所学的概念和工具获得动手经验的一个极好方法。

（5）**Web 资源** 每一章都包含了经过更新和验证的 URL 列表，这些 URL 所指向的网站上包含了该章补充内容的信息。这些网站包括了在线出版物归档信息、供应商、电子出版物、行业标准化组织以及许多其他资源。这些网站能够让学生和教师找到最新的产品信息、本书印刷以来出现的新技术、进一步探讨某些主题所需的背景资料，以及撰写研究论文所需的资源。

我们也更新了本书的教学功能，这有助于第 10 版被更多的教师和学生接受。这些功能包括：

（1）**学习目标** 出现在每一章的开头，作为该章学生将要学习的主要概念和技能的预览。学习目标也为学生准备作业和考试提供了很大帮助。

（2）**章节介绍** 包含了每章的主要概念和与该章相关的内容链接，向学生提供了课程的整体概念框架。

（3）**章节回顾** 包括复习题、问题和练习，还包含了用来测试学生对重要概念、基本事实和重要问题掌握程度的关键术语列表。

组织

　　我们鼓励教师根据课程内容与学生职业生涯道路的需求，确定如何使用这本书。这本书的模块化性质、宽广的覆盖面、广泛深入的解释以及前沿主题和新兴问题的纳入，都使教师课程内容的定制变得比较容易。对当前出版物和网站的许多引用，可以帮助教师建立或补充阅读列表，以及扩展本书之外内容的课堂讨论。几个包含高级主题的附录，使教师能够轻松地包含或省略这些主题。

　　本书的模块化性质，使教师可以省略某些章节，或以不同的顺序讲解这些章节。例如，如果教师要把重点放在数据建模，则可以连同第 2 章和第 3 章一起讲授第 13 章面向对象数据建模，或以第 13 章代替第 2 章和第 3 章。如果教师只希望覆盖基本的实体联系概念（而不是增强型 E-R 模型），则可以跳过第 3 章，或在第 4 章关系模型之后再覆盖这一章。3 个前沿主题的章节，第 12～第 14 章，是以概述形式在印刷的书中出现的，而完整版本放在本书的配套网站上，这使教师具有更大的灵活性，能够以不同的层次和深度涵盖这些前沿主题。

　　我们接触了许多使用《现代数据库管理》的教师，分享他们的教学大纲。大多数教师采用本书章节的顺序，但也有几种其他成功的顺序方案。这些可选的方案包括：

　　● 有些教师在第 5 章数据库物理设计和关系模型后，立即讲述第 11 章数据和数据库管理。

　　● 为了尽早覆盖 SQL，教师们成功地在第 4 章后立即讲述第 6 章和第 7 章，有的甚至在第 1 章后立即使用第 6 章。

　　● 许多教师让学生随着正文章节阅读附录，如随第 2 章或第 3 章的 E-R 建模，阅读附录 A 的数据建模表示法；随第 4 章的关系模型，阅读附录 B 的高级范式；随第 5 章阅读附录 C 的数据结构。

CASE 工具

　　第 10 版《现代数据库管理》，提供给教师从 Microsoft 和 Oracle 获得优秀 CASE 工具软件包的机会。学生能够以很低的价格购买这本书及其所附带的完整版 Microsoft Visio Pro 和 Oracle 11g。我们很自豪能够以这样低的价格向学生提供如此高品质、功能强大的软件包。这些软件包可用于绘制数据模型，从概念数据模型生成规范化关系，以及生成数据库定义代码。这些工具在信息系统开发的其他课程中也可以使用。

□ 补充包：WWW. PEARSONHIGHERED. COM/HOFFER

　　我们提供了全面灵活的技术支持包，以加强教学和学习的体验。所有教师和学生的补充资料，都可以在本书的网站 www. pearsonhighered. com/ hoffer 上得到。

　　对于学生　提供给学生的在线资源包括：

　　● Web 资源模块包含了在本书每章结束部分引用的链接，它可以帮助学生进一步在 Web 上探索与研究数据库管理技术。

● 一个完整的术语表，以及缩写术语表。

● 网站的链接，让学生可以在这些网站上使用我们的数据集。虽然我们的数据集格式很容易加载到你大学的计算机或学生的个人电脑上，但有些教师不希望承担支持本地数据集的任务。与我们合作的应用服务提供商（例如，www. teradatastudentnetwork. com），提供了 SQL 编码环境的瘦客户端接口。更多详细信息，请参见文书的网站。

● 分布式数据库、面向对象数据模型、基于关系数据库的面向对象开发等章节的完整版，让你可以深入学习教材第 12～第 14 章中概述的内容。

● 提供了附随的数据库。在第 10 版中创建和填充了两个版本的松树谷家具公司（PVFC）案例。一个版本配合课本上的例子。第二个版本充实了更多的数据和表格，增加了表单样本、报表，以及以 Visual Basic 编码的模块。这个版本也是不完整的，然而，却可以让学生创建缺少的表和其他表单、报表和模块。数据库以多种格式（ASCII 表、Oracle 脚本和 Microsoft Access）提供，但两个版本的格式各异。我们还提供数据库的部分文档。PVFC 数据库的两个版本还可以在 Teradata University Network 上找到。

● 几个新的定制开发的短视频，解释了来自本书不同部分的关键概念和技能，有助于学生通过印刷的教材以及小型的讲座，更好地学习比较难理解的内容。

对于教师 提供给教师的在线资源包括：

● St. Thomas 大学的 Chelley Vician 撰写的《教师资源手册》（*Instructor's Resource Manual*），逐章提供了教学目标和课堂教学思路，以及复习题、问题和练习、实地练习和课程设计案例问题的答案。《教师资源手册》在本书的网站上可供下载。

● Wentworth 理工学院的 John P. Russo 编写的《测试项文件和测试生成器》（*Test Item File and TestGen*），包含了一套全面的测试题，这些题采用选择题、是非题以及简答题的形式，并根据难易程度进行排列，另外题上还包含了所引用的书的页面号码和主题标题。测试项目文件可以在 Microsoft Word 和计算机化测试生成器中使用。测试生成器是测试和评估的一整套工具。它可以让教师轻松地创建和分发他们课程的测验，既支持传统的印刷和分发方法，也支持通过局域网（Local area network，LAN）服务器的在线分发。测试管理屏幕向导帮助你进行测试计划迁移，并且该软件具有全面的技术支持。

● James Madison 大学的 Michel Mitri 撰写的《PowerPoint 演示文稿的幻灯片》，是突出关键术语和概念的讲义。教师可以通过加入自己的幻灯片或编辑这些现有的幻灯片，定制演示文稿。

● 图像库是按章组织的书中插图的集合，包括所有的图、表格和屏幕截图（如果权限允许），可以用来提高课堂讲授和 PowerPoint 幻灯片的效果。

● 提供了附随的数据库。在第 10 版中创建和填充了两个版本的松树谷家具公司（PVFC）案例。一个版本配合课本上的例子。第二个版本充实了更多的数据和表格，增加了表单样本、报表，以及以 Visual Basic 编码的模块。这个版本也是不完整的，然而，却可以让学生创建缺少的表和其他表单、报表和模块。数据库以多种格式（ASCII 表、Oracle 脚本和 Microsoft Access）提供，但两个版本的格式各异。我们还提供数据库的部分文档。PVFC 数据库的两个版本还可以在 Teradata University Network 上找到。

● Progress 电信公司的 Willard Baird 撰写了名为《实现最优的数据库性能》（*Achieving Optimal Database Performance*）的白皮书，为那些对调整 Oracle 数据库感兴趣的学生提供了补充阅读材料。该白皮书从一位非常有经验的数据库管理员的角度反映了真实世界。它使学生和教师有机会考虑，课堂上教授的内容与通过专业数据库管理获得的实践经验之间的差异。

□ 为你在线课程提供的材料

Pearson Prentice Hall 提供了帮助教师将测试、测验以及其他补充材料上传到黑板课程管理系统的文件，从而支持采用本教材的教师使用在线课程教学。关于进一步的信息，请联系当地的 Pearson Prentice Hall 代理。

□ COURSESMART 电子教材

CourseSmart 是希望省钱的学生一个令人兴奋的新选择。作为代替购买纸质教材的一种可行方案，CourseSmart 使学生可以购买相同内容的电子版教材，要比印刷版的节省建议零售价的 50%。使用 CourseSmart 的电子教材，学生可以在正文中搜索，在线做笔记，打印讲义附带的阅读作业，以及对重要段落做书签以供日后复习。有关更多信息，或购买 CourseSmart 电子教材，请访问 www. coursesmart. com。

目　录

第Ⅰ篇　数据库管理的背景

第1章　数据库环境与开发过程 ··· （3）

数据至关重要！ ··· （4）

引言 ··· （5）

基本概念和定义 ··· （6）

传统文件处理系统 ··· （9）

数据库方法 ··· （11）

数据库环境的组成元素 ··· （17）

数据库应用系统的范围 ··· （18）

数据库系统的演化 ··· （22）

数据库的开发过程 ··· （25）

为松树谷家具公司开发一个数据库应用 ··· （33）

本章回顾 ··· （43）

第Ⅱ篇　数据库分析

第2章　组织中的数据建模 ··· （49）

引言 ··· （50）

E-R 模型：概述 ··· （51）

组织中的建模规则 ··· （54）

建模实体和属性 ··· （59）

联系建模 ··· （69）

E-R 建模的例子：松树谷家具公司 ··· （85）

松树谷家具的数据库处理 ··· （88）

本章回顾 ··· （91）

第3章　增强型 E-R 模型 ··· （97）

引言 ·· （98）

表示超类和子类 ··· （98）

指定超类/子类关系中的约束 ·· （105）

EER 建模示例：松树谷家具公司 ··· （111）

实体聚类 ·· （114）

打包的数据模型 ·· （117）

本章回顾 ·· （126）

第Ⅲ篇　数据库设计

第 4 章　数据库逻辑设计和关系模型 ····································· （133）

引言 ·· （134）

关系数据模型 ·· （134）

完整性约束 ··· （138）

将 EER 图转换为关系 ·· （144）

规范化简介 ··· （158）

规范化示例：松树谷家具公司 ·· （161）

合并关系 ·· （168）

最后一步：定义关系码 ·· （170）

本章回顾 ·· （173）

第 5 章　数据库物理设计和性能 ··· （179）

引言 ·· （180）

数据库物理设计过程 ·· （180）

设计字段 ·· （183）

去规范化和数据分割 ·· （186）

设计数据库物理文件 ·· （192）

使用和选择索引 ··· （201）

设计最佳查询性能的数据库 ··· （203）

本章回顾 ·· （205）

第Ⅳ篇　实　现

第 6 章　SQL 入门 ·· （211）

引言 ·· （212）

SQL 标准的起源 ··· （213）

SQL 环境 ··· （215）

使用 SQL 定义数据库 ·· （219）

插入、更新、删除数据 ··· （225）

RDBMS 中的内部模式定义 ··· （228）

单表操作 ·· （229）

本章回顾 ·· （251）

第7章 高级 SQL ··· （255）

引言 ··· （256）

处理多个数据表 ······································· （256）

开发查询的技巧 ······································· （276）

确保事务完整性 ······································· （279）

数据字典 ··· （281）

SQL：200n 对 SQL 语言的增强和扩展 ·············· （283）

触发器和例程 ··· （287）

嵌入式 SQL 和动态 SQL ···························· （293）

本章回顾 ··· （296）

第8章 数据库应用开发 ······························· （300）

位置，位置，位置！ ·································· （301）

引言 ··· （301）

客户/服务器结构 ····································· （302）

二层结构中的数据库 ·································· （304）

三层结构 ··· （309）

Web 应用组件 ·· （311）

三层应用中的数据库 ·································· （313）

三层结构应用中要考虑的关键问题 ···················· （321）

可扩展标记语言（XML） ····························· （325）

本章回顾 ··· （334）

第9章 数据仓库 ····································· （337）

引言 ··· （338）

数据仓库的基本概念 ·································· （339）

数据仓库体系结构 ···································· （344）

数据仓库数据的一些特征 ······························ （351）

派生数据层 ··· （355）

列数据库：数据仓库的新选择 ·························· （371）

用户接口 ··· （372）

SQL OLAP 检索 ······································ （373）

本章回顾 ··· （380）

第 V 篇 高级数据库主题

第10章 数据质量与数据集成 ··························· （388）

引言 ··· （389）

数据治理 ··· （390）

管理数据质量 ··· （390）

主数据管理 ··· （396）

数据集成：概述 ······································· （398）

数据仓库中的数据集成：调和数据层 ···················· （400）

数据转换 ··· （406）

本章回顾 ……………………………………………………………………（409）

第 11 章　数据和数据库管理 ……………………………………………（412）
引言 ………………………………………………………………………（413）
数据管理员和数据库管理员的作用 …………………………………（414）
开放源代码运动和数据库管理 ………………………………………（420）
管理数据安全 ……………………………………………………………（421）
数据库软件数据安全特性 ………………………………………………（426）
《萨班斯—奥克斯利法案》与数据库 …………………………………（433）
数据备份和恢复 …………………………………………………………（434）
并发访问控制 ……………………………………………………………（441）
数据字典和信息库 ………………………………………………………（447）
数据库性能调整概述 ……………………………………………………（450）
数据可用性 ………………………………………………………………（453）
本章回顾 …………………………………………………………………（455）

第 12 章　概述：分布式数据库 ………………………………………（458）
引言 ………………………………………………………………………（459）
本章回顾 …………………………………………………………………（461）

第 13 章　概述：面向对象数据建模 …………………………………（463）
引言 ………………………………………………………………………（464）
本章回顾 …………………………………………………………………（470）

第 14 章　概述：使用关系数据库提供对象持久化 …………………（472）
引言 ………………………………………………………………………（473）
本章回顾 …………………………………………………………………（479）

附录 A　数据建模工具和表示法 ……………………………………（481）
E-R 建模惯例比较 ………………………………………………………（481）
工具的界面和 E-R 图比较 ……………………………………………（488）

附录 B　高级范式 ………………………………………………………（491）
Boyce-Codd 范式 ………………………………………………………（491）
第四范式 …………………………………………………………………（493）
更高级别的范式 …………………………………………………………（495）
附录回顾 …………………………………………………………………（496）

附录 C　数据结构 ………………………………………………………（497）
指针 ………………………………………………………………………（497）
数据结构的构成模块 ……………………………………………………（498）
线性数据结构 ……………………………………………………………（500）
链表结构的危害 …………………………………………………………（505）
树 …………………………………………………………………………（505）

术语表 ……………………………………………………………………（509）

第 I 篇

数据库管理的背景

在本书的开篇部分即第 1 章中，我们将说明数据库管理的背景，并给出本书中使用的数据库基本概念及定义。在本篇中，我们将数据库管理描述为一个令人振奋的、富于挑战的以及成长性强的领域，它能够为信息系统专业的学生提供大量的就业机会。数据库逐渐成为人们日常生活中一个非常普通的组成部分，并且是商业运营中的一个核心元素。正如几十年前人们所想象的，从个人数字助理（personal digital assistant，PDA）或智能手机中存储联系信息的数据库，到支持企业级信息系统的大规模数据库，数据库已经成为数据存储的中心点。客户关系管理和互联网购物是近年来发展起来的依赖于数据的两种活动。数据仓库的发展使管理者能够对数据进行更深入、广泛的历史分析，这种技术将继续发展并变得更加重要。

我们从定义数据、数据库、元数据、数据库管理系统、数据仓库以及其他与上述环境相关的一些术语开始。我们将数据库与被取代的早期文件管理系统做比较，并且描述了精心规划设计的数据库能够带来的几个重要优点。除了描述两层、多层以及企业数据库，我们还介绍了数据库环境中的主要组成部分以及应用类型。企业数据库包括用于支持企业资源计划系统以及数据仓库的数据库。

在本书概述部分的这一章，还将描述数据库分析、设计、实现以及管理中的一般性步骤。此外，本章还将说明如何将数据库开发过程融入整个信息系统的开发过程。同时，对结构化生命周期法和原型法两种数据库开发方法都进行了说明。我们介绍了企业数据建模，通过数据建模设置了企业数据库的范围和一般内容，这通常是数据库开发的第一个步骤。我们介绍了模式的概念以及三级模式体系结构，这些是现代数据库系统中最重要的方法。最后，我们还描述了参与数据库开发项目的各种人员角色。本章将介绍一个松树谷家具公司的例子，通过该事例说明数据管理的原理和概念。这个例子将贯穿全书，作为数据库管理系统使用的一个连续事例。

第 1 章

数据库环境
与开发过程

学习目标

➤ 简明定义下列关键术语：**数据**（**data**），**数据库**（**database**），**数据库管理系统**（**database management system**），**数据模型**（**data model**），**信息**（**information**），**元数据**（**metadata**），**企业数据模型**（**enterprise data model**），**实体**（**entity**），**关系数据库**（**relational database**），**企业资源计划**（**enterprise resource planning，ERP**）**系统**，**数据库应用**（**database application**），**数据仓库**（**data warehouse**），**数据独立性**（**data independence**），**元数据库**（**repository**），**用户视图**（**user view**），**企业数据建模**（**enterprise data modeling**），**系统开发生命周期**（**systems development life cycle，SDLC**），**原型开发**（**prototyping**），**敏捷软件开发**（**agile software development**），**计算机辅助软件工程**（**computer-aided software engineering，CASE**），**概念模式**（**conceptual schema**），**逻辑模式**（**logical schema**）**以及物理模式**（**physical schema**）。

➤ 给出常规文件处理系统的一些局限性。

➤ 解释至少 10 条数据库方法与传统文件处理方法相比的优点。

➤ 明确数据库方法的一些代价和风险。

➤ 列出并简要描述典型数据库环境的 9 个组成部分。

➤ 明确使用数据库的 4 类应用以及这些应用的关键特征。

➤ 描述 1 个系统开发项目的生命周期，重点在数据库分析、设计以及实现活动。

➤ 解释数据库以及应用开发的原型开发方法以及敏捷开发方法。

➤ 解释设计、实现、使用以及管理数据库的人员角色。

➤ 解释外模式、概念模式、内模式之间的区别，以及数据库中采用三级模式体系结构的理由。

数据至关重要！

世界已经变得非常复杂。在这样的环境中，有效收集、管理和解释信息的人和组织受益匪浅。为了证明这个观点，我们来分析一下大陆航空公司。10 多年以前，大陆航空公司的处境十分槽糕，在按时起飞、行李处理失误、顾客投诉以及超额预定等方面，在美国所有航空公司的排名中处于底部。大家都在推测大陆航空公司将被迫第三次提交破产申请。在过去的 10 年中，大陆航空公司聘请了 10 位首席执行官（CEO）。数据和信息更有效的收集、管理及解释能够有助于改善大陆航空公司的局势吗？答案当然是肯定的。今天，大陆航空公司是全球最受尊敬的航空公司之一，并且从 2004 年起就被列入 *Fortune* 杂志"最受仰慕的全球公司"榜单，成为全球最受仰慕的公司之一。它被认为是北美最好的航空公司，并且获得 2008 年度 OAG"最佳航空公司财务奖"。

大陆董事会前主席兼 CEO 拉里·科尔内（Larry Kellner）认为，使用实时的商业智能系统是大陆实现转折的一个重要因素。这是如何做到的呢？实时或"主动"的数据仓库的实现，支持了公司的商业决策，显著地改进了客户服务和业务运行，节省了开销，产生了收益。15 年以前，大陆甚至无法跟踪多于一站的顾客行程。现在，处理旅客事宜的雇员能够知道一位重要顾客是否正在经历旅途延误，这位顾客将何时、从何地到达机场，以及顾客进行下次转机必须经过的登机口。重要的顾客如果在大陆经历了旅行延误，将收到致歉信，有时会收到总统俱乐部的体验会员资格。

下面列出了一些经验，这些经验来自数据仓库项目中收益、飞行调度、顾客、库存以及安全数据的集成：

（1）建立了实时根据飞机票销售数据调整特定价格座位数目的数学编程模型，通过使用该模型，优化机票价格。

（2）客户关系管理的改进重点放在大陆的最有价值客户身上。

（3）销售人员、市场经理以及乘务人员，如机票代理、乘务员等，能够即时获得顾客的相关信息。

（4）支持工会协商，包括飞机驾驶人员分析，使得公司管理与工会的协商人员能够评价工作分配决策是否恰当。

（5）开发了欺诈档案，能够在数据中识别出与 100 个欺诈档案中的某个相匹配的事务。

尤其是上述最后一点，大陆这种满足国土安全需求的能力，很大程度上是借助于实时数据仓库达到的。在 2001 年 9 月 11 日恐怖袭击后的这段时间，大陆与 FBI 协同工作，确定是否有 FBI 监视名单中的恐怖分子正试图登上大陆的飞机。数据仓库确定欺诈活动以及对乘客的监视能力，对大陆实现保证所有乘客和机组人员安全的目标做出了巨大的贡献（Anderson-Lehman et al.，2004）。

大陆的转折是基于其公司文化的，这就是高度重视顾客服务，并且通过在数据仓库中进行数据集成使信息得到有效利用。数据确实至关重要。本书中贯穿始终的话题，将使你对数据以及如何收集、组织和管理数据有更深刻的理解。这种理解将使你具有支持任何商业决策的能力；知道如何组织数据，使得财务、市场或客户服务的各种问题一旦提出就能给出解答，从而使你得到深深的满足。享受这种乐趣吧！

引　言

　　在过去的 20 年中，数据库应用在数量和重要性上都有巨大的提升。数据库被用来在各种类型的组织机构包括商业、保健、教育、政府和图书馆中存储、操纵以及检索数据。数据库技术作为一种常规技术，被个人在私人电脑上使用，被工作群组用于网络服务器上的数据库访问，被雇员们用来运行企业范围的分布式应用。数据库还被顾客和其他远程用户通过各种技术，例如自动告知机、Web 浏览器、智能手机、智能生活和办公环境等访问。

　　在数据库应用这种快速增长期之后，数据库的需求以及数据库技术会趋于稳定吗？很大可能是不会的！在 21 世纪初高度竞争的环境中，种种迹象预示着数据库技术将变得更加重要。管理者试图使用从数据库中导出的知识获得竞争优势。例如，详细的销售数据库中能够挖掘出顾客的购买模式，这种模式可以作为广告和市场活动的依据。机构组织在数据库中嵌入"报警装置"，对非同寻常的条件如原料临近耗尽或销售附加产品的时机等，能够触发适当的动作。

　　虽然数据库的未来是确定的，但仍然有许多工作要做。很多组织有一些互不兼容的数据库，这些数据库都是为了满足某些急需建立的，而不是在精心计划或良好管理下有序建立起来的。海量数据被保存在这些陈旧的"遗留"系统中，并且这些数据的质量也比较差。人们需要新的技能来设计和管理数据仓库，借助互联网应用进行数据库集成。在一些领域，如数据库分析、数据库设计、数据管理以及数据库管理，相关的技能还是不足的。在这本书中，我们将涉及上述以及其他重要的问题，以使读者能够为将来从事这方面工作做好准备。

　　今天，数据库管理方面的课程已经成为信息系统课程中最重要的课程之一。很多学校增加了数据仓库或数据库管理的附加选修课，用以深入覆盖这些重要的问题。作为信息系统的职业人员，你必须能够分析数据库需求并且能够在信息系统开发中设计和实现数据库。你还必须能够与终端用户协商，并且告诉他们如何使用数据库（或数据仓库）建立决策支持系统以及具有竞争优势的可运行信息系统。另外，目前普遍存在的将数据库附加在 Web 站点上并且返回给站点用户动态信息的应用模式，不仅要求你理解如何将数据库连接到基于 Web 的应用，还需要你知道如何保护那些数据库，以使数据库中的内容只能被外部用户浏览而不会被破坏。

　　在本章中，我们将介绍数据库与数据库管理系统（database management systems，DBMSs）的基本概念。我们描述了传统文件管理系统以及它们的一些不足之处，这些不足导致了数据库方法的产生。然后，我们介绍了使用数据库方法的好处、开销以及风险。我们回顾了用于建立、使用和管理数据的一系列技术，描述了数据库应用的类型——个人的、两层的、三层的以及企业级的，并且描述了在过去的 50 年中数据库是如何发展演化的。

　　因为数据库是信息系统的一个组成部分，所以本章还将涉及如何将数据库开发过程与整个信息系统开发过程融合。本章强调将数据库开发过程与整个信息系统开发中的所有其他活动相协调。本章包含一个虚构的松树谷家具公司数据库开发过程。通过这个例子，本章介绍了在个人计算机上开发数据库的工具，并介绍了从企业数据库中提取数据构造独立运行应用的过程。

　　本章论述这些内容有几点理由。

　　首先，虽然你可能已经使用过数据库管理系统的基本功能，如微软的 Access，但你可能还不理解这些数据库是如何开发出来的。通过简单的例子，本章将简要说明在学习以本书为教材的数据库课程以后，你可以做的事情。因此，本章将为后续章节中详细论述的主题提供愿景和背景。

其次，有大量具体事例的教材会使很多学生学得更好。虽然本书中的所有章节都包含大量例子、图表以及实际数据库设计和代码，但每章还是着力于数据库管理的特定方面。我们将本章设计为：在带有较少的技术细节的情况下，帮助你理解所有这些单个的数据库管理技术是如何相互关联的，以及数据库开发任务和技能如何与你在其他信息系统课程中所学知识相联系。

最后，很多教师都想让你在数据库课程中早些开始数据库开发群组项目或个人项目。本章会提供建立一个数据库开发项目的想法，使你足以开始一个课程练习。很显然，因为这只是第 1 章，我们所使用的很多例子和你项目或其他课程作业所需的系统相比，或与真实组织中的系统相比，都是非常简单的。

注意：单从本章你是不能学会如何设计或开发数据库的。很抱歉，我们有意将本章内容安排为介绍性的和简化的。在本章中使用的很多描述，将与你在后续章节中学习的不完全一样。本章的目的，是使你对关键步骤与技能类型有大致的了解，而不是教授特定的技术。但是，你将学习一些基础概念和定义，并且为后续章节中要学习的技能和知识建立直觉认识和动机。

基本概念和定义

我们把**数据库**（database）定义为逻辑上相关数据的有组织的集合。这个定义并不包括太多的词，但是，你注意到这本书的厚度了吗？真正理解这个定义还有很多事要做。

一个数据库可以是任意大小并且是任意复杂的。例如，一位销售人员可能在她的笔记本电脑中，保存一个几兆字节的客户联系信息。一个大公司可能在一台大型机上建立一个存储几 TB（1TB 等于 10^{12} 字节）数据的大数据库，以运行决策支持系统（Winter，1997）。超大规模数据仓库将包含多于 1PB 的数据（1PB 等于 10^{15} 字节）。（我们假设在本书中所有的数据库都是基于计算机的。）

数据

历史上，"数据"这个词指能够在计算机介质上记录和存储的与对象和事件的相关事实。例如，在销售员的数据库中，数据将包括诸如顾客姓名、地址以及电话号码等事实。这种类型的数据称为"结构化"数据。最重要的结构化数据类型是数值型、字符型以及日期型。结构化数据存储在表格结构中（如二维表、关系、数组、电子表格等），并且在传统数据库和数据仓库中最常见。

数据的传统定义现在需要进行扩展以反映新的现实：当今的数据库除了用来存储结构化数据，还用来保存文档、电子邮件、地图、照片、声音和视频片段等对象。例如，在销售员的数据库中，可能包含一个客户的照片，还可能包含关于最新产品的录音或视频片段。这种类型的数据称为非结构化数据或多媒体数据。目前，结构化和非结构化数据常常在同一个数据库中联合存储，以构建真实的多媒体环境。例如，汽车修理店可以把描述顾客和汽车信息的结构化数据，与受损汽车的照片以及保单的扫描件等多媒体数据结合起来存储。

　　一种包括结构化与非结构化两种类型的扩展**数据**（data）定义是："对用户环境中具有含义与重要性的对象和事件的一种存储表示。"

数据与信息

　　数据与信息这两个词是密切相关的，并且实际上经常混用。但是，数据和信息还是有必要进行区分的。我们把信息（information）定义为：已经经过特定处理（能够使数据使用者的知识得到增加的处理）的数据。例如，考虑如下事实列表：

Baker，Kenneth D.	324917628
Doyle，Joan E.	476193248
Finkle，Clive R.	548429344
Lewis，John C.	551742186
McFerran，Debra R.	409723145

　　这些事实满足所给的数据的定义，但是多数人会认为这些数据在当前这种形态下是没什么用途的。即使我们可以猜测这是人的名字与其社会安全号对应排列的一个列表，但是因为我们不知道这些条目的含义，因此这些数据还是没用的。注意，当把同类的数据放在一个上下文中，如图 1—1（a）所示，我们就会发现发生了什么。

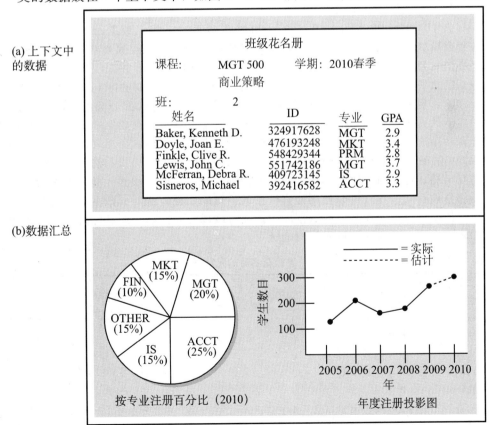

(a) 上下文中的数据

(b) 数据汇总

图 1—1　将数据转换为信息

　　通过增加一些额外的数据项，并且提供一些结构，我们看到了某门课程的一个班级花名册。这对于某些用户，如课程教师和办公室里的注册人员是有用的信息。当然，正如大家都知道的，随着数据安全重要性的增加，很少有组织还用社会安全号作为标识。多数组织取而代之的是使用内部生成的号码作为标识。

　　将数据转换为信息的另一种方式，是对数据进行汇总或进行其他处理，并且把它们展示出来供人解释。例如，图1—1（b）以图的形式展示了课程的学生选课情况。这个信息可作为是否增加新课程或聘任新教师的决策基础。

　　实际上，依据我们的定义，当今的数据库可以包含数据或包含信息，也可以两者都包含。例如，数据库中可以包含图1—1（a）中的班级花名册文档的图片。另外，为了用于决策支持，数据经常被预处理为汇总形式并且以这种形式存储在数据库中。在整本书中，我们在使用数据库这个词时，将不把它存储的内容分为数据或信息。

□ 元数据

　　正如我们所说的，数据只有被放在某种上下文中才是有用的。为数据提供上下文的基本机制是元数据。元数据（metadata）是描述终端用户数据特性与特征，以及数据上下文的数据。一些描述数据的典型数据特性包括数据名称、定义、长度（或大小）以及允许的取值。描述数据上下文的元数据包括数据的来源、数据的存储位置、所有者（或管理者）和用途。也有许多人把元数据看做是"关于数据的数据"，虽然这看起来有点像循环定义。

　　表1—1中列出了图1—1（a）中班级花名册的一些元数据示例。对于班级花名册中列出的每个数据项，其元数据展示了数据项的名称、数据类型、长度、所允许的最小值与最大值（对于有最小值与最大值的数据项），每个数据项的简要描述，以及数据的来源（有时称为系统记录）。注意数据与元数据之间的区别。元数据要从数据中移除。也就是，元数据描述数据的特性，但是，是与数据分离的。因此，表1—1中显示的元数据不包含图1—1（a）中班级花名册中的样例数据。元数据使数据库设计者和用户能够理解存在什么数据、数据的含义以及如何区分第一眼看上去很相似的数据项。管理元数据至少与管理相应的数据一样关键，因为没有清晰含义的数据是容易混淆的、容易引起错误解释的或是不正确的。一般地，很多元数据都作为数据库的一部分被存储，并且可以使用检索数据或信息的同样方法对元数据进行检索。

　　数据可以存储在文件或数据库中。在后续部分我们将介绍从文件处理系统到数据库的演进，以及这两种技术各自的优点和缺点。

表1—1　　　　　　　　　　　　　班级花名册的元数据示例

数据项	元数据					
名称	类型	长度	最小值	最大值	描述	来源
课程	文字与数字型	30			课程 ID 和名称	学术单位
班	整型	1	1	9	班号	注册管理员
学期	文字与数字型	10			学期和年度	注册管理员
姓名	文字与数字型	30			学生姓名	学生
ID	整型	9			学生 ID（SSN）	学生
专业	文字与数字型	4			学生专业	学生
GPA	十进制小数型	3	0.0	4.0	学生平均积点分	学术单位

传统文件处理系统

当基于计算机的数据处理首次出现时，并没有数据库。为了支持商业应用，计算机不得不存储、操纵以及检索庞大的数据文件。计算机文件处理系统正是为了这个目的而开发的。虽然这些文件处理系统随着时间不断演化，但它们的基本结构与目的在几十年中却变化很小。

随着商业应用变得越来越复杂，传统文件处理系统明显暴露出一些不足和局限（在下面描述）。结果是，在目前多数商业应用中，这些系统被数据库处理系统所取代。不过，你至少应该对文件处理系统有一定程度的了解，因为理解文件处理系统固有的问题和局限，将有助于你在设计数据库系统时避免同类问题。

松树谷家具公司的文件处理系统

松树谷家具公司的早期计算机应用（在 20 世纪 80 年代）采用的是传统文件处理方法。这种信息系统设计方法满足了单个部门而不是整个公司的数据处理需求。公司的信息系统小组一般通过开发（或获得）适合个别应用的新的计算机程序，如存货控制、应收账款或人力资源管理等，对用户的新系统请求做出响应。不存在全局的规划图、计划，应用的增加也不是在模型指导下进行的。

图 1—2 中给出了三个基于文件处理方法的计算机应用。这些系统是供应系统、记账系统以及工资系统。该图还显示了和每个应用相关的主要数据文件。每个文件都是一组相关记录的集合。例如，订货供应系统有三个文件：客户主文件、库存主文件和延期交货文件。注意三个应用使用的某些文件是重复的，这对于文件处理系统是很常见的。

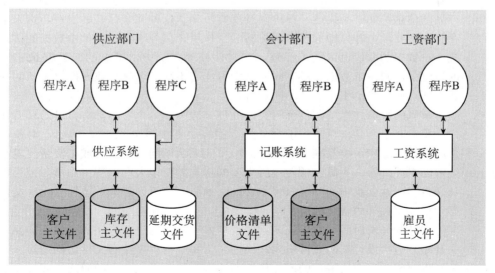

图 1—2　松树谷家具公司之前的文件处理系统

□ 文件处理系统的缺点

表1—2中列出了传统文件处理系统的几个缺点，接下来将给出相关简要说明。理解这些问题是很重要的，因为如果我们不按照这本书中描述的数据库管理实践去做，那么其中的某些问题也会在数据库中出现。

表 1—2　　　文件处理系统的缺点
程序—数据依赖性
数据冗余
有限的数据共享
冗长的开发时间
过大的程序维护代价

程序—数据依赖性　文件描述存储在访问该文件的每个数据库应用程序中。数据库应用（database application）是代表数据库用户执行一系列数据库活动（创建、读取、更新以及删除）的一个应用程序或一组相关程序。例如，在图1—2中的记账系统中，程序A访问价格清单文件和客户主文件。由于该程序中包含了这些文件的详细描述信息，因此对任何一个文件结构的改变，都需要对访问该文件的所有程序中的文件描述进行修改。

注意图1—2中的客户主文件被供应系统和记账系统使用。假设要把这个文件记录中顾客地址字段的长度从30字符改为40字符。所涉及的每个程序中的（共5个程序）文件描述都要修改。即使是确定这种改变相关的所有程序，也常常是困难的。更坏的情况是，这些改变经常引起错误。

数据冗余　因为应用通常是在文件处理系统中独立地开发，所以无计划的数据冗余文件的出现就成为必然而不是偶然。例如，在图1—2中的供应系统包含了库存主文件，而记账系统中包含了价格清单文件。这些文件中都包含了描述松树谷家具公司产品的信息，如产品描述、单价以及现货数量。这种冗余是一种浪费，带来了额外的存储空间要求，并且增加了文件更新的工作量。另外，各个文件中数据的格式可能不统一，数据的取值也可能不一致。在文件处理系统中，可靠的元数据是非常难建立的。例如，同一个数据项在不同文件中可能有不同的名称，或者倒过来，同一个名称在不同文件中可能用于表示不同的数据项。

有限的数据共享　在传统的文件处理方法中，每个应用都有自己的私有文件，用户几乎没有机会共享自己应用之外的数据。注意在图1—2中，例如，财务部门的用户可以访问记账系统及其文件，但他们可能无法访问供应系统或工资系统以及这些系统中的文件。管理人员经常发现所需要的报告需要很大的编程工作量，因为数据必须从来自多个独立系统的互不兼容的文件中抽取。当不同行政单位拥有这些文件时，还必须要克服额外的管理障碍。

冗长的开发时间　在传统的文件处理方法中，每个新应用的开发都需要开发者从头开始，包括设计新的文件格式和描述，为每个新程序编写文件访问逻辑。这种冗长的开发时间与当今快节奏的商业环境不协调，因为进入市场的时间（或开发信息系统的时间）是商业成功的一个关键因素。

过大的程序维护代价　上述这些因素结合起来，导致依赖于传统文件处理系统的组织机构背负了很重的程序维护负担。实际上，在这样的组织机构中，差不多80%

的信息系统开发预算可能都投入到程序维护当中。这也意味着，诸如时间、人力和资金等资源并没有用于开发新的应用。

需要注意的是，如果一个组织在使用数据库方法时不得当，则我们所提到的文件处理系统的许多缺点也会在数据库中出现。例如，如果组织中开发了很多分开管理的数据库（比如说，每个部门或业务都有一个），而这些数据库的元数据相互之间几乎不或根本不协调，则无控制的数据冗余、有限的数据共享、冗长的开发时间以及过大的程序维护代价等问题也将出现。因此，下一节将要介绍的数据库方法也是管理数据的一种方法，包括了一组定义、创建、维护和使用这些数据的技术。

数据库方法

我们如何克服文件处理中的缺点呢？我们不去求助于神，却能把事情做得更好：采用数据库方法。我们首先从定义一些核心概念入手，这些概念对于理解如何用数据库方法管理数据是非常必要的。然后，我们再说明数据库方法如何克服文件处理方法中的不足。

数据模型

恰当的数据库设计是建立满足用户需求数据库的基础。**数据模型**（data model）捕获了数据的本质以及数据之间的联系，并且被用于数据库概念化和设计过程中的不同抽象层次。数据库的有效性及效率与数据库的结构直接相关。已经有各种图形化系统用于表达这种结构，并被用于生成能够被终端用户、系统分析员和数据库设计者理解的数据模型。第 2 章和第 3 章专门描述如何理解数据模型，而第 13 章会介绍一种采用面向对象数据建模的不同方法。典型的数据模型由实体、属性和联系组成，最常见的数据建模表示方法是实体—联系模型。接下来会有一个简要介绍，更详细的内容将在第 2 章和第 3 章中给出。

实体　客户与订单是商业相关信息中的对象。它们被称为"实体"。一个**实体**（entity）如同一个名词，它描述了商业环境中需要记录和保留的一种信息，如一个人、一个地点、一个对象、一个事件或一个概念。CUSTOMER（客户）和 ORDER（订单）是图 1—3（a）中的实体。你所感兴趣实体的相关数据（如客户姓名）称为属性。很多客户的信息都会被记录下来，每个客户的信息称为 CUSTOMER 的一个实例。

联系　构造良好的数据库要建立数据所包含的实体之间的联系，这样所需要的信息才能被检索出来。多数联系是一对多（1：M）或多对多（M：N）的。一个客户可能向一个公司提交一个或多个订单（Place［提交］联系）。但是，每个订单通常只与一个特定的客户对应（Is Placed By［被提交］联系）。图 1—3（a）显示了 1：M 联系由连接到标记为 ORDER 的矩形框（实体）的线段末端表示。这个联系在图 1—3（a）和图 1—3（b）中的看起来是相同的。但是，订单和产品之间的联系是 M：N。一个订单可以订购一个或多个产品，而一个产品也可能包含于一个或多个订单中。值得注意的是，图 1—3（a）是一个企业级模型，在这样的模型中只需要包含客户、订单以及产品的高层联系。图 1—3（b）给出的项目层次的图中，包含了其他的细节信息，如订单的更多信息。

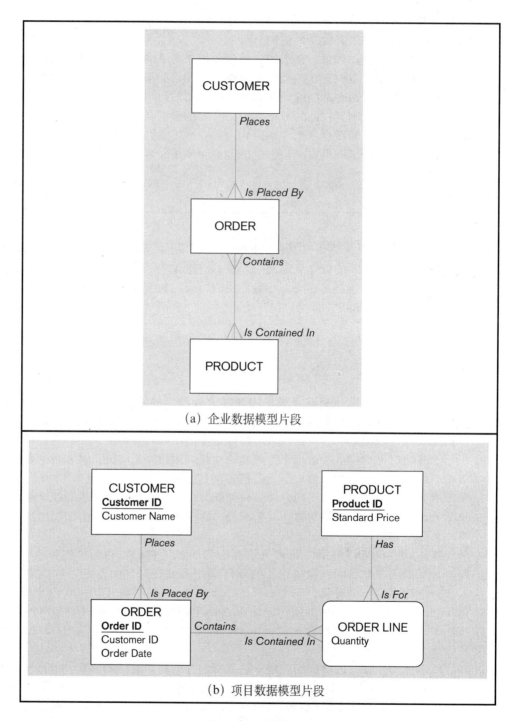

（a）企业数据模型片段

（b）项目数据模型片段

图 1—3　企业级和项目级数据模型的比较

☐ 关系数据库

　　关系数据库（relational database）通过在一个被称为关系的文件中使用共同的字

段，建立实体之间的联系。图 1—3 所描述数据模型中的客户和客户订单之间的联系，是通过在客户订单中包含客户号码建立的。因此，在保存客户信息，如名字、地址等的文件（或关系）中，包含客户的标识号码。每当客户下一个订单，客户的标识号码也将出现在保存订单信息的关系中。关系数据库使用标识号码建立客户和订单之间的联系。

□ 数据库管理系统

数据库管理系统（database management system，DBMS）是运用数据库方法的一种软件系统。DBMS 的基本目的是提供一种对数据库中的数据进行创建、更新、存储以及检索等操作的系统性方法。它使得终端用户和应用程序员能够共享数据，并使得数据能够在多个应用之间共享，而不是对于每个新应用都要将数据扩散和存储在新文件中（Mullins，2002）。DBMS 还提供控制数据访问、执行数据完整性、管理并发控制以及恢复数据库等功能。我们将在第 11 章中详细描述 DBMS 的这些特点。

既然我们已经了解了数据库方法的基本元素，让我们试着理解数据库方法和基于文件的方法之间的差异。让我们从比较图 1—2 和图 1—4 开始。图 1—4 给出了一种如何考虑在数据库中存储数据的表示。注意与图 1—2 不同，在图 1—4 中，CUSTOMER 信息只保存在一个地方而不是两个客户主文件。供应系统和记账系统都将访问单个 CUSTOMER 实体中包含的数据。此外，存储了哪些 CUSTOMER 信息，是如何存储的，以及如何访问这些信息，好像与这两个系统都没有密切的关系。所有这些使我们能够获得使用数据库的好处，这些好处将在下节中给出。当然，也要注意到，现实生活中的数据库将包含数以千计的实体以及这些实体之间的联系。

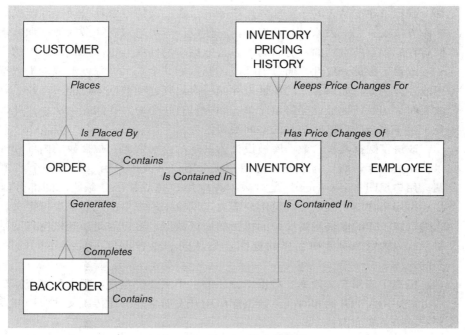

图 1—4　图 1—3 的企业模型

☐ 数据库方法的优点

由于有 DBMS 的支撑，数据库方法具有了表 1—3 所示的主要优点，这些优点将在下面介绍。

表 1—3　　　数据库方法的优点
程序——数据的独立性
数据冗余得到控制
改善了数据一致性
改进了数据共享
提高了应用开发效率
执行了标准
改进了数据质量
改进了数据可访问性和响应能力
降低了程序维护代价
改进了决策支持

程序——数据的独立性　数据描述（元数据）与使用数据的应用程序的分离，称为**数据独立性**（data independence）。在数据库方法中，数据描述是集中存放在一个被称为**元数据库**（repository）的地方。数据库系统的这个特性，使得一个组织中的数据不需要改变处理数据的应用程序，就可以在一定约束下进行改变和演化。

数据冗余得到控制　好的数据库设计试图将先前分离并且冗余的数据文件，集成为一种整体的逻辑结构。理想情况下，每个原始的数据在数据库中只在一个地方存放。例如，关于一个产品的信息，如松树谷橡木电脑桌，包括它的末道漆、价格等，都一起记录在产品表的一个地方，产品表包含了松树谷家具公司每件产品的数据。数据库方法没有完全去除冗余，但是，它使设计者可以控制冗余的类型和数量。正如我们将在后续章节看到的，有时为了改善数据库的性能，也需要包含有限的冗余。

改善了数据一致性　通过消除或控制数据冗余，很大程度上减少了数据不一致的可能性。例如，如果客户的地址只存储一次，则这项数据不可能不一致。当客户地址改变时，记录新地址就变得很简单，因为只有一个地方存储这个地址。此外，我们避免了由于冗余数据存储带来的空间浪费。

改进了数据共享　数据库被设计为共享的公司资源。被授权的内部和外部用户可以使用数据库，而且为了便于使用，每个用户（或用户组）都有一个或多个数据视图。**用户视图**（user view）是对数据库中用户完成某个任务所需的部分内容的逻辑描述。用户视图一般通过确定用户需要定期使用的表单或报表来进行定义。例如，在人力资源工作的雇员将需要访问机密的雇员数据；客户需要访问松树谷网站上的产品目录。人力资源雇员和客户的视图，是从同一个数据库的完全不同的区域抽取出来的。

提高了应用开发效率　数据库方法的一个主要优点是，很大程度上减少了开发新业务应用所需的开销和时间。数据库应用开发通常能够比传统文件应用开发更快，主要有三个重要原因：

（1）假设数据库和相应的数据获取与维护应用已经设计和实现，则应用开发者就可以把精力集中于新应用所需的特定功能上，而不用担心文件设计或底层的实现细节。

（2）数据库管理系统提供了很多高层的开发工具，如表单和报表生成器，以及能够使某些数据库设计和实现操作自动化的高层语言。我们将在后续章节中介绍很多这样的工具。

（3）应用开发效率的巨大改进，据估计高达 60%（Long，2005），当前是通过使用 Web 服务技术、采用标准的 Internet 协议以及被普遍接受的数据格式（XML）实现的。Web 服务和 XML 将在第 8 章中介绍。

执行了标准 当所实现的数据库方法具有完全的管理功能支持时，数据库管理功能应该成为唯一的权威机构，并肩负建立和实现数据标准的责任。这些标准将包括命名习惯、数据质量标准，以及存取、更新和保护数据的统一程序。数据库向数据库管理员提供了开发和执行这些标准的一组功能强大的工具。不幸的是，组织中数据库失败的最常见原因，往往是数据库管理的失败。我们将在第 11 章中介绍数据库管理（和相关数据管理）功能。

改进了数据质量 数据质量差是当今数据库管理和规划中人们普遍关心的问题。实际上，数据仓库学院（The Date Warehousing Institute，TDWI）近期的一份报告估计，数据质量问题现在每年花费美国商业界将近 6 000 亿美元（www. tdwi. org/research/display. asp？ID＝6589）。数据库提供了很多工具和方法来改进数据质量。下面列出比较重要的两点：

（1）数据库设计者可以指定由 DBMS 执行的完整性约束条件。**约束条件**（constraint）是数据库用户不能违反的规则。我们将在第 2 章和第 3 章中介绍很多类型的约束（也称为"业务规则"）。如果客户下了订单，保证该顾客和订单之间具有关联关系的约束，就称为"关系完整性约束"，该约束将保证订单在输入时不会出现不带有下订单客户的情况。

（2）数据仓库的一个目标是在事务性数据进入数据仓库前进行清洗（或"擦洗"）（Jordan，1996）。你曾经收到过一个目录的多个复本吗？发送给你三个复本的公司，如果它的数据被清洗，它将可以节省相当的邮递和印刷开销 ，并且如果它能够确定更准确的现存客户数量，它对客户的了解也将大大改进。我们将在第 9 章介绍数据仓库，在第 10 章介绍如何提高数据质量。

改进了数据可访问性和响应能力 在关系数据库中，没有编程经验的终端用户能够检索和显示数据，即使这种数据操作跨越了传统部门界限。例如，一个雇员通过下列查询显示松树谷家具公司的电脑桌信息：

```
SELECT*
FROM Product _ T
WHERE Product Description=  "Computer Desk";
```

在这个查询中用到的语言称为结构化查询语言（Structured Querg Language），或 SQL。（你将在第 6 章和第 7 章学习该语言。）虽然所构造的查询可能会复杂得多，但查询的基本结构即使对于新手、不会编程序的人，也是容易掌握的。如果他们理解了这种结构以及数据库视图中的数据名称，这些人很快就可以得到新问题的解答，而不需要依赖于专业应用开发人员。这也可能是危险的；查询语句应该经过彻底的测试，以确保所返回的数据是他们想要的，而新手们可能并没有意识到这种危险。

降低了程序维护代价 存储后的数据因为各种原因必须频繁改变：新的数据类型被添加，数据格式被修改等等。这个问题的一个著名事例就是众所周知的"2000 年"问题，在该问题中，一般两位数字的年字段都被扩展为 4 位数字，以适应从 1999 年到 2000 年的轮回。

在文件处理环境中，数据描述以及访问数据的逻辑都包含在单个应用程序中（这是先前描述的程序—数据依赖问题）。结果是，数据格式和访问方法的改变不可避免地导致应用程序的修改。在数据库环境中，数据更加独立于使用它们的应用程序。在一定的限制条件下，我们能够改变数据而不改变使用该数据的应用，或改变应用中操作数据的方法而不用改变数据。因此，在现代数据库环境中，程序的维护工作量显著地降低了。

改进了决策支持 有些数据库是特地为决策支持应用设计的。例如，有的数据库设计用来支持客户关系管理，有的数据库被设计用来支持财务分析或供应链管理。你将在第9章学习如何为不同的决策支持应用定制数据库。

☐ 关于数据库益处的提示

以上指出了数据方法的10个主要潜在益处。但是，我们必须提醒你的是，很多组织在试图获得其中的某些益处时却失败了。例如，由于数据模型和数据库管理软件陈旧，使得数据独立性的目标（较少程序的维护工作量）变得很难被理解。好在关系模型和比较新的面向对象模型提供了更好的获得这些好处的条件。导致失败的另一个原因是，组织规划以及数据库实现比较差，即使是最好的数据库管理软件也不能克服由此带来的问题。正是因为这个原因，我们在整本书中都很强调数据库规划和设计。

☐ 数据库方法的代价和风险

数据库不是一颗银弹，它没有哈里·波特的魔力。正如其他商业决策一样，数据库方法也要有一些代价和风险，这必须在数据库方法实现时被人们认识和管理（参见表1—4）。

表1—4　　数据库方法的代价和风险

新专业人员
系统安装和开销以及复杂性的管理
转换的开销
需要显式备份和恢复
组织的冲突

新专业人员 一般情况下，采用数据库方法的组织需要雇用或培训设计和实现数据库的人员，提供数据库管理服务，以及管理这些新的员工。此外，由于技术的快速发展，这些人将需要经常性的重新培训。这种人员增加带来的开销可以由组织所获得的其他生产力抵消，但是，一个组织应该认识到存在这些专业技能的需求，这些专业技能是获得数据库方法潜在益处所需要的。我们将在第11章讨论数据库管理中的人员要求。

系统安装和开销以及复杂性的管理 一个多用户数据库管理系统是一套庞大且复杂的软件，这种软件初始开销大，需要一组训练有素的人员进行安装、操作，并且每年都会有大量的维护和支持开销。安装这样的系统可能需要升级组织中的硬件环境和数据通信系统。为了能够跟上系统新的版本和升级，通常会一直需要大量的培训。为了保证安全并且保证共享数据并发更新的正确性，可能会需要额外的或更先进、更昂贵的数据库软件。

转换的开销 遗留系统这个词汇，被广泛用来指组织中基于文件处理或早期数据库技术的旧应用。将这些旧系统转换到现代数据库技术的代价——以金钱、时间和组织义务来度量——对于一个组织来说常常是承担不起的。使用数据仓库是继续使用旧系统而同时探索现代数据库技术和方法的一种策略（Ritter，1999）。

需要显式备份和恢复 组织中共享的数据库必须是准确的并且是全天候可用的。这就需要开发功能全面的例程，用以数据复本备份以及在数据库发生损坏时进行数据恢复。这些考虑在当今关注安全的环境中显得尤为迫切。现代数据库管理系统和文件系统相比，通常可以自动执行很多备份和恢复的任务。我们将在第 11 章介绍安全、备份以及恢复的例程。

组织的冲突 除了准确的数据维护责任以外，共享的数据库还需要对数据定义以及数据所有权问题达成一致。经验表明，在数据定义、数据格式和编码、更新共享数据的权限以及相关的一些问题上的冲突，会经常出现而且难以解决。解决这些问题，需要组织对数据库方法的承诺，需要有机敏的数据库管理员，以及数据库开发的合理进化方法。

如果缺乏管理高层对数据库方法的强有力支持和承诺，终端用户对独立数据库的开发可能会产生偏差。这些数据库不遵从我们所描述的通用数据库方法，也不会提供先前提到的一些好处。在极端情况下，这些数据库可能会导致较差的决策模式，以至于威胁到组织的健康发展或生存。

数据库环境的组成元素

你已经了解了使用数据库方法管理数据的优点和风险，现在让我们考察一下典型数据库环境的主要构成元素以及这些元素之间的关系（参见图 1—5）。在前面部分你已经认识了其中的一些元素（但不是全部）。下列各项是对图 1—5 中展示的 9 个元素的简要描述：

（1）**计算机辅助软件工程（CASE）工具** CASE 工具（computer-aided software engineering tools）是用来设计数据库和应用程序的自动化工具。这些工具帮助人们创建数据模型，有些时候还能够自动生成创建数据库所需的"代码"。我们在整本书中，会经常涉及数据库设计和开发的自动工具。

（2）**元数据库** 元数据库（repository）是所有数据定义、数据联系、报表格式以及其他系统组件的集中式知识库。元数据库中包含了一个对于管理数据库非常重要的扩展元数据集合，此外，还包含信息系统中的其他元素。我们将在第 11 章中描述元数据库。

（3）**DBMS** DBMS 是用来创建、维护并提供用户数据库可控访问的软件系统。我们将在第 11 章介绍 DBMS 的功能。

（4）**数据库** 数据库是逻辑上相关的数据的一个有组织集合，通常是为满足组织中多个用户信息需求而设计的。它对于区分数据库与元数据库是非常重要的。元数据库中包含了数据定义，而数据库中包含了具体的数据。我们将在第 4 和第 5 章介绍数据库设计，并在第 6～第 9 章介绍数据库实现。

（5）**应用程序** 基于计算机的应用程序用来创建和维护数据库，并向用户提供信息。关键的数据库相关应用程序开发技巧，将在第 6～第 9 章以及第 14 章中介绍。

（6）**用户界面** 用户界面包括语言、菜单以及用户能用来与各种系统组件，如

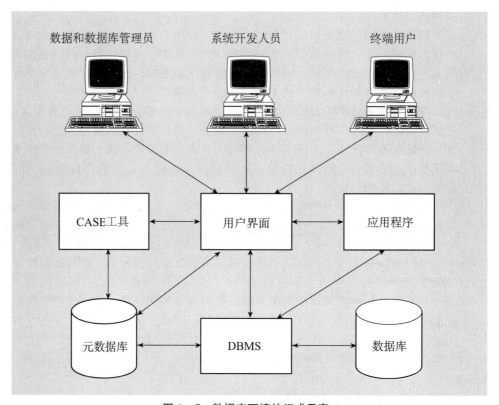

图 1—5 数据库环境的组成元素

CASE 工具、应用程序、DBMS 以及元数据库等互动的其他设施。用户接口的说明将贯穿全书。

（7）**数据和数据库管理员** 数据库管理员是负责对组织中数据资源进行全面管理的人。数据库管理员负责数据库的物理设计，并负责管理数据库环境中的技术问题。我们将在第 11 章中详细介绍这些功能。

（8）**系统开发人员** 系统开发人员包括设计新应用程序的系统分析员和程序员。他们通常使用 CASE 工具进行系统需求分析和程序设计。

（9）**终端用户** 终端用户在组织中普遍存在，他们对数据库中的数据进行添加、删除以及修改等操作，并且向数据库请求或从数据库接收信息。所有用户与数据库之间的互动都必须通过 DBMS 进行。

总之，图 1—5 所示的数据库运行环境，是硬件、软件和人的一个集成系统，是为了存储、检索和控制信息资源以及提升组织生产力而设计的。

数据库应用系统的范围

数据库能够帮助我们做什么？如图 1—5 所示，用户可以使用多种方法与数据库中的数据互动。首先，用户可以通过使用 DBMS 提供的接口直接访问数据库。在这种方式下，用户可以向数据库发出命令（称为查询），并检查得到的结果，甚至可以将结果存储在微软 Excel 表格或 Word 文档中。这种与数据库的互动方法被认为是一种专门查询，并且需要用户对查询语言有一定层次的理解。

因为多数商业用户不能具有这样的知识，第二种也是更普通的数据库访问机制，是使用应用程序。一个应用程序由两个关键部分组成：用来接收用户请求（如输入、删除或修改数据）的图形化用户界面，和/或来自数据库的检索结果的显示机制。商业逻辑中包含了对用户命令必要的处理逻辑。运行用户界面（有时是商业逻辑）的机器称为客户机，而运行 DBMS 并包含数据库的机器称为数据库服务器。

应用与数据不是必须放在同一台计算机上（在很多情况下，它们没有放在一起），理解这一点是很重要的。为了更好地理解数据库应用的范围，我们基于客户端应用和数据库软件的位置，将它们分成三类：个人数据库、两层数据库和多层数据库。我们在每一类的介绍中都采用一个典型例子，并介绍该类应用使用中可能出现的一些一般性问题。

□ 个人数据库

个人数据库是为支持单个用户而设计的。个人数据库在个人计算机（personal computers，PC），包括笔记本电脑中使用很久了，并越来越多地在智能手机和 PDA 中使用。这些数据库的目的是以高效的方式，向用户提供管理（存储、更新、删除和检索）少量数据的能力。存储客户信息和每个客户的详细联系方式的简单数据库应用可以在 PC 中使用，好处是可以在备份或其他工作需要时，能够将数据库从一台机器方便地转移到另一台机器上。例如，一个拥有多个销售人员的公司，这些销售员需要给现在的或潜在的客户打电话。客户数据库和定价应用系统，能够使销售人员帮助客户确定订购的货物品种与数量的最佳组合。

个人数据库由于能够提高工作效率而广泛使用。但是，这种数据库也有一个问题：数据不易与其他用户共享。例如，假设一个销售经理想要一个客户联系信息的完整视图。这个视图不能很快或很方便地从单个销售员的数据库中得到。这说明一个非常一般性的问题：如果数据是某个人感兴趣的，则还可能有或将会有其他人对这些数据感兴趣。出于这个原因，个人数据库应该只限于在一些相对特殊的环境中使用（例如在一个非常小的组织中），这种环境中，用户之间共享个人数据库数据的需求不太可能出现。

□ 两层客户/服务器数据库

正如上面所述，个人（单个用户）数据库的用途是很有限的。有些数据库开始时还是单个用户数据库，慢慢会演化为在多个用户之间共享的某种数据库。工作群组是相对比较小的团队（一般少于 25 人），群组中的人协同完成一个项目、一个应用或一组类似的项目、应用。这些人可能从事一个建筑工程或开发一种新的计算机应用，并且需要在群组中共享数据。

满足这种数据共享需求的最常见方法，是创建两层的客户/服务器应用，如图 1—6 所示。工作群组中的每个成员都有一台计算机，这些计算机通过网络（有线或无线的局域网）连接。在大多数情况下，每台计算机上都有一种特定应用（客户端）的拷贝，这种应用除了提供操纵数据的商业逻辑，还提供用户界面。数据库自身以及 DBMS 存储在名为"数据库服务器"的中央设备中，该设备也与网络连接。因此，工作群组中的每个成员都能够访问共享数据。不同类型的群组成员（如开发人员或项目经理）可能有不同的共享数据库的用户视图。这种结构克服了个人数据库的主要缺陷，即数据不易共享。但是同时也带来了很多在个人（单个用户）数据库中不存在的数据管理问题，如数据安全，以及当多个用户试图同时改变和更新数据时的数据完整性问题。

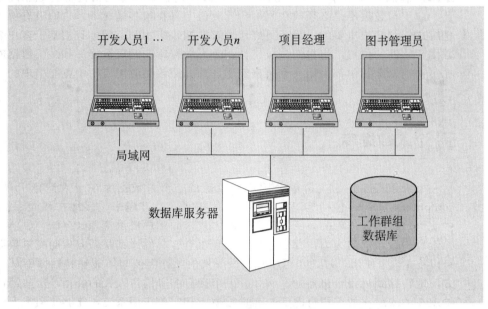

图 1—6　基于局域网的两层数据库

多层客户/服务器数据库

两层数据库结构的一个缺点是，需要在用户计算机上的客户端程序中包含相当数量的功能，因为该程序需要包含商业逻辑和用户界面逻辑。这就意味着客户端计算机需要有足够强的性能以处理客户端的应用。另一个缺点是，每当有商业逻辑或用户界面上的修改，每个包含客户端应用的计算机都需要进行更新。

为了弥补这些不足，多数用户数量庞大的最新应用都采用了多层体系结构的概念。在很多组织中，这样的应用被设计用来支持一个部门（如市场部或财务部）或是一个分公司，它们通常比一个工作群组大（一般在 25～100 人之间）。

图 1—7 中给出了有若干个多层应用公司的例子。在三层体系结构中，用户界面在单个用户的计算机上都可以访问到。这种用户界面可以是基于 Web 浏览器的，也可以是用 VB. NET，Visual C♯或 Java 等编程语言开发的程序。应用层/Web 服务器层包含了完成用户请求的业务事务所需的业务逻辑。该层与数据库服务器打交道。对于数据库开发而言，采用多层客户/服务器体系结构的最重要的意义，是将数据库开发和数据维护模块与信息系统中的业务逻辑和/或表示逻辑模块分离。另外，这种结构还使我们能够改进应用和数据库的性能与可维护性。我们将在第 8 章中更详细地介绍两层和多层客户/服务器结构。

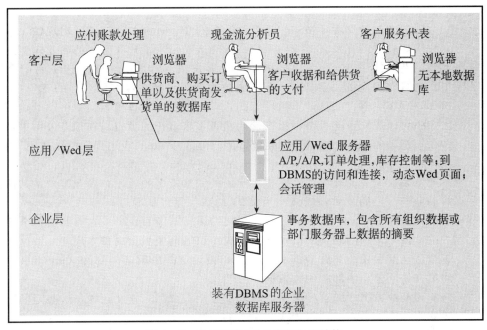

图1—7 三层客户/服务器数据库结构

☐ 企业应用

企业应用/数据库的范围是整个组织或企业（或多个不同的部门）。这样的数据库需要支持组织范围的操作和决策。注意，一个组织中可能有多个企业数据库，因此，一个数据库不是包含组织中的所有数据。由于超大数据库的性能问题、不同用户的需求差异，以及实现所有用户的单个数据定义（元数据）的复杂性，所以建立单个企业数据库对于很多大中型组织是不实际的。但是，一个企业数据库确实要支持来自很多部门或分支机构的信息需求。企业数据库的演变导致了两个主要的发展：

（1）企业资源规划（ERP）系统。

（2）数据仓库实现。

企业资源规划（enterprise resource planning，ERP）系统是从20世纪70年代和20世纪80年代的材料需求规划（material requirements planning，MRP）系统和制造资源规划（manufacturing resource planning，MRP-II）系统演变而来的。这些系统规定了制造过程中的原材料、组件和部件需求，并且规定了车间和产品分发活动。后来，对这些系统中业务功能的扩展导致了企业范围管理系统或ERP系统的产生。所有的ERP系统都严重依赖数据库存储ERP应用所需的集成数据。除了ERP系统，还有一些特定的应用，如客户关系管理（customer relationship management，CRM）系统和供应链管理（supply chain management，SCM）系统，这些系统也都依赖于存储在数据库中的数据。

在ERP系统操作当前企业运行数据的同时，**数据仓库**（data warehouses）从各种运营数据库，包括个人的、工作群组的、部门的，以及ERP数据库中收集数据。数据仓库使用户能够利用历史数据以确定模式、趋势以及策略性业务问题的答案。

最后，对数据库环境产生重要影响的是 Internet，以及随后出现的 Internet 上大众化应用软件的开发。商业对 Internet 的接受带来了建立已久的商业模型的变化。一些新的业务使用 Internet 以提供改进的客户信息和服务，去除传统的市场和销售渠道，并且实现雇员关系管理。非常成功的公司已经在这些新业务的竞争中被撼动了。例如，顾客可以直接从计算机厂家配置和订购个人计算机。航空机票的购买在几秒钟之内就可以提交，这有时会给终端消费者带来真正的节省。在很多公司中，开放职位和公司活动的信息随时都可以得到。上述基于 Web 的应用都广泛地使用了数据库。

在上面的例子中，Internet 用于促进商业与客户（B2C）之间的互动，因为客户本质上是在商业的外部。然而，对于另外一些类型的应用，商业客户是其他商业。此时商业与客户的互动一般被称为 B2B 关系，并且是通过外部网（extranet）实现的。外部网使用 Internet 技术，但是外部网的访问不像 Internet 应用那样是全球性的。更准确地说，外部网的访问被限制在达成协议的商业供货商和客户之间，这些协议规定了合法访问和使用彼此数据和信息的相关约定。最后，内部网（intranet）是公司的雇员在访问公司内部应用和数据库时使用的。

对商业数据库的这种访问，带来了数据安全和完整性问题，这些问题对于信息系统的管理而言是新的，因为数据原来都是在每个公司内部进行防护的。这些问题将在第 8 章和第 10 章中更详细地介绍。

表 1—5 简要总结了本节中介绍的几种不同类型的数据库。

表 1—5 数据库应用总结

数据库/应用类型	典型的用户数目	典型的数据库规模
个人	1	MB 级
两层	5～100	MB 级——GB 级
三层	100～1 000	GB 级
企业资源规划	＞100	GB 级——TB 级
数据仓库	＞100	TB 级——PB 级

数据库系统的演化

数据库管理系统是在 20 世纪 60 年代首次出现的，在随后的几十年一直不断地发展。图 1—8（a）通过突出在每个十年中的主导数据库技术，介绍了整个发展过程。在多数情况下，所介绍的时间区间很长，而实际上相关技术是在图中所示的此前的十年中就首次提出了。例如，关系模型是由 IBM 研究员 E. F. Codd 在 1970 年发表的论文中首次定义的（Codd，1970）。可是关系模型直到 20 世纪 80 年代才获得了广泛的商业成功。再比如，20 世纪 70 年代的挑战，是程序员需要通过构造复杂的程序访问数据库，这个问题最终由 20 世纪 80 年代产生的结构化查询语言 SQL 解决。

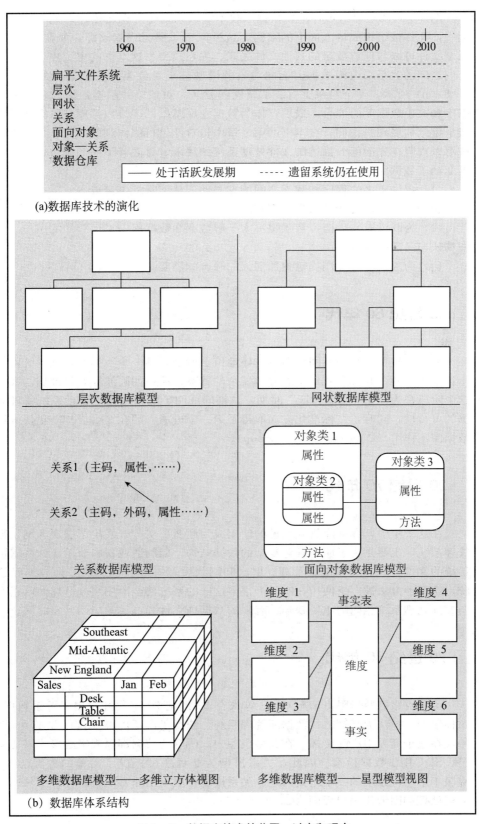

(a)数据库技术的演化

(b) 数据库体系结构

图 1—8　数据库技术的范围：过去和现在

图1—8（b）给出了各主要数据库技术组织原则的可视化描述。例如，在层次模型中，文件被组织成自上而下的结构，这类似于一棵树或族谱图，而在网络模型中，每个文件可以与任意数量的其他文件关联。关系模型（这本书的主要焦点）采用表和它们之间的关系来组织数据。面向对象的模型基于对象类和它们之间的关系。如图1—8（b）所示，一个对象类封装了属性和方法。对象—关系型数据库是面向对象数据库和关系数据库的混合。最后，作为数据仓库基础的多维数据库，将数据以立方体或星型结构展现给我们；在本书的第9章中将对此进行更详细的讨论。数据库管理系统可以克服在先前部分描述的文件处理系统的局限。总之，下面四个目标中的某些因素驱动了数据库技术的发展和演变：

（1）提供更多的程序和数据之间的独立性，从而降低维修成本。

（2）管理日益复杂的数据类型和结构。

（3）为既没有编程语言背景也不太了解数据在数据库中如何存储的用户，提供方便和快速的数据存取。

（4）为决策支持应用提供更加强大的平台的需要。

20 世纪 60 年代

文件处理系统在此期间仍然占主导地位。但是，第一个数据库管理系统就是在这十年中出现的，并且主要用于大型和复杂的冒险行动，如阿波罗登月计划。我们可将这个阶段视为一个"概念验证"时期，这期间证明了使用数据库管理系统管理大量数据的可行性。同时，在标准化方面取得了第一个进展，即在20世纪60年代末成立了数据库工作组（Data Base Task Group）。

20 世纪 70 年代

在这十年中，数据库管理系统的使用成为商业事实。开发出了层次和网状数据库管理系统，主要是为了应对日益复杂的数据结构，如制造业材料清单，这些清单采用传统的文件处理方法非常难管理。层次和网状模型一般被视为第一代数据库管理系统。这两种方法被广泛使用，实际上很多这样的系统甚至沿用至今。然而，它们也有与文件处理系统相同的主要缺陷：有限的数据独立性和过长的应用开发时间。

20 世纪 80 年代

为了克服这些局限，E. F. Codd 等人在20世纪70年代开发出了关系数据模型。这种模型，被认为是第二代数据库管理系统，获得了广泛的商业认可并于20世纪80年代在整个商界中广泛传播。在关系模型中，所有的数据都以表格的形式表达。特别是，SQL用于数据检索。因此，关系模型为非程序员提供了简单的数据访问方法，克服了第一代系统的一个主要问题。关系模型也展示出非常适合于客户/服务器计算、并行处理和图形化用户界面（Gray，1996）。

□ 20 世纪 90 年代

20 世纪 90 年代迎来了计算的新时代，首先是客户/服务器计算，然后是数据仓库，并且互联网应用正变得越来越重要。而由 DBMS 管理的数据，在 20 世纪 80 年代主要是结构化的（如财务数据），但在 20 世纪 90 年代多媒体数据（包括图形、声音、图像和视频）越来越普遍。为了应对这些日益复杂的数据，面向对象数据库（被认为是第三代数据库）在 20 世纪 80 年代后期出现了（Grimes，1998）。

由于组织必须管理大量结构化和非结构化数据，关系和面向对象数据库在当今都是非常重要的。事实上，一些厂商正在开发将二者相结合的对象—关系数据库管理系统，这种 DBMS 可以管理这两种类型的数据。我们将在第 13 章介绍对象—关系数据库。

□ 2000 年及以后

目前，数据库主要类型仍是最普遍采用的关系数据库。但是，面向对象和对象—关系数据库也赢得一些关注，尤其是非结构化数据持续不断增长。这种增长部分得益于 Web 2.0 应用，如博客、wikis、社交网络站点（Facebook，MySpace，Twitter，LinkedIn 等），部分是由于创建图片和图像等非结构化数据已变得非常容易。当我们进入下一个十年时，发展处理这些不同类型数据的有效的数据库技术将一直是最重要的。随着规模较大的计算机内存芯片变得更便宜，管理内存中数据库的数据库新技术正涌现出来。这一趋势带来了更快速数据库处理的新的可能性。

《萨班斯—奥克斯利法案》、HIPAA 和巴塞尔公约等最新规定，强调了良好数据管理实践的重要性，重建历史地位的能力得到了突出。这导致电脑取证随着电子证据的发现而被日益关注进而得到了发展。良好数据库管理的重要性也持续加强，因为有效的灾难恢复和足够安全是这些条例所要求的。

数据库的开发过程

组织如何开始建立一个数据库？在许多组织中，数据库开发从**企业数据建模**（enterprise data modeling）开始，这个过程建立了组织数据库的范围和一般内容。它的目的是建立一个组织数据的整体视图或说明，而不是特定的数据库设计。一个特定的数据库为一个或多个信息系统提供数据，而企业数据模型可能包含许多数据库，描述该组织所维护数据的范围。在企业数据建模过程中，你检查限制的制度，分析所支持业务领域的性质，在一个非常高的抽象层次上描述需要的数据，并规划一个或多个数据库开发项目。

图 1—3（a）展示了松树谷家具公司企业数据模型的一个片段，使用了你将在第 2 章和第 3 章学习的符号的简化版本。除了这样的实体类型的图形化描述，完整的企业数据模型还将包括各实体类型面向业务的说明，以及一组关于业务操作的各种声明，这些声明被称为业务规则，它们控制了数据的有效性。业务对象（业务功能、单元、应用等）和数据之间的关系，常常使用矩阵表达，并且补充了企业数据模型中描述的信息。图 1—9 显示了这种矩阵的一个例子。

业务功能 \ 数据实体类型	客户	产品	原材料	订单	工作中心	工作订单	发票	设备	雇员
业务规划	√	√						√	√
产品开发		√	√		√			√	
材料管理		√	√	√	√	√		√	
订单履行	√	√		√	√	√	√		√
订单发货	√	√		√		√	√		√
销售概要	√	√		√					√
生产作业					√	√	√		
财务与会计	√	√	√	√	√		√		√

√为在业务功能中使用了数据实体。

图 1—9　业务功能与数据实体矩阵示例

　　企业数据建模作为信息系统规划和开发的自上而下方法的组成部分，代表了数据库项目的一种来源。这种项目经常开发新的数据库以满足组织的战略目标，如改善客户支持，更好的生产和库存管理，或者更准确的销售预测。但是，也出现了许多采用自下而上方式的数据库项目。在这种情况下，项目是信息系统用户要求的，他们在工作中需要某些信息；项目也可能是其他信息系统的专业人员要求的，他们觉得需要改善组织中的数据管理。

　　典型的自下而上的数据库开发项目通常侧重于创建一个数据库。有些数据库项目只专注于定义、设计和实现作为后续信息系统开发基础的数据库。但是，在大多数情况下，数据库和相关的信息处理功能是作为完整信息系统开发项目的一部分一起开发的。

　系统开发生命周期

　　正如你从其他所学的信息系统课程中得知的，管理信息系统开发项目的传统过程被称为**系统开发生命周期**（systems development life cycle，SDLC）。SDLC 是一组完整的步骤，是指信息系统专业人员，包括数据库设计人员和程序员，在一个组织中按照这些步骤指定、开发、维护和更换信息系统。各种教材和组织使用生命周期的许多变种，并可能确定 3～20 个不同的阶段。

　　SDLC 的各个步骤及其目的的描述如图 1—10 所示（Hoffer et al.，2010）。这是一个循环的过程，并用于表达系统开发项目的迭代性质。这些步骤可能会在时间上有重叠，它们可能会同步进行，并且当先前的决定需要重新考虑时，有可能要回溯到前面的步骤。有些人认为，经历开发过程的最常见路径是循环经过图 1—10 所示的步骤，但是随着系统需求变得越来越具体，每次经过一个步骤都会深入到更详细的层次。

　　图 1—10 还给出了在 SDLC 每个阶段通常包含的数据库开发的主要活动。请注意，SDLC 阶段和数据库开发步骤之间，并非总是存在一一对应的关系。例如，概念数据建模发生在规划和分析阶段。我们会在这一章的后面部分，简要说明松树谷家具公司数据库开发的每个步骤。

　　规划——企业建模　数据库的开发过程是从审查企业建模组件开始的，这些组件是在信息系统规划过程中开发的。在这一步中，分析人员检查目前的数据库和信息系

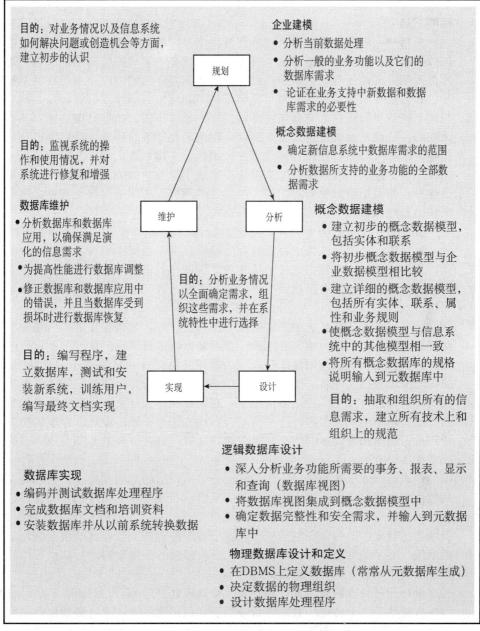

图 1—10　系统开发生命周期（SDLC）中的数据库开发活动

统，分析作为开发项目主题的业务区域的性质，并且用非常通用的词汇，描述每个要开发的信息系统所需的数据。他们确定哪些数据在现有的数据库已可用，并且确定需要添加什么新的数据以支持酝酿中的新项目。根据预计的每个项目对组织的价值，只有一些经过挑选的项目进入到下一阶段。

　　规划——概念数据建模　对于启动的信息系统项目，要开发的信息系统的总体数据需求必须分析。这种需求分析分为两个阶段。首先，在规划阶段，除了其他有关文档，分析师设计类似于图 1—3（a）的一种图，该图勾勒出这一特定开发项目所涉及的数据，此时没有考虑什么数据库已经存在，并且只包含高层次类别的数据（实体）和主要的联系。这在软件开发生命周期中，对于保证成功的开发过程是很关键的。组织的特定需求定义得越好，概念模型越接近组织的需求，并且在 SDLC 中需要的循环回溯就越少。

分析——概念数据建模　在软件开发生命周期的分析阶段，分析师建立一个详细的数据模型，该模型确定了这个管理信息系统必须管理的所有组织数据。每个数据属性都得到定义，所有数据类型都被列出，数据实体之间的每一个业务联系都得到了表示，并且规定数据完整性的每个规则都被明确指定。同样在分析阶段，概念数据模型与用于说明目标信息系统其他特性的模型如处理步骤、数据处理规则以及事件定时等之间的一致性，也要进行检查。然而，即使如此详细的概念数据模型也是初步的，因为随后的 SDLC 活动在设计特定事务、报表、显示和查询时，会发现缺少元素或某些错误。根据经验，数据库开发人员获得了通用业务功能的思维模型，如销售或财务记录保存，但对于组织中所沿用的一般做法的例外也必须始终保持警觉。概念建模阶段的输出是**概念模式**（conceptual schema）。

设计——逻辑数据库设计　逻辑数据库设计从两个角度开始数据库的开发。首先，概念模式必须转换为逻辑模式，逻辑模式是以数据库管理技术的方式来描述数据的。例如，如果关系数据库技术被使用，则概念数据模型将被转化并用关系模型的元素进行表达，这些元素包括表、列、行、主码、外码和约束。（你将在第 4 章学习如何进行这种转换。）这种表达被称为**逻辑模式**（logical schema）。

接着，随着信息系统中的每个应用都被设计好，包括程序的输入和输出格式，分析师要对数据库支持的事务、报表、显示和查询进行详细的审查。在这个所谓的自下而上的分析中，分析师便核实什么样的数据将被保存在数据库中，并确定每个事务、报表等所需数据的性质。概念数据模型可能需要随着每个报表、商业事务和其他用户视图分析而进行细化。在这种情况下，逻辑数据库设计阶段必须将原来的概念数据模型与这些单个用户视图进行合并、整合，构成一个全面的设计。在逻辑信息系统设计中，也有可能确定其他的信息处理需求，这时，这些新需求必须集成到以前确定的逻辑数据库设计中。

逻辑数据库设计的最后一步是将组合、调整后的数据规范，依据已经定义好的良构数据规范规则转换为基本的或原子的元素。对于当今的大多数数据库，这些规则来自于关系数据库理论以及一种被称为规范化的过程，我们将在第 4 章对此详细描述。其结果是数据库的一个完整的视图，这个视图没有涉及管理这些数据的特定数据库管理系统。有了最终的逻辑数据库设计，分析师便开始指定特定计算机程序的逻辑以及维护和输出数据库内容的查询。

设计——物理数据库设计和定义　物理模式（physical schema）是一组规范，这组规范描述了一个特定的数据库管理系统如何将逻辑模式表达的数据存储在计算机的辅助存储器中。每一个逻辑模式都有一个物理模式。物理数据库设计需要了解用来实现数据库的特定 DBMS 知识。在物理数据库设计和定义中，分析员决定物理记录的组织、文件组织的选择、索引的使用等等。要做到这一点，数据库设计人员需要勾勒出事务处理的方案，并产生预期的管理信息和决策支持报告。我们的目标是设计一个能够有效和安全地应对所有数据处理的数据库。因此，物理数据库设计是与物理信息系统的所有其他方面的设计，包括：程序、计算机硬件、操作系统和数据通信网络等密切协同的。

实现——数据库实现　在数据库实现中，设计者编写、测试和安装程序/脚本，用以访问、创建或修改数据库。设计者可能使用标准编程语言（例如，Java、C♯或 Visual Basic. NET）、特殊的数据库处理语言（如 SQL）或专用非过程语言，来建立格式化报表和显示，其中可能包括图表。此外，在实现过程中，设计师将完成所有的数据库文档，培训用户，并设置好信息系统（和数据库）的用户支持程序。最后一步是将数据从现有的信息源（文件和来自已有应用的数据库，再加上现在需要的新数据）加载。加载中，往往是先将现有的文件和数据库中的数据卸载到一个中间格式（如二进制或文本文件），然后再把这些数据加载到新的数据库中。最后，数据库及其相关应用投入运行，由实际用户进行数据维护和检索操作。在运行过程中，应定期对数据库进行备份，并对被污染或被破坏的数据进行恢复。

　　维护——数据库维护　数据库在数据库维护的过程中演变。在这一步，设计师增加、删除或改变数据库结构的特性，以满足不断变化的业务条件、更正数据库设计中的错误，或改善数据库应用的处理速度。如果数据库由于程序问题或计算机系统故障被污染或被破坏，设计者还可能需要重建数据库。这可能是数据库开发最漫长的步骤，因为这项工作要在整个数据库及其相关应用的生命周期中持续。每当数据库演化时，都把这个过程视为一个小型的数据库开发过程，在这个过程中，概念数据建模、逻辑和物理数据库设计以及数据库实现，都要随着数据库更改而进行相应变化。

□ 可供选择的是开发方法

　　系统开发生命周期或其稍有不同的变种，常常用来指导信息系统和数据库的开发。SDLC 是系统性的、高度结构化的方法，它包括许多检查和平衡，以确保每一步产生的结果准确可靠，并且要开发的、新的，或用来进行替换的信息系统和与该系统有交互的现有系统之间，以及新系统和一些具有保持数据定义一致性要求的系统之间，都必须保持一致。哎呀！这是一个工作量巨大的工作！因此，SDLC 在可运行系统开发完毕之前，经常因为需要的时间太长而受到批评，而开发任务完成也只是在开发过程结束时才发生。相反，组织越来越多地使用快速应用开发（rapid application development，RAD）方法，它遵循快速重复的分析、设计和实施步骤的迭代过程，直到他们开发出用户想要的系统。RAD 方法最适用于大量必要的数据库结构都已经存在并且主要用于检索数据而不是填充和修改数据库的系统。

　　最流行的 RAD 数据通信的方法之一是**原型法**（prototyping），这是一个系统开发的迭代过程，在这个过程中，需求不断地通过分析人员和用户之间的紧密合作转换为工作系统。图 1—11 显示了原型过程。该图通过注释大致说明，在每个原型阶段发生哪些数据库开发活动。通常情况下，当信息系统的问题确定时，你对概念数据建模只做出非常粗略的计划。在最初的原型开发过程中，你在设计用户希望的显示和报表的同时，理解新的数据库需求并定义原型系统使用的数据库。这通常是一个新的数据库，该数据库复制了现有数据库的部分内容，并可能增加了新的内容。如果需要增加新的内容，则这些内容通常来自外部数据源，如市场调查数据、总体经济指标或行业标准。

　　数据库的实现和维护活动随着原型系统新版本的产生而重复进行。通常安全性和完整性控制是微乎其微的，因为工作重点是尽可能快速地开发好原型版本。此外，文档往往是推迟到项目结束，而用户培训主要内容是实际操作使用。最后，在一个公认的原型系统创建之后，开发人员和用户决定是否最终的原型及其数据库可投放生产。如果包括数据库的系统效率太低，那么，系统和数据库可能需要重新规划和重组以满足性能期望。但是，衡量这些低效率问题时，必须考虑是否违反正确的数据库设计核心原理。

　　可视化编程工具（如 Visual Basic，Java 或 C♯）使得用户和系统之间的界面容

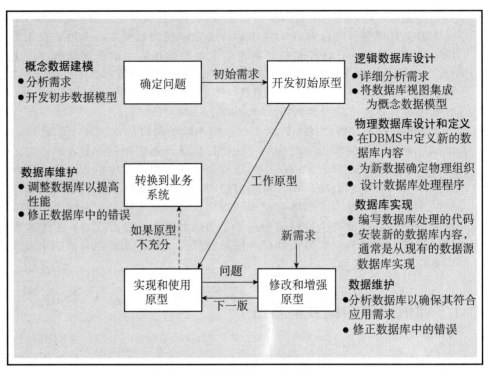

图1—11 原型法和数据库开发过程

易修改。随着这些工具的日益普及，原型成为新应用系统开发方法的首选。有了原型，改变用户报表和输出显示的内容布局，就变得相对容易。

由RAD和原型方法表现出的系统开发迭代方法的优点，使人们进一步致力于建立更多的相关开发方法。2001年2月，一个由17个人组成的小组对这些方法表示感兴趣，并且建立了"敏捷软件开发宣言"。对他们来说，**敏捷软件开发**（agile software development）实践着下列价值（www. agilemanifesto. org）：人和交互胜过程序和工具；运行的软件胜过全面的文档；客户合作胜过合同谈判；响应变化胜过遵循计划。

他们的措辞，明显地强调人的重要性，无论是软件开发人员还是客户。这是对目前软件开发环境的响应，这种环境与产生早期软件开发方法的多数工程开发项目比较沉静的环境相比更加多变。在SDLC中建立的成功实践的重要性，不断被软件开发人员包括敏捷软件开发宣言缔造者们认识和接受。但是，如果这些实践抑制了对项目环境变化做出快速反应，则是不切实际的做法。

对于具有如下一些特点的项目应该考虑使用敏捷的或适应性的过程。这些项目中涉及不可预知的和/或不断变化的需求，有负责任的、具有合作精神的开发人员，以及了解并能为这一过程作出贡献的客户（Fowler，2005）。如果你有兴趣学习更多的关于敏捷软件开发的知识，可以研究一些敏捷开发的方法，如极限编程（eXtreme Programming）、Scrum、DSDM组织，以及特征驱动的开发方法。

数据库开发的三级模式体系结构

在本章前面提到的数据库开发过程的解释中，提到了几种在系统开发项目中建立的不同但相互关联的数据库模型。这些数据模型和建立这些模型的SDLC初级阶段可以概述如下：
- 企业数据模型（在信息系统规划阶段）
- 外部模式或用户视图（在分析和逻辑设计阶段）
- 概念模式（在分析阶段）
- 逻辑模式（在逻辑设计阶段）
- 物理模式（在物理设计阶段）

1978 年，通常被称为 ANSI/ SPARC 的一个行业委员会发表了一份重要文档，该文档阐述了三级模式体系结构——外模式、概念模式和内模式，用于描述数据结构。图 1—12 显示了在 SDLC 中建立的各种模式之间的关系，以及 ANSI 的三级模式体系结构。重要的是要记住，所有这些模式不过是不同的人对同一数据库结构可视化的不同方式。

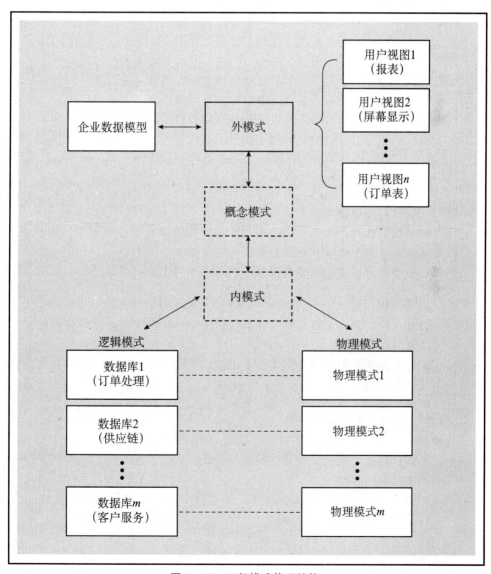

图 1—12　三级模式体系结构

三级模式由 ANSI 定义（如图 1—12 中间部分所示）如下：

（1）**外模式** 这是管理者和其他雇员的视图（一个或多个），这些人是数据库的用户。如图 1—12 所示，外部模式可表示为企业数据模型（自上而下的视图）和一组详细的（或自下而上）用户视图的组合。

（2）**概念模式** 这种模式把各种不同的外视图综合为单一的、连贯的、全面的企业数据定义。概念模式表示了数据架构师或数据管理员的视图。

（3）**内模式** 如图 1—12 所示，现在的内模式实际上由两个分离的模式组成：逻辑模式和物理模式。逻辑模式是某种类型数据管理技术（如关系数据库）的数据表示。物理模式描述数据在辅助存储中是如何被特定 DBMS（如 Oracle）表示的。

☐ 管理数据库开发有关的人

这是不是关于最终一起工作的人？正如在图 1—10 中隐含指出的，数据库是作为项目的一部分开发的。**项目**（project）是一组相关活动的有计划的执行，以达到一定的目标，有起点和终点。一个项目从项目立项和规划阶段开始，以实现阶段为最后一个步骤结束。一位资深的系统或数据库分析师将被指派为项目负责人。此人负责建立详细的项目计划，以及确定人员编制和管理项目团队。

项目在规划阶段启动和规划，在分析、逻辑设计、物理设计和实现等阶段执行，并且随着实现阶段的结束而结束。项目团队在启动阶段形成。系统或数据库开发团队可以包括下列人员中的一个或多个：

● **业务分析师** 这些人员与管理人员和用户一起工作，分析业务状况，并为项目制定详细的系统和程序规范。

● **系统分析师** 这些人可能进行业务分析活动，但还要指定计算机系统的需求，并且通常比业务分析师有更强的系统开发背景。

● **数据库分析师和数据建模员** 这些人致力于确定信息系统中数据库部分的需求和设计。

● **用户** 用户提出他们的信息需求，并且监督所开发的系统能否满足其需求。

● **程序员** 这些人设计和编写计算机程序，程序中包含了对数据库数据进行访问和维护的命令。

● **数据库架构师** 这些人为业务单位中的数据建立标准，努力获得最佳的数据定位、流动和质量。

● **数据管理员** 这些人对现存和未来的数据库负有责任，要确保多个数据库之间数据的一致性和完整性，并作为数据库技术专家向项目团队的其他成员提供咨询和培训。

● **项目经理** 项目经理负责被指派的项目，包括团队构成、分析、设计、实施和项目的支持。

● **其他技术专家** 在其他方面，例如网络、操作系统、测试、数据仓库和文档等，需要的一些专家。

项目负责人有责任选择和管理所有这些人，以构成一个高效的团队。关于如何管理一个系统开发项目团队的详细信息，请参见 Hoffer 等（2010）。关于职业途径和数据管理角色的更详细说明，请参见 Henderson 等（2005）。当采用敏捷开发过程时，强调人而不是角色，意味着团队成员将不太可能被限制在一个特定的角色上。他们被期望在多个角色上协同合作，这样能够更充分地利用他们的特殊技能、兴趣和能力。

为松树谷家具公司开发一个数据库应用

在本章的前面部分介绍过松树谷家具公司。在 20 世纪 90 年代后期，家具制造业的竞争加剧，竞争对手对于新的商业机会似乎比松树谷家具公司响应更迅速。虽然产生这种倾向的原因很多，但管理人员认为他们正在使用的计算机信息系统（基于传统文件处理）已经过时。在参加了由 Fred McFadden 和 Jeff Hoffer（我们希望！）主持的行政主管会议后，公司开始了开发方面的努力，最终使该公司采取了数据库方法。图 1—13 显示了松树谷家具公司的计算机网络的基本情况。

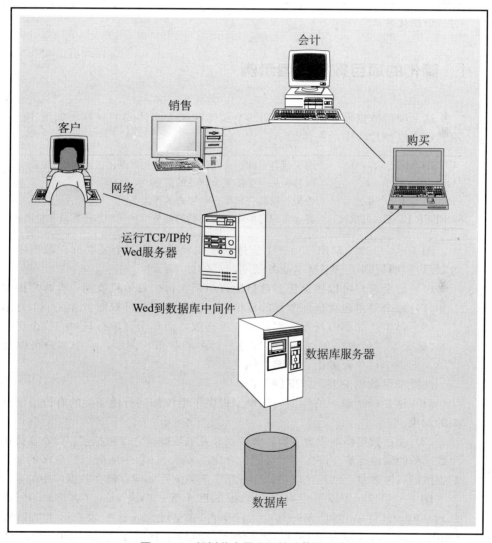

图 1—13　松树谷家具公司的计算机系统

以前存储在单独文件中的数据已被集成到单一的数据库结构中。此外，描述这些数据的元数据也驻留于相同的结构。DBMS 在组织用户的各种数据库应用和一个/多个数据库之间提供了接口。DBMS 允许用户共享数据以及查询、存取和更新存储的数据。

在处理来自家庭办公家具产品经理海伦·贾维斯的销售数据访问请求之前，让我们回顾松树谷家具公司最初进入数据库环境时的过程。松树谷家具公司转换到数据库方法的第一步，是建立一个支持该组织业务活动的高层实体的清单。你会记得，实体是对于业务很重要的对象或概念。松树谷家具公司确定的一些高层实体包括：CUSTOMER，PRODUCT，EMPLOYEE，CUSTOMER ORDER 和 DEPARTMENT（客户、产品、员工、客户订单和部门）。在确定和定义这些实体之后，公司着手建立企业数据模型。请记住，企业数据模型是一种图形化模型，该模型展示了组织中的高层实体以及这些实体之间的联系。

初步研究结果使管理者相信数据库方法的潜在优势。在其他数据建模步骤完成以后，该公司决定实施一种现代关系数据库管理系统，这种数据库系统将所有数据都放在表中。（我们将在第 4 章中更详细地介绍关系数据库。）接下来将讨论项目数据模型的一个简化片段。

☐ 简化的项目数据模型示例

这个项目数据模型的片段包括四个实体和三个实体间的联系，如图 1—3（b）所示。这个模型片段中的实体如下：

CUSTOMER（客户）	购买或有可能购买松树谷家具公司产品的人或组织
ORDER（订单）	顾客购买一个或多个产品的信息
PRODUCT（产品）	松树谷家具公司生产和销售的产品条目
ORDER LINE（订单行）	特定客户订单中每个产品的细节信息（如出售数量和价格）

图 1—3（b）中给出（由三个实体连接线表示）的三个关联（在数据库术语中称为联系），捕捉到了三项基本业务规则，具体如下：

（1）每个客户可以提交任意数量的订单，而每个订单只能由一个客户提交。

（2）每个订单包含任何数量的订单行，而每个订单行只能包含在一个订单中。

（3）每个产品都有任意数据量的订单行数，而每个订单行只对应一个产品。

"提交"、"包含"和"有"称为是一对多的联系，例如，一个客户可以提交多个订单，而一个订单只能由一个客户提交。

注意项目数据模型的以下特点：

（1）这是一个组织的模型，该模型提供了组织如何行使职能的有价值信息以及重要的约束。

（2）项目数据模型侧重于实体、关系和业务规则。它还包括了存储在实体中的每一个数据项的属性标签。许多实体可能包含比图 1—3（b）中所展示的更多的属性，但我们提供的属性数量，已经足以帮助你开始了解数据是如何存储在数据库中的。

图 1—14 显示了以下带有样例数据的四个表：Customer（客户），Product（产品），Order（订单）和 OrderLine（订单行）。请注意，这些表表示了项目数据模型（如图 1—3（b）所示）中的四个实体。表的每一列表示了实体的一个属性（或特征）。例如，所给的客户属性是客户标识（CustomerID）和客户名称（CustomerName）。表的每一行表示实体的一个实例。关系模型的一个重要特性，是它通过存储在相应表的列中的值表示实体之间的联系。例如，请注意 CustomerID 既是客户表的属性也是订单表的属性。因此，我们可以很容易地把一个订单与其相关的客户联系起来。例如，我们可以断定订单 OrderID 1003 与 CustomerID1 相关。你能确定哪些

ProductID 与 OrderID 1004 有关吗？在随后的章节中，你将学习如何使用强大的查询语言 SQL 从这些表中检索数据，SQL 利用了表之间的这些联系。

Order_T

OrderID	OrderDate	CustomerID
1001	10/21/2010	
1002	10/21/2010	
1003	10/22/2010	
1004	10/22/2010	
1005	10/24/2010	
1006	10/24/2010	
1007	10/27/2010	
1008	10/30/2010	
1009	11/5/2010	
1010	11/5/2010	

Record: 1 of 10   No Filter   Search

OrderLine_T

OrderID	ProductID	OrderedQuantity
1001	1	2
1001	2	2
1001	4	1
1002	3	5
1003	3	3
1004	6	2
1004	8	2
1005	4	4
1006	4	1
1006	5	2
1006	7	2
1007	1	3
1007	2	3
1008	3	3
1008	8	3
1009	4	2
1009	7	3
1010	8	10
0	0	0

Record: 1 of 18   No Filter   Search

(a) 订单和订单行表

Customer_T

CustomerID	CustomerName
1	Contemporary Casuals
2	Value Furniture
3	Home Furnishings
4	Eastern Furniture
5	Impressions
6	Furniture Gallery
7	Period Furniture
8	Calfornia Classics
9	M and H Casual Furniture
10	Seminole Interiors
11	American Euro Lifestyles
12	Battle Creek Furniture
13	Heritage Furnishings
14	Kaneohe Homes
15	Mountain Scenes
	(New)

(b) 客户表

Product_T

ProductID	ProductStandardPrice
1	$175.00
2	$200.00
3	$375.00
4	$650.00
5	$325.00
6	$750.00
7	$800.00
8	$250.00
(New)	$0.00

(c) 产品表

图 1—14   松树谷家具公司中的四种联系

为了促进数据和信息的共享，松树谷家具公司使用局域网（LAN）把各个部门中雇员的工作站连接到数据库服务器，如图 1—13 所示。在 21 世纪初，该公司启动了一项两阶段任务以引进 Internet 技术。首先，为了改善公司内部沟通和决策，安装了内部网，让员工能够基于 Web 快速地访问公司信息，包括电话簿、家具设计规范、电子邮件等。此外，松树谷家具公司还为某些业务应用增加了 Web 界面，如订单入口，让更多需要访问数据库服务器中数据的内部业务活动也可以通过内部网进行。但是，大多数使用数据库服务器的应用仍没有一个 Web 界面，需要将这些应用安装存储在雇员的工作站中。

尽管数据库已经非常充分地支持了松树谷家具公司的日常运营，但是管理人员很快了解到，同样的数据库对于决策支持应用往往是不充足的。例如，下面是一些不能轻易回答的问题类型：

（1）与去年同期相比，今年的家具销售模式是什么？

（2）谁是我们 10 个最大的客户，他们的购买模式是什么？

（3）为什么我们不能轻易获得任意客户在不同销售渠道中的统一视图，而不是把每个关系都视为代表每个独立的客户？

为了回答这些和其他一些问题，组织往往需要单独建立一个包含历史性和概要性数据的数据库。这样的数据库通常称为数据仓库（data warehouse），或者在某些情况下称为数据集市（data mart）。此外，分析师需要专门的决策支持工具来查询和分析这样的数据库。一类用于此目的工具称为在线分析处理（online analytical processing，OLAP）工具。我们将在第 9 章描述数据仓库、数据集市以及相关的决策支持工具。在那一章中，你将了解构建数据仓库的好处，该数据仓库目前正在松树谷家具公司不断增大。

□ 当前松树谷家具公司的一个项目需求

一个好数据库的显著特点是能够演进！松树谷家具公司家用办公家具产品经理海伦·贾维斯，知道在这个成长的产品领域中竞争已经越来越激烈。因此，海伦能够对自己产品的销售情况进行更全面的分析，这对松树谷家具公司而言就日益重要了。通常，这些分析是临时性的，会被迅速变化的业务状况、出乎预料的业务条件、家具店经理的言谈、贸易行业的闲言碎语或个人经验所驱动。海伦要求给她提供带有简便界面的销售数据的直接访问，这样她就可以搜索到各种营销问题的答案。

克里斯·马丁是松树谷家具公司信息系统开发领域的系统分析师。克里斯在松树谷家具公司已经工作 5 年，并且对于该公司多个业务领域的信息系统都有经验。因为具有这些经验，加上他在西佛罗里达大学获得的信息系统教育以及在松树谷家具公司中的扩展培训，他已经成为松树谷家具公司最好的系统开发员之一。克里斯擅长数据建模，并且熟悉在公司内部使用的几个关系数据库管理系统。由于他具有经验和专业知识，并且工作时间允许，因此信息系统负责人分派克里斯和海伦在一起工作，建立海伦要求的营销支持系统。

由于松树谷家具已经在精心开发自己的系统，特别是因为采用了数据库方法，公司已拥有支持其业务运行功能的数据库。因此，克里斯能够将海伦需要的数据从现有的数据库中提取出来。松树谷的信息系统架构要求海伦所需要的系统在独立的数据库上建立，这样，对数据的非结构化和不可预知的使用，将不会影响到当前运营数据库的访问，这些运营数据库需要支持高效的事务处理系统。

此外，由于海伦的需求是针对数据分析，而不是数据创建和维护，而且是个性化的，不是制度性的，因此，克里斯决定采用原型与生命周期相结合的办法，开发海伦需要的系统。这意味着克里斯将遵守生命周期的所有步骤，但将重点关注对于原型法也是必不可少的那些步骤。因此，他将快速地进行项目规划，然后采用分析、设计、实现等步骤作为迭代周期与海伦密切合作，开发一个她所需系统的原型。由于该系统将是个性化的并可能需要一个有限范围的数据库，克里斯希望最终的原型将是海伦要实际使用的系统。克里斯选择使用微软的 Access 数据库开发该系统，Access 是松树谷首选的个人数据库技术。

□ 项目规划

克里斯通过采访海伦开始了项目工作。克里斯询问海伦的业务领域，记录了她业务领域的目标、业务功能、数据实体类型和她涉及的其他业务对象。这时，克里斯听多于说，这样他能集中精力了解海伦的业务领域。他也插话问了几个问题，以使海伦不会向前跳跃去谈论她所需要的信息系统界面和报表等问题。克里斯问了一些很普通的问题，尽可能多地使用商业和营销术语。例如，克里斯问海伦管理家庭办公产品面临哪些问题；在她的工作中，对什么人、地点和事物感兴趣；她需要数据在多长时间之内能够用于她的分析；在感兴趣的业务中会发生什么事件。克里斯特别关注海伦的目标，以及她感兴趣的数据实体。

克里斯在与海伦再次谈话之前，快速做了两项分析。首先，他确定了与海伦所提数据实体相关的所有数据库。从这些数据库中，克里斯列出了一个这些数据实体的所有数据属性清单，他认为海伦可能在她的家庭办公家具市场分析中对这些属性感兴趣。克里斯以往曾参与开发的松树谷标准销售跟踪和预报系统以及成本财务系统项目，帮助他预测海伦可能需要的数据种类。例如，超过每种办公家具产品完成类别销售指标的目标，提示出海伦希望在她的系统中需要产品年度销售目标；另外，实现至少 8％的年销售额增长的目标，意味着必须包含每种产品的前一年订单。他还认为，海伦的数据库必须包括所有产品，不仅是办公家具类的，因为她希望把自己负责的产品与其他人的产品相比。但是，他能够去掉每个数据实体包含的许多属性。例如，海伦似乎并不需要各种客户数据，如地址、电话号码、联系人、仓库大小和销售人员。克里斯还包含了其他的一些属性，如客户类型和邮政编码，他认为这些属性可能对销售预测系统非常重要。

其次，依据这个清单，克里斯绘制了一个图形化数据模型，该模型表示了带有数据属性的数据实体，以及这些数据实体之间的主要联系。克里斯的希望是，他可以通过把数据模型展示给海伦，减少系统开发过程中分析阶段的时间（即进行概念数据建模的时间）。初步数据库的图形化数据模型如图 1—15 所示。克里斯认为海伦在系统中需要的每个实体的属性，在表 1—6 中列出。在表 1—6 中，克里斯只列出现有数据库中的基本数据属性，因为海伦将可能对这些数据做各种方式的组合，以进行她所需要的多种分析。

□ 分析数据库需求

在他们的下一次会面之前，克里斯给海伦发送了一个粗略的项目进度计划，大致描述了他打算采用的步骤以及每个步骤估计的时间长度。因为原型法是一个用户驱动的过程，在这个过程中，用户决定在新原型版本的迭代何时停止，因此，克里斯只能提供某些项目步骤持续时间的粗略估计。出于这个原因，克里斯的老板决定这个项目在向海伦的部门开账单时，应基于咨询时间而不是根据固定的开销。

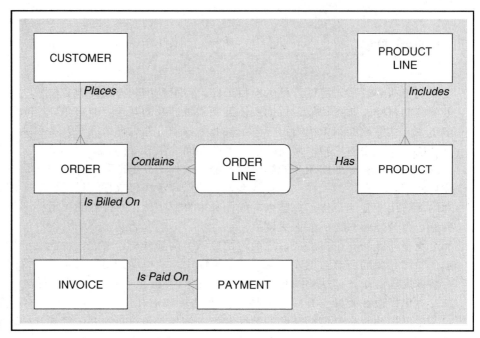

图 1—15　家用办公产品线营销支持系统的初步数据模型

表 1—6　　　　　　　　　　　松树谷家具公司初步数据模型中实体的数据属性

Entity Type	Attribute
Customer	Customer Identifier
	Customer Name
	Customer Type
	Customer Zip Code
Product	Product Identifier
	Product Description
	Product Finish
	Product Price
	Product Cost
	Product Annual Sales Goal
	Product Line Name
Product Line	Product Line Name
	Product Line Annual Sales Goal
Order	Order Number
	Order Placement Date
	Order Fulfillment Date
	Order ldentifire
Ordered Product	Order Number
	Product ldentifier
	Order Quantity
Invoice	Invoice Number
	Order Number
	Invoice Date
Payment	Invoice Number
	Payment Date
	Payment Amount

在第二次的会面中，克里斯的话多了一些，但他密切关注海伦对他数据库应用初步设想的反应。他有条不紊地逐个讲述图 1—15 中的每个数据实体，解释该实体的含义，该实体相关的每个数据属性是什么（在表 1—6 中），以及实体之间的每条连线表示什么业务规则和程序。例如，克里斯解释说，每个订单由一个发票结算，而每一张发票只为一个订单结算。订单号唯一标识了每个订单，并且一个订单是由一个客户提交的。克里斯认为海伦可能想知道有关订单的其他数据，包括订单的提交日期以及订单填写的日期。（这将是订单上产品的最近装运日期。）克里斯还解释说，付款日期属性表示客户为订单支付的任何款项（全部或部分）的最近日期。

也许是因为克里斯如此充分的准备或如此热情，海伦对成功开发系统的可能性感到兴奋，这种兴奋使她告诉克里斯她想要的一些其他数据（客户从松树谷家具公司购买产品的年数，以及填写每个订单必需的出货数量）。海伦还指出，对于一种产品线克里斯只给出了一年的销售目标。她提醒克里斯，她希望有过去和现在年度中的这些数据。当她谈论数据模型时，克里斯问她打算如何使用这些数据。克里斯并不想在这一点上刨根问底，因为他知道海伦还没有使用过类似的信息系统，因此，她可能还不确定自己想要什么样的数据或要这些数据做什么。相反，克里斯的目的是要了解海伦使用数据的一些方式，这样他就能够开发出初步的原型系统，包括数据库和几个计算机显示或报表。海伦同意的所需要数据的最后属性列表，如表 1—7 所示。

表 1—7　　　　　　松树谷家具公司最终数据模型中实体的数据属性

Entity Type	Attribute
Customer	Customer Identifier
	Customer Name
	Customer Type
	Customer Zip Code
	Customer Years
Product	Product Identifier
	Product Description
	Product Finish
	Product Price
	Product Cost
	Product Prior Year Sales Goal
	Product Current Year Sales Goal
Product Line	Product Line Name
	Product Line Name
	Product Line Prior Year Sales Goal
	Product Line Current Year Sales Goal
Order	Order Number
	Order Placement Date
	Order Fulfillment Date
	Order Number of Shipments
	Customer Identifier
Ordered Product	Order Number
	Product Identifier
	Order Quantity
Invoice	Invoice Number
	Order Number
	Invoice Date
Payment	Invoice Number
	Payment Date
	Payment Amount

* Changes from preliminary list of attributes appear in italics.

☐ 设计数据库

因为克里斯采用的是原型法，而且由于前两次与海伦的会话很快确定了海伦可能需要的数据，克里斯能够立即开始建立原型。第一，克里斯从公司数据库中提取海伦建议的数据实体和属性。克里斯能够使用 SQL 查询语言创建所有这些文件。海伦需要的一些数据是从原始的运营数据计算而来（例如，客户年），但 SQL 使克里斯很容易定义这些计算。这种抽取操作为每个数据实体产生了单一的 ASCII 文件，文件中的每行包含了数据模型中该数据实体相关的所有属性，而不同行都是实体的不同实例。例如，产品线（PRODUCT LINE）数据实体的 ASCII 文件中的每一行，包含了产品线名称以及过去和当前年度的年销售目标。

第二，克里斯把与海伦讨论得到的最终数据模型转换为一组表，这些表的列是数据属性，行是这些属性的不同值集。表是关系数据库的基本组成部分，微软的 Access 就是一种关系数据库。图 1—16 和 1—17 给出了克里斯创建的 ProductLine（产品线）表和 Product（产品）表的定义，表中包含了相关的数据属性。这些表是用 SQL 定义的。人们习惯于在表的名称上添加 _ T 后缀。另外请注意，因为关系数据库不允许名称之间有空格，所以来自数据模型属性中的单个单词已经连接在一起。因此，数据模型中的 Product Description（产品描述），在表中已经变成 ProductDescription。克里斯执行了这些变换，以便每个表有一个称为表"主码"的属性，该属性对于表中的每一行都不同。表的其他主要特性是，每一行中的每个属性值只能有一个，如果我们知道标识属性的值，则该值所在行的其他每个属性的值只能有一个。例如，对于任何产品线，当年的销售目标只能有一个值。

数据库设计包括为每个属性（微软 Access 把属性称为字段）指定格式或性质。在这种情况下这些设计决策是容易的，因为大部分的属性已经在企业数据字典中被指定了。

关于数据库设计，克里斯需要作出的其他重要决策是如何从物理上组织数据库，以最快地响应海伦会写出的查询。由于该数据库将用于决策支持，克里斯和海伦都无法预先知道有可能出现的所有查询，因此，克里斯必须凭借经验进行物理设计，而不是依据对数据库未来使用方式的精确了解。SQL 允许数据库设计者所做的物理数据库设计的关键决策，是在哪些属性上创建索引。（索引就像是图书馆中的卡片目录，具有共同特征的行通过索引可以很快找到。）所有主码的属性（如 Order _ T 表的 OrderNumber 属性）在表的所有行上都具有唯一的值，这些属性是用于索引的。除此以外，克里斯使用了一个普通的经验：为任何有 10 个以上不同值的属性，以及海伦可能用来分割数据库的属性建立索引。例如，海伦表示，她希望使用该数据库的方式之一，是按产品末道漆（Product Finish）来查看销售。因此，在表 Product _ T 上按

```
CREATE TABLE ProductLine_T

(ProductLineID      VARCHAR (40) NOT NULL PRIMARY KEY,

PIPriorYearGoal      DECIMAL,

PICurrentYearGoal    DECIMAL);
```

图 1—16　ProductLine 表的 SQL 定义

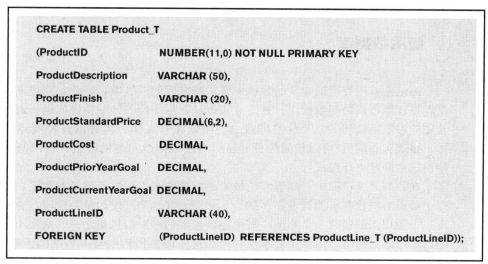

图 1—17 Product 表的 SQL 定义

Product Finish 属性创建一个索引，可能是有意义的。

然而，松树谷仅使用六种产品末道漆或木材的类型，因此这不是一个有用的候选索引。另外，OrderPlacementDate（称为二级码，因为在 Order _ T 表中，可能有多个行在此属性上有相同的值），是一个很好的索引候选，海伦也想用它来分析不同时段的销售。

图 1—18 显示了克里斯为家庭办公营销数据库开发的原型系统数据模型。每个方框表示了数据库中的一个表，表的属性在相应框内列出。该项目的数据模型展示了联系是如何通过共同字段或外码建立的。在模型中，外码带有虚线下划线。例如，属性 Product Line 是关系 PRODUCT LINE 的主标识符，该属性也包含在关系 PEODUCT 中。这种连接使我们能够把当前销售与产品线销售目标相比较。

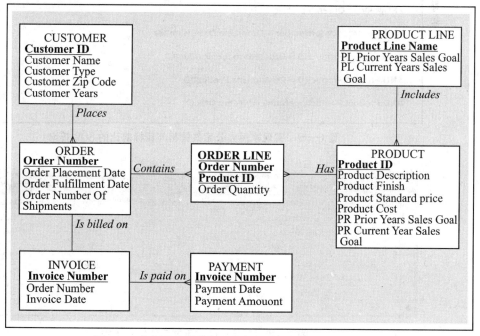

图 1—18 家用办公产品线营销支持系统的项目数据模型

☐ **使用数据库**

海伦主要用克里斯建成的数据库寻求特定问题的答案，因此，克里斯将对她进行培训，让她可以访问数据库，并建立查询让数据库回答她的特定问题。海伦指出了她希望能够定期询问的几个标准问题。克里斯将开发预先写好的几种类型的例程（窗体、报表和查询），可以使海伦更容易得到这些标准问题的答案（所以她不必从头开始对这些问题进行编程）。

在原型开发过程中，随着海伦越来越清楚地说出想要系统具有哪些功能，克里斯对于每一个例程都可能开发很多例子。然而，在这个开发的早期阶段，克里斯想要开发一个例程来创建第一个原型。海伦说她想要的标准信息集之一，是家用办公家具线的每个产品的清单，清单中显示每种产品迄今的总销售额与本年度销售目标的比较。海伦可能希望此查询的结果以一种更加风格化的形式显示，如使用报表，但现在克里斯只打算把这些内容以一个查询的形式展示给海伦。

产生这种产品清单的查询展示在图 1—19 中，而带有样本数据的输出如图 1—20 所示。图 1—19 中的查询使用 SQL。你可以看到这个查询中包含了 SQL 六个标准子句中的三个：SELECT，FROM 和 WHERE。SELECT 指出哪些属性将在结果中显示。该子句中还包含了一个算式并且也给出了该算式的标签 "Sales to Date"（迄今销售量）。FROM 指出检索数据必须访问的表。WHERE 定义了表之间的连接，并指出结果中只包含家用办公家具产品线的相关结果。这个例子中只包含了有限的数据，所以图 1—20 中总销售额的结果相当小，但格式上是图 1—19 查询的结果。

```
SELECT Product.ProductID, Product.ProductDescription, Product.PRCurrentYearSalesGoal,

    (OrderQuantity *  ProductPrice)  AS  SalesToDate

FROM Order.OrderLine, Product.ProductLine

WHERE Order.OrderNumber = OrderLine.OrderNumber

AND Product.ProductID = OrderedProduct.ProductID

AND Product.ProductID = ProductLine.ProductID

AND Product.ProductLineName = "Home Office";
```

图 1—19　实现家用办公家具销售与目标对比的 SQL 查询

Home Office Sales to Date : Select Query			
Product ID	Product Description	PR Current Year Sales Goal	Sales to Date
3	Computer Desk	$23 500.00	5625
10	96" Bookcase	$22 500.00	4400
5	Writer's Desk	$26 500.00	650
3	Computer Desk	$23 500.00	3750
7	48" Bookcase	$17 000.00	2250
5	Writer's Desk	$26 500.00	3900

图 1—20　家用办公家具产品线销售比较

克里斯现在已经准备好再次与海伦碰面，看看这个原型是否开始满足她的需要。克里斯给海伦展示了系统。当海伦提出建议时，克里斯能够马上做出修改，但海伦的许多看法都需要克里斯在他办公桌上做更细致的工作。

篇幅不容许我们回顾开发家用办公设备营销支持系统的整个项目。克里斯和海伦在系统开发结束之前共有十多次会面，直到最后海伦对系统感到满意：她所需要的所有属性都在数据库中；克里斯编写的标准查询、窗体和报表对她都有用；而且她知道如何编写预料之外的问题查询。当海伦在使用系统的过程中包括编写更复杂的查询、窗体或报表遇到麻烦时，克里斯将随时为海伦提供咨询支持。克里斯和海伦做出的最后一个决定是，最终原型系统的性能表现足够好，该原型不必重写或重新设计。海伦现在准备使用该系统。

管理数据库

家用办公设备营销支持系统的管理是相当简单的。海伦决定，她可以每周把松树谷运营数据库中的新数据下载到她的微软 Access 数据库中。克里斯写了一个带有 SQL 命令的 C♯ 程序嵌入在该系统中以执行必要的数据抽取，并用 Visual Basic 写了微软 Access 程序，实现从这些抽取的数据重建 Access 表，他把这些工作安排在每星期日晚上进行。克里斯还更新了公司信息系统架构模型，使其包括家用办公设备营销支持系统。这一步很重要，这样，当海伦系统所包含的数据发生格式变化时，公司的 CASE 工具可以提醒克里斯，海伦的系统可能也要改变。

本章回顾

关键术语

敏捷软件开发　agile software development

计算机辅助软件工程工具　computer-aided software engineering (CASE) tools

概念模式　conceptual schema

约束　constraint

数据　data

数据独立性　data independence

数据模型　data model

数据仓库　data warehouse

数据库　database

数据库应用　database application

数据库管理系统　database management system (DBMS)

企业数据模型　enterprise data modeling

企业资源计划　enterprise resource planning (ERP)

实体　entity

信息　information

逻辑模式　logical schema

元数据　metadata

物理模式　physical schema

项目　project

原型开发　prototyping

关系数据库　relational database

元数据库　repository

系统开发生命周期　systems development life cycle (SDLC)

用户视图　user view

复习题

1. 对比下列术语：
   a. 数据依赖，数据独立性
   b. 结构化数据，非结构化数据
   c. 数据，信息
   d. 元数据库，数据库
   e. 实体，企业数据模型
   f. 数据仓库，ERP 系统
   g. 两层数据库，多层数据库
   h. 系统开发生命周期，原型开发
   i. 企业数据模型，概念数据模型
   j. 原型开发，敏捷软件开发

2. 列出文件处理系统的 5 个缺点。

3. 列出数据库系统环境中的 9 个主要组成部分。

4. 数据独立性术语的含义是什么，为什么说它是一个重要目标？

5. 列出数据库方法与传统文件系统相比所具有的 10 个优点。

6. 列出与数据库方法相关的 5 种代价或风险。

7. 给出三层数据库架构的定义。

8. 给出传统系统开发生命周期的 5 个阶段名称，并说明每个阶段的目的和输出。

9. SDLC、原型法和敏捷法具有共同的程序和过程吗？对任何这样的程序和过程进行解释，然后说明为什么这些方法即使包括共同的基本程序和过程，却仍然被认为是不同的。

10. 说明数据库的用户视图、概念模式和内模式之间的差异。

问题和练习

1. 对于下列每一对相关实体，说明它们（在一般情况下）是否存在一对多或多对多联系。然后，使用本书中介绍的符号绘制每个联系图。
   a. 学生和课程（学生选修课程）
   b. 书和书的拷贝（书有拷贝）
   c. 课程和班（一门课程有多个班）
   d. 班和教室（班被安排在教室上课）
   e. 教师和课程

2. 在"文件处理系统的缺点"部分曾指出，文件处理系统的缺点也可能成为数据库的局限，这与组织如何管理其数据库相关。第一，为什么组织要创建多个数据库，而不是一个包含各种数据并且支持所有数据处理需求的数据库呢？第二，有哪些组织和个人因素可能导致组织有多个独立管理的数据库（因此，不完全遵从数据库方法）？

3. 考虑你所在的一个学生社团或组织。这个组织中有什么数据实体？列出并定义每个实体。然后，建立一个企业数据模型如图1—3（a），显示这些实体和它们之间的重要联系。

4. 驾驶执照管理部门有一个持照司机的数据库。说明以下概念表示的是数据还是元数据。如果表示数据，说明它是结构化还是非结构化数据。如果表示元数据，说明它是描述数据特性的事实，还是描述数据的上下文。
   a. 驾驶员姓名、地址以及出生日期
   b. 驾驶员姓名是一个 30 字符长的字段
   c. 驾驶员的照片
   d. 驾驶员的指纹图像
   e. 用来扫描指纹的扫描设备的牌子和序列号
   f. 用来给驾驶员照相的相机的分辨率（用像素描述）
   g. 驾驶员的出生日期必须比今天的日期早至少 16 年

5. 图 1—21 显示了一个宠物店的企业数据模型。
   a. 宠物和宠物店之间的联系是什么（一对一、多对多，还是一对多）？
   b. 客户和宠物之间的联系是什么？
   c. 你认为客户和宠物店之间应该有

联系吗？

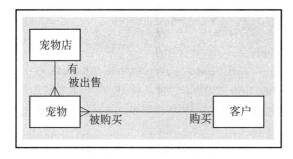

图 1—21　问题和练习第 8 题的数据模型

6. 考虑图 1—7，它描绘了一种三层数据库架构。确定图中所列数据库中可能存在的数据重复。这种重复可能会引起什么问题？这种重复是否违反本章论述的数据库方法原则，原因是什么？

7. 将数据库开发过程中自上而下的逻辑数据库建模，与自下而上的数据库逻辑设计相对比。在这两个数据库开发阶段，要考虑的信息类型有哪些主要差异？

8. 说明企业数据模型和概念数据模型之间的差异。每种模型分别表示多少个数据库？每种模型涉及的组织范围是什么？其他显著的区别是什么？

9. 考虑图 1—15。解释 ORDER 至 IN-VOICE 以及 ORDER 至 PAYMENT 之间连线的含义。该图如何说明松树谷家具公司与客户之间的业务？

10. 根据图 1—16 和图 1—17 回答下列问题：

a. 在 Product 表中，ProductLine-Name 字段的大小会是多少？为什么？

b. 在图 1—17 中，如何指定 Prod-uct 表的 ProductID 字段是必需的？为什么它是一个必需的属性？

c. 在图 1—17 中，解释 FOREIGN KEY 定义的功能。

参考文献

Anderson-Lehman, R., H. J. Watson, B. Wixom, and J. A. Hoffer. 2004. "Continental Airlines Flies High with Real-Time Business Intelligence." *MIS Quarterly Executive* 3,4 (December).

Codd, E. F. 1970. "A Relational Model of Data for Large Shared Data Banks." *Communications of the ACM* 13,6 (June): 377–87.

Fowler, M. 2005. "The New Methodology" available at **www.martinfowler.com/articles/newMethodology.html** (access verified February 20, 2010).

Gray, J. 1996. "Data Management: Past, Present, and Future." *IEEE Computer* 29,10: 38–46.

Grimes, S. 1998. "Object/Relational Reality Check." *Database Programming & Design* 11,7 (July): 26–33.

Henderson, D., B. Champlin, D. Coleman, P. Cupoli, J. Hoffer, L. Howarth et al. 2005. "Model Curriculum Framework for Post Secondary Education Programs in Data Resource Management." The Data Management Association International Foundation Committee on the Advancement of Data Management in Post Secondary Institutions Sub Committee on Curriculum Framework Development. DAMA International Foundation.

Hoffer, J. A., J. F. George, and J. S. Valacich. 2010. *Modern Systems Analysis and Design*, 6th ed. Upper Saddle River, NJ: Prentice Hall.

Jordan, A. 1996. "Data Warehouse Integrity: How Long and Bumpy the Road?" *Data Management Review* 6,3 (March): 35–37.

Long, D. 2005. Presentation. ".Net Overview," Tampa Bay Technology Leadership Association, May 19, 2005.

Mullins, C. S. 2002. *Database Administration: The Complete Guide to Practices and Procedures*. New York: Addison-Wesley.

Ritter, D. 1999. "Don't Neglect Your Legacy." *Intelligent Enterprise* 2,5 (March 30): 70, 72.

延伸阅读

Ballou, D. P., and G. K. Tayi. 1999. "Enhancing Data Quality in Data Warehouse Environments." *Communications of the ACM* 42,1 (January): 73–78.

Date, C. J. 1998. "The Birth of the Relational Model, Part 3." *Intelligent Enterprise* 1,4 (December 10): 45–48.

Kimball, R., and M. Ross. 2002. The *Data Warehouse Toolkit: The Complete Guide to Dimensional Data Modeling*, 2d ed. New York: Wiley. Ritter, D. 1999. "The Long View." *Intelligent Enterprise* 2,12 (August 24): 58, 63, 67.

Silverston, L. 2001a. *The Data Model Resource Book, Vol. 1: A Library of Universal Data Models for all Enterprises*. New York: Wiley.

Silverston, L. 2001b. *The Data Model Resource Book, Vol 2: A Library of Data Models for Specific Industries*. New York: Wiley.

Winter, R. 1997. "What, After All, Is a Very Large Database?" *Database Programming & Design* 10,1 (January): 23–26.

网络资源

www. dbazine. com 数据库问题及解决方案的在线门户网站。

www. webopedia. com 计算机术语以及 Internet 技术的在线字典与搜索引擎。

www. techrepublic. com IT 职业人员的门户网站，能够根据用户自己的兴趣进行定制。

www. zdnet. com 能够为用户提供最新 IT 主题文章的门户网站。

www. information-management. com 题为"覆盖商业智能、集成与分析"的杂志《DM 评论》的网站。除了提供很多杂志文章之外，它还提供丰富的相关资源网站的链接。

www. dbta. com 杂志《数据库趋势与应用》的网站。讨论企业层面的信息问题。

http：//databases. about. com 一个很全面的网站，其中包含了许多专题文章、链接、交互式论坛、聊天室等等。

http：//thecaq. aicpa. org/Resources/ Sarbanes＋Oxley 有关《萨班斯—奥克斯利法案》当前信息的 AICPA 网站。

www. basel. int 提供巴塞尔公约概述的联合国网页，这个公约涉及有害废弃物问题。

www. usdoj. gov/jmd/irm/lifecycle/ta- ble. htm 美国司法部系统开发生命周期指导性文档。这是你可能想参考的系统方法的一个例子。

http：//groups. google. com/group/comp. software-eng？lnk＝gsch&hl＝en 关注于软件工程以及相关话题的 Google 群。这个网站包含了很多软件工程文档资料以及你可能需要的链接。

www. acinet. org/acinet 美国的就业信息网，该网站提供了关于职业、就业展望、需求等信息。

www. collegegrad. com/salaries/index. shtml 提供很多职业（包括数据库相关职业）最新薪金信息的网站。

www. essentialstrategies. com/publica- tions/methodology/zachman. htm David Hay 的网站，它除了介绍数据库开发与 Zachman 信息系统体系结构融合的方法之外，还提供相当多有关全局数据模型的信息。

www. inmondatasystems. com 一个数据仓库技术倡导者的网站。解释了"敏捷软件开发宣言"创建者观点的网站。

第 Ⅱ 篇

数据库分析

■ 组织中的数据建模

■ 增强型 E-R 模型

数据库开发中的第一步是数据库分析，我们在这个阶段确定用户对数据的需求，并建立数据模型来表示这些需求。第Ⅱ篇的两章将深入描述概念数据建模的事实标准——实体—联系图法。概念数据模型是从组织的角度表达数据，并且独立于任何模型的实现技术。

第2章（"组织中的数据建模"）首先描述了业务规则，即数据模型所表示的业务的相关策略和规则。本章描述了良好的业务规则的特点，并讨论了收集业务规则的过程。本章还给出了在业务规则背景下，命名和定义数据模型元素的一般准则。

第2章介绍了这种建模技术的符号和主要组成部分，包括实体、联系和属性；对于每个组成部分，提供了命名和定义这些数据模型元素的具体准则。我们区分强弱实体类型并使用标识联系。描述了不同类型的属性，包括必需与可选的属性、简单与复合属性、单值与多值属性、派生属性，以及标识属性。比较了联系类型和实例，并且引进了关联实体。描述和说明了联系的各种度，包括一元、二元和三元联系。还描述了各种联系的势（基数），这个概念在建模时会出现。讨论了时间相关数据建模的一般性问题。最后，描述了在给定的一组实体间定义多个联系的情况。本章通过松树谷家具公司的扩展例子，说明了 E-R 建模方法的概念。最后的这个例子以及在本章中的其他一些例子，都是用 Microsoft Visio 表示的，这表明有很多数据建模工具可以用来表示数据模型。

第3章（"增强型 E-R 模型"）给出了 E-R 建模的高级概念，这些附加的建模特点常常用来应对当今组织所遇到的日益复杂的业务环境。

在增强的实体联系（enhanced entity-relationship，EER）图中，最重要的建模成分是超类/子类联系。这一设施可以让我们首先建立一个一般性的实体类型（称为超类或父类），然后再把这个父类细分为若干特定的称为子类的实体类型。例如，运动车和轿车是汽车的子类。我们介绍了表示超类/子类联系的简单符号，以及概括和特定化这两种截然不同的确定超类/子类联系的技术。超类/子类表示法对于日益流行的通用数据模型是必要的，这种表示法将在第3章中提出并进行说明。联系描述的易理解性是至关重要的，所以为了简化 E-R 图的表示，引进了一种叫做实体聚类的技术，以满足特定人员的需求。

模式的概念已成为许多信息系统开发方法的核心要素。这一概念的思想是，有很多可重用的组件设计可以进行组合和定制，以满足新信息系统的要求。在数据库世界里，这些模式被称为全局数据模型、预包装数据模型或逻辑数据模型。这些模式可以购买，也可能是现成的商业化软件包如 ERP 或 CRM 应用程序所固有的。越来越多的新数据库都是在这些模式的基础上进行设计的。在第3章中，描述了这些模式的作用，并简要介绍了如何对采用这些模式的数据库开发过程进行修改。通用行业或业务功能数据模型，都广泛使用这一章中介绍的扩展实体—联系图表示法。

对于使用面向对象技术开发的系统，还有另一种可供选择的数据建模方法：统一建模语言（Unified Modeling Language）类图。这种技术在本书后面的第13章中给出。如果你想要比较这些可选的且概念类似的方法，也可以在第3章之后立即阅读第13章。

在第Ⅱ篇的两章中所介绍的数据建模概念，为你职业生涯中的数据库分析和设计工作奠定了基础。作为一个数据库分析师，你需要在建模用户的数据和信息需求时使用 E-R 法。

第 2 章

组织中的数据建模

📝➤ **学习目标**

➤ 简明定义下列关键术语：**业务规则**（business rule），**术语**（term），**事实**（fact），**实体—联系模型或 E-R 模型**（entity-relationship model），**实体—联系图或 E-R 图**（entity-relationship diagram），**实体**（entity），**实体型**（entity type），**实体实例**（entity instance），**强实体类型**（strong entity type），**弱实体类型**（weak entity type），**标识所有者**（identifying owner），**标识联系**（identifying relationship），**属性**（attribute），**必需属性**（required attribute），**可选属性**（optional attribute），**复合属性**（composite attribute），**简单属性**（simple attribute），**多值属性**（multivalued attribute），**派生属性**（derived attribute），**标识符**（identifier），**复合标识符**（composite identifier），**联系类型**（relationship type），**联系实例**（relationship instance），**关联实体**（associative entity），**度**（degree），**一元联系**（unary relationship），**二元联系**（binary relationship），**三元联系**（ternary relationship），**基数约束**（cardinality constraint），**最低基数**（minimum cardinality），**最高基数**（maximum cardinality）**和时间戳**（time stamp）。

➤ 说明为什么很多系统开发者都认为，数据建模是系统开发过程中最重要的部分。

➤ 给出具体应用中实体、联系和属性的恰当名称和定义。

➤区别一元、二元、三元联系，并能给出每种联系的一个常见例子。

➤ 正确建模下列 E-R 图中的元素：复合属性、多值属性、派生属性、关联实体、标识联系、最低和最高基数限制。

➤ 绘制 E-R 图来表示一般的业务对象。

➤ 把多对多联系转换为一个关联实体类型。

➤ 在 E-R 图中，使用时间戳和联系对数据进行建模，表达简单的具有时间依赖性的数据。

引 言

在第 1 章中，我们已经通过简化的例子介绍了数据建模以及实体—联系数据模型。（你可能要回顾图 1—3 和图 1—4 中的 E-R 模型。）在这一章中，我们将基于强大的业务规则给出正规的数据建模方法，并且详细描述 E-R 数据模型。本章将开始学习如何设计和使用数据库。建立能够运行于组织中并帮助人们做好本职工作的信息系统，是一件令人兴奋的事情。

业务规则是数据模型的基础，它们来自策略、程序、事件、功能和其他业务对象，并且声明了组织中的各种约束。业务规则表示了组织的语言和基本结构（Hay，2003）。业务规则从系统架构师的角度，正规地表达了组织所有者、管理者、领导者对组织的理解。

业务规则在数据建模中是很重要的，因为它们控制着数据的处理和存储。数据的名称和定义就是基本业务规则的例子。本章解释了如何在某种业务中清晰命名和定义数据对象的指导原则。在概念数据建模方面，必须给主要的数据对象提供名称和定义，这些对象包括：实体型（例如，客户）、属性（客户名称），以及联系（客户下订单）。其他业务规则可以表达这些数据对象上的约束。这些约束可以在数据模型如实体—联系图以及相关的文档中得到。其余的业务规则涉及人员、地点、事件、处理、网络的管理以及组织目标，这些都通过其他与数据需求相关的系统文件获得。

经过几十年的使用，E-R 模型仍然是主流的概念数据建模方法。它流行的主要原因是：相对易于使用，广泛的计算机辅助软件工程（CASE）工具的支持，以及实体和联系是现实世界中自然的建模概念。

E-R 模型最常用于数据库开发的分析阶段，作为数据库设计人员与最终用户之间的交流工具（如第 1 章中所描述的）。E-R 模型用来构建一个概念数据模型，该模型是独立于软件（如数据库管理系统）的数据库结构和约束的表示。

有些作者在讨论 E-R 建模时，介绍特定于关系数据模型的术语和概念，关系数据模型是当前使用的大多数数据库管理系统的基础。特别是，他们建议 E-R 模型彻底规范化，完全区分主码和外码。然而，我们认为这是对关系数据模型强加不成熟的要求。在今天的数据库环境中，数据库可以通过面向对象技术或面向对象和关系的混合技术来实现。因此，我们将规范化概念的讨论推迟到第 4 章。

E-R 模型是在 Chen（1976）的一篇重要文章中提出的，在这篇文章中 Chen 描述了 E-R 模型的主要构成——实体和关系——以及它们的相关属性。该模型后来被 Chen 和其他人，如 Teorey（1986）、Storey（1991）等人扩展包括附加的结构。E-R 模型不断发展，但可惜的是没有一个标准的 E-R 建模表示法。Song 等人（1995）给出了 10 个不同的 E-R 建模表示法的比较，解释了每种表示法的主要优点和不足。由于目前数据建模软件工具已被专业数据建模人员普遍使用，所以我们在本书中采用专业建模工具表示法的变种。附录 A 将帮助你在表示法与其他流行的 E-R 图表示法之间进行转换。

正如一个受欢迎的旅游服务电视广告中所说，"我们正在这里做重要的事情"。许多系统开发人员认为，由于以下原因，数据建模是系统开发过程中最重要的部分（Hoffer et al.，2010）：

（1）在数据建模过程中获取的数据特性，对于数据库、程序和其他系统组件的设计是至关重要的。而在数据建模过程中捕获的事实和规则，对于保证信息系统数据的完整性也是非常必要的。

（2）许多现代信息系统中最复杂的是数据而不是过程，因此数据要在建立系统需求中起到核心作用。现代信息系统的目标通常是提供丰富的数据资源，以支持任意类型的信息查询、分析和总结。

（3）数据往往比使用这些数据的业务流程更加稳定。因此，面向数据的信息系统设计应该比面向过程的信息系统设计具有更长的使用寿命。

在实际工作环境中，你可能不必从头开发数据模型。因为有日益普及的套装软件（例如，带有数据模型的企业资源计划系统）和可购买的业务领域或行业的数据模型（将在第 3 章讨论），你的数据建模工作可以是跳跃式的开始。这是一件好事，因为这样的组件和模式使你能够以普遍接受的模型为基础起点。但是，你的工作由于下列原因还没有做完：

（1）还要基于相关数据库开发很多新的、定制的应用。这些应用所支持的业务领域的业务规则需要进行建模。

（2）购买的应用和数据模型需要根据你的特定环境进行定制。预定义的数据模型往往非常宽泛和复杂，因此，为了保证它们在特定组织中使用时的效率，需要用有效的数据建模技术对这些模型进行定制。虽然定制比从头开始更快、更全面、更准确，但了解特定组织以使数据模型能够符合其业务规则，仍然是非常重要的任务。

在这一章中，使用通用符号和约定，给出了 E-R 建模的主要特征。我们从一个 E-R 图样例开始，这个样例包含了 E-R 模型的基本组成元素——实体、属性结构和联系，然后引入业务规则的概念，它是所有数据建模结构的基础。我们定义了 E-R 建模中常见的三种实体类型：强实体、弱实体和关联实体，更多的一些实体类型将在第 3 章中定义。我们还定义了几个重要类型的属性，包括必需属性和可选属性、单值属性和多值属性、派生属性和复合属性。随后，引入与联系相关的三个重要概念：联系的度、联系的基数，以及联系中的参与约束。最后，以松树谷家具公司为例，给出扩展 E-R 图的例子。

E-R 模型：概述

实体—联系模型（E-R 模型）（entity-relationship model，E-R model）是对一个组织或业务领域数据的详细逻辑表示。E-R 模型是通过使用业务环境中的实体、这些实体之间的联系（或关联），以及实体及其联系的属性（或特性）进行表达的。E-R 模型通常表示为**实体—联系图（E-R 图，或 ERD）**（entity-relationship diagram，E-R diagram），E-R 图是 E-R 模型的图形化表示。

E-R 图样例

为了能够快速开启你对 E-R 图的理解，图 2—1 给出了一个小型家具制造公司——松树谷家具公司的简化 E-R 图。（这个不包括属性的图，正如第 1 章中介绍的，通常称为企业数据模型。）一些供应商向松树谷家具公司供应和运输不同的物品。这些货物被组装成产品并且销售给订购相应产品的客户。每个客户订单中，可能包含一个或多个与订单产品相对应的产品线。

图 2—1 展示了这家公司的实体和联系。（为了简化当前的图，属性被省略。）实

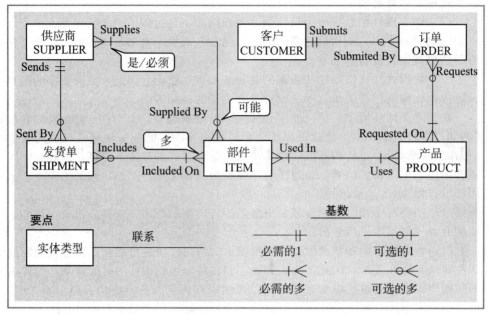

图 2—1 E-R 样例

体（该组织中的对象）由矩形表示，而实体之间的联系由相关实体之间的连接线表示。图 2—1 中的实体有：

CUSTOMER （客户）	已经订购或可能订购产品的个人或组织。例如，L. L. Fish 家具公司。
PRODUCT （产品）	客户可以订购的由松树谷家具公司制造的一种家具。注意，产品不是指一个具体的书架，因为不需要跟踪某个具体书架的去处。例如，一种 6 英尺、5 架、橡木书架称为 O600 产品。
ORDER （订单）	销售给客户一个或多个产品相关的交易，这个交易是由来自销售或会计部门的交易号码标识的。例如，L. L. Fish 公司于 2010 年 9 月 10 日购买一个 O600 产品和 4 个 O623 产品的交易。
ITEM （部件）	一种类型的部件，这种组件可以参与构成一个或多个产品，并且可以由一个或多个供应商提供。例如，一个称为 I-27-4375 的 4 英寸滚珠轴承脚轮。
SUPPLIER （供应商）	可以向松树谷家具公司提供部件的其他公司。例如，Sure Fasteners 有限公司。
SHIPMENT （发货单）	松树谷家具公司从一个供应商那里收到的同一个货包中的全部部件。在一个发货单中的所有部件都会显示在同一个提货单文件上。例如，2010 年 9 月 9 日收到从 Sure Fasteners 公司发过来的 300 个 I-27-4375 和 200 个 I-27-4380 部件。

  注意通过定义元数据来明确定义每一个实体是很重要的。举例来说，对于 CUSTOMER 实体，该实体中包括那些尚未从松树谷家具公司购买产品的个人或组织，了解这一点是很重要的。在一个组织的不同部门中，同一术语有不同的含义（同形异义词）很常见。例如，会计部门认定只有那些购买过产品的人或组织才称为客户，从而排除潜在的客户，而市场部门把与松树谷家具公司接触过，或已经从松树谷家具或任何知名竞争对手购买产品的任何人和组织，都称为客户。一个正确、全面的 E-R 图，由于没有清晰的元数据，可能被不同的人以不同的方式进行解释。我们在本章正式介绍 E-R 建模方法时，将概述良好的命名和定义惯例。

　　ERD（E-R 图）中每一条线的端点上的符号，指定了联系的基数，这代表了一类实体中的多少实体与另一类实体中的多少实体相关。观察图 2—1，我们可以看到这些基数符号表达了以下业务规则：

　　（1）一个供应商可以供应多个部件（使用 "may supply"［可以提供］，指的是供应商可能实际没有提供任何部件）。每个部件由任意数量的供应商提供（使用 "Is Supplied"［提供］，意思是部件必须至少由一个供应商提供）。参见图 2—1 对应的注释说明。

　　（2）每个部件必须至少用于一个产品，并且可能在多个产品中使用。反过来，每一个产品都必须使用一个或多个部件。

　　（3）一个供应商可以发送多个发货单。但是，每个发货单必须由一个供应商发送。请注意，发送和供应是不同的概念。一个供应商也许能够提供一种部件，但可能还没有发送该部件的任何发货单。

　　（4）一个发货单必须包含一个（或多个）部件。一种部件可能包含于几个发货单中。

　　（5）一个客户可提交任意数目的订单。但是，每个订单只能由一个客户提交。由于客户可能没有提交任何订单，因此一些客户必定是潜在的、不活跃的，或其他一些与订单无关的客户。

　　（6）一个订单必须要有一个（或多个）产品。一个给定的产品可能还没有出现在任何订单中，也可能在一个或多个订单中被需要。

　　对于每个联系实际上都有两个业务规则，从一个实体到另外一个实体的每个方向上都需要一个规则。请注意，这些业务规则中的每一个都大致遵循一定的语法：

< entity > < minimum cardinality > < relationship > < maximum cardinality > < entity>

　　例如，规则 5 是：

< CUSTOMER > < may> < Submit> < any number> < ORDER>

　　这个语法为你提供了一种标准的方式，把每个联系转换为用自然语言描述的业务规则陈述。

☐ E-R 模型表示法

　　我们所采用的 E-R 图表示法如图 2—2 所示。正如上节所述，没有行业标准的 E-R 图表示法（事实上，你已经在第 1 章中看到了一种稍微简单一些的表示法）。图 2—2 中的表示法结合了在当今不同 E-R 图画图工具中普遍使用的多元素的表示法，同时也使我们能够对实际中可能遇到的大多数情况进行准确建模。我们将在第 3 章中介绍强实体—联系模型（包括类—子类联系）的附加表示方法。

　　然而，在许多情况下，一种简单的表示法就足够用了。大多数画图工具，不管是独立使用的，如微软的 Visio，还是在 CASE 工具集中的，如 Oracle Designer，CA Erwin 或 PowerDesigner，都不显示我们所用的所有实体和属性类型。重要的是要注意，任何一种表示法都需要特别的说明，以展示你正在建模的组织中的所有业务规则，而这些说明并不总是在画图工具中出现。我们将用 Visio 标记符号描述本章中以及本章结束时的一些例子，以便你可以看出一些不同。附录 A 说明了几种常用准则和画图工具的 E-R 表示法。该附录可以帮助你实现书中的表示法与课堂上使用的表

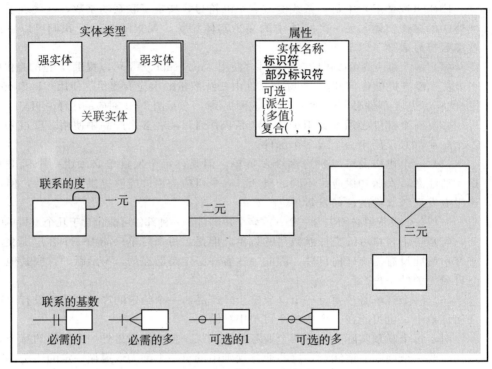

图 2—2 基本 E-R 图符号

示法之间相互转换。

组织中的建模规则

　　既然现在你有一个数据模型的例子在脑海中，让我们退后一步，更广泛地考虑数据模型表示的是什么。我们将在本章及后面章节中看到如何使用数据模型，特别是实体—联系表示法，以及如何记录与评注组织中的规则和策略。事实上，数据建模正是关于如何记录组织中控制数据的规则和策略。业务规则和政策控制着信息处理和存储系统中数据的创建、更新和删除操作，因此它们必须和与其相关的数据一起描述。例如，有这样一个策略，"每一个大学生必须有一个指导老师"，迫使（数据库中）每个学生的数据要与一些学生导师的数据关联。此外，如有这样一种声明"学生是任何已申请入学，或选修了大学中带学分或不带学分的一门课程或培训计划的任何人"，这个声明不仅界定了"学生"的概念，而且说明了大学中的一个政策（例如，隐含地说明了，假设大学的活动是不带学分的培训计划，那么，校友是学生，并且参加了大学活动但还没有申请入学的高中生不是学生）。

　　业务规则和策略不是通用的，不同大学对于学生指导可能有不同的策略，并且学生也可能包括不同类型的人。此外，组织的规则和策略可能随时间的推移发生变化（通常是缓慢的）；大学可以决定学生在选择专业之前不给分配指导教师。

　　作为数据库分析师的工作就是：

- 识别和理解控制管理数据的那些规则。
- 正确表达那些规则，使它们能够明确地被信息系统开发者和用户理解。
- 使用数据库技术实施这些规则。

数据建模是这个过程中的重要工具。由于数据建模的目的是记录关于数据的业务规则，我们在介绍数据建模和实体—联系表示法时，也将给出业务规则的概述。数据模型不能表示所有的业务规则（也不需要，因为不是所有的业务规则都控制数据）；数据模型连同相关文档和其他类型的信息系统模型（例如，记录数据处理的模型），表示了必须通过信息系统实施的所有业务规则。

□ 业务规则概述

一个**业务规则**（business rule）是"一种对业务的某些方面进行定义或限制的声明。业务规则的目的是声明业务结构或控制或影响业务的行为……规则会阻止、引发或者建议某些事情的发生"（GUIDE Business Rules Project，1997）。例如，下面的两个声明是影响数据处理和存储的商业规则的常见表达：

● "学生只有在已成功完成一门课程的先修课程时，他才可以选修该门课程的部分章节。"

● "优先顾客有资格获得 10% 的折扣，除非他有过期的账户余额。"

当今大多数组织（及其雇员）都是遵循以上述规则为基础的上千种的组合规则。总体来说，这些规则影响了业务行为，并决定组织如何应对其环境（Gottesdiener，1997；von Halle，1997）。捕捉和记录业务规则是一项重要且复杂的任务。彻底捕获和结构化业务规则，然后通过数据库技术执行它们，有助于保证信息系统正确工作，并使信息的使用者理解他们的输入和得到的输出。

业务规则范例 业务规则的概念在信息系统中已经使用一段时间了。有许多软件产品帮助企业管理它们的业务规则（例如，IBM 公司 ILOG 的 JRules）。在数据库世界里，在提到这些规则时已经比较普遍地使用术语完整性约束（integrity constraint）。这个词的意图比较有限，通常是指维护有效的数据值和数据库中数据之间的联系。

业务规则方法基于以下前提：

● 业务规则是一个企业的核心概念，因为这些规则是业务策略的一种表达，并且将引导企业员工的个人行为和集体行为。结构良好的业务规则可以用自然语言表述，以便于最终用户理解，也可以在数据模型中表达，以便于系统开发人员进行系统开发。

● 业务规则可以用最终用户熟悉的方式表示。因此，用户可以定义然后维护自己的规则。

● 业务规则是高度可维护的。它们存储在一个集中的元数据库（repository）中，每个规则只表示一次，可以在整个组织中共享。每个规则只被发现和记录一次，并且要在所有的系统开发项目中使用。

● 业务规则的执行，可以通过使用一些软件自动进行，这些软件使用数据库管理系统的完整性控制机制解释和执行规则（Moriarty，2000）。

虽然已经取得了很大进展，但是业界还没有实现所有目标（Owen，2004）。最有潜在好处的前提可能是"业务规则具有高度可维护性"。把信息系统需求定义为一组规则并进行维护的能力，与从规则库自动生成信息系统的能力相结合，将产生相当大的威力。自动生成和维护系统，不仅简化了系统的开发过程，而且将提高系统的质量。

□ 业务规则的范围

在本章和下一章，我们仅关心影响组织数据库的业务规则。大多数组织都有许多规则和/或策略超出了这个约定。例如，规则"星期五是商务休闲服饰日"可能是一个重要的策略声明，但它并没有直接影响到数据库。与此相反，规则"学生只有在已成功完成一门课程的先修课程时，他才可以选修该门课程的部分章节"。属于我们关注的范围，是因为它限制了对数据库进行访问处理的事务。特别是，它会导致不具备先决条件的学生，任何试图注册的事务都将被拒绝。一些业务规则可以用普通的数据建模法表示；而那些不能由各种实体—联系图表示的规则则用自然语言表达，有些可以在关系数据模型中表示，我们将在第4章对此进行描述。

良好的业务规则   无论是用自然语言、结构化数据模型，或其他信息系统文档中规定的方式进行表述，如果业务规则符合前面提到的前提条件，都要具有一定的特点。这些特点在表2—1中进行了总结。如果业务规则是由业务人员而不是技术人员定义、核准并拥有，则这些特点将有更大被满足的机会。业务人员成为业务规则的管理者。你，作为数据库分析师，促进规则的公开，并把有问题的规则陈述转换为满足特点要求的规则。

表 2—1   良好业务规则的特点

特点	解　释
陈述性	业务规则是策略的一个陈述，而不是关于策略如何执行或如何产生。规则不描述具体的执行过程，而是描述了什么样的过程是合法的。
精确性	对于相关的组织而言，在所有感兴趣的人中一个规则只能有一种解释，并且其含义必须清楚明确。
原子性	一个业务规则标志了一种声明，而不是几个；规则的任何一部分都不能独立地成为规则（即，规则是不可分割的，然而又是充分的）。
一致性	一个业务规则必须具有规则内部的一致性（即不包含矛盾的陈述），并且必须与其他规则相一致（并没有矛盾）。
可表示性	业务规则必须能够用自然语言说明，但是它会用一种结构化的自然语言说明，以保证不产生任何误解。
独特性	业务规则是不冗余的，但是一个业务规则可以引用其他规则（特别是对于一些定义）。
面向业务的	业务规则是采用业务人员可以理解的术语进行描述的，并且因为它是业务策略的声明，只有业务人员可以修改或废止规则，因此，业务规则是由企业所拥有的。

汇总业务规则   业务规则出现的形态（可能是隐含的）常常是业务功能、事件、策略、单位、利益相关者，以及其他对象的描述。这些描述可以在个人和群组信息系统需求收集阶段的采访记录中，组织的文件中（例如，人事手册、政策、合同、营销手册、技术指导）和其他来源中找到。规则是通过询问什么人、什么事、什么时间、什么地点、为什么，以及如何等关于组织的问题来确定的。通常，数据分析师需要坚持澄清规则的初始陈述，因为这些最初的陈述可能是模糊或不精确的（有些人称之为"业务随笔"）。因此，精确的规则是在迭代的询问过程中形成的。你应该准备提出这样的问题，如"这永远是真的吗？""当另一种情况出现时，是否有特殊情况？""人员还有不同的类型吗？""只有一个还是有很多？"以及"是否需要保留这些历史，所有当前数据都是有用吗？"这样的问题对于确定各种类型数据建模结构的规则，都是有用的，这些数据建模方法将在本章及后续章节中介绍。

☐ 数据命名和定义

对数据进行理解和建模的基础是命名和定义数据对象。数据对象在组织数据模型中无歧义使用之前，必须被命名和定义。在本章将要学习的实体—联系表示法中，你必须给出实体、联系和属性明确并且不重复的名称和定义。

数据命名　在建立实体—联系数据模型时，我们将提供命名实体、联系以及属性的具体准则，但也有一些关于命名任意数据对象的一般性准则。数据命名应遵循下述原则（Salin，1990；ISO/ IEC，2005）：

■ **是与业务相关的，而不是技术的（硬件或软件），特有的**；因此，客户是一个好名字，但 File10，Bit7 和工资报表排序码则不是好的名字。

■ **是有意义的**，几乎通过字面就可以理解含义的（即定义已精练解释了名称，而无须进一步说明对象的本质含义），你应该避免使用诸如有、是、人或者它等一些通用词。

■ **是唯一的**，对于所有其他不同数据对象所使用的名称而言是独一无二的；如果一个词能够使一个对象区分于其他类似数据对象，则该词应该包含在数据名称里（例如，家庭地址与校园地址）。

■ **是易读的**，以使名称被结构化为自然陈述的概念（例如，"年级平均成绩"是一个好名字，而"与 A 相关的平均等级"，虽然可能准确，但却是一个较差的名称）。

■ **是由经批准的单词列表中选取的词汇构成的**；每个组织经常会选择一个词汇表，数据名称中重要的词必须在这个词汇表中选择（例如，"最大值"为首选，不要使用"上限"、"最高限度"或"最高"等词）；批准的缩略语也可作为备用名或别名使用（如 CUST 可表示 CUSTOMER），并且鼓励使用缩写名称，这样可以使数据名称足够短，以满足数据库技术的最大长度限制。

■ **是可重复的**，含义是不同的人或同一个人在不同时间，对于同一个对象应该定义完全相同或几乎相同的名字，这往往意味着有一个名称的标准层次结构或模式（例如，一个学生的出生日期将是"学生出生日期"；雇员的出生日期将是"雇员出生日期"）。

■ **遵循标准语法**，即名称的各个部分应遵循组织所采用的标准排列。

Salin（1990）认为，应该采用下列方法定义数据名称：

（1）准备数据的一个定义。（我们后面再讨论定义。）

（2）删除无关紧要的或非法的词（不在经批准的单词列表中的单词）。注意，"并"和"或"在定义中的存在可能意味着有两个或多个数据对象组合在一起，你可能要把这些对象分离，并为这些对象分配不同的名称。

（3）以有意义的和可重复的方式安排单词。

（4）为每个单词分配标准的缩写。

（5）确定是否已经存在该名称，如果是这样，加上其他的限定词使其唯一。

在本章中当我们建立数据建模标记方法的时候，将看到一些好的数据命名的例子。

数据定义　定义（有时也称为结构化断言）被认为是业务规则的类型（GUIDE Business Rules Project，1997）。定义是对一个术语或一个事实的解释。**术语**（term）是一个词或短语，具有某种业务的特定含义。术语的例子包括课程、章节、汽车租赁、航班、预定和乘客。术语常常是用来形成数据名称的关键词。术语必须谨慎、简明扼要地定义。没有必要定义通用的词汇，如日、月、人或电视，因为这些词能够被大多数人准确理解。

事实（fact）是两个或更多术语之间的关联。事实被记录为与术语相关的简单声明语句。下面是一些作为定义事实的例子：

● "一门课程是特定学科领域中的一个教学单元。"这个定义关联了两个术语：教学单元和学科领域。我们假设这些术语都是常见的、不需要进一步定义的。

● "一位顾客可以在某一特定日期向租赁部门请求一个汽车模型。"这一事实，即模型租赁请求的定义，关联了四个条件术语（GUIDE Business Rules Project，1997）。这些术语中的三个是业务特定术语，将需要单独进行定义（日期是一种常见术语）。

事实的声明中对于这类事实的实例并没有任何限制。例如，在第二个事实声明语句中，添加一个客户不得要求在同一天租赁两个不同的汽车模型，是不恰当的。这类限制应该是单独的业务规则。

良好的数据定义　我们在本章以及后续章节中论述实体—联系表示法的同时，将说明良好的实体、联系和属性定义。有一些基本准则可以遵循（Aranow，1989；ISO/IEC，2004）：

● 定义（以及所有其他类型的业务规则）都是从与信息系统所有需求相同的来源收集到的。因此，系统和数据分析师应该在研究信息系统需求的这些来源中，寻找数据对象以及它们的定义。

● 定义通常可以带有图，如实体—联系图。定义并不需要重复显示图中的内容，而是对图进行补充。

● 定义将以单一的形式说明，解释数据是什么，而不是解释数据不是什么。定义将使用一般都理解的术语和缩写，并且定义自身能够完全展示自己的含义，而不需要嵌入其他的定义。定义应该是简洁的，并且应该聚焦于数据的基本含义，但它也可能说明数据对象的如下特性：

- 细微的特性
- 特殊或例外的一些情况
- 实例
- 数据在组织中是何地、何时，以及如何被创建或计算
- 数据是静态的还是随时间变化的
- 数据的原子形式是单数的还是复数的
- 谁决定了数据的价值
- 谁拥有数据（即谁控制着数据的定义和用法）
- 数据是不是可选的，或者是否允许空值（我们称其为空值 null）
- 数据是否可以被分解成更原子化的部分，或经常与其他数据组合成一些复合形式或集合体形式。

这些特性如果没有在数据定义中包含，则需要记录在其他地方，就是其他元数据存储的地方。

● 一个数据对象只有被仔细定义（并命名），并且这个定义得到共识以后，才可以添加到诸如实体—联系图这样的数据模型中。但要预料到数据定义在被放入数据模型后会改变，因为开发数据模型的过程验证了你对数据含义的理解。（换句话说，数据建模是一个迭代的过程。）

在数据建模中有一种无可归因的说法，突出了良好数据定义的重要性："谁控制数据的含义，谁就控制了数据"。在一个组织中，获得观点一致的各种术语和事实的

定义，似乎是比较容易的事情。然而，通常远非如此。事实上，它很可能是你在数据建模中面临的最困难的挑战之一。对于如客户或订单这样的常用术语在组织中有多个定义（可能是十几个或更多），这是很平常的。

为了说明构造数据定义中固有的问题，考虑在一般大学都能找到的数据对象——学生。学生的一个定义样例是"已经被学校接纳，并且在过去的一年中至少选修了一门课程的人"。这个定义是一定会受到质疑的，因为它可能过窄。一个人作为学生，与学校的关系一般要经过几个阶段，如：

（1）观望者——一些正式接触，表明对该学校的兴趣。

（2）申请人——申请入学。

（3）被接纳的申请人——取得入学许可，可能被允许攻读一种学位。

（4）被录取的学生——选修了至少一门课程。

（5）学生——持续选修课程（没有实质性的间歇）。

（6）以前的学生——在一些规定的期限内没有选修课程（现在可以重新申请）。

（7）毕业生——圆满完成了某种学位课程（现在可以申请其他学位）。

想象一下，在这种情况下对于一个定义达成共识的困难！这似乎可以考虑三种选择：

（1）**使用多个定义以涵盖各种情况**。如果只有一个实体型，这很可能是非常混乱的，因此不推荐这种方法（多个定义不是好的定义）。也许可以创建多个实体类型，每种情况的学生有一个实体类型。但是，因为这些实体类型之间可能存在相当大的相似性，实体类型之间的细微差别可能会很乱，并且数据模型将显示出许多结构。

（2）**使用很笼统的定义，将大多数情况概括其中**。这种方法可能需要增加学生的其他数据，以记录给定学生的实际状态。例如，学生状态的数据，它的取值包括观望者、申请人等可能就足够了。然而，如果同一个学生能保持多个状态（例如，一种学位的观望者，另一种学位的被录取学生），则这种定义就行不通了。

（3）**考虑为学生使用多个相关的数据对象**。例如，我们可以为学生创建一个一般实体型，然后其他特定实体类型表示各类有独特性质的学生。我们将在第 3 章描述支持这种方法的条件。

建模实体和属性

E-R 模型的基本结构是实体、联系和属性。正如图 2—2 所示，该模型允许这些基本构成元素的任何一个，都可以有多种变化。E-R 模型的丰富性允许设计者准确地建模表达真实世界的情况，这也有助于该模型的流行。

实体

实体（entity）是用户组织环境中与数据维护相关的人、地点、对象、事件或概念。因此，实体有一个名词性的名称。各类实体的一些例子如下：

人：雇员（EMPLOYEE），学生（STUDENT），病人（PATIENT）

地点：商店（STORE），仓库（WAREHOUSE），国家（STATE）

对象：机器（MACHINE），建筑物（BUILDING），汽车（AUTOMOBILE）

事件：销售（SALE），注册（REGISTRATION），更新（RENEWAL）

概念：账户（ACCOUNT），课程（COURSE），工作中心（WORK CENTER）

实体类型和实体实例　实体类型和实体实例之间有一个重要的区别。**实体类型**（entity type）是一个有着共同属性或特征的实体的集合。每一个实体类型在 E-R 模型中都被赋予一个名称。因为这个名称代表一个实体的集合，所以它始终是单数。实体类型的名称，我们使用大写字母。在 E-R 图中，实体的名称放在代表实体类型的方框中（见图 2—1）。

一个**实体实例**（entity instance）是实体类型的一个具体实例。图 2—3 说明了实体类型和它的两个实例之间的区别。实体类型在数据库中只描述一次（使用元数据），而该实体类型的许多实例可以通过存储在数据库中的数据表示。例如，在大多数组织中有一个 EMPLOYEE（雇员）实体类型，但在数据库中也可能存储成百上千个这种实体类型的实例。当讨论的语境已经很明确时，经常可以使用单一术语实体，而不是实体实例。

实体类型：EMPLOEE

属性	属性数据类型	实例示例	实例示例
Employee Number	CHAR（10）	642-17-8360	534-10-1971
Name	CHAR（25）	Michelle Brady	David Johnson
Address	CHAR（30）	100 Pacific Avenue	450 Redwood Drive
City	CHAR（20）	San Francisco	Redwood City
State	CHAR（2）	CA	CA
Zip Code	CHAR（9）	98173	97142
Date Hired	DATE	03-21-1992	08-16-1994
Birth Date	DATE	06-19-1968	09-04-1975

图 2—3　实体类型 EMPLOYEE 及其两个实例

实体类型与系统输入、输出，或用户　人们特别是已经对数据处理建模（如数据流图）很熟悉的人，在学习绘制 E-R 图时常犯的一个错误，是把数据实体与整个信息系统模型中的其他元素相混淆。避免这种混淆的一个简单原则是：一个真正数据实体有可能存在很多实例，每个实例都带有一种区别性的特征，以及一个或多个其他描述性数据。

考虑图 2—4（a），这可能是用于表示一个女大学生联谊会费用系统的数据库。（在该图和其他一些图中，为了简明起见，对一个联系只给出一个名字。）在这个例子中，联谊会的财务员管理账户，接收费用报表，并记录每个账户的费用交易。然而，我们还需要跟踪相关财务员（TREASURER 实体型）的数据、她对账户的监管数据（Manages 联系）以及报表接收情况（"Receives"［接收］联系）数据吗？财务员是输入有关账户、开支的数据以及接收费用报表的人。也就是说，她是一个数据库的用户。因为只有一个财务员，所以财务员的数据不需要保存。此外，开支报表（EXPENSE REPORT）实体必要吗？因为开支报表是从费用交易和账户余额计算得到的，它是从数据库中所提取数据的结果并由财务员接收。即使随着时间的推移，将有多个开支报表实例交给财务员，但每次需要计算报表内容的数据都已经由账户（ACCOUNT）和费用（EXPENSE）实体类型表示了。

理解为什么图 2—4（a）中的 ERD 可能是错误的另一个关键是，联系名称（relationship names）的本质。Receives 和 Summarizes 联系，这些联系名称是指转让或转换数据的业务活动，而不是一种数据与另一种数据之间的关联。图 2—4（b）中的简单 E-R 图，给出了足以应对此处所述的联谊会费用系统的实体和联系。

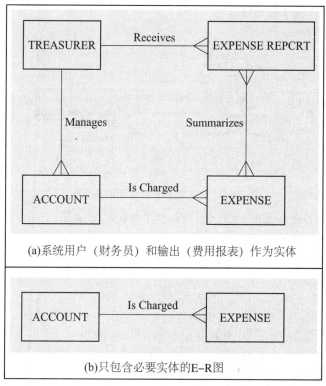

(a)系统用户（财务员）和输出（费用报表）作为实体

(b)只包含必要实体的E–R图

图 2—4　不适当实体的示例

强与弱实体类型　组织中确定的大多数基本实体类型都被列为强实体类型。**强实体类型**（strong entity type）是独立于其他实体类型存在的实体类型。（实际上，某些数据建模软件使用术语"独立实体"［independent entity］。）例子包括学生（STUDENT），雇员（EMPLOYEE），汽车（AUTOMOBILE），和课程（COURSE）。强实体类型的实例总是有一个唯一的特征（称为标识符），即能够唯一区分每个实体实例的一个属性或一个属性组合。

与此相反，**弱实体类型**（weak entity type）是依赖于其他一些实体类型而存在的实体类型。（实际上，某些数据建模软件使用术语"依赖实体"［dependent entity］。）在 E-R 图中弱实体类型就没有它所依赖的实体的业务含义。被称为弱实体类型取决于实体类型的所有者标识（或只是短期的所有者）。在 E-R 图中，如果没有它所依赖的实体，弱实体类型将没有业务含义。弱实体类型所依赖的实体类型被称为**标识所有者**（identifying owner）（或简称为所有者）。弱实体类型通常不会有它自己的标识。一般来说，在 E-R 图中，弱实体类型有一个属性作为部分（partial）标识符。在以后的设计阶段（第 4 章中介绍）中，弱实体类型的完整标识符将通过把部分标识符与其所有者标识符相结合进行构造，或通过创建一个替代标识符属性进行构造。

弱实体类型及其标识联系的一个例子，如图 2—5 所示。雇员（EMPLOYEE）是一个强实体类型，它的标识属性是雇员编号（Employee ID）（通过加下划线标记标识属性）。家属（DEPENDENT）是一个弱实体类型，用双线矩形表示。弱实体类型和它的所有者之间的关系称为**标识联系**（identifying relationship）。在图 2—5 中，Carries（携带）是标识联系（由双线表示）。属性 Dependent Name（家属名称）作为一个局部标识符。（Dependent Name 是一个复合属性，可以分解成几个组成部分，我们稍后介绍。）我们使用双下划线标识出局部标识符。在以后的设计阶段中，Dependent Name 将与 Employee ID（所有者的标识符）一起形成 DEPENDENT 的完整标识符。

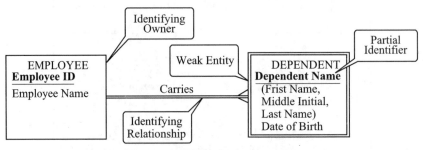

图 2—5　弱实体和它的标识联系示例

命名和定义实体类型　除了命名和定义数据对象的一般准则，还有一些命名（naming）实体类型的特殊准则：

● 实体类型的名称是一个单数名词（如客户 CUSTOMER，学生 STUDENT，或汽车 AUTOMOBILE）；一个实体是一个人、地点、对象、事件，或一个概念，名称是实体类型的名称，代表的是实体实例的集合（即 STUDENT 表示学生 Hank Finley，Jean Krebs 等等）。指定的复数形式的名称也是常见的（可能是在 E-R 图附带的 CASE 工具库中），因为有时用复数使 E-R 图更易读。例如，在图 2—1 中，我们会说，供应商 SUPPLIER 可供应部件 ITEMs。由于复数并不总是通过在单数名词后加一个 s 构成，所以最好使用准确的复数形式。

● 实体类型名称应该特定于组织。因此，对于客户，一个组织可能使用实体类型名称 CUSTOMER，而其他组织可能使用实体类型 CLIENT（例如，这是一个任务，用来定制购买的数据模型）。名称应该对于组织中每个人来说都是描述性的，并且和组织内的所有其他实体类型名称不同。例如，与供应商之间的采购订单 PURCHASE ORDER 与客户和我们之间的订单 CUSTOMER ORDER 是不同的。这些实体类型不能同时被命名为 ORDER。

● 实体类型的名称应简明扼要，尽可能使用少的词汇。例如，在一个大学数据库中，实体类型 REGISTRATION 对于学生选修课程事件的实体类型名称可能足够了；STUDENT REGISTRATION FOR CLASS，虽然精确，但可能太啰嗦，因为读者会从该实体类型与其他类型实体的共同使用中明白 REGISTRATION 的含义。

● 应该为每个实体类型名称指定一个缩写或一个短名称（short name），缩写可以在 E-R 图中使用；缩写必须遵循完整实体名称所遵循的所有规则。

● 事件实体类型（event entity types）应该为事件的结果命名，而不是活动或事件的过程。例如，项目经理分配一个雇员参与项目工作的事件，结果是有一个 ASSIGNMENT 实体类型，学生联系他的指导老师进行求教的事件，结果是一个 CONTACT 实体类型。

● 相同实体类型使用的名称，在该实体类型出现的所有 E-R 图中应该是相同的。因此，除了特定于组织，实体类型名称应该是标准的，是组织通过的在所有场合下都用来表示同类数据的名称。然而，一些实体类型可能有别名或替代名称，这些名称是在组织的不同部门使用的同义词。例如，实体类型部件 ITEM，可能有别名材料 MATERIAL（对于生产）和绘图 DRAWING（对于工程设计）。别名在数据库文档中指定，如 CASE 工具的数据库文档。

对于定义实体类型，也有一些具体的指导方针需要遵循：

● 实体类型定义通常以"X 是……"开始。这是陈述实体类型含义最直接、最明确的方式。

● 实体类型定义应该说明该实体类型的每个实例所唯一具有的特征。在许多情况下，说明实体类型的标识符，有助于表达实体的含义。图 2—4（b）的一个定义示例是："一项开支是购买某些货物或服务的一次支付。开支是由分类账的条目编号进行标识的。"

● 实体类型定义应该明确，什么样的实体实例将包括或不包括在实体类型中；列出所排除的实体往往是必要的。例如，"客户是一个人或组织，他提交了一个我们产品的订单，或我们已经和他接触，宣传或推广了我们的产品。客户不包括只通过我们的客户、分销商或代理购买我们产品的个人或组织"。

● 实体类型定义通常包括何时创建和删除实体类型实例的描述。例如，在前面的定义中，一个客户实例是在人或组织发出首份订单时隐式创建的，因为这个定义没有其他指定，所以隐含指出客户实例是永远不会被删除的，或者遵循数据库数据清理的一般性规则进行删除。何时删除实体实例的声明，有时也被称为实体类型的保留。客户实体类型定义的一种可能的删除声明是"一位客户如果超过三年没有发出一份订单，则他将不再是一个客户"。

● 对于某些实体类型，定义必须指定何时一个实例可能会转变成另一种实体类型的实例。例如，考虑一个建筑公司，潜在客户所接受的标可能会成为合同。在这种情况下，标可能定义成"标是我们公司为客户做某项工作提出的合法报价。标是在我们公司的一名负责人员签署投标文件时创建的；当我们收到客户方负责人员签署的标副本文件时，标就成为合同的实例"。这个定义同时很好地说明了，如何在定义中使用其他实体类型的名称。（在这个例子中，标的定义使用了实体类型名称 CUSTOMER。）

● 对于某些实体类型，定义必须指定实体类型实例需要保留什么历史信息。例如，图 2—1 中部件 ITEM 的特性可能会随着时间的推移改变，我们可能需要保留单个值的完整历史，以及何时这些值是有效的。正如我们将在后面一些例子中看到的，这样的历史信息陈述，可能会影响我们如何在 E-R 图中表示实体类型，以及最终如何存储实体实例的数据。

☐ 属性

每个实体类型都有一组与它相关联的属性。**属性**（attribute）是组织感兴趣的实体类型的特性或特征。（稍后将看到某些类型的联系也可能有属性。）因此，属性有一个名词名称。以下是一些典型的实体类型及其相关的属性：

STUDENT （学生）	Student ID，Student Name，Home Address，Phone Number，Major （学生 ID，学生姓名，家庭地址，电话号码，专业）
AUTOMOBILE （汽车）	Vehicle ID，Color，Weight，Horsepower （车牌号码，颜色，重量，马力）
EMPLOYEE （雇员）	Employee ID，Employee Name，Payroll Address，Skill （雇员 ID，雇员姓名，发薪地址，技能）

在命名属性时，把属性名称的首字母大写，首字母后跟小写字母。如果属性名由一个以上的单词组成，在单词之间用一个空格隔开，并且每个单词以大写字母开始，例如 Employee Name 或 Student Home Address。在 E-R 图中，将属性名放在它所描述的实体中，通过这种方式表示属性。联系也可以带有属性，如在后面所描述的那样。请注意，一个属性只能与一个实体或联系关联。

在图 2—5 中，注意雇员家属 DEPENDENT 的所有属性都是家属的特性，而不是雇员的特性。在传统的 E-R 表示法中，实体类型（不只是弱实体，而是任何实体）不包括与其相关的实体的属性（这些属性可能被称为外属性）。例如，家属 DEPENDENT 不包括家属相关的雇员的任何属性。E-R 数据模型的这种非冗余特点是与数据库的共享数据特性一致的。由于我们即刻将讨论，联系从数据库访问数据的人将能够从相关的实体找到相关联的属性（例如，在显示屏幕上显示一个家属姓名和相关的雇员姓名）。

必需属性与可选属性　每个实体（或实体类型的实例）对于该实体类型的每个属性都具有一个潜在值。在每个实体实例中都必须有的属性，称为**必需属性**（required attribute），而可以没有值的属性，称为**可选属性**（optional attribute）。例如，图 2—6 显示了两个学生 STUDENT 实体（实例）以及他们各自的属性值。STUDENT 的唯一可选属性是专业。（有些学生，特别是在这个例子中，Melissa Kraft 还没有选择专业；MIS 当然可能是一个很好的职业选择！）但是，依据组织的规则，每个学生对于所有其他属性都必须具有值；也就是说，我们不能在 STUDENT 实体的实例中存储任何数据，除非全部必需属性都有值。在各种不同的 E-R 图表示法中，在每个属性的前面可能会出现一个符号，以表明它是必需（例如，*）或可选（例如，O）属性，或者必需属性使用粗体，而可选属性使用正常字体（我们在这本书中使用的格式）；在许多情况下，属性是必需的或是可选的，可以在补充文档指明。在第 3 章，当讨论实体超类和子类时，将会看到可选属性如何在有些时候暗示有不同类型的实体。（例如，可能需要把那些没有确定专业的学生，作为学生实体类型的一个子类。）没有值的属性被认为是空（null）。因此，每个实体都有一个标识属性，这点将在后续章节中讨论，再加上一个或多个其他属性。如果你试图创建一个只有标识符属性的实体，那么该实体很可能是不合法的。这样的数据结构可以只是为一些属性保存一系列合法的值，这组值保存在数据库之外会更好。

实体类型：STUDENT

属性	属性数据类型	必需或可选	实例的示例	实例的示例
Student ID	CHAR (10)	必需	876-24-8217	822-24-4456
Student Name	CHAR (40)	必需	Michael Grant	Melissa Kraft
Home Address	CHAR (30)	必需	314 Baker St.	1422 Heft Ave
Home City	CHAR (20)	必需	Centerville	Miami
Home State	CHAR (2)	必需	OH	FL
Home Zip Code	CHAR (9)	必需	45459	33321
Major	CHAR (3)	可选	MIS	

图 2—6　带有必需或可选属性的实体类型 STUDENT

简单属性与复合属性 有些属性可以分解成有意义的组成部分（详细的属性）。一个常见的例子是姓名，如在图 2—5 中所看到的；另一个是地址，它通常可以分解成以下成分属性：街道地址、城市、国家和邮政编码。**复合属性**（composite attribute）是一个属性，如地址，它包含有意义的组成部分，而这些部分是更详细的属性。图 2—7 给出了复合属性表示法在这个例子中的应用。大多数绘图工具没有复合属性的符号，所以只需列出复合属性所有的组成部分。

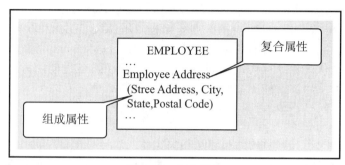

图 2—7 复合属性

复合属性提供了相当大的灵活性，用户既可以把复合属性作为一个单元使用，也可以使用该属性的单个组成属性。因此，例如，用户可以使用地址，也可以使用地址的一个组成部分，如街道地址。是否要把属性细分成其组成部分，取决于用户是否需要使用那些单个组成属性，而且这些组成属性具有组织意义。当然，设计者必须总是试图预测数据库未来的使用模式。

简单或原子属性（simple or atomic attribute）是不能分解成有意义的更小组成部分的属性。例如，所有与汽车相关的属性是简单属性：车牌号码、颜色、重量和马力。

单值属性与多值属性 图 2—6 显示了两个实体实例以及它们各自的属性值。对于每个实体实例，图中每个属性都有一个值。对于给定的实例，一个属性可能有一个以上的值，这种情况经常发生。例如，图 2—8 中的实体类型 EMPLOYEE 有一个名为 Skill（技能）的属性，其值记录了该雇员的一个或多个技能。当然，有些雇员可能有一个以上的技能，如 PHP 程序员和 C++ 程序员。**多值属性**（multivalued attribute）是一种对于给定的实体（或联系）实例可能有多个值的属性。在本书中，我们用大括号把属性括起来表示多值属性，如在图 2—8 的 EMPLOYEE 例子的 Skill 属性。在微软的 Visio 中，一旦一个属性被放入实体中，你就可以编辑该属性（列），选择"集合"（Collection）选项卡，并选择其中一个选项。（通常情况下，MultiSet 将是你的选择，但对于给定的情况，其他某个选项可能是更合适的。）其他的 E-R 绘图工具可能在属性名后使用星号（*），或者你可能需要使用补充文件指定多值属性。

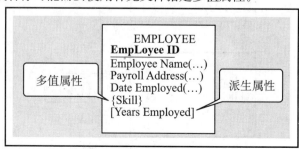

图 2—8 具有多值属性和派生属性的实体

多值和复合是不同的概念，数据建模初学者往往混淆这些术语。技能作为一个多值属性，对于一个雇员可能会出现多次；雇员姓名和发薪地址都是可能的复合属性，对于每个雇员每个属性只出现一次，但是这些属性含有组成部分，即更原子化的属性，在图 2—8 中为了简单起见而没有表示出来。

存储属性与派生属性 用户感兴趣的一些属性值可以被计算出来，或从存储在数据库中的其他相关属性值导出。例如，假设对于一个组织，雇员 EMPLOYEE 实体类型有一个雇用日期属性。如果用户需要知道一个人被雇用了多少年，该值可以通过雇用日期和今天的日期计算得出。**派生属性**（derived attribute）是其值可以从相关属性值（加上数据库中可能没有给出的数据，如今天的日期、当前时间，或由系统用户提供的安全代码）计算得到的属性。在 E-R 图中，通过使用方括号把属性名称括起来表示是派生属性，如图 2—8 所示的雇用年数属性。有些 E-R 绘图工具在属性名称前面使用正斜杠（/）表明它是派生的。（这个符号借用于 UML 表达虚拟属性的方式）。

在某些情况下，属性的值可以从相关实体的属性导出。例如，考虑松树谷家具公司为每个客户创建的发票。订单总值可以是发票 INVOICE 实体的属性，表明向客户收取的总金额。订单总值可以通过汇总发票上各种产品的扩展价格值（单价乘以销售数量）计算得到。这样的计算公式是一种类型的业务规则。

标识符属性 **标识符**（identifier）是一个属性（或属性组合），其值能够区分实体类型的单个实例。也就是说，没有任何两个实体类型的实例可能有相同的标识符属性值。早些时候介绍的学生实体类型的标识符是学生 ID，而汽车 AUTOMOBILE 的标识是车牌号码。请注意，诸如学生姓名这样的属性是不能作为候选标识符的，因为很多学生可能有相同的名字，并且学生和所有人一样，可以改变他们的名字。要成为候选标识符，每个实体实例在该属性上必须有唯一值，并且该属性必须与实体相关联。在 E-R 图中，在标识符名称下面加上下划线，如图 2—9（a）中的学生实体类型的例子所示。要成为候选标识符，属性也应该是必需的（所以必须存在有区别的值），因此标识符也是粗体的。有些 E-R 绘图软件将在标识符前面放置一个固定的符号。

对于某些实体类型，没有单个（或原子）属性可以作为标识符（即保证唯一性）。然而，两个（或多个）属性组合起来可作为标识符。**复合标识符**（composite identifier）是由复合属性组成的标识符。图 2—9（b）显示了带有复合标识符 Flight ID 的实体 FLIGHT。Flight ID 则由 Flight Number 属性和 Date 属性组成。这种组合

(a)简单标识符属性

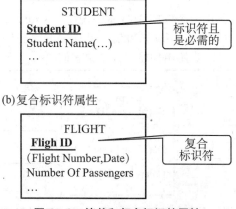

(b)复合标识符属性

图 2—9　简单和复合标识符属性

对于唯一表示具体某个航班是必需的。我们使用约定将复合属性（航班号）加上下划线，以表明它是标识符，而组成属性不加下划线。有些数据建模人员认为复合标识符是由简单标识符聚结而创建的。即使对于航班号，数据建模人员会问一个问题，如"两个具有相同号码的航班能够在同一个日期出现吗？"如果是这样，则需要增加另一个属性以形成复合标识符。

有些实体可能有多于一个的候选标识符。如果有多于一个的候选标识符，设计者必须选择其中之一作为标识符。Bruce（1992）提出了下列选择标识符的条件：

（1）选择这样的标识符，在实体类型每个实例的生命期中，该标识符的值都不会改变。例如，雇员姓名和薪金地址相结合（即使是唯一的）将是雇员 EMPLOYEE 标识符的一个糟糕选择，因为雇员姓名以及薪金地址的值，在雇员聘用期内可以很容易地改变。

（2）选择这样的标识符，对于每个实体实例，属性保证具有有效的值并且不为空（或未知）。如果标识符是复合属性，如图 2—9（b）中的航班号 Flight ID，要确保标识符的所有组成部分都拥有有效的值。

（3）避免使用所谓的智能标识符（或码），其结构表明了分类、位置等。例如，标识符值的前两个数字可能表示仓库的位置。这种代码通常随着条件的变化而改变，使得标识符的值无效。

（4）考虑用单一属性的替代标识符取代大的复合标识符。例如，为实体类型比赛 GAME 选用比赛号码属性取代主场队和客场队的组合。

命名和定义属性　除了命名数据对象的一般准则，命名属性也要遵循一些特殊的准则：

● 属性名称是单数名词或名词短语（如客户 ID、年龄、产品最低价格，或专业）。属性，具体化为数据的值，是实体的概念或物理特性。概念和物理特性由名词来描述。

● 属性名称应该是唯一的。同一个实体类型的两个属性不能有相同的名称，并且，为清晰起见，在所有的实体类型中不要有两个属性具有相同的名称，这点也很重要。

● 为了使属性名称唯一并且清晰，每个属性名称都应该遵循一种标准格式。例如，你所在的大学可能建立了 Student GPA（学生 GPA），而不是 GPA of Student（学生的 GPA），这是一个属性命名标准格式的例子。要使用的格式将由各个组织建立。一个常见的格式是［实体类型的名称｛［限定符］｝］类，其中［...］是一个可选的子句，｛...｝表示该子句可以重复。实体类型名称（entity type name）是与该属性关联的实体的名称。实体类型名称可以用来使属性名称更清楚。每个实体类型的标识符属性（例如，客户 ID）一般常用这种形式。类（class）是组织定义列表中的一个短语词组，列表中的短语是组织允许的实体特性或性质（或是这些特性的缩写）。例如，允许的类值（和相关批准的缩写）可能名称 Name（Nm），标识符 Identifier（ID），日期 Date（Dt），或金额 Amount（Amt）。很明显，类是必需的。限定符（Qualifier）是一个短语，来自组织定义的用于对类进行约束的短语列表。可能需要使用一个或更多的限定符以使每个实体类型的属性唯一。例如，限定符可以是最大值 Maximum（Max），每小时 Hourly（Hrly），或国家 State（St）。限定符不是必需的：雇员年龄和学生专业都是完全明确的属性名称。有时限定符是必要的。例如，雇员出生日期和雇员雇用日期是两个雇员的属性，它们需要一个限定词。多个限定符可能是必要的。例如，雇员居住城市名称（Employee Residence City Name 或 Emp Res Cty Nm）是一个雇员的居住城市的名称，雇员纳税城市名（Employee Tax City Name 或

Emp Tax Cty Nm）是雇员缴纳城市税的城市名称。

● 不同实体类型的相似属性，只要这些名称在组织中使用，就应当使用相同的限定符和类。例如，教师和学生的居住城市应该分别是，教师居住城市名称和学生居住城市名称。使用类似的名称，使用户更易于了解到这些属性的值都来源于相同的值集，我们将这个值集称为值域（domains）。用户可能需要在查询中利用共同值域带来的好处（例如，检索和自己的导师住在同一个城市的学生），并且如果使用相同的限定符和类短语，会使用户更方便地认识到这样的匹配是可能的。

定义属性也遵循一些具体的指导方针：

● 属性定义说明了该属性是什么和/或为什么它是重要的。属性定义往往会与属性的名称相类似；例如，学生居住城市名称可以定义为"学生保持永久居留地所在的城市的名字"。

● 属性定义应该明确属性值中包含什么和不含什么；例如，"雇员每月薪金数额是每月以雇员居住国的货币支付的钱数，不包括任何福利、奖金、报销，或特殊的报酬"。

● 属性的任何别名或替代名称，可以在定义中指定，或包含在其他有关属性的文档中，这些文档可能存储在用于维护数据定义的 CASE 工具的仓库中。

● 在定义中说明属性值的来源有时也是需要的。说明来源会使数据的含义更清晰。例如，"'客户标准工业代码'是客户业务类型的一种指示。此代码的值来自由美国联邦贸易委员会（Federal Trade Commission，FTC）提供的一组标准值，并且可以在我们购买的名为 SIC 的 CD 中找到，该 CD 每年由 FTC 提供"。

● 属性定义（或其他 CASE 工具库中的规范）还应该表明属性的值是必需的还是可选的。关于属性的这个业务规则对于保持数据的完整性是非常重要的。实体类型的标识符属性是必需的。如果属性值是必需的，那么在创建实体类型实例的时候，就必须提供这个属性的值。必需的含义是实体实例必须始终具有此属性的值，而不只是创建实例的时候才有。可选的含义是要存储的实体实例该属性上可能不存在一个值。可选属性可通过这样的说明被进一步限定，即是否一旦输入了一个值就必须始终存在一个值。例如，"'雇员部门 ID'是雇员被分配到的部门的标识符。雇员在被雇用时可能没有被分配到一个部门（所以这个属性最初就是可选的），但一旦雇员被分配到一个部门，该雇员就必须始终被分配到某个部门"。

● 属性定义（或其他 CASE 工具库中的规范）还可以表明，属性值在被提供以后或在实体实例被删除之前是否可以改变。这个业务规则也控制了数据的完整性。非智能标识符的值可能不随时间改变。为了给实体实例赋予一个新的非智能标识符，必须首先删除该实例，然后重新创建。

● 对于多值属性，属性定义应该表明，实体实例的属性值出现的最多和最少的次数。例如，"'雇员技能名称'是雇员所具有技能的名称。每个雇员必须至少拥有一项技能，并且雇员可以选择列出最多 10 项技能"。多值属性存在的原因可能是需要保留属性的历史。例如，"'雇员每年缺勤天数'是在一个日历年中雇员没有上班的天数。如果雇员在当天工作少于预定时间的 50％，则被认为是缺勤的。这个属性的值应该在雇员为公司工作期间的每一年都进行保留"。

● 属性定义也可能表明该属性与其他属性之间的任何关系。例如，"'雇员休假天数'是雇员的带薪休假天数。如果'雇员类型'属性的值是'豁免'，则'雇员休假天数'的最大值要由一个包含雇员服务年数的公式确定"。

联系建模

联系是把 E-R 模型各个组成部分联系在一起的黏合剂。直观地看，联系是一种关联，这种关联表示了组织感兴趣的一个或多个实体类型实例之间的交互。因此，联系的名称有动词短语。联系及其特点（度和基数）表示业务规则，并且联系通常表示了 E-R 图中最复杂的业务规则。换言之，这正是数据建模真正的趣味和乐趣所在，另外，这对于控制数据库完整性也是至关重要的。

为了更清楚地了解联系，必须区分联系类型和联系实例。为了说明这一点，考虑实体类型 EMPLOYEE 和 COURSE，其中 COURSE 表示雇员可以学习的培训课程。要跟踪特定雇员已完成的课程，我们在两个实体类型之间定义了称为 Completes（完成）的联系［参见图 2—10（a）］。这是一个多对多的联系，因为每个雇员都可以完成任意数量的课程（零门、一门或多门课程），而一给定的课程可由任何数量的雇员完成（没有人、一个雇员、很多雇员）。例如，在图 2—10（b）中，雇员梅尔顿完成了三门课程（C++，COBOL 和 Perl）。SQL 课程有两名员工（塞克和戈斯林）完成，而 Visual Basic 课程没有任何人学习完成。

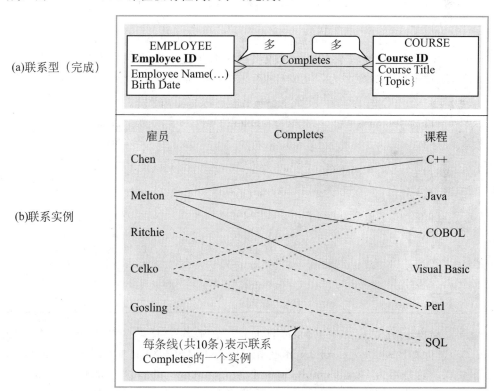

图 2—10　联系类型和实例

在这个例子中，有两个实体类型（雇员和课程）参与名为"完成"的联系。在一般情况下，可以有任何数量的实体类型（从一个到多个）参与到一个联系中。

在本章及以后的章节中，我们经常使用单一动词短语来表示联系。因为联系经常由于组织的事件而出现，实体实例因为发生了某种动作而相关，因此动词短语作为联系的标签是合适的。这个短语动词应该是现在时并且是描述性的。然而，有许多方法来表示联系。有些数据建模人员喜欢两个联系名称的格式，在每个方向上分别命名联系。一个或两个动词短语具有相同的结构含义，所以你可以使用这两种格式中的任意一种，只要在每个方向上联系的含义是清晰的。

联系中的基本概念和定义

联系类型（relationship type）是实体类型之间一种有意义的关联。有意义的关联（meaningful association）意味着联系使我们能够回答只通过实体类型不能回答的问题。联系类型的名称通过一条标记了联系名称的直线表示，如图 2—10（a）中的例子所示，或在直线上标记两个名称，如图 2—1 所示。我们建议在命名联系时，使用对用户来说有意义的简短、描述性动词短语。（在本节的后面部分将介绍如何命名和定义联系。）

联系实例（relationship instance）是实体实例之间的一个关联，其中每个联系实例只关联每个参与实体类型的一个实体实例（Elmasri and Navathe, 1994）。例如，在图 2—10（b）中，图中 10 条线的每一条分别表示一个雇员和一门课程之间的联系实例，说明该雇员已完成该课程。例如，雇员 Ritchie 与课程 Perl 之间的线是一个联系实例。

联系的属性 实体具有属性，这对于我们是很显然的，但属性也可以关联到多对多（或一对一）的联系。例如，假设组织希望记录雇员完成每门课程的日期（月和年）。这个属性被命名为"完成日期"。参阅表 2—2 可以找到一些样例数据。

表 2—2 展示属性 Date Completed 的实例

Employee Name	Course Title	Date Completed
Chen	C++	06/2009
Chen	Java	09/2009
Melton	C++	06/2009
Melton	COBOL	02/2010
Melton	SQL	03/2009
Ritchie	Perl	11/2009
Celko	Java	03/2009
Celko	SQL	03/2010
Gosling	Java	09/2009
Gosling	Perl	06/2009

属性 Date Completed（完成日期）应该放在 E-R 图的什么地方？参见图 2—10（a），你会发现 Date Completed 没有和雇员 EMPLOYEE 实体或课程 COURSE 实体关联。这是因为 Date Completed 是联系 Completes 的特性，而不是这两个实体中任何一个实体的特性。换句话说，对于联系 Completes 的每个实例，Date Completed 都有一个值。例如，一个这样的实例显示，名为 Melton 的雇员在 06/2009 完成了名为 C++的课程。

在图 2—11（a）中给出了这个例子的一个修正版的 ERD。在这个图中，属性 Date Completed 在一个矩形中，该矩形连接到联系 Completes 的线上。其他属性如果恰当也可以增加到联系中，如课程成绩、教师和房间位置。

请注意一件有趣的事情，属性不能与一对多的联系进行关联，如图 2—5 中的

Carries 联系。例如，考虑 Dependent Date，类似上面的 Date Completed，表示家属开始被雇员携带的时间。由于一个家属只与一个雇员相关，因此这样的日期毫无歧义的是 DEPENDENT 的一个特性（即对于一个给定的家属，Dependent Date 不能由雇员改变）。所以，如果你有把属性关联到一对多联系的冲动，"从这个联系走开"！

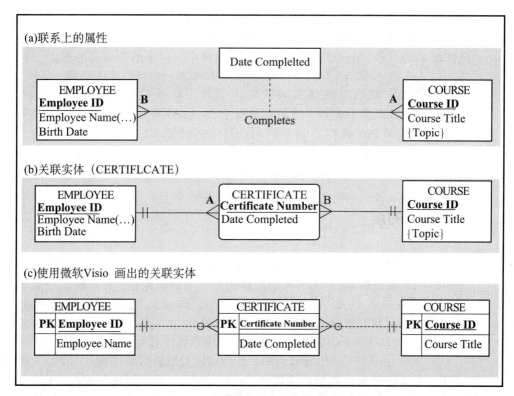

图 2—11 关联实体

关联实体 在联系上存在一个或多个属性，提示设计师该联系或许应该改用实体类型来表示。为了强调这一点，大多数 E-R 绘图工具要求把这样的属性放在实体类型中。**关联实体**（associative entity）是一种实体类型，它关联一个或多个实体类型的实例并且包含特定于这些实体实例之间联系的属性。在图 2—11（b）中，关联实体证书 CERTIFICATE 由圆角矩形表示。大多数 E-R 绘图工具没有表达关联实体的专门符号。关联实体有时称为动名词，因为联系名称（动词）通常是转换为一个名词性的实体名称。注意在图 2—11（b）中，在关联实体和强实体之间没有联系名称。这是因为关联实体表达了该联系。图 2—11（c）显示了如何使用微软的 Visio 绘制关联实体，这个例子是有代表性的，它展示了如何使用大多数 E-R 绘图工具绘制关联实体。在 Visio 中，联系线是虚线，因为 CERTIFICATE 在其标识符中不包含相关实体的标识符。（证书编号就足够了。）

你如何知道是否要把联系转换为实体类型之间的关联？以下是应该存在的四个条件：

（1）参与实体类型的所有联系是"多"联系。

（2）所产生的关联实体类型对于最终用户来说是有独立含义的，并且可以用单个属性标识符标识。

（3）关联实体除了标识符以外，还有一个或多个属性。

（4）关联实体独立于关联联系的相关实体，参与一个或多个联系。

图 2—11（b）显示联系 Completes 转换为关联实体类型。在这个例子中，公司培训部决定为每个完成课程的雇员颁发证书。因此，实体被命名为证书 CERTIFI-CATE，这对于终端用户肯定是有独立含义的。此外，每个证书都有一个编号（Certificate Number）作为标识符。属性 Date Completed 也被包括了。也请注意，在图 2—11（b）和图 2—11（c）的 Visio 版本中，雇员 EMPLOYEE 和课程 COURSE 在与 CERTIFICATE 的两个联系中都是必需的参与实体。这正是当你把多对多的联系（在图 2—11（a）中的 Completes）表示为两个一对多的联系（在图 2—11（b）和图 2—11（c）中与证书 CERTIFICATE 关联的联系）时所发生的事情。

请注意，把联系转换为关联实体引起了联系符号的移动。也就是说，现在"多"的基数终止于关联实体而不是每个参与的实体类型。图 2—11 表明，雇员可以完成一个或多个课程（图 2—11（a）中的符号 A），可以获得多个证书（图 2—11（b）中的符号 A）；当然，一门课程可以有一个或更多的雇员完成（图 2—11（a）中的符号 B），可能有许多证书颁发（图 2—11（b）中的符号 B）。

☐ 联系的度

联系的度（degree）是参与一个联系的实体类型数量。因此，图 2—11 中 Completes 联系的度是 2，因为有两个实体类型：雇员和课程。E-R 模型中最常见的三种联系的度是一元（1 度）、二元（2 度）、三元（3 度）。更高度的联系是可能的，但很少遇到，所以我们把讨论限制在这三种情况下。一元、二元、三元联系的例子在图 2—12 中给出。（为了简明起见，在有些图中属性没有给出。）

正如你在图 2—12 中所看到的，任何特定的数据模型都表示一个特定的情况，而不是一般化的情况。例如，考虑图 2—12（a）中的"管理"关系。在一些组织中，可能会有一个雇员被许多其他雇员管理的情况（例如，在一个矩阵式组织中）。重要的是，当你开发 E-R 模型时，你明白所建模的特定组织的业务规则。

一元联系 一元联系（unary relationship）是单一实体类型的实例之间的一种联系。（一元联系也称为递归联系。）图 2—12（a）中给出了三个例子。在第一个例子中，Is Married To（结婚）是作为 PERSON 实体类型的实例之间的一对一联系。因为这是一对一的联系，这种表示方法表明只需保存一个人目前的婚姻，如果存在的话。在第二个例子中，Manages（管理）是作为 EMPLOYEE 实体类型实例之间的一对多的联系。利用这个联系，例如，我们可以确定向特定经理报到的雇员。第三个例子是用一元联系表示一个序列、循环或优先级列表。在这个例子中，运动队以它们在联盟中的级别相互关联（Stands After［置后于］联系）。（注意：在这些例子中，我们忽略了这些联系是否是必需或可选基数联系，以及相同的实体实例是否可以在同一个联系实例中重复，我们将在本章后面的部分引入必需和可选基数。）

图 2—13 显示了名为材料清单结构的一元联系的另一个例子。许多制造产品都由部件构成，而这些部件又是由子部件和零件构成，这种关系可以如此推导下去。如图 2—13（a）所示，我们可以把这个结构表示为一种多对多的一元联系。在这个图中，实体类型部件 ITEM 用来表示所有类型的组件，利用 Has Components（包含组件）作为联系类型的名称，该联系把低层次部件与高层次部件关联起来。

图 2—13（b）给出了这个材料清单结构的两个实例。这些图中的每个图都显示

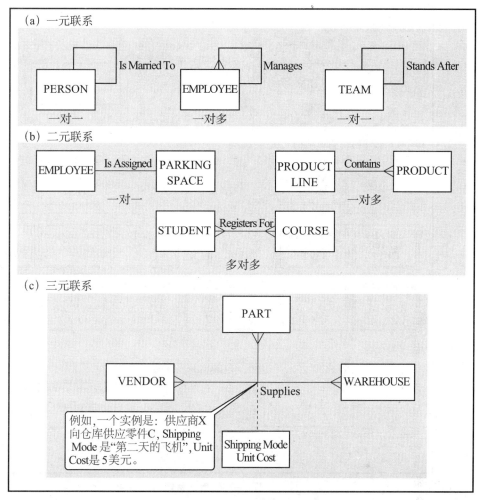

图 2—12 不同度的联系示例

了每个部件的直接组成部分以及该组件的数量。例如，部件 TX100 由部件 BR450（数量 2）和部件 DX500（数量 1）构成。你可以轻松地验证该联系实际上是多对多的。多个部件有一个以上的组件类型（例如，部件 MX300 有三个直接的组件类型：HX100，TX100 和 WX240）。此外，有些组件被用于多个更高层的组件。例如，部件 WX240 在部件 MX300 和部件 WX340 中使用，即使这两种部件位于不同层次的材料清单。多对多的联系保证，例如，部件 WX240 每次参与构成其他部件时，都使用相同的 WX240 子组件结构（未显示）。

Has Components 联系上的属性 Quantity（数量）表明分析师要考虑把该联系转换为一个联系实体。图 2—13（c）显示了实体类型材料清单结构 BOM STRUCTURE，该实体形成了部件 ITEM 实体类型实例之间的关联。第二个属性［称为 Effective Date（生效日期）］被添加到 BOM STRUCTURE 中，用来记录该组件在相关装配中首次使用的日期。生效日期在需要历史相关值时，通常是必需的。其他数据模型结构可用于包含这类层次结构的一元联系表达，我们将在第 9 章给出其他的结构。

二元联系 二元联系（binary relationship）是两个实体类型的实例之间的联系，并且是数据建模中遇到的最常见的联系类型。图 2—12（b）显示了三个例子。第一

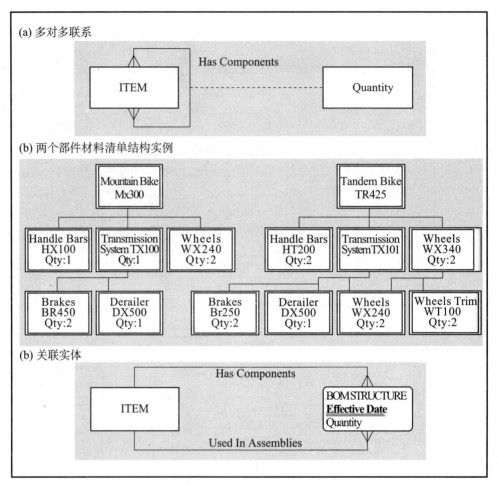

(a) 多对多联系

Has Components

ITEM

Quantity

(b) 两个部件材料清单结构实例

图 2—13　表达材料清单结构

个例子（一对一）表示，一个雇员被分配一个停车位，而一个停车位只分配给一个雇员。第二例子（一对多）表示，一条产品线可能包含几种产品，每种产品只属于一条生产线。第三个例子（多对多）显示，学生可以选修一门以上的课程，而每门课程可能有很多学生选修。

　　三元联系　三元联系（ternary relationship）是三个实体类型的实例之间同时存在的联系。存在三元联系的一个典型的业务场景如图 2—12（c）所示。在这个例子中，供应商可以向仓库提供各种零件。联系 Supplies（供应）用来记录由给定的供应商向特定的仓库提供指定的零件。因此，有三个实体类型：供应商 VENDOR、零件 PART 和仓库 WAREHOUSE。联系 Supplies 有两个属性：装运方式和单位成本。例如，Supplies 的一个实例可能是记录：供应商 X 装运零件 C 到仓库 Y，装运方式是第二天的航班，而且成本是每个 5 美元。

　　不要混淆：一个三元联系不等同于三个二元联系。例如，Unit Cost（单位成本）在图 2—12（c）中是 Supplies 联系的一个属性。单位成本不能恰当地与三个实体类之间可能存在的二元联系中的任何一个关联，如零件和仓库之间的联系。因此，举例来说，如果我们被告知供应商 X 能够以单位成本 8 美元装运零件 C，这些数据将是不完整的，因为它们没有指出零件将运往的仓库。

　　像往常一样，图 2—12（c）中的联系 Supplies 有一个属性，这表明需要将该联系转换为关联实体类型。图 2—14 给出了图 2—12（c）中三元联系的另一种表示（更好的）。在图 2—14 中，（关联）实体类型供应计划 SUPPLY SCHEDULE 用来替代图 2—12（c）中的 Supplies 联系。显然实体类型"供应计划"独立于用户的兴趣。然而，供应计划尚未被分配标识符。这是可以接受的。如果在 E-R 建模时，没有给关联实体分配标识符，则标识符（或键/码）将在逻辑建模阶段分配（将在第 4 章中讨论）。这将是一个复合标识符，其组成部分将包括每个参与联系的实体类型（在这个例子中，就是零件、供应商和仓库）的标识符。你能想到可能与"供应计划"联系相关的其他属性吗？

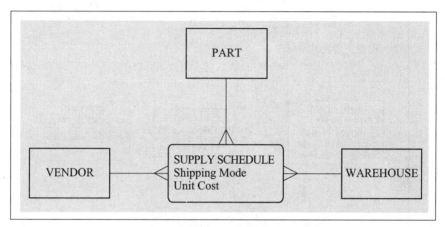

图 2—14　作为关联实体的三元联系

正如前面所述，我们没有标记"供应计划"与三个实体之间的连线。这是因为这些线并不代表二元联系。为了和图 2—12（c）的三元联系保持相同的含义，不能把 Supplies 联系分解为三个二元联系，理由在前面已经提到了。

所以，这里有一个准则要遵循：把所有三元（或更高的）联系转换为关联实体，如这个例子所示。Song 等（1995）指出，参与约束（在后面基数约束一节中描述）不能在三元联系中通过在联系线上给出属性的符号准确地表达。然而，通过转换为关联实体，约束可以精确地表示出来。此外，许多 E-R 图绘图工具，包括大多数 CASE 工具，都不能表达三元联系。所以，虽然在语义上不是很准确，但你必须在这些工具中使用关联实体以及三个二元联系表示三元联系，关联实体以及这些二元联系都与三个相关实体类型中的每一个有着必需的关联。

□ 属性还是实体？

有时候你会疑惑到底要把数据表示为属性还是实体，这是一个常见问题。图 2—15 包括了三种属性要表达为实体类型情况的例子。在左边的列中使用本书的 E-R 表示法，并在右边列中使用 Microsoft Visio 的表示法，重要的是你要学会如何阅读多种表示法的 E-R 图，因为你会在不同的出版物和组织中遇到各种表达风格。在图 2—15（a）中，一门课程的多门先修课程（在"属性"单元格中显示为一个多值属性）也是课程（并且一门课程可能是许多其他课程的先修课程）。因此，先修课程可以视为课程之间的一种材料清单结构（在联系和实体单元格中给出），而不是课程 COURSE 的一个多值属性。使用材料清单结构表达先修课程还意味着，寻找一门课程的先修课程以及寻找以某门课程为先修课程的所有课程，都涉及实体类型之间的联

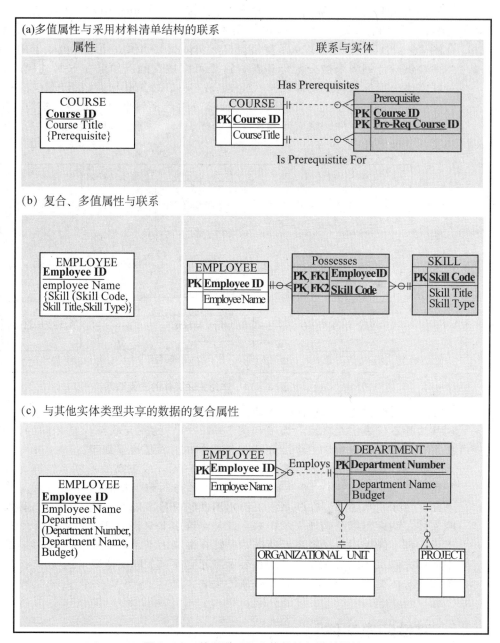

图 2—15　使用联系和实体链接相关的属性

系。当先修课程是课程 COURSE 的一个多值属性时，寻找以某门课程为先修课程的所有课程，就意味着要在所有课程实例中搜寻先修课程的一个特定值。正如图 2—13（a）所示，这种情况也可以建模为课程 COURSE 实体类型实例之间的一元联系。在 Visio 中，这种特殊情况需要创建相当于关联实体的一种表示（参见图 2—15（a）中的联系与实体单元格；Visio 不使用带有圆角的矩形符号）。通过创建关联实体，很容易向联系中添加特性，如需要的最低成绩。还要注意的是，Visio 中，标识符是通过使用 PK 符号并在组成属性名称上使用黑体指示的（本例中是复合的），表示这些属性是必需的。

在图 2—15（b）中，雇员可能有多种技能（在属性单元格中给出），但技能可以视为一个实体类型（在联系与实体单元格中相当于关联实体的一种表达），关于技能组织希望保存一些数据（标识每个技能的唯一代码、描述性的标题、技能类型如技术的或管理的）。雇员拥有技能，这些技能不被视为属性，而是作为一个相关实体类型的实例。在图 2—15 （a）和 2—15 （b）的例子中，把数据通过多值属性而不是与另一个实体类型的联系来表达，可能在有些人看来简化了 E-R 图。另一方面，这些图中右边一列的图，却更接近于数据在标准关系数据库管理系统的数据库中的表达方式，关系数据库是当今使用的最流行的 DBMS 类型。虽然我们在概念数据建模阶段不关心实现，但是有一些保持概念数据模型和逻辑数据模型相似的逻辑。此外，正如我们将在下面的例子中看到的，有时候一个属性无论是简单的、复合的或多个值的，都需要存在于一个单独的实体中。

那么，何时属性应该通过联系关联到一个实体类型？答案是：当属性是标识符，或者是数据模型中一个实体类型的其他特性，并且多个实体实例需要共享这些属性。图 2—15 （c）显示了这个规则的一个例子。在这个例子中，雇员 EMPLOYEE 都有一个复合属性 Department （部门）。由于部门是一个业务概念，并且多个雇员将共享同一个部门的数据，所以部门数据可以用一个部门 DEPARTMENT 实体类型表示（非冗余地），该实体类型带有所有相关实体实例都需要知道的部门数据的属性。这种方法，不仅使不同雇员可以共享相同部门的数据存储，还使得项目（被分配到一个部门）和组织单元（由部门组成）可以共享这些部门数据的存储。

基数约束

还有一个更重要的表示普遍和重要业务规则的数据建模符号。假设有两个通过一种联系连接的实体类型，A 和 B。**基数约束**（cardinality constraint）指定了实体 B 可以（或必须）与每个实体 A 实例相关联的实例数目。例如，考虑一家租赁电影 DVD 的音像店。因为店里对于每部电影可能存有多于一个的 DVD，这从直观上看是个一对多的联系，如图 2—16 （a）所示。然而，也可能存在这样的事实，即该商店对于给定的电影在某一特定时间没有任何 DVD （例如，所有的拷贝可能都租出去了）。我们需要一种更精确的符号来表示联系的基数范围。这个符号是在图 2—2 中介绍的，此时你可能要复习一下。

最小基数　联系的**最小基数**（minimum cardinality）是实体 B 可能与实体 A 每个实例相关联的最小实例数量。在 DVD 的例子中，一部电影的 DVD 的最小数量是零。当参与实体的最小数量是零时，就说实体类型 B 在该联系中是一个可选参与者。在这个例子中，DVD （弱实体类型）是 Is Stocked As （被库存为）联系的一个可选参与者。这一事实的表示方法，是在靠近图 2—16 （b）中 DVD 实体的连线端标记符号零。

最大基数　联系的**最大基数**（maximum cardinality）是实体 B 可能与实体 A 每个实例相关联的最大实例数量。在上述影像例子中，DVD 实体类型的最大基数是"多"——也就是说，大于 1 的不确定数量。这个事实的表示方法是，在图 2—16 （b）中连接 DVD 实体符号的线上标记"鸟足"（crow's foot）符号。（你可能会发现，对于维基百科实体—联系模型条目中出现的有关鸟足符号由来的解释是很有趣的，这个条目也展示了用于表示基数的多种符号，请参见 http：/en. wikipedia. org / wiki/Entity-relationship＿model.）

当然，联系是双向的，所以在电影实体 MOVIE 旁也有基数符号。请注意，最小

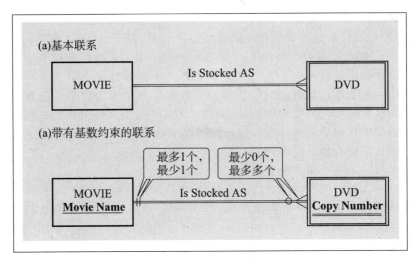

图 2—16　介绍基数约束

基数和最大基数都是 1（参见图 2—16（b））。这就是所谓的必需 1（mandatory one）基数。换句话说，每个电影 DVD 必须是一部电影的拷贝。在一般情况下，参与一个联系对于所涉及的实体可能是可选的或必需的。如果最小基数是零，则参与是可选的；如果最小基数是 1，则参与是必需的。

在图 2—16（b）中，每个实体类型都添加了一些属性。请注意 DVD 被表示为一个弱实体。这是因为，只有所述的影片存在，一个 DVD 才可以存在。电影 MOVIE 的标识符是 Move Name（影片名称）。DVD 没有一个唯一的标识符。然而，拷贝编号 Copy Number 是一个部分标识符，该标识符连同 Move Name，将可以唯一标识 DVD 的一个实例。

联系及其基数的一些例子

展示最小基数和最大基数所有可能组合的三个联系例子，如图 2—17 所示。每个例子都说明了每个基数约束的业务规则，并显示了相关的 E-R 符号。每个例子还给出一些联系的实例来阐明这种联系的本质。你应该对这些例子中的每一个都仔细研究。以下是图 2—17 中每个例子的业务规则：

（1）病人 PATIENT 记录了病历 PATIENT HISTORY（图 2—17（a））。每个病人都有一个或多个病历。（病人看一次病总是作为病历的一个实例记录。）每个病历的实例只"属于"一个病人。

（2）雇员 EMPLOYEE 被分配到项目 PROJECT 中（图 2—17（b））。每个项目至少要有一名雇员分配给它。（有些项目有多个雇员。）每个雇员可能会或（可选地）不会被分配到任何现有的项目中（例如，雇员 Pete），或可能被分配到一个或多个项目中。

（3）人 PERSON 与人 PERSON 结婚（图 2—17（c））。这是两个方向上都是可选的 0 或 1 基数，因为在某个特定的时间点，一个人可能会结婚，也可能不会结婚。

最大基数是一个固定的数量而不是任意"多"的值，这也是可能的。例如，假设

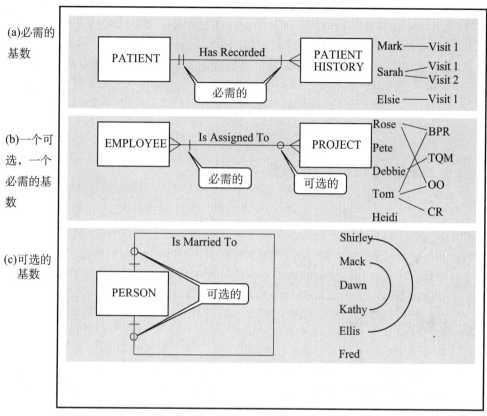

图 2—17　基数约束的例子

企业的政策规定，雇员在同一时间最多可以在 5 个项目工作。我们通过在图 2—17（b）中与项目实体连接的鸟足的上方或下方放置 5，来表达这个业务规则。

三元联系　我们在图 2—14 中展示了带有关联实体类型供应计划 SUPPLY SCHEDULE 的三元联系。现在让我们基于这个例子的业务规则，向此图中添加基数约束。带有相关业务规则的 E-R 图，如图 2—18 所示。请注意零件 PART 和仓库

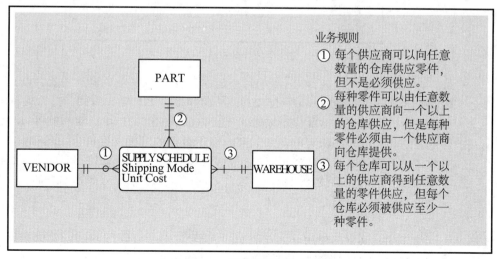

图 2—18　三元联系中的基数约束

WAREHOUSE，必须与某个供应计划 SUPPLY SCHEDULE 实例相关，而供应商 VENDOR 可能不参与。每个参与实体的基数是必需的 1，因为每个供应计划的实例必须与每个参与实体类型的一个实例相关。（请记住，供应计划是一个关联的实体。）

如前所述，一个三元联系不等价于三个二元联系。不幸的是，你不能用许多 CASE 工具画三元联系，你不得不把三元联系表示为三个二元联系（即一个关联实体带有三个二元联系）。如果你被迫画三个二元联系，那么不要给这些二元联系赋予名称，并且确保三个强实体旁边的基数必须是 1。

□ 建模时间相关的数据

数据库的内容随时间而变化。出于各种管理规定的要求，如《健康保险便利及责任法案》（HIPAA）和《萨班斯—奥克斯利法案》，组织对于其历史画面的可追溯性和可重构性有了不断提升的兴趣，因此包含一个时间序列数据已经成为必不可少的。例如，在包含产品信息的数据库中，每种产品的单价可能会随着材料和劳动力成本以及市场条件的变化而改变。如果只需要有当前价格，则"价格"可以建模为单值属性。然而，为了会计、结算、财务报表以及其他目的，我们可能需要保留价格的历史和每个价格的有效时间区间。正如图 2—19 所示，我们可以把这个需求概念化为价格和每个价格的有效日期的一个系列。这导致了名为"价格历史"并带有"价格"和"有效日期"的（复合）多值属性的产生。这种复合、多值属性的一个重要特点是，组件属性一起出现。因此，在图 2—19 中，每个"价格"都与"有效日期"成对出现。

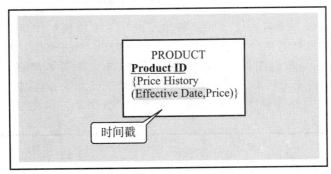

图 2—19 时间戳的简单例子

在图 2—19 中，属性 Price 的每个值都通过 Effective Date（有效日期）打上了时间戳。**时间戳**（time stamp）仅仅是一个时间值，如日期和时间，这个时间与一个数据值相关。如果我们需要保留随时间而变化的数据值的历史，时间戳可以与任何这样的数据值相关。时间戳可以记录下来以指示数据值的输入时间（交易时间）、值变为有效或不再有效的时间，或重要操作如更新、更正或审计的执行时间。这种情况与图 2—15（b）中的雇员技能图相似。因此，在图 2—19 中没有展示出来的一种替代方法是，把 Price History（价格历史）变成一个单独的实体类型，正如在微软的 Visio 中对"技能"所作的处理。

简单的时间戳的使用（如在前面的例子），对于建模随时间变化的数据往往是足够的。然而，时间能够给数据建模带来微妙的复杂性。例如，再看一看图 2—17（c）。该图是为给定时间点绘制的，而不是为了显示历史。如果我们需要记录个人婚姻的完整历史，Is Married To 联系应该是一个可选的多对多联系。此外，我们可能想知道每个婚姻的开始和结束日期（可选），则这些日期将与图 2—13（c）中的材料清单结构类似，是联系或关联实体的属性。

《萨班斯—奥克斯利法案》和《巴塞尔新资本协议》（Basel II），要求数据库维护关键数据的历史，而不仅仅是当前的状态。另外，有些数据建模人员会说数据模型应该总是能够表达历史，即使现在的用户说他们只需要当前值。这些因素表明，所有的联系应该建模为多对多（在购买的数据模型中往往是这样的）。因此，对于大多数数据库，对每一个联系都形成一个关联实体是很必要的。这种方法有两个明显的负面影响。首先，会创建许多额外的（关联）实体，从而搞乱 E-R 图。其次，多对多（$M:N$）联系比一对多（$1:M$）联系有较少的限制性。所以，如果你最初是要为一些实体（即联系的"一"方）建立一个关联实体实例，则无法通过数据模型的 $M:N$ 联系实现。这似乎是有些联系将永远无法变成 $M:N$，例如，客户和订单之间的 $1:M$ 联系能变成 $M:N$ 吗（当然，也许有一天我们的组织将出售允许联合采购的货物，像汽车或房子）？我们得出的结论是，如果法规需要或要求历史或时间序列的值，则你应该考虑使用 $M:N$ 联系。

时间对数据建模影响的更微妙的情况，通过图 2—20（a）进行了说明，该图是松树谷家具公司 ERD 的一部分。每个产品都被分配到（即当前的分配）一种产品线（或相关产品组）中。客户的订单全年都在处理，而每月的汇总都按产品线和产品线中的产品产生报表。

假设在今年的年中，由于销售职能的重组，部分产品被重新分配到不同产品线中。图 2—20（a）所示的模型，不是设计用来跟踪产品到新产品线的重新分配操作的。因此，所有的销售报表将基于产品目前而不是被出售时的产品线，显示产品的累计销售额。例如，一个产品年初至今可能有 50 000 美元的销售额，并且是与产品线 B 相关联的，但这些销售额中的 40 000 美元，可能是该产品被分配到产品线 A 时发生的。使用图 2—20（a）中的模型，则这一事实将丢失。图 2—20（b）显示的简单的设计变化，将正确识别产品的重新分配。一种新的联系，称为"产品线销售额"，已被添加到订单 ORDER 和产品线 PRODUCT LINE 之间。当客户订单被处理时，它们被计入正确的产品（通过联系 Sales For Product［产品销售］）和销售时所在的正确的产品线。图 2—20（b）的方法，类似于数据仓库中，保留任意时间点确切情况的历史记录时所使用的方法。（我们将在第 9 章重谈时间维度的处理问题。）

建模时间的另一方面是认识到，虽然今天的组织需求可能是只记录当前状况，但是，如果该组织在什么时候决定要保持历史，则数据库设计可能需要更改。在图 2—20（b）中，我们知道一个产品所在的当前产品线，以及该产品在每次被订购时所在的产品线。但是，如果产品在销售额为零期间，被重新分配到一个产品线会怎样呢？基于图 2—20（b）的数据模型，我们将无法知道其他的这些产品线分配。对于这种更大数据模型灵活性要求的一种常见的解决办法是，考虑是否应该将一个一对多的联系，如 Assigned（分配），变成一个多对多的联系。此外，为了允许这种新联系带有属性，该联系实际上应该是关联实体。图 2—20（c）展示了这种替代数据模型，该模型中使用分配 ASSIGNMENT 关联实体表达 Assigned 联系。这种替代的优势是，现在我们将不会漏掉任何产品线分配记录，并且可以记录分配的有关信息（如分配的起止有效日期）；缺点是数据模型不再有"一个产品在一个时间可能只被分配到一个产品线"的限制。

我们已经与若干组织的经理讨论与了与时间相关的数据建模问题，这些组织被认为是使用数据建模和数据库管理技术的领导者。在最近的财务报告披露法规风波之

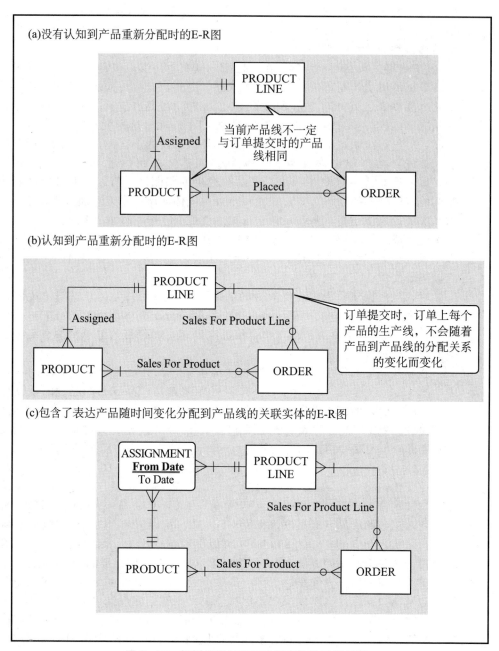

(a)没有认知到产品重新分配时的E-R图

PRODUCT LINE

当前产品线不一定与订单提交时的产品线相同

Assigned

PRODUCT

Placed

ORDER

(b)认知到产品重新分配时的E-R图

PRODUCT LINE

Assigned

Sales For Product Line

订单提交时，订单上每个产品的生产线，不会随着产品到产品线的分配关系的变化而变化

PRODUCT

Sales For Product

ORDER

(c)包含了表达产品随时间变化分配到产品线的关联实体的E-R图

ASSIGNMENT
From Date
To Date

PRODUCT LINE

Sales For Product Line

PRODUCT

Sales For Product

ORDER

图 2—20　松树谷家具产品数据库中的时间示例

前，这些讨论显示，操作型数据库的数据模型，对于管理与时间相关的数据一般是不足以胜任的，因此组织往往忽略这个问题，并且希望所造成的错误能够被平衡掉。然而，由于这些新法规，你必须在为组织开发数据模型时，警惕与时间相关的数据所带来的复杂性。对于时间作为一个数据建模维度的详细解释，请参阅 T. Johnson 和 R. Weis 从 2007 年 5 月开始在 DM 评论（*DM Review*，现在的名称是信息管理 *Information Management*）上发表的一系列文章，这些文章可以从 www. information-management. com 的信息中心的 Magazine Archives 部分访问到。

□ 建模实体类型之间的多重联系

　　在一个给定的组织中，相同的实体类型之间可能存在一个以上的联系。图 2—21 中展示了两个例子。图 2—21（a）显示了实体类型 EMPLOYEE 和 DEPARTMENT 之间的两个联系。在这个图中，使用了在每个方向的联系上带有名称的表示方法，这种表示法能够明确表示每个方向上联系的基数（这对于澄清 EMPLOYEE 上一元联系的含义很重要）。一种联系把雇员和他们所工作的部门关联起来。这种联系在 Has Workers（有工作人员）方向上是一对多的，并且在两个方向上都是必需的。也就是说，一个部门必须至少有一名雇员在其中工作（也许是部门经理），而且每个雇员必须只被分配到一个部门。（注意：这些都是我们为此图假设的特定业务规则。当你为特定情形开发 E-R 图时，了解适用于该情形的业务规则是至关重要的。例如，如果 EMPLOYEE 中包含退休人员，则每个雇员当前可能不会被分配到一个部门；此外，图 2—21（a）中的 E-R 模型假定该组织需要记住每个雇员当前在哪个部门工作，而不是记住部门分配的历史。再者，数据模型的结构反映了组织需要记住的信息。）

　　EMPLOYEE 和 DEPARTMENT 之间的第二个联系把每个部门与管理该部门的雇员关联起来。从 DEPARTMENT 到 EMPLOYEE（在该方向上称为 Is Managed By）的联系是必需的且为 1，这表明一个部门必须只有一个经理。从 EMPLOYEE 到 DEPARTMENT，联系（Manages）是可选的，因为一个给定的雇员既可以是也可以不是一个部门经理。

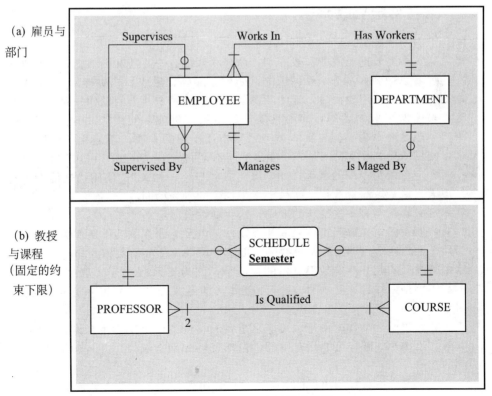

图 2—21　多重联系示例

图 2—21（a）还显示了一个一元联系，该联系把每个雇员与他的主管或其下属关联起来。这个联系记录了这样的业务规则，即每个雇员都可能有一个主管（Supervised By）。反过来，每个雇员可以管理任何数量的雇员，或者可能不是主管。

图 2—21（b）中的例子显示了实体类型教授 PROFESSOR 和课程 COURSE 之间的两个联系。联系 Is Qualified（有资格讲授）把教授和他们有资格讲授的课程关联起来。一个给定的课程必须有至少两个符合资格的教师（一个关于如何使用固定的最小或最大基数值的例子），可能发生这样的情况，例如，一门课程从来不会成为一位教授的"所有物"。反过来，每个教师必须有资格讲授至少一门课程（合理的期望）。

图中的第二个联系，把教授与他们在给定学期实际计划讲授的课程关联起来。由于学期 Semester 是该联系的一个特性，我们在教授 PROFESSOR 和课程 COURSE 之间放置了关联实体计划 SCHEDULE。

关于图 2—21（b）的最后一点是：你有没有想出关联实体计划 SCHEDULE 的标识符是什么？注意 Semester 是一个部分标识符，因此，完整的标识符将是教授 PROFESSOR 的标识符以及课程 COURSE 的标识符再加上 Semester。由于这样的关联实体完整标识符可能很长并且复杂，人们往往建议为每个关联实体创建替代的标识符，因此，Schedule ID 将被创建作为 SCHEDULE 的标识符，而 Semester 将是一个属性。在这种情况下失去的是明确的业务规则，该规则的含义是教授 PROFESSOR 的标识符、课程 COURSE 的标识符和 Semester 的组合，对于每个 SCHEDULE 实例必须是唯一的。（因为这个组合是 SCHEDULE 的标识符。）当然，这可以作为一条业务规则添加进来。

命名和定义联系

除了命名数据对象的一般准则，命名联系也有一些特殊的准则，这些准则遵循：

● 联系的名称是一个动词短语（如被分配到、供应，或讲授）。联系表示所采取的动作，通常采用现在时，因此及物动词（在某种东西上的动作）是最合适的。联系名称表明所采取的动作，而不是动作的结果（例如，使用"被分配到"，不是"分配"）。该名称声明了参与实体类型之间相互作用的本质，不是相互作用的过程（例如，使用雇员"被分配到"一个项目，而不是雇员正"分配"一个项目）。

● 应该避免模糊的名称，如"有"或"与……相关"。使用描述性的、有效的动词短语，这些短语常常是从联系定义中找到的行为动词。

定义联系也有一些特殊的准则，这些准则遵循：

● 联系的定义解释正在采取什么动作，以及为什么该动作是重要的。说明是谁或为什么实施这个行动可能是重要的，但解释该动作是如何实施的却并不重要。说明联系中所涉及的业务对象是很自然的，但是，因为 E-R 图显示了联系中包含了什么样的实体类型，并且这些实体类型会通过其他定义解释，所以不必再描述这些业务对象。

● 给出阐述动作的例子也可能是重要的。例如，对于学生和课程之间的"选修"联系，给出这些解释可能是有用的，包括现场和网上选修，并且包括在删除/添加期间的选修。

● 定义应解释任何可选的参与。你应该解释什么条件下会导致零相关实例，是只有当实体实例最初创建时可能发生这种情况，还是可能随时发生。例如，"'选修'连接了课程与已报名参加该课程的学生，也连接了一个学生已报名参加的这些课程。课程在选修期开始之前将没有学生选修，并且也可能一直不会有任何选修的学生。学生在选修期开始之前将不会选修任何课程，并且可能不选修任何课程（或可能选修课程，而随后又删除一门或所有课程）"。

- 联系的定义也应该解释任何明确的最大基数而不是"许多"的理由。例如，"'分配到'连接了雇员与该雇员被分配到的项目，以及分配到一个项目的这些雇员。根据工会协议，一个雇员在一个给定的时间不能被分配到四个以上的项目中"。这个是一个业务规则上限的典型例子，它暗示了最大基数往往不会是永久性的。在这个例子中，以后的工会协议可能会增加或减少此限制。因此，最大基数的实现机制必须做到允许改变。

- 联系的定义应该解释任何相互排斥的联系。当一个实体实例只可以参与几种联系中的一个联系的时候，这些联系称为互斥的联系。我们将在第 3 章中展示这种情况的例子。现在，考虑下面的例子，"'参加'连接了校际运动队与它的学生队员，并且表示了学生所参加的运动队。参加校际运动队的学生，不能还在校园岗位上工作（即学生不能在通过'参加'连接到一个校际运动队的同时，又通过'工作于'联系连接到一个校园岗位）"。相互排斥限制的另外一个例子是，雇员不能同时管理并与被管理雇员结婚。

- 联系的定义应该解释联系上的任何参与限制。相互排斥是一个限制，但也有其他的限制。例如，"'被管理'连接了一个雇员与其他的他负责管理的雇员，也连接了一个雇员与其他负责管理他的雇员。雇员不能管理他自己，并且，如果雇员的职位级别低于 4，则他不能管理其他员工"。

- 联系的定义应该解释联系中要保存的历史的范围。例如，"'分配给'连接了一个病人与医院的病床。只有当前的床位分配被保存了。当病人没有被接收时，该病人没有分配到病床，并且病床在任何特定时间点可以是空闲的"。联系描述历史的另一个例子是，"'提交'连接了客户与他们提交到我们公司的订单，并且连接了订单与相关的客户。数据库中只保持两年的订单，因此，并非所有的订单都可以参与这种联系"。

- 联系的定义应该解释，包含在一个联系实例中的实体实例是否可以转移到另一个联系实例中。例如，"'提交'连接了客户与他们提交到我们公司的订单，并且连接了订单与相关的客户。一个订单是不能转让给另一个客户的"。另一个例子是"'分类为'连接了产品线和该产品线下销售的产品，并且把产品与其相关的产品线联系起来。由于组织结构和产品设计特点的变化，产品可能会重新分类到不同的产品线中。'分类为'只保留产品所连接的当前产品线"。

■ E-R 建模的例子：松树谷家具公司

开发 E-R 图可以从下面两个方法中的一个（或两个）开始进行。采用自上而下的方法，设计师从业务的基本描述开始，包括业务的策略、流程和环境。这种方法最适合于开发只带有主要实体和联系以及有限的一组属性（如只是实体标识符）的高层E-R 图。采用自下而上的方法，设计师从与用户的详细讨论，对文档、屏幕以及其他数据源的详细研究开始。这种方法对于开发详细的、"完全属性化"的 E-R 图是必要的。

在本节中，我们基于这些方法中的第一种方法，开发了松树谷家具公司的高层次ERD（参见图 2—22 中该 E-R 图的微软 Visio 版本）。为了简单起见，我们没有给出任何复合或多值属性（例如，技能是作为单独的实体，通过一个关联实体与雇员 EMPLOYEE 相关联，这种表达允许一个雇员有多项技能，并且一项技能可以被多个雇员所拥有）。

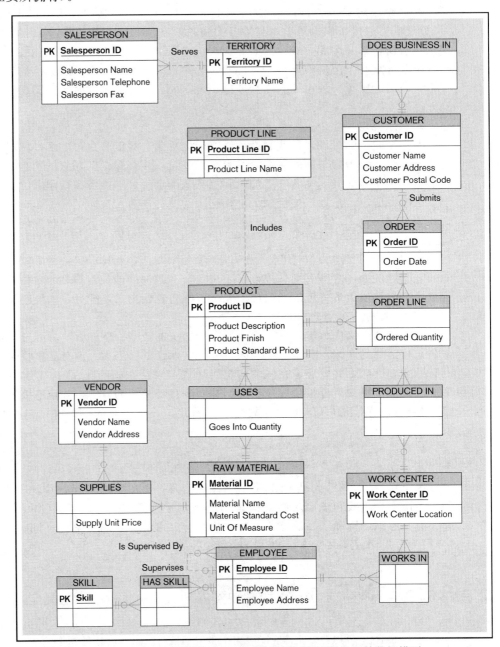

图 2—22　采用微软 Visio 表示法的松树谷家具公司的数据模型

图 2—22 提供了许多常见 E-R 建模符号的例子，因此，该图可以用来作为你在本章所学内容的很好回顾。紧接着，我们将解释这个图中所表达的业务规则。不过，在你看这些解释之前，使用图 2—22 的一种方式是在该图中搜索典型的 E-R 模型结构，比如一对多、二元或一元联系。然后，问自己为什么如此建模业务数据。例如，问自己下列问题：

● 哪里有一元联系？它的含义是什么？出于什么原因它的基数可能与其他组织的

不同?

● 为什么 Includes 是一对多的联系?为什么该联系会与其他组织中的不同?

● Includes 联系允许产品在被分配到一个产品线之前,在数据库中表示该产品吗(例如,产品还处于研究和开发阶段)?

● 如果每个有客户业务的销售区域都有一名不同的客户联系人,我们应该把这个人的名字放到数据模型的什么地方?

● 关联实体 DOSE BUSINESS IN(做交易)的含义是什么?为什么每个 DOSE BUSINESS IN 实例都必须与一个销售区域 SALES TERRITORY 和一个客户 CUSTOMER 相关联?

● 松树谷家具公司可以采用什么样的方法改变它开展业务的方式?该方法会导致关联实体 SUPPLIES 被去掉,并引起该实体周围的联系发生变化吗?

我们建议你现在考虑这些问题,作为你对 E-R 图理解能力的一次检查。

根据对松树谷家具公司业务流程的研究,我们确定了以下实体类型。每个实体都带有标识符以及选定的重要属性:

● 该公司销售许多不同的家具产品。这些产品分成几个产品线。产品的标识符是产品编号,而产品线的标识符是产品线编号。我们确定了产品的其他属性,包括产品描述、产品材质,以及产品标准价格。产品线的另一个属性是产品线名称。产品线可以聚合任意数量的产品,但必须至少聚合一个产品。每个产品必须只属于一个产品线。

● 客户为产品提交订单。订单的标识符是订单编号,另一个属性是订购日期。一位顾客可以提交任意数量的订单,但不是必须提交订单。一个订单只由一个客户提交。客户的标识符是客户编号。其他属性包括客户名称、客户地址和客户邮政编码。

● 一个给定的客户订单必须订购至少一个产品,并且每个订单行条目只有一个产品。松树谷家具公司销售的任何产品都可能不会出现在任何订单行条目中,也可能会出现在一个或多个订单行条目中。与每个订单行条目相关的属性是订购数量。

● 松树谷家具公司已经为其客户建立了销售区域。每个顾客可以在任何销售区域内做交易,也可以在任何区域中都不做交易。一个销售区域有一个到多个客户。销售区域的标识符是区域编号。销售区域还有一个属性区域名称。

● 松树谷家具公司有几个销售员。销售员的标识符是销售员编号。其他的属性包括销售员名称、销售员电话和销售员传真。一位销售员只在一个销售区域服务。每个销售区域有一个或多个销售员提供服务。

● 每种产品都是用指定数量的一种或多种原材料组装而成。原材料实体的标识符是材料编号 Material ID。其他属性包括计量单位 Unit Of Measure、材料名称 Material Name 和材料标准成本 Material Stand and Cost。每种原材料组装成一个或多个产品,每个产品都使用指定数量的原材料。

● 原材料由供应商提供。供应商的标识符是供应商编号 Vendor ID。其他属性包括供应商名称 Vendor Name 和供应商地址 Vendor Address。每种原材料都可以由一个或多个供应商提供。供应商可以向松树谷家具公司提供任意数量的原材料,也可以不提供任何原材料。供应单价 Supply Unit Price 是特定供应商提供特定原材料的单位价格。

● 松树谷家具公司已经成立了许多工作中心。工作中心的标识符是工作中心编号 Work Center ID。另一个属性是工作中心位置 Work Center Location。每个产品都在一个或多个工作中心生产。工作中心可用于生产任意数量的产品,也可能不用于生产任何产品。

● 公司拥有雇员 100 余人。雇员的标识符是雇员编号 Employee ID。其他属性,包括雇员姓名 Employee Name、雇员地址 Employee Address 和技能 Skill。一个雇员可能有一项以上的技能。每个雇员都可以在一个或多个工作中心工作。工作中心必须至少有一名雇员在该中心工作，但可以有任意数量的雇员。一项技能可能被一个以上的雇员拥有，也可能没有雇员拥有。

● 每个员工都有一个主管，但是经理没有主管。作为主管的雇员可以管理任意数量的雇员，但并不是所有的雇员都是主管。

■ 松树谷家具的数据库处理

图 2—22 中的数据模型图的目的，是为松树谷家具公司的数据库提供一个概念设计。重要的是，要与数据库建成后的使用者频繁互动，以此检查设计的质量。一种重要的并且经常进行的一类质量检查，能确定 E-R 模型是否可以很容易地满足用户对数据和/或信息的需求。松树谷家具公司的雇员有很多数据检索和产生报表的需求。在本节中，我们将以图 2—22 所示的数据库为例，展示如何通过数据库处理使很多这样的信息需求得到满足。

我们使用数据库处理语言 SQL（将在第 6 章和第 7 章中介绍）来说明这些查询。要充分理解这些查询，你需要了解将在第 4 章中介绍的概念。但是，在本章中的几个简单查询，应该可以帮助你了解数据库回答重要组织问题的能力，并给你快速理解第 6 章以及后续章节中的 SQL 查询奠定基础。

□ 显示产品信息

许多不同的用户都需要了解松树谷家具产品的相关数据（如销售员、库存经理和产品经理）。一个具体的需求是，销售员要回应客户对某种类型产品的产品清单的要求。此查询的一个例子是：

列出公司库存的各种电脑桌的所有详细信息。

此查询的数据都保存在产品 PRODUCT 实体中（参见图 2—22）。查询扫描这个实体，并且显示包含电脑桌描述的产品的所有属性。

此查询的 SQL 代码是：

```
SELECT*
FROM Product
WHERE ProductDescription LIKE "Computer Desk%";
```

此查询的典型输出是：

产品编号	产品描述	产品材质	产品标准价格
3	Computer Desk 48″	Oak	375.00
8	Computer Desk 64″	Pine	450.00

SELECT* FROM Product 表明要显示产品 PRODUCT 实体的所有属性。WHERE 子句给出限制条件，只显示那些描述是以短语 Computer Desk 开头的产品。

显示产品线信息

　　另一种常见的信息需求，是显示松树谷家具产品线的相关数据。需要该信息的一种特定类型的人是产品经理。以下是来自区域销售经理的典型的查询：

列出 4 号产品线中产品的详细信息。

　　此查询的数据都保持在产品实体 PRODUCT 中。正如我们将在第 4 章中解释的，当图 2—22 中的数据模型转换成可以通过 SQL 访问的数据库时，属性产品线编号 Product Line ID 将被添加到产品 PRODUCT 实体中。查询扫描产品实体，并显示选定产品线中产品的所有属性。
　　此查询的 SQL 代码是：

```
SELECT*
FROM Product
WHERE ProductLineID= 4;
```

　　此查询的典型输出是：

产品编号	产品描述	产品材质	产品标准价格	现有产品数	产品线编号
18	Grandfather Clock	Oak	890.0 000	0	4
19	Grandfather Clock	Oak	1 100.0 000	0	4

　　这个 SQL 查询的解释与前一个查询的解释类似。

显示客户订单的状态

　　前面两个查询都比较简单，每个查询都只涉及一个表中的数据。通常情况下，一次信息请求需要多个表中的数据。虽然前面的查询很简单，我们还是要在整个数据库中查找满足要求的实体和属性。
　　出于简化查询编写和其他原因，许多数据库管理系统支持建立有一定限制的数据库视图，该视图适合特定用户的信息需求。对于有关客户订单状态的查询，松树谷家具公司使用了一个名为“客户订单”的用户视图，这个视图是从图 2—23 （a）所示的松树谷家具公司 E-R 图的片段创建而来的。此用户视图使用户只能看到数据库中的客户 CUSTOMER 和订单 ORDER 实体，并且图中只显示这些实体的属性。对于用户来说，只有一个（虚）表—ORDERS FOR CUSTOMERS，包含所列属性。正如我们将在第 4 章中解释的，属性客户编号将被添加到订单 ORDER 实体中（如图 2—23 （a）所示）。一个典型的订单状态查询是：

我们从客户 Value Furniture 收到了多少订单？

　　假设我们所需要的所有数据都被拉到这个称为客户订单 OrdersForCustomers 的用户视图或虚实体中，我们就可以把这个查询简单地写为：

```
SELECT COUNT  (Order ID)
FROM OrdersForCustomers
WHERE CustomerName=  "Value Furniture";
```

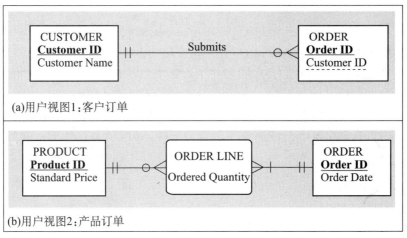

COUNT
(ORDERID)

(a)用户视图1：客户订单

(b)用户视图2：产品订单

图 2—23　松树谷家具公司的两个用户视图

　　如果没有用户视图，我们可以采用多种方式为这个查询写 SQL 代码。我们选择的方式是，在一个查询中再构造一个称为子查询（subquery）的查询。（我们将在第 7 章中解释子查询，介绍一些图表技术以帮助你构造这类查询。）此查询操作时分两个步骤。首先，子查询（或内查询）扫描客户 CUSTOMER 实体，确定名为 Value Furniture 的客户的编号。（该客户的编号是 5，如前一个查询的输出所示。）接着，查询（或外查询）扫描订单 ORDER 实体，并且累计这个客户的订单实例数目。

　　查询在没有使用"客户订单"视图时的 SQL 代码如下：

```
SELECT COUNT (OrderID)
FROM Order
WHERE Customer ID
(SELECT CustomerID=
    FROM Customer
    WHERE CustomerName= "Value Furniture"）;
```

　　对于这个查询例子，使用子查询而不使用视图没有使查询的编写复杂很多。

　　无论采用上述哪种查询方法，此查询的典型输出是：

显示产品销售额

　　销售员、区域经理、产品经理、生产经理和其他人员有了解产品销售状况的需求。有一种销售问题是什么产品有特别强的月销量。这个问题的典型查询如下：

在过去的一个月（2009 年 6 月）中，什么产品的总销售额超过 2.5 万美元?

　　这个查询可以用"产品订单"用户视图来写，"产品订单"视图是从图 2—23（b）所示的松树谷家具公司 E-R 图片段创建而来的。回应这个查询的数据是从以下来源获得的：

　　● Order Date（订购日期）来自订单 ORDER 实体（只查找所需月份的订单）。

● 每个订单上的每种产品的 Ordered Quantity（订购数量），来自所需月份订单 ORDER 实体的关联实体订单行 ORDER LINE。

● 所订购产品的 Standard Price（标准价格）来自于订单行 ORDER LINE 实体相关联的产品 PRODUCT 实体。

对于在 2009 年 6 月订购的每项产品，查询需要用产品标准价格乘以订购数量，以得到销售的美元值。对于用户来说，只有一个带有所列属性的名为 ORDERS FOR PRODUCT 的（虚）表。该产品的销售总额随后通过汇总所有的订单获得。只有总额超过 2.5 万美元的数据才显示出来。

此查询的 SQL 代码超出了本章的范围，因为它需要第 7 章中介绍的技术。我们现在介绍这种查询的目的，只是为了表明数据库（如图 2—22 中所给出的）具有的从细节数据中找出管理信息的能力。在当今的许多组织中，用户可以使用 Web 浏览器来获得这里所描述的信息。与网页相关的程序代码调用所需的 SQL 命令，获得所需要的信息。

▋ 本章回顾

关键术语

关联实体 associative entity	标识所有者 identifying owner
属性 attribute	标识联系 identifying relationship
二元联系 binary relationship	最高基数 maximum cardinality
业务规则 business rule	最低基数 minimum cardinality
基数约束 cardinality constraint	多值属性 multivalued attribute
复合属性 composite attribute	可选属性 optional attribute
复合标识符 composite identifier	联系实例 relationship instance
度 degree	联系类型 relationship type
派生属性 derived attribute	必需属性 required attribute
实体 entity	简单（原子）属性 simple（or atomic）attribute
实体实例 entity instance	
实体—联系图（E-R 图） entity-relationship diagram（E-R diagram）	强实体类型 strong entity type
	术语 term
实体—联系模型（E-R 模型） entity-relationship model（E-R model）	三元联系 ternary relationship
	时间戳 time stamp
实体类型 entity type	一元联系 unary relationship
事实 fact	弱实体类型 weak entity type
标识符 identifier	

复习题

1. 对比下列术语：

    a. 存储属性，派生属性

    b. 简单属性，复合属性

    c. 实体类型，联系类型

    d. 强实体类型，弱实体类型

    e. 度，基数

f. 必需属性，可选属性

g. 复合属性，多值属性

h. 三元联系，3 个二元联系

2. 为什么许多系统设计人员认为，数据建模是系统开发过程中最重要的部分？给出 3 个原因。

3. 说出选择实体标识符的 4 个标准。

4. 说出设计者应该将联系建模为关联实体的 3 个条件。

5. 列出基数约束的 4 种类型，并为每种类型画出一个例子。

6. 什么是联系的度？列出本章中所述的 3 种类型的联系度，并对每种类型给出一个示例。

7. 分别给出下列类型属性的例子（未在本章中出现的其他例子）并解释：

a. 派生属性

b. 多值属性

c. 原子属性

d. 复合属性

e. 必需属性

f. 可选属性

8. 分别给出下列联系的例子，要求所给例子未曾在本章中出现，并解释为什么你的例子是这种联系而不是其他类型的联系。

a. 三元联系

b. 一元联系

9. 命名联系的特殊规则是什么？

10. 联系的定义除了要解释正在采取的动作，还需要解释什么？

11. 对于图 2—12（a）中的联系 Manages，描述一个或多个能够导致这个一元联系两端有不同基数的情形。基于你对这个例子的描述，你认为只是从 E-R 图就能清楚地看到导致某个基数的业务规则吗？说明你的答案。

12. 为什么建议把所有的三元联系都转换成关联实体？

问题和练习

1. 学生实体具有以下属性：学生姓名、地址、电话、年龄、活动和年数。活动表示一些校园内的学生活动，年数表示学生参与该活动有多少年。一个学生可能参与一个以上的活动。画一个描述上述情况的 E-R 图。学生实体的标识符是什么？为什么？

2. 关联实体也是弱实体吗？为什么？如果关联实体也是弱实体，那么它们的"弱"有什么特殊性？

3. 图 2—24 显示了一个在每学期末邮寄给学生的成绩单。画一个 E-R 图反映成绩单中所包含的数据。假设每门课程由一名教师讲授。此外，用你所熟悉的工具画出该 E-R 图。说明 E-R 图中每个实体类型的标识符。

Millennium 学院 成绩单 200X 秋季学期				
姓名		校园地址		专业
课程编号	名称	教师姓名	教师办公室	成绩
IS 350	Database Mgt.	Codd	B104	A
IS 465	System Analysis	Parsons	B317	B

图 2—24 成绩单

4. 图 2—25 表示了关于学生的场景。学生属于一个学校并可在学校工作，另外，学生可以属于位于不同学校的某些俱乐部。仔细研究该图，辨别出该图所表示的业务规则。

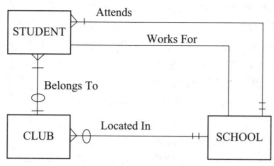

图 2—25 练习第 4 题的 E-R 图

a. 你会发现"Work For"联系没有包含基数。说明该联系的业务规则，然后用与规则相匹配的基数表示这个规则。

b. 说明一个会使"Located In"联系冗余的业务规则（即俱乐部所位于的学校，可以用某种方式从其他联系导出）。

c. 假设一个学生可能只在所属的学校工作，也可以不参加工作。"Work For"联系仍然是必要的吗？或者你能够以其他的方式表示学生是否参加他所在学校的工作（如果可以，怎样表达）？

5. 图 2—26 显示了两个图（A 和 B），这两个图都是表示一只股票有许多价格历史的合法形式。你认为这两个图中哪个更好，为什么？

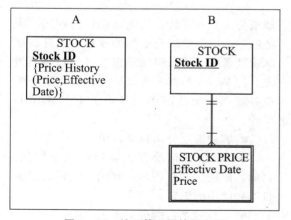

图 2—26 练习第 5 题的 E-R 图

6. 为下列每种情况画一个 E-R 图。（如果你认为需要做出额外的假设，请明确说明。）再使用你熟悉的工具，画出相同情况下的 E-R 图。

a. 实验室有几个化学家从事一个或多个项目工作。化学家在每个项目上也可以使用某些种类的设备。化学家的属性包括：雇员 ID（标识符）、姓名、电话号码。项目的属性包括：项目 ID（标识符）以及开始日期。仪器的属性包括：序列号和价格。该组织希望记录设备的分配日期，即给定的设备被分配给一位特定的化学家，使其将该设备用于某个指定项目的日期。一位化学家必须被分配到至少一个项目和一件设备。设备也可以不被分配，项目也可以没有被指派化学家或设备。给出上述情形下的各种联系的定义。

b. 一个医院有大量的注册医生。医生的属性包括：医生 ID（标识符）和专业。病人由医生接收入院。病人的属性包括：病人 ID（标识符）和病人姓名。任何入院的病人必须有一名接收医生。一位医生可以接收任意数量的病人。一旦被接收，一个给定的病人必须有至少一位医生对其进行治疗。一位特定的医生可以治疗任意数量的病人，也可能不治疗任何病人。在医生治疗病人时，医院希望记录治疗的细节（治疗详情）。治疗详情包括：日期、时间和结果。医生和病人之间有一种以上的联系吗？为什么？医院能作为实体类型吗？为什么？你的 E-R 图中，允许随着时间的推移同一病人被不同医生接收吗？你如何在 E-R 图中表示病人每次被接收入院的日期？

c. 公司会聘请顾问，公司会由公司 ID 标识，并由公司名称和行业类型描述；顾问由顾问编号标识，并由顾问名称、顾问专业（多值的）描述。假设一个顾问在一个时间只能在一个公司工作，而我们只需要跟踪当前的咨询业务。针对这种情况，绘制 E-R 图。现在，考虑一个新的属性——每小时收费金额，是一名顾问为一家公司服务时的每小时收费标准。重画 E-R 图，包含这个新属性。现在，考虑每次顾问在一个公司工作时，都要写下一份合同描述这次咨询的条目。合同是由公司 ID、顾问编号、合同日期组成的复合标识符标识的。假设顾问在同一时间仍然只能在一家公司工作，为这种新情况，重绘 E-R 图。在这次绘制的 E-R 图中，是否需要将某个属性移动到不同的实体类型上？作为最后一种情况，现在考虑，虽然顾问在同一时间只能在一家公司工作，但现在需要为每个顾问和公司的所有咨询活动保存完整的历史。为上述最后一种情况绘制 E-R 图。如果不同的情况变化导致了不同的数据模型，解释出现这种结果的理由。

d. 每个出版社都有唯一的名称，并有通信地址和电话号码等信息。出版社出版一本或多本书，每本书只由一个出版社出版。书由书号进行标识，其他属性包括：书名、价格和页数。每本书有一个或多个作者，而一个作者可以写一本或多本书，这些书可能由不同的出版社出版。每个作者由作者 ID 唯一标识，并且我们知道每个作者的姓名和地址。每个作者对于他撰写的每本书，都可获得一定比率的版税，每本书和每个作者的版税可能有所不同。每个作者都会单独收到所著每本书的版税支票。每张支票都由支票号标识，而且我们还跟踪每张支票的金额和日期。在你设计 E-R 图时，遵循良好的数据命名准则。

7. 假设松树谷家具公司每个产品（由产品编号、说明和成本等信息描述）至少包含三个组件（由组件编号、说明和度量单位等信息描述），组件被用来制造一种或多种产品。此外，假设组件可以用来构成其他组件，并且原材料也被视为组件。在这两种情况下，我们需要跟踪该组件在其他组件中的使用数量。画出这种情况下的 E-R 图，并在图上标出最小和最大基数。

8. 新兴电力公司想要创建数据库，管理下列实体和属性：

● 客户，属性包括：客户 ID、名称、地址（街道、市、州、邮编）和电话。

● 位置，属性包括：位置 ID、地址（街道、市、州、邮编）、类型（商业区或住宅）。

● 费率，属性包括：费率级别和每千瓦时费率。

在与业主面谈后，得到以下业务规则：

● 客户可以有一个或多个位置。

● 每个位置可以有一个或多个费率，与一天中的不同时间有关。

画出这种情况下的 E-R 图，并在图上标出最小和最大基数。说明所做的任何假设。

9. Wally Los Gatos 是 Wally 奇妙世界墙纸公司的所有者，他聘请你作为顾问，为他的三个出售壁纸及配件的连锁店设计数据库管理系统。他想跟踪销售、客户和雇员情况。与 Wally 的首次商谈后，你提出了一组业务规则和规范清单，开始了 E-R 模型的设计：

● 客户通过分店提交订单。

● Wally 想跟踪有关客户的以下信息：名称、地址、城市、州、邮编、电话、出生日期和使用的语言。

● 一位顾客可能提交多个订单。

● 顾客并不总是只通过同一个分店订购。

● 客户可以有一个或多个账户，他们也可能还没有账户。

- 账户需要记录以下信息：余额、最后付款日期、最后付款金额和类型。
- 一个分店可能有许多客户。
- 每个分店需要记录以下信息：分店号码、地点（街道、城市、州、邮编）以及平方英尺。
- 一个分店可以出售所有的产品，也可以只出售某些产品。
- 订单中包含一个或多个产品。
- 每个订单需要记录以下信息：订购日期和信用授权状态。
- 产品可能由一个或多个分店销售。
- 我们希望记录每个产品的以下信息：描述、颜色、尺寸、图案和类型。
- 一个产品可以由多个其他产品组成，

例如，一间餐厅的墙纸套装（产品 20），可能包括墙纸（产品 22）和装饰边（产品 23）。

- Wally 雇用了 56 名员工。
- 他想跟踪有关雇员的以下信息：姓名、地址（街道、城市、州、邮编）、电话、受雇日期、职务、工资、技能和年龄。
- 每个雇员在并且只在一个分店工作。
- 每个员工都可能有一个或多个家属。我们希望记录家属姓名、年龄和与雇员的关系。
- 雇员可以有一项或多项技能。

基于上述信息，画出 E-R 模型。请注明你所做的任何假设。同时，用你熟悉的工具画出 E-R 模型。

参考文献

Aranow, E. B. 1989. "Developing Good Data Definitions." *Database Programming & Design* 2,8 (August): 36–39.

Batra, D., J. A. Hoffer, and R. B. Bostrom. 1988. "A Comparison of User Performance Between the Relational and Extended Entity Relationship Model in the Discovery Phase of Database Design." *Proceedings of the Ninth International Conference on Information Systems.* Minneapolis, November 30–December 3: 295–306.

Bruce, T. A. 1992. *Designing Quality Databases with IDEF1X Information Models.* New York: Dorset House.

Chen, P. P.-S. 1976. "The Entity-Relationship Model—Toward a Unified View of Data." *ACM Transactions on Database Systems* 1,1(March): 9–36.

Elmasri, R., and S. B. Navathe. 1994. *Fundamentals of Database Systems.* 2d ed. Menlo Park, CA: Benjamin/Cummings.

Gottesdiener, E. 1997. "Business Rules Show Power, Promise." *Application Development Trends* 4,3 (March): 36–54.

Gottesdiener, E. 1999. "Turning Rules into Requirements." *Application Development Trends* 6,7 (July): 37–50.

Hay, D. C. 2003. "What Exactly IS a Data Model?" Parts 1, 2, and 3. *DM Review* Vol 13, Issues 2 (February: 24–26), 3 (March: 48–50), and 4 (April: 20–22, 46).

GUIDE. 1997 (October)."GUIDE Business Rules Project." Final Report, revision 1.2.

Hoffer, J. A., J. F. George, and J. S. Valacich. 2010. *Modern Systems Analysis and Design.* 6th ed. Upper Saddle River, NJ: Prentice Hall.

ISO/IEC. 2004. "Information Technology—Metadata Registries (MDR)—Part 4: Formulation of Data Definitions." July. Switzerland. Available at **http:/metadata-standards.org/11179**.

ISO/IEC. 2005. "Information Technology—Metadata Registries (MDR)—Part 5: Naming and Identification Principles." September. Switzerland. Available at **http:/metadata-standards.org/11179**.

Johnson, T. and R. Weis. 2007. "Time and Time Again: Managing Time in Relational Databases, Part 1." May. *DM Review.* Available from Magazine Archives section in the Information Center of **www.information-management.com**. See whole series of articles called "Time and Time Again" in subsequent issues.

Moriarty, T. 2000. "The Right Tool for the Job." *Intelligent Enterprise* 3,9 (June 5): 68, 70–71.

Owen, J. 2004. "Putting Rules Engines to Work." *InfoWorld* (June 28): 35–41.

Plotkin, D. 1999. "Business Rules Everywhere." *Intelligent Enterprise* 2,4 (March 30): 37–44.

Salin, T. 1990. "What's in a Name?" *Database Programming & Design* 3,3 (March): 55–58.

Song, I.-Y., M. Evans, and E. K. Park. 1995. "A Comparative Analysis of Entity-Relationship Diagrams." *Journal of Computer & Software Engineering* 3,4: 427–59.

Storey, V. C. 1991. "Relational Database Design Based on the Entity-Relationship Model." *Data and Knowledge Engineering* 7: 47–83.

Teorey, T. J., D. Yang, and J. P. Fry. 1986. "A Logical Design Methodology for Relational Databases Using the Extended Entity- Relationship Model." *Computing Surveys* 18, 2 (June): 197–221.

von Halle, B. 1997. "Digging for Business Rules." *Database Programming & Design* 8,11: 11–13.

延伸阅读

Batini, C., S. Ceri, and S. B. Navathe. 1992. *Conceptual Database Design: An Entity-Relationship Approach*. Menlo Park, CA: Benjamin/Cummings.

Bodart, F., A. Patel, M. Sim, and R. Weber. 2001. "Should Optional Properties Be Used in Conceptual Modelling? A Theory and Three Empirical Tests." *Information Systems Research* 12,4 (December): 384–405.

Carlis, J., and J. Maguire. 2001. *Mastering Data Modeling: A User-Driven Approach*. Upper Saddle River, NJ: Prentice Hall.

Keuffel, W. 1996. "Battle of the Modeling Techniques." *DBMS* 9,8 (August): 83, 84, 86, 97.

Moody, D. 1996. "The Seven Habits of Highly Effective Data Modelers." *Database Programming & Design* 9,10 (October): 57, 58, 60–62, 64.

Teorey, T. 1999. *Database Modeling & Design*. 3d ed. San Francisco, CA: Morgan Kaufman.

Tillman, G. 1994. "Should You Model Derived Data?" *DBMS* 7,11 (November): 88, 90.

Tillman, G. 1995. "Data Modeling Rules of Thumb." *DBMS* 8,8 (August): 70, 72, 74, 76, 80–82, 87.

网络资源

http：//dwr. ais. columbia. edu/info/ Data%20Naming%20Standards. html 这个网站提供了与本章类似的实体、属性和联系的命名规则。

www. adtmag. com 在信息系统开发实践方面的重要出版物《应用开发趋势》的网站。

www. axisboulder. com 一个业务规则软件供应商的网站。

www. businessrulesgroup. org 业务规则工作组的网站，这个工作组之前是国际 GUIDE 的一部分，职责是制定和支持业务规则标准。

http：//en. wikipedia. org/wiki/Entity-relationship _ model 实体-联系模型的维基百科条目，该条目中解释了本书中采用的鸟足表示法的由来。

www. intelligententerprise. com 数据库管理及相关领域的重要出版物《智能化企业》的网站。这个杂志合并了之前的两种出版物《数据库编程与设计》和《DBMS》。

http：//ss64. com/ora/syntax-naming. html 提供 Oracle 数据库环境下实体、属性、联系等命名约定的网站。

www. tdan. com 包含了有关数据管理各种文章的在线期刊《数据管理通讯》的网站。它被认为是数据管理从业人员"必须跟踪阅读"的网站。

第 3 章

增强型 E-R 模型

📏➤ **学习目标**

➤ 简明地定义以下关键术语：**增强型实体—联系模型**（enhanced entity-relationship，EER），**子类**（subtype），**超类/父类**（supertype），**属性继承**（attribute inheritance），**概括**（generalization），**特定化**（specialization），**完备性约束**（completeness constraint），**全部特定化规则**（total specialization rule），**部分特定化规则**（partial specialization rule），**不相交约束**（disjointness constraint），**不相交规则**（disjoint rule），**重叠规则**（overlap rule），**子类判别符**（subtype discriminator），**超类/子类层次结构**（supertype/subtype hierarchy），**实体聚类**（entity cluster）以及**全局数据模型**（universal data model）。

➤ 认识到何时在数据建模中使用超类/子类关系。

➤ 使用特定化和概括技术定义超类/子类关系。

➤ 在建模时，为超类/子类关系指定完备性约束和不相交约束。

➤ 为真实的业务场景开发超类/子类层次结构。

➤ 开发实体聚类以简化 E-R 图的表达。

➤ 解释全局（打包的）数据模型的主要特点和数据建模结构。

➤ 描述当使用打包数据模型时的数据建模项目的特点。

引 言

第 2 章中描述的基本 E-R 模型是在 20 世纪 70 年代中期首次提出的。它已经适用于最常见的业务问题建模，并得到广泛的使用。然而，自那时以来，商业环境发生了巨大变化。业务关系更加复杂，也导致业务数据更加复杂。例如，组织必须准备细分市场并定制产品，这使得组织数据库的需求更迫切。

为了更好地应对这些变化，研究人员和顾问不断地增强 E-R 模型，以便它可以更准确地表达在当今商业环境中所遇到的复杂数据。**增强型实体—联系**（enhanced entity-relationship，EER）模型指的就是用一些新结构扩展最初 E-R 模型后得到的模型。这些扩展使 EER 模型语义上类似于我们将在第 13 章介绍的面向对象数据建模。

EER 模型中最重要的建模结构是超类/子类关系。这种结构使我们能够在建模中构建总体的实体类型（称为超类或父类），然后把它划分为几个特定的实体类型（称为子类）。因此，举例来说，实体类型汽车 CAR 可以建模为一个超类，其子类是轿车 SEDAN、运动跑车 SPORTS CAR、跑车 COUPE 等。每个子类从其超类继承属性，除此之外可以有特殊的属性并且包含在它自身的关系中。为建模超类/子关系添加新符号，这大大提高了基本 E-R 模型的灵活性。

E-R 图特别是 EER 图，可能变得庞大而复杂，需要显示多页（或非常小的字体）。一些商业数据库包括数百个实体。许多指定数据库需求或使用数据库的用户和管理者，只想了解他们最感兴趣的那部分数据库，并不需要看到全部的实体、联系和属性。实体聚类是把实体—联系数据模型的一部分，变成相同数据的更宏观层面视图的一种方式。实体聚类是一种层次式的分解技术（把系统逐步细分为子部分的嵌套过程），它可以使 E-R 图更易于阅读，并使数据库更容易设计。通过实体和关系分组，你可以按自己需要的方式展开 E-R 图，使你能够将注意力集中在与给定数据建模任务很相关的模型细节上。

正如在第 2 章中介绍的，全局和业界特定的广泛利用 EER 功能表达的通用数据模型，对于当代数据建模人员来说非常重要。这些成套的数据模型和数据模型模式，使数据建模人员的效率提高了，也使所开发的数据模型质量更高。EER 的超类/子类功能对于创建通用数据模型是必不可少的，额外的概括结构，如分类实体和联系也要使用。数据建模人员知道如何为较大的软件包（例如，企业资源规划或客户关系管理）自定义数据模型模式或数据模型，已经变得非常重要，就像信息系统开发商定制现成的软件包和软件组件一样，已经成为司空见惯的事情。

表示超类和子类

回想在第 2 章中提到的，实体类型是具有共同属性或特性的实体的集合。虽然组成实体类型的实体实例是相似的，但我们并不指望它们具有完全相同的属性。例如，回想第 2 章中的必需和可选属性。数据建模中的主要挑战之一是，识别并明确表示几乎相同的实体，即具有共同属性，但也有一个或多个组织感兴趣的不同属性的实体类型。

出于这个原因，E-R 模型已扩展至包含超类/子类关系。**子类**（subtype）是对于组织有意义的实体类型的实体子群组。例如，学生 STUDENT 是大学中的实体类型。

学生的两个子类是研究生 GRADUATE STUDENT 和本科生 UNDERGRADUATE STUDENT。在这个例子中，我们把学生作为超类。**超类**（supertype）是通用的实体类型，并和一个或多个子类有联系。

到目前为止，我们在编制 E-R 图时隐藏了超类和子类。例如，再次考虑图 2—22，这是松树谷家具公司的 E-R 图（采用微软 Visio 表示法）。请注意，有可能客户在任何区域内都不做交易（即 DOES BUSINESS IN 关联实体没有相关的实例）。这是为什么？一个可能的原因是有两种类型的客户——国家账号客户和普通客户，并且只有普通客户被分配到一个销售区域。因此，在图 2—22 中，DOES BUSINESS IN 关联实体旁边，来自客户 CUSTOMER 的可选基数的依据是模糊不清的。明确地绘制一个客户实体超类和几个实体子类，将帮助我们使 E-R 图更有意义。在本章的后面，我们将给出修改后的松树谷家具公司的 E-R 图，该图展示了使图 2—22 模糊的几个地方更加明确的 EER 符号。

□ 基本概念和符号

图 3—1（a）给出了本书中使用的超类/子类关系符号。超类通过一条线连接到一个圆圈，这个圆圈又通过线连接到每个已定义的子类。连接圆圈与子类的每条线段上的 U 形符号，强调子类是相应超类的一个子集。它还表明了子类/超类关系的方向。（U 形符号是可选的，因为超类/子类关系的意义和方向通常是显而易见的，在大多数例子中，我们将不使用这个符号。）图 3—1（b）显示了微软 Visio 使用的 EER 符号类型（与本书中使用的非常相似），图 3—1（c）显示了一些 CASE 工具（例如，Oracle Designer）所使用的 EER 符号类型，图 3—1（c）的符号也是通用和行业特定数据模型常常使用的形式。这些不同的格式具有相同的基本特征，你应该很容易适应任何一种形式。对于本章中的例子，我们主要使用本书的符号，因为用这种格式表示 EER 的高级特征是更标准的。

所有实体共享的属性（包括标识符）是与超类相关的属性。特定子类独有的属性是与该子类相关联的。联系也是如此。这种表示法中将加入其他组件，这样它可以随着本章剩余部分的推进，提供其他超类/子类关系的含义。

超类/子类关系的一个例子 让我们通过一个简单而常见的例子说明超类/子类关系。假设组织有三种基本类型的员工：小时工、薪金雇员和合同顾问。以下是这些类型雇员中的每一类都具有的一些重要属性：

- **计时雇员** 雇员编号、雇员姓名、地址、雇用日期、计时工资
- **薪金雇员** 雇员编号、雇员姓名、地址、雇用日期、年薪、认股权
- **合同顾问** 雇员编号、雇员姓名、地址、雇用日期、合同编号、开单价

请注意，所有的员工类型都有几个共同的属性：雇员编号、雇员姓名、地址、雇用日期。此外，每个类型都有一个或多个属性有别于其他类型的属性（例如，计时工资是计时雇员特有的）。如果你对这种场景建立概念数据模型，可以考虑三种选择：

（1）定义名为雇员 EMPLOYEE 的单一实体类型。虽然概念上很简单，但这种方法有一个缺点，即雇员 EMPLOYEE 将要包含三种类型雇员的所有属性。例如，对于一个计时雇员的实例，诸如年薪和合同编号等属性将不适用（可选属性），而其值将为空或不使用。当被拿到开发环境中时，使用此实体类型的程序为了处理这些不同情况，必然会相当复杂。

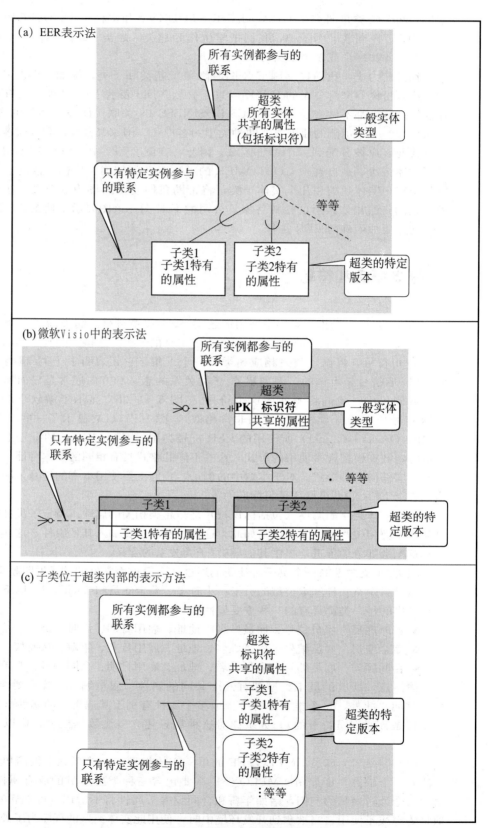

图 3—1 超类/子类关系的基本符号

（2）为三种实体中的每一种定义单独的实体类型。这种方法将不能利用雇员的共同属性，用户在使用系统时，必须要小心选择正确的实体类型。

（3）定义名为雇员 EMPLOYEE 的超类以及计时雇员 HOURLY EMPLOYEE，薪金雇员 SALARIED EMPLOYEE 和顾问 CONSULTANT。这种方法利用了所有雇员的共同属性，同时承认每个类型的不同属性。

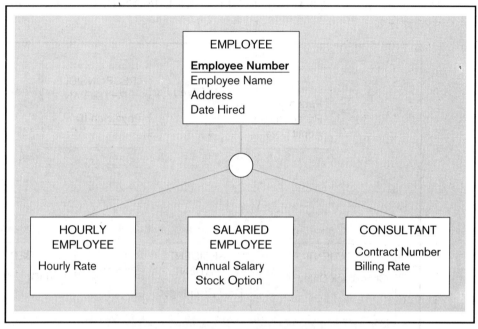

图 3—2　带有三个子类的雇员超类

图 3—2 显示了用增强型 E-R 符号表达的雇员超类 EMPLOYEE 和它的三个子类。所有雇员的共同属性都与雇员实体类型关联。各子类所特有的属性都只包含于该子类中。

属性继承　子类自身是一个实体类型。一个子类的实例表示其超类的相同实体实例。例如，如果"苔蕾丝·琼斯"是顾问 CONSULTANT 的实例，那么这个人必然是超类雇员 EMPLOYEE 的实例。因此，子类中的实体必须不仅拥有自己的属性值，也要拥有它作为超类成员的属性值，包括标识符。

属性继承（attribute inheritance）是子类实体继承超类的所有属性和超类所有联系实例的特性。这个重要的属性，使在子类中冗余地包含超类的属性或联系变得不必要了（请记住，当涉及数据建模，冗余＝坏的，简单＝好的）。例如，雇员姓名是雇员 EMPLOYEE 的属性（图 3—2），而不是雇员子类的属性。因此，雇员的姓名是"苔蕾丝·琼斯"的事实，是从超类 EMPLOYEE 继承而来的。然而，这同一雇员的开单价是子类顾问 CONSULTANT 的一个属性。

我们已经确定子类的成员必须是超类的成员。反过来成立吗？也就是说，超类成员也是某个子类（或多个）的成员吗？这可能是成立的也可能是不成立的，这取决于具体的业务情况。（当然，"这取决于"是经典的学术答案，但在这种情况下它是真的。）我们将在本章后面讨论各种可能性。

何时使用超类/子类关系　那么，你怎么知道何时使用超类/子类关系？在下列条件中的一个（或两个）出现时，你应该考虑使用子类：

（1）有某些属性只适用于实体类型的一些（但不是全部）实例。例如，图 3—2

中的雇员 EMPLOYEE 实体类型。

（2）子类的实例参与该子类特有的联系。

图 3—3 是一个说明这两种情况的使用子类关系的例子。医院实体类型病人 PATIENT 有两个子类：门诊病人 OUTPATIENT 和住院病人 RESIDENT PATIENT。（标识符是病人编号。）所有患者除了"病人姓名"以外，都有"接收日期"属性。此外，每个病人由一名责任医生 RESPONSIBLE PHYSICIAN 照顾，该医师为病人指定治疗计划。

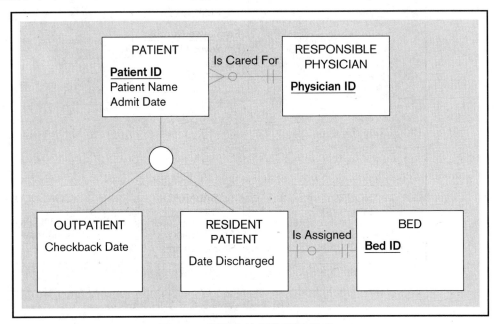

图 3—3 医院中的超类/子类关系

每个子类有一个该子类特有的属性。门诊病人有 Checkback Date（复诊日期），而住院病人有 Date Discharged（出院日期）。此外，住院病人有一个特有的给病人分配床位的联系。（请注意，这是一个必需的联系，如果它是关联到病人 PATIENT，则将是可选的。）每个床可能会也可能不会分配给病人。

前面我们讨论了属性继承的特性。因此，每个门诊病人和住院病人都继承了超类病人 PATIENT 的属性：Patient ID（病人编号），Patient Name（病人姓名），Admit Date（接收日期）。图 3—3 还说明了联系继承的原则。门诊病人 OUTPATIENT 和住院病人 RESIDENT PATIENT 的实例也是病人 PATIENT 的实例，因此，每种病人都由一名责任医生 RESPONSIBLE PHYSICIAN 照顾。

表达特定化和概括

我们已经描述和说明了超类/子类关系的基本原则，包括"好的"子类的特点。但在开发现实世界数据模型中，你怎么能认识出利用这些关系的情况呢？有两个过程——概括和特定化——作为建立超类/子类关系的智力模型。

概括 人类智力的独特方面是具有这样一种能力和倾向：对对象和经验进行分类并且概括它们的特性。在数据建模中，**概括**（generialization）是从一组具体的实体类型定义更一般化实体类型的过程。因此，概括是一个自下而上的过程。

　　概括的例子如图 3—4 所示。在图 3—4（a）中，定义了三个实体类型：小汽车 CAR，卡车 TRUCK，摩托车 MOTORCYCLE。在这个阶段，数据建模人员打算在 E-R 图中分别表示这些实体。然而，仔细检查后我们发现，这三个实体类型有很多共同的属性：车牌号码 Vehicle ID（标识符），车辆名称 Vehicle Name（带有组件属性品牌 Make 和型号 Model），价格 Price，发动机排量 Engine Displacement。这一事实（尤其是出现了共同的标识符）表明，三个实体类型中的每个确实是一种更一般化实体类型的一个版本。

　　这更一般化的实体类型（命名车辆 VEHICLE）以及所产生的超类/子类关系，如图 3—4（b）所示。实体小汽车 CAR 有特殊的属性 No Of Passengers（乘客数量），而卡车 TRUCK 有两个特殊的属性：Capacity（容量）和 Cab Type（驾驶室类型）。因此，概括使我们能够聚合实体类型，聚合时带有实体类型的共同属性并且同时为子类保留其所特有的属性。

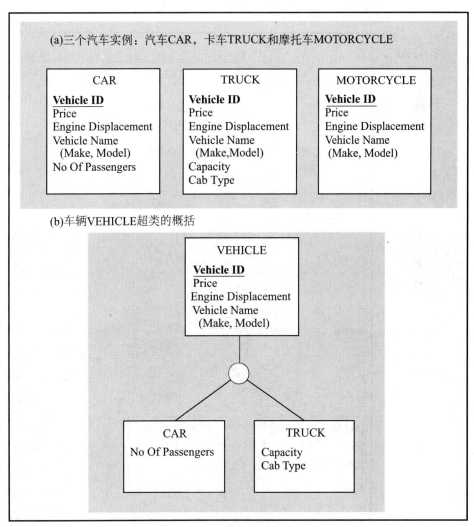

图 3—4　概括的例子

　　请注意，实体型摩托车 MOTORCYCLE 没有包含在超类/子类关系中。这只是一个疏忽吗？不，相反，它是故意不被包括在内的，因为它不满足前面所讨论的子类条件。比较图 3—4 的两个部分（a）和（b），你会发现，摩托车的属性是那些所有车辆都具有的属性，摩托车没有特有的属性。此外，摩托车没有到另一个实体类型的联系。因此，没有必要建立一个摩托车 MOTORCYCLE 子类。

没有摩托车子类的事实表明，肯定会有车辆 VEHICLE 的实例，该实例不是任何车辆子类的成员。我们将在指定约束部分讨论这种类型的约束。

特定化　正如我们所看到的，概括是一个自下而上的过程。**特定化**（specialization）是一个自上而下的过程，与概括正好方向相反。假设我们已经定义了实体类型和它的属性。特定化是定义该超类的一个或多个子类并且形成超类/子类关系的过程。每个子类都是基于一些独有的特性形成的，如特定于子类的属性或关系。

特定化的例子如图 3—5 所示。图 3—5（a）显示了一个名为零件 PART 的实体类型，以及它的几个属性。标识符是零件编号 Part No，其他属性是描述 Description，单价 Unit Price，位置 Location，现有数量 Qty On Hand，供应线号码 Routing Number 和供应商 Supplier。（最后一个属性是多值和复合的，因为对于一个零件的相关单价，可能有一个以上的供应商。）

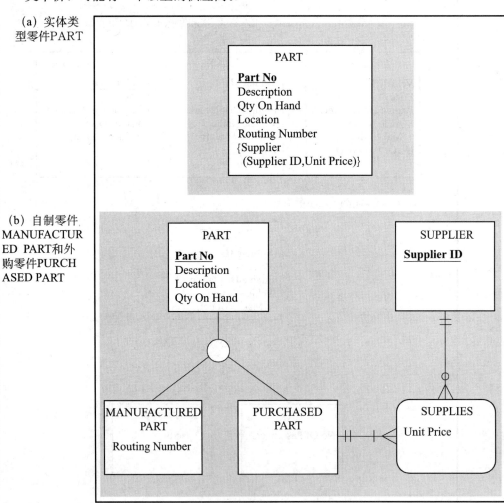

图 3—5　特定化示例

在与用户的讨论中，我们发现零件有两个可能的来源：有些是内部制造的，而另一些是从外部供应商购买的。此外，我们发现有些零件是从两个来源获得的。在这种情况下，来源的选择取决于制造能力、零件单价等因素。

图 3—5（a）中的有些属性适用于任何来源的所有零件。但是，其他的属性取决于来源。因此，供应线号码只适用于自制零件，而供应商编号和单价只适用于外购的零件。这些因素表明，零件 PART 应该通过定义子类自制零件 MANUFACTURED PART 和外购零件 PURCHASED PART（图 3—5（b））实现特定化。

在图 3—5（b）中，供应商号码与自制零件 MANUFACTURED PART 关联。数据建模人员最初计划把供应商编号和单价关联到外购零件 PURCHASED PART。但是，在与用户的进一步讨论中，数据建模人员改为提出创建一个供应商 SUPPLI-ER 实体类型以及一个连接外购零件 PURCHASED PART 与供应商 SUPPLIER 的关联实体。这个关联实体（在图 3—5（b）中被称为供应 SUPPLIES）使用户能够更容易地把购买的零件与零件的供应商关联起来。注意，属性单价现在与关联实体相连，这样一个零件的单价在不同的供应商之间变化。在这个例子中，特定化带来了该问题域的首选表达。

特定化与概括的结合　特定化和概括都是开发超类/子类关系的有价值的技术。你在特定时间使用哪种技术取决于这样几个因素，如问题领域的性质、以前的建模努力以及个人偏好。你应该准备使用这两种方法，并且准备在前述因素的主导下交替使用它们。

指定超类/子类关系中的约束

到目前为止，我们已经讨论了超类/子类关系的基本概念，并介绍了一些表示这些概念的基本符号。我们还介绍了概括和特定化的过程，这有助于数据建模人员认识到利用这些关系的时机。在本节中，我们引入其他的符号来表示超类/子类关系的约束。这些约束使我们能够捕捉到一些适用于这些关系的重要业务规则。在本节中描述的两个最重要的约束类型是完备性和不相交约束（Elmasri and Navathe，1994）。

指定的完备性约束

完备性约束（completeness constraint）解决的问题是，超类的实例是否也一定是至少一个子类的成员。完备性约束有两个可能的规则：全部特定化和部分特定化。**全部特定化规则**（total specialization rule）规定，超类的每个实体实例必须是关系中某个子类的成员。**部分特定化规则**（partial specialization rule）规定，允许一个超类的实体实例不属于任何子类。我们用本章前面的例子说明每个规则（见图 3—6）。

全部特定化规则　图 3—6（a）重复了病人 PATIENT 的例子（图 3—3），并且介绍了全部特定化规则的符号。在这个例子中，业务规则如下：一个病人必须是一个门诊病人或住院病人。（这家医院没有其他类型的病人。）全部特定化由病人 PA-TIENT 实体与圆圈之间的双线表示。（在微软 Visio 表示法中，全部特定化称为"种类是完备的"，并且也是通过超类和相关子类之间类别圆圈下的双线表示。）

在这个例子中，每当病人 PATIENT 的一个新实例插入到该超类中，相应的一个实例就被插入到门诊病人 OUTPATIENT 或住院病人 RESIDENT PATIENT 中。如果该实例是插入到住院病人 RESIDENT PATIENT 中的，则 Is Assigned（分配）联系的一个实例将被创建，以把病人分配到医院的一张病床上。

部分特定化规则　图 3—6（b）重复了图 3—4 中的车辆 VEHICLE 及其子类小汽车 CAR 和卡车 TRUCK 的例子。回想一下，在这个例子中，摩托车是一

（a）全部特定
化规则

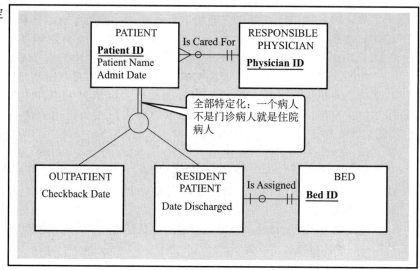

（b）部分特定化
规则

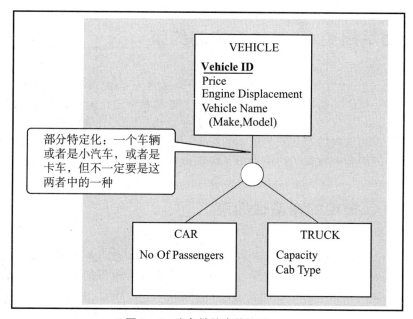

图 3—6　完备性约束的例子

种类型的车辆，但在数据模型中没有被表示为一个子类。因此，如果一个车辆是小汽车，则它必须作为小汽车 CAR 的实例出现，如果它是一辆卡车，则它必须作为卡车 TRUCK 的实例出现。但是，如果车辆是一辆摩托车，则不能作为任何子类的实例出现。这是部分特定化规则的一个例子，它由从超类车辆 VEHICLE 到圆圈的单线来指定。

指定不相交约束

不相交约束（disjointness constriant）涉及超类一个实例是否可以同时是两个（或更多）子类的成员。不相交约束有两种可能的规则：不相交规则和重叠规则。不相交规则规定，如果一个实体实例（超类的）是一个子类的成员，则它不能同时是任何其他子类的成员。重叠规则规定，一个实体实例可以同时是两个（或更多）子类的成员。每个规则的例子如图 3—7 所示。

(a)不相交规则

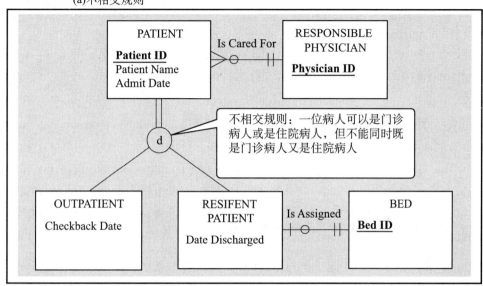

(b)重叠规则

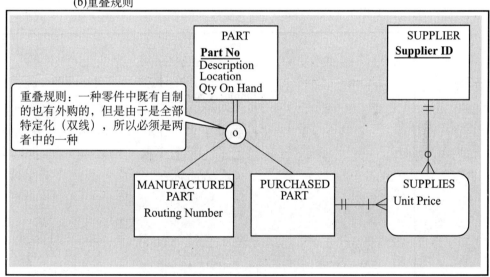

图 3—7　不相交约束的例子

不相交规则　图 3—7（a）显示了来自图 3—6（a）的病人 PATIENT 例子。这种情况下的业务规则如下：在任何给定时间内，一个病人必须是门诊病人或住院病人，但不能同时两者都是。这是**不相交规则**（disjoint rule），通过在连接超类及其子类的圆圈中加入字母 d 指定。注意，在这个图中，病人 PATIENT 的子类可能随时间而改变，但在一个给定的时间内，一个病人只有一种类型。（微软的 Visio 表示法中，没有一种方法指定不相交或重叠约束，但是，你可以使用文本工具，在类别圆圈中放置字母 d 或 o。）

重叠规则　图 3—7（b）显示了实体类型零件 PART 及其两个子类，自制零件 MANUFACTURED PART 和外购零件 PURCHASED PART（来自图 3—5（b））。回想一下我们对这个例子的讨论，有些部件既可以自制也可以购买。对这种声明作出一些澄清是必要的。在这个例子中，零件 PART 的一个实例是特定零件号（即一种零件类型），并非单个的零件（由标识符零件编号 Part No 表示）。例如，考虑零件号4000。在一个给定的时间，这种零件的现有数量可能是 250，其中 100 个是自制，其余 150 个是购买的。在这种情况下，对单个零件保持跟踪并不重要。当跟踪单个零件变得很重要时，每个零件将被分配一个序列号标识符，并且现有数量是 1 或 0，取决于单个零件是否有货。

重叠规则（overlap rule）是通过在圆圈中放置字母 o 指定的，如图 3—7（b）所示。注意在这个图中，也规定了全部特定化规则，由双线表示。因此，任何零件必须是外购零件或自制零件，或者它可能同时是这两种类型的。

☐ 定义子类判别符

给定一个超类/子类关系，考虑插入超类的一个新实例问题。这个实例应该插入哪个子类（如果有的话）中呢？我们已经讨论了适用于这种情况的各种可能规则。如果有规则可用，需要一种执行这些规则的简单机制。这通常可以通过使用子类判别符来完成。**子类判别符**（subtype discriminator）是超类的一个属性，其值确定了一个或多个目标子类。

不相交子类 使用子类判别符的例子如图 3—8 所示。这个例子是关于图 3—2 中介绍的超类雇员 EMPLOYEE 及其子类。请注意，下列约束已经被添加到图中：全部特定化和不相交子类。因此，每个雇员都必须为计时雇员或薪金雇员或顾问。

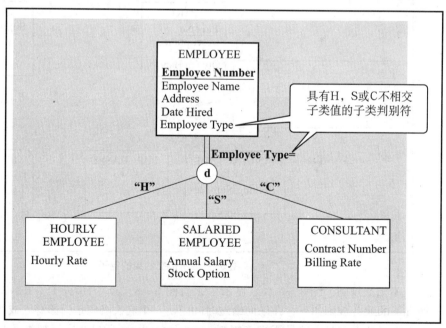

图 3—8 引入子类判别符（不相交规则）

超类雇员 EMPLOYEE 中添加了一个新的属性（雇员类型 Employee Type）作为子类判别符。当超类中增加了一个新雇员，这个属性的值将是下列三个代码中的一个："H"（表示计时雇员），"S"（表示薪金雇员）或 "C"（表示顾问）。根据此代码，实例就会被分配到相应的子类。（在微软 Visio 中，超类的属性可以被选择作为判别符，显示的方式同样是在分类符号的旁边。）

我们用来指定子类判别符的符号，也在图 3—8 中显示。表达式"Employee Type ＝"（这是一个左侧的条件语句）放在超类到圆圈的线段旁边。选择相应子类的属性值（在这个例子中，是"H"或"S"或"C"）被放在连接到该子类的线段旁。因此，举例来说，条件"Employee Type ＝ 'S'"使得一个实体实例插入到薪金雇员子类中。

重叠子类 当子类重叠时，子类判别符必须使用一种略加修改的方法。原因是，一个超类的实例可能需要在多个子类中创建实例。

这种情况的例子在图 2—9 中给出，图中显示了零件 PART 及其重叠子类。一个名为 Part Type（零件类型）的新属性已添加到 PART 中。零件类型是一个复合属性，其组成是 Manufactured（自制的）？ 和 Purchased（外购的）？。每个组成属性都是一个布尔变量（即，它只有"Y"（是）和"N"（否）这两个值）。当一个新的实例被添加到零件 PART，这些组成属性将被编码为：

零件类型	自制的？	外购的？
只能自制	"Y"	"N"
只能外购	"N"	"Y"
外购和自制	"Y"	"Y"

这个例子中，指定子类判别符的方法如图 3—9 所示。请注意，这种方法可用于任意数量的重叠子类。

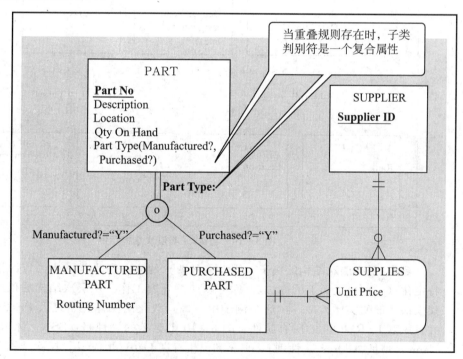

图 3—9 子类判别符（重叠规则）

□ 定义超类/子类层次结构

在本章中，我们已经考虑了很多超类/子类关系的例子。这些例子中的任何子类都可能再定义自己的子类（在这种情况下，子类成为新定义子类的超类）。**超类/子类**

层次（supertype/subtype hierarchy）是超类和子类的一种分层排列结构，在这种结构中，各子类只有一个超类（Elmasri&Navathe，1994）。

在本节中，我们在图 3—10 中给出了超类/子类层次结构的例子。（为简便起见，在这个例子以及随后的多数例子中，不再显示子类判别符。）这个例子包括了到目前为止我们在本章中使用的大多数概念和符号。它还提出了一个方法（基于特定化），该方法可以使用在许多数据建模情况中。

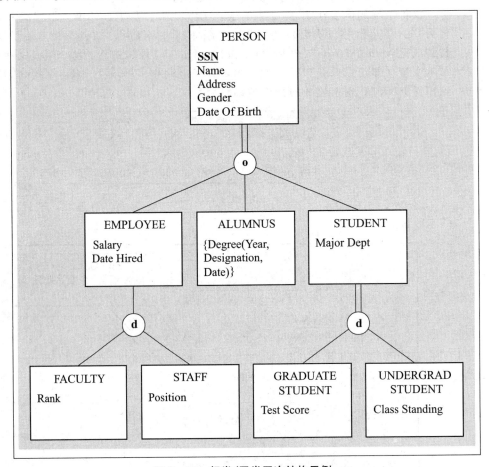

图 3—10 超类/子类层次结构示例

超类/子类层次结构的例子　假设你被要求建立一所大学的人力资源模型。使用特定化（一种自上而下的方法），你可以如下开展工作。从层次结构的顶部开始，先建模最一般的实体类型。在这个例子中，最一般化的实体类型是人 PERSON。列出并且关联 PERSION 的所有属性。图 3—10 中显示的属性是：SSN（标识符），姓名 Name，地址 Address，性别 Gender 和出生日期 Date Of Birth。层次结构顶部的实体类型有时也称为根（root）。

接下来，定义根的所有主要子类。在这个例子中，人 PERSON 有三个子类：雇员 EMPLOYEE（为大学工作的人），学生 STUDENT（上课的人），校友 ALUMNUS（已经毕业的人）。假设没有大学感兴趣的其他类型的人，并且使用全部特定化规则，如该图所示。一个人可能属于一个以上的子类（如校友和雇员），因此，也使用了重叠规则。注意重叠意味着允许任何重叠。（一个人可以同时在任何一对子类或所有三个子类中。）如果某些组合是不允许的，就需要建立更精细的超类/子类层次，以消除那些禁止的组合。

图中显示了特定适用于每个子类的属性。因此，每个雇员 EMPLOYEE 实例都有雇用日期 Date Hired 和工资 Salary 属性的值。专业系 Major Dept 是学生 STUDENT 的属性，学位 Degree（由年份 Year，名称 Designation 以及日期 Date 组成）是校友 ALUMNUS 的多值、复合属性。

下一步是评估已经定义了的子类对于进一步的特定化是否合格。在这个例子中，雇员 EMPLOYEE 分为两个子类：教师 FACULTY 和工作人员 STAFF。教师 FACULTY 具有特定属性 Rank（级别），而工作人员 STAFF 具有特定属性 Position（职位）。请注意，在这个例子中的子类雇员 EMPLOYEE 成为教师 FACULTY 和工作人员 STAFF 的超类。因为除了教师和工作人员，可能有其他类型的雇员（如学生助教），所以规定了部分特定化规则。然而，雇员不能在同一时间既是教师又是工作人员。因此，圆圈中表示了不相交规则。

学生 STUDENT 也定义了两个子类：研究生 GRADUATE STUDENT 和本科生 UNDERGRAD STUDENT。本科生有属性 Class Standing（年级），而研究生有属性 Test Score（考试分数）。请注意，全部特定化和不相交规则都被指定了，你应该能够说明这些约束的业务规则。

超类/子类层次结构小结　我们注意到，图 3—10 所示的层次结构中的属性有两个特点：

（1）在层次结构尽可能高的逻辑层次上分配属性。例如，因为 SSN（社会安全号码）适用于所有的人，所以该属性被分配到根。相比之下，雇用日期仅适用于雇员，因此它被分配到雇员 EMPLOYEE。这种方法可以确保属性被尽可能多的子类共享。

（2）在层次结构低层次上的子类，不仅从它们直接超类继承属性，还要从层次结构中所有高层超类直到根继承属性。因此，举例来说，教师的实例具有以下所有属性的值：社会安全号码 SSN，姓名 Name，地址 Address，性别 Gender 和出生日期 Date Of Birth（从人 PERSON 继承），雇用日期 Date Hired 和工资 Salary（从雇员 EMPLOYEE 继承），级别 Rank（从教师 FACULTY 继承）。

▌ EER 建模示例：松树谷家具公司

在第 2 章中，我们给出了松树谷家具的一个 E-R 图样本。（此图用微软 Visio 开发，在图 3—11 中重复出现。）在研究该图之后，您可以利用一些问题帮助你搞清实体和关系的含义。三个这样的问题域是（参见图 3—11 中的注释，这些注释表明了每个问题的来源）：

（1）为什么有些客户在一个或多个销售区域中不做交易？

（2）为什么有些雇员不管理其他雇员？为什么他们不是都由另一名雇员管理？为什么有些员工没有在工作中心工作？

（3）为什么有些厂商不向松树谷家具供应原材料？

你可能有其他的问题，但我们将聚焦这三个问题，来说明超类/子类关系如何用于建立更特定（语义丰富）的数据模型。

在对这三个问题的一番调查之后，我们发现了适用于松树谷家具公司的以下业务规则：

（1）有两种类型的客户：普通客户和国家账户客户。只有普通客户在销售区域中做交易。销售区域至少有一个普通客户与它关联时，才能存在。国家账户客户与账户经理关联。一个客户可能既是普通客户也是国家账号客户。

（2）存在两种特殊类型的雇员：管理雇员和工会雇员。只有工会雇员在工作中心工作，而管理雇员监督管理工会雇员。除了管理雇员和工会雇员，还有其他类型的雇员。工会雇员可以被提升为管理雇员，而同时，该雇员不再是工会雇员。

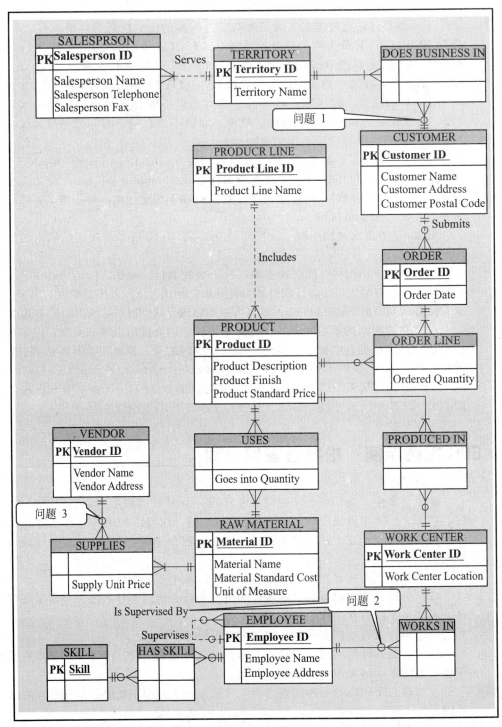

图3—11　松树谷家具公司的E-R图

（3）松树谷家具公司保持跟踪许多不同的厂商，并不是所有的厂商都曾经向公司提供过原材料。一旦厂商成为原材料的正式供应商，它将与一个合同编号关联。

这些业务规则已用于将图 3—11 中的 E-R 图修改为图 3—12 中的 EER 图。（我们在该图中删去了很多属性，除了那些对于展示改变是必不可少的属性。）规则 1 意味着，从客户 CUSTOMER 到普通客户 REGULAER CUSTOMER 和国家账户客户 NATIONAL ACCOUNT CUSTOMER，有一个全部、重叠的特定化。CUSTOMER

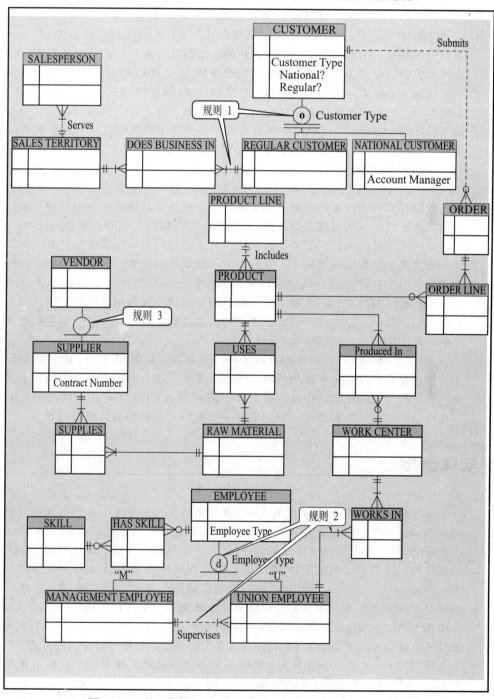

图 3—12 使用微软 Visio 的松树谷家具公司的 EER 图

的一个复合属性，客户类型 Customer Type（国家 National 和普通 Regular 组成），用于指定客户实例是普通客户或国家账户客户，还是两者都是。因为只有普通客户在销售领域内做交易，因此，只有普通客户参与 Does Business In 联系（关联实体）。

规则 2 意味着，从雇员 EMPLOYEE 到管理雇员 MANAGEMENT EMPLOYEE 和工会雇员 UNION EMPLOYEE，有一个部分不相交的特定化。雇员 EMPLOYEE 的雇员类型 Employee Type 属性，用于在两个特殊的雇员类型之间进行判别。特定化是部分的，因为除了这两种类型雇员以外，还有其他的类型。只有工会雇员参与 Works In 联系，但是所有的工会雇员都在某个工作中心工作，所以 Works In 与工会雇员 UNION EMPLOYEE 之间联系的最小基数是必需的。由于雇员不能同时是管理雇员和工会雇员（虽然他们可以随时间改变状态），所以特定化是不相交的。

规则 3 意味着，从厂商 VENDOR 到供应商 SUPPLIER 有一个部分特定化，因为只有一些厂商成为供应商。供应商（不是厂商）有一个合同编号。因为只有一个厂商 VENDOR 的子类，所以没有理由指定不相交或重叠规则。因为所有的供应商都提供一些原材料，所以 Supplies 联系中（Visio 中的关联实体）原材料 RAW MATERIAL 一端的最小基数是 1。

这个例子展示了，当理解实体的概括/特定化之后，如何把 E-R 图转化成 EER 图。数据模型中不仅有超类和子类实体，而且增加了其他属性，包括辨别属性，最小基数发生了变化（从可选变为必需），联系从超类移到了一个子类上。

这时是强调前面提到的关于数据建模观点的好时机。数据模型是组织所需要的数据的概念图。数据模型并不一一映射到实现数据库的元素。例如，数据库设计者可以选择把所有的客户实例放到一个数据库表中，而不是每种类型的客户放在单独的表中。这样的细节现在并不重要。现在的目的是解释管理数据的所有规则，而不是如何存储和访问数据，以实现高效的、必要的信息处理。我们将在后续覆盖数据库设计和实施的章节中，解决技术和效率问题。

虽然图 3—12 中的 EER 图澄清了一些问题，并且使图 3—11 中的数据模型更加明确，但是它对某些人来说仍然难以理解。有些人不会对所有类型的数据感兴趣，有些人为了解数据库涵盖的内容，可能并不需要看到 EER 图中所有的细节。下一节将讨论针对特定用户群和管理，如何简化一个完整、明确的数据模型的表达。

实体聚类

有些企业范围的信息系统有 1 000 多个实体类型和联系。我们如何向开发者和用户展现如此笨重的组织数据图呢？用一张真正大的纸吗？环绕在一个大会议室的墙上？（不要笑，我们见过这样做的。）好了，答案是我们不是非得这样做。事实上，只有极少数的人需要看到整个详细的 E-R 图。如果你熟悉系统分析和设计的原理（例如，参见 Hoffer et al.，2010），你知道功能分解的概念。简单来说，功能分解是把系统分解成一系列相关组件的迭代方法，分解使每个组件都可以单独重新设计，而不会破坏与其他组件连接的相关部分。功能分解是强大的，因为它使重新设计更容易，并且使人们能够专注于系统中他们感兴趣的部分。在数据建模中，类似的方法是创建多个相互连接的 E-R 图，每个图显示数据模型不同（可能是重叠的）片段或子集的细节（例如，不同的片段适用于不同的部门、不同的信息系统、不同的业务流程或分公司）。

实体聚类（Teorey，1999）是表示庞大而复杂组织的数据模型的一种有用方法。**实体聚类**（entity cluster）是一个或多个实体类型和相关联系的集合，聚合成单个抽象实体类型。由于实体聚类的行为表现像一个实体类型，因此实体聚类和实体类型可以进一步聚合，形成更高层次的实体聚类。实体聚类是把宏观层面的数据模型视图，层次式分解为更精细的视图，最终产生完整、详细的数据模型。

图 3—13 说明了图 3—12 中松树谷家具公司数据模型的一种可能的实体聚类结果。图 3—13（a）显示了完整的数据模型，模型中可能的实体聚类周围带有阴影区，图 3—13（b）显示了将详细的 EER 图转化为只包含实体聚类和联系的 EER 图的最后结果。（EER 图可以既包含实体聚类也包含实体类型，但此图中只包含实体聚类。）在此图中，实体聚类有：

（a）可能的实体聚类（使用微软Visio）

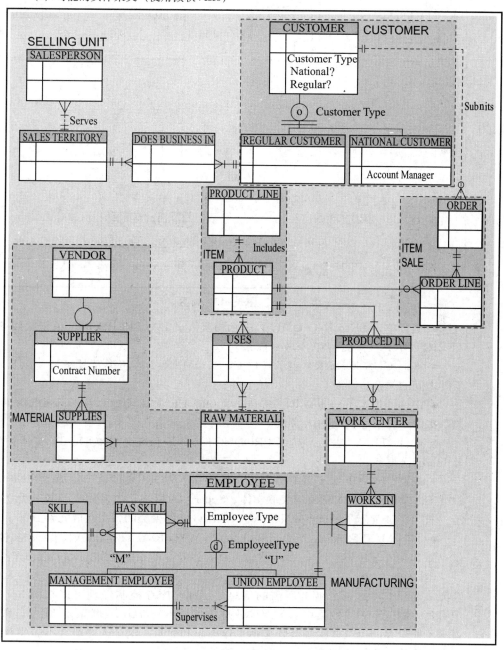

图 3—13　松树谷家具公司的实体聚类

(b)实体聚类的EER图（使用微软Visio）

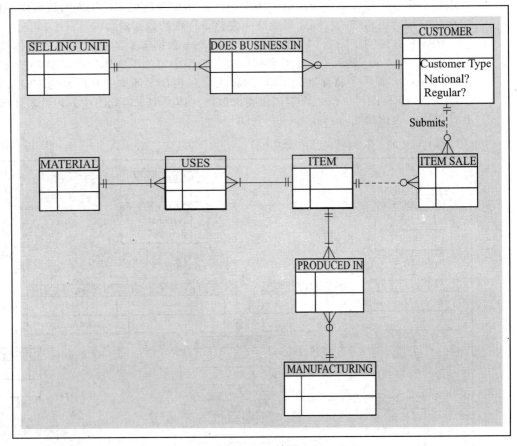

图 3—13　续图

● 销售单元 SELLING UNIT，表示销售人员 SALSPERSON、销售区域 SALES TERRITORY 实体类型和 Serves 联系。

● 客户 CUSTOMER，表示客户 CUSTOMER 实体超类及其子类，以及超类和子类之间的关系。

● 部件销售 ITEM SALE，表示订单 ORDER 实体类型和订单行 ORDER LINE 关联实体，以及它们之间的联系。

● 部件 ITEM，表示产品线 PRODUCT LINE 和产品 PRODUCT 实体类型，以及 Includes 联系。

● 制造 MANUFACTURING，表示工作中心 WORK CENTER、雇员 EMPLOYEE 超类实体及其子类、Works In 关联实体、Supervises 联系，以及超类及其子类之间的关系。（图 3—14 显示了制造 MANUFACTURING 实体聚类的各个组成元素。）

● 材料 MATERIAL，表示原材料 RAW MATERIAL 和厂商 VENDOR 实体类型，供应商 SUPPLIER 子类，Supplies 关联实体，以及厂商和供应商之间的超类/子类关系。

图 3—13 和图 3—14 中的 E-R 图，可以用来向一些人解释细节，这些人最关心装配工艺和支持这部分业务所需的信息。例如，库存控制经理可以在图 3—13（b）中看到，制造有关的数据可以与部件数据相关（Produced In 联系）。此外，图 3—14 显示了所保存的生产过程细节，包括工作中心和雇员。这个人可能并不需要看到诸如嵌在销售单元实体聚类中的销售结构这样的细节。

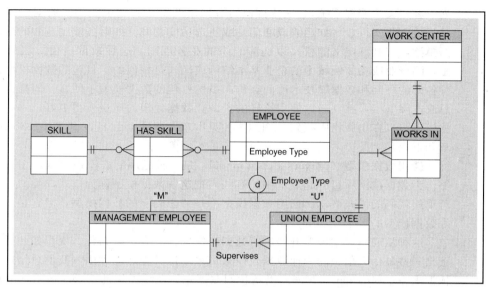

图 3—14　制造 MANUFACTURING 实体聚类

图 3—13 中的实体聚类是通过下列过程形成的：（1）抽象出一个超类和它的子类（参见客户 CUSTOMER 实体聚类）；（2）把直接相关实体类型和它们之间的关系结合起来（参见销售单元 SELLING UNIT，部件 ITEM，材料 MATERIAL 和制造 MANUFACTURING 等实体聚类）。还可以通过结合强实体和其相关的弱实体类型，形成实体聚类（不在这里说明）。由于实体聚类是分层次的，如果需要的话，我们可以画出另一个 EER 图，该图中，我们把实体聚类销售单元 SELLING UNIT、客户 CUSTOMER 以及关联实体 DOES BUSINESS IN 结合为一个实体聚类，因为这些是直接相关的实体聚类。

实体聚类应该着眼于一些用户、开发人员或管理人员群体感兴趣的领域。哪些实体类型和联系聚合成一个实体聚类，取决于你的目的。例如，在松树谷家具公司数据模型的实体聚类例子中，订单 ORDER 实体类型可以聚合到客户 CUSTOMER 实体聚类中，订单行 ORDER LINE 实体类型可以聚合到部件 ITEM 实体聚类中。这种重聚合将消除部件销售 ITEM SALE 聚集，可能没有任何人对这个聚集感兴趣。此外，你可以对完整的数据模型做几个不同的实体聚类，每个都有不同的关注点。

打包的数据模型

根据莱恩（Len Silverston，1998），"数据建模人员作为工匠的年代已经过去。组织不再能够支付得起从头开始手工建立数据模型所需的劳动力和时间。针对这些制约因素，数据建模人员作为工程师的年代已经开始了"。正如一位管理人员向我们解释的，在业务上"获得'打包的数据模型'，是他的组织快速取得结果和长期成功的关键策略之一"。打包的数据模型是数据建模的一个规则改变者。

正如在第 2 章中介绍的，开始一个数据建模项目的一种日益流行的方法，是通过获得打包的或预定义的数据模型，无论是所谓的通用模型还是行业特定的模型（一些供应商把这些模型称为逻辑数据模型（logical data models，LDMS），但这些其实都是本章所解释的 EER 图，数据模型还可能是购买的软件包的一部分，如企业资源规划或客户关系管理系统）。这些打包的数据模型不是固定不变的，数据建模人员可以基于他们所属行业（如运输或通信）或所选功能领域（如财务或制造）的最佳实践数据模型，定制预定义的模型以适应组织的业务规则。这种数据建模方法的关键前提是，同行业或功能领域中的企业基本结构或模式是相似的。打包的数据模型可以从各种各样的顾问和数据库技术厂商获得。虽然打包的数据模型不便宜，但是许多人认为总成本降低了，并且通过使用这样的资源，数据建模的质量变得更好。一些通用的数据模型可以在出版物中找到（例如，参见本章末尾列出由 Hay 和 Silverston 撰写的文章和书籍）。

通用数据模型（universal data model）是一种通用的或模板数据模型，该模型能够作为数据建模项目的起点重用。有些人把这些数据模型称为模式，类似于编程中的可重用代码的模式概念。通用数据模型不是"正确"的数据模型，但它是开发组织良好数据模型的一个成功的开始。

这种从通用数据模型开始进行数据建模项目的方法，为什么变得如此受欢迎？以下是一些最令人信服的专业数据建模人员采用这种方法的理由（我们总结这些理由的依据来自 Hoberman（2006）以及我们在领先的在线零售商 Overstock.com 所做的深入研究，该公司采用了 Teradata 公司提供的若干打包的数据模型）：

● 数据模型可以使用从累积的经验发展而来的成熟组件开发（正如我们所研究公司的数据管理员所说，"为什么从头开始，何时能适应？"）。当新种类的数据在行业中被认识到时（如 RFID），这些数据模型也由供应商进行更新，以保证它们是最新的。

● 项目将消耗较少的时间和成本，因为必要的组成部分和结构已经定义，只需要按特定情况进行快速定制。我们所研究的公司表示，购买的数据模型在定制之前有 80% 是正确的，并且模型包的成本约等于一个数据库建模人员一年的开销。

● 数据模型不太可能遗漏重要的组成部分，或由于没有认识到共同的潜在价值造成建模错误。例如，我们研究的公司报告说，他们的打包数据模型帮助他们避免简单的对现有数据库进行镜像，从而避免保留所有历史瑕疵，如不好的命名习惯、出于一些历史目的而定制的数据结构，并且避免简单重复过去不充分的实践。另一个例子是，打包数据模型的一个供应商 Teradata 声称，它的一个数据模型采用过 1 000 多个业务问题和关键性能指标进行细致研究。

● 由于是一个整体的企业视图，以及开发是基于数据建模专家建立通用数据模型时的最佳实践，因此，所产生的特定企业数据模型，在给定情形出现额外数据需求时，往往容易演化。购买的模型会在将来减少返工，因为模型包在出厂时是正确的，并且预计了未来的需求。

● 通用模型提供了调研需求的起点，因此，最有可能适合所有领域的模型在确定需求过程中都得到处理。事实上，我们所研究的公司说，他们的工作人员被"所有的潜在价值激起了兴趣"，这些潜在价值是指，打包数据模型甚至可以满足没有说出来的需求。

● 现有数据库的数据模型，在数据建模人员和其他专业数据管理人员首次看到时，更容易读懂，因为这些模型是基于他们在类似情况下见过的通用组件。

● 超类/子类层次结构和通用数据模型其他结构的广泛使用，促进了数据重用以及全面而不是狭隘的取得一个组织的数据视图。

● 广泛使用多对多联系和关联实体，即使在数据建模人员可以设置一个一对多的联系，使得数据模型具有适应任何情况的更大的灵活性的地方。另外，还能够自然地处理时间标记和保留联系的重要历史，这些对于遵守规章和财务记录保存规则是很重要的。

● 定制 DBMS 厂商提供的数据模型，通常意味着你的数据模型将很容易与来自相同厂商或其软件合作伙伴的其他应用程序一起使用。

● 如果同行业中的多个企业使用相同的通用数据模型作为他们组织的数据库基础，则组织间系统（例如，汽车租赁公司和航空公司的预订系统）的数据共享就可能会更容易。

□ 基于打包数据模型的改进数据建模过程

基于打包数据模型的数据建模，需要的技能并不比从头开始数据建模少。打包的数据模型不会使数据建模人员失去工作（或阻止你作为入门级的数据分析师获得该项工作，既然你已经开始学习数据库管理了！）。事实上，使用模型包需要更高级的技能，包括你在本章和第 2 章学习的技能。正如我们将看到的，打包的数据模型是相当复杂的，因为他们是全面的并且要涵盖所有可能的情况。数据建模人员要对模型包以及组织非常熟悉，才能很好定制以满足该组织的具体规则。

当你购买了一个数据模型时，会得到什么呢？你所买到的是元数据。你通常会收到一张 CD，上面充满了数据模型的描述，这些描述通常是在一种结构化数据建模工具，如计算机协会的 ERwin 或 Oracle 公司的 Oracle Designer 中给出的。数据模型的供应商已经画出了 EER 图，命名和定义了数据模型中的所有元素，并给出了所有属性的特性，包括数据类型（字符、数字、图像），长度，格式等。你可以打印出数据模型和有关其内容的各种报告，来支持定制过程。一旦你定制了模型，随后可以使用数据建模工具，自动生成在多种数据库管理系统中定义数据库的 SQL 命令。

当从购买的解决方案开始工作时，数据建模过程会有怎样的不同呢？以下是关键的区别（对这些差异的理解，被我们在 Overstock.com 上进行的采访加强了）：

● 由于购买的数据模型是广泛的，所以，你从确定适用于你的数据建模情况的模型部分开始。首先集中精力于这些部位并且尽可能详细。和大多数数据建模活动一样，首先从实体开始，然后是属性，最后是联系。要考虑你的组织在未来将如何运营，而不只是现在。

● 然后采用组织的本地术语重命名所指定的数据元素，而不是采用包中所使用的通用名称。

● 在许多情况下，打包的数据模型将被用于新的信息系统，该系统不仅会扩展新的领域，还要取代现有的数据库。因此，下一步是把将要使用的包中数据与当前数据库中的数据进行映射。使用这种映射的一种方法是：设计迁移计划，把现有的数据库转换到新的结构。以下是映射过程的一些关键点：

■ 包中可能有数据元素不在当前的系统中，在当前数据库中的一些数据元素也可能不在包中。因此，有些元素将不会在新老环境之间映射。这是可以预料的，因为包预计了还没有被你组织当前数据库满足的信息需求，也因为你在组织中需要做一些特殊的事情，你想要保留一些非常规的东西。但是，要确信每个不能映射的数据元素是真正独特的、被需要的。例如，当前数据库中的某个数据元素，实际上可能是从外购数据模型的其他更原子的数据导出的。另外，你需要决定，外购数据模型特有的数据元素是现在就需要，还是将来准备利用这些能力时再添加。

■ 一般情况下，嵌入在外购数据模型中的业务规则涵盖所有可能的情况（例如，与客户订单相关联的最大客户数量）。购买的数据模型允许极大的灵活性，但是通用的业务规则，对于你的具体情况而言可能是太弱了（例如，你肯定永远不会允许每个客户订单有一个以上的客户）。正如您将在下一节看到的，外购数据模型的灵活性和普遍性，导致了复杂的联系和很多实体类型。虽然购买的模型提醒你什么是可能的，但是你需要决定是否真的需要这种灵活性，所带来的复杂性是否值得。

■ 因为你是从有原型的数据模型开始的，这就有可能使用户和管理者能够尽早接触新的数据库，通常是在数据建模阶段。应用程序开发联系会议（JAD），以及其他需求收集活动都是基于具体的 E-R 图，而不是一些简单的需求列表。购买的数据模型本来就建议讨论具体的问题（例如，"我们曾经有过一个客户订单有多个客户与它关联的吗？"或"雇员还可能是顾客吗？"）。购买的模型在一定意义上提供了一个可视化的讨论条目清单（例如，我们需要这些数据吗？这个业务规则适合我们吗？），此外，它是全面的，所以不太可能漏掉重要的需求。

■ 由于购买的数据模型，其范围和内容是广泛的，所以你不可能在一个项目中建立并填充整个数据库，甚至不能定制整个数据模型。但是，你不想错过设想未来需求的机会，而这些未来需求在完整的数据模型中已经给出了。因此，你已经到了需要做决策的时候，什么将被首先建立，什么可以在将来阶段扩展进来。解释扩展计划的一个方法是：使用实体聚类来显示将在不同阶段建立的数据模型片段。未来的小型项目将针对新的业务需求进行具体定制，并处理最初项目中没有开发的其他数据模型片段。

你将在本书后续章节中学习重要的数据库建模和设计的概念与技巧，包括基于外购数据模型的相关技能，这对于任何数据库开发工作都很重要。然而，涉及外购数据模型的项目有一些需要注意的重要事项。其中一些包括使用现有的数据库来指导外购数据模型的定制，包括：

● 随着时间的推移，相同的属性可能已经被用于不同的目的——这就是人们所说的当前系统中的重载列。这意味着，现有数据库中的数据值，在迁移到新的数据库中时，可能没有统一的含义。通常情况下，这些不同的用法不会被文件说明，并且直到迁移开始时才会被人们知道。有些数据可能不再需要（也许在特殊的商业项目中使用），或者是存在没有被正式纳入到数据库设计中的隐藏需求。随后将会介绍如何处理这个问题。

● 同样，有些属性可能是空的（即没有值），至少在某些时间段。例如，有些雇员家庭住址可能会空缺，或者一个给定产品线的产品工程属性对于几年前开发的产品可能缺少。这可能由于应用软件错误、人力数据输入错误或其他原因而发生。正如我们所研究的，缺失的数据可能是可选的数据，或者提示需要实体子类。因此缺失的数据需要仔细研究，以了解为什么数据是稀疏的。

● 了解现有数据模型的隐藏含义，确定模型中存在的不一致性，并确定需要包含在定制的外购数据模型中的数据和业务规则，完成上述工作的一个好方法是数据剖析。剖析是统计分析数据以发现隐藏模式和缺陷的一种途径。剖析可以发现离群值，确定数据分布随时间的漂移，并能识别其他现象。每个数据分布的扰动可能会讲述一个事实，如显示主要应用系统何时发生了变化，或业务规则何时发生了改变。这些模式通常提示数据库设计有问题（例如，为了提高一组特定查询的处理速度，独立实体的数据被结合在一起，但却从来没有恢复原来好的结构）。数据剖析还可以用来评估当前数据的准确程度，并用来设计数据清洗工作，这项工作是把高质量的数据填充到外购数据模型时需要的。

● 定制外购数据模型的最重要挑战，可以说是确定将要通过数据模型建立的业务规则。购买的数据模型将预先包含绝大多数需要的规则，但每个规则必须针对你的组织进行检验。幸运的是，你不需要去猜测处理哪些规则，每个规则都在购买的模型中，通过实体、属性、联系以及它们的元数据（名称、定义、数据类型、格式、长度等）展示出来。只是需要和这方面专家一起，花时间仔细检查这些元素，以确保你把联系基数和数据模型的所有其他方面都正确设置了。

□ 打包数据模型的例子

那么，打包的或通用数据模型是什么样子的？通用数据模型方法中必不可少的是超类/子类层次结构。例如，任何通用数据模型的核心结构是团队 PARTY 实体类型，它概括为企业工作的人或组织，以及一个相关实体类型团队角色 PARTY ROLE，该实体概括了团队在不同时期能够扮演的各种角色。团队角色实例是指团队以某种特定角色类型工作。超类团队 PARTY、团队角色 PARTY ROLE、角色类型 ROLE TYPE 以及它们之间联系的表示符号，如图 3—15（a）所示。我们使用了图 3—1（c）中的超类/子类符号，因为这种符号在可以公开获得的通用数据模型中最常使用。（大多数打包的数据模型是厂商的专有知识财产，因此，我们不能在这本书中显示它们。）这是一个非常通用的数据模型（虽然对于开始我们的讨论有点简单）。这种类型的结构，允许特定的团队在不同时间段以不同的角色工作。它允许团队的属性值，"重写"（如果在组织中是必要的话）为团队在给定时间段内所扮演角色的相关值（例如，虽然超类团队 PARTY 中的人 PERSON 有 Current Last Name［当前姓］属性，但是当团队角色是客户账单 BILL TO CUSTOMER 时，在这个角色特定时间段［From Date 到 Thru Date］，Current Last Name 可能使用不同的值）。请注意，即使对于这种简单情况，数据模型也试图捕捉到最一般的情况。例如，团队角色 PARTY ROLE 的子类人的角色 PERSON ROLE 的子类雇员 EMPLOYEE 的一个实例，将与一个描述"雇员—人的角色—团队角色"关系的角色类型 ROLE TYPE 的实例相关联。因此，一个角色类型的描述就解释了与该角色类型关联的团队角色的所有实例。

图 3—15（a）有趣的一个点是，团队角色 PARTY ROLE 实际上简化了原本会更庞大的团队 PARTY 的子类集合。图 3—15（b）显示了团队 PARTY 超类及其分别覆盖不同团队角色的很多子类。通过部分特定化与子类重叠，这种可选设计似乎可以表达与图 3—15（a）相同的数据建模语义。然而，图 3—15（a）能让我们辨认出企业参与者（团队 PARTY）与每个参与者有时所扮演的角色（团队角色 PARTY ROLE）之间的重要差别。因此，团队角色 PARTY ROLE 概念，实际上增加了数据模型的概括性以及预定义的数据模型的普遍适用性。

大多数通用数据模型的另一个基本结构，是扮演具体角色的各团队之间联系的表达。图 3—16 显示了基本通用数据模型的这方面扩展。团队关系 PARTY RELA-TIONSHIP 是一个关联实体，因此允许任何数目的团队在扮演特定角色时，被关联起来。PARTY 和 PARTY ROLE 之间联系的每个实例，都将是团队联系 PARTY RELATIONSHIP 子类的单独实例。例如，考虑某个组织单位在某个时间段雇用一个人，这是一个多对多的联系。在这种情况下，PARTY RELATIONSHIP 的子类 EM-PLOYMENT，将把扮演 PARTY ROLE 子类 EMPLOYEE 角色的 PERSON，与一个扮演某个相关团队角色如 ORGANIZATION UNIT 的 ORGANIZATION ROLE 连接起来。（也就是说，一个人在 PARTY RELATIONSHIP 中的 From Date 与 Thru Date 期间，被一个组织单位雇用。）

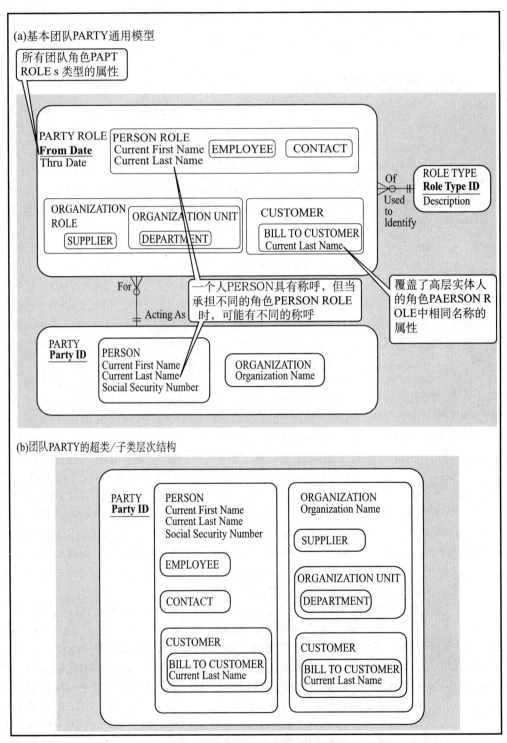

图 3—15 团队、团队角色以及角色类型的通用数据模型

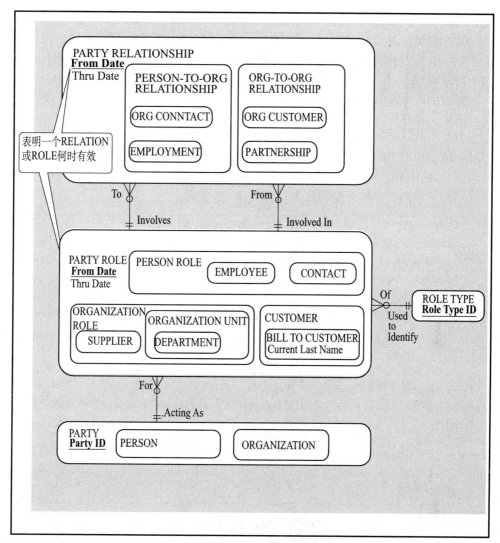

图 3—16 包含 PARTY RELATIONSHIP 的通用数据模型扩展

PARTY RELATIONSHIP 的表示非常通用化，所以它实际上是表达 PARTY ROLE 实例之间一元联系的关联实体。这构造了一个非常通用的、灵活的联系模式。但是，模糊的地方是，子类可能包含在一个特定的 PARTY RELATIONSHIP 中，并且更严格的联系不是多对多的，这或许是因为我们不需要随时间跟踪这个联系。例如，Involves 和 Involved In 联系连接了 PARTY ROLE 和 PARTY RELATIONSHIP 超类，但这并没有限定 EMPLOYMENT 连接 EMPLOYEE 和 ORGANIZATION U-NIT。此外，如果企业需要跟踪的只是当前的就业关系，图 3—16 中的数据模型将无法表达：身为 EMPLOYEE PARTY ROLE 角色的一个人 PERSON PARTY，只能够在一个时间关联到一个 ORGANIZATION UNIT。我们将会在下一节中看到，如何能在 EER 图中包括其他业务规则符号，来实现一些特定化。另外一种可选的方法是，我们可以就从 EMPLOYEE PARTY ROLE 和 ORGANIZATION UNIT PARTY ROLE 到 EMPLOYMENT PARTY RELATIONSHIP 画出特定的联系，来表示这个特殊的一对多联系。你可以想象，处理非常多的像这样的特殊情况，可能会在 PARTY ROLE 和 PARTY RELATIONSHIP 之间创建大量的联系，从而使图变得非常繁杂。

因此，在使用打包的数据模型时，更多的限制性基数规则（至少是大部分）可能会在数据模型之外实施（例如，在数据库存储过程或应用程序中）。

我们将继续介绍各种常见的可重用的通用数据模型模块。然而，Silverston（2001a，2001b）在一个两卷集以及 Hay（1996）提供了更广泛的内容。为了对打包的通用数据模型的讨论得出结论，我们在图 3—17 中展示了一个关系管理的通用数据模型。在这个图中，我们使用了 Silverston 的独创的符号（参见本章结尾部分的若干参考文献），这种符号与 Oracle 的数据建模工具相关。现在你已经研究了 EER 的概念和符号并学习了通用数据模型，你能够对这种数据模型的能力有更多的了解。

为了帮助你更好地理解图 3—17 中的 EER 图，可以考虑下列每个超类/子类层次结构中最高层实体类型的定义：

团队 PARTY	独立于他们所扮演角色的人和组织
团队角色 PARTY ROLE	关于团队与相关角色的信息，从而允许团队承担多个角色
团队联系 PARTY RELATIONSHIP	关于在一个联系背景下的两个团队（"to"和"from"角色的那些团队）的信息
事件 EVENT	在联系的上下文中可能出现的活动（例如，通信 CORRESPON-DENCE 可以在 PERSON-CUSTOMER 联系的上下文中发生，在该联系中，"to"一方是 ORGANIZATION 中的 CUSTOMER 角色，而"from"一方是 PERSON 中的 EMPLOYEE）
优先级类型 PRIORITY TYPE	关于优先级的信息，可以为一个给定的 PARTY RELATION SHIP 设定优先级
状态类型 STATUS TYPE	有关事件或团队联系状态的信息（例如，活动的、非活动的、未决的）
事件角色 EVENT ROLE	在一个 EVENT 中涉及的所有 PARTY 的相关信息
角色类型 ROLE TYPE	有关各种 PARTY ROLE 和 EVENT ROLE 的信息

在图 3—17 中，广泛使用了超类/子类层次结构。例如，在 PARTY ROLE 实体类型中，层次多达 4 个之深（例如，PARTY ROLE 到 PERSON ROLE 到 CON-TACT 到 CUSTOMER CONTACT）。属性可以位于层次结构中任何实体类型（例如，PARTY 有标识符 PARTY ID [♯意味着是标识符]，PERSON 有三个可选属性 [o 意味着是可选的]，组织 ORGANIZATION 有一个必需的属性 [* 意味着是必需的]）。联系可以存在于层次结构中任何实体类型之间。例如，任何 EVENT 都"处于"一个 EVENT STATUS TYPE（一个子类），而任何事件都在一个 PARTY RE-LATIONSHIP（一个超类）的"上下文中"。

正如前面所论述的，打包的数据模型不意味着能够直接适用于一个给定的组织，它们是要被定制的。为了达到最大的通用性，这种模型在为给定情况定制之前，具有下列一定的特性：

（1）联系是连接到层次结构中有意义的最高层次实体类型。关系可以根据组织的需要进行重新命名、删除、添加和移动。

（2）强实体之间几乎总是有 $M:N$ 联系（例如，EVENT 和 PARTY），所以至少要使用一个，有时有多个关联实体。因此，所有的关系都是 $1:M$，并且有一个实体类型来存储交集数据。交集数据往往是日期，表明在什么样的时间跨度内联系是有效的。因此，包装的数据模型允许随时间推移跟踪联系。（回想一下，这是在图 2—20

中讨论的一个常见问题。) 1 : M 联系是可选的，至少在"多"这一方（如，EVENT 旁边"包含"联系的虚线，表示一个 EVENT 可以包含一个 EVENT ROLE，正如在 Oralce Designer 中所定义的）。

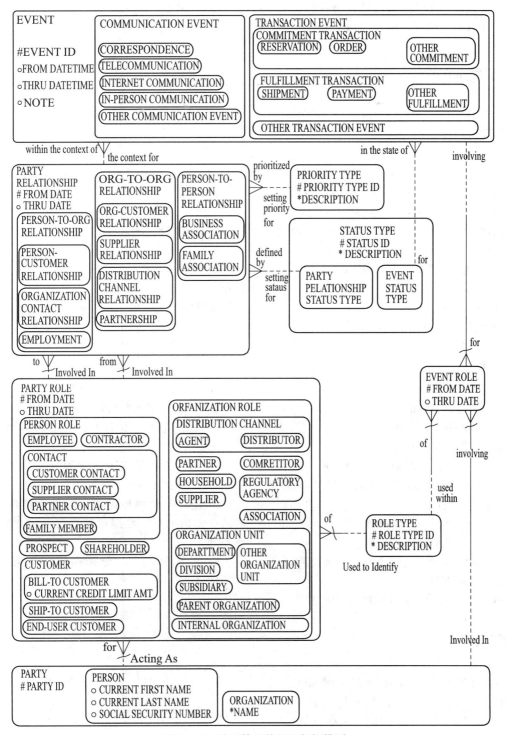

图 3—17 关系管理的通用数据模型

（3）虽然在这个图上没有明确表示，但所有超类/子类关系都遵循全部特定化和重叠规则，以使得该图尽可能全面、灵活。

（4）大多数联系的"多"方实体是弱实体，因此这些实体继承了"一"方实体的标识符（例如，从 PARTY 到 PARTY ROLE 的"担当"联系上的"～"符号，标志着 PARTY ROLE 隐含地包含 PARTY ID）。

本章回顾

关键术语

属性继承　attribute inheritance
完备性约束　completeness constraint
不相交规则　disjoint rule
不相交约束　disjointness constraint
增强型实体—联系模型（ERR）　enhanced entity-relationship（EER）model
实体聚类　entity cluster
概括　generalization
重叠规则　overlap rule

部分特定化规则　partial specialization rule
特定化　specialization
子类　subtype
子类判别符　subtype discriminator
超类或父类　supertype
超类/子类层次结构　supertype/subtype hierarchy
全部特定化规则　total specialization rule
全局数据模型　universal data model

复习题

1. 对比下列术语：
  a. 超类，子类
  b. 概括，特定化
  c. 不相交规则，重叠规则
  d. 全部特定化规则，部分特定化规则
  e. 团体，团体角色
  f. 实体，实体聚类

2. 说出数据库设计者应该考虑使用超类/子类关系的两种情况。

3. 说明要进行实体聚类的原因。

4. 给出下列概念的例子：
  a. 适合使用不相交规则的超类/子类关系
  b. 适合使用重叠规则的超类/子类关系

5. 使用打包的数据模型开始数据建模，与从一张白纸开始数据建模，在哪些方面有所不同？

6. 超类/子类层次结构在什么情况下是有用的？

问题和练习

1. 给图 3—10 中的每个超类增加一个子类判别符。给出将实例分配给每个子类的判别符值。使用下列子类判别符名称和值：
  a. PERSON：Person Type（Employee? Alumnus? Student?）
  b. EMPLOYEE：Employee Type（Faculty，Staff）
  c. STUDENT：Student Type（Grad，Undergrad）

2. 一个汽车租赁机构把它租赁的车辆分

为四类：微型、中型、标准型和运动型。该机构要对所有车辆记录以下数据：车牌号码、品牌、型号、年份和颜色。四种类型的车辆都没有任何独特的属性。实体类型车辆与实体类型客户有一种名为租赁的联系。这四种车辆类型都没有与其他实体类型存在特有联系。你会考虑为上述情形建立超类/子类关系吗？为什么？

3. 一个银行有三种类型的账户：支票、储蓄和贷款。以下是每个账户类型的属性：

支票账户：账户号码，开户日期，余额，服务费

储蓄账户：账户号码，开户日期，余额，利率

贷款账户：账户号码，开户日期，余额，利率，偿还额

假设每个银行账户必须是这些类型中的一个。使用概括方法并利用传统 EER 符号、Visio 符号以及子类内嵌于父类等符号，建立一个 EER 模型片段来表示这种情况。请使用子类判别符。

4. 使用传统的 EER 表示法、Visio 表示法或子类内嵌于父类表示法，为下列情况建立 EER 模型：

一个人可能会被一个或多个组织雇用，而每个组织可能会雇用一个或多个人。组织可以是一个内部的组织单位或外部组织。对于个人和组织，我们想知道他们的 ID，名称，地址和电话号码；对于每个人，我们想知道出生日期；对于每个组织，我们想知道预算数；对于每次雇用，我们想知道雇用日期，终止日期和奖金。

组织对一个人的雇用，可能导致这个人随着时间的推移有许多职位。对于每个职位，我们想知道它的名称，并且每当有人在这个职位上，我们想知道开始日期、终止日期和工资。组织负责每个职位。受雇于一个组织的人，可能承担由另一个组织负责的职位。

5. 使用传统的 EER 表示法、Visio 表示法或子类内嵌于父类表示法，为下列情况建立 EER 模型：

一所国际技术学校聘请你建立一个数据库系统，以协助排课。在经过几次与校长的交谈后，你给出了下列实体、属性和初始业务规则：

● 房间由建筑 ID 和房间号标识，房间有容量。一个房间可以是实验室或教室。如果是教室，则有一个额外的属性，称为黑板类型。

● 媒体由媒体类型编号标识，并且具有媒体类型和类型描述等属性。注意：这里我们跟踪媒体类型（如 VCR、投影仪等），而不是单件设备。跟踪每个设备已经超出了本项目的范围。

● 计算机由计算机类型编号标识，并且具有计算机类型、类型说明、磁盘容量和处理器速度等属性。请注意：对于媒体类型，我们只跟踪计算机类型，而不是单个计算机。你可以认为这是计算机的种类（如 PIII 900MHZ）。

● 教师的标识符是雇员 ID，并具有姓名、级别和办公室电话等属性。

● 时间段的标识符是时间段 ID，并具有星期几、开始时间和结束时间。

● 课程的标识符是课程编号，并具有课程简介和学分等属性。课程也有一个或多个班。

● 班有标识符班 ID 和属性注册限制。

在进一步讨论之后，你又给出了其他一些业务规则，以帮助你做出最初的设计：

● 一名教师在给定学期中，可以教授一门课程的一个或多个班，也可以不教授任何班。

● 教师指定首选的时段。

● 每学期的排课数据都进行保存，并以年度和学期进行唯一标识。

● 一个房间在给定学年的指定学期中的某一时段，可以有一个班上课或没有任何班。然而，一个房间可以有多次排课、一次排课或不参与排课。一个时段，可以排多个课程、排一门课程或没有排课。一个班可以多次排课、一次排课或没有排课。

● 一个房间可以有一种类型的媒体，多种类型的媒体，或没有媒体。

● 教员经过培训，可以使用一种、多种或不使用任何类型的媒体。

● 一个实验室可以有一个或多个计算机

类型。然而，教室里没有任何计算机。

- 一个房间不能既做教室又做实验室。

系统中没有其他类型的房间。

参考文献

Elmasri, R., and S. B. Navathe. 1994. *Fundamentals of Database Systems.* Menlo Park, CA: Benjamin/Cummings.

Gottesdiener, E. 1997. "Business Rules Show Power, Promise." *Application Development Trends* 4,3 (March): 36–54.

GUIDE. 1997 (October). "GUIDE Business Rules Project." Final Report, revision 1.2.

Hay, D. C. 1996. *Data Model Patterns: Conventions of Thought.* New York: Dorset House Publishing.

Hoberman, S. 2006. "Industry Logical Data Models." *Teradata Magazine.* Available at **www.teradata.com**.

Hoffer, J. A., J. F. George, and J. S. Valacich. 2010. *Modern Systems Analysis and Design*, 6th ed. Upper Saddle River, NJ: Prentice Hall.

Silverston, L. 1998. "Is Your Organization Too Unique to Use Universal Data Models?" *DM Review* 8,8 (September), accessed at **www.information-management.com/issues/19980901/425-1.html**.

Silverston, L. 2001a. *The Data Model Resource Book, Volume 1,* Rev. ed. New York: Wiley.

Silverston, L. 2001b. *The Data Model Resource Book, Volume 2,* Rev. ed. New York: Wiley.

Silverston, L. 2002. "A Universal Data Model for Relationship Development." *DM Review* 12,3 (March): 44–47, 65.

Teorey, T. 1999. *Database Modeling & Design.* San Francisco: Morgan Kaufman Publishers.

延伸阅读

Frye, C. 2002. "Business Rules Are Back." *Application Development Trends* 9, 7 (July): 29–35.

Moriarty, T. "Using Scenarios in Information Modeling: Bringing Business Rules to Life." *Database Programming & Design* 6, 8 (August): 65–67.

Ross, R. G. 1997. *The Business Rule Book.* Version 4. Boston: Business Rule Solutions, Inc.

Ross, R. G. 1998. *Business Rule Concepts: The New Mechanics of Business Information Systems.* Boston: Business Rule Solutions, Inc.

Ross, R. G. 2003. *Principles of the Business Rule Approach.* Boston: Addison-Wesley.

Schmidt, B. 1997. "A Taxonomy of Domains." *Database Programming & Design* 10, 9 (September): 95, 96, 98, 99.

Silverston, L. 2002. Silverston has a series of articles in *DM Review* that discuss universal data models in different settings. See in particular Vol. 12 issues 1 (January) on clickstream analysis, 5 (May) on health care, 7 (July) on financial services, and 12 (December) on manufacturing.

von Halle, B. 1996. "Object-Oriented Lessons." *Database Programming & Design* 9,1 (January): 13–16.

von Halle, B. 2001. von Halle has a series of articles in *DM Review* on building a business rules system. These articles are in Vol. 11, issues 1–5 (January–May).

von Halle, B., and R. Kaplan. 1997. "Is IT Falling Short?" *Database Programming & Design* 10, 6 (June): 15–17.

网络资源

www. adtmag. com 信息系统开发实践方面的重要出版物《应用开发趋势》的网站。

www. brsolutions. com 业务规则方法论开发方面的领导者、Ronald Ross 的咨询公司"业务规则解决方案"的网站。你也可以访问 www.BRCommunity.com ，该网站是对业务规则感兴趣人们的虚拟社群网站（由"业务规则解决方案"发起）。

www. businessrulesgroup. org 业务规则工作组的网站，这个工作组之前是国际 GUIDE 的一部分，职责是制定和支持业务规则标准。

www. databaseanswers. org/data _ models 给出了各种应用和组织的 100 多个 E-R 图样例的有趣网站。这些 E-R 图使用了多种表示法，因此，该网站对于人们学习各种 E-R 图会有很大帮助。

www. intelligententerprise. com 数据库管理及相关领域的重要出版物《智能化企业》的网站。这个杂志合并了之前的两种出版物《数据库编程与设计》和《DBMS》。

www. kpiusa. com 由 Barbara von Halle 创立的国际知识合作者组织的主页。这个网站上有一些有趣的示例解析以及业务规则的白皮书。

http：//researchlibrary.theserverside.net/ detail/RES/1214505974_136.html 是 Steve Hoberman 撰写的白皮书《非结构化数据建模》的链接。非结构化数据（如电子邮件、图像、音频文件）是数据库的一个新兴领域，而非结构化数据建模有一些特殊问题。

www.tdan.com《数据管理通讯》杂志的网站，该杂志定期出版关于各种数据建模和管理问题的新文章、专题报道以及新闻。

www.teradatastudentnetwork.com "Teradata 学生网络"的网站，这个网站提供一系列有关数据库管理和相关话题的免费资源。访问该网站并且搜索"entity relationship"，会看到很多与 EER 数据建模有关的文章和作业。

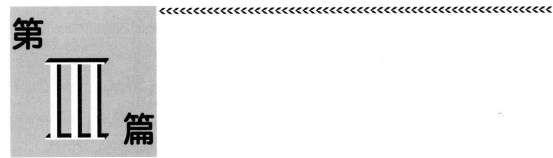

第 III 篇

数据库设计

- 数据库逻辑设计和关系模型
- 数据库物理设计和性能

在数据库开发过程中，数据库分析阶段结束时，系统和数据库分析师对数据存储和访问需求有了十分清楚的认识。然而，在分析阶段开发的数据模型，明显避免与数据库技术建立任何联系。在我们能够实现一个数据库之前，概念数据模型必须映射到与所使用的数据库管理系统兼容的数据模型。

数据库设计活动，将数据库分析时确定的数据存储需求，变换为指导数据库实现的规范。有两种规范形式：

（1）逻辑规范，该规范把概念需求映射到与特定数据库管理系统相关的数据模型。

（2）物理规范，该规范指出了在数据库实现中使用的所有数据存储参数，在数据库实现阶段，人们使用一种数据定义语言完成数据库的定义。

在第 4 章（"数据库逻辑设计和关系模型"）中，我们描述了数据库的逻辑设计，同时特别强调了关系数据模型。数据库逻辑设计是把概念数据模型（第 2 章和第 3 章中所述），转换为逻辑数据模型的过程。当今的数据库管理系统，大多数都采用关系数据模型，所以这种数据模型是我们讨论数据库逻辑设计的基础。

在第 4 章中，我们首先定义这个模型的重要术语和概念，包括关系（relation），主码（primary key）和代理主码（surrogate primary key），外码（foreign key），异常（anomaly），范式（normal form），规范化（normalization），函数依赖（functional dependency），部分函数依赖（partial functional dependency），传递依赖（transitive dependency）。接下来，我们描述和说明 E-R 模型到关系模型的转换过程。许多建模工具支持这种转换，但是，你能够理解其中的基本原则和步骤是很重要的。然后，我们详细描述和说明重要的规范化概念（设计结构良好的关系的过程）。附录 B 中包含了规范化的进一步讨论。最后，我们描述如何将来自单独的逻辑设计活动（例如，在大型项目团队的不同组）的关系合并，同时避免这个过程中可能出现的常见缺陷。在这部分讨论结束时，我们将介绍企业码（enterprise key），企业码使各个关系的码截然不同。

数据库物理设计的目的，第 5 章（"数据库物理设计和性能"）的主题，是把数据的逻辑描述转化为数据存储和检索的技术规范。我们的目标是建立用于数据存储的设计，该设计能够提供足够的性能，并确保数据库的完整性、安全性和可恢复性。数据库物理设计会产生一些技术规范，程序员和其他参与信息系统建设的人员，将在实现阶段使用这些规范。我们将在第 6～第 9 章进一步论述。

在第 5 章中，你将学习数据库物理设计的关键术语和概念，包括数据类型（data type），页面（page），指针（pointer），反规范化（denormalization），分区（partitioning），索引文件组织（indexed file organization）和散列文件组织（hashed file organization）。将研究开发高效的数据库物理设计的基本步骤。你将了解用于存储属性值的可选方法以及如何在这些方法之间选择。你还将学习，为什么规范化的表并不是总能形成最佳的物理数据文件，如果需要，你如何进行数据反规范化，以实现数据检索速度的改进。你将学习不同的文件组织和不同类型的索引，这些对于加快数据检索速度很重要。附录 C 讨论了数据存储物理的一些其他结构。此外，你将学习提高数据质量的数据库物理设计可选方法，以及如何影响财务报表的准确性验证过程。这些都是当今的基本问题，因为政府的法规如《萨班斯—奥克斯利法案》，还因为越来越多的人认识到保证高数据质量具有商业意义。

你必须认真进行数据库物理设计，因为在这个阶段所做出的决定，对于数据可用性、响应时间、安全性、用户友好性、信息质量，以及类似的信息系统重要设计因素有重大影响。数据库管理员（将在第 11 章介绍）在数据库物理设计中起着主要作用，因此在那一章我们将进一步讨论一些高级的设计问题，而第 12 章涉及分布式数据库设计问题。

第 4 章

数据库逻辑设计和关系模型

✏️ **学习目标**

➤ 简明地定义以下每个关键术语：关系（relation），主码（primary key），组合码（composite key），外码（foreign key），空值（null），实体完整性规则（entity integrity rule），参照完整性约束（referential integrity constraint），结构良好的关系（well-structured relation），异常（anomaly），代理主码（surrogate primary key），递归外码（recursive foreign key），规范化（normalization），范式（normal form），函数依赖（functional dependency），决定因素（determinant），候选码（candidate key），第一范式（first normal form），第二范式（second normal form），部分函数依赖（partial functional dependency），第三范式（third normal form），传递依赖（transitive dependency），同义词（synonyms），别名（alias），同名异义（homonym）和企业码（enterprise key）。

➤ 列出关系的 5 个特性。

➤ 说明候选码的 2 个基本性质。

➤ 给出以下术语的简明定义：第一范式、第二范式、第三范式。

➤ 简要说明合并关系时可能出现的 4 个问题。

➤ 将 E-R（或 EER）图转换成一组逻辑上等价的关系。

➤ 创建具有实体完整性和参照完整性关系表。

➤ 使用规范化将带有异常的关系分解成结构良好的关系。

引 言

在这一章中，我们描述数据库的逻辑设计，并且特别强调关系数据模型。数据库逻辑设计是把概念数据模型（在第 2 章和第 3 章中描述），转换成与特定类型数据库技术兼容的逻辑数据模型的过程。经验丰富的数据库设计师，如果知道将要使用的数据库技术类型，往往会在概念数据建模的同时进行数据库逻辑设计。然而，把这些作为单独的步骤是很重要的，这让你可以专注于数据库开发的每个重要部分。概念数据建模是关于了解组织，即获得正确的需求。数据库逻辑设计是关于建立稳定的数据库结构，即用一种技术语言正确表达需求。这两个阶段都是必须认真完成的重要步骤。

虽然有其他数据模型，但我们在本章强调关系数据模型有两个原因。首先，关系数据模型是迄今为止在当代数据库应用中最常使用的。其次，关系模型数据库逻辑设计的一些原则，也适用于其他类型的逻辑模型。

在前面的章节中，我们已经通过简单的例子，非正式地介绍了关系数据模型。然而，需要注意的是，关系数据模型是逻辑数据模型的一种形式，因此它与概念数据模型不同，这一点很重要。因此，E-R 数据模型不是关系数据模型，E-R 模型可以不遵守构造良好的关系数据模型规则，即我们将在本章中解释的规范化规则。这是允许的，因为 E-R 模型是为其他目的建立的——了解数据的需求以及关于数据的业务规则——不是为合理的数据库处理而建立数据结构，这正是数据库逻辑设计的目标。

在本章中，我们首先定义关系数据模型的重要术语和概念。（我们经常使用缩写词"关系模型"表示"关系数据模型"。）接下来，描述和说明将 EER 模型转换成关系模型的过程。许多 CASE 工具目前在技术层面上都支持这种转换，但是你理解其中的基本原则和步骤也是很重要的。然后，详细描述规范化的概念。规范化——设计结构良好关系的过程，是关系模型逻辑设计的重要组成部分。最后，介绍在避免这个阶段可能发生的常见缺陷的同时，如何合并关系。

数据库逻辑设计的目标，是把概念设计（表示组织的数据需求）转换为能够在选定的数据库管理系统中实现的数据库逻辑设计。所建立的数据库必须满足用户数据共享、灵活性和易于访问的要求。本章介绍的概念，对于理解数据库的开发过程中是必不可少的。

关系数据模型

关系数据模型是由当时在 IBM 的 E. F. Codd 在 1970 年首次提出的（Codd，1970）。有两个早期的研究项目启动，以验证关系模型的可行性并开发原型系统。第一个，在 IBM 圣何塞研究实验室，20 世纪 70 年代末开发了系统 System R（一个关系数据库管理系统原型［RDBMS］）。第二个，在美国加州大学伯克利分校，开发了一个学术性很强的 RDBMS Ingres。众多厂商提供商业化 RDBMS 产品，大约在 1980 年开始出现。（这本书的网站上可以找到 RDBMS 和其他 DBMS 厂商的链接。）今天 RDBMS 已成为数据库管理的主导技术，并有数以百计的 RDBMS 产品，这些产品可以运行于各种计算机，从智能手机和个人电脑到大型的计算机。

□ 基本定义

关系数据模型以表格的形式表示数据。关系模型基于数学理论，因此具有坚实的理论基础。然而，我们只需要一些简单的概念来描述关系模型。因此，即使对那些不熟悉基本理论的人，它也可以很容易理解和使用。关系数据模型由以下三部分组成（Fleming and von Halle，1989）：

（1）**数据结构**（data structure）数据以带有行和列的表格的形式组织。

（2）**数据操作**（data manipulation）强大的数据操作功能（使用 SQL 语言）是用来操作存储在关系中的数据。

（3）**数据完整性**（data integrity）模型包括用来指定业务规则的数据完整性机制，以保证数据操作时的数据完整性。

我们在本节中讨论数据结构和数据完整性。数据操作将在第 6 章、第 7 章和第 8 章中讨论。

关系数据结构　**关系**（relation）是一个具有名称的二维数据表。每个关系（或表）由一组命名的列和任意数量的没有命名的行组成。属性，与其在第 2 章中的定义一致，是关系的一个命名列。关系的每一行对应一条记录，该记录包含了单个实体的数据（属性）值。图 4—1 显示了一个名为 EMPLOYEE1 关系的例子。这个关系中包含以下描述员工的属性：雇员编号 EmpID、姓名 Name、部门名称 DeptName 和工资 Salary。表中的 5 行记录对应 5 名雇员。重要的是要理解，图 4—1 中的样例数据旨在说明 EMPLOYEE1 关系的结构，他们本身不是关系的一部分。即使我们向图中添加另外一行数据，或更改任何现有行的数据，得到的关系仍然是同一个 EMPLOYEE1 关系。删除一行也不改变关系。事实上，我们可以删除图 4—1 中所有的行，但 EMPLOYEE1 关系仍然存在。换言之，图 4—1 是 EMPLOYEE1 关系的一个实例。

EMPLOYEE1

EmpID	Name	DeptName	Salary
100	Margaret Simpson	Marketing	48 000
140	Allen Beeton	Accounting	52 000
110	Chris Lucero	Info Systems	43 000
190	Lorenzo Davis	Finance	55 000
150	Susan Martin	Marketing	42 000

图 4—1　包含样例数据的 EMPLOYEE1 关系

我们可以使用速记符号表达关系结构——关系名称后面跟上（在括号内）关系中的属性名。对于 EMPLOYEE1 我们将有：

EMPLOYEE1 （EmpID，Name，DeptName，Salary）

关系的码　我们必须能够存储和检索关系中的一行数据，而这些操作是基于存储在该行中的数据值。为了实现这一目标，每个关系必须有一个主码。**主码**（primary key）是唯一标识关系中的每一行的属性或属性组合。我们是通过在属性名下面加上下划线来指定主码。例如，关系 EMPLOYEE1 的主码是 EmpID。请注意，这个属性在图 4—1 中带有下划线。用速记符号，我们将该关系表达如下：

EMPLOYEE1 （EmpID，Name，DeptName，Salary）

主码的概念是与第 2 章中定义的术语"标识符"（identifier）相关的。在 E-R 图中作为实体标识符的属性或属性组，可能与表示该实体的关系的主码相同。但也有例外，例如，关联实体并不需要有标识符，弱实体的（部分）标识符只构成了弱实体主码的一部分。此外，可能有一个实体的几个属性构成关联关系的主码。所有这些情况都将在本章后面部分加以说明。

组合码（composite key）是由一个以上的属性组成的主码。例如，关系 DEPENDENT 的主码可能由 EmpID 和 DependentName 组合而成。我们将在本章的后面部分给出几个组合码的例子。

我们经常需要表示两个表之间的关系。这是通过使用外码实现的。**外码**（foreign key）是一个关系中的属性（或属性组），而该属性是另一个关系的主码。例如，考虑关系 EMPLOYEE1 和部门 DEPARTMENT：

EMPLOYEE1 （EmpID，Name，DeptName，Salary）
DEPARTMENT （DeptName，Location，Fax）

属性部门名称 DeptName 是 EMPLOYEE1 的外码。它使得用户能够把任何一个雇员与他被指派的部门相关联。有些作者强调，外码的属性使用虚下划线表示，如下所示：

EMPLOYEE1 （EmpID，Name，DeptName，Salary）

我们在本章的剩余部分提供了很多外码的例子，并且将在"参照完整性"的标题下讨论外码的特性。

关系的性质　我们把关系定义为数据的二维表。然而，并非所有的表都是关系。关系有几个性质以使他们区分于非关系表。我们概括这些性质为：

（1）数据库中的每个关系（或表）有唯一的名称。

（2）每一行和每一列交叉点上的值是原子的（或单个值）。表中特定行的每个属性只能有一个值，关系中不允许多值属性。

（3）每一行是唯一的，关系中没有两行可以是相同的。

（4）表中的每个属性（或列）有一个唯一的名称。

（5）列的顺序（从左到右）是无关紧要的。关系中列的顺序是可以改变的，这种改变将不会影响关系的含义或使用。

（6）该行的顺序（从上到下）是无关紧要的。与列相同，关系中行的顺序可以改变或以任何顺序存储。

去除表中的多值属性　上节中列出的关系第二条性质指出，关系中不允许有多值属性。因此，包含一个或多个多值属性的表不是关系。例如，图 4—2（a）中，关系 EMPLOYEE1 进行了扩展，包含雇员已经学习的课程，图中给出了一些雇员数据。因为一个给定的雇员可能学习一门以上的课程，因此属性课程名称 CourseTitle 和完成日期 DateCompleted 是多值属性。例如，雇员编号为 100 的雇员已完成了两门课程。如果雇员没有学习任何课程，则 CourseTitle 和 DateCompleted 属性值是空的。（例如雇员编号为 190 的雇员。）

我们在图 4—2（b）中说明了如何消除多值属性，具体是在图 4—2（a）以前空置的单元格内填充相关的数据值。结果，图 4—2（b）中的表只有单值属性，现在满足关系的原子值特性。这个关系被命名为 EMPLOYEE2，以区别于 EMPLOYEE1。但是，正如你将看到的，这个新关系确实有一些令人不快的性质。

（a）含有重复值组的表

EmpID	Name	DeptName	Salary	CourseTitle	DateCompleted
100	Margaret Simpson	Marketing	48 000	SPSS	6/19/201x
				Surveys	10/7/201x
140	Alan Beeton	Accounting	52 000	Tax Acc	12/8/201x
110	Chris Lucero	Info Systems	43 000	Visual Basic	1/12/201x
				C++	4/22/201x
190	Lorenzo Davis	Finance	55 000		
150	Susan Martin	Marketing	42 000	SPSS	6/16/201x
				Java	8/12/201x

（b）EMPLOYEE2 关系

EMPLOYEE2

EmpID	Name	DeptName	Salary	CourseTitle	DateCompleted
100	Margaret Simpson	Marketing	48 000	SPSS	6/19/201x
100	Margaret Simpson	Marketing	48 000	Surveys	10/7/201x
140	Alan Beeton	Accounting	52 000	Tax Acc	12/8/201x
110	Chris Lucero	Info Systems	43 000	Visual Basic	1/12/201x
110	Chris Lucero	Info Systems	43 000	C++	4/22/201x
190	Lorenzo Davis	Finance	55 000		
150	Susan Martin	Marketing	42 000	SPSS	6/19/201x
150	Susan Martin	Marketing	42 000	Java	8/12/201x

图 4—2　消除多值属性

样例数据库

一个关系数据库可以由任意数量的关系组成。数据库的结构是通过使用模式（在第 1 章中定义）进行描述的，模式是数据库整体逻辑结构的描述。表达模式有两种常用的方法：

（1）简短的文字表述，这种方法中，每个关系被命名并且属性名放在关系名后面的括号中。（参见本章前面定义的关系 EMPLOYEE1 和 DEPARTMENT。）

（2）图形化表示，这种方法中，每个关系由一个包含关系属性的矩形表示。

文字表述的优点是简单。然而，图形表示提供了一种表达参照完整性约束的更好方式（正如你很快就会看到的）。在本节中，我们使用这两种表达模式，这样可以对它们进行比较。

松树谷家具公司的 4 个关系的模式如图 4—3 所示。该图所示的 4 个关系是：客户 CUSTOMER，订单 ORDER，订单行 ORDER LINE 和产品 PRODUCT。这些关系的码属性带有下划线，其他重要属性包含在每个关系中。我们使用本章后面介绍的规范化技术，说明如何设计这些关系。

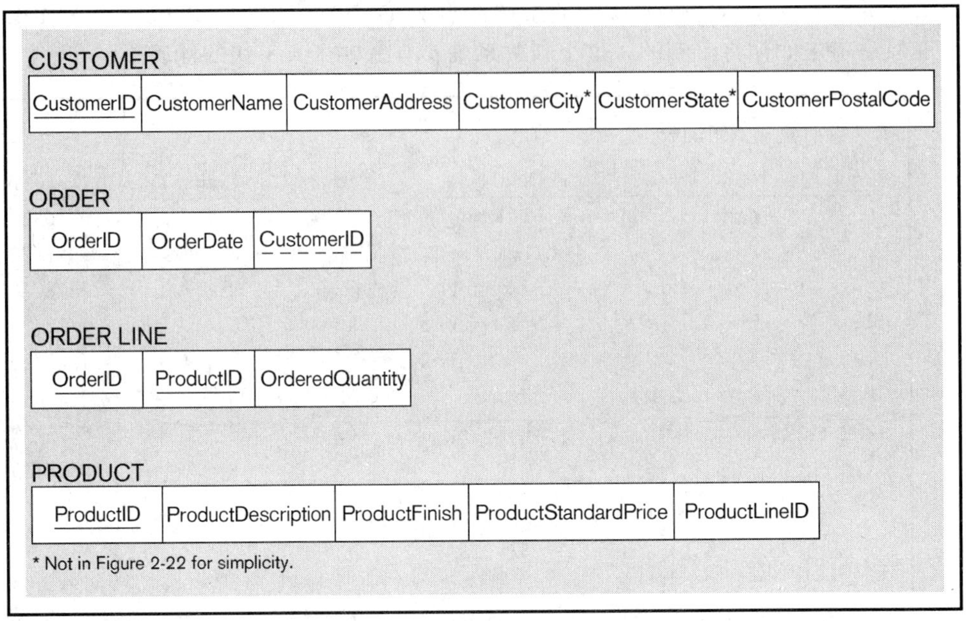

图 4—3 松树谷家具公司 4 个关系的模式

以下是这些关系的文本描述：

CUSTOMER （CustomerID，CustomerName，CustomerAddress，CustomerCity，CustomerState，CustomerPostalCode）

ORDER （OrderID，OrderDate，CustomerID）

ORDER LINE （OrderID，ProductID，OrderedQuantity）

PRODUCT （ProductID，ProductDescription，ProductFinish，ProductStandardPrice，ProductLineID）

请注意，订单行的主码是由属性 OrderID 和 ProductID 组成的组合码。此外，客户编号是订单关系 ORDER 的外码，这允许用户可以将订单与提交订单的客户关联。订单行 ORDERLINE 有两个外码：OrderID 和 ProductID。这些外码将订单中的每一行与相关的订单和产品关联。

这个数据库的一个实例如图 4—4 （140 页）所示。此图显示带有样例数据的 4 个表。请注意外码是如何使各种表格关联的。创建带有样例数据的关系模式实例是一个好主意，因为有以下 4 个方面原因：

（1）样例数据能够测试设计中的一些假设。

（2）样例数据提供了一种检查设计准确性的方便方法。

（3）样例数据有助于在与用户讨论设计时，改进和用户的沟通。

（4）你可以使用样例数据开发原型应用，并且测试查询。

■ 完整性约束

关系数据模型包含了几种类型的约束，或限制可接受的值和操作的规则，目的是方便维护数据库中数据的准确性和完整性。主要类型的完整性约束是域约束、实体完整性和参照完整性。

▢ 域约束

出现在关系的某列中的值都必须来自同一个域。域是可以赋给某个属性的值的集合。域的定义通常由以下几部分组成：域名、含义、数据类型、大小（或长度），以及允许的值或取值范围（如果有的话）组成。表 4—1 给出了图 4—3 和图 4—4 中相关属性的域定义。

表 4—1　　　　　　　　　　发票 INVOICE 属性的域定义

属性	域名称	描述	域
CustomerID	Customer IDs	所有可能的客户 ID 的集合	字符：长度 5
CustomerName	Customer Names	所有可能的客户名称的集合	字符：长度 25
CustomerAddress	Customer Addresses	所有可能的客户地址的集合	字符：长度 30
CustomerCity	Cities	所有可能的城市的集合	字符：长度 20
CustomerState	States	所有可能的州的集合	字符：长度 2
CustomerPostalCode	Postal Codes	所有可能的邮编的集合	字符：长度 10
OrderID	Order IDs	所有可能的订单 ID 的集合	字符：长度 5
OrderDate	Order Dates	所有可能的订单日期的集合	日期：格式 mm/dd/yy
ProductID	Product IDs	所有可能的产品 ID 的集合	字符：长度 5
ProductDescription	Product Descriptions	所有可能的产品描述的集合	字符：长度 25
ProductFinish	Product Finishes	所有可能的产品材质的集合	字符：长度 15
ProductStandard-Price	Unit Prices	所有可能的单价的集合	货币：6 digits
ProductLineID	Product Line IDs	所有可能的产品线 ID 的集合	整数：3 digits
OrderedQuantity	Quantities	所有可能的订货数量的集合	整数：3 digits

▢ 实体完整性

实体完整性规则是设计用来保证每个关系都有主码，并且主码的数据值都是有效的。特别是，它保证每个主码属性是非空的。

在某些情况下，某个特殊的属性不能被分配数据值。这可能在两种情况下发生：要么是没有适当的数据值，要么是适用的数据值在分配值的时候是未知的。例如，假设你填写一份雇佣表格，表格中有一个填写传真号码的空间。如果你没有传真号码，你就把这项空着，因为它并不适用于你。或者假设你被要求填写前一个雇主的电话号码。如果你不记得这个号码，你可以把它空着，因为你不知道这个信息。

关系数据模型允许我们在刚才所描述的情况下给属性赋空值。**空值**（null）是当没有其他值可用或适用值未知时，可以赋给一个属性的值。在现实中，空值并不是一个值，而是表示值的空缺。例如，它与数字零或空白字符串不相同。在关系模型中包含空值是有争议的，因为它有时会导致异常结果（Date，2003）。但是，关系模型的发明者 Codd 提倡空值用于表示空缺的值（Codd，1990）。

每个人都同意主码值绝不允许为空。因此，**实体完整性规则**（entity integrity rule）规定如下：主码属性（或组成主码的属性）不能为空值。

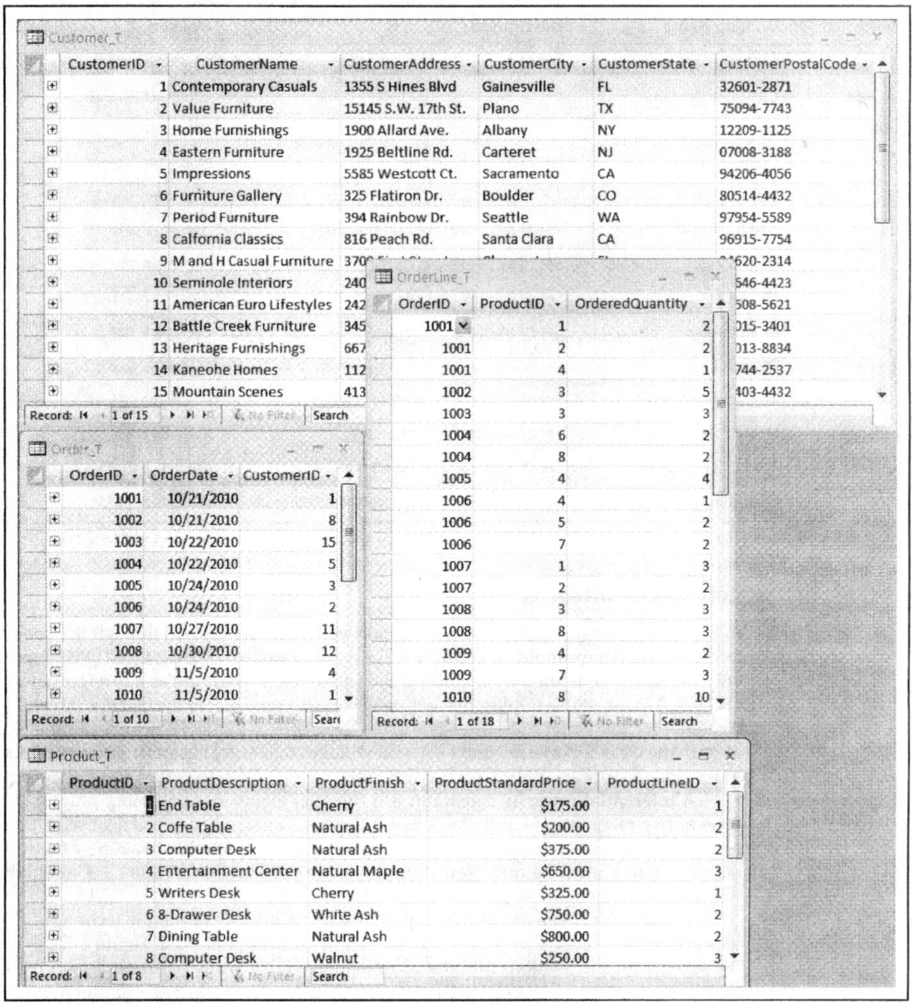

Customer_T

CustomerID	CustomerName	CustomerAddress	CustomerCity	CustomerState	CustomerPostalCode
1	Contemporary Casuals	1355 S Hines Blvd	Gainesville	FL	32601-2871
2	Value Furniture	15145 S.W. 17th St.	Plano	TX	75094-7743
3	Home Furnishings	1900 Allard Ave.	Albany	NY	12209-1125
4	Eastern Furniture	1925 Beltline Rd.	Carteret	NJ	07008-3188
5	Impressions	5585 Westcott Ct.	Sacramento	CA	94206-4056
6	Furniture Gallery	325 Flatiron Dr.	Boulder	CO	80514-4432
7	Period Furniture	394 Rainbow Dr.	Seattle	WA	97954-5589
8	California Classics	816 Peach Rd.	Santa Clara	CA	96915-7754
9	M and H Casual Furniture	370			620-2314
10	Seminole Interiors	240			546-4423
11	American Euro Lifestyles	242			508-5621
12	Battle Creek Furniture	345			015-3401
13	Heritage Furnishings	667			013-8834
14	Kaneohe Homes	112			744-2537
15	Mountain Scenes	413			403-4432

Record: 1 of 15

Order_T

OrderID	OrderDate	CustomerID
1001	10/21/2010	1
1002	10/21/2010	8
1003	10/22/2010	15
1004	10/22/2010	5
1005	10/24/2010	3
1006	10/24/2010	2
1007	10/27/2010	11
1008	10/30/2010	12
1009	11/5/2010	4
1010	11/5/2010	1

Record: 1 of 10

OrderLine_T

OrderID	ProductID	OrderedQuantity
1001	1	2
1001	2	2
1001	4	1
1002	3	5
1003	3	3
1004	6	2
1004	8	2
1005	4	4
1006	4	1
1006	5	2
1006	7	2
1007	1	3
1007	2	2
1008	3	3
1008	8	3
1009	4	2
1009	7	3
1010	8	10

Record: 1 of 18

Product_T

ProductID	ProductDescription	ProductFinish	ProductStandardPrice	ProductLineID
1	End Table	Cherry	$175.00	1
2	Coffe Table	Natural Ash	$200.00	2
3	Computer Desk	Natural Ash	$375.00	2
4	Entertainment Center	Natural Maple	$650.00	3
5	Writers Desk	Cherry	$325.00	1
6	8-Drawer Desk	White Ash	$750.00	2
7	Dining Table	Natural Ash	$800.00	2
8	Computer Desk	Walnut	$250.00	3

Record: 1 of 8

图 4—4　松树谷家具公司关系模式实例

□ 参照完整性

在关系数据模型中，表之间的关联通过外码进行定义。例如，在图 4—4 中，客户 CUSTOMER 和订单 ORDER 表之间的关联，是通过将 ORDER 中的客户编号属性定义为外码来定义的。当然，这意味着在订单表中插入新行之前，该订单的客户必须已经在 CUSTOMER 表中存在。如果你检查图 4—4 中 ORDER 表中的行，你会发现，每个订单的客户编号已经出现在 CUSTOMER 表中了。

参照完整性约束（referential integrity constraint）是维护两个关系的行之间一致性的规则。规则规定，如果一个关系中有外码，则每个外码的值必须与另一个关系的主码值匹配，或者为空。你可以检查图 4—4 中的表，确定是否执行了参照完整性规则。

关系模式的图形化版本，提供了一种确定必须实施参照完整性关联的简单技术。图 4—5 显示了在图 4—3 中介绍的关系模式。从每个外码到相关主码，都画有一个箭头。模式中的每个箭头都要定义完整性约束。

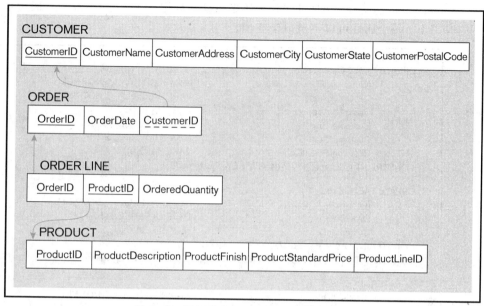

图 4—5　松树谷家具公司参照完整性约束

你怎么知道是否允许外码为空呢？如果每个订单必须有一个客户（必需的联系），则外码客户编号在订单 ORDER 关系中不能为空。如果联系是可选的，则外码可以为空。外码是否可以为空，在定义数据库时，这一点必须作为外码属性的特性进行规定。

实际上，外码是否可以为空，如何确定和在 E-R 图上表示，比到目前为止我们所展示的要更加复杂。例如，如果我们选择删除已提交订单的客户，那么订单数据会发生什么情况？即使我们不再关心客户的信息，我们也可能希望看到销售数据。可能有三种选择：

（1）删除相关的订单（称为级联删除），在这种情况下，我们失去的不仅仅是客户信息，而且还有所有的销售历史。

（2）只有所有的相关订单先被删除了，才能删除客户信息。

（3）在外码中设置一个空值（一个例外是，虽然订单在创建时必须有客户编号值，但如果后来相关的客户被删除，则客户编号可以为空）。

我们将在第 6 章描述 SQL 数据库查询语言时，看到这些选择是如何实现的。请注意，在实际应用中，关于数据保留的组织机构规则和各项规章制度，往往决定哪些数据以及它们何时可以被删除，因此，它们控制了各种删除选项的选择结果。

☐ 创建关系表

在本节中，我们创建了图 4—5 所示的 4 个表的定义。这些定义是使用 SQL 数据定义语言的 CREATE TABLE 语句创建的。在实际应用中，这些表的定义实际上是在稍后数据库开发过程的实现阶段被创建的。然而，我们在本章给出这些样例表是为了连续性，特别是为了说明前面描述的完整性约束在 SQL 中的实现方式。

SQL 表定义如图 4—6 所示。关系模式（图 4—5）给出的 4 个关系每一个都创建了一个表。表中的每个属性随后都进行了定义。请注意，每个属性的数据类型和长度是从域定义（表 4—1）中选取的。例如，Customer ＿ T 表中的属性客户名称 CustomerName 定义为 VARCHAR（可变字符）数据类型，长度是 25。通过指定 NOT NULL，每个属性可以不被赋予空值。

```
CREATE TABLE Customer_T
        (CustomerID                      NUMBER(11,0)      NOT NULL,
        CustomerName                    VARCHAR2(25)      NOT NULL,
        CustomerAddress                 VARCHAR2(30),
        CustomerCity                    VARCHAR2(20),
        CustomerState                   CHAR(2),
        CustomerPostalCode              VARCHAR2(9),
CONSTRAINT Customer_PK PRIMARY KEY (CustomerID));

CREATE TABLE Order_T
        (OrderID                         NUMBER(11,0)      NOT NULL,
        OrderDate                       DATE DEFAULT SYSDATE,
        CustomerID                      NUMBER(11,0),
CONSTRAINT Order_PK PRIMARY KEY (OrderID),
CONSTRAINT Order_FK FOREIGN KEY (CustomerID) REFERENCES Customer_T (CustomerID));

CREATE TABLE Product_T
        (ProductID                       NUMBER(11,0)      NOT NULL,
        ProductDescription              VARCHAR2(50),
        ProductFinish                   VARCHAR2(20),
        ProductStandardPrice            DECIMAL(6,2),
        ProductLineID                   NUMBER(11,0),
CONSTRAINT Product_PK PRIMARY KEY (ProductID));

CREATE TABLE OrderLine_T
        (OrderID                         NUMBER(11,0)      NOT NULL,
        ProductID                       NUMBER(11,0)      NOT NULL,
        OrderedQuantity                 NUMBER(11,0),
CONSTRAINT OrderLine_PK PRIMARY KEY (OrderID, ProductID),
CONSTRAINT OrderLine_FK1 FOREIGN KEY (OrderID) REFERENCES Order_T (OrderID),
CONSTRAINT OrderLine_FK2 FOREIGN KEY (ProductID) REFERENCES Product_T (ProductID));
```

图 4—6　SQL 的表定义语句

每个表通过在表定义的结尾部分使用 PRIMARY KEY 子句指定主码。OrderLine ＿ T 表说明当码是组合属性时如何指定主码。在这个例子中，OrderLine ＿ T 的主码是订单编号 OrderID 和产品编号 ProductID 的组合。4 个表中的每个主码属性都被约束为 NOT NULL。这实施了在上节中所述的实体完整性约束。请注意，NOT NULL 约束也可以用于非主码属性。

参照完整性约束使用如图 4—5 所示的图形模式，可以很容易定义。每个箭头都起始于一个外码，并指向相关联的关系的主码。在 SQL 表定义中，一个 FOREIGN KEY REFERENCES 语句对应每个箭头。因此，对于表 Order ＿ T，外码客户编号 CustomerID 与 Customer ＿ T 的主码（也称为 CustomerID）相对应。虽然在这个例子中，外码和主码具有相同的名称，但并不是必须如此。例如，外码属性可以命名为 CustNo，而不是 CustomerID。然而，外码和主码必须来自同一个域。

OrderLine ＿ T 表提供了有两个外码的表的例子。此表中的外码同时参照了 Order ＿ T 表和 Product ＿ T 表。

□ 结构良好的关系

为了准备关系规范化讨论，我们需要解决以下问题：什么构成了结构良好的关系？直观地看，**结构良好的关系**（well-structured relation）包含最小的冗余，并且在用户插入、修改和删除表中行的时候，不会产生错误或不一致。EMPLOYEE1（图4—1）就是这样一种关系。表中的每一行包含描述一名雇员的数据，并且一名雇员数据的任何修改（如工资变化），只涉及其中的一行。相比之下，表 EMPLDYEE2（图4—2（b））就不是一个结构良好的关系。如果检查表中的样例数据，你会发现有相当大的冗余。例如，对于雇员 100、110 和 150，雇员编号 EmpID、名称 Name、部门名称 DeptName 和工资 Salary 的值，出现在两个单独的行中。因此，如果员工 100 更改了工资，必须在两行（对于某些雇员可能更多）中记录这一事实。

表中的冗余在用户试图更新表中数据时，可能会导致错误或不一致（称为**异常**（anomaly））。我们通常关注三种类型的异常：

（1）**插入异常**（insertion anomaly）假设我们需要向 EMPLDYEE2 中添加一个新的雇员。这个关系的主码是雇员编号 EmpID 和课程名称 CourseTitle 的组合（如前所述）。因此，要插入一个新行，用户必须提供 EmpID 和 CourseTitle 的值（因为主码的值不能为空或不存在）。这是一种异常，因为用户应该不需要提供课程数据就能输入雇员数据。

（2）**删除异常**（deletion anomaly）假设从表中删除编号为 140 的雇员数据。这将导致这名雇员在 12/8/201× 完成的一门课程（Tax Acc）的信息丢失。事实上，这导致丢失了已发放的一个课程的结课证明信息。

（3）**修改异常**（modification anomaly）假设，编号为 100 的雇员加薪了。我们必须在该雇员的每个行中记录加薪的事实（在图 4—2 有两行），否则，数据将变得不一致。

这些异常表明 EMPLOYEE2 不是一个结构良好的关系。这个关系的问题是，它包含了两个实体的数据：雇员 EMPLOYEE 和课程 COURSE。我们将使用规范化理论（本章稍后介绍）将 EMPLOYEE2 分成两个关系。所产生的关系之一是 EMPLOYEE1（图 4—1）。另一关系我们将其称为 EMP COURSE，该表带有样例数据如图 4—7 所示。这个关系的主码是 EmpID 和 CourseTitle 的组合，我们在图 4—7 中给这些属性加了下划线，以此进行强调。检查图 4—7 可以验证 EMP COURSE 没有前面描述的各种类型的异常，因此，它是结构良好的关系。

EmpID	Course Title	Date Completed
100	SPSS	6/19/201×
100	Surveys	10/7/201×
140	Tax Acc	12/8/201×
110	Visual Basic	1/12/201×
110	C++	4/22/201×
150	SPSS	6/19/201×
150	Java	8/12/201×

图 4—7 EMP COURSE 表

将 EER 图转换为关系

在逻辑设计过程中，你要把概念设计阶段建立的 E-R（EER）图转换为关系数据库模式。这个过程的输入，是你在第 2 章和第 3 章中学习的实体—联系（和增强型 E-R）图。输出是本章前两节所描述的关系模式。

将 EER 图转换（或映射）到关系，是按照一组定义好的规则进行的相对简单的过程。事实上，很多 CASE 工具可以自动执行许多转换步骤。然而，出于以下 4 个原因，你非常有必要理解这个过程中的步骤：

（1）CASE 工具往往不能对稍微复杂一些的数据关系进行建模，如三元联系和超类/子类关系。在这些情况下，你可能需要亲手执行这些步骤。

（2）有时会有一些合理的备选方案，而你需要做出特定的选择。

（3）你必须准备对 CASE 工具所产生结果的质量进行检查。

（4）了解转换过程可以帮助你理解，为什么概念数据建模（建模现实世界）与概念数据建模结果表示为数据库管理系统能够实现的形式相比，是真正不同的活动。

在下面的讨论中，我们用第 2 章和第 3 章中的例子说明转换步骤。这将有助于你记起我们在那几章中讨论的三种实体类型：

（1）**普通实体**（regular entites）是独立存在的实体，一般表示现实世界的对象，如人和产品。普通实体类型由单线边框的矩形表示。

（2）**弱实体**（weak entities）是只能通过与所有者（普通）实体类型的标识联系而存在的实体。弱实体由双线边框的矩形表示。

（3）**关联实体**（associative entities）（也称为动名词）是从许多其他实体类型之间的多对多联系形成的。关联实体由带有圆角边框的矩形表示。

第 1 步：映射普通实体

E-R 图中的每个普通实体类型都转换为一个关系。关系的名称一般与实体类型的名称相同。实体类型的每个简单属性成为关系的一个属性。实体类型的标识符成为相应关系的主码。你应该仔细检查，以确保这个主码满足第 2 章中指出的标识符应具有的性质。

图 4—8（a）给出了第 2 章（参见图 2—22）松树谷家具公司的客户 CUSTOMER 实体类型的表达。相应的客户 CUSTOMER 关系在图 4—8（b）中以图的形式显示。在这个图以及本节后面的图中，我们为了简化图，只给出每个关系的一些码属性。

复合属性　当普通实体类型有复合属性时，只有复合属性的简单成员属性将作为属性包含于新关系中。图 4—9 对图 4—8 中的例子进行了变化，将客户地址表达为复合属性，它的组成属性包括街道、城市和国家（参见图 4—9（a））。这个实体映射为客户关系，该关系包含了简单的地址属性，如图 4—9（b）所示。虽然客户姓名在图 4—9（a）中建模为一个简单属性，但大家都知道，它可以建模为复合属性，其组成属性是姓氏、名字和中间名缩写（Middle Initial）。在设计客户关系（图 4—9（b））时，你可以选择使用这些简单属性代替"客户姓名"属性。与复合属性相比，简单属性提高了数据可访问性，便于维护数据质量。

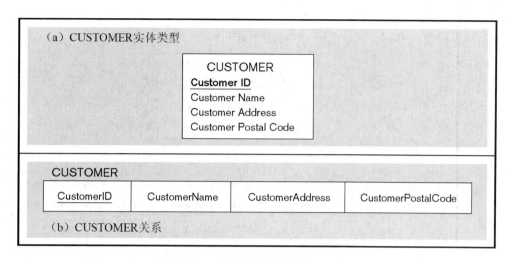

图 4—8　映射普通实体 CUSTOMER

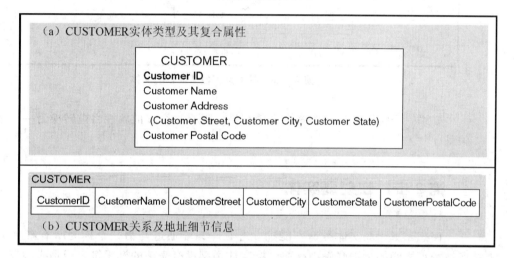

图 4—9　复合属性映射

多值属性　当普通实体类型包含多值属性时，两个新的关系（而不是一个关系）将被创建。第一个关系包含实体类型的除多值属性以外的所有属性。第二个关系包含两个属性，它们形成了第二个关系的主码。这两个属性中的第一个来自第一个关系的主码，它是第二个关系的外码。第二个属性是多值属性。第二个关系的名称应该反映多值属性的含义。

上述过程的例子如图 4—10 所示。这是松树谷家具公司的雇员 EMPLOYEE 实体类型。正如图 4—10 （a）所示，雇员有 Skill 多值属性。图 4—10 （b）显示了所创建的两个关系。第一个关系（名为 EMPLOYEE）有主码雇员编号 EmployeeID。第二个关系（称为雇员技能 EMPLOYEE SKILL）有两个属性：雇员编号 EmployeeID 和技能 Skill，它们形成了主码。外码和主码之间的关系由图中的箭头表示。

关系雇员技能 EMPLOYEE SKILL 不包含非码属性（也称为描述符（descriptors））。每行只简单记录一个特定员工拥有特定技能的事实。这为你提供了建议用户向这个新关系中添加新属性的机会。例如，拥有年限 YearsExperience 和/或认证日期 CertificationDate，可能是添加到这个关系中的适当新属性。另一个变化了的雇员技能例子，如图 2—15 （b）所示。

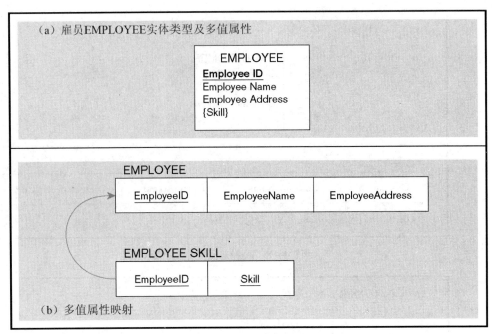

图 4—10   映射具有多值属性的实体

如果一个实体类型包含多个多值属性，那么每个多值属性将被转换为一个独立的关系。

☐ 第 2 步：映射弱实体

回想一下，弱实体类型不能独立存在，只能通过与另一个称为所有者（owner）实体类型之间的标识联系而存在。弱实体类型没有完整的标识符，但是必须有一个称为局部标识符的属性，利用该属性区分每个所有者实体实例对应的不同弱实体实例。

以下过程假定你已经在第 1 步创建了标识实体类型对应的关系。如果你没有，你应该现在使用在步骤 1 中所描述的过程创建这个关系。

对于每个弱实体类型，创建一个新的关系，并且在该关系中包含所有简单属性（或复合属性的简单组成属性）。然后，把标识关系的主码添加到新关系中，并将其作为新关系的外码。新关系的主码是标识关系的主码和弱实体类型的部分标识符的组合。

上述过程的示例如图 4—11 所示。图 4—11（a）显示了弱实体类型 DEPEND-ENT，及其标识实体类型 EMPLOYEE，这两个实体由标识联系声明 Claims 连接（参见图 2—5）。请注意，DEPENDENT 关系的部分标识符 Dependent Name（家属姓名）是一个复合属性，其组成属性是名字、中间名缩写和姓氏。因此，我们假设，对于一个给定的雇员，这些属性项将唯一标识一名家属。

图 4—11（b）显示了映射这个 E-R 图片段得到的两个结果关系。DEPENDENT 的主码由 4 个属性组成：雇员编号、名字、中间名缩写和姓氏。出生日期和性别是非码属性。和该关系主码对应的外码关系由图中的箭头指示。

在实际应用中，另一种经常使用的简化 DEPENDENT 关系主码的方法是：创建一

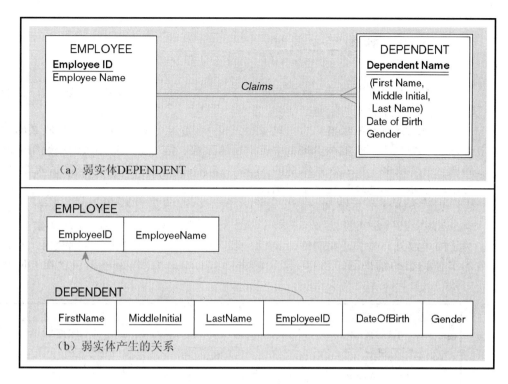

图 4—11　弱实体映射示例

个新的属性（称为依赖编号 Dependent♯），该属性被用作**替代主码**（surrogate primary key），如图 4—11（b）所示。通过这种方法，关系 DEPENDENT 具有以下属性：

DEPENDENT （Dependent♯，EmployeeID，FirstName，MiddleInitial，LastName，DateOfBirth，Gender）

依赖编号 Dependent♯只是分配给每个雇员依赖者的简单序列号。请注意，这个解决方案将确保每名依赖者都有唯一标识。

何时创建替代码　替代码通常是为了简化码的结构而创建的。根据 Hoberman（2006），当下列任何一个条件成立时，都应该创建替代码：

● 有组合主码，如先前显示的依赖 DEPENDENT 关系，该关系的主码由 4 个属性组成。

● 自然主码（即组织使用的码，并且在概念数据建模中被确定为标识符）是无效的（例如，它可能会很长，如果它被用作外码引用其他表，则数据库软件处理起来的开销很大）。

● 自然主码是循环的（即码是周期性的重用或重复，所以随着时间的推移码可能不会切实保证是唯一的），这个条件更一般的说法是，自然码实际上不能保证随时间推移是唯一的（例如，有可能有重复值，如姓名或者标题）。

无论在什么情况下创建替代码，自然码要作为非码数据始终存在于同一个关系中的，因为自然码具有组织的含义。事实上，替代码对于用户来说没有什么含义，因此它们通常不会显示，而自然码会作为主码显示给用户，并在检索中作为标识符使用。

☐ 第3步：映射二元联系

联系表示的过程取决于联系的度（一元、二元或三元）和联系的基数。我们在以下的讨论中描述和说明重要的情况。

映射二元一对多联系 对于每个二元 $1:M$ 联系，首先为每个参与联系的实体类型创建一个关系，使用在步骤1中所描述的方法。接下来，将联系的1端实体的主码属性（一个或多个）加入到联系的 M 端（多端）的关系中，作为该关系的外码。（你可以用这样一句话来记住这条规则：主码迁移到多端。）

为了说明这个简单的过程，我们使用了松树谷家具公司的客户和订单之间的 Submits 联系（参见图2—22）。图4—12（a）中说明了这个 $1:M$ 的联系。（同样，为了简单起见只显了一些属性。）图4—12（b）显示了应用这个规则映射 $1:M$ 联系的实体类型的结果。CUSTOMER 的主码 CustomerID 作为外码包含在 ORDER 中（多端）。外码关系由箭头指示。

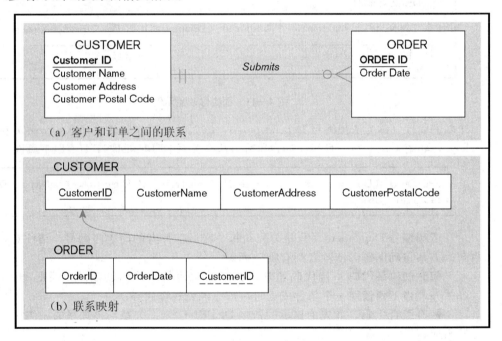

图4—12 $1:M$ 联系映射示例

映射多对多联系 假设两个实体类型 A 和 B 之间有二元多对多（$M:N$）联系。对于这样的联系，创建一个新的关系 C。在 C 中包含每个参与实体类型的主码，并将它们作为 C 的外码属性，这些属性一起构成 C 的主码。任何与 $M:N$ 联系相关联的非码属性，都包含在关系 C 中。

图4—13显示了应用此规则的例子。图4—13（a）显示了来自图2—11（a）的 EMPLOYEE 和 COURSE 实体类型之间的完成 Completes 联系。图4—13（b）显示了3个关系（EMPLOYEE，COURSE 和 CERTIFICATE），它们是从 Completes 联系以及相关的实体类型形成的。如果 Completes 联系已经表示为关联实体，如图2—11（b）所示，则会得到类似的结果，但我们会在随后的一节中涉及关联实体。对于 $M:N$ 联系，

首先，要为两个普通实体类型雇员 EMPLOYEE 和课程 COURSE 中的每一个创建一个关系。然后，为 Completes 联系创建一个新的关系（在图 4—13（b）中名为授予证书 CERTIFICATE）。CERTIFICATE 的主码是雇员编号和课程编号，它们各自是 EM-PLOYEE 和 COURSE 的主码。正如在图中所表示的，这些属性是外码，它们"指向"各自的主码。非码属性完成日期也出现在 CERTIFICATE 中。虽然这里没有显示，但为 CERTIFICATE 关系建立一个替代码，可能是一种明智的做法。

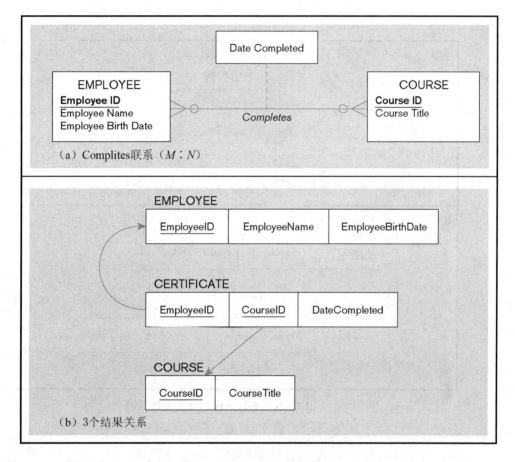

图 4—13　映射 *M*∶*N* 联系的示例

映射一对一联系　二元一对一联系可以看做一对多联系的一个特例。映射这种联系的过程需要两个步骤。首先，要创建两个关系，每个参与实体类型创建一个。然后，一个关系的主码要包含在另一个关系中，并作为该关系的外码。

在一个 1∶1 联系中，在一个方向上的联系几乎总是可选的 1，而在另一个方向上的联系是必需的 1。（你可以查看图 2—1 回顾这些术语的符号。）你应该在联系的可选端的关系中，包含必需端实体的主码，并将其作为外码。这种方法将防止外码属性存储空值。与联系相关联的任何属性也要包含在上述外码所在的关系中。

应用此过程的一个例子如图 4—14 所示。图 4—14（a）显示了实体类型护士 NURSE 和护理中心 CARE CENTER 之间的二元 1∶1 联系。每个护理中心必需由一名护士负责。因此，从护理中心到护士的关联是必需的 1，而从护士到护理中心的联系是可选的 1（因为任何护士都可能负责或不负责护理中心）。分配日期 Date Assigned 是附属于负责 In Charge 联系的属性。

这个联系到一组关系的映射结果如图 4—14（b）所示。两个关系护士 NURSE 和护理中心 CARE CENTER 是从两个实体类型创建的。因为护理中心 CARE CENTER 是可选的参与者，外码放置在这个关系中。在这种情况下，外码是负责护士 NurseInCharge。它与护士编号具有相同的域，并且该关系及其主码如图所示。属性 Date Assigned 也在护理中心 CARE CENTER 中，并且不允许为空。

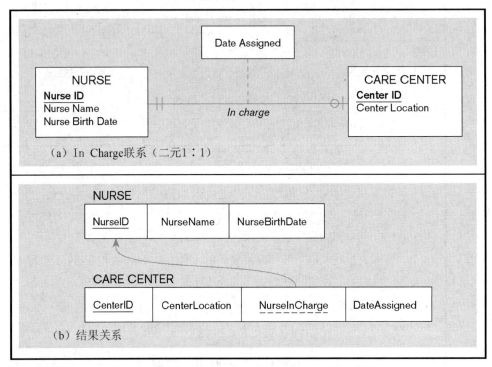

图 4—14　映射一元 1：1 联系的示例

☐ 第 4 步：映射关联实体

正如在第 2 章中解释的，当数据建模人员遇到多对多的联系时，可以选择将该联系在 E-R 图中建模为关联实体。当终端用户可以很好地把这种联系确定为关联实体，而不是 $M:N$ 的联系时，最适合于采用这种方法。映射关联实体的步骤，本质上是与步骤 3 中描述的映射 $M:N$ 联系相同。

第一步是创建三个关系：两个参与实体类型中的每一个都有一个关系，关联实体有一个关系。我们把关联实体形成的关系称为关联关系（associative relation）。第二步则取决于 E-R 图中关联实体是否指定了标识符。

标识符没有指定　如果没有指定标识符，关联关系的主码缺省由其他两个关系的主码属性构成。那么，这些属性就是参照其他两个关系的外码。

这种情况的一个例子如图 4—15 所示。图 4—15（a）显示关联实体订单行 OR-

DER LINE，它连接了松树谷家具公司的订单 OEDER 和产品 PRODUCT 实体类型（参见图 2—22）。图 4—15（b）显示映射后得到的三个关系。注意这个例子与图 4—13 显示的 $M：N$ 联系在映射上的相似性。

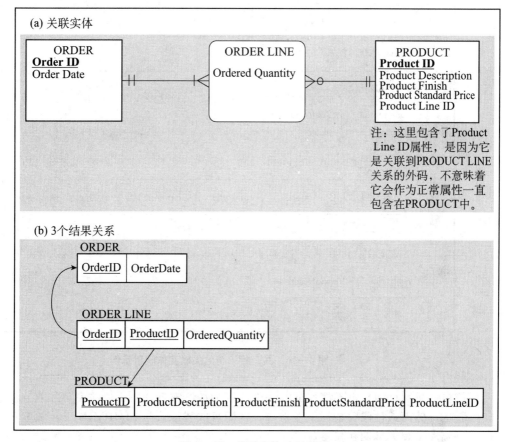

图 4—15 关联实体映射示例

指定了标识符 有时数据建模人员会在 E－R 图的关联实体类型上，指定一个单一属性的标识符。有两个原因促使数据建模人员在概念数据建模过程中指定这种单一属性码：

（1）关联实体类型具有为最终用户所熟悉的自然单属性标识符。

（2）缺省的标识符（由每个参与实体类型的标识符组成）可能不能唯一标识关联实体的实例。

这些因素是不包含在本章前面提到的创建替代主码的那些原因之中的。

这种情况下的关联实体映射过程，现在作如下修改：和以前一样，创建一个新的（关联）关系表示关联实体。但是，这个关系的主码是 E－R 图中分配的标识符（而不是缺省的码）。两个参与实体类型的主码，随后作为关联关系的外码。

上述过程的一个例子如图 4—16 所示。图 4—16（a）显示了关联实体类型装运 SHIPMENT，该实体连接了客户 CUSTOMER 和供应商 VENDOR 实体类型。基于下列两个原因，装运编号被选定为装运 SHIPMENT 的标识符：

（1）装运编号是最终用户非常熟悉的该实体的自然标识符。

（2）由客户编号和供应商编号组合而成的缺省标识符，不能唯一确定装运 SHIP-MENT 的实例。事实上，一个给定的供应商通常向某个特定客户发出多次装运。即

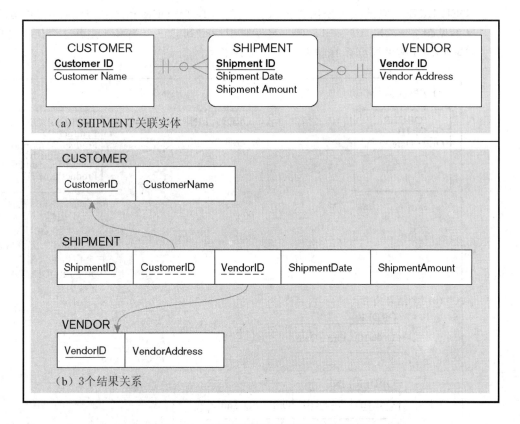

图 4—16 具有标识符的关联实体映射示例

使包括属性日期，也不能保证唯一性，因为在给定日期特定供应商可能有一次以上的装运。然而，替代码装运编号将唯一标识每次装运。与 SHIPMENT 相关联的两个非码属性是装运日期和装运量。

这个实体到关系的映射结果，如图 4—16（b）所示。新的关联关系被命名为装运 SHIPMENT。主码是装运编号。客户编号和供应商编号都作为外码包含在这个关系中，并且装运日期 Shipment Date 和装运量 Shipment Amount 是非码属性。

第 5 步：映射一元联系

在第 2 章中，我们将一元联系定义为单个实体类型实例之间的联系。一元联系也称为递归联系（recursive relationships）。一元联系的两个最重要的情况是一对多和多对多联系。我们将分别讨论这两种情况，因为这两种联系类型的映射方法稍有不同。

一元一对多联系 一元联系中的实体类型，使用步骤 1 中描述的方法映射为一个关系。然后添加一个外码属性到相同的关系中，这个属性参照所在关系的主码值。（这个外码必须与主码有相同的域。）这种类型的外码称为**递归外码**（recursive foreign key）。

图 4—17（a）显示了名为 Manages 的一元一对多联系，该联系把组织的每个雇员与其管理者关联起来。每个雇员都可能有一个管理者，一个给定的雇员可以管理零

到多个雇员。

这个实体到关系的映射结果 EMPLOYEE 关系如图 4—17（b）所示。关系中的（递归）外码名为 ManagerID。这个属性与主码 EmployeeID 有相同的域。这个关系的每一行都存储了给定雇员的以下数据：EmployeeID，EmployeeName，Employee-DateOfBirth 和 ManagerID（即该雇员的管理者的 EmployeeID）。请注意，Man-agerID 是一个外码，它参照了 EmployeeID。

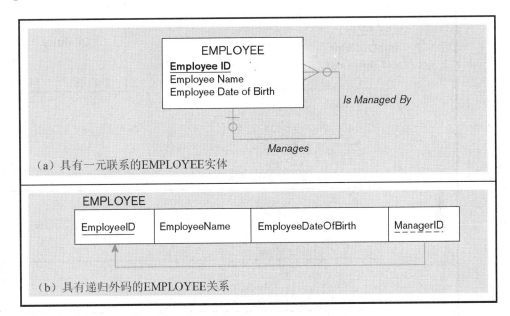

图 4—17　映射一元 1：N 联系

一元多对多联系　对于这种联系，要创建两个关系：一个表示联系中的实体类型，另一个关联关系表示该 M：N 联系本身。关联关系的主码由两个属性组成。这些属性（不需要具有相同的名称）都是取值于另一个关系的主码。联系的任何非码属性都包含在关联关系中。

一元 M：N 联系映射的例子如图 4—18 所示。图 4—18（a）显示了部件之间的材料清单联系，部件是由其他部件或组件组装而成的。（这种结构是在第 2 章中描述的，图 2—13 中给出了一个例子。）该联系（称为 Contains）是 M：N 的，因为一个给定的部件可以包含许多组成部件，反过来，一个部件也可以用作其他部件的组件。

映射此实体及其联系所得到的结果关系，如图 4—18（b）所示。关系部件 I-TEM 是直接从相同的实体类型映射得到的。组件 COMPONENT 是一个关联关系，其主码包含两个属性——部件编号 ItemNo 和组件编号 ComponentNo。属性 Quantity（数量）是该关系的一个非码属性，该属性对于一个给定的项目，记录了在该部件中使用特定组件部件的数量。请注意，ItemNo 和 ComponentNo 都参照部件 ITEM 关系的主码（ItemNo）。

```
SELECT ComponentNo，Quantity
FROM Component _ T
WHERE ItemNo ＝ 100；
```

我们可以很容易地查询这些关系来确定一些信息，例如，确定一个给定部件的组

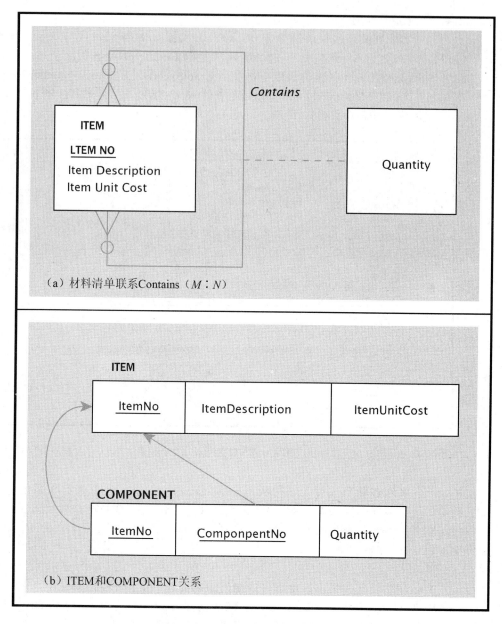

（a）材料清单联系Contains（*M*：*N*）

（b）ITEM和COMPONENT关系

图4—18　映射一元的 *M*：*N* 联系

成部件。下面的 SQL 查询将列出 100 号部件的直接组成部件（及其数量）：

□ 第6步：映射三元（以及 *n* 元）联系

回想第 2 章中曾指出，三元联系是三个实体类型之间的联系。在本章中，我们建议你将三元联系转换为关联实体，以更准确地表达参与约束。

要映射连接三个普通实体类型的关联实体类型，我们创建了一个新的关联关系。这个关系的缺省主码由来自三个参与实体类型的码属性组成。（在某些情况下，需要增加其他属性，以形成唯一的主码。）这些属性便作为外码，它们分别参照各个参与实体类型的主码。关联实体类型的任何属性都成为新关系的属性。

映射三元联系（被表示为关联实体类型）的例子如图 4—19 所示。图 4—19（a）是一个 E-R 图片段（或视图），它表示一个病人（patient）接受医生（physician）的治疗（treatment）。关联实体类型病人治疗 PATIENT TREATMENT 包含的属性有：病人治疗日期 PTreatment Date、病人治疗时间 PTreatment Time 和病人治疗结果 PTreatment Results，每个病人治疗 PATIENT TREAMENT 的实例都记录这些属性的值。

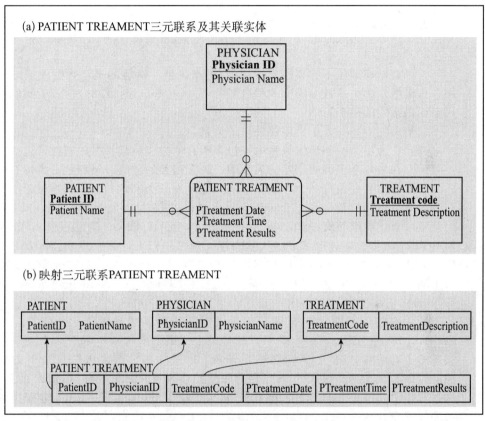

图 4—19　映射一个三元联系

这个视图的映射结果，如图 4—19（b）所示。主码属性病人编号 PatientID、医生编号 PhysicianID 和治疗代码 TreatmentCode，成为 PATIENT TREAMENT 的外码。参照治疗 TREAMENT 关系的外码，在 PATIENT TREATMENT 中称为住院治疗代码 PTreatmentCode。我们使用这个列名是为了说明，外码的名称不是一定要与所参照关系中的主码名称相同，只要它们的值来自同一个域。这三个属性是住院治疗 PATIENT TREAMENT 主码的组成部分。然而，它们并没有唯一标识一次给定的治疗，因为病人可能不止一次从同一个医生那里接受相同的治疗。在主码中包含"日期"属性（连同其他三个属性）能产生真正的主码吗？如果一个给定的病人在给定的日期，从特定的医生那里只接受一种治疗，那么上述问题的答案是肯定的。然而，实际情况可能并不是这样。例如，病人可能会在上午接受一种治疗，然后在下午再次接受相同的治疗。要解决这个问题，我们就要把病人治疗日期 PTreatmentDate 和病人治疗时间 PTreatmentTime 作为主码的一部分。因此，病人治疗 PATIENT TRE-

AMENT 的主码由图 4—19（b）所示的五个属性组成：PatientID，PhysicianID，TreatmentCode，PTreatmentDate，和 PTreatmentTime。该关系中唯一的非码属性是 PTreatmentResults。

虽然这个主码在技术上是正确的，但是它很复杂，因此难以管理并且容易出错。一个更好的方法是引入了替代码，如治疗编号 Treatment♯，这是一个序列号，唯一标识了每个治疗。在这种情况下，以前的主码属性除了 PTreatmentDate 和 PTreatmentTime 以外，都成为 PATIENT TREAMENT 关系的外码。另外一种类似的方法是使用企业码，我们在本章结束时将对此进行介绍。

□ 第 7 步：映射超类/子类联系

关系数据模型还不能直接支持超类/子类关系。幸运的是，数据库设计者可以使用各种策略来用关系数据模型表示这些关系（Chouinard，1989）。对于我们而言，使用下面最常用的一个策略：

（1）为超类和每个子类创建独立的关系。

（2）在为超类所创建的关系中，包含所有子类成员都共有的属性，包括主码。

（3）在为每个子类所创建的关系中，包含超类的主码以及那些子类特有的属性。

（4）在超类中包含一个（或多个）属性作为子类判定符。（子类判别符的作用是在第 3 章中讨论的。）

应用上述规则的例子如图 4—20 和 4—21 所示。图 4—20 显示了超类雇员 EMPLOYEE 及其子类计时雇员 HOURLY EMPLOYEE、薪金雇员 SALARIED EMPLOYEE 以及顾问 CONSULTANT。（这个例子已经在第 3 章中介绍，图 4—20 重复了图 3—8。）EMPLOYEE 的主码是雇员编号 Employee Number，而属性雇员类型 Employee Type 是子类判别符。

使用这些规则把此 E-R 图映射为关系所得的结果如图 4—21 所示。对于超类（雇员 EMPLOYEE）有一个关系，并且三个子类中的每一个都有一个关系。这四个关系的主码是雇员编号 EmployeeNumber。通过使用前缀来区分每个子类的主码名称。例如，SEmployeeNumber 是薪金雇员关系 SALRIED EMPLOYEE 的主码名称。这些属性中的每一个都是参照父类主码的外码，由图中的箭头指示。各子类关系只包含那些子类特有的属性。

对于每个子类，通过使用 SQL 命令将子类和它的超类连接起来，可以产生一个包含子类（特有的和继承的）所有属性的关系。例如，假设我们要显示一个包含薪金雇员所有属性表。可以使用下面的命令：

```
SELECT*
FROM Employee _ T Salaried Employee _ T
WHERE EmployeeNumber= SEmployee Number；
```

□ EER 到关系转换小结

本节中给出的各种步骤，全面解释了 EER 图中的每个元素是如何转换为关系数据模型的相应部分。表 4—2 是说明各种类型转换的步骤和相关图的一个快速参考。

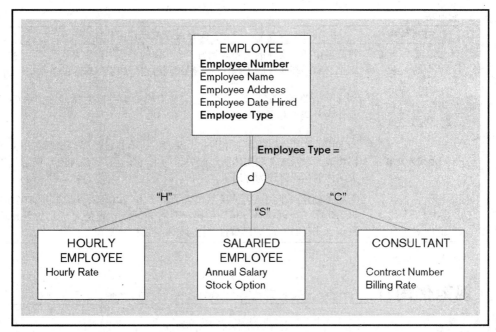

图 4—20　超类/子类联系

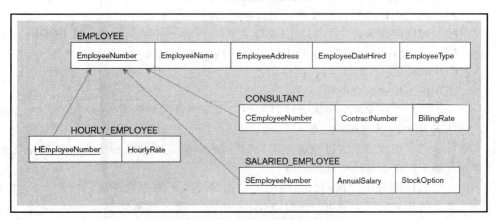

图 4—21　超类/子类联系映射到关系

表 4—2 EER 到关系转换小结

EER 结构	关系表示（示例图）
普通实体	创建一个包含主码和非码属性的关系（图 4—8）
复合属性	复合属性的每个组成属性都成为目标关系中的一个单独属性（图 4—9）
多值属性	为多值属性创建一个具有组合主码的单独关系，该关系的组合主码中包含实体的主码（图 4—10）
弱实体	创建一个具有组合主码（其中包含该弱实体所依赖实体的主码）和非码属性的关系（图 4—11）
二元或一元 $1:N$ 联系	将联系的一端实体的主码作为外码放到 N 端实体对应的关系中（图 4—12，图 4—17 是关于一元联系的）
自身不拥有码的二元或一元的 $M:N$ 联系或关联实体	创建一个具有组合主码的关系，该关系中包含相关实体的主码加上联系或关联实体的任何非码属性（图 4—13，图 4—15 是关于关联实体的，图 4—18 是关于一元联系的）

续前表

EER 结构	关系表示（示例图）
二元或一元的 1：1 的关系	将联系中任一实体的主码放到另一个实体的关系中，如果联系的一端是可选的，则把必需一端实体的主码作为外码放到可选一端实体对应的关系中（图 4—14）
自身拥有码的二元或一元 $M：N$ 联系或关联实体	创建一个关系，该关系具有关联实体主码加上关联实体的任何非码属性，以及作为外码的相关实体的主码（图 4—16）
三元和 n 元联系	与上面的二元 $M：N$ 联系相同：如果没有拥有自己的码，则所有相关实体的主码将成为联系或关联实体所对应关系的主码属性；如果拥有自己替代码，则相关实体的主码将作为外码包含在联系或关联实体对应的关系中（图 4—19）
超类/子类关系	为超类创建一个关系，该关系包含了超类主码以及所有子类共有的非码属性，再为每个子类创建具有相同主码（具有相同或本地的名称）的单独关系，但只包含子类特有的非码属性（图 4—20 和图 4—21）

规范化简介

　　遵循前面介绍的 EER 图到关系的转换步骤，往往会得到结构良好的关系。然而，不能保证遵循这些步骤就能去除所有异常。规范化是一个形式化过程，它决定了哪些属性应该聚合在一起，以去除关系中所有的异常。例如，我们采用规范化的原则，将 EMPLOYEE2 表（带有冗余）转换为 EMPLOYEE1 表（图 4—1）和 EMP COURSE 表（图 4—7）。在整个数据库开发过程中，有两个主要的时机，如果此时使用规范化通常会使你受益匪浅：

　　（1）在数据库的逻辑设计过程中（本章中介绍）你应该使用规范化概念快速检查从 E-R 图映射得到的关系。

　　（2）当对旧系统进行逆向工程时 很多旧系统中的表和用户视图都是冗余的，并且易于产生本章中描述的异常。

　　到目前为止，我们已经给出了结构良好关系的直觉讨论，但是，我们需要这些关系的正式定义，再加上设计这些关系的过程。**规范化**（normalization）是持续地减少关系的异常，以产生更小的结构良好关系的过程。以下是规范化的一些主要目标：

　　（1）最小化数据冗余，从而避免异常并节省存储空间。

　　（2）简化参照完整性约束的实施。

　　（3）使数据更容易维护（插入、更新和删除）。

　　（4）提供一个更好的设计，该设计是对现实世界的改进表达，并且为未来的发展奠定更牢固的基础。

　　规范化对于数据显示、查询或报表不做任何假设。规范化基于我们所说的范式（normal forms）和函数依赖（functional dependencies），它定义业务规则而不是数据的用法。此外，请记住数据是在数据库逻辑设计的后期进行规范化的。因此，正如我们将在第 5 章看到的，规范化对数据能够或应当如何进行物理存储以及数据的处理性能，都没有任何限制。规范化是一个逻辑数据建模技术，用来确保在组织范围内这些数据是结构良好的。

☐ 规范化的步骤

规范化可以分阶段实现和理解，每个阶段都对应一个范式（参见图 4—22）。一个**范式**（normal form）是关系的一个状态，该状态下关系属性之间的联系（函数依赖）满足一定的规则。我们在本节简要描述这些规则，并在后面的章节中详细说明：

（1）**第一范式**（first normal form）　任何的多值属性（也称为重复组（repeating groups））被消除，所以表的每一行和列的交叉点上只有一个单一的值（可能为 null）（如图 4—2（b）所示）。

（2）**第二范式**（second normal form）　任何部分函数依赖被消除（即非码属性由整个主码确定）。

（3）**第三范式**（third normal form）　任何传递依赖被消除（即非码属性只由主码确定）。

（4）**Boyce-Codd 范式**（Boyce-Codd normal form）　由函数依赖引起的其他所有异常都被消除（因为对于同一个非码属性，可能有多个主码）。

（5）**第四范式**（fourth normal form）　任何多值依赖被消除。

（6）**第五范式**（fifth normal form）　任何剩余的异常被消除。

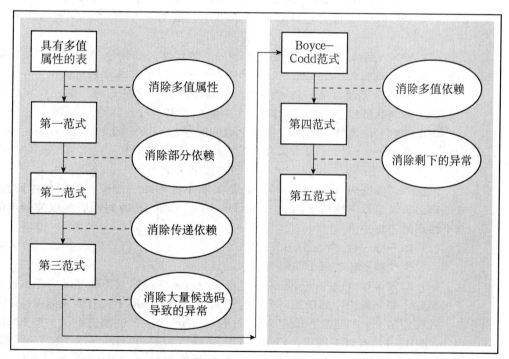

图 4—22　规范化的步骤

在本章中，我们描述和说明第一到第三范式。其余范式将在附录 B 中描述。这些其他的范式放在附录中只是为了节省本章的空间，而不是因为它们不重要。事实上，在第三范式这一节之后紧接着学习附录 B，你会觉得很容易。

☐ 函数依赖和码

Boyce-codd 范式之前，规范化都是基于对函数依赖的分析。**函数依赖**（function-al dependency）是两个属性或两组属性之间的一种约束。对于任意关系 R，如果对于每个属性 A 的合法实例，A 的值可以唯一确定属性 B 的值，B 函数依赖于 A（Dutka and Hanson，1989）。B 对 A 的函数依赖用箭头表示，即：A→B。函数依赖不是数学上的依赖关系：B 不能由 A 计算得到。但是，如果你知道一个 A 的值，那么就只能有一个 B 的值。一个属性可能函数依赖于两个（或更多）属性的组合而不是单个属性。例如，考虑图 4—7 所示的关系 EMP COURSE（EmpID，CourseTitle，DateCompleted）。我们把这个关系中的函数依赖表达如下：

EmpID Course Title→Date Completed

EmpID 和 CourseTitle 之间的逗号代表逻辑 AND 运算，因为 DateCompleted 函数依赖于 EmpID 和 CourseTitle 组合。

这个语句蕴涵的函数依赖是，课程的完成日期是由雇员和课程名称决定的。典型的函数依赖例子如下：

（1）**SSN→姓名，地址，生日** 一个人的姓名、地址和出生日期函数依赖于此人的社会安全号码（换言之，对于每个 SSN，只能有一个姓名、一个地址和一个生日）。

（2）**VIN→品牌，型号，颜色** 车辆的品牌、型号和颜色函数依赖于车辆的车牌号码（如上，只能有一个品牌、型号和颜色的值与每个车牌号相对应）。

（3）**ISBN→标题，第一作者姓名，出版商名称** 书的标题、第一作者姓名以及出版商名称函数依赖于书的国际标准图书编号（ISBN）。

决定因素 在函数依赖中，箭头左边的属性称为**决定因素**（determinant）。在前面的三个例子中，SSN，VIN 和 ISBN（分别）是决定因素。在 EMP COURSE 关系（图 4—7）中，EmpID 和 CourseTitle 的组合是决定因素。

候选码 候选码（candidate key）**是关系中能够唯一标识行的属性或属性组合。候选码必须满足以下性质**（Dutka and Hanson，1989），**这些性质是以前列出的关系六个性质的子集：**

（1）**唯一标识性**（unique identification） 对于每一行，码的值必须唯一地标识该行。这个性质意味着每个非码属性都函数依赖于该码。

（2）**非冗余性**（nonredundancy） 码中没有属性可以在不破坏唯一标识性的前提下被删除。即如果码中的任意一个属性被删除，则该码将不具有唯一标识性。

让我们用上面的定义，确定本章中所描述的两个关系的候选码。关系 EMPLOY-EE1（图 4—1）有以下模式：EMPLOYEE1（EmpID，Name，DeptName，Salary）。EmpID 是这个关系的唯一决定因素。所有其他属性都函数依赖于 EmpID。因此，EmpID 是一个候选码（因为没有其他的候选码）并且也是主码。

我们使用图 4—23 所示的符号表示一个关系的函数依赖。图 4—23（a）显示了 EMPLOYEE1 的函数依赖表示。图中的水平线描绘了函数依赖。一条垂直线段从主码（EmpID）引出并连接到这条线。垂直箭头指向每个函数依赖于主码的非码属性。

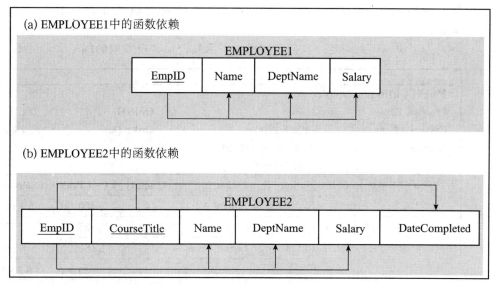

图 4—23　函数依赖的表达

对于关系 EMPLOYEE2（图 4—2（b）），注意（不像 EMPLOYEE1）EmpID 并不唯一标识关系中的一行。例如，表中有两个行的 EmpID 值都是 100。在这个关系中有两种类型的函数依赖：

（1）EmpID → Name，DeptName，Salary

（2）EmpID，CourseTitle →DateCompleted

这些函数依赖表明，EmpID 和 CourseTitle 的组合是 EMPLOYEE2 的唯一候选码（因此是主码）。换句话说，EMPLOYEE2 的主码是一个组合码。EmpID 和 CourseTitle 都不能唯一标识这个关系中的一行，因此（根据性质 1），这两个属性各自不能成为一个候选码。检查图 4—2（b）的数据，以验证 EmpID 和 CourseTitle 的组合唯一标识 EMPLOYEE2 的每一行。我们在图 4—23（b）中表示了这个关系中的函数依赖。请注意，DateCompleted 是唯一的函数依赖于由 EmpID 和 CourseTitle 组成的完整主码的属性。

决定因素和候选码之间的关系可以概括如下：候选码始终是决定性因素，而决定因素可能是也可能不是候选码。例如，在 EMPLOYEE2 中，EmpID 是决定因素但不是候选码。候选码是决定因素，它唯一标识了关系中的其余属性（非码属性）。一个决定因素可能是候选码（如 EMPLOYEE1 中的 EmpID），可能是组合候选码的一部分（如 EMPLOYEE2 中的 EmpID），或是一个非码属性。我们稍后将给出相关的例子。

作为下面将要介绍的规范化过程的概述，这里指出，关系规范化将使每个非码属性的决定因素都作为其主码，并且在该关系中没有其他的函数依赖。

■ 规范化示例：松树谷家具公司

既然研究了函数依赖和码，就可以开始描述和说明规范化的步骤了。如果 EER 数据模型已转换为数据库的一组易理解的关系，那么接下来需要对这些关系中的每一个进行规范化。如果逻辑数据模型是从用户界面如屏幕、表格和报表等其他情况下导出的，你将要为每个用户界面创建关系，并且要规范化这些关系。

为了说明得更清楚，我们使用松树谷家具公司客户发票的例子（参见图4—24）。

PVFC Customer Invoice

CustomerID	2	**OrderID**	1006
Customer Name	Value Furniture	**Order Date**	10/24/2010
Address	15145 S. W. 17th St.		
	PlanoTX 75022		

Product ID	Product Description	Finish	Quantity	Unit Price	Extended Price
7	Dining Table	Natural Ash	2	$ 800. 00	$ 1 600. 00
5	Writer's Desk	Cherry	2	$ 325. 00	$ 650. 00
4	Entertainment Center	Natural Maple	1	$ 650. 00	$ 650. 00
				Total	$ 2 900. 00

图 4—24　发票（松树谷家具公司）

□ 第0步：以表格的形式表示视图

第一步（规范化的准备工作）是将用户视图（在本例中是发票）表示为单个表或关系，将属性作为列标题。样本数据应记录在表的行中，包括在数据中出现的任何重复组。描述发票的表如图4—25所示。请注意，为了更加深入地搞清该数据的结构，图4—25中包含第二个订单（OrderID 1007）的数据。

OrderID	Order Date	Customer ID	Customer Name	Customer Address	ProductID	Product Description	Product Finish	Product StandardPrice	Ordered Quantity
1006	10/24/2010	2	Value Furniture	Plano, TX	7	Dining Table	Natural Ash	800. 00	2
					5	Writer's Desk	Cherry	325. 00	2
					4	Entertainment Center	Natural Maple	650. 00	1
1007	10/25/2010	6	Furniture Gallery	Boulder, CO	11	4 - Dr Dresser	Oak	500. 00	4
					4	Entertainment Center	Natural Maple	650. 00	3

图 4—25　INVOICE 数据（松树谷家具公司）

□ 第1步：转化为第一范式

如果一个关系同时满足以下两个约束，则该关系是**第一范式**（first normal form，1NF）：

（1）关系中没有重复组（因此，表的每一行和列的交叉点上有单个值）。

（2）定义了主码，它唯一标识了关系中的每一行。

消除重复组 你可以看到，图4—25中的发票数据，对于特定订单中出现的每个产品都包含了一个重复组。因此，OrderID 1006包含了三个重复组，对应于订单上的三个产品。

在前面的一个小节中，我们展示了如何消除重复组，当时是把相关的数据值填充到之前空着的单元格中（参见图4—2（a）和图4—2（b））。对发票表应用这个方法产生了新表（名为发票 INVOICE），如图4—26所示。

OrderID	Order Date	Customer ID	Customer Name	Customer Address	ProductID	Product Description	Product Finish	Product StandardPrice	Ordered Quantity
1006	10/24/2010	2	Value Furniture	Plano，TX	7	Dining Table	Natural Ash	800.00	2
1006	10/24/2010	2	Value Furniture	Plano，TX	5	Writer's Desk	Cherry	325.00	2
1006	10/24/2010	2	Value Furniture	Plano，TX	4	Entertainment Center	Natural Maple	650.00	1
1007	10/25/2010	6	Furniture Gallery	Boulder，CO	11	4 - Dr Dresser	Oak	500.00	4
1007	10/25/2010	6	Furniture Gallery	Boulder，CO	4	Entertainment Center	Natural Maple	650.00	3

图4—26 INVOICE关系（1NF）（松树谷家具公司）

选择主码 发票 INVOICE中有四个决定因素，它们的函数依赖如下：

OrderID→OrderDate，CustomerID，CustomerName，CustomerAddress

CustomerID→CustomerName，CustomerAddress

ProductID→ProductDescription，ProductFinish，ProductStandardPrice

OrderID，ProductID→OrderedQuantity

为什么我们知道这些都是函数依赖呢？这些业务规则来自于组织。我们是通过研究松树谷家具公司的业务性质了解的。我们也可以看到，图4—26中没有数据违反这些函数依赖。但是，因为没有看到该表所有可能的行，我们不能肯定所有发票都不会违反这些函数依赖。因此，我们必须依靠所了解的该组织的规则。

正如你可以看到的，发票 INVOICE的唯一候选码是由属性 OrderID和 ProductID构成的组合码（因为对于这些属性的任意一组值，表中只有一行）。因此，在图4—26中 OrderID和 ProductID带有下划线，表明它们构成了主码。

形成主码时，你必须要小心，不要包含多余的（也是不必要的）属性。因此，虽然 CustomerID是发票 INVOICE的一个决定因素，但它不是主码的一部分，因为所有的非码属性都可以由 OrderID和 ProductID的组合确定。我们将在接下来的规范化过程中看到 CustomerID 的作用。

图 4—27 中，以图示的方法展示了发票 INVOICE 中这些函数依赖。该图是发票 INVOICE 所有属性的水平列表，而主码属性（OrderID 和 ProductID）带有下划线。请注意，完全依赖于码的属性只有 OrderedQuantity。其他所有函数依赖是部分依赖或传递依赖（都将在下面定义）。

1NF 中的异常　虽然已经消除了重复组，但图 4—26 中的数据还含有相当大的冗余。例如，Value Furniture 的客户编号、客户名称和客户地址，在表的三行（至少）中记录。这些冗余的后果是，操作表中的数据可能会导致如下异常：

（1）**插入异常**　对于这种表的结构，某种新产品（假定是早餐桌 Breakfast Table，其 ProductID 是 8）在没有被首次订购之前，公司不能将该新产品推出，也不能将它添加到数据库中，任何添加到表中的条目，都必须有 ProductID 和 OrderID。另一个例子，如果客户打电话要求把其他产品添加到他的 1007 号订单（OrderID 为 1007）中，则必须插入一个新行，该行中的订单日期和所有客户信息必须重复。这导致数据重复以及潜在的数据输入错误（例如，客户名称可能被输入为 "Valley Furniture"）。

（2）**删除异常**　如果客户打电话要求从她的 1006 号订单（OrderID 为 1006）中删除餐桌 Dining Table，则该行必须从关系中删除，而我们将失去关于这个产品的质地（天然岑树）和价格（800.00 美元）。

（3）**更新异常**　如果松树谷家具（作为价格调整的一部分）把 Entertainment Center（ProductID 4）的价格提高到 750 美元，这种价格变化必须在包含该产品的所有行中记录。（图 4—26 中有两个这样的行。）如果有一行没有更新，则会导致数据的不一致。

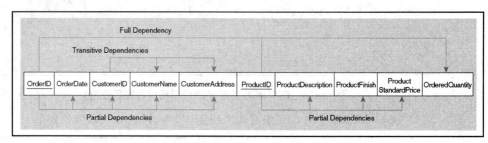

图 4—27　INVOICE 关系的函数依赖图

□ 第 2 步：转化为第二范式

对于发票 INVOICE 关系，我们通过将其转化为第二范式，可以消除许多冗余（以及由此产生的异常）。一个关系如果是第一范式，且不包含任何部分函数依赖，则该关系是**第二范式**（second normal form，2NF）。当非码属性依赖于主码的一部分（而不是全部）的时候，存在部分**函数依赖**（partial functional dependency）。正如你可以看到的，图 4—27 存在以下部分依赖：

OrderID→OrderDate, CustomerID, CustomerName, CustomerAddress
ProductID→ProductDescription, ProductFinish, ProductStandardPrice

（例如）上述部分依赖关系中的第一个表明，订单日期由订单编号唯一确定，并且与 ProductID 没有关系。

要把含有部分依赖的关系转化为第二范式，需要遵循以下步骤：

（1）为每个在部分依赖中是决定性因素的主码属性（或属性组合）建立一个新的关系。该属性是新关系的主码。

（2）把依赖于此主码属性的非码属性，从原来的关系移到新关系中。

发票 INVOICE 关系执行这些步骤后的结果如图 4—28 所示。部分依赖的消除导致两个新关系的形成：产品 PRODUCT 和客户订单 CUSTOMER ORDER。发票 IN-VOICE 关系现在只剩下主码属性（OrderID 和 ProductID）和 OrderedQuantity，它依赖于整个码。我们把这个关系重命名为订单行 ORDER LINE，因为在此表中的每一行代表订单上的一行。

如图 4—28 所示，关系订单行和产品是第三范式。然而，客户订单 CUSTOMER ORDER 包含传递依赖，因此，该关系虽然是第二范式，但它还不是第三范式。

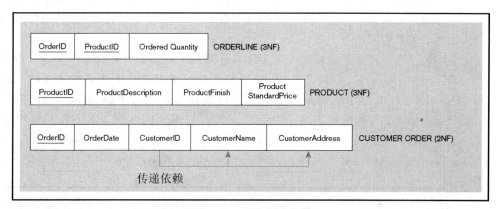

图 4—28　消除部分依赖

第一范式的关系如果满足下列条件之一，就将是第二范式：

（1）主码只包含一个属性（例如，图 4—28 中产品关系 PRODUCT 的 ProductID 属性）。根据定义，在这种关系中是不可能有部分依赖的。

（2）关系中没有非码属性（因此关系中的所有属性都是主码的组成部分）。在这种关系中没有函数依赖。

（3）每个非码属性都依赖于整个主码属性集合，即完全依赖于主码（例如，图 4—28 中订单行关系 ORDER LINE 的属性 OrderedQuantity）。

□ 第 3 步：转化到第三范式

一个关系如果是第二范式，并且不存在传递依赖，则该关系是**第三范式**（third normal form，3NF）。关系中的**传递依赖**（transitive dependency）是主码与一个或多个非码属性之间的一种函数依赖关系，并且在这种依赖关系中，非码属性是通过另一个非码属性依赖于主码的。例如，在图 4—28 所示的客户订单 CUSTOMER ORDER 关系中，有两种传递依赖：

OrderID →CustomerID →CustomerName	
OrderID →CustomerID →CustomerAddress	

换句话说，客户名称和地址都是由 CustomerID 唯一确定的，但是 CustomerID 不是主码的一部分（正如前面提到的）。

传递依赖造成不必要的冗余，可能导致前面讨论的各种异常。例如，客户订单 CUSTOMER ORDER 的传递依赖（图 4—28），要求客户的名称和地址在客户每次提交一个新订单时，都要再次输入，不管以前这些属性值已经输入了多少次。毫无疑问，你在网上订购商品、看医生，或其他很多类似的活动中，曾经经历过这种恼人的要求。

消除传递依赖 通过使用下列三步法，你可以轻松去除关系中的传递依赖：

（1）对于关系中每个作为决定性因素的非码属性（或属性组），创建一个新关系。该属性（或属性组）成为新关系的主码。

（2）把依赖于新关系主码的所有属性，从原来的关系移到新关系中。

（3）把新关系中作为主码的属性留在原来的关系中，作为原来关系的外码，使得这两个关系可以进行关联。

关系客户订单 CUSTOMER ORDER 采用上述步骤后，得到的结果如图 4—29 所示。图中创建了名为 CUSTOMER 的新关系，接收参与传递依赖的属性。决定因素 CustomerID 成为这个关系的主码，并且属性客户名称 CustomerName 和客户地址 CustomerAddress 被移到这个关系中。客户订单 CUSTOMER ORDER 更名为订单 ORDER，属性 CustomerID 留在该关系中作为外码。这使我们能够把一个订单与提交订单的客户相关联。如图 4—29 所示，这些关系现在是第三范式。

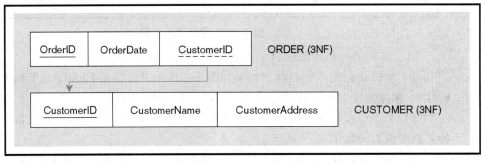

图 4—29 消除传递依赖

规范化发票 INVOICE 视图中的数据，创建了四个第三范式关系：客户 CUS-TOMER，产品 PRODUCT，订单 ORDER 和订单行 ORDER LINE。显示这四个关系及其联系的关系模式，如图 4—30 所示（使用微软 Visio 开发）。注意，Customer-ID 在 ORDER 中是外码，OrderID 和 ProductID 在 ORDER LINE 中是外码。（Visio 中显示的是逻辑数据模型的外码，不是概念数据模型的外码。）另外请注意，在联系上给出了最小基数，即使规范化后的关系没有提供最小基数取值的依据。例如，关系的样例数据可能包括没有订单的客户，从而为联系 Places（提交）提供了可选基数的证据。然而，即使样例数据集中的每一位顾客都有一个订单，这也不会证明存在必需基数。最小基数必须依据业务规则而不是报表、屏幕和交易来确定。这个说法对于特定的最大基数也是成立的（例如，有这样的业务规则：没有订单可以含有超过 10 行的条目）。

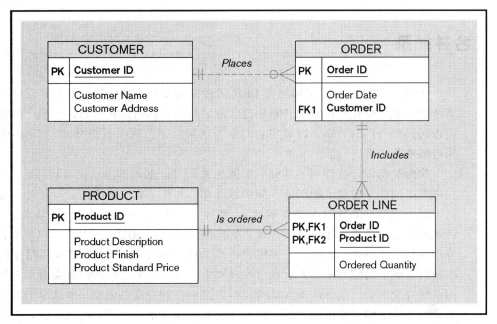

图 4—30　INVOICE 数据的关系模式（Microsoft Visio 表示法）

☐ 决定因素与规范化

我们通过一系列步骤说明了直到 3NF 的规范化。然而有一个捷径。如果你回头看一下发票用户视图原有的四个决定因素和该相关函数依赖，每一个函数依赖都对应图 4—30 中的一个关系，其中每个决定因素都是关系的主码，每个关系的非码属性都是函数依赖于每个决定因素的那些属性。有一个微妙但重要的区别：因为订单编号 OrderID 决定客户编号 CustomerID、客户名称 CustomerName 和客户地址 Customer-Address，而客户编号 CustomerID 决定依赖于它的属性，所以，CustomerID 成为订单 ORDER 关系的外码，而 CustomerName 和 CustomerAddress 在客户 CUSTOMER 关系中表达。问题是，如果你能确定没有重叠依赖属性的决定因素，那么你已经定义了关系。因此，你可以像松树谷家具发票例子那样，一步一步地做规范化，也可以从决定因素的函数依赖直接创建 3NF。

☐ 第 4 步：进一步规范化

从第 0 步到第 3 步完成以后，所有非码属性将依赖且只依赖于主码，并且是整个主码。其实，范式是关于函数依赖的规则，因此，也是寻找决定因素及其相关非码属性的结果。我们在上面所述的步骤，是为每个决定因素及其相关非码属性创建关系的一种方法。

在刚开始讨论关系规范化时，我们指出了 3NF 之外的更高的范式。这些范式中最常见的一些在附录 B 中进行了解释，感兴趣的读者可以进一步阅读或浏览。

▇ 合并关系

在上一节中，介绍了如何将 EER 图转换为关系。当拿到自上而下的数据需求分析结果，并且要在数据库中开始创建实现结构时，执行这种转换。然后，描述了如何检查转换所得到的关系，以确定它们是否达到第三范式（或更高），如果需要，还要执行规范化步骤。

作为逻辑设计过程的一部分，规范化关系可能从一些独立的 EER 图以及其他用户视图中创建（即对于组织的不同领域或部门，除了自上而下的设计之外，也可能有自下而上或并行的数据库开发活动）。例如，除了前一节中用来说明规范化的发票，可能还会有订单表、账户余额报表、生产路线以及其他用户视图，其中每个表都已经分别进行了规范化。数据库三级模式体系结构（参见第 1 章），鼓励同时使用自上而下和自下而上的数据库开发过程。在现实中，大多数大中型组织都会有很多相对独立的系统开发活动，这些活动在某些时候需要汇合到一起，创建一个共享的数据库。结果会出现从不同开发过程中产生的一些关系成为多余的关系，也就是说，它们可能会涉及同一个实体。在这种情况下，我们应该合并这些关系以消除冗余。本节将介绍关系合并（也称为视图集成（view integration））。了解如何合并关系是很重要的，主要有下面三个原因：

（1）在大型项目中，几个子团队的工作将在逻辑设计阶段汇合到一起，所以常常需要合并关系。

（2）向现有的数据库中集成新的信息需求，往往导致不同视图的集成。

（3）在系统开发的生命周期中，新的数据需求可能出现，所以需要把新关系与已开发关系进行合并。

▢ 一个例子

假设建模一个用户视图产生了以下的 3NF 关系：

EMPLOYEE1 （EmployeeID，Name，Address，Phone）

建模第二个用户视图可能产生下面的关系：

EMPLOYEE2 （EmployeeID，Name，Address，Jobcode，NoYears）

由于这两个关系具有相同的主码（EmployeeID），它们很可能描述的是同一个实体，并且可以合并成一个关系。合并关系的结果如下：

EMPLOYEE （EmployeeID，Name，Address，Phone，Jobcode，NoYears）

请注意，在两个关系中都出现的属性（例如，这个例子中的姓名），在合并后的关系中只能出现一次。

□ 视图集成问题

在像前面的例子那样进行关系集成时，数据库分析师必须了解数据的含义，并且必须做好准备解决这一过程中可能出现的任何问题。在本节中，我们将描述和简要说明视图集成中出现的四个问题：同义词、异义词、传递依赖以及超类/子类关系。

同义词 在某些情况下，两个（或多个）属性可能有不同的名称，但这些名称的含义是相同的（例如，当它们描述实体的同一个特征时）。这些属性称为**同义词**（synonyms）。例如，EmployeeID 和 EmployeeNo 可能是同义词。当合并包含同义词的关系时，你应该和用户就单一、标准的属性名称达成一致协议（如果可能），并去除任何其他同义词。（另一种方法是选择第三个名称取代同义词。）例如，考虑下面的关系：

STUDENT1 （StudentID，Name）
STUDENT2 （MatriculationNo，Name，Address）

在这种情况下，分析师认识到 StudentID 和 MatriculationNo 是学生标识号码的同义词，是相同的属性。（另一种可能是，这些都是候选码，而只能选择它们中的一个作为主码。）一个可能的解决方案，是采用两个属性名称中的一个，如 StudentID；另一种选择是使用一个新的属性名称，如 StudentNo，取代两个同义词。假设采用后者，则合并两个关系形成结果如下：

STUDENT （StudentNo，Name，Address）

当出现同义词时，常常表明数据库用户存在用不同的名称引用相同数据的需求。用户可能需要使用与他们所在组织部门的术语相一致的熟悉名称。**别名**（alias）是属性可以使用的可选名称。很多数据库管理系统允许定义别名，而别名可以与正常定义的属性标签互换使用。

异义词 一个属性名称可能有一个以上的含义，这称为**异义词**（homonym）。例如，账户（account）可能是指一家银行的支票账户、储蓄账户、贷款账户或其他账户的类型（因此账户可以指不同的数据，这取决于如何使用）。

当合并关系时，你应该注意观察异义词。考虑下面的例子：

STUDENT1 （StudentID，Name，Address）
STUDENT2 （StudentID，Name，PhoneNo，Address）

通过与用户的讨论，分析师可能会发现关系 STUDENT1 中的属性"地址"是指学生的校园地址，而关系 STUDENT2 中的相同属性是指学生的永久（或家庭）地址。为了解决这一冲突，我们可能需要创建新的属性名称，合并后的关系将成为：

STUDENT （StudentID，Name，PhoneNo，CampusAddress，PermanentAddress）

传递依赖　当两个 3NF 关系合并成一个关系时，可能会产生传递依赖（已在本章前面介绍）。例如，考虑以下两个关系：

STUDENT1 （StudentID，Major）
STUDENT2 （StudentID，Advisor）

由于 STUDENT1 和 STUDENT2 有相同的主码，所以可以合并两个关系：

STUDENT （StudentID，Major，Advisor）

然而，假设每个专业只有一个顾问。在这种情况下，顾问 Advisor 函数依赖于专业 Major：

Major →Advisor

如果上面的函数依赖存在，那么学生 STUDENT 是 2NF 而不是 3NF，因为它包含了传递依赖。分析师可以通过消除传递依赖创建 3NF 关系。专业 Major 成为一个学生 STUDENT 关系的外码：

STUDENT （StudentID，Major）
MAJOR ADVISOR （Major，Advisor）

超类/子类关系　这些关系可能隐含在用户的实体或关系中。假设我们有以下两个医院关系：

PATIENT1 （PatientID，Name，Address）
PATIENT2 （PatientID，RoomNo）

初步观察，似乎这两个关系可以合并成一个病人 PATIENT 关系。然而，分析师正确地质疑这是两种不同类型的病人：住院病人和门诊病人。PATIENT1 实际上包含了所有病人的共同属性。PATIENT2 包含一个只有住院病人才有的属性（RoomNo）。在这种情况下，分析师应该为这些实体创建超类/子类关系：

PATIENT （PatientID，Name，Address）
RESIDENT PATIENT （PatientID，RoomNo）
OUTPATIENT （PatientID，DateTreated）

我们已经创建了门诊病人关系 OUTPATIENT，以表明如果需要的话这个关系看起来是什么样子，但只是针对 PATIENT1 和 PATIENT2 两个用户视图，这个关系不是必须有的。对于数据库设计中视图集成的扩展讨论，请参阅 Navathe，Elmasri，和 Larson（1986）。

最后一步：定义关系码

在第 2 章中，我们提供了一些选择标识符的标准：不随时间改变值，必须是唯一的和确定的，非智能的，使用单一的属性替代复合标识符。其实，这些标准直到实现数据库（即标识符成为主码并且被定义为物理数据库中的字段）时才是必须使用的。在关系被定义为表之前，如有必要，关系的主码应该进行更改以遵守这些标准。

最近，数据库专家（例如，Johnston，2000）更加强调主码规范。现在的专家也建议主码在整个数据库中是唯一的（所谓的**企业码**（enterprise key）），而不只是在它所述的关系表中是唯一的。这个标准使主码更像是面向对象数据库中的对象标识符（object identifier）（参见第 13 章和第 14 章）。根据这项建议，关系的主码变成数据库系统的内部值，没有任何业务含义。

候选码，如图 4—1 中 EMPLOYEE1 关系的 EmpID，或客户 CUSTOMER 关系的 CustomerID（图 4—29），如果曾经在组织中使用，将称为业务码或自然码，并且将作为非码属性包含在关系中。关系 EMPLOYEE1 和客户 CUSTOMER（和数据库中其他的每个关系），将有一个新的企业码属性（假设称为 ObjectID），该属性没有业务含义。

为什么要创建这个额外的属性呢？使用企业码的主要动机之一是数据库的演化性——在数据库创建后，向数据库中合并新的关系。例如，考虑以下两个关系：

EMPLOYEE（EmpID，EmpName，DeptName，Salary）
CUSTOMER（CustID，CustName，Address）

在这个例子中，没有企业码，EmpID 和 CustID 无论是智能的还是非智能的，都可能具有或可能不具有相同的格式、长度和数据类型。假设该组织的信息处理需求发生了演化，认识到雇员也可以是客户，因此雇员和顾客都只是同一超类 PERSON 的两个子类。（你在第 3 章中学习通用数据模型时曾了解到这一点。）因此，该组织将有三个关系：

PERSON（PersonID，PersonName）
EMPLOYEE（PersonID，DeptName，Salary）
CUSTOMER（PersonID，Address）

在这种情况下，PersonID 对于同一人的所有角色应该有相同的值。但是，如果 EmpID 和 CustID 值在关系 PERSON 创建之前选定，则 EmpID 和 CustID 的值就可能会不匹配。此外，如果我们改变 EmpID 和 CustID 的值以匹配新的 PersonID，如何确保所有 EmpID 和 CustID 是唯一的？因为可能另一名雇员或客户已经有了这个相关的 PersonID 值。更糟的是，如果有其他表关联到（假设是）EMPLOYEE 表，那么其他这些表中的外码也要改变，这导致了更改外码的涟漪效应。保证每个关系主码在数据库中的唯一性只有一种方法，就是从一开始就创建企业码，这样主码就永远不需要改变了。

在我们的例子中，具有企业码的原始数据库（不包含 PERSON 关系）如图 4—31（a）（关系）和 4—31（b）（样例数据）所示。在这个图中，EmpID 的 CustID 现在是业务码，对象 OBJECT 是所有其他关系的超类。OBJECT 可以有属性，如对象类型名称（在这个例子中表达为属性 ObjectType）、创建日期、最后一次修改的日期或任何其他系统内部的对象属性。然后，当需要创建 PERSON 关系时，数据库设计的演化结果如图 4—31（c）（关系）和 4—31（d）（样例数据）所示。演化到包含 PERSON 的数据库，仍需要对现有表进行一些修改，但是主码值不会改变。属性"姓名"移到了 PERSON 表中，因为它是两种子类的共有属性，EMPLOYEE 和 CUSTOMER 中都增加了一个外码，以指向共同的 PERSON 实例。正如你将在

第 6 章中看到的，在表定义中添加和删除非码的列甚至外码，是很容易的。相比之下，改变一个关系的主码在大多数数据库管理系统中是不允许的，原因正是外码涟漪效应的巨大开销。

(a)含有企业码的关系

```
OBJECT(OID,ObjectType)
EMPLOYEE(OID,EmpID,EmpName,DeptName,Salary,)
CUSTOMER(OID,CustID,CustName,Address)
```

(b)含有企业码的样例数据

EMPLOYEE

OID	EmpID	EmpName	DeptName	Salary
1	100	Jennings,Fred	Marketing	50 000
4	101	Hopkins,Dan	Purchasing	45 000
5	102	Huber, Ike	Accounting	45 000

OBJECT

OID	ObjectType
1	EMPLOYEE
2	CUSTOMER
3	CUSTOMER
4	EMPLOYEE
5	EMPLOYEE
6	CUSTOMER
7	CUSTOMER

CUSTOMER

OID	CustID	CustName	Address
2	100	Fred'sWarehouse	Greensboro, NC
3	101	Bargain Bonanza	Moscow,ID
6	102	Jasper's	Tallahassee,FL
7	103	Desks'R Us	Kettering,OH

(c)添加PERSON后的关系

```
OBJECT(OID,ObjectType)
EMPLOYEE(OID,EmpID,DeptName,Salary,personID )
CUSTOMER(OID,CustID,Address,PersonID)
PERSON(OID,Name)
```

续前表

(d)添加PERSON关系后的样例数据

OBJECT

OID	ObjectType
1	EMPLOYEE
2	CUSTOMER
3	CUSTOMER
4	EMPLOYEE
5	EMPLOYEE
6	CUSTOMER
7	CUSTOMER
8	PERSON
9	PERSON
10	PERSON
11	PERSON
12	PERSON
13	PERSON
14	PERSON

PERSON

OID	Name
8	Jennings,Fred
9	Fred's Warehouse
10	Bargain Bonanza
11	Hopkins,Dan
12	Huber,Ike
13	Jasper's
14	Desks'R Us

EMPLOYEE

OID	EmpID	DeptName	Salary	PersonID
1	100	Marketing	50 000	8
4	101	Purchasing	45 000	11
5	102	Accounting	45 000	12

CUSTOMER

OID	CustID	Address	PersonID
2	100	Greensboro,NC	9
3	101	Moscow,ID	10
6	102	Tallahassee,FL	13
7	103	Kettering,OH	14

图 4—31 企业码

本章回顾

关键术语

别名 alias

异常 anomaly

候选码 candidate key

组合码 composite key

决定因素 determinant

企业码 enterprise key

实体完整性规则 entity integrity rule

第一范式 first normal form（1NF）

外码 foreign key

函数依赖 functional dependency

同名异义 homonym

范式 normal form

规范化 normalization

空值 null

部分函数依赖　partial functional dependency

主码　primary key

递归外码　recursive foreign key

参照完整性约束　referential integrity constraint

关系　relation

第二范式　second normal form（2NF）

代理主码　surrogate primary key

同义词　synonyms

第三范式　third normal form（3NF）

传递依赖　transitive dependency

结构良好的关系　well-structured relation

复习题

1. 对比下列术语：

　　a. 范式，规范化

　　b. 候选码，主码

　　c. 部分依赖，传递依赖

　　d. 组合码，递归外码

　　e. 决定因素，候选码

　　f. 外码，主码

　　g. 企业码，替代码

2. 描述概念数据模型与逻辑数据模型之间的主要区别。

3. 总结关系的 6 个重要性质。

4. 描述每个候选码必须满足的 2 个性质。

5. 描述表中可能出现的 3 种类型异常，以及每种异常可能导致的不良后果。

6. 填写下面句子中的空白：

　　a. 一个没有部分函数依赖的关系，属于_____范式。

　　b. 一个没有传递依赖的关系，属于_____范式。

　　c. 一个没有多值依赖的关系，属于_____范式。

7. 描述如何将下列 E-R 图中的组件转换为关系：

　　a. 普通实体类型

　　b. 联系（1∶M）

　　c. 联系（M∶N）

　　d. 关系（超类/子类）

　　e. 多值属性

　　f. 弱实体

　　g. 复合属性

8. 简要描述合并关系中出现的 4 个典型问题，以及解决这些问题的常用技术。

9. 解释在 SQL CREATE TABLE 命令中，如何执行以下类型的完整性约束：

　　a. 实体完整性

　　b. 参照完整性

10. 如何在关系数据模型中表示 1∶M 一元联系？

问题和练习

1. 对于下列第 2 章的 E-R 图：

　I. 将 E-R 图转换为能够表示参照完整性约束的关系模式（这种模式的示例，可参见图 4—5）。

　II. 对于每个关系，以图的方式给出函数依赖（图 4—23 中给出了一个例子）。

　III. 如果有关系不属于 3NF，将它们转化为 3NF。

　　a. 图 2—8

　　b. 图 2—9（b）

　　c. 图 2—11（a）

　　d. 图 2—11（b）

　　e. 图 2—15（a）（联系版）

f. 图 2—15（b）（属性版）

g. 图 2—16（b）

h. 图 2—19

2. 对于下列第 3 章的 E-R 图：

   I. 将 E-R 图转换为能够表示参照完整性约束的关系模式（这种模式的示例，可参见图 4—5）。

   II. 对于每个关系，以图的方式给出函数依赖（图 4—23 中给出了一个例子）。

   III. 如果有关系不属于 3NF，将它们转化为 3NF。

     a. 图 3—6（b）

     b. 图 3—7（a）

     c. 图 3—9

     d. 图 3—10

     e. 图 3—11

3. 图 4—32 显示了 Millennium 学院的班级列表。将这个用户视图转换为 3NF 关系，使用企业码。有如下假设：

● 教师有特定的办公地点。

● 学生有唯一的专业。

● 课程有唯一的名称。

MILLENNIUM 学院 **班级列表** **201×秋季学期**			
课程编号：IS 460 课程名称：DATABASE 教师姓名：NORMA L. FORM 教师办公室：B 104			
学生编号	学生姓名	专业	成绩
38214	Bright	IS	A
40875	Cortez	CS	B
51893	Edwards	IS	A

图 4—32 班级列表（Millennium 学院）

4. 表 4—3 显示了一个装运单。你的任务如下：

   a. 绘制一个关系模式，并且用图示法表达出关系中的函数依赖。

   b. 这个关系属于第几范式？

   c. 将这个 MANIFEST（清单）关系分解成 3NF。

   d. 画出你的 3NF 关系关系模式，并显示参照完整性约束。

   e. 使用 Microsoft Visio（或由导师指定的任何其他工具）绘制 d 的答案。

表 4—3   **装运清单**

装运单号：	**00‑0001**	装运日期：	**01/10/2010**
始发点：	Boston	预计到达日期：	01/14/2010
目的地：	Brazil		
货船号：	39	船长：	002—15
			Henry Moore

产品编号	类型	描述	重量	数量	总重量
3223	BM	Concrete Form	500	100	50 000
3297	BM	Steel Beam	87	2 000	174 000
				出货总计：	224 000

5. 将问题及练习 4 中建立的关系模式转换为 EER 图。说明所做的任何假设。

6. 图 4—33 包含了一个描述赛车联盟的 EER 图。将该图转换成关系模式，并显示参照完整性约束（这种模式的示例，请参见图 4—5）。此外，验证所产生的关系是 3NF。

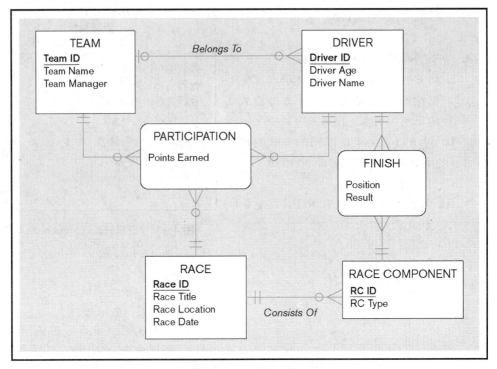

图 4—33　一个赛车联盟的 EER 图

7. 图 4—34 包括一个中等规模软件供应商的 EER 图。将该图转换成关系模式，并显示参照完整性约束（这种模式的示例，请参见图 4—5）。此外，验证所产生的关系是 3NF。

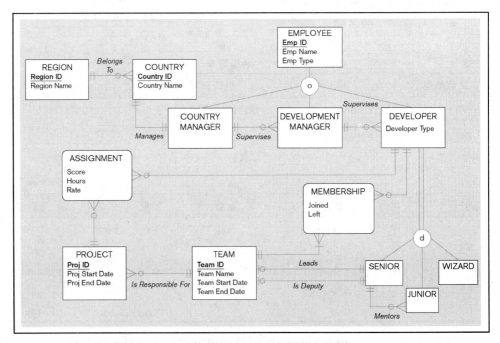

图 4—34　一个中等规模软件供应商的 EER 图

8. 某宠物店目前采用的是遗留的扁平　文件系统来存储其所有信息。商店老板 Pe-

ter Corona 要使用一种基于 Web 的数据库应用系统。这将使分店能够输入有关库存水平、订货等数据。目前，库存和销售跟踪数据存储在一个文件中，该文件的格式如下：

StoreName, PetName, Pet Description, Price,
Cost,
SupplierName, ShippingTime, QuantityOnHand,
DateOfLastDelivery, DateOfLastPurchase,
DeliveryDate1, DeliveryDate2, DeliveryDate3,
DeliveryDate4, PurchaseDate1, PurchaseDate2,
PurchaseDate3, PurchaseDate4,
LastCustomerName, CustomerName1,
CustomerName2, CustomerName3,
CustomerName4

假设你想要跟踪所有购买和库存数据，例如，谁购买了鱼、购买日期、送货日期等。目前的文件格式只允许跟踪最后一次以及之前 4 次的购买和送货情况。你可以假设一个供应商只供应一种鱼。

a. 给出所有的函数依赖。

b. 该表属于第几范式？

c. 为这些数据设计一个规范化数据模型，说明该模型达到 3NF。

9. 对于问题和练习 8，基于规范化后的关系画出 E-R 图。

10. 如果一种鱼可以由多个供应商供应，则问题和练习 8 和 10 的答案会有什么变化？

11. 以下属性形成了一个关系，该关系包括个人电脑，电脑供应商，电脑上运行的软件包，电脑用户以及用户授权等信息。用户被授权在特定的时间（由 UserAuthorizationStarts 和 UserAuthorizationEnds 以及 UserAuthorizationPassword 属性表示）、特定电脑上使用特定的软件包。在有效期内（SoftwareLicenceExpires），软件以某个特定价格被许可在特定电脑上使用（在同一时间可能有多个软件包）。电脑由供应商销售，每个供应商有一个由 ID、姓名、电话分机等描述的售后支持。每台电脑都有一个特定的购买价格。具体属性如下：

ComputerSerialNbr, VendorID, VendorName,
VendorPhone, VendorSupportID,
VendorSupportName, VendorSupportExtension,
SoftwareID, SoftwareName, SoftwareVendor,
SoftwareLicenceExpires, SoftwareLicencePrice,
UserID, UserName, UserAuthorizationStarts,
UserAuthorizationEnds,
UserAuthorizationPassword, PurchasePrice

根据上述信息：

a. 确定属性之间的函数依赖关系。

b. 说明这个关系不是 3NF 的原因。

c. 组织这些属性，使所产生的关系达到 3NF。

参考文献

Chouinard, P. 1989. "Supertypes, Subtypes, and DB2." *Database Programming & Design* 2,10 (October): 50–57.

Codd, E. F. 1970. "A Relational Model of Data for Large Shared Data Banks." *Communications of the ACM* 13,6 (June): 77–87.

Codd, E. F. 1990. *The Relational Model for Database Management*, Version 2. Reading, MA: Addison-Wesley.

Date, C. J. 2003. *An Introduction to Database Systems*, 8th ed. Reading, MA: Addison-Wesley.

Dutka, A. F., and H. H. Hanson. 1989. *Fundamentals of Data Normalization*. Reading, MA: Addison-Wesley.

Fleming, C. C., and B. von Halle. 1989. *Handbook of Relational Database Design*. Reading, MA: Addison-Wesley.

Hoberman, S. 2006. "To Surrogate Key or Not." *DM Review* 16,8 (August): 29.

Johnston, T. 2000. "Primary Key Reengineering Projects: The Problem" and "Primary Key Reengineering Projects: The Solution." Available at **www.information-management.com**.

Navathe, S., R. Elmasri, and J. Larson. 1986. "Integrating User Views in Database Design." *Computer* 19,1 (January): 50–62.

延伸阅读

Elmasri, R., and S. Navathe. 2006. *Fundamentals of Database Systems*, 5th ed. Menlo Park, CA: Benjamin Cummings.

Hoffer, J. A., J. F. George, and J. S. Valacich. 2010. *Modern Systems Analysis and Design*, 6th ed. Upper Saddle River, NJ: Prentice Hall.

Russell, T., and R. Armstrong. 2002. "13 Reasons Why Normalized Tables Help Your Business." *Database Administrator*, April 20, 2002. Available at **http://searchoracle.techtarget. com/tip/13-reasons-why-normalized-tables-help-your-business**

Storey, V. C. 1991. "Relational Database Design Based on the Entity-Relationship Model." *Data and Knowledge Engineering* 7,1 (November): 47–83.

网络资源

http：//en. wikipedia. org/wiki/Data-base _ normalization 充分解释第一范式、第二范式、第三范式、第四范式、第五范式，以及 Boyce-Codd 范式的维基百科条目。

www. bkent. net/Doc/simple5. htm 这个网站上给出了由 William Kent 撰写的摘要论文，"关系数据库理论中第五范式的简要指南"。

www. stevehoberman. com/challenges. htm 在这个网站上，数据库设计的著名顾问和讲师 Steve Hoberman 定期地编制出一些数据库设计（概念设计和逻辑设计）问题，并将这些问题发布出来。这些问题都是来自实际应用（基于发送给他的真实经历或问题）的好问题。

www. troubleshooters. com/codecorn/ norm. htm Steve Litt 网站上关于规范化的页面，该页面包含了避免和解决编程与系统开发问题的各种技巧。

第 5 章

数据库物理设计和性能

➡ **学习目标**

> 简明定义以下主要术语：**字段（field）**，**数据类型（data type）**，**去规范化（denormalization）**，**水平分割（horizontal partitioning）**，**垂直分割（vertical partitioning）**，**物理文件（physical file）**，**表空间（tablespace）**，**区（extent）**，**文件组织（file organization）**，**顺序文件组织（sequential file organization）**，**索引文件组织（indexed file organization）**，**索引（index）**，**辅助码（secondary key）**，**连接索引（join index）**，**哈希文件组织（hashed file organization）**，**哈希算法（hashing algorithm）**，**指针（pointer）** 和 **哈希索引表（hash index table）**。

> 描述数据库物理设计过程、目标，及其可交付使用的结果。

> 选择逻辑数据模型中属性的存储格式。

> 通过平衡各种重要的设计因素，选择适当的文件组织。

> 描述 3 个重要的文件组织类型。

> 描述索引的目的，以及在选择索引属性时要考虑的重要因素。

> 将关系数据模型转换成高效的数据库结构，包括知道何时以及如何进行逻辑数据模型的去规范化。

引　言

在第 2～第 4 章，你学会了在数据库开发过程中的概念数据建模和数据库逻辑设计阶段，如何对组织的数据进行描述和建模。你学习了如何使用 EER 表示法、关系数据模型以及规范化方法，开发能够捕获组织数据含义的数据抽象。然而，这些表示没有解释数据是如何处理或存储的。数据库物理设计的目的，是将数据的逻辑描述转化为数据存储和检索的技术规范。目标是创建一种数据存储设计，该设计能够提供足够的性能并确保数据库的完整性、安全性和可恢复性。

数据库物理设计不包括文件和数据库实现（例如，如何创建和加载文件和数据库）。数据库物理设计将产生一些技术规范，这些规范将提供给程序员、数据库管理员和其他参与信息系统建设人员在实现阶段使用，关于数据库实现我们将在第 6～第 9 章讨论。

在本章中，你将学习开发高效和高完整性的数据库物理设计所需的基本步骤，安全性和可恢复性将在第 11 章介绍。本章中我们集中论述单个的集中式数据库的设计。在后面的第 12 章中，你将了解存储在多个分布式站点的数据库设计。在这一章中，你将学习如何估算用户所需数据库的数据规模，并确定数据可能的用法；了解存储属性值的相关选项，以及如何选择这些选项，以保证效率和数据质量。由于最近美国和国际相关组织提出的财务报告规定（例如，《萨班斯-奥克斯利法案》），数据库物理设计中指定的适当控制被要求作为遵守规定的良好基础。因此，我们特别强调在物理设计阶段能够实施的数据质量方法。你还将了解，为什么规范化的表并不总是能够支持创建最好的物理数据文件，以及如何能够将数据去规范化以提高数据检索的速度。最后，你将学习索引的有关用法，索引对于加快数据检索速度非常重要。从本质上讲，你将在本章学习如何使数据库变得真正的"活跃"。

你必须认真进行数据库物理设计，因为在这个阶段所做出的决定，对于数据可用性、响应时间、数据质量、安全性、用户友好性以及其他类似的信息系统设计的重要因素有重大影响。数据库管理（在第 11 章介绍）在数据库物理设计中起着重要的作用，所以我们在那一章中将再次涉及高级设计问题。

数据库物理设计过程

为了使你的生活更容易一些，当你选择在所设计的信息系统中使用数据库管理技术时，许多数据库物理设计决策实际上是隐含的或被排除了。因为许多组织有操作系统、数据库管理系统和数据访问语言的标准，你只须处理那些在给定的技术中没有隐含的选项。因此，我们将只覆盖那些需要频繁做出的决策，以及选择对于某些类型应用诸如在线数据采集和检索，可能是很关键的决策。

数据库物理设计的主要目标是数据处理的效率。今天，随着计算机技术每度量单位（速度和空间的度量）成本的不断降低，设计物理数据库以减少用户与信息系统交互所需的时间变得非常重要。因此，我们重点论述如何使物理文件和数据库的处理高效，而较少关注如何减少空间的使用。

设计物理文件和数据库，需要已经在先前的系统开发阶段收集和产生的某些信息。物理文件和数据库设计所需要的信息包括以下要求：

- 规范化的关系，包括每个表行数范围的估计。
- 每个属性的定义，带有物理规范，如最大可能的长度。
- 关于何时何地数据以不同方式使用（输入、检索、删除和更新，包括这些操作的典型频率）的描述。
- 对于响应时间和数据安全、备份、恢复、维护和完整性的期望或要求。
- 数据库实现中所采用（数据库管理系统）技术的说明。

数据库物理设计需要做几个关键的决定，这些决定将会影响应用系统的完整性和性能。这些关键的决定包括以下内容：

- 选择逻辑数据模型中每个属性的存储格式（称为数据类型）。选择格式和相关参数以最大限度地提高数据的完整性，并尽量减少存储空间。
- 给出数据库管理系统如何把逻辑数据模型中的属性组织成物理记录的指导。你会发现，虽然在逻辑设计中指定的关系表中的列是物理记录内容的自然定义，但这并不总是构成最可取属性分组的基础。
- 给出以下数据库管理系统问题的指导：如何在二级存储器（主要是硬盘）上，使用一种结构（称为文件组织）安排相类似的结构化记录，使单个或成组的记录能够快速地存储、检索和更新；还必须给出，在发生错误时数据保护和数据恢复的一些考虑。
- 选择用于存储和连接文件的结构（包括索引和数据库的整体架构），以使相关数据检索更有效。
- 准备对数据库查询进行处理的策略，这些策略将优化性能，并充分利用你所指定的索引和文件组织。有效的数据库结构，只有在查询和数据库管理系统处理这些查询时有效地使用这些结构，其好处才能显现出来。

数据库物理设计作为符合法规的基础

强烈关注数据库物理设计的主要动机之一，是它形成了符合新的国家和国际财务报告法规的基础。如果没有精心的物理设计，组织就不能证明它的数据是准确的和保护良好的。法律和法规，如美国的《萨班斯-奥克斯利法案》，SOX 法案和国际银行的《巴塞尔新资本协议》（Basel II），是对最近发生的大公司和公共会计事务所合作伙伴的高管欺诈和欺骗案件的反应。SOX 法案的目的，是通过提高公司依据证券法所披露信息的准确性和可靠性，保护投资者。SOX 要求，每个年度财务报告要包含一个内部控制报告。这是旨在表明，公司的财务数据不仅是准确的，而且该公司对数据的准确性是有信心的，因为它们采取了适当的控制（例如，数据库的完整性控制）保护财务数据。

SOX 是在改进财务数据报告的一连串努力中最新的一个规定。特雷德韦（Treadway）委员会所属的发起组织委员会（Committee of Sponsoring Organizations，COSO），是一个自愿发起的私营组织，致力于通过商业道德、有效的内部控制和公司治理改善财务报告的质量。COSO 最初成立于 1985 年，是由虚假财务报告全国委员会发起的一个独立的私营机构，该委员会研究了导致虚假财务报告产生的因素，并且为公众公司及其独立审计师、SEC 和其他监管机构及教育机构，提供了一些建议。信息及相关技术的控制目标（Control Objectives for Information and Related Technology，COBIT）是由 IT 治理研究所和信息系统审计与控制协会发布的一个开放的标准。它是一个 IT 控制框架，部分架构于 COSO 框架。IT 基础设施库（IT Infrastructure Library，ITIL），由英国政府商务部办公室发布，专注于 IT 服务，常用来作为 COBIT 框架的补充。

这些标准、准则和规则的重点是放在公司治理、风险评估以及数据的安全性和控制上。虽然法律要求对涉及财务数据的所有程序都要进行全面审计，但规则符合性（合规性）可以通过强大的基本数据完整性控制基础而得到很大的增强。因为这种预防性控制需要持续、彻底地贯彻，如果它们被设计到数据库中并由 DBMS 执行，则字段级的数据完整性控制在合规性审计中，可以起到非常积极的作用。其他的 DBMS 功能，如将在第 7 章中讨论的触发器和存储过程，以及将在第 11 章中讨论的审计跟踪和活动日志，提供了更深层的方法，以确保只有合法的数据值才被存储在数据库中。然而，即使是这些控制机制，也只是实现基本字段的数据控制。此外，对于完整的合规性，所有的数据完整性控制必须彻底记录，这些 DBMS 控制定义是一种形式的文档。另外，这些控制的变化必须通过带有正规记录的变更控制程序进行（所以临时改变不能用来绕过设计良好的控制）。

□ 数据量和使用情况分析

如前所述，数据量和使用频率的统计是数据库物理设计过程中的重要输入，特别是在大规模数据库实现的情况下。因此，你需要在数据库的整个生命周期中，保持对数据库大小和使用模式的很好理解。在本节中，我们将讨论数据量和使用情况分析，看起来这些分析好像是一次性的静态活动，但在实际应用中，你应该持续地监测数据使用和数据量方面的显著变化。

一个显示有关数据量和使用统计的简单方法，是在 EER 图中添加符号来表示，这些 EER 图是从数据库逻辑设计得到，并表示了最终的一组规范化关系。图 5—1 显示了一个简单的松树谷家具公司库存数据库的 EER 图（无属性）。这个 EER 图表示了，在数据库逻辑设计阶段构造的对应于图 3—5（b）中概念数据模型的规范化关系。

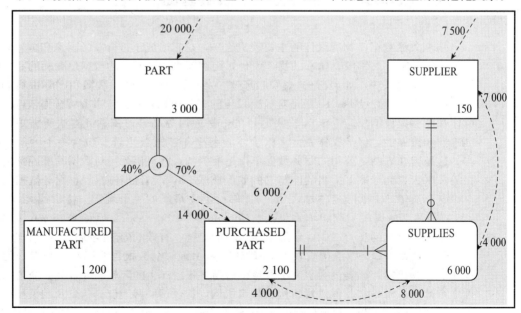

图 5—1　复合使用量图（松树谷家具公司）

图 5—1 显示了数据量和访问频率。例如，在这个数据库中有 3 000 零件 PART。超类 PART 有两个子类，生产零件 MANUFACTURED（所有零件的 40%是制造的）和购买零件 PURCHASED（70%是购买的，因为某些零件同时属于两个子类，所以百分

比总和超过 100%）。松树谷的分析师估计通常有 150 个供应商，而松树谷从每个供应商处平均接收 40 个供应实例，因此总共产生 6 000 次供应。虚线箭头表示访问频率。因此，举例来说，基于使用该数据库的所有应用统计，对于零件 PART 数据平均每小时有 20 000 次访问，基于子类百分比，这将产生对 PURCHASED PART 数据每小时14 000次的访问。还有其他 6 000 次对 PURCHASED PART 数据的直接访问。因此共有20 000 次对 PURCHASED PART 的访问，其中 8 000 次访问随后还需要 SUPPLIES 数据，并且这 8 000 次 SUPPLIES 中，有 7 000 次随后要对 SUPPLIER 进行访问。对于在线和基于 Web 的应用，使用量图应该显示每秒的访问量。可能需要使用几个量图分别显示每天不同时刻的具有巨大差异的使用模式。性能也会受到网络规格的影响。

数据量和使用频率的统计产生于系统开发过程中的系统分析阶段，当时系统分析员正着力研究现有和将来可能的数据处理和经营活动。数据量统计信息表示了业务的规模，并且计算时应该考虑至少几年期间的业务增长。访问频率是通过估计定时事件、事务量、并发用户数、报表和查询活动来进行计算的。由于很多数据库支持临时访问，并且这样的访问可能随着时间的推移发生明显变化，并且已知的数据库访问可能在一天、一周或一个月内有巨大的改变，因此访问频率统计往往比数量的统计在确定性和连贯性方面要差一些。幸运的是，精确的数字并不是必要的，关键是数字的相对大小。这样的数字表明在数据库物理设计过程中何处需要给予最大关注，以达到最佳的性能。例如，在图 5—1 中，注意下列信息：

● 有 3 000 个 PART 实例，因此，如果 PART 有许多的属性，并且一些属性如"描述"可能很长，那么 PART 的高效存储可能是重要的。

● 对于 SUPPLIES 通过 SUPPLIER 进行的每小时 4 000 次访问中的每次访问，PURCHASED PART 也会被访问，因此，这种访问关系可能暗示着，要将这两个同时访问的实体合并成一个数据库表（或文件）。这种合并规范化表的行为是去规范化的一个例子，我们将在本章后面对此进行讨论。

● MANUFACTURED 和 PURCHASED 零件之间只有 10% 的重叠，因此用单独的表表示这些实体，并且冗余存储既有制造也有购买的零件的数据，可能是有意义的，这种有计划的冗余，如果目的明确，则是允许的。此外，PURCHASED PART 数据有每小时总计 20 000 次的访问（14 000 次来自 PART 的访问，6 000 次是 PUR-CHASED PART 的独立访问），而 MANUFACTURED PART 每小时只有 8 000 次访问。因此，依据访问量上的显著差异，对 MANUFACTURED PART 和 PUR-CHASED PART 表进行不同的组织，是有意义的。

如果你还可以解释虚线表示的访问路径的访问本质内涵，则对于随后的数据库物理设计步骤将会有很大帮助。例如，了解下列访问信息是很有意义的：对 PART 数据的20 000 次访中，15 000 次是基于主码 PartNo 请求一个零件或一组零件（例如，以特定的零件号访问零件），其他 5 000 次访问通过 QtyOnHand 的值存取零件数据。（这些细节都没有在图 5—1 中表示出来。）这些更精确的描述，可以帮助选择索引——我们在本章后面讨论的主要话题之一。知道一次访问是否会导致数据的创建检索、更新或删除，这也可能是有用的。这样一个访问频率的细致描述，可以通过在图上使用其他符号表达出来，如图 5—1 所示，或通过保存在其他文档中的文字和表等表达。

设计字段

字段（field）是系统软件，如编程语言或数据库管理系统，能够识别的最小的应用数据单位。一个字段对应逻辑数据模型的一个简单属性，所以对于复合属性的情况，一个字段表示一个单个组成属性。

在指定每个字段时，你必须做出的基本决定包括：用来表示这个字段值的数据类型（或存储类型），融入数据库中的数据完整性控制，以及 DBMS 用来处理字段缺失值的机制。其他字段规范，如显示格式，也必须作为信息系统总规范的一部分，但我们在这里不会关心这些规范，它们通常由应用而不是 DBMS 处理。

选择数据类型

数据类型（data type）是系统软件，如数据库管理系统，为表示组织数据而确定的一种详细编码方案。编码方案的位模式对于你通常是透明的，但是数据的存储空间以及数据的访问速度，在数据库物理设计中却具有重要的地位。你将要使用的特定 DBMS 会提供给你可用的选项。例如，表 5—1 列出了在 Oracle 11g DBMS 中可用的一些数据类型，该 DBMS 是使用 SQL 数据定义和操作语言的典型 DBMS。其他数据类型可用于表示货币、语音、图像，并且某些 DBMS 还有用户定义类型。

选择数据类型包括以下 4 个目标，这些目标对于不同的应用具有不同层次的重要性：

（1）表示所有可能的值。

（2）提高数据完整性。

（3）支持所有的数据操作。

（4）最大限度地减少存储空间。

字段最佳的数据类型，能够占有最小的空间，能够表示相关属性的每一个可能的值（同时消除了非法值），并且可以支持所需的数据操作（例如，数值数据类型支持算术运算，而字符数据类型支持字符串操作）。概念数据模型中包含的任何属性域约束，对于为该属性选择好的数据类型都是有帮助的。实现这 4 个目标可能是很烦琐的。例如，考虑一个 DBMS，它有一个数据类型的最大宽度是 2 个字节。假设这个数据类型足以表示一个 QuantitySold 字段。当对 QuantitySold 字段相加求和的时候，结果可能需要一个大于 2 个字节的数。如果 DBMS 使用该字段的数据类型表示该字段上的任何算数运算结果，2 个字节的长度将无法工作。某些数据类型有特殊的操作能力，例如，只有 DATE 数据类型允许真正的日期计算。

表 5—1   Oracle 11g 中常用的数据类型

数据类型	说明
VARCHAR2	可变长度的字符数据，最大长度为 4 000 个字符，你必须输入最大字段长度（例如，VARCHAR2（30）指定字段的最大长度为 30 个字符）。小于 30 个字符的值仅消耗实际需要的空间。
CHAR	固定长度的字符数据，最大长度为 2 000 个字符，缺省长度是 1 个字符（例如，CHAR（5）指定 5 个字符固定长度的字段，可以保存 0～5 个字符长的值）。
CLOB	字符大对象，能够存储多达 4G 字节的可变长度字符数据字段（例如，保存药品的用法说明或客户意见）。
NUMBER	$10^{-130} \sim 10^{126}$ 范围内的正数或负数，可以指定精度（小数点左边和右边的数字总数）和数值范围（小数点右边的位数）（例如，NUMBER（5）指定一个最多 5 位的整数字段，NUMBER（5，2）指定一个字段不超过 5 位数字，并且小数点右边有 2 位数字）。

续前表

数据类型	说明
INTEGER	正的或负的整数，最多 38 位（与 SMALL INT 相同）。
DATE	任何日期，从公元前 4712 年 1 月 1 日，到公元 9999 年 12 月 31 日，DATE 存储了世纪、年、月、日、小时、分钟和秒。
BLOB	二进制大对象，能够存储多达 4G 字节的二进制数据（如照片或声音片段）。

编码技巧 某些属性有一组稀疏的值，或非常大以至于对于给定的数据量将消耗相当大的存储空间。取值有限的字段，可以转换为一个代码，这样可以需要较少的空间。考虑图 5—2 中 ProductFinish 字段的例子。松树谷家具产品只使用数量有限的木材：桦木、枫木和橡木。通过创建一个代码或转换表，每个 ProductFinish 字段的值可以被替换为一个代码，该代码是到转换表的一个交叉引用，类似于一个外码。这将减少 ProductFinish 字段的空间，因此也减少了产品 PRODUCT 文件的空间。PRODUCT FINISH 转换表将会需要额外的空间，当要得到 ProductFinish 字段值时，将需要对这个转换表的额外访问（称为连接）。如果 ProductFinish 字段不经常使用，或者 ProductFinish 值的数目非常大，编码的相对优势可能会大于上述开销。请注意，编码表将不会出现在概念或逻辑模型中。编码表是实现数据处理性能改进的一种物理结构，而不是一组具有商业价值的数据。

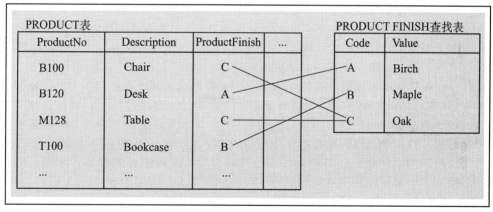

图 5—2 代码转换表的示例（松树谷家具公司）

控制数据完整性 对于许多数据库管理系统，数据完整性控制（即一个字段能够采用的可能取值的控制）能够构建在字段的物理结构中，并由 DBMS 执行那些字段上的控制。数据类型执行了一种形式的数据完整性控制，因为它可以限制数据的类型（数值或字符）以及字段值的长度。以下是 DBMS 支持的其他一些典型的完整性控制：

● **缺省值** 缺省值是字段将采用的值，除非用户为这个字段的实例输入一个明确的值。为字段指定缺省值可以减少数据输入时间，因为可以跳过值的输入。它还可以帮助减少最常见值的数据输入错误。

● **范围控制** 范围控制限制了字段可能采用的一组可允许的值。范围可能是一个数值的下界到上界，或是一组特定的值。范围控制必须谨慎使用，因为范围的限制可能随着时间的推移而改变。范围控制与编码的结合，导致了许多组织面临的 2000 年问题，即"年"的字段只能被表示为 00～99 的数字。最好是能够通过 DBMS 执行任意范围的控制，因为应用中的范围控制可能不连贯地执行。并且在应用中发现和改变范围控制比在 DBMS 中更加困难。

● 空值控制　空值在第 4 章中被定义为一个空的值。每个主码必须有禁止空值的完整性控制。任何其他必需的字段也可以在其上定义空值控制，如果这是该组织的策略。例如，大学可能禁止向其数据库中增加一门课程，除非该课程除了主码 CourseID 值外还有一个名称。许多字段可以合法地拥有一个空值，所以这个控制只有在业务规则真正需要时才使用。

● 参照完整性　术语参照完整性是在第 4 章中定义的。字段上的参照完整性是范围控制的一种形式，要求该字段的值必须在同一个表的其他行或不同表（最常见）的一些字段中存在。也就是说，合法值的范围取自数据库表中一个字段的动态内容，而不是预先指定的一组值。请注意，参照完整性只保证使用一些已存在的交叉引用值，不保证这些值是正确的。一个编码字段将与相关转换表的主码具有参照完整性。

处理缺失数据　当一个字段可能为空值时，简单地不输入任何值可能就足够了。例如，假设客户的邮政编码字段是空值且一份报表按月和邮政编码汇总总销售额。具有未知邮政编码客户的销售额应该如何处理呢？处理或防止缺失数据的两个方法之前已经提到：使用缺省值，以及不允许缺失（空）值。缺失数据是不可避免的。据 Babad 和 Hoffer（1984），以下是一些处理缺失数据的其他可能的方法：

● 以一个估计值替代缺失值。例如，当计算每月产品销售额时，对于缺失的销售额数据，使用一个包含现有该产品每月销售额平均值的公式。这种估计值必须标明，以便让用户知道这些都不是实际的值。

● 跟踪缺失的数据，通过特殊的报告和其他系统元素提醒人们迅速解决未知的值。这可以通过在数据库定义中设置触发器来实现。触发器是一种程序，当某些事件发生或某个时间段过去时，将自动执行。当存储了空值或其他缺失值时，触发器可以记录一个文件中的缺失项，而另一个触发器可以定期运行，创建这个日志文件内容的报告。

● 执行敏感度测试，除非知道一个值可能会显著改变结果，否则忽略缺失的数据（例如，如果一个特定销售员的每月销售总额几乎都超过一个门槛值，这个门槛值将使该销售员的报酬有所不同）。这是上述提到的方法中最复杂的，因此需要最高级的编程。这种处理缺失数据的程序可以被写入应用程序。现在所有的现代 DBMS 都有更高级的编程能力，如 CASE 表达式，用户定义函数和触发器，所以，所有用户在数据库中都可以利用这样的逻辑，而不需要特殊的应用编程。

去规范化和数据分割

现代数据库管理系统在确定数据如何在存储介质上实际存储方面，起着越来越重要的作用。但是，数据库处理的效率很大程度上受到逻辑关系如何构造为数据库表的影响。本节的目的是把去规范化作为一种改进数据处理和快速访问存储数据的机制进行讨论。首先介绍了最知名的去规范化方法：把几个逻辑表合并成一个物理表，以避免在检索数据时再把相关数据重新读取到一起。随后，本节将讨论去规范化的另一种形式，称为分割（partitioning），这种方法也导致了逻辑数据模型和物理表之间的差异，但在这种情况下，一个关系由多个表实现。

去规范化

随着每单位数据的二级存储成本的迅速下降，有效地利用存储空间（减少冗余）

虽然仍是需要考虑的相关因素,但比起过去已经变得不那么重要了。在大多数情况下,物理记录设计的主要目标——高效的数据处理——主导了设计过程。换句话说,速度而非风格是至关重要的。正如在你的宿舍里,只要当你需要时你就可以找到自己喜欢的运动衫,房间看起来有多么整洁并没有什么关系。(我们不会告诉你的妈妈。)

高效的数据处理,就像图书馆中书籍的高效访问,取决于相关数据(书籍或索引)彼此相距有多远。常常出现在一个关系中的所有属性不会一起使用,而不同关系中的数据需要一起应答查询或产生报表。因此,虽然规范化关系解决了数据维护异常问题并尽量减少冗余(存储空间),但规范化关系如果都一个一个地实现为物理记录,则可能不会产生高效的数据处理。

完全规范化的数据库通常会创建大量的表。对于经常使用的需要多个相关表中数据的查询,DBMS 可能在每次提交查询时,都要花费大量的计算机资源,从每个表中匹配(称为连接(joining))相关行以构造查询结果。因为这种连接操作是如此耗时,以至于完全规范化和部分规范化数据库之间处理性能差异非常显著。Inmon(1988)介绍了完全和部分规范化数据库性能量化研究的结果。一个完全规范化数据库中包含了 8 个表,每个表约 50 000 行,另一部分规范化数据库有 4 个表,每个表约 25 000 行,而另一部分规范化数据库有 2 个表。结果表明,没有完全规范化的数据库,要比完全规范化的数据库快一个量级。虽然这样的结果很大程度上取决于数据库和数据处理的类型,但这些结果提示你应该认真考虑,数据库的物理结构是否要精确匹配规范化的关系。

去规范化(denormalization)是把规范化的关系转化成非规范化的物理记录规格的过程。我们将在本节中讨论各种有关去规范化的原因和注意事项。在一般情况下,去规范化可能把一个关系分割为多个物理记录,也可能把几个关系的属性组合成一个物理记录,或把两种方式结合起来。

去规范化的时机和类型 Rogers(1989)介绍了几种常见的去规范化的时机(图 5—3 到图 5—5 显示了这 3 种情况中每种情况的规范化和去规范化关系示例):

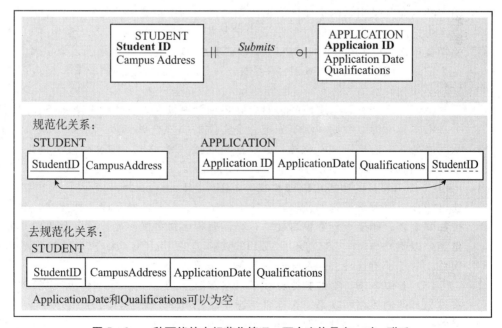

图 5—3 一种可能的去规范化情况:两个实体具有一对一联系

(注:我们假设在所有字段都存储在一个记录中时,ApplicationID 不是必要的,但如果该字段是必需的应用数据,则可以包含该字段。)

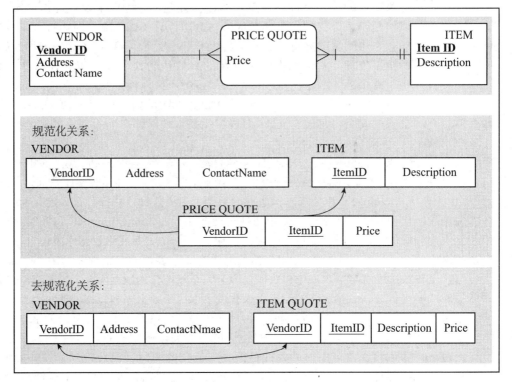

图 5—4 一种可能的去规范化情况：具有非码属性的多对多联系

（1）两个具有一对一联系的实体。即使其中一个实体是一个可选的参与者，但是如果匹配的实体在大部分时间都存在，那么把这两个关系合并成一个记录定义可能是明智的（尤其是当这两个实体类型之间的访问频率很高时）。图 5—3 显示了学生数据以及可选的学生提交的标准奖学金申请数据。在这种情况下，从学生 STUDENT 和奖学金申请 SCHOLARSHIP APPLICATION 规范化关系中来的 4 个字段，可以形成一个记录（假设 ApplicationID 不再需要）。（注意：在这种情况下，来自可选实体的字段必须允许空值。）

（2）一个带有非码属性的多对多联系（关联实体）。与其连接三个表以实现从两个基本实体中提取数据，倒不如把一个实体的属性合并到表示多对多联系的记录中，从而避免一次连接操作。此外，如果这个连接频繁发生，则这种方法将是最有利的。图 5—4 显示了不同供应商对不同部件的报价。在这种情况下，部件 ITEM 和报价 PRICE QUOTE 的字段可以合并成一个记录，以避免所有三个表之间连接。（注意：这可能会造成大量重复的数据，在这个例子中，ITEM 的字段，如描述，对于每个报价都要重复。如果重复数据有变动，则需要很多额外的更新操作。仔细分析复合使用量图，以研究与每个 VENDOR 或 ITEM 相关的 PRICE QUOTE 的访问频率和出现次数，对于了解这种去规范化的后果是至关重要的。）

（3）参照数据。参照数据存在于一对多联系的"一"端实体中，并且这个实体没有参与其他的数据库联系。在这种情况下，当"多"端实体有几个实例与"一"端实体的每个实体实例相对应时，你应该认真考虑将这两个实体合并成一个记录的定义。参见图 5—5，图中几个 ITEM 具有相同的存储说明 STORAGE INSTRUCTIONS，并且存储说明 STORAGE INSTRUCTIONS 只与 ITEM 相关联。在这种情况下，存

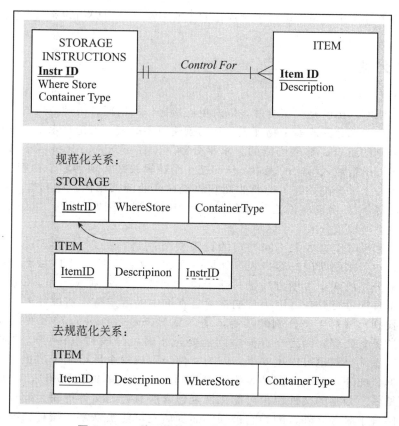

图 5—5 一种可能的去规范化情况：参照数据

储说明可以存储在 ITEM 记录中，当然，这同时也产生了冗余和潜在的额外数据维护操作。（InstrID 不再需要。）

谨慎使用去规范化 去规范化有它的批评者。正如 Finkelstein（1988）所指出的，去规范化可能增加错误和不一致性的可能性（由重新向数据库中引入异常引起），并且在业务规则发生变化时，可能强制系统重新编程。例如，由于违反第二范式所造成的相同数据的冗余副本，往往不是以同步方式更新的。而且，如果以同步方式更新，则需要额外的编程以确保相同业务数据的所有副本一起更新。此外，去规范化对某些数据处理的优化，是以其他数据处理为代价的，因此，如果不同处理活动的频率改变，则去规范化的好处可能就不复存在了。还有，去规范化几乎总是会导致更多的原始数据存储空间，和可能更多的数据库开销空间（例如，索引）。因此，在其他物理设计方法不足以达到数据库处理期望时，去规范化应该是一种能够明确获得显著处理速度的做法。

Pascal（2002a，2002b）充满激情地提出了去规范化的许多危险。去规范化的出发点是，规范化数据库往往创建许多表，而表的连接减缓了数据库的处理速度。Pascal 认为，这并不一定是真实的，所以去规范化的动机在某些情况下可能没有什么优点。总的来说，性能不完全取决于访问的表的数量，而是还取决于数据库表是如何组织的（我们在后面称为文件组织 file organizations 和聚集 clustering）、查询的正确设计和实现以及 DBMS 的查询优化能力。因此，为了避免去规范化数据库中与数据异常相关的问题，Pascal 建议首先尝试使用其他手段以获得必要的性能。这往往就足够了，但在需要采取进一步措施的情况下，你必须明白使用去规范化的时机。

Hoberman（2002）写了由两部分组成的一个非常有用的"去规范化生存指南"，

其中概述了决定是否进行去规范化的主要因素（前面提到的那些再加上一些其他的）。

□ 分割

刚刚列出的是关于合并表以避免连接操作的情况。去规范化的另一种形式，涉及把一个关系分割成多个物理表，从而创建更多的表。无论是水平或垂直分割，或这两种分割的组合，都是可能的。**水平分割**（horizontal partitioning）基于相同的列值，把不同的行放入不同的表中，从而把一个逻辑关系实现为多个物理表。（在图书馆设置中，水平分割类似于把商业期刊放置在商业图书馆内，把科普读物放在科学图书馆，等等。）分割所创建的每个表都有相同的列。例如，基于"区域"列的取值，客户关系可以被分成4个区域客户表。

水平分割在表中不同类别的行需要分别进行处理的情况下，是有意义的（例如，对于刚刚所说的客户表，如果一次数据处理只在一个区域上进行的比例很高）。水平分割的两个常用方法是：基于单个列值进行分割（例如，CustomerRegion）和基于日期进行分割（因为日期常常是查询中的限定符，所以需要的分割部分可以很快找到）。（对于表分割的指南，请参见 Bieniek（2006）。）水平分割也可以使表的维护更有效率，因为当存储空间需要重组时，分段和重构可以被隔离到单个分割中。水平分割也可以更安全，因为文件级别的安全性可用于阻止用户看到某些行的数据。此外，每个分割的表能够以不同的、与其单独使用相适应的方式进行组织。恢复一个分割的文件也很可能比恢复包含所有行的文件更快。此外，把一个分割的文件置于服务之外，因为它被损坏而随后它可能被恢复，这种情况下，仍然允许对其他分割的文件继续进行处理。最后，每个分割的文件可以被放置在单独的磁盘驱动器中，以减少对相同驱动器的争夺，从而提高整个数据库的查询和维护性能。水平分割的这些优点（实际上，是所有形式的分割）及其不足，在表5—2中进行了总结。

表5—2   **数据分割的优点和缺点**

分割的优点
(1) 效率：一起查询的数据彼此靠近存储，并且把不一起使用的数据分开。数据维护被隔离在较小的分割中。
(2) 局部优化：每个分割的数据可以从自己使用的需要出发存储，以优化性能。
(3) 安全性：与一组用户不相关的数据可以从这些用户允许使用的数据中隔离出来。
(4) 恢复和无故障运行时间：较小文件的备份和恢复需要较少的时间，并且，如果一个文件损坏，其他文件仍然可以访问，所以损害导致后果可以被隔离。
(5) 负载均衡：文件可以被分配到不同的存储区（磁盘或其他介质），最大限度地减少访问相同的存储区域时的冲突与竞争，甚至可以并行访问不同存储区。

分割的缺点
(1) 不一致的存取速度：不同的分割可能有不同的访问速度，因此会使用户感到迷惑。此外，当数据必须跨分割进行合并时，用户可能需要应对比不分割慢得多的响应时间。
(2) 复杂性：分割对于程序员来讲通常是不透明的，因此，当程序员要合并各分割的数据时，将需要编写更复杂的程序。
(3) 额外的空间和更新时间：数据可能会在多个分割之间重复，与将所有数据存储在规范化的文件中相比，会占用额外的存储空间。影响多个分割中数据的更新操作，可能会比使用一个文件占用更多的时间。

注意，水平分割与创建超类/子类关系是非常相似的，因为不同类型的实体（其中子类判别符是用来分割行的字段）被放在不同的关系中，因此有不同的处理。事实上，当你有超类/子类关系时，你需要决定，是为每个子类创建单独的表，还是以不同的组合合并它们。当所有子类是以同样的方式使用时，将这些子类合并是有意义的；而当子类在事务、查询和报表处理上不相同时，将超类实体分割成多个文件才是有意义的。当关系被水平分割后，所有行的集合可以通过使用 SQL 的 UNION 运算符（第 6 章中描述）重构。因此，举例来说，所有客户的数据需要时可以被一起浏览查看。

Oracle DBMS 支持几种形式的水平分割，是特别为处理非常大的表而设计的（Brobst et al. , 1999）。在 DBMS 中，可以通过使用 SQL 的数据定义语言定义表的分割（你将在第 6 章中学习 CREATE TABLE 命令），也就是说，在 Oracle 中，存在一个表带有几个分割，而不是本质上就是单独的表。Oracle 11g 中有 3 个数据分配方式作为基本的分割方法：

（1）**范围分割**。在这种方法中，每个分割由规范化表的一个或多个列的取值范围来定义（键值的下限和上限）。表中的行基于其范围字段的初始值，插入到适当的分割。由于分割键值可能遵循某种模式，所以每个分割可能容纳不同数量的行。分割键可以由数据库设计者产生，以建立更均衡的行分配。当键值被更新时，行在分割之间的移动可能会受到限制。

（2）**哈希分割**。在这种方法中，数据均匀地分布在各个分割中，而与任何分割键值无关。哈希分割克服了范围分割中可能出现的行分布不均的情况。如果我们的目标是均匀分布存储设备之间的数据，则这种方法将很适用。

（3）**列表分割**。在这种方法中，分割是基于预定义的分割键值列表进行定义的。例如，在一个基于列"州"（State）的值进行分割的表中，一个分割可能包含具有"CT"，"ME"，"MA"，"NH"，"RI"或"VT"，而另一个分割中的行包含"NJ"或"NY"。

如果需要一个更复杂的分割形式，Oracle 11g 还提供了组合分割，它结合了三个单层分割方法中的两种。

在许多情况下分割是对数据库用户透明的。（当你要强制查询处理器在一个或多个分割上执行查询时，才需要提到这些分割。）DBMS 的查询优化处理部分将查看查询所涉及表的分割定义，并将自动决定在检索构成结果的数据时是否可以排除某些分割，这样可以大大提高查询处理性能。

例如，假设交易日期被用来在范围分割中定义分割。请求只是近期交易的查询，可通过在一个或少量几个存有最近交易的分割中查找而得到迅速处理，而不是扫描数据库或者使用索引在没有分割的表中查找所需范围中的行。在日期上的分割也将新行的插入操作隔离在一个分割中，这可以降低数据库维护的开销，而删除"老的"交易将只需要简单地删除一个分割。索引仍然可以用于分割后的表，甚至比单独操作分割表有更高性能。更多关于使用日期进行范围分割的利与弊的详细信息，请参见 Brobst 等（1999）。

在哈希分割中，行在各个分割中分布更均匀。如果分割放置在可并行处理的不同存储区域中，那么与顺序访问放置在一个存储区中的整个表的数据相比，查询性能将明显改善。正如范围分割那样，分割的存在对于查询程序员通常是透明的。

垂直分割（vertical partitioning）把逻辑关系的列分配到单独的表中，在每个表中重复主码。垂直分割的一个例子，是将关系 PART 进行分解：将零件编号与会计相关的零件数据一起放入一个记录规范，将零件编号与工程相关的零件数据一起放入另一个记录规范，将零件编号与销售相关的零件数据一起放入第三个记录规范。垂直分割的优点和缺点类似于水平分割。例如，当会计、工程和销售相关的零件数据需要一起使用时，这些表可以进行连接。因此，水平分割和垂直分割都具有将原始关系作为一个整体来对待的能力。

水平分割和垂直分割的组合也可能存在。这种去规范化的形式——记录划分——对于文件分布在多台计算机上的数据库而言，尤其常见。因此，你将在第12章再次学习这个论题。

通过使用用户视图的概念，单个物理表能够被逻辑划分，而几个表可以在逻辑上合并，这将在第6章中进一步说明。通过用户视图，用户能够得到的印象是：数据库包含的是表而不是物理上定义的各种对象，你可以通过水平或垂直分割或其他形式的去规范化，创建这些逻辑表。但是，任何形式用户视图的目的，包括通过视图的逻辑分割，都是为了简化查询的编写，并且建立一个更加安全的数据库，而不是为了提高查询性能。在 Oracle 中一种可用的用户视图称为分割视图（partition view）。有了分割视图，具有相似结构的物理上分离的表，就可以使用 SQL UNION 运算符在逻辑上合并成一个表。这种形式的分割有一些局限性。第一，因为实际上有多个独立的物理表，所以在所有合并后的行上不能有任何全局索引。第二，每个物理表必须单独管理，因此数据维护更加复杂（例如，一个新的行必须插入到特定的表中）。第三，在创建最有效的查询处理计划问题上，使用分割视图与使用单个表的多个分割相比，查询优化器具有较少的选择。

我们介绍的去规范化的最后形式是数据复制。利用数据复制，相同的数据被有意地存储在多个地方的数据库中。例如，再次考虑图5—1。你在本节前面了解到，可以通过将关联实体的数据和与它相关联的一个简单实体的数据合并，对关系进行去规范化。因此，在图5—1中，SUPPLIES 数据可以和 PURCHASED PART 数据一起存储在一个扩展的 PURCHASED PART 物理记录中。利用数据复制，相同的 SUP-PLIES 数据还可以和它相关的 SUPPLIER 数据一起，存储在另一个扩展的 SUPPLI-ER 物理记录中。有了这个重复的数据，无论是检索 SUPPLIER 还是检索 PUR-CHASED PART，不用进一步访问二级存储器就能得到相关的 SUPPLIES 数据。像这样的速度提高是值得的，这仅当 SUPPLIES 数据经常与 SUPPLIER 和 PUR-CHASED PART 数据一起被访问，并且额外的二级存储和数据维护的成本不是很大。

设计数据库物理文件

物理文件（physical file）是二级存储（如磁带或硬盘）中分配用来存储物理记录的指定部分。有些计算机操作系统允许一个物理文件被分解成几个独立的部分，有时也称为区（extent）。在随后的章节中，我们将假设物理文件是不分解的，并且文件中的每个记录都具有相同的结构。也就是说，随后的章节中将论述如何在物理存储空间中，存储和链接单个数据库关系表中的行。为了优化数据库处理性能，管理数据库的人——数据库管理员，经常需要了解数据库管理系统如何管理物理存储空间的大量具体细节信息。这方面的知识是特定于具体的 DBMS，但在随后的章节中所描述的原则，是大多数关系 DBMS 所使用的物理数据结构的基础。

大多数数据库管理系统在一个操作系统文件中存储许多不同种类的数据。对于操作系统文件（operating system file），我们是指在磁盘的目录列表（例如，你个人电脑驱动器 C 的一个文件夹下的文件列表）中出现的命名文件。例如，在 Oracle 中，存储空间的一个重要逻辑结构是表空间。**表空间**（tablespace）是命名的逻辑存储单元，用以存储一个或多个数据库表、视图或其他数据库对象的数据。一个 Oracle 11g 的实例包含许多表空间，例如，两个（SYSTEM 和 SYSAUX）系统数据（数据字典或关于数据的数据），一个（TEMP）作为临时工作空间，一个（UNDOTBS1）用于**撤消**（undo）操作，还有一个或几个用于保存用户的业务数据。一个表空间由一个或几个物理操作系统文件组成。因此，Oracle 有义务管理表空间内的数据存储，而操作系统有许多管理表空间的责任，但它们这些责任都与操作系统文件管理有关（例如，处理文件级的安全、空间分配以及磁盘读写错误响应）。

由于一个 Oracle 实例通常支持多个用户的多个数据库，因此数据库管理员常常会创建很多用户的表空间，这有助于实现数据库的安全性，因为管理员可以有选择地赋予每个用户访问每个表空间的权限。每个表空间由称为段（segments）的逻辑单元组成（包括一个表、索引或分割），段又分为**多个区**（extent）。最后，这些区由一些连续的数据块（data block）组成，数据块是最小的存储单元。每个表、索引或其他所谓的模式对象都属于单个表空间，但是一个表空间可以包含（并且通常包含）一个或多个表、索引和其他模式对象。物理上，每个表空间可以存储在一个或多个数据文件中，但是每个数据文件只与一个表空间和一个数据库相关联。

现代数据库管理系统在对物理设备和文件使用的管理方面，已经起到越来越积极的作用，例如，模式对象（如表和索引）到数据文件的分配，通常是由 DBMS 完全控制。然而，数据库管理员有能力管理分配给表空间的磁盘空间，并且与释放空间方式有关的参数是在数据库中管理的。因为本书不是 Oracle 的教材，所以不包含管理表空间的具体细节，但是，应用于 Oracle 表空间设计与管理的数据库物理设计的一般原则，也适用于其他任何数据库管理系统的任何物理存储单元。图 5—6 中的 EER 模型显示了 Oracle 环境中，各种与数据库物理设计相关的物理和逻辑数据库术语之间的关系。

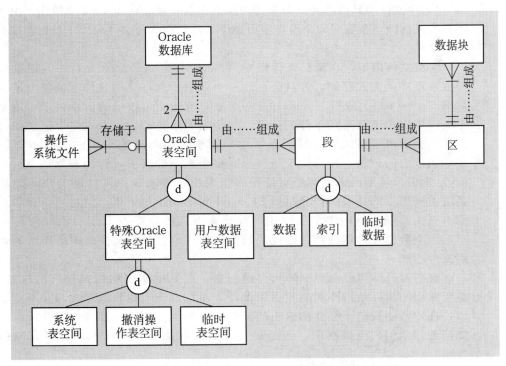

图 5—6 Oracle 11g 环境中的 DBMS 术语

☐ 文件组织

文件组织（file organization）是在二级存储设备上安排文件记录的技术。对于现代关系型 DBMS，你不必设计文件组织，但你可能允许为表或物理文件选择组织方式及其参数。在为数据库中一个特定文件选择文件组织时，你应该考虑下列 7 个重要因素：

（1）快速数据检索。

（2）数据输入处理和事务维护的高吞吐量。

（3）存储空间的高效使用。

（4）故障或数据丢失的保护。

（5）最大限度地减少重组需求。

（6）适应性的增长。

（7）未授权使用的安全性。

通常这些目标会发生冲突，你必须选择一个文件组织，以提供可用资源范围内各项原则间的合理平衡。

在本章中，我们考虑以下类型的基本文件组织：顺序、索引和哈希。图 5—7 显示了以大学运动队绰号为例的 3 种组织结构。

顺序文件组织　**顺序文件组织**（sequential file organization）中，文件中的记录按照一个主码值的顺序存储（参见图 5—7（a））。为了找到特定的记录，通常必须从开头扫描文件，直到定位到所需的记录。顺序文件的一个常见例子，是在电话号码本的空白页中按字母顺序排列的人名列表（忽略电话号码本中任何可能包含的索引）。顺序文件与其他两种类型文件的能力比较，稍后在表 5—3 中给出。由于它们不具有灵活性，在数据库中没有使用顺序文件，但这种文件可用于数据库中数据的备份文件。

索引文件组织　在**索引文件组织**（indexed file organization）中，记录采取顺序或非顺序的方式存储，并且会创建一个索引，允许应用软件定位单个记录（参见图 5—7（b））。**索引**（index）是一个表，就像图书馆中的卡片目录，用来在一个文件中定位满足某些条件的记录。每个索引条目都与一个或多个记录的键值相匹配。索引可以指向唯一的记录（主码索引，如产品记录中的 ProductID 字段）或一条以上的记录。允许每个条目指向多个记录的索引，称为**辅助码**（secondary key）索引。辅助码索引对于支持很多报表应用需求和提供特别的快速数据检索是很重要的。产品表的产品材质 ProductFinish 列上的索引，就是一个例子。因为索引在关系型 DBMS 中广泛使用，并且索引列的选择以及索引项如何存储都将严重影响数据库处理性能，因此，我们会比其他类型的文件组织更详细地讨论索引文件组织。

有些索引结构影响表中的行存储位置，而其他索引结构则与行的位置无关。由于索引的实际结构不影响数据库设计，而且对于编写数据库查询并不重要，所以，在本章中我们不会介绍索引的实际物理结构。因此，图 5—7（b）应该视为如何使用索引的逻辑视图，而不是关于数据在某种索引结构中如何存储的物理视图。

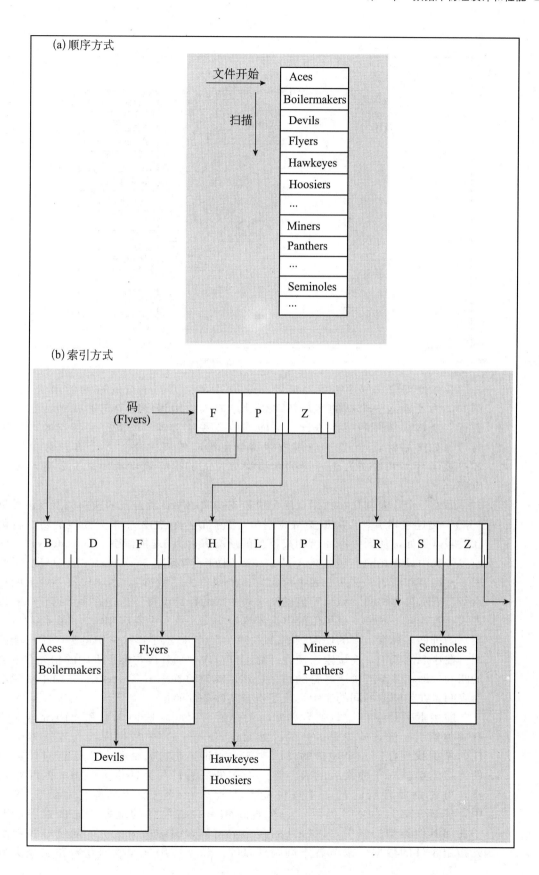

续前表

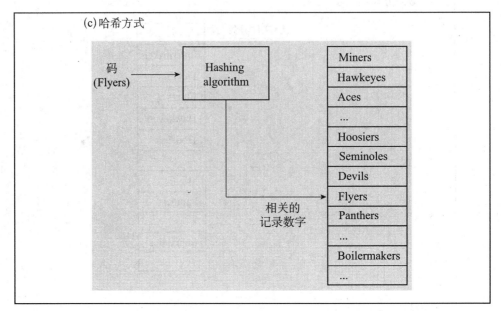

图 5—7　文件组织比较

　　事务处理应用程序需要对涉及一个或几个相关表中行的查询做出快速反应。例如，为了输入一个新的客户订单，订单输入应用程序需要迅速找到特定客户的表行、所购买部件的一些表行、可能其他一些基于客户所需产品特点的产品表中的行（如产品材质），然后应用程序需要在相应的表中添加一个客户订单和一个客户装运行。到目前为止讨论的索引类型，能够很好地支持搜索少数特定表行的应用。

　　另外一个，尤其是在数据仓库和决策支持应用中日益普及的索引类型（请参见第9 章），是连接索引。在决策支持应用中，数据访问往往要非常大的表的所有行都相互关联（例如，从同一家商店购买物品的所有顾客）。**连接索引**（join index）是两个或多个表中具有相同值域的列上的索引。例如，考虑图 5—8（a），图中显示了两个表——顾客和商店。这两个表中都含有一个列称为"城市"。在"城市"列上的连接索引，表示具有相同"城市"值的两个表中行的行标识符。由于许多数据仓库的设计方式，查找同一城市（或类似的多个维度事实交叉点）中商店和顾客的共性数据（事实）的查询，具有很高的使用频率。图 5—8（b）显示了连接索引的另一个可能的应用。在这个例子中，连接索引预先计算了订单表中的外码与客户表中的相关客户之间的匹配（即，关系连接运算符的结果，该运算符将在第 6 章中讨论）。简单地说，索引表明了在相同或不同的表中发现了符合某些条件的行。

　　连接索引是在行加载到数据库时创建的，因此，这种索引和前面所讨论的所有其他索引一样，始终是最新的。如果图 5—8（a）中数据库没有连接索引，则任何希望找到在同一个城市的商店和客户查询，都要在查询每次运行时计算相同的连接索引。对于非常大的表，将一个表的所有行与另一个大表中的匹配行相连接，可能是非常费时的，并且可能大大延迟在线查询的响应。在图 5—8（b）中，连接索引为 DBMS 提供了一个查找相关表行信息的地方。连接索引，类似于任何其他类型的索引，以额外的存储空间和索引维护为代价，通过寻找满足预先指定条件的数据，来节省查询处理时间。新型应用（如数据仓库和在线决策支持）中数据库的使用，正导致新类型索引的发展。我们鼓励你去深入研究你所使用的数据库管理系统的索引功能，目的是完全了解何时使用每个类型的索引，以及如何优化索引结构的性能。

(a) 一般非码列的连接索引

Customer

RowID	Cust#	CustName	City	State
10001	C2027	Hadley	Dayton	Ohio
10002	C1026	Baines	Columbus	Ohio
10003	C0042	Ruskin	Columbus	Ohio
10004	C3861	Davies	Toledo	Ohio
...				

Store

RowID	Store#	City	Size	Manager
20001	S4266	Dayton	K2	E2166
20002	S2654	Columbus	K3	E0245
20003	S3789	Dayton	K4	E3330
20004	S1941	Toledo	K1	E0874
...				

Join Index

CustRowID	StoreRowID	Common Value*
10001	20001	Dayton
10001	20003	Dayton
10002	20002	Columbus
10003	20002	Columbus
10004	20004	Toledo
...		

　　带有 * 号的这一列可以包含也可以不包含，根据需要而定。连接索引可以按 3 个列中的任意一列排序。有时可以创建两个连接索引，一个如上所示，而另一个是两个 RowID 颠倒顺序。

图 5—8　连接索引

　　哈希文件组织　在**哈希文件组织**（hashed file organization）中，每条记录的地址都是通过使用哈希算法确定（请参见图 5—7 (c)）。**哈希算法**（hashing algorithm）是一种将键值转换成记录地址的例程。虽然有几种形式的哈希文件，但在大多数情况下，记录的地址是非连续的，一般由哈希算法指定。因此，一般不进行顺序数据处理。

　　典型哈希算法使用的技术是，用一个合适的素数除以每个主码的值，然后使用除法的余数作为相对存储位置。例如，假设一个组织拥有约 1 000 名雇员记录要存储在磁盘上。合适的素数是 997，因为它接近 1 000。现在考虑雇员 12 396 的记录。当我们用 997 除以这个数字时，余数是 432。因此，这个记录是存储在文件中的第 432 号区域。除法/

余数方法中，可能发生两个或两个以上的键哈希到相同地址的情况（称为"哈希冲突"），因此必须使用另外一种技术（这里不讨论）来解决这种重复（或溢出）问题。

（b）匹配外码（FK）和主码（PK）的连接索引

Order

RowID	Order#	Order Date	Cust#（FK）
30001	O5532	10/01/2001	C3861
30002	O3478	10/01/2001	C1062
30003	O8734	10/02/2001	C1062
30004	O9845	10/02/2001	C2027
...			

Customer

RowID	Cust#（PK）	CustName	City	State
10001	C2027	Hadley	Dayton	Ohio
10002	C1062	Baines	Columbus	Ohio
10003	C0042	Ruskin	Columbus	Ohio
10004	C3861	Davies	Toledo	Ohio
...				

Join Index

CustRowID	OrderRowID	Cust#
10001	30004	C2027
10002	30002	C1062
10002	30003	C1062
10004	30001	C3861
...		

图5—8　连接索引（续）

　　哈希的一个严重局限性是，因为数据表行的位置由哈希算法决定，只有一个键可以用于基于哈希的（存储和）检索。哈希和索引可以结合成所谓的哈希索引表来克服这个限制。**哈希索引表**（hash index table）使用哈希将键映射到索引（有时也称为散列索引表）中的位置，该位置上有一个**指针**（pointer）（一个数据字段，给出可用于找到相关字段或记录数据的目标地址）指向匹配该哈希键的实际数据记录。该索引是哈希算法的目标，但是实际数据却存储在哈希所生成地址之外的的其他位置。由于哈希产生了索引中的一个位置，所以表行可以独立于哈希地址存储，可以使用任何有意义的数据表文件组织（例如，顺序的或第一个可用的空间）。因此，正如除了最纯的哈希方案之外的其他索引方案，索引表中可以有几个主码和辅助码，每个码使用各自的哈希算法和索引，但共享一个数据表。

此外，因为索引表比数据表小得多，因此，就减少键值冲突或溢出可能性的设计而言，索引比耗费空间的数据表更容易。此外，索引的额外存储空间提高了灵活性和数据检索的速度，同时也增加了存储和维护索引空间的开销。哈希索引表的另一个用途，是用于一些数据仓库使用的并行处理数据库技术中。在这种情况下，DBMS 可以在所有存储设备上均匀地分布数据表行，以在并行处理器之间公平地分配工作，同时使用哈希和索引迅速找到数据存储的处理器。

如前所述，DBMS 将负责处理哈希文件组织的所有管理工作。你不必关心溢出处理、索引访问或哈希算法。你作为一个数据库设计者，重要的是要了解不同文件组织的特性，以便你能够针对正在设计的数据库和应用所需要的数据库处理类型，选择最合适的一种文件组织。此外，理解 DBMS 所使用文件组织的性质，可以帮助查询设计者在写查询时充分利用文件组织的这些特性。正如你将在第 6 章和第 7 章中看到的，许多查询在 SQL 中可以有多种表达，但是，不同的查询结构，可能会导致DBMS 在执行查询时所采用的步骤有很大差异。如果你知道 DBMS 如何使用文件组织（例如，它何时以及如何使用了哪些索引，以及它何时使用哈希算法），则你可以设计出更好的数据库和更高效的查询。

三个文件组织类型，覆盖了在设计物理文件和数据库时涉及的大部分文件组织。虽然使用附录 C 中所列的数据结构可以建立更复杂的结构，但是你未必能够在数据库管理系统中使用这些结构。

表 5—3 总结了顺序、索引和哈希文件组织的相应特点。你应该查看此表并研究图 5—7，以理解为什么每个比较的特点是真实的。

表 5—3 不同文件组织的特点比较

因素	文件组织		
	顺序	索引	哈希
存储空间	没有浪费的空间	没有浪费的数据空间，但有额外的索引空间	可能需要额外的空间，使最初记录集合在被加载后能够进行记录的添加和删除
主码上的顺序检索 主码上的随机检索	非常快 不切实际	速度中等 速度中等	不切实际，除非使用哈希索引 非常快
多键检索	可能，但需要扫描整个文件	对于多索引速度非常快	不可能，除非使用哈希索引
删除记录	可能产生浪费的空间，或需要重组	如果空间可动态分配，则容易实现，但需要维护索引	很容易
添加新记录	需要重写文件	如果空间可动态分配，则容易实现，但需要维护索引	很容易，但若多个键具有相同地址，则需要额外的工作
更新记录	通常需要重写文件	容易，但需要维护索引	很容易

□ 聚集文件

一些数据库管理系统允许使相邻的二级存储空间包含几个表中的行。例如，在 Oracle 中，一个、两个或更多表中经常进行连接的行往往在一起存储，以使他们共享相同的数据块（最小的存储单元）。聚集是由表以及表连接经常使用的一个或多个列定义的。例如，客户表和客户订单表可以通过共同的 CustomerID 值进行连接，或者报价表 PriceQuote 中的行（该表包含了从供应商处购买部件的价格）可能会与部件表通过共同的 ItemID 值聚集在一起。聚集与正常的将不同文件分配到磁盘的不同区域方式相比，降低了访问相关记录的时间。时间会减少，因为与记录存储在磁盘不同区域的不同文件中相比，这种方式中相关记录彼此之间相距更近。定义表只在一个群集上存储，只减少了存储在同一个聚集上的那些表的检索时间。

下面的 Oracle 数据库定义命令显示了如何定义聚集，以及如何将表分配到聚集上。首先，指定聚集（相邻的磁盘空间），如下面的例子所示：

```
CREATE CLUSTER Ordering（CustomerID CHAR（25））;
```

名称 Ordering 命名了聚集空间，属性 CustomerID 指定了具有共同值的属性。

接着，在创建表时将表分配到聚集，如下面的例子所示：

```
CREATE TABLE Customer_ T（
   CustomerID                VARCHAR2（25）NOT NULL，
   CustomerAddress           VARCHAR2（15）
   ）
   CLUSTER Ordering（CustomerID）;
CREATE TABLE Order_ T（
   OrderID                   VARCHAR2（20）NOT NULL，
   CustomerID                VARCHAR2（25）NOT NULL，
   OrderDate                 DATE
   ）
   CLUSTER Ordering（CustomerID）;
```

聚集中记录的访问，在 Oracle 中可以通过指定聚集键上的索引或聚集键上的哈希函数进行。选择索引聚集或哈希聚集的原因，与索引文件和哈希文件的选择原因相类似（请参见表 5—3）。当记录变动比较少时最好使用聚集记录。当记录经常被添加、删除和改变时，可能会出现浪费的空间，并且在记录的初始装载后（相当于定义聚集），可能很难把彼此相关的记录靠近存储。然而，对于经常在同一查询和报表中一起使用的表，如果要提高性能，则聚集是一种可选的文件组织。

☐ 设计文件控制

数据库文件的另一个设计选择是文件控制类型，文件控制是用来保护文件免遭破坏或污染，或在文件被损坏时用来重建文件。因为数据库文件是以 DBMS 专有的格式存储的，有一个基本的访问控制。你可能需要对字段、文件或数据库进行额外的安全控制。我们将在第 11 章中详细讲解这些选项。简要地说，文件可能损坏，所以关键是具有迅速恢复损坏文件的能力。备份程序提供了文件和更改文件的事务的副本。当一个文件损坏时，文件副本或当前文件以及事务的日志，可用来把文件恢复到一个正确的状态。在安全方面，最有效的方法是加密文件的内容，这样只有能够访问解密例程的程序，才能看到该文件的内容。同样，这些重要的问题，将在稍后的第 11 章学习数据和数据库管理活动时覆盖。

使用和选择索引

　　大多数数据库操作需要定位满足一些条件的行（或行的集合）。鉴于现代数据库 TB 级的规模，不借助于任何帮助来定位数据，就像"在大海里捞针"，或用更现代的话来说，就像不使用强大的搜索引擎搜索互联网。例如，我们可能会在一个给定的邮政编码中检索所有客户，或检索某个特定专业的全体学生。扫描表中的每一行来寻找所需的行，可能会慢得令人无法接受，尤其是对于现实应用中经常出现的表很大的情况。如前所述，使用索引可以大大加快这一进程，而定义索引是数据库物理设计的一个重要组成部分。

　　正如在索引一节中所描述的，可以为主码或辅助码，以及主码加辅助码创建文件上的索引。为每个表的主码创建索引是很典型的。索引自身是一个包含两个列的表：键以及包含该键值的一个或多个记录的地址。对于每个主码码值，索引中将只会有一个条目。

☐ 创建唯一键索引

　　在聚类一节中定义的 Customer 表有主码 CustomerID。可以通过以下 SQL 命令在该字段上创建唯一键索引：

```
CREATE UNIQUE INDEX CustIndex_ PK ON Customer_ T （CustomerID）；
```

　　在此命令中，CustIndex_PK 用来存储索引项的索引文件名称。ON 子句指定被索引的表以及作为索引键的一个或多个列。执行此命令时，客户表中的任何现有记录都会被索引。如果 CustomerID 有重复的值，则 CREATE INDEX 命令将失败。一旦创建了索引，DBMS 将拒绝 CUSTOMER 表中任何违反 CustomerID 上唯一性约束的数据插入或更新。请注意，每个唯一索引都为 DBMS 带来了开销，DBMS 需要对有唯一键索引的表，在每次进行行的插入或更新操作时验证唯一性。我们将在后面介绍何时创建索引时，再次讨论这个问题。

　　当存在组合唯一键时，你只需在 ON 子句中列出唯一键的所有元素。例如，客户订单的项目表可能有一个由 OrderID 和 ProductID 组成的组合唯一键。为 OrderLine_T 表创建这个索引的 SQL 命令如下：

```
CREATE UNIQUE INDEX LineIndex_ PK ON OrderLine_ T （OrderID，ProductID）；
```

☐ 创建辅助（非唯一）码索引

　　数据库用户经常要基于主码以外的各种属性值检索关系的行。例如，在产品 Product 表中，用户可能要检索满足下列条件的任意组合的记录：

- 所有桌子产品（Description ＝ "Table"）

- 所有橡木家具（ProductFinish ＝ "Oak"）
- 所有餐厅家具（Room ＝ "DR"）
- 所有售价低于 500 美元的家具（Price ＜ 500）

为了加快这样的检索，可以在检索条件中的每个属性上定义一个索引。例如，可以用下列 SQL 命令，创建 Product 表的 Description 字段上的非唯一索引：

```
CREATE INDEX DescIndex_ FK ON Product_ T （Description）；
```

请注意，UNIQUE 一词不要和辅助（非唯一）码属性一起使用，因为该属性的每个值都可能会重复。正如唯一码，辅助码索引可以建立在属性组合之上。

□ 何时使用索引

在数据库物理设计过程中，你必须选择创建索引所使用的属性。在使用索引提高检索性能和索引记录的插入、删除与更新所导致的性能下降（因为大量的索引维护开销）之间，有一个权衡问题。因此，对于主要支持数据检索的数据库，索引应该广泛使用，如决策支持和数据仓库应用。对于支持事务处理和其他包含大量更新要求的数据库，索引应该明智地使用，因为索引施加了额外的开销。

以下是为关系型数据库选择索引的一些经验法则：

（1）索引在较大的表上最有用。

（2）为每个表的主码指定唯一索引。

（3）索引对于经常在 SQL 命令的 WHERE 子句中出现的列是最有用的，这些列用来限定选择的行（WHERE ProductFinish ＝ "Oak"，则 ProductFinish 上的索引将提高检索的速度），或用来连接表（例如，WHERE Product _ T. ProductID ＝ OrderLine _ T. ProductID，则 OrderLine _ T 表中 ProductID 上的辅助码索引和 Product _ T 表的 ProductID 上的主键索引，将会改进检索性能）。在后一种情况中，索引是建立在 OrderLine _ T 表中用来进行连接的外码之上的。

（4）对于在 ORDER BY（排序）和 GROUP BY（分类）子句中引用的属性使用索引。但是，对于这些子句你必须要小心。确定 DBMS 会真的使用这些子句中所出现属性的索引（例如，Oracle 使用 ORDER BY 子句中属性的索引，但不使用 GROUP BY 子句中属性的索引）。

（5）对取值上有各种显著变化的属性使用索引。Oracle 指出，当属性有 30 个以下的不同取值时，索引是没有用的，而当属性有 100 个或更多的不同取值时，索引肯定是有益的。同样，只有使用索引的查询结果不超过文件中记录总数的大约 20%，使用索引才有用（Schumacher，1997）。

（6）在长值字段上创建索引之前，首先考虑建立这些值的压缩版本（用替代码编码该字段），然后在编码后的版本上建索引（Catterall，2005）。从长值索引字段创建的大索引的处理速度，可能要慢于小索引。

（7）如果索引的键用来确定记录保存的位置，那么这个索引键应该是一个替代码，这样会使记录均匀地分布在整个存储空间中（Catterall，2005）。很多 DBMS 都创建一个序列号，这样每个添加到表的新行会分配到序列中的下一个数字，序列号通常足以支持替代码的创建。

（8）检查你的 DBMS，明确每个表所允许索引的数量限制（如果有的话）。有些系统允许不超过 16 个索引，并可能会限制索引键值的大小（例如，每个组合值不超过 2 000 字节）。如果你的系统有这样的限制，你将不得不选择那些最有可能致使性能改善的辅助码。

（9）小心有空值的索引属性。对于许多 DBMS，有空值的行不会被索引指向（所以它们不能通过属性＝ NULL 的索引搜索发现）。这种搜索将需要通过扫描文件实现。

选择索引可以说是最重要的数据库物理设计决策，但它不是可以提高数据库性能的唯一方法。其他途径解决的问题包括：降低记录迁移成本、优化文件中多余或所谓自由空间的使用，以及优化查询处理算法等。（关于提高数据库物理设计和效率的这些其他方法的讨论，请参见 Viehman（1994）。）我们将在本章下面一小节中简要讨论查询优化的话题，因为这样的优化可以用来支配 DBMS 如何使用某些数据库设计选项，这些选项被人们预计在大多数情况下将改善数据处理的性能。

设计最佳查询性能的数据库

当今数据库物理设计的主要目的是优化数据库处理性能。数据库处理包括添加、删除和修改数据库，以及各种数据检索活动。对于检索操作量大于维护操作量的数据库，优化数据库的查询性能（为最终用户产生在线或离线的预期和特定的屏幕和报表）是首要目标。本章已经覆盖了你为调整数据库设计以满足数据库查询需求所做的大部分决定（聚集、索引、文件组织等）。在本章最后一节中，我们将并行查询处理作为其他高级数据库设计和处理选项介绍，该选项目前在很多 DBMS 都可用。

数据库设计人员需要投入的查询性能优化工作量，很大程度上依赖于 DBMS。由于熟练的数据库开发者成本很高，数据库和查询设计开发人员必须做的越少，则数据库使用和开发的开销越低。某些 DBMS 对于数据库设计者或查询编制人员，在如何处理查询或在优化数据读取和写入的数据物理位置方面，给予很少的控制。其他系统则给应用开发人员相当多的控制，并且为了优化数据库设计和查询结构以获得可接受的性能，通常需要大量的工作。有时，工作量不尽相同并且设计选项也非常精细，良好的性能是可以实现的。当数据操作工作量相当集中的情况，比如说，对于数据仓库，那里有一些批量更新和非常复杂的查询，要求数据库大的分段，在这种情况下，性能可以通过 DBMS 中的智能查询优化器，或智能数据库和查询设计，或两者的结合得到很好的优化。例如，Teradata 数据库管理系统就为数据仓库环境中的并行处理进行了高度优化。此时，数据库设计者或查询编制人员很少能够提高 DBMS 存储和处理数据的能力。但是，这种情况是罕见的，因此数据库设计者为了提高数据库的处理性能，还是要注重考虑各种选项。第 7 章将为编写有效查询提供其他的指引。

并行查询处理

在过去的几年中，计算机体系结构的主要变化之一，是在数据库服务器中增加使用多处理器。数据库服务器经常使用对称多处理器（symmetric multiprocessor，SMP）技术（Schumacher，1997）。为了利用这种并行处理能力，一些最先进的数据库管理系统包含了并行处理策略，即将查询分解为可以由相关处理器并行处理的若干模块。最常见的方法是复制查询，使每个查询副本在数据库的一部分数据上运行，通常是水平分割（即行集）。分割需要由数据库设计者事先定义。相同的查询针对每个分割的数据，在单独的处理器上并行运行，而每个处理器的中间结果被结合在一起形成最终查询结果，就好像查询是运行于整个数据库之上的。

假设你有一个包含几百万行记录的订单表，其查询性能一直很慢。为了确保此表随后的扫描在至少三个处理器上并行执行，你需要使用下列 SQL 命令改变该表的结构：

```
ALTER TABLE Order_ T PARALLEL 3;
```

你需要调整每个表的最佳并行度，因此，多次更改表直至找到合适的并行度，这种情况并不少见。

并行查询处理速度可以让人印象深刻。Schumacher（1997）给出了一次测试的报告，测试中发现，并行处理与使用普通表扫描方式相比，执行一个查询的时间削减了一半。因为索引是一个表，索引也可以被定义为并行结构，这使索引的扫描速度加快。Schumacher（1997）再一次给出了例子，显示通过并行处理来创建索引的时间，大约从 7 分钟减少到 5 秒钟！

除了表扫描，查询的其他因素也可以并行处理，如某些类型的相关表连接，对查询结果进行分类，把查询结果的几个部分结合在一起（称为合并（union）），行排序，以及计算汇总值。行的更新、删除和插入操作也可以并行处理。此外，一些数据库创建命令的性能可以通过并行处理提高，其中包括创建和重建索引以及从数据库的数据中创建表。Oracle 环境必须预先配置一个规格说明，指定存在的虚拟并行数据库服务器的数量。一旦配置好，查询处理器对于任何命令将决定采取它认为是最好的并行处理。

有时并行处理对于数据库设计者或查询编制者是透明的。在某些 DBMS 中，DBMS 中决定如何处理查询的部分——查询优化器，根据数据库物理规格和数据的特点（例如，符合条件属性的不同值的数目），确定是否利用并行处理能力。

☐ 重写自动查询优化

有时，查询编制者知道（或能够认识到）可能被 DBMS 的查询优化模块忽略或其未知的有关查询的关键信息。根据手头的这些关键信息，查询编制者可能有更好的处理查询的想法。但是在你作为查询编制者知道有一个更好的办法之前，你要知道查询优化器（通常选择一个查询处理计划，该计划将减少预期的查询处理时间或成本）将如何处理查询。对于你之前没有提交过的查询，尤其要这样。幸运的是，对于大多数关系数据库管理系统，你可以在运行查询前了解查询处理的优化方案。诸如 EXPLAIN 或 EXPLAIN PLAN 的命令（确切的命令随着 DBMS 的不同而不同），将显示查询优化器如何访问索引、如何使用并行服务器，以及如何连表以获取查询结果。如果你在真正的关系命令前面使用了解释子句，查询处理器将显示处理查询的逻辑步骤，并且在实际访问数据库之前停止处理。查询优化器基于对每

个表的统计数据，如平均行长度和行数，选择最好的计划。强制 DBMS 计算关于
数据库的最新统计（例如，Oracle 的 ANALYZE 命令）以获得查询开销的准确估
计，可能是必要的。在查询中，你可以提交几个以不同的方式书写的 EXPLAIN 命
令，来观察优化器是否预测出不同的性能。然后，你可以把具有最佳预测处理时间
的查询形式作为实际处理提交，或者你可能决定不提交该查询，因为它的运行开销
太大。

你可以看到提高查询处理性能的这样一种方式。在某些 DBMS 中，可以强迫
DBMS 以其他的方式执行操作步骤，或以不同于优化器认为的最好的计划来使用
DBMS 的功能，如并行服务器。

例如，假设我们要计算一个特定的销售代表史密斯所处理的订单数量。在 Oracle
中，只有当扫描表时才启动并行表处理，而通过索引访问表不能使用这个功能。因
此，在 Oracle 中，我们可能要强制全表扫描以及并行扫描。此查询的 SQL 命令将
如下：

```
SELECT /* + FULL（Order_ T）PARALLEL（Order_ T，3)* / COUNT（*）
FROM Order_ T
WHERE Salesperson = "SMITH"；
```

/＊＊/分隔符内的子句是对 Oracle 的提示。这个提示重写了 Oracle 将要自然创
建的该查询的查询计划。因此，提示是特定于每个查询的，但在使用这些提示之前，
必须首先改变将被并行方式处理的表的结构。

本章回顾

关键术语

数据类型　data type
去规范化　denormalization
区　extent
字段　field
文件组织　file organization
哈希索引表　hash index table
哈希文件组织　hashed file organization
哈希算法　hashing algorithm
水平分割　horizontal partitioning
索引　index

索引文件组织　indexed file organization
连接索引　join index
物理文件　physical file
指针　pointer
辅助码　secondary key
顺序文件组织　sequential file organiza-
tion
表空间　tablespace
垂直分割　vertical partitioning

复习题

1. 对比下列术语：
   a. 水平分割，垂直分割
   b. 物理文件，表空间
   c. 规范化，去规范化

d. 范围控制，空值控制

e. 辅助码，主码

2. 数据库物理设计中，关键的决策是什么？

3. 要建立一个字段规范，需要做出什么决定？

4. 为字段选择数据类型的目标是什么？

5. 为什么有时将字段值编码？

6. 描述处理缺失字段值的三种方式。

7. 解释为什么规范化关系可能不包含高

效的物理实现结构。

8. 列举三种常见的在数据库实现之前将关系去规范化的情况。

9. 水平分割与垂直分割的优点和缺点分别有哪些？

10. 列出选择文件组织时的 7 个重要标准。

11. 索引的好处是显而易见的。为什么你不会给数据库中每个表的每个列都创建一个索引呢？

问题和练习

1. 考虑 Millennium 学院的下列两个关系：

STUDENT （StudentID，StudentName，
　　CampusAddress，GPA）
REGISTRATION （StudentID，CourseID，Grade）

以下是对这些关系的典型查询：

SELECT Student_ T. StudentID，StudentName，
　　CourseID，Grade
FROM Student_ T，Registration_ T
　　WHERE Student_ T. StudentID=
　　　　Registration_ T. StudentID
　　AND GPA> 3. 0
ORDER BY StudentName；

a. 为了提高查询的速度，应该在什么属性上定义索引？对于所选择的每个属性，解释选择的原因。

b. 为问题 a 中所选择的每个属性，写出创建索引的 SQL 命令。

2. 假设你正在为你所在大学的学生记录设计年龄字段的缺省值。你会考虑什么样的可能值？为什么？学生的其他特性如所在学院或攻读的学位，会使缺省值发生怎样的变化？

3. 考虑一家大型零售连锁店数据库中的下列规范化关系：

STORE （StoreID，Region，ManagerID，SquareFeet）
EMPLOYEE （EmployeeID，WhereWork，Employ-
eeName，
　　EmployeeAddress）
DEPARTMENT （departmentID，ManagerID，Sales-
Goal）
SCHEDULE（DepartmentID，EmployeeID，Employee-
ID，Date）

在为这个数据库定义物理记录时，这些关系可以进行怎样的去规范化？在什么情况下，你会考虑创建这样的去规范化记录？

4. 假设一个大学数据库的学生表在学生 ID（主码）上建立了索引，并且在专业、年龄、婚姻状况和家庭邮政编码（所有的辅助码）上都建立了索引。此外，假设该大学想要找出 MIS 或计算机科学专业、25 岁以上、已婚，或计算机工程专业、单身、邮编为 45462 的学生名单。如何使用索引，使得只有满足这个条件的记录才被访问？

5. 考虑图 5—7（b）。假设在该索引叶子上的空行，显示了新记录可存储的空间，解释 Sooners 记录的保存位置。Flashes 记录将被存储在哪里？当要在一个叶子上添加新记录，而该叶子已满，此时会发生什么？

6. 文件在填充记录以后，这些文件还可以进行聚集吗？为什么？

7. 为图 4—4 中的 Customer _ T 表和 Order _ T 表，创建一个 CustomerID 字段上的连接索引。

8. 考虑如图 3—12 所示的松树谷家具公司的 EER 图。图 5—9 是该 EER 图的一部分。我们对系统的平均使用情况做一些

假设：

● 有 50 000 客户，其中 80％表示普通账户，20％是国家账户。

● 目前，该系统存储 800 000 订单，而且这个数字也在不断变化。

● 每个订单平均包含 20 个产品。

● 有 3 000 个产品。

● 每小时大约会提交 500 个订单。

a. 基于这些假设，为这部分 EER 图画出使用图。

b. 管理层希望员工只使用这个数据库。你看到任何可以去规范化的关系了吗？

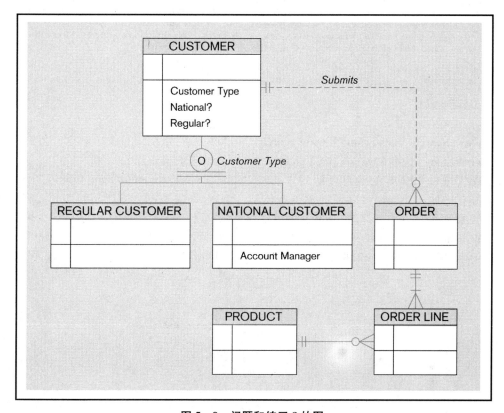

图 5—9 问题和练习 8 的图

参考文献

Babad, Y. M., and J. A. Hoffer. 1984. "Even No Data Has a Value." *Communications of the ACM* 27,8 (August): 748–56.

Bieniek, D. 2006. "The Essential Guide to Table Partitioning and Data Lifecycle Management." *Windows IT Pro* (March) accessed at **www.windowsITpro.com**.

Brobst, S., S. Gant, and F. Thompson. 1999. "Partitioning Very Large Database Tables with Oracle8." *Oracle Magazine* 8,2 (March–April): 123–26.

Catterall, R. 2005. "The Keys to the Database." *DB2 Magazine* 10,2 (Quarter 2): 49–51.

Finkelstein, R. 1988. "Breaking the Rules Has a Price." *Database Programming & Design* 1,6 (June): 11–14.

Hoberman, S. 2002. "The Denormalization Survival Guide—Parts I and II." Published in the online journal *The Data Administration Newsletter*, found in the April and July issues of Tdan.com; the two parts of this guide are available at **www.tdan.com/i020fe02.htm** and **www.tdan.com/i021ht03.htm**, respectively.

Inmon, W. H. 1988. "What Price Normalization." *ComputerWorld* (October 17): 27, 31.

Pascal, F. 2002a. "The Dangerous Illusion: Denormalization, Performance and Integrity, Part 1." *DM Review* 12,6 (June): 52–53, 57.

Pascal, F. 2002b. "The Dangerous Illusion: Denormalization, Performance and Integrity, Part 2." *DM Review* 12,6 (June): 16, 18.

Rogers, U. 1989. "Denormalization: Why, What, and How?" *Database Programming & Design* 2,12 (December): 46–53.

Schumacher, R. 1997. "Oracle Performance Strategies." *DBMS* 10,5 (May): 89–93.

Viehman, P. 1994. "Twenty-four Ways to Improve Database Performance." *Database Programming & Design* 7,2 (February): 32–41.

延伸阅读

Ballinger, C. 1998. "Introducing the Join Index." *Teradata Review* 1,3 (Fall): 18–23. (Note: *Teradata Review* is now *Teradata Magazine*.)

Bontempo, C. J., and C. M. Saracco. 1996. "Accelerating Indexed Searching." *Database Programming & Design* 9,7 (July): 37–43.

DeLoach, A. 1987. "The Path to Writing Efficient Queries in SQL/ DS." *Database Programming & Design* 1,1 (January): 26–32.

Elmasri, R., and S. Navathe. 2006. *Fundamentals of Database Systems*, 5th ed. Menlo Park, CA: Benjamin Cummings.

Loney, K., E. Aronoff, and N. Sonawalla. 1996. "Big Tips for Big Tables." *Database Programming & Design* 9,11 (November): 58–62.

Oracle. 2008. *Oracle SQL Parallel Execution*. An Oracle White Paper, June 2008. Available at **www.oracle.com/technology/ products/bi/db/11g/pdf/twp_bidw_parallel_execution_ 11gr1.pdf**

Roti, S. 1996. "Indexing and Access Mechanisms." *DBMS* 9,5 (May): 65–70.

网络资源

www. SearchOracle. com 与 **www. Search SQLServer. com** 这些网站上包含了多种关于数据库管理和 DBMS 的信息。新的"技巧"每天都会增加，并且你可以预定发布新技巧的提醒服务。很多技巧都涉及如何通过更好的数据库和查询设计，来改善系统性能。

www. tdan. com 《数据管理通讯》的网站，它定期发布关于数据开发和设计各方面技术的文章。

www. teradata. com/tdmo/ 关于 NCR Teradata 数据仓库产品的期刊，它包含了数据库设计的文章。你可以在这个网站上搜索本章中的关键词，如"join index"（连接索引），就会发现关于该主题的很多文章。

第 IV 篇

实 现

- SQL 入门
- 高级 SQL
- 数据库应用开发
- 数据仓库

第 Ⅳ 篇讨论了与关系系统实现相关的主题，包括支持 Web 的互联网应用和数据仓库。数据库实现，如第 1 章中所指出的，包括数据库处理程序编码和测试，完成数据库文档和培训材料，安装数据库，以及必要时从以前的系统进行数据转换。在这里，是我们已经准备的系统开发生命周期中的最后一点。我们前面的活动——企业建模、概念数据建模，以及逻辑和物理数据库设计，都是必要的先期阶段。在实施阶段结束时，我们期待一个满足用户信息需求的运行系统。之后，系统将投入生产使用，并且数据库维护对于系统的生存将是很必要的。第 Ⅳ 篇的章节，将有助于对实现数据库系统的复杂性和挑战建立初步认识。

第 6 章介绍结构化查询语言（SQL），SQL 已成为创建和处理关系数据库的标准语言（尤其是在数据库服务器上）。除了简短的历史，包括目前大多数 DBMS 使用的 SQL：1999 完整的介绍，以及许多关系系统实现的 SQL：200n 标准的讨论，还对 SQL 的语法进行了分析阐述。包括了用来创建数据库的数据定义语言（data definition language，DDL）命令，以及用于查询数据库的单表数据操作语言（data manipulation language，DML）。动态和物化视图也在本章中介绍，它们将用户的环境限制为完成用户工作所需的相关表格。

第 7 章继续介绍高级的 SQL 语法和结构，包括多表查询、子查询和相关子查询。这些功能为 SQL 提供了更强的能力。事务完整性的问题以及数据字典构造的解释，将 SQL 置于更广泛的背景。其他的编程功能，包括触发器和存储过程，以及将 SQL 嵌入到其他编程语言程序中，进一步展示了 SQL 的功能。联机事务处理（online transaction processing，OLTP）与 SQL：1999 和 SQL：200n 的联机分析处理（online analytical processing，OLAP）的对比，访问数据仓库需要的 OLAP 查询，都在这一章中介绍。这一章还提供了编写和测试从简单到更复杂的各种查询的策略。

第 8 章讨论了客户/服务器体系结构、应用软件、中间件以及当代数据库环境中的数据库访问方法。还介绍了创建两层和三层应用的常用技术，并且使用了样本应用程序展示如何从流行的编程语言，如 Java，VB. NET，ASP. NET，JSP 和 PHP，访问数据库。本章还扩展呈现了在数据存储和检索领域新兴的可扩展标记语言（Extensible Markup Language，XML）及其相关技术。涵盖的主题包括 XML 模式、XQuery、XSLT、Web 服务和面向服务的架构（service-oriented architecture，SOA）的基本要素。

第 9 章介绍了数据仓库的基本概念，解释了为什么数据仓库会被认为是许多组织取得竞争优势的关键，以及数据仓库独特的数据库设计活动和结构。介绍的主题包括，可供选择的数据仓库体系结构、数据仓库的数据类型、数据集市的立体数据模型（星型模式）。这一章还解释和说明了数据集市的数据库设计，包括替代码、事实表粒度、建模日期和时间、一致的维度、无事实的（factless）事实表和辅助/层次/参照表等。

正如这个简短的章节提要所展示的，第 Ⅳ 篇提供了实现数据库应用所涉及问题的概念理解，以及构建一个数据库原型必要步骤的初步认识。对于通用策略的介绍，如客户/服务器、Web 使能的、Web 服务和数据仓库，将使你了解预期的数据库未来发展。

第6章

SQL 入门

✎▶ **学习目标**

➢ 简明定义下列关键术语：RDBMS（relational DBMS，RDBMS），目录（catalog），模式（schema），数据定义语言（data definition language，DDL），数据操作语言（data manipulation language，DML），数据控制语言（data control language，DCL），参照完整性（referential integrity），标量聚集（scalar aggregate），矢量聚集（vector aggregate），基本表（base table），虚表（virtual table），动态视图（dynamic view），物化视图（materialized view）。

➢ 解释 SQL 的历史及其在数据库发展中的作用。

➢ 使用 SQL 数据定义语言定义数据库。

➢ 使用 SQL 命令进行单表查询。

➢ 使用 SQL 建立参照完整性。

➢ 讨论 SQL：1999 和 SQL：200n 标准。

■ 引　言

　　有些人将 SQL 读作"S-Q-L"，而其他人将其读作"sequel"，它已成为创建和查询关系数据库的事实标准语言。本章的主要目的是介绍关系型系统最普遍的语言 SQL。它已被美国国家标准协会（American National Standards Institute，ANSI）接受成为美国标准，同时也是联邦信息处理标准（Federal Information Processing Standard，FIPS）。另外它也被国际标准化组织（International Organization for Standardization，ISO）承认成为一个国际标准。ANSI 已经授权国际信息技术标准委员会（International Committee for Information Technology Standards，INCITS）作为一个标准发展组织，而 INCITS 正致力于发布 SQL 标准的下一个版本。

　　SQL 标准就像佛罗里达中午的天气（也可能像你居住地的天气），等一小会儿，它就会变。ANSI SQL 标准是在 1986 年首次发布的，并在 1989 年、1992 年（SQL-92）、1999 年（SQL：1999）、2003 年（SQL：2003）、2006 年（SQL：2006）和 2008 年（SQL：2008）进行了更新。SQL：2008 在此书编写时已进入终稿阶段。（更多上述历史的概要信息，请参见 http：//en. wikipedia. org/wiki/SQL。）SQL 标准现在通称为 SQL：200n。（也许过几天就需要 SQL：20nn 了！）

　　SQL-92 是一个重要的修订版本，它被组织成三个层次：入门级、中级、完整级。SQL：1999 建立了核心级别一致性，这种一致性是实现其他任何级别一致性的前提条件，核心级别一致性的要求在 SQL：200n 中一直未修改。除了对 SQL：1999 的修正和完善，SQL：2003 引入了新的 SQL/XML 标准集、三种新的数据类型、各种新的内置函数以及改进了的自动数值生成方法。SQL：2006 更加完善了上述新增内容，使其与 XQuery（World Wide Web Consortium（W3C）发布的 XML 查询语言）更兼容。此书编写时，大部分 DBMS 遵从 SQL：1992 标准，部分遵从 SQL：1999 和 SQL：200n 标准。

　　除去被标注为特殊厂商语法的地方，本章的例子符合 SQL 标准。SQL：1999 和 SQL：2003/SQL：200n 是不是真正的标准是人们关注的事情，因为美国贸易部的 NIST（National Institute of Standards and Technology）已经不再鉴定标准的符合性（Gorman，2001）。"标准的 SQL"被认为是一种矛盾修辞法（就像安全投资或者简易付款）。厂商对 SQL 标准的解释各不相同，并且对其产品的功能进行超出标准内容之外的扩展。这使得一个厂商产品中的 SQL 很难运行于其他厂商的产品中。人们必须对所用的特殊 SQL 版本非常熟悉，而且不能期望 SQL 代码转换到另一个厂商的版本时，能够像专门为该厂商版本所写的 SQL 代码一样准确。表 6—1 显示了日期和时间数据处理时的不同，以说明人们所遇到的各个 SQL 厂商（IMB DB2、微软 SQL Server、MySQL（开源的 DBMS），以及 Oracle）之间的差异。

　　SQL 已在大型机和个人电脑系统上实现，所以本章内容和这两种计算环境都相关。尽管许多 PC 数据库包使用示例查询（query-by-example，QBE）接口，它们仍将 SQL 编程作为一个选项。QBE 使用图形界面，并且在查询执行前将 QBE 操作转换为 SQL 代码。例如，在微软 Access 中，可以在两个界面之间转换：一个用 QBE 界面建立的查询操作只需点击一个按钮就可浏览对应的 SQL 代码。这一特征可以帮助你学习 SQL 语法。在客户/服务器架构中，SQL 命令在服务器上执行，而结果被返回到客户工作站上。

　　1979 年，Oracle 成为第一个支持 SQL 的商业 DBMS。Oracle 现在可以用在大型机、客户/服务器和基于个人电脑的平台上，并且可以在多种操作系统上运行，包括

UNIX、Linux、微软的 Windows。IBM 的 DB2、Informix 和微软的 SQL Server 也可用在这些操作系统上。对于 SQL：2003 的概述，请参见 Eisenberg 等（2004）。

表 6—1　**日期和时间值的处理（Arvin，2005，基于 http：//troelsarvin. blogspot. com/当前和之前的内容）**

TIMESTAMP（时间戳）数据类型：核心特征，标准要求这个数据类型存储年、月、日、小时、分钟和秒（秒可以带小数；缺省是 6 位数）。		
TIMESTAMP WITH TIME ZONE（带时区的时间戳）数据类型：TIMESTAMP 类型的扩展，同时存储了时区。		

实现：

产品	遵从的标准？	评论
DB2	只有 TIMESTAMP	包括正确性检查，不会接受类似 2010 - 02 - 29 00：05：00 的输入。
MS-SQL	无	DATETIME 存储日期和时间，使用 3 个数字表示带小数的秒；DATETIME2 有较大日期范围和精度。包含了类似 DB2 的正确性检查。
MySQL	无	当同一列中其他数据更新时，TIMESTAMP 自动更新到当前的日期和时间，并且显示用户时区的值。DATETIME 与 MS-SQL 相似，但是正确性检查的准确性较差，并且可能导致 0 值被存储。
Oracle	TIMESTAMP 和 TIMESTAMP WITH TIME ZONE	TIMESTAMP WITH TIME ZONE 不允许作为唯一码的一部分。包含对日期的正确性检查。

■ SQL 标准的起源

关系数据库技术的概念在 1970 年 E. F. Codd 的经典论文"大型共享数据库的关系数据模型"中首次明确提出。位于加利福尼亚州圣何塞的 IBM 研究实验室的工作人员，承担了 System R 的开发，该项目的目的是证明在 DBMS 中实现关系模型的可行性。他们使用一种也是由该实验室开发的叫做 Sequel 的语言。Sequel 在项目进行期间（1974—1979）被改名为 SQL。所得的经验知识用于开发第一个商业化的 RDBMS SQL/DS（来自 IBM）。SQL/DS 在 1981 年首次推出，运行在 DOS/VSE 操作系统上。1982 年推出 VM 版本，1983 年推出 MVS 版本，即 DB2。

当 System R 在所安装的用户中深受欢迎时，其他厂商开始开发使用 SQL 的关系型产品。一个来自 Relational Software 的产品 Oracle，实际上在 SQL/DS 之前（1979）就已经进入市场了。其他产品包括：Relational Technology 的 INGRES（1981）、Britton-Lee 的 IDM（1982）、Data General Corporation 的 DG/SQL（1984）、Sybase 公司的 Sybase（1986）等。为了给关系 DBMS 的发展提供一些指导，ANSI 和 ISO 通过了一项针对 SQL 关系查询语言（功能和语法）的标准，该标准由 X3H2 数据库技术委员会首次提出（Technical Committee X3H2—Database，1986；ISO，1987），通常被称为 SQL/86。关于 SQL 标准的更详细的历史，请参阅 www. wiscorp. com 上的相关文档。

下面是 SQL 标准的最初目的：

（1）规定 SQL 数据定义和操作语言的语法和语义。

（2）定义设计、访问、维护、控制、保护 SQL 数据库的数据结构和基本操作。

（3）为相似的 DBMS 之间实现数据定义和应用模块的可移植性，提供一种手段。

（4）规定最低标准（级别 1）和完整标准（级别 2），允许在产品中对标准有不同程度的采用。

（5）提供一个初始标准，尽管不完整，但是日后将被改进以包含处理如下问题的规范：参照完整性、事务管理、用户定义函数、等值连接以外的连接运算符、国家字符集等。

就 SQL 而言，在什么时候不再是标准了？正如前面所介绍的，大部分厂商为它们的 SQL 数据库管理系统提供唯一的、专有的特征和命令。所以，在不同厂商间存在如此不同 SQL 产品的情况下，拥有 SQL 标准的优点和缺点是什么？这样一个标准化关系语言的好处包括下面几点（尽管由于厂商间的差异，这些优点可能不是那么纯粹）：

● **降低培训成本**　组织的培训可以专注在一种语言上。接受过一种通用语言培训的信息系统专业人员的大量储备，可以减少新员工的再培训。

● **生产效率**　信息系统专业人员可以完整地学习 SQL 语言，并且经过持续使用可达到精通的程度。组织也有能力购买工具帮助信息系统专业人员提高生产力。另外，因为他们熟悉编程所用语言，程序员能更迅速地维护现有的程序。

● **应用的可移植性**　当每台机器都使用 SQL 时，应用可以在机器之间移植。此外，对于计算机软件产业来说，当有了一个标准语言之后，开发通用应用软件是非常经济的。

● **应用寿命**　一个标准语言通常在很长时间内保持不变，因此减少了改写旧应用程序的压力。并且，随着标准语言的改进或者 DBMS 的版本更新，应用程序将被简单地更新。

● **减少对单个厂商的依赖**　非专用语言的使用，使得用户更容易利用不同厂商的 DBMS、培训和教育服务、应用软件和咨询帮助；另外，这类厂商的市场将更具竞争性，从而可降低价格、提高服务质量。

● **跨系统通信**　不同的 DBMS 和应用程序，在管理数据和处理用户程序时能够更容易地沟通和合作。

但是另一方面，标准可能会抑制创造力和创新，一项标准永远不可能满足所有的需求，并且一项工业标准很难完美，因为它可能是多方妥协后的产物。标准很难改变（因为很多厂商有既得利益在里面），所以修正缺陷可能需要比较大的努力。通过专有特征扩展的标准具有的另一个缺陷是，使用特定厂商增加到 SQL 的特殊特征可能导致一些优势的丧失，如应用的可移植性。

最初的 SQL 标准受到很多批评，尤其是在缺少参照完整性规则和某些关系运算符方面。Date 和 Darwen（1997）担心 SQL 的设计没有坚持已有的语言设计原则，所以"结果是，该语言有很多限制，专用的构造以及烦人的特殊规则"（p. 8）。他们感觉这项标准不够清楚，并且标准 SQL 的实现问题将一直存在。其中有些限制将在本章中明显表现出来。

现在可用的许多产品都支持 SQL，它们可在从小型个人电脑到大型机等各种型号的机器上运行。数据库市场正趋于成熟，并且产品显著变化的频率可能会降低，但是它们仍然会基于 SQL。占据大量市场份额的关系数据库厂商的数量持续得到巩固。根据 Lai（2007）的结论，Oracle 在 2007 年数据库市场的份额超过 44%，IBM 为 21% 多一点，微软将近 19%。Sybase 和 Teradata 所占份额虽然很少，但也很显著，开源产品如 MySQL，PostgreSQL，Ingres，共同占据大概 10% 的市场份额。MySQL 这一运行在 Linux，UNIX，Windows 和 Mac OS X 操作系统上的 SQL 开源版本非常流行。（可以从 www.mysql.com 免费下载 MySQL。）MySQL 的市场位置可能会改变，此书编写时，MySQL 刚刚作为 Sun Microsystems 的一部分，被 Oracle 收购。小型厂商仍然有机会通过特定行业系统或者特殊领域应用得到蓬勃发展。在你阅读本书时，未来新产品发布可能会导致 DBMS 的相对力量发生一些变化。但是它们都会继续使用 SQL，并且在一定程度上遵从这里所描述的标准。

因为 Oracle 占据了显著的市场份额，本章我们将采用 Oracle 11g 语法来介绍 SQL。我们使用特定的关系 DBMS，不是在推销或支持 Oracle，而是使你了解我们所使用的代码是可以在一些 DBMS 中运行的。在绝大多数情况下，这些代码可以工作在很多关系 DBMS 上，因为它遵从 ANSI SQL 标准。有时候，当各种 DBMS 之间存在一些很有趣的区别时，我们会用其他关系 DBMS 做阐述。但是这种情况为数不多，因为我们并不想进行系统比较，我们想更精简一些。

SQL 环境

对于今天的关系型 DBMS 和应用程序开发环境，使用者不能明显感觉到数据库架构内部 SQL 的重要性。许多数据库的用户甚至对 SQL 毫无概念。例如，Web 网站允许用户浏览它们的目录（如 www.llbean.com）。一个条目所展示的信息，例如大小、颜色、描述以及可用性，都存储在数据库中。这些信息是通过 SQL 查询语句得到的，但是用户并未发出 SQL 命令，而是使用了预先写好的（例如，使用 Java 编写）带有内嵌 SQL 命令的数据库处理程序。

一个基于 SQL 的关系数据库应用包括用户界面、一组数据库表以及带有 SQL 功能的 RDBMS。在 RDBMS 中，SQL 用于创建表、转换用户请求、维护数据字典和系统目录、更新和维护表、建立安全性保障以及执行备份和恢复程序。**关系型 DBMS**（relational DBMS，RDBMS）是实现了关系数据模型的数据管理系统，它的数据存储在一系列表中，并且通过共同的值而不是链接表示数据联系。这种数据视图已在第 2 章针对松树谷家具公司数据库系统阐述过，并将在本章的 SQL 查询实例中贯穿使用。

图 6—1 是与 SQL：200n 标准一致的示意性 SQL 环境概略图。如图所示，SQL 环境包括一个 SQL 数据库管理系统实例，可被 DBMS 访问的数据库以及使用 DBMS 访问数据库的用户和程序。每个数据库都包含在一个**目录**（catalog）中，目录描述了该数据库的所有对象，无论创建者是谁。图 6—1 显示了两个目录：DEV ＿ C 和 PROD ＿ C。大多数公司都至少保留其数据库的两个版本。产品版，即这里的 PROD ＿ C，捕获真实业务数据，因此必须被严格控制和监视。开发版，即这里的 DEV ＿ C，在建立数据库时使用，并将一直作为开发工具使用，数据库的增强和维护工作在被应用到产品数据库之前，可以在这里得到彻底的测试。通常该数据库不会被严格控制或监视，因为它没有包含实时业务数据。每个数据库都有和目录相关的命名模式。**模式**（schema）是相关对象的集合，包括但并不仅限于基本表、视图、域、约束、字符集、触发器和角色。

如果有一个以上的用户在数据库中创建了对象，则所有用户模式信息综合起来将产生整个数据库的信息。每个目录必须同时包含一个信息模式，其中包含了目录中所有模式、表、视图、属性、权限、约束和域的描述信息，以及数据库相关的其他信息。目录包含的信息是 DBMS 作为执行用户 SQL 命令的结果来进行维护，不需要用户有特意的操作即可重建。这是 SQL 语言一种很强的能力，即一个语法上很简单的 SQL 命令可能引起 DBMS 软件复杂的数据管理行为。用户可通过使用 SQL SELECT 语句浏览目录的内容。

SQL 命令可分为三类。首先是**数据定义语言**（data definition language，DDL）

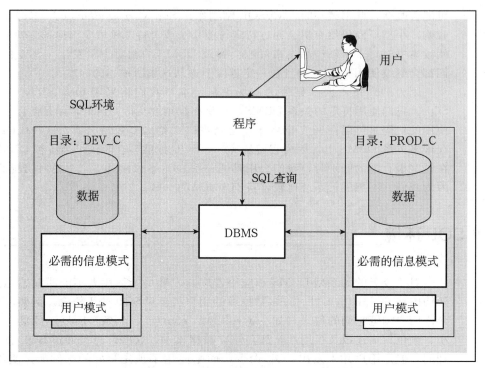

图 6—1　SQL：200n 标准描述的典型 SQL 环境简要示意图

命令。这些命令用于创建、更改和删除表、视图和索引，将在本章中首先介绍。
DDL 可能会控制其他对象，这由具体的 DBMS 决定。例如，许多 DBMS 支持为数据
库对象或字段定义同义词（缩写词），来存储特定的数值序列（这对于为表指定主码
很有帮助）。在产品版数据库中，DDL 命令通常只限于一个或多个数据库管理员使
用，以保护数据库结构免受意外或未被允许的修改。在开发版或学生版的数据库中，
DDL 权限会被赋予给更多的用户。

其次是**数据操作语言**（data manipulation language，DML）命令。许多人认为
DML 命令是 SQL 的核心命令。这些命令用于更新、插入、修改和查询数据库中的数
据。它们可以交互执行，结果可在命令执行后立刻返回，也可包含在编程语言如 C，
Java，PHP，COBOL 等编写的程序或者 GUI 工具中（例如，带有 Teradata 或者
MySQL 查询浏览器的 SQL 助手）。嵌入式 SQL 命令在报表生成时间、界面显示、
错误处理和数据库安全性等方面，可以给予编程者更多的控制（关于 Web 应用程序
中的嵌入式 SQL，请参见第 8 章）。本章主要介绍基本的交互式 DML 命令。DML 中
SQL SELECT 命令的一般语法如图 6—2 所示。

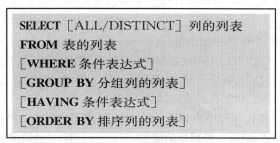

图 6—2　DML 中使用的 SELECT 语句的一般语法

最后是**数据控制语言**（data control language，DCL）命令，用于帮助数据库管

理员控制数据库。DCL 命令包括授予或撤回访问数据库或特定数据库内部对象的权限，以及存储或迁移可能会影响数据库的事务。

　　每个 DBMS 都会定义一个自己的数据类型列表。通常都包括数值、字符和日期/时间类型的变量。有些还包括图形数据类型、空间数据类型或图像数据类型，从而大大提高了数据运算的灵活性。当创建表时，每个属性的数据类型必须指定。数据类型的选择受到需要存储的数据值以及期望的数据使用方式的影响。属性"单价"会有一些数学运算，如单价乘以订单数量，所以需要被存储为数值类型。电话号码可存储为字符串类型，尤其当数据集中包含外国电话号码时。即使电话号码只包含数字，但是对电话号码进行加减乘除等数学运算是没有意义的，而且因为字符数据处理更快，因此数值型数据在没有算术运算时，都应该存成字符数据。选择日期类型而不是字符类型，开发者就可以使用日期/时间类型的时间间隔计算功能，而这些功能在字符字段上无法使用。表 6—2 展示了 SQL 数据类型的几个例子。SQL：200n 包含了三种新的数据类型：BIGINT，MULTISET 和 XML。这些新的数据类型还没有作为现有标准的改进引入到 RDBMS 中，请留意这方面的进展。

表 6—2 　　　　　　　　　　　　　　　　　SQL 数据类型举例

字符串	CHARACTER（CHAR）	存储包含字符集中任意字符的字符串值。CHAR 为定长类型。
	CHARACTER VARYING（VARCHAR 或 VARCHAR2）	存储包含字符集中任意字符的字符串值，但长度是可变的。
	BINARY LARGE OBJECT（BLOB）	以十六进制格式存储二进制字符串。BLOG 为变长类型。（Oracle 除了用于存储非结构化数据的 BFILE 类型，还有 CLOB 和 NCLOB。）
数值	NUMERIC	以定义的精度和范围存储精确数值。
	INTEGER（INT）	已预先定义了范围的整型数。
时间	TIMESTAMPTIMESTAMP WITH LOCAL TIME ZONE	存储事件发生的时刻，精度可定义到带小数的秒。数据值适应用户的会话时区（Oracle 和 MySQL 中可用）。
布尔	BOOLEAN	存储有关事实真实性的值：TRUE，FALSE，UNKNOWN。

　　鉴于图形和图像数据类型已经很丰富，在决定如何存储数据时，考虑商业需求是很必要的。例如，颜色可以存储为描述性的字符字段如"沙滩"或"米色"。但是对于这样的描述，不同的厂商会给出不同的结果，而且无法包含空间数据类型中所包含的信息，空间数据类型包含精确的红、绿、蓝强度值。这样的空间数据类型在处理数据仓库的通用服务器中已存在，同样有可能在 RDBMS 中出现。除了表 6—2 中的预定义数据类型，SQL：1999 和 SQL：200n 支持构造数据类型和用户自定义类型。预定义数据类型远不止表 6—2 中所列出的。所以你需要熟悉工作中涉及的 RDBMS 可用数据类型，以使 DBMS 的能力得到最大利用。

　　我们已经准备好，可以开始阐述简单 SQL 命令了。我们将要用到的样例数据如图 6—3 所示（从微软 Access 中抓取的），该图对应的数据模型请参见图 2—22。你可以从本书的网站上找到松树谷家具公司（PVFC）的数据库文件；这些文件有不同的格式，以适应不同的 DBMS，并且这些数据库还可以从 Teradata 学生网络上得到。PVFC 文件有两个版本，这里使用的是 BookPVFC（也叫标准 PVFC），你可以用它执行第 6 章和第 7 章中的 SQL 查询语句。另一个文件 BigPVFC 包括更多数据，并且不总是和图 2—22 相一致，而且也不总是能够展示良好的数据库设计。

　　每个表名称都遵从一种命名标准，即在每个表名的最后都加上一个下划线和字母T（表示表 table），如 Order ＿ T 或 Product ＿ T。（大部分 DBMS 不允许表名或属性名中有空格。）当查看这些表时，注意下列几点：

　　（1）每个订单在 Order ＿ T 表中必须有一个有效的用户编号 customer ID。

　　（2）每个订单行的条目在 OrderLine ＿ T 表中必须包括有效的产品编号 product ID 以及订单编号 order ID。

　　（3）这4个表表示了商业数据库系统中最常见的一组关系的简化版——客户的产品订单。创建 Customer ＿ T 表和 Order ＿ T 表所需的 SQL 命令，已包含在第2章中，在本章中会有扩展。

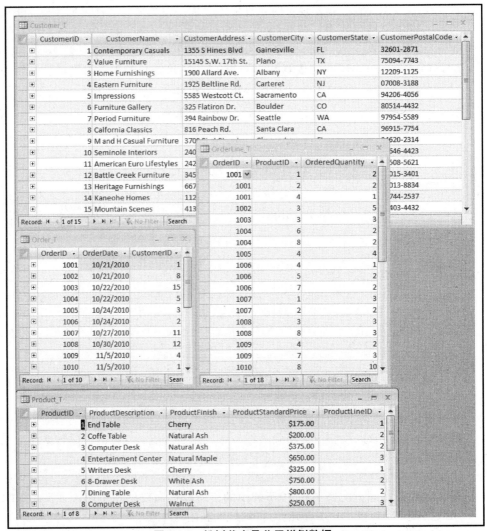

图 6—3　松树谷家具公司样例数据

　　本章剩余部分将介绍 DDL，DML 和 DCL 命令。图 6—4 概述了在数据库开发过程中何处用到了这些不同类型的命令。在 SQL 命令的说明中，我们将用到下列符号：

　　（1）所有大写的单词表示命令。尽管 RDBMS 可能不要求大写，但最好按所显示的敲入这些命令。有些 RDBMS 总是以大写字母显示输出的数据名称，即使在输入时可以是大小写混合的。（这是 Oracle 的风格，在未特殊说明的情况下我们也采用这样的风格。）表、列、命名约束等以大小写混合格式显示。请记住表名遵从"＿T"约定。SQL 命令没有"_"，所以很容易区别于表名和列名。同样 RDBMS 在数据名称上不使用内置空格，所以来自 ERD 的由多个单词组成的数据名称，将被连续输入，去掉单词之间的空格。这样表示的结果是，举例来说，名为 QtyOnHand 的列会被很多 RDBMS 显示为 QTYONHAND。（你可以用 SELECT 语句中的 ALIAS 子句将列进行重命名，显示成可读性更好的名称。）

（2）小写和混合大小写的单词表示必须由用户输入的值。

（3）括号内的是可选句法。

（4）省略号（…）表示附随的语法子句在需要时可以重复。

（5）每个 SQL 命令以分号（；）结尾。在交互模式下，当用户输入回车 Enter 时，SQL 命令将被执行。注意防止某些习惯，例如键入 GO 或者在命令的每一行末尾包含一个附加符号如连字符。本书使用间隔或缩排的目的是提高可读性，并不是标准 SQL 语法所要求的。

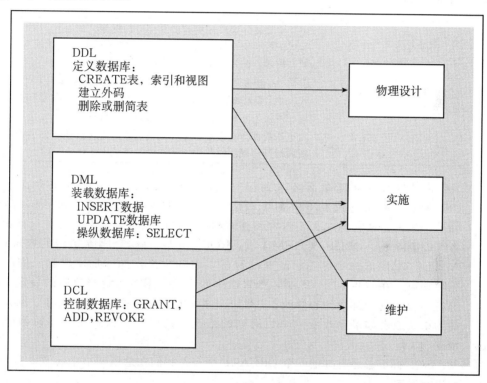

图 6—4 DDL，DML，DCL 和数据库开发过程

使用 SQL 定义数据库

因为大多数系统在数据库创建时，会为基本表、视图、约束、索引和其他数据库对象分配存储空间，所以可能不会随意允许你创建数据库。为此，创建数据库的权限会保留给数据库管理员，你可能需要通过申请来创建数据库。大学里的学生可能被分配一个账号以访问现有的数据库，或者可能被允许在有限的存储空间（有时称为指定空间 perm space 或表空间 table space）内创建自己的数据库。无论什么情况下，创建数据库的语法都是：

CREATE SCHEMA database _ name；AUTHORIZATION owner _ user id

数据库将由被授权的用户所有，尽管其他指定用户可以操作数据库或者转移数据库的所有权。数据库的物理存储依赖于硬件和软件环境，并且通常是系统管理员需要关心的事情。数据库管理员对于物理存储的控制总量的运用，取决于所用的 RDBMS。使用微软 Access 时有很少的控制权，但是微软的 SQL Server 2008 允许较大的物理数据库控制权。数据库管理员对于数据的存放、控制文件、索引文件、模式所有者等具有相当大的控制作用，因此可以通过这些控制使数据库更高效地运行并创建安全的数据库环境。

□ 生成 SQL 数据库定义

SQL：200n 包括了几个 SQL DDL CREATE 命令（每个命令后面跟随被创建对象的名称）：

CREATE SCHEMA	用于定义特定用户所拥有的那部分数据库。模式依赖于一个目录并且包含一些模式对象，包括基本表和视图、域、约束、断言、字符集、排序（collation）等。
CREATE TABLE	定义一个新表及其数据列。该表可以是基本表或导出表。表依赖于模式。导出表是通过运行一个或多个表或视图的查询而创建的。
CREATE VIEW	从一个或多个表或视图中定义逻辑表。视图可以不被索引。通过视图更新数据存在限制。在视图被更新的地方，所更新的内容被传递到最初创建视图时所引用的底层基本表。

创建这些对象时你不必做到很完美，它们也不是一定要永久存在。每一个 CREATE 命令可通过 DROP 命令取消。因此，DROP TABLE tablename 命令将删除一个表，包括它的定义、内容和其他约束、视图或相关索引。通常只有表的创建者可以删除表。DROP SCHEMA 或 DROP VIEW 同样会删除指定的模式或视图。ALTER TABLE 命令可用于改变已有基本表的定义，如增加、删除、修改一列或删除约束。在一些 RDBMS 中，如果表中的当前数据将违背修改后的表定义，则系统将不允许进行这样的表修改。（例如，你不能创建一个新的、现有数据无法满足的约束，或者如果你改变一个数值列的精度，则可能会丢掉现有精确数值的额外精度。）

SQL 标准总还有其他 5 个 CREATE 命令，我们在这里列出来，但本书中未对它们进行讲解：

CREATE CHARACTER SET	在 SQL 全球化中，允许用户为文本字符串和帮助定义字符集，从而能够使用其他非英语语种。每个字符集包括字符集合、每个字符的内部表示方法、用于这种表示方法的数据格式、排序（或字符集的排序方法）。
CREATE COLLATION	命名的模式对象，它指定字符集采用的排序方法。可以以现有的排序方法为基础创建新的排序方法。
CREATE TRANSLATION	一个命名规则集，将源字符集的字符映射到目的字符集，以进行翻译或转换。
CREATE ASSERTION	建立 CHECK 约束的一个模式对象，如果约束为 false，则该对象被违反。
CREATE DOMAIN	为一个属性建立域或有效值集合的模式对象。数据类型将被指定，如果需要，缺省值、排序或其他约束也将被指定。

☐ 创建表

　　数据模型一旦设计和规范化之后，每个表所需的列就可以通过 SQL CREATE TABLE 命令进行定义了。CREATE TABLE 的一般语法如图 6—5 所示。下面是准备创建表时遵从的一系列步骤：

　　（1）为每个属性确定合适的数据类型，根据需要可指定属性的长度、精度和小数位（scale）。

　　（2）确定哪些列应该可以接受空值，如第 5 章所讨论的。指明列不能为空的列控制是在创建表时建立的，并且在每次更新表输入新数据时，都要执行相应的列控制。

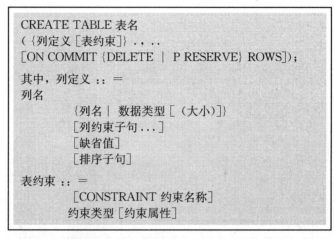

图 6—5　数据定义语言中 CREATE TABLE 语句的一般语法

　　（3）确定需要保证唯一值的列。当某一列被设为 UNIQUE 时，表中每一行数据的这一列上都必须有不同的值（即无重复值）。当某个列或列集合被指定为 UNIQUE 时，该列或列集合就是候选码，如第 4 章中所讨论的。尽管一个基本表可以有很多候选码，但只有一个候选码可以被指定为主码（PRIMARY KEY）。当某个列（列集合）被指定为 PRIMARY KEY 时，这个列（这些列）同时被限制为 NOT NULL，即使 NOT NULL 未被显式指定。UNIQUE 和 PRIMARY KEY 均为列约束。请注意，图 6—6 中定义了一个拥有组合码的表 OrderLine_T。约束 OrderLine_PK 在主码约束中包含了列 OrderID 和 ProductID，因此创建了组合码。创建复合码所需要的其他属性可包含在圆括号中。

　　（4）确定所有的主码—外码对，如第 4 章所述。外码可以随着表的创建而立即建立，也可以通过修改表创建。如果两个表存在父—子关系，那么应该首先创建父表，这样子表在创建时可参照已存在的父表。列约束 REFERENCES 可用于实现参照完整性（例如，表 Order_T 上的 Order_FK 约束）。

　　（5）确定任何需要缺省值的列中可被插入的值。DEFAULT 可用于定义在数据输入过程中，给空缺值自动赋予的值。在图 6—6 中，创建表 Order_T 的命令为 OrderDate 属性定义了缺省值 SYSDATE（Oracle 中用于表示当前时间的类型名称）。

　　（6）确定需要使用域规则的列，其约束力比使用数据类型建立的约束要强。使用 CHECK 作为一个列约束，可为插入到数据库中的值定义有效性规则。在图 6—6 中，Product_T 表的创建包含了一项 CHECK 约束，规定了 Product_Finish 属性的可能取值。这样，即便"白枫木"符合 VARCHAR 数据类型约束，但是因为它不在取值列表中，所以将被拒绝。

（7）使用 CREATE TABLE 和 CREATE INDEX 语句创建表和需要的索引。（CREATE INDEX 不属于 SQL：1999 标准，因为索引用于解决性能问题，但在大部分 RDBMS 中可以使用该命令。）

图 6—6 展示了 Oracle 11g 的数据库定义命令，除了命名的主码与外码，还包括其他的列约束。例如，Customer 表的主码是 CustomerID。主码约束被命名为 Customer _ PK。在 Oracle 中，举例来说，一旦用户为约束赋予了有意义的名称，数据库管理员就能在 customer 表中很容易地找到主码约束，因为约束名称 Customer _ PK 将是 DAB _ CONSTRAINTS 表中 constraint _ name 列的值。如果约束未被赋予有意义的名称，则系统将自动用 16 位的系统标识符为其命名。这些标识符的可读性很差，甚至很难和用户定义的约束匹配。关于系统标识符如何生成的文档是得不到的，并且生成方法可能在不告知的情况下修改。请注意：为所有约束命名，否则就准备日后做很多额外的工作。

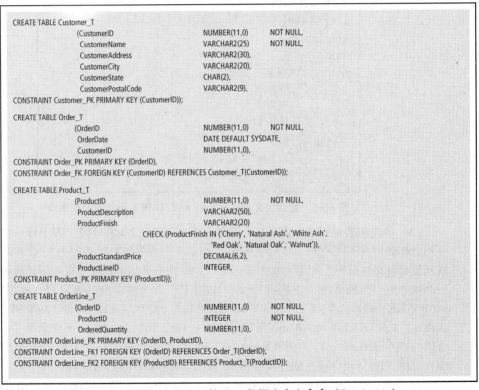

图 6—6　松树谷家具公司的 SQL 数据库定义命令（Oracle 11g）

当定义外码约束时，将执行参照完整性。这点很好：我们希望在数据库中执行业务规则。幸运的是，只要你不在外码列上用 NOT NULL 子句，外码可以为空值（意味着联系中的 0 基数）。例如，如果你试图添加一个带有无效 CustomerID 值的订单（每个订单必须被关联到某个客户，因此图 2—22 Submits 联系中，客户 Customer 一端的最小基数为 1），你会收到错误信息。每个 DBMS 厂商有自己的错误信息，并且这些错误信息可能很难解释。定位于个人和专业用途的微软 Access，在会话框中提示简单的错误信息。例如，对于违反了参照完整性，Access 会显示下列错误信息："你无法插入或修改该条记录，因为表 Customer _ T 中需要一条相关记录"。只有当所插记录引用的客户在 Customer _ T 表中存在时，新记录才能被插入到 Order _ T 表中。

有时用户想要创建和当前已存在表很相似的表。SQL：1999 在 CREATE TA-BLE 语句中增加了 LIKE 子句，从而允许将一个或多个表的已有结构复制到新表中。例如，可以创建用于存储待检查的可疑数据的表，这个特殊表需要和已验证的事务表有同样的结构，在事务被写到事务表之前，管理员需要检查和解决该表中不完整或者有冲突的数据。SQL：200n 标准扩展了 CREATE…LIKE 语句的功能，允许原始表的约束等额外信息，在新表创建时方便地传递到新表中。新表独立于原始表而存在。在原始表中插入新的实例对于新表没有影响。但是如果新实例的插入操作引发了异常，则触发器可以将该数据写到新表中，以便稍后检查。

Oracle，MySQL 和某些其他 RDBMS 都有一个很有趣的"哑"表，它是数据库自动为每个数据定义的，称为双重（Dual）表。双重表用于运行针对系统变量的 SQL 命令。例如：

```
SELECT Sysdate FROM Dual；
```

显示当前时间，以及

```
SELECT 8 + 4 FROM Dual；
```

显示这个算式的结果。

创建数据完整性控制

我们已看到了图 6—6 中创建外码的语法。为了在关系数据模型中具有 1 对多联系的两个表间建立参照完整性约束，1 端表的主码将被联系的"多"端表引用。参照完整性的含义是，多端关系匹配列中的值必须与 1 端表中某个行的主码值相等，或为空值。SQL REFERENCES 子句防止外码值在没有合法的参照主码值时被添加，但是除此之外还有其他完整性问题。

如果某个 CustomerID 值被修改，那么客户和他所下的订单之间的关联关系将被毁坏。REFERENCES 子句可以防止外码值被随意修改，但是无法防止主码值的修改。这一问题可通过声明主码值在被创建后不能修改来解决。在这种情况下，大部分系统中类似客户表的更新操作将通过增加 ON UPDATE RESTRICT 子句来处理。这样，所有删除或修改主码值的更新操作都会被拒绝，除非在任何子表中都没有外码引用该主码的值。更新操作的相关语法请参见图 6—7。

另一种解决方法是，使用 ON UPDATE CASCADE 选项将更新传递到子表。这样，如果某个 CustomerID 被修改，修改结果会涉及子表 Order _ T，使 Order _ T 表中的客户 ID 也会被相应更新。

第三种解决方法是允许表 Customer _ T 上的更新，但使用 ON UPDATE SET NULL 操作，将表 Order _ T 中相关的 CustomerID 值变为 NULL。在这种情况下，使用 SET NULL 操作将丢失客户和订单之间的关系，这不是想要的结果。最灵活的方法是 CASCADE 选项。如果某个客户记录被删除，ON DELETE RESTRICE，CASCADE 或 SET NULL 选项同样适用。使用 DELETE RESTRICT 时，客户记录只有在 Order _ T 表中已没有该客户订单的时候才能被删除。使用 DELETE CAS-CADE 选项时，删除客户记录的同时，将删除 Order _ T 表中的相关订单记录。使用 DELETE SET NULL 选项时，客户的记录被删除之前，该客户的订单记录将被置为空。使用 DELETE SET DEFAULT 选项时，客户的记录被删除之前，该客户的订单记录将被置为默认值。DELETE RESTRICT 操作可能最有意义。并非所有的 SQL RDBMS 都有提供主码的参照完整性约束。在这种情况下，对主码属性列的更新和删除操作权限可能被收回。

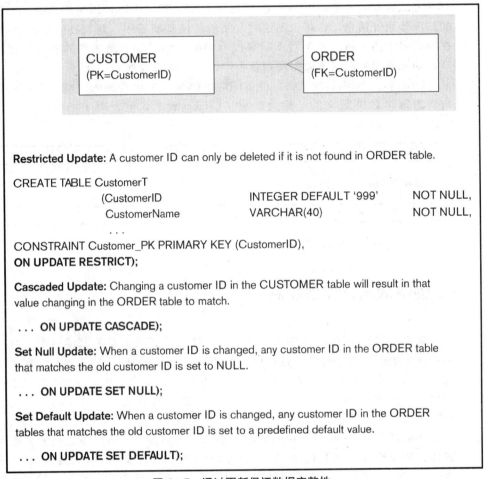

Restricted Update: A customer ID can only be deleted if it is not found in ORDER table.

CREATE TABLE CustomerT
     (CustomerID   INTEGER DEFAULT '999'   NOT NULL,
     CustomerName   VARCHAR(40)   NOT NULL,
     . . .
CONSTRAINT Customer_PK PRIMARY KEY (CustomerID),
ON UPDATE RESTRICT);

Cascaded Update: Changing a customer ID in the CUSTOMER table will result in that value changing in the ORDER table to match.

. . . **ON UPDATE CASCADE);**

Set Null Update: When a customer ID is changed, any customer ID in the ORDER table that matches the old customer ID is set to NULL.

. . . **ON UPDATE SET NULL);**

Set Default Update: When a customer ID is changed, any customer ID in the ORDER tables that matches the old customer ID is set to a predefined default value.

. . . **ON UPDATE SET DEFAULT);**

图 6—7　通过更新保证数据完整性

□ 修改表定义

通过在列说明上使用 ALTER，可以修改基本表定义。ALTER TABLE 命令可以用来向已有表中插入新的列，或修改已有的列。表的约束也可以被添加或删除。ALTER TABLE 命令可包括关键词 ADD，DROP 或 ALTER，并且允许修改列名、数据类型、长度和约束。一般地，当添加一个新列时，它的空值状态将是 NULL，从而保证表中已有的数据可以被处理（过渡到新表中）。当新列被创建时，该列将被添加到表中所有的实例中，新列值取 NULL 将是最合理的。ALTER 命令不能用来修改视图。

语法：

ALTER TABLE 表名 修改操作

一些可用的表修改操作是：

ADD [**COLUMN**] 列定义
ALTER [**COLUMN**] 列名 **SET DEFAULT** 缺省值
ALTER [**COLUMN**] 列名 **DROP DEFAULT**
DROP [**COLUMN**] 列名 [**RESTRICT**] [**CASCADE**]
ADD 表约束

命令： 在 Customer 表上增加名为 CustomerType 的客户类型列。

```
ALTER TABLE CUSTOMER _ T
ADD COLUMN CustomerType VARCHAR2 (2) DEFAULT "Commercial";
```

ALTER 命令在因需求变化、原型迭代、开发演化以及错误等原因，导致数据库不得不做出必要修改时，所起的作用非常重要。在将大量数据导入含有外码的表时，该命令同样很有用。数据导入时，外码约束可暂时删除，稍后等批量数据导入完成后，再启动约束。这时可能会生成日志文件，记录有参照完整性问题的记录。这样数据库管理员可以简单地根据日志调整为数不多的（希望如此）问题记录，而不是在大量数据导入过程中一出现问题就停止导入。

□ 删除表

表的所有者可以使用 DROP TABLE 命令删除数据库中的表。删除视图可以使用相类似的 DROP VIEW 命令。
命令： 从数据库模式中删除一个表。

```
DROP TABLE Customer_ T;
```

该命令将删除相应的表并保存对数据库引起的修改。要删除表，你必须是表的所有者或被赋予 DROP ANY TABLE 系统权限。删除表的同时也将删除相关的索引和该表上的权限。DROP TABLE 命令可用关键词 RESTRICT 或 CASCADE 进行限制。如果使用了 RESTRICT，在视图或约束等依赖对象正在引用该表的情况下，该表的删除操作将失败。如果使用了 CASCADE，在表被删除的同时，所有依赖对象也将同时被删除。很多 RDBMS 允许用户使用 TRUNCATE TABLE 命令删除表中的数据而保留表结构。关于更新和删除表中部分数据的命令，将在下一节中讲解。

■ 插入、更新、删除数据

表一旦被创建，在进行查询之前首先需要向表中填充数据，并且维护这些数据。用于向表中添加数据的 SQL 命令是 INSERT。当向表中的每一列添加数据值时，你可以使用类似下列语句的命令，该命令用于向松树谷家具公司的 Customer _ T 表中插入第一行数据。请注意，命令中数据值的顺序必须和表中列的顺序一致。
命令： 向表中插入一行包含所有属性值的数据。

```
INSERT INTO Customer _ T VALUES
（001，'Contemporary Casuals'，'1355 S. Himes Blvd. '，'Gainesville'，'FL'，32601）；
```

如果插入的数据中不是包含所有列的值，那么可以向为空的字段输入 NULL，也可以明确写出需要插入数据的列。在此处，数据值的顺序同样必须和 INSERT 命令中指定的列的顺序一致。例如，下列语句用于向 Product _ T 表插入一行数据，因为终端桌 End Table 没有产品线 ID。

命令：向表中插入一行数据，其中某些属性为空。

```
INSERT INTO Produc _ T （ProductID，
ProductDescription，ProductFinish，ProductStandardPrice）
    VALUES （1，'End Table'，'Cherry'，175，8）；
```

通常，INSERT 命令可以执行下列操作：根据语句中提供的数值向表中插入新行；把从其他数据库导出的一行或多行复制到一个表中；从一个表中提取数据插入到另一个表中。如果你想只用松树谷公司的加利福尼亚州客户的数据填充 CaCustomer _ T 表，而该表的结构与 CUSTOMER _ T 相同，则你可以使用下面 INSERT 命令。

命令：使用具有相同结构的其他表中的数据子集填充新表。

```
INSERT INTO CaCustomer _ T
SELECT *  FROM Customer _ T
    WHERE CustomerState= 'CA'；
```

很多情况下，每次向表中插入新数据行时，我们都想要生成一个唯一的主标识符或主码。客户标识编码就是一个说明这项功能用途的很好例子。SQL：200n 增加了一个新的特性——标识列，从而避免了之前通过创建过程来生成序列号并将该序列号置于数据插入的操作中。为了利用这一点，图 6－6 中显示的 CREATE TABLE Customer _ T 语句，可以改成如下语句（由粗体突出显示）：

```
CREATE TABLE Customer _ T
（CustomerID INTEGER GENERATED ALWAYS AS IDENTITY
    （START WITH 1
    INCREMENT BY 1
    MINVALUE 1
    MAXVALUE 10000
    NO CYCLE），
CustomerName          VARCHAR2 （25）NOT NULL，
CustomerAddress       VARCHAR2 （30），
CustomerCity          VARCHAR2 （20），
CustomerState         CHAR （2），
CustomerPostalCode    VARCHAR2 （9），
CONSTRAINT Customer _ PK PRIMARY KEY （CustomerID）；
```

一个表中只有一个列可以作为标识列。如果设置了标识列，则在增加一个新客户时，CustomerID 会被隐含赋值。

这样，向表 Customer _ T 中插入新客户的命令，将从：

INSERT INTO Customer _ T VALUES
（001，'Contemporary Casuals'，'1355 S. Himes Blvd. '，'Gainesville'，'FL'，32601）；

变为

INSERT INTO Customer _ T VALUES
（'Contemporary Casuals'，'1355 S. Himes Blvd. '，'Gainesville'，'FL'，32601）；

主码值 001 不再需要输入，而且实现自动生成序列号的语法已在 SQL：200n 中得到简化。

批量插入

INSERT 命令用于一次插入一行数据或把查询结果作为多个行插入。某些 SQL 版本提供特殊的命令或功能可实现多行数据批量插入：INPUT 命令。例如，Oracle 包括一个程序叫 SQL* Loader，从命令行执行，可用于将文件中的数据加载到数据库中。SQL Server 在 Transact－SQL 中包含了 BULK INSERT 命令，用于将数据导入到表或视图中。（这些功能强大、特点丰富的程序不在本书的介绍范围之内。）

删除数据库内容

数据行可被单独或成组地删除。假设松树谷家具公司决定不再受理夏威夷客户的业务。Customer _ T 表中地址是夏威夷的客户数据可以用下列命令清除：

命令：删除 Customer 表中满足一定条件的数据。

DELETE FROM Customer _ T
WHERE CustomerState= 'HI'；

最简单形式的 DELETE 命令将删除表中所有数据。

命令：删除 Customer 表中的所有数据。

DELETE FROM Customer _ T；

这一命令要非常谨慎地使用！

当删除操作涉及多个关系的行时，也必须很谨慎。例如，如果我们要删除表 Customer _ T 中的一行数据，如前面的操作那样，则在表 Order _ T 的相关行被删除之前，DELETE 命令将会违反参照完整性，并且不会被执行。（请注意：在字段定义使用 ON DELETE 子句可以缓解该问题。如果你忘记了 ON 子句，请参考本章"创建数据完整性控制"部分。）SQL 会真的删除 DELETE 命令选出的记录，因此，你最好先使用 SELECT 命令显示要删除的记录，仔细观察并确定其中只包含想要删除的行。

更新数据库内容

使用 SQL 更新数据时，我们必须告诉 DBMS 将会涉及哪些关系、行和列。如果 Product _ T 表中输入了错误的餐桌价格，则下列 SQL UPDATE 语句将对该值进行修改。

命令：将产品表中 7 号产品的标准价格改为 775。

```
UPDATE Product _ T
SET ProductStandardPrice= 775
    WHERE ProductID= 7;
```

SET 命令也可将值改为 NULL，语法为 SET 列名 ＝ NULL。和 DELETE 命令一样，UPDATE 命令的 WHERE 子句也可以包含一个子查询，但是要更新的表不能在子查询中被引用。子查询将在第 7 章中讨论。

SQL：200n 标准新增了关键字 MERGE，可使表的更新操作更简单。很多数据库应用需要用新数据去更新主表。例如，表 Purchases _ T 可能包括关于**新产品的数据行**，以及产品标准价格与现有产品不同的数据行。在遵从 SQL - 92 或 SQL：1999 的 DBMS 中，更新 Product _ T，可使用 INSERT 命令插入新产品，然后使用 UPDATE 命令修改产品的标准价格。在遵从 SQL：200n 的 DBMS 中，更新和插入命令可使用 MERGE 操作一次完成：

```
MERGE INTO Product_ T AS PROD
USING
(SELECT ProductID，ProductDescription，ProductFinish，
ProductStandardPrice，ProductLineID FROM Purchases_ T) AS PURCH
    ON (PROD. ProductID ＝ PURCH. ProductID)
WHEN MATCHED THEN UPDATE
    PROD. ProductStandardPrice ＝ PURCH. ProductStandardPrice
WHEN NOT MATCHED THEN INSERT
    (ProductID，ProductDescription，ProductFinish，ProductStandardPrice，
    ProductLineID)
    VALUES (PURCH. ProductID，PURCH. ProductDescription，
    PURCH. ProductFinish，PURCH. ProductStandardPrice，
        PURCH. ProductLineID)；
```

▉ RDBMS 中的内部模式定义

我们可以通过控制关系数据库的内部模式，来提高数据库的处理和存储效率。下面是调整关系数据库内部数据模型操作性能的一些技术：

（1）建立主码和/或辅助码索引，以提高行选择、表连接以及行排序操作的速度。你也可以删除索引以提高表更新的速度。关于索引选择可参见第 5 章中的相关部分。

（2）为基本表选择与其上进行的处理操作相匹配的文件组织（例如，用频繁使用的报表排序键保持表记录在物理上的有序性）。

（3）索引也是一些表，为索引选择与其使用方式相适应的文件组织，并且为**索引文件分配额外的空间**，从而保证索引增长的时候不需要重组。

（4）对数据进行聚集，这样频繁连接的表的相关行在二级存储中会被**就近存储**，以最小化检索时间。

（5）维护关于表及其索引的各种统计，这样有助于 DBMS 找到执行不同数据库操作的最有效方式。

这些技术并不是在所有的 SQL 系统中都可用。但是，索引和聚集一般都可以使用，下面的小节中将进一步讨论这两种技术。

□ 创建索引

在大部分 RDBMS 中，创建索引是为了提高基本表的随机和顺序访问速度。因为 ISO SQL 标准通常不解决性能问题，所以创建索引没有标准的语法。这里的例子使用 Oracle 语法，目的在于让大家感受大部分 RDBMS 是如何处理索引的。请注意，尽管用户在写 SQL 命令时不直接引用索引，但是 DBMS 知道现有的哪个索引可以提高查询性能。主码或辅助码、单列或多列码上都可以建立索引。在一些系统中，用户可选择索引中的键使用升序或降序。

例如，下列 Oracle 中的命令，为 Customer_T 表的客户姓名 CustomerName 列创建一个按照字母顺序排列的索引。

命令：在客户表的客户姓名上创建字母顺序的索引。

```
CREATE INDEX Name_ IDX ON Customer_ T （CustomerName）；
```

RDBMS 通常支持多种不同类型的索引，它们分别协助不同种类的关键字检索。例如，在 MySQL 中，你可以创建唯一（适用于主码）、非唯一（适用于辅助码）、全文（用于全文检索）、空间（用于空间数据类型）和哈希（用于内存表）索引。

索引可随时创建或删除。如果索引列已经存在数据，则系统将自动基于现有数据填充索引。如果索引被定义为 UNIQUE（使用语法为 CREATE UNIQUE INDEX...），而现有数据违反了此条件，则索引将创建失败。索引一旦建立后，会随着数据的输入、更新及删除而实时更新。

当我们不再需要表、视图或索引时，可以使用相关的 DROP 语句进行删除。例如，下列命令将删除前面例子中的 NAME_ IDX 索引。

命令：删除 Customer 表中客户名上的索引。

```
DROP INDEX Name_ IDX；
```

尽管可以为表中的每一列创建索引，但是创建新索引时仍然要谨慎。每个索引都要消耗额外的存储空间，并且索引数据值的任何改变都需要额外的维护时间开销。这些开销加在一起，可能会明显降低检索响应时间，给在线用户造成令人烦恼的延时。即使允许建立各种复杂的索引，但系统可以只使用一个索引。数据库设计者必须明确特定的 DBMS 是如何使用索引的，从而对索引做出明智的选择。Oracle 包括一个解释计划工具，可用于查看 SQL 语句的处理顺序以及将用到的索引。该工具的输出同时包括开销估算，这个开销可以和使用不同索引时的开销估算进行比较，从而决定使用哪个索引最高效。

■ 单表操作

"单表操作"（processing single tables），字面上像是与城镇上最热闹酒吧星期五夜晚的"单身餐桌"（single tables）有关，但是我们指的是其他什么事情。抱歉，不是关于约会的（抱歉使用了双关语）。

　　SQL 使用 4 种数据操作命令。我们已简要介绍了其中的 3 种（UPDATE，IN-SERT 和 DELETE），并且看过了第 4 种 SELECT 操作的几个例子。虽然 UPDATE，INSERT 和 DELETE 命令允许对表中的数据进行修改，但是，是 SELECT 命令以及它的不同子句，允许用户查询表中数据，并且提出各种问题或者创建一些即席查询。SQL 命令的基本结构非常简单易学，但不要让这一点蒙蔽了，SQL 是一个功能强大的工具，它使用户能够指定复杂的数据分析过程。但是，因为基本语法相当简单易学，也容易写出语法正确但没有正确回答所问问题的 SELECT 查询语句。在大型产品数据库上运行查询之前，一定要在小型测试数据集上对查询语句进行测试，确保可返回正确的结果。除了手工检查查询结果，通常也可以将查询分成若干个较小的部分，检查这些简单查询的结果，然后再将这些查询合并起来。这样可以确保他们合在一起后能够按期望的方式运行。我们从操作单个表的 SQL 查询开始研究。在第 7 章，我们将连接表，并进行多表查询。

☐ SELECT 语句中包含的子句

　　大多数 SQL 查询语句包括下面 3 个子句：

SELECT	列出基本表、导出表或视图中的列（包括有关列的表达式），这些列将被投影到命令执行结果的表中。（这是对"它列出了你想要显示的数据"的一种更专业的说法。）
FROM	确定将显示在结果表中的列所在的基本表、导出表或视图，并且包括处理查询时需要做连接的基本表、导出表或视图。
WHERE	包含了从 FROM 子句的条目中选择记录的条件，以及基本表、导出表或视图进行连接的条件。因为 SQL 被认为是一种集合操作语言，因此，WHERE 子句对于定义被操作的记录集合非常重要。

　　前面两个子句是必需的，第 3 个子句只有在检索表中某些行或者进行多表连接时需要。（本节中的大多数例子来自图 6—3 中所示的数据。）例如，我们可以显示在 PROUCT 视图中，松树谷家具公司所有标准价格低于 275 美元的产品名称和现有数量。

　　查询：*哪些产品的标准价格低于 275 美元？*

```
SELECT ProductDescription，ProductStandardPrice
   FROM Product_ T
      WHERE ProductStandardPrice < 275；
```

　　结果：

PRODUCTDESCRIPTION	PRODUCTSTANDARDPRICE
End Table	175
Computer Desk	250
Coffee Table	200

　　如前所述，本书中，我们使用 Oracle 的风格来显示结果（除了有明确标注的地方），这意味着列标题均为大写字母。如果用户不喜欢这种方式，则可将数据名称定

义为使用下划线连接相邻单词，而不是单词连续书写，或者可以用别名（本节后面将介绍）来重定义所显示的列名。

每个 SELECT 语句执行后返回一个结果表（记录集合）。所以，SQL 是一致的——每个查询的输入输出都是表。这一点在更加复杂的查询中尤为重要，因为我们可以把一个查询的结果作为另一个查询的一部分（例如，可以将 SELECT 语句作为元素之一包含在 FROM 子句中，创建一个导出表，本章后面将会对此进行介绍）。

有两个特殊关键字可以和显示的结果列一起使用：DISTINCT 和 "＊"。如果用户不希望结果中包含重复的行，可以使用 SELECT DISTINCT 语句。在之前的例子中，如果松树谷家具公司销售的其他电脑桌价格也少于 275 美元，查询结果将出现重复的行。"SELECT DISTINCT ProductDescription" 将显示无重复行的结果表。SELECT＊，将显示 FROM 子句中所有条目中的所有列，这里 "＊" 作为通配符使用，表示所有的列。

同时需要说明的是，SELECT 语句中的子句必须保持正确的顺序，否则将出现语法错误并导致查询失败。可能还需要依据使用的 SQL 版本，对数据库对象的名称进行限定。SQL 命令中不能存在模棱两可的地方，你必须明确指出所需数据来自哪个基本表、导出表或视图。例如，图 6—3 中的 CustomerID 同时是 Customer _ T 和 Order _ T 这两个表中的列。如果你是所用数据库的所有者（即表的创建者），并且你想要表 Customer _ T 中的 CustomerID 时，在语句中使用 Customer _ T. CustomerID 明确指定。如果你想要表 Order _ T 中的 CustomerID，那么使用 Order _ T. CustomerID 明确指定。即使你不在乎 CustomerID 来自哪个表，也同样需要明确指出，因为没有用户的指示，SQL 无法解决模棱两可的问题。当你被允许使用他人创建的数据时，必须使用用户 ID 来指明表的所有者。现在从表 Customer _ T 中选取 CustomerID 的请求，可能变成：OWNER _ ID. Customer _ T. CustomerID。本书中的例子假设读者是所用表或视图的所有者，这样 SELECT 语句将更易读。限定词将在必要时候使用，如果需要也可以一直包含在语句中。省略限定词可能会出现问题，但包含限定词是不会产生问题的。

如果感觉输入限制词和列名比较麻烦（计算机键盘还不能支持两个拇指的手机短信技术），或者列名对于查看查询结果的人没有意义，则可以为数据名称创建别名，这些别名可以在余下的查询操作中使用。尽管 SQL：1999 不包含别名或同义词，但它们已被广泛使用，并且有助于构造可读性好并且简单的查询。

查询： 名为 Home Furnishings 的客户的地址是什么？对客户名称使用一个别名。（加粗 AS 子句只是为了强调。）

```
SELECT CUST. CustomerName AS Name ,  CUST. CustomerAddress
   FROM ownerid. Customer_ T AS Cust
      WHERE Name = 'Home Furnishings';
```

在很多版本的 SQL 中，这个查询语句将返回下面的结果。在 Oracle 的 SQL＊Plus 中，列的别名不能在 SELECT 语句中除 HAVING 子句以外的其他部分使用，所以为了确保查询命令的执行，必须在最后一行的 WHERE 子句中使用 CustomerName 而不是 Name。请注意，结果表中列标题为 Name 而不是 CustomerName，并且表的别名尽管在 FROM 子句中才被定义，但也可以在 SELECT 子句中使用。

结果：

NAME	CUSTOMERADDRESS
Home Furnishings	1900 Allard Ave.

你可能会认为 SQL 只生成相对简单的输出。使用别名是提高列标题可读性的好方法。（别名也有其他用途，我们将在后面介绍。）许多 RDBMS 还有其他专有 SQL 子句可以提高数据显示能力。例如，Oracle 的 SELECT 语句有一个 COLUMN 子句，它有很多特性，例如可用于改变列标题文字及列标题的对齐方式、改变列中值的格式、控制列中数据的封装等。你可以研究一下你现在使用的 RDBMS 的这些性能。

当使用 SELECT 子句为结果表选出数据列时，这些列可以重新排列，这样就可以在结果表中采用与原始表不同的顺序。事实上，它们在结果表中显示的顺序和 SELECT 语句中指定的顺序一致。回头看一看图 6—3 中的表 Product _ T，观察基本表和下面查询结果表的不同列顺序。

查询：列出产品表中所有产品的单价、产品名称和产品 ID。

```
SELECT ProductStandardPrice，ProductDescription，ProductID
FROM Product_ T;
```

结果：

PRODUCTSTANDARDPRICE	PRODUCTDESCRIPTION	PRODUCTID
175	End Table	1
200	Coffee Table	2
375	Computer Desk	3
650	Entertainment Center	4
325	Writer's Desk	5
750	8 - Drawer Desk	6
800	Dining Table	7
250	Computer Desk	8

□ 使用表达式

基本的 SELECT...FROM...WHERE 子句可以通过很多方式操作单表。你可以创建表达式，从而对表中的数据进行数学操作，或者利用库函数，如 SUM 或 AVG，来对表中所选行的数据进行运算。数学操作可以使用这些运算符构建——"＋"表示加法，"—"表示减法，"＊"表示乘法，"/"表示除法。这些运算符可以用于任何数值型列。结果表中每一行都要进行表达式的计算，例如显示产品的标准价格和单位成本间的差值，表达式也可以用于列和函数的计算，例如一件产品的标准价格乘以该产品在某个订单中的销售数量（这需要在 OrderedQuantities 上求和）。有些系统中还有称作取模的运算符，常用"％"表示。模是两个整数相除后的整余数。例如，14％4 的结果为 2，因为 14/4 的结果为 3，余数为 2。SQL 标准支持年—月和天—时间间隔，使日期和时间的计算成为可能（例如，根据今天的日期和某人的生日计算他的年龄）。

也许你想要知道每种产品的当前标准价格和增长了 10％之后的价格。使用 SQL＊ Plus，下面是使用的查询和相应结果。

查询：每件产品的当前标准价格以及增长了 10％之后的标准价格分别是多少？

```
SELECT ProductID，ProductStandardPrice，ProductStandardPrice＊ 1. 1 AS
Plus10Percent
  FROM Product_ T;
```

结果：

PRODUCTID	PRODUCTSTANDARDPRICE	PLUS10PERCENT
2	200.0000	220.00000
3	375.0000	412.50000
1	175.0000	192.50000
8	250.0000	275.00000
7	800.0000	880.00000
5	325.0000	357.50000
4	650.0000	715.00000
6	750.0000	825.00000

复杂表达式中运算符执行顺序的优先规则，与其他编程语言及代数中所用的相同。圆括号内的表达式将首先计算。当没有圆括号确定顺序时，先从左向右计算乘除法，然后从左向右计算加减法。为了避免混淆，请使用圆括号建立运算顺序。当圆括号嵌套时，先计算最内层括号中的表达式。

使用函数

标准 SQL 定义了一系列数值计算、字符串和日期操作等函数。我们将在这一节介绍一些数学函数。你可能需要了解所用 DBMS 提供的函数，有一些可能是该 DBMS 特有的。下面列出了一些标准的函数：

数学计算	MIN，MAX，COUNT，SUM，ROUND（按指定的小数位数将数字四舍五入），TRUNC（舍掉没有用的数字），和 MOD（用于模运算）
字符串	LOWER（将所有字符变为小写格式），UPPER（将所有字符更新到大写格式），INITCAP（只将首字母设为大写格式），CONCAT（连接），SUBSTR（摘取特定位置的字符），和 COALESCE（在一个列的列表中找到第一个非空的值）
日期	NEXT_DAY（计算满足指定条件的下一个日期），ADD_MONTHS（给定一个日期，计算该日期之前或之后的给定月份数的日期），MONTHS_BETWEEN（计算两个特定日期之间的月份数）
分析型	TOP（找到一个集合中最前面的 n 个数值，例如，年销售总额最高的前 5 个客户）

也许你想知道存货清单中所有产品的平均标准价格。要得到总的平均值，可以使用 AVG 库函数。我们可以为结果表达式取一个别名，AveragePrice。使用 SQL*Plus，下面是所用的查询和结果。

查询：库存清单中所有产品的平均标准价格是多少？

```
SELECT AVG (ProductStandardPrice) AS AveragePrice
FROM Product_ T;
```

结果：

$$\dfrac{\text{AVERAGEPRICE}}{440.625}$$

SQL：1999 库函数包括 ANY，AVG，COUNT，EVERY，GROUPING，MAX，MIN，SOME 和 SUM。SQL：200n 增加了 LN，EXP，POWER，SORT，FLOOR，CEILING 和 WIDTH_BUCKET。每一个新的 SQL 标准都会增加新的函数，SQL：2003 和 SQL：2008 增加的库函数更多，其中许多用于数据的高级分析处理（例如，计算数据的移动平均数和统计样本）。正如上面的例子所示，SELECT 命令中特定列上的库函数，例如 COUNT，MIN，MAX，SUM 和 AVG 可以用来指定结果表将包含聚集后的数据，而不是行级数据。使用这些聚集函数中的任何一个都将得到单行结果。

查询： 1004 号订单订购了多少不同的产品？

```
SELECT COUNT（*）
  FROM OrderLine_ T
    WHERE OrderID = 1004;
```

结果：

$$\dfrac{\text{COUNT（*）}}{2}$$

似乎修改查询把订单号 1004 显示出来，是件很简单的事情。

查询： 1004 号订单订购了多少不同的产品？它们分别是什么？

```
SELECT ProductID，COUNT（*）
  FROM OrderLine_ T
    WHERE OrderID = 1004;
```

如果使用 Oracle，将得到下面的结果：

结果：

ERROR at line 1：

ORA-00937：not a single-group group function //不是单组的分组函数

在微软 SQL Server 中，结果如下。

结果：

Column 'OrderLine_ T. ProductID' is invalid in the select list because it is not contained in an Aggregate function and there is no GROUP BY clause. // 列 'OrderLine_ T. ProductID' 在 select 列表中是不合法的，因为它不是一个聚集函数并且没有 GROUP BY 子句。

问题在于，ProductID 对于所选择的两个行，返回了两个值——6 和 8，而 COUNT 针对 ID=1004 的行集合返回一个聚集值 2。在大多数实现中，SQL 不能同时返回一个行值和一个集合值，用户必须执行两个独立的查询，分别返回行信息和集合信息。

如果试图得到每件产品的标准价格和所有产品平均价格（我们在上面已经计算过）之间的差值，将会遇到相似的问题。你可能认为查询语句应该是：

```
SELECT ProductStandardPrice-AVG（ProductStandardPrice）
  FROM Product_ T；
```

然而，我们又将列值和聚集值放在了一起，这同样将产生错误。回想一下，

FROM 子句中可以包括基本表、导出表和视图。正确查询语句的一种写法是，将聚集结果作为一个导出表，就像在下面的查询实例中所做的。

查询：显示每件产品的标准价格和所有产品平均标准价格之间的差值。

```
SELECT ProductStandardPrice -PriceAvg AS Difference
  FROM Product_ T，（SELECT AVG（ProductStandardPrice）AS PriceAvg
    FROM Product_ T）；
```

结果：

$$
\begin{array}{c}
\text{DIFFERENCE} \\
-240.63 \\
-65.63 \\
-265.63 \\
-190.63 \\
359.38 \\
-115.63 \\
209.38 \\
309.38
\end{array}
$$

另外，函数 COUNT（*）和 COUNT 也很容易混淆。在前面查询中使用的函数 COUNT（*），计算一个查询选择出的所有行，不管这些行是否包括空值。COUNT 只计算包含值的行，它忽略所有空值。

SUM 和 AVG 只能用于数值类型的列。COUNT，COUNT（*），MIN 和 MAX 可用于任何数据类型。例如，在文本列上使用 MIN 将得到该列的最小值，即首字母最接近字母表的起始字母。不同的 SQL 实现对字母表的顺序有不同的解释。例如，有些系统以 A-Z 开始，接着是 a-z，然后 0—9 和特殊字符。其他系统认为大写和小写字母相同。还有某些系统以一些特殊字符开始，然后是数字、字母和其他特殊字符。下面是一个得到表 Product _ T 中按照字母表顺序排列的第一个 ProductName 的查询，它使用 Oracle 11g 中的 AMERI-CAN 字符集实现。

查询：按照字母表顺序，产品表中的第一个产品名称是什么？

```
SELECT MIN（ProductDescription）
  FROM Product_ T；
```

该查询得到下面的结果，证明在该字符集中，数字排在字母的前面。（请注意：下面的结果来自 Oracle。微软 SQL Server 返回同样的结果，但是在 SQL 查询分析器中将列标识为（No column name），除非查询指定了结果的名称。）

结果：

MIN（PRODUCTDESCRIPTION）
8-Drawer Dest

☐ 使用通配符

我们已经在前面介绍了在 SELECT 语句中使用星号（*）作为通配符。在

WHERE 子句中，当不可能进行精确匹配时，也可以使用通配符。这里，关键字 LIKE 和通配符配对使用，并且通常还有包含所寻找匹配中已知字符的字符串。通配符 "％"，代表任意字符集合。因此，在检索 ProductDescription 时使用 LIKE '％ Desk'，将会找到松树谷家具提供的所有不同类型的桌子。下划线（＿）是代表一个字符而不是字符集合的通配符。因此，在检索 ProductName 时使用 LIKE '＿-drawer'，将找到任何带有指定抽屉的产品，如 3-，5-或 8-drawer 梳妆台。

☐ 使用比较运算符

本节中，除了第一个 SQL 例子外，我们在 WHERE 子句中使用的都是相等运算符。第一个例子使用大于（小于）运算符。表 6—3 列出了 SQL 实现中最常用的比较运算符。（不同的 SQL DBMS 可能使用不同的比较运算符。）你可能习惯对**数值型数据使用比较运算符，但是在 SQL 中你也可以将它们用于字符数据及日期。下面的查询请求是** 2010 年 10 月 24 日之后的所有订单。

查询：哪些订单是在 2010 年月 10 日 24 之后提交的？

```
SELECT OrderID, OrderDate
  FROM Order_ T
    WHERE OrderDate > '24-OCT-2010';
```

请注意，日期要写在单引号中，并且日期的格式和图 6—3 中所示的有所不同，图 6—3 所示的格式来自微软 Access。这个查询语句要在 SQL* Plus 中执行。你应该查看你所用 SQL 语言的参考手册，以确定查询语句中以及数据输入时的日期格式。

结果：

ORDERID	ORDERDATE
1007	27-OCT-10
1008	30-OCT-10
1009	05-NOV-10
1010	05-NOV-10

查询：松树谷家具公司提供的哪些家具不是用樱桃木做的？

```
SELECT ProductDescription, ProductFinish
  FROM Product_ T
    WHERE ProductFinish ! = 'Cherry';
```

结果：

PRODUCTDESCRIPTION	PRODUCTFINISH
Coffee Table	Natural Ash
Computer Desk	Natural Ash
Entertainment Center	Natural Maple
8-Drawer Desk	White Ash
Dining Table	Natural Ash
Computer Desk	Walnut

表 6—3	SQL 中的比较运算符
运算符	意义
=	等于
>	大于
>=	大于等于
<	小于
<=	小于等于
<>	不等于
! =	不等于

☐ 使用空值 NULL

没有使用 NOT NULL 定义的列可以为空，对于一个组织而言这可能是很重要的事实。你可能记得空值表示某一列没有值，不是 0 或者空白或其他特殊编码——就是没有值。我们已经看到，当函数遇到空值时得到的结果，和在某列所有符合条件的行上都使用 0 值时得到的结果不同。因此，在决定如何写命令之前，可以首先确定是否存在空值，或者你可能只是想简单地看一下表中含空值行的数据。例如，在承担一个邮局邮件广告活动之前，你可能想执行下面的查询。

查询： 显示所有我们不知道其邮编的客户。

```
SELECT * FROM Customer_ T WHERE CustomerPostalCode IS NULL ;
```

结果：

幸运的是，在我们的样例数据库中该查询返回 0 行结果，所以我们可以向所有的客户邮寄广告，因为我们知道他们的邮编。IS NOT NULL 语句返回指定列中不是空值的数据行。这使得我们可以只处理关键列上有值的行，而忽略其他行。

☐ 使用 Boolean 运算符

你可能学过关于有限数学或者离散数学——逻辑、韦恩图和集合理论的整个或部分课程。记得我们说过 SQL 是一种面向集合的语言，所以你有很多机会使用你在有穷数学中学到的知识来写复杂的 SQL 查询。有些复杂问题可以通过进一步调整 WHERE 子句来解决。布尔或逻辑运算符 AND，OR 和 NOT 可以很有效地被使用。

AND	连接两个或多个条件，只有当所有条件为真时才返回结果。
OR	连接两个或多个条件，当任意条件为真时返回结果。
NOT	对一个表达式求反。

如果一个 SQL 语句中使用了多个布尔运算符，将先运算 NOT，接着是 AND，然后 OR。例如，考虑下面的查询。

查询 A： 列出产品表中所有书桌（desk）的产品名称、材质、标准价格，以及所有成本高于 300 美元的桌子（table）。

```
SELECT ProductDescription, ProductFinish, ProductStandardPrice
   FROM Product_ T
      WHERE ProductDescription LIKE '%Dest'
      OR ProductDescription LIKE '%Table'
      AND ProductStandardPrice > 300;
```

结果：

PRODUCTDESCRIPTION	PRODUCTFINISH	PRODUCTSTANDARDPRICE
Computer Desk	Natural Ash	375
Writer's Desk	Cherry	325
8-Drawer Desk	White Ash	750
Dining Table	Natural Ash	800
Computer Desk	Walnut	250

所有的书桌，甚至成本低于 300 美元的电脑桌都被列出来了。只有一个桌子（table）被列出来了，成本低于 300 美元的较便宜的桌子未被列出。在这个查询中，AND 将被首先处理，返回所有标准价格高于 300 美元的桌子（table）（图 6—8（a））。然后 OR 被处理，返回所有书桌（desk），不计书桌的成本，以及所有标准价格高于 300 美元的桌子（table）（图 6—8（b）），对应图 6—8（b）中被 OR 粗线围绕的区域。

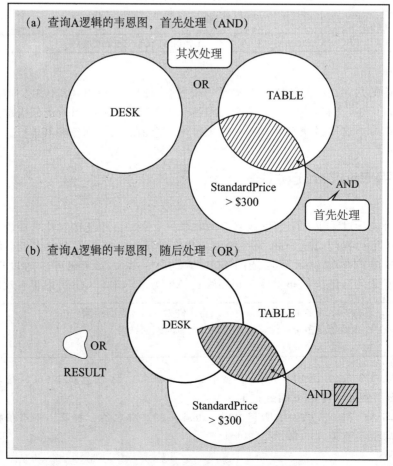

图 6—8 不使用圆括号的布尔查询

如果希望只返回标准价格高于 300 美元的书桌（desk）和其他桌子（table），我们应该在 WHERE 之后和 AND 之前加圆括号，如下面的查询 B 所示。图 6—9（a）和图 6—9（b）显示了，由于查询语句中使用了圆括号所导致的不同处理过程，结果是所有标准价格高于 300 美元的书桌（desk）和其他桌子（table），由图中水平线填充的区域所示。胡桃木电脑桌的标准价格为 250 美元，因此未包括在结果中。

查询 B： 列出 PRODUCT 表中标准价格高于 300 美元的所有书桌和桌子产品的名称、材质、和标准价格。

```
SELECT ProductDescription，ProductFinish，ProductStandardPrice
  FROM Product_ T；
  WHERE（ProductDescription LIKE '%Desk'
    OR ProductDescription LIKE '%Table'）
    AND ProductStandardPrice ＞ 300；
```

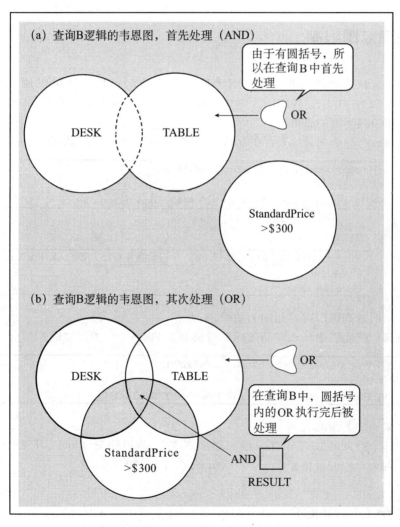

图 6—9　使用圆括号的布尔查询

下面是查询结果。只包含单位价格高于 300 美元的产品。

结果：

PRODUCTDESCRIPTION	PRODUCTFINISH	PRODUCTSTANDARDPRICE
Computer Desk	Natural Ash	375
Writer's Desk	Cherry	325
8-Drawer Desk	White Ash	750
Dining Table	Natural Ash	800

这个例子说明了为什么 SQL 被认为是面向集合的语言，而不是面向记录的语言。（C，Java 和 Cobol 都是面向记录的语言，因为它们一次只能处理表中的一条记录或数据行。）为了响应这条查询，SQL 要找到书桌（desk）产品的行集合，然后将该集合与桌子（table）产品的行集合合并。最后，对合并后的集合与标准价格高于 300 美元的行集合取交集（找到相同的行）。如果可以使用索引，该过程的执行将更加快速，因为 SQL 将创建满足每个条件的索引条目集合，并在索引条目集合上执行集合操作，每个操作将占用更少的空间并且可以执行的更加快速。你将在第 7 章中看到 SQL 更高级的使用方式，在这些方式中，使用了 SQL 面向集合的特性来表达更复杂的多表查询。

使用范围限制

比较运算符"＜"和"＞"用于创建一个值的范围。还可以使用关键词 BE-TWEEN 和 NOT BETWEEN。例如，要找到标准价格在 200 美元～300 美元之间的产品，可以用下面的查询。

查询：产品表中什么产品的标准价格介于 200～300 美元之间？

```
SELECT ProductDescription, ProductStandardPrice
  FROM Product_ T
    WHERE ProductStandardPrice >  199 AND ProductStandardPrice <  301;
```

结果：

PRODUCTDESCRIPTION	PRODUCTSTANDARDPRICE
Coffee Table	200
Computer Desk	250

下面的查询可以得到相同的结果。

查询：产品表中什么产品的标准价格介于 200～300 美元之间？

```
SELECT ProductDescription, ProductStandardPrice
  FROM Product_ T
    WHERE ProductStandardPrice BETWEEN 200 AND 300;
```

结果：和上面的查询一样。

在这个查询的 BETWEEN 前面增加 NOT，将返回 Product＿T 表中的所有其他产品，因为它们的价格都低于 200 美元或者高于 300 美元。

使用 DISTINCT

有时，当在查询不包含主码的数据时，可能会返回重复的行。例如，下面的查询和它所返回的结果。

查询：OrderLine 表中包括哪些订单号？

```
SELECT OrderID
  FROM OrderLine_ T;
```

该查询返回 18 行数据，其中许多都是重复的，因为有很多订单对应多个条目。
结果：

ORDERID
1001
1001
1001
1002
1003
1004
1004
1005
1006
1006
1006
1007
1007
1008
1008
1009
1009
1010
18 条记录被选择。

在这个查询中，我们真的需要冗余的 OrderID 吗？如果我们增加关键字 DIS-
TINCT，那么返回的结果中将有 10 个 OrderID，每个 OrderID 只出现一次。

查询：OrderLine 表中包括哪些不同的订单号？

```
SELECT DISTINCT OrderID
  FROM OrderLine_ T;
```

结果：

ORDERID
1001
1002
1003
1004
1005
1006
1007
1008
1009
1010
10 条记录被选择。

DISTINCT 和 ALL 两个关键词在 SELECT 语句中只能出现一次。它们通常位于
SELECT 后面以及所列的任意列或表达式的前面。如果 SELECT 语句投影了一个以上

的列，那么只有每个列上的数值都相同的行才会被删除。因此，如果前面的语句同时包括 OrderedQuantity 列，则将会返回 14 行数据，因为现在只有 4 个冗余行，而不是 8 行。例如，1004 号订单上的两个条目数量都是 2，因此第二对 1004 和 2 将被删除。

查询： 表 OrderLine 中包括哪些不同的订单号和订单数量组合？

```
SELECT DISTINCT OrderID, OrderedQuantity
  FROM OrderLine _ T;
```

结果：

ORDERID	ORDEREDQUANTITY
1001	1
1001	2
1002	5
1003	3
1004	2
1005	4
1006	1
1006	2
1007	2
1007	3
1008	3
1009	2
1009	3
1010	10

14 条记录被选择。

☐ 在列表中使用 IN 和 NOT IN

我们可以考虑使用 IN 来匹配值的列表。

查询： 列出所有居住在较温暖的州的客户。

```
SELECT CustomerName, CustomerCity, CustomerState
  FROM Customer_ T
    WHERE CustomerState IN ('FL', 'TX', 'CA', 'HI');
```

结果：

CUSTOMERNAME	CUSTOMERCITY	CUSTOMERSTATE
Contemporary Casuals	Gainesville	FL
Value Furniture	Plano	TX
Impressions	Sacramento	CA
California Classics	Santa Clara	CA
M and H Casual Furniture	Clearwater	FL
Seminole Interiors	Seminole	FL
Kaneohe Homes	Kaneohe	HI

7 条记录被选择。

IN 在使用子查询的 SQL 语句中特别有用，子查询将在第 7 章介绍。IN 的使用也非常符合 SQL 的集合特性。很简单，IN 后面圆括号中的列表（值的集合）可以是文字，就像这里所举的例子，也可以是包含单个结果列的 SELECT 语句，该语句的结果将作为比较的值集插入。其实，有些 SQL 程序员经常使用 IN，即使圆括号中的集合只有一项内容。类似地，FROM 子句中的任何"表"，都可以是在 FROM 子句中使用圆括号内的 SELECT 语句生成的导出表（正如我们前面所看到的，查询每件产品的标准价格和所有产品平均标准价格之间的差值）。在 SQL 语句涉及集合的任何地方使用 SELECT 语句，是 SQL 语言的一个强大而有用的特征，并且完全和 SQL 作为面向集合语言相一致，正如图 6—8 和图 6—9 中所阐述的。

□ 对结果排序：ORDER BY 子句

观察一下前面的结果，似乎按照佛罗里达州、夏威夷州、得克萨斯州、加利福尼亚州的顺序排列客户更有意义。这引出了 SQL 语句的其他三个基本部分：

ORDER BY	按照升序或降序排序最终的结果行。
GROUP BY	在中间结果表中对行分组，在一列或多列上值相同的行被分为一组。
HAVING	只能在 GROUP BY 后面使用，并作为辅助的 WHERE 子句，只返回满足某个特定条件的分组。

因此，我们可以通过增加 ORDER BY 子句对客户排序。

查询：列出客户表中，地址为佛罗里达州、得克萨斯州、加利福尼亚州或者夏威夷州的所有客户的客户名、城市和州。按州的字母顺序排列客户，同一个州的客户按照客户名的字母顺序排列。

```
SELECT CustomerName, CustomerCity, CustomerState
  FROM Customer_ T
    WHERE CustomerState IN ('FL', 'TX', 'CA', 'HI')
      ORDER BY CustomerState, CustomerName;
```

现在查询的结果比较容易读了。

结果：

CUSTOMERNAME	CUSTOMERCITY	CUSTOMERSTATE
California Classics	Santa Clara	CA
Impressions	Sacramento	CA
Contemporary Casuals	Gainesville	FL
M and H Casual Furniture	Clearwater	FL
Seminole Interiors	Seminole	FL
Kaneohe Homes	Kaneohe	HI
Value Furniture	Plano	TX

7 条记录被选择。

请注意，来自同一个州的客户被列到一起，并且在同一个州内，客户名称按照字母顺序排列。排列的顺序由 ORDER BY 子句中所包含的列的顺序决定，在本例中，首先按照州的字母顺序排列，然后是客户名称。如果要从高到低排序，在用于排序的列后面使用关键字 DESC。如果不想在 ORDER BY 子句中逐个写出列名称，你也可以使用 SELECT 列表中列的位置，例如，在前面的查询中，我们可以将子句写为：

```
ORDER BY 3, 1;
```

有时，结果表中有很多行，但是你只想看其中的几行，许多 SQL 系统（包括 MySQL）支持 LIMIT 子句，例如下面的语句，只显示结果中的前 5 行。

```
ORDER BY 3, 1 LIMIT 5;
```

下面的语句将显示跳过前 30 行之后的 5 行数据：

```
ORDER BY 3, 1 LIMIT 30, 5;
```

NULL 值如何排序？空值可以放在开始或最后，放在有值列的前面或后面。NULL 所放位置由 SQL 的实现确定。

□ 对结果分类：GROUP BY 子句

GROUP BY 子句在和聚集函数，如 SUM 或 COUNT，一起使用时非常有用。GROUP BY 将表分为多个子集合（根据组），而使用聚集函数为每个组提供概要信息。前面的聚集函数例子返回的单个值叫做**标量聚集**（scalar aggregate）。当聚集函数用于 GROUP BY 子句并且返回多个值时，就称作**矢量聚集**（vector aggregate）。

查询：计算接收我们运送货物的每个州的客户数。

```
SELECT CustomerState, COUNT (CustomerState)
  FROM Customer_ T
    GROUP BY CustomerState;
```

结果：

CUSTOMERSTATE	COUNT (CUSTOMERSTATE)
CA	2
CO	1
FL	3
HI	1
MI	1
NJ	2
NY	1
PA	1
TX	1
UT	1
WA	1
11 条记录被选择。	

也可以在组内再建组，所使用的逻辑和多列排序相同。

查询：计算接收我们运送货物的每个城市的客户数。按照所在州列出城市。

```
SELECT CustomerState, CustomerCity, COUNT（CustomerCity）
  FROM Customer_ T
    GROUP BY CustomerState, CustomerCity;
```

虽然 GROUP BY 子句看起来很直接，但如果子句的逻辑被忘记了（这对于 SQL 编程初学者很常见），将得到意料不到的结果。当使用 GROUP BY 子句时，可以在 SELECT 子句中指定的列是有限的。只有那些在每个组上有单个值的列，才可以包括在 SELECT 子句中。在前面的查询中，每组使用城市及其所在州的标识。SE-LECT 语句包括了城市和州这两个列。这是有效的，因为每个城市和州的组合是一个 COUNT 值。但是如果本小节中第一个查询的 SELECT 子句也包括城市，那么该语句将运行失败，因为 GROUP BY 只通过州分组。一个州有多个城市，不能满足 SE-LECT 子句的每个值在 GROUP BY 的组中只有一个值，因此，SQL 不能显示城市信息。如果你在写查询语句时使用下列规则，则可保证查询的正确性：SELECT 语句中所引用的每一列必须出现在 GROUP BY 子句中，除非该列是 SELECT 子句中聚集函数的参数。

☐ 限制分类结果：HAVING 子句

HAVING 子句的作用类似于 WHERE 子句，但是它是用来确定满足某一条件的分组而不是行。因此，你通常会看到 HAVING 子句在 GROUP BY 子句后面使用。

查询： 找到客户数多于 1 的州。

```
SELECT CustomerState, COUNT（CustomerState）
  FROM Customer_ T
    GROUP BY CustomerState
    HAVING COUNT（CustomerState）> 1;
```

该查询返回的结果不包括只有一个客户的州（分组）。记住这里不能使用 WHERE，因为 WHERE 不允许聚集，另外，WHERE 对行集合进行限制而 HAVING 对组集合进行限制。和 WHERE 一样，HAVING 子句的限制可以和一个 SELECT 语句计算出的结果进行比较（也就是，只有一个值的集合仍然是集合）。

结果：

CUSTOMERSTATE	COUNT（CUSTOMERSTATE）
CA	2
FL	3
NJ	2

如果要在 HAVING 子句中包括多个条件，使用 AND，OR 和 NOT，就像 WHERE 子句一样。归纳起来，下面最后给出一条包括所有 6 个子句的命令，记住这些子句的顺序必须如下面的查询所示。

查询： 对于所选的平均标准价格低于 750 的材质中的每一种材质，以字母表顺序列出产品的材质名称和平均标准价格。

```
SELECT ProductFinish, AVG (ProductStandardPrice)
  FROM Product_ T
    WHERE ProductFinish IN ('Cherry', 'Natural Ash', 'Natural Maple',
    'White Ash')
      GROUP BY ProductFinish
        HAVING AVG (ProductStandardPrice) < 750
          ORDER BY ProductFinish;
```

结果：

PRODUCTFINISH	AVG (PRODUCTSTANDARDPRICE)
Cherry	250
Natural Ash	458. 333 333
Natural Maple	650

图 6—10 显示了 SQL 处理语句中各子句的顺序。箭头表示可以遵循的路径。记住，只有 SELECT 和 FROM 子句是必须有的。请注意，处理顺序和用于创建语句的语法顺序是不同的。在处理每个子句时，都会产生用于下一子句的中间结果表。用户看不到中间结果表，他们只能看到最终结果。记住图 6—10 所示的顺序就可以对查询进行调试。调试时拿走可选子句，然后按照它们被处理的顺序逐个放回。这样就可以看到中间结果，并且问题通常会被发现。

□ 使用和定义视图

图 6—6 中显示的 SQL 语法，说明了使用 Oracle 11g SQL 创建数据库模式中的 4 个**基本表**（base table）。这些表用于数据库中数据的物理存储，对应于数据库逻辑设计中的关系。在任何 RDBMS 中使用 SQL 查询语句，都可以创建**虚表**（virtual table）或者**动态视图**（dynamic view），它们的内容是在被引用时填入的。我们可以使用 SQL SELECT 查询对这些视图进行和基本表一样的操作。另外还有**物化视图**（materialized view）可以使用，物化视图存储在物理硬盘上，在适当的时间间隔或者某些事件发生时被刷新。

视图经常被提到的一个作用就是简化查询命令，但是视图也可以提高数据安全性，并且显著提高程序一致性和数据库的效率。为了突出使用视图的益处，让我们来看松树谷家具公司的发票处理过程。构造该公司的发票需要访问图 6—3 中松树谷公司数据库中的 4 个表：Customer_ T，Order_ T，OrderLine_ T 和 Product_ T。数据库初学者可能无法正确高效地构造涉及这么多表的查询。视图允许我们将此种关联关系预定义成作为数据库一部分的单个虚表。有了这个视图，用户只需要客户发票数据，无须重新构造 4 个表的连接以产生报表或其他数据子集。表 6—4 总结了使用视图的优点和缺点。

视图 Invoice_ V 是一个 SQL 查询（SELECT...FROM...WHERE）的运行结果。如果你想就这样运行这个查询，不再选择其他的属性，就去掉 OrderedQuantity 后面的逗号。这个例子假定你会在查询中包括其他额外的属性。

查询：为客户创建发票需要哪些数据元素？将这个查询的结果保存为一个名为 Invoice_ V 的视图。

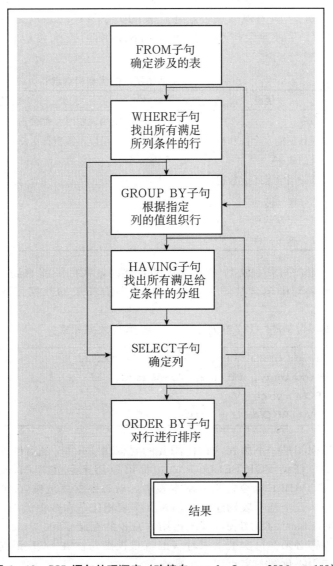

图 6—10 SQL 语句处理顺序（改编自 van der Lans，2006，p. 100）

```
CREATE VIEW Invoice_ V AS
    SELECT Customer_ T. CustomerID, CustomerAddress, Order_ T. OrderID,
    Product_ T. ProductID, ProductStandardPrice,
    OrderedQuantity, and other columns as required
        FROM Customer_ T, Order_ T, OrderLine_ T, Product_ T
            WHERE Customer_ T. CustomerID = Order_ T. CustomerID
                AND Order_ T. OrderID = OrderLine_ T. OrderID
                AND Product_ T. ProductID = OrderLine_ T. ProductID;
```

　　SELECT 子句指定或投影了哪些数据元素（列）将被包含在视图中。FROM 子句列出了此次视图创建过程中涉及的表和视图。WHERE 子句指定了用于将 Customer _ T，Order _ T，OrderLine _ T 和 Product _ T4 个表连接到一起的公共列名。

（你将在第 7 章学习连接操作，但是现在记住用于引用其他表的外码，这些都是用于连接的列。）因为视图是表，并且表的关系特性之一就是行的顺序不重要，因此视图中的行可能不会排序。但是使用该视图的查询可以以任何顺序排列它们的结果。

表 6—4   **使用动态视图的优点和缺点**

优点	缺点
简化查询命令	每次使用视图时，都会占用时间重新创建视图
有助于提高数据的安全性和机密性	可以或可以不被直接更新
提高程序员的效率	
包含了大部分当前基本表数据	
使用很少的存储空间	
为用户提供可定制的视图	
建立了物理数据独立性	

当构建查询来生成 1004 号订单的发票时，我们就能看到视图的作用了。我们只需在查询语句中包含视图 Invoice_V 中所有相关的数据元素，而不用再连接 4 个表了。

    查询：为 1004 号订单创建发票需要哪些数据元素？

```
SELECT CustomerID, CustomerAddress, ProductID,
    OrderedQuantity, and other columns as required
        FROM Invoice_ V
            WHERE OrderID = 1004;
```

动态视图是一个虚表，它在需要的时候由 DBMS 自动创建，而且不被作为永久数据维护。任何 SQL SELECT 语句都可以用来创建视图。永久数据被存储在用 CREATE TABLE 命令定义的基本表中。动态视图总是包含当前最新的导出数据值，因此，与从几个基本表构建一个临时真实表相比，在数据流动性方面更具有优势。另外，相对于临时的真实表，视图占用非常少的存储空间。然而，视图的代价很高，因为它的内容必须在每次被请求时（也就是视图每次在 SQL 语句中使用时）计算。现在可以使用物化视图来克服这个缺点。

视图可以和多个表或其他视图连接在一起，也可以包含导出列（或虚列）。例如，如果松树谷家具公司数据库的用户只想知道每件家具产品订单的总额，则可以为此从 Invoice_V 视图上创建一个视图。下面 SQL* Plus 中的例子说明了如何使用 Oracle 实现这一操作，当然这可以在任何支持视图的 RDBMS 中实现。

    查询：每件家具产品订单的总额是多少？

```
CREATE VIEW OrderTotals_ V AS
    SELECT ProductID Product, SUM (ProductStandardPrice * OrderedQuantity)
    Total
        FROM Invoice_ V
        GROUP BY ProductID;
```

我们可以为视图的列重新命名，而不使用相关基本表或表达式的列名。这里，Product 就是 ProductID 的重命名，作用范围仅为本视图。Total 是每种产品总销售额表达式的列名。（Total 在某些 RDBMS 中可能不是一个合法的别名，因为它可能是 DBMS 私有函数的保留字，在定义列和别名的时候一定要小心不要使用保留字。）在随后的查询中，该表达式可以作为一个数据列而不是导出表达式，通过这个视图被引用。基于其他视图定义新的视图可能会产生问题。例如，如果我们重新定义 Invoice _ V 视图，不再包含 StandardPrice 列，那么 OrderTotals _ V 视图将会失效，因为它将无法找到标准单位价格。

　　视图也可以帮助提高安全性。没有包含在视图中的表和列，对视图的使用者而言是不可见的。使用 GRANT 和 REVOKE 语句限制对视图的访问，会增加另一层安全性。例如，授予一些用户访问视图中的聚集数据（如平均值）的权限，但是不允许他们访问基本表中详细数据，这样他们将无法查看基本表中的数据。我们将在第 11 章中进一步介绍 SQL 的安全控制命令。

　　通过创建视图来限制用户只能使用完成任务所需的数据，这样可保护数据的隐私性和机密性。如果一个办公室工作人员需要使用员工的地址数据，但是不被允许访问他们的补偿金率，他可以被授权访问不包括补偿金信息的视图。

　　有些人主张为每一个独立的基本表创建视图，即使该视图和基本表相同。他们这样建议是因为，随着数据库的演化，视图有助于实现更高的编程效率。考虑 50 个程序都使用表 Customer _ T 的情况。假设松树谷家具公司的数据库要进行演化以支持新功能，要求表 Customer _ T 重新规范化为两个表。如果这 50 个程序都直接引用 Customer _ T 表，它们都要被修改为引用两个新表中的一个，或者进行两个新表的连接。但是如果这 50 个程序都使用这个基本表上的视图，那么我们只需要重新创建视图，从而避免了大量的重编码工作。然而，动态视图需要大量的运行计算处理，因为视图的虚表在每次视图被引用时，都要重新创建。因此，通过视图而不是直接引用基本表，会增加大量查询处理时间。这项额外操作的开销必须与使用视图所节省的重编程开销相平衡。

　　只要明确基本表的哪些数据必须改变，通过在视图上执行更新命令（INSERT，DELETE 和 UPDATE）更新基本表的数据，也是可能的。例如，如果视图包含一个通过聚集基本表数据而创建的数据列，那么对聚集值的更新操作就不能明确指出如何更新基本表数据。如果视图定义中包含了 WITH CHECK OPTION 子句，那么，当通过视图插入的数据不满足 WITH CHECK OPTION 规定时，插入将会失败。特别是，当 CREATE VIEW 语句包含下列任何一种情况时，所建视图将不能用于更新数据：

　　（1）SELECT 子句包含关键字 DISTINCT。

　　（2）SELECT 子句包含表达式，包括导出列、聚集、统计函数等。

　　（3）FROM 子句、子查询或者 UNION 子句引用了两个或两个以上的表。

　　（4）FROM 子句或者子查询引用了其他不可更新的视图。

　　（5）CREATE VIEW 命令包含了 GROUP BY 或者 HAVING 子句。

　　有时可能发生对某一实例的更新导致该实例从视图中消失的情况。我们创建一个名为 ExpensiveStuff _ V 的视图，该视图列出所有标准价格高于 300 美元的家具产品。此视图包括 ProductID 为 5 的一个书桌，单价为 325 美元。如果我们通过 Expensive _ Stuff _ V 视图将这个书桌的单价降为 295 美元，那么这个书桌将不再出现在 ExpensiveStuff _ V 虚表中，因为现在它的单价低于 300 美元。在 Oracle 中，如果你希望跟踪所有原始价格高于 300 美元的商品，就需要在 CRE-ATE VIEW 命令的 SELECT 子句后面使用 WITH CHECK OPTION 子句。有了 WITH CHECK OPTION，如果对视图执行的 UPDATE 或者 INSERT 语句引起所更新或插入的数据行从视图中消失，那么这些更新语句将不会被执行。该选项只能用于可更新的视图。

下面是视图 ExpensiveStuff_ V 的 CREATE VIEW 语句。

查询：列出所有标准价格超出过 300 美元的家具产品。

```
CREATE VIEW ExpensiveStuff_ V
  AS
    SELECT ProductID，ProductDescription，ProductStandardPrice
      FROM Product_ T
        WHERE ProductStandardPrice ＞ 300
          WITH CHECK OPTION；
```

当使用下列 Oracle SQL* Plus 语法将书桌的单价更新到 295 美元时：

```
UPDATE ExpensiveStuff_ V
SET ProductStandardPrice ＝ 295
  WHERE ProductID ＝ 5；
```

Oracle 给出下面的错误信息：

ERROR at line 1：

ORA－01402：view WITH CHECK OPTION where－clause violation

将书桌价格增加到 350 美元的操作可以成功执行，因为视图是可更新的而且没有违反视图中规定的条件。

视图相关的信息存储在 DBMS 的系统表中。例如在 Oracle 11g 中，所有视图的文本存储在表 DBA_ VIEWS 中。有系统权限的用户能找到这个信息。

查询：列出与视图 EXPENSIVESTUFF_ V 相关的一些信息。（注意视图 EXPENSIVESTUFF_ V 以大写字母存储，并且为了正确执行在输入的时候也必须用大写。）

```
SELECT OWNER，VIEW_ NAME，TEXT_ LENGTH FROM DBA_ VIEWS
  WHERE VIEW_ NAME ＝ 'EXPENSIVESTUFF_ V'；
```

结果：

OWNER	VIEW _ NAME	TEXT _ LENGTH
MPRESCOTT	EXPENSIVESTUFF _ V	110

物化视图　和动态视图一样，物化视图可以为了不同目的以不同方式构建。表可以全部或者部分复制，并且表的更新可以按照预定义的时间间隔进行，或在需要的时候触发更新。物化视图的构建可以基于一个或多个表的查询。我们可以基于聚集数据创建概要表。分布式数据的远程数据复本可以作为物化视图存储在本地。要保证本地视图和远程基本表或数据仓库的同步，就需要额外的维护开销，但是使用物化视图可以提高分布式查询的性能，尤其是当物化视图中的数据相对静态而且不需要经常更新时。

本章回顾

关键术语

基本表　base table

目录　catalog

数据控制语言　data control language（DCL）

数据定义语言　data definition language（DDL）

数据操作语言　data manipulation language（DML）

动态视图　dynamic view

物化视图　materialized view

关系数据库管理系统　relational DBMS（RDBMS）

标量聚集　scalar aggregate

模式　schema

矢量聚集　vector aggregate

虚表　virtual table

复习题

1. 对比下列术语：

　　a. 基本表，视图

　　b. 动态视图，物化视图

　　c. 目录，模式

2. 什么是 SQL-92，SQL：1999 和 SQL：200n？简要描述 SQL：200n 与 SQL：1999 的不同之处。

3. 描述一个典型 SQL 环境的组成部分和结构。

4. 区分数据定义命令、数据操作命令和数据控制命令。

5. 解释参照完整性是如何在符合 SQL：1999 标准的数据库上建立的。解释 ON UPDATE RESTRICT，ON UPDATE CASCADE 和 ON UPDATE SET NULL 子句之间的不同。如果设置了 ON DELETE CASCADE 子句，会发生什么？

6. 解释使用 SQL 创建视图的一些目的。特别是，解释如何利用视图加强数据的安全性。

7. 解释为什么在通过视图引用数据时，有必要对这些数据上的更新操作类型进行限制。

8. 在 SQL 中，COUNT，COUNT DISTINCT 和 COUNT（*）之间有什么不同？这 3 个命令何时生成相同和不同的结果？

9. 如果 SQL 语句中包含了 GROUP BY 子句，则在 SELECT 语句中能够请求的属性将是有限的。解释具体的限制。

10. 解释为什么 SQL 被称为面向集合的语言。

11. SQL 语句的子句是按照什么顺序来处理的？

12. 解释 CREATE TABLE SQL 命令中 CHECK 子句的用途。解释 CREATE VIEW SQL 命令中 WITH CHECK OPTION 子句的用途。

13. 使用 SQL 命令 ALTER，可以改变表的哪些定义？你能找出使用 SQL 命令 ALTER 不能改变表定义吗？

问题和练习

问题和练习 1～9 是基于图 6—11 所示的排课 3NF 关系以及一些示例数据。这个图中没有显示的是 ASSIGNMENT（指派）关系，它表示了教师和班之间的多对多关系。

STUDENT (StudentID, StudentName)

StudentID	StudentName
38214	Letersky
54907	Altvater
66324	Aiken
70542	Marra
...	

QUALIFIED (FacultyID, CourseID, DateQualified)

FacultyID	CourseID	DateQualified
2143	ISM 3112	9/1988
2143	ISM 3113	9/1988
3467	ISM 4212	9/1995
3467	ISM 4930	9/1996
4756	ISM 3113	9/1991
4756	ISM 3112	9/1991
...		

FACULTY (FacultyID, FacultyName)

FacultyID	FacultyName
2143	Birkin
3467	Berndt
4756	Collins
...	

SECTION (SectionNo, Semester, CourseID)

SectionNo	Semester	CourseID
2712	I-2008	ISM 3113
2713	I-2008	ISM 3113
2714	I-2008	ISM 4212
2715	I-2008	ISM 4930
...		

COURSE (CourseID, CourseName)

CourseID	CourseName
ISM 3113	Syst Analysis
ISM 3112	Syst Design
ISM 4212	Database
ISM 4930	Networking
...	

REGISTRATION (StudentID, SectionNo, Semester)

StudentID	SectionNo	Semester
38214	2714	I-2008
54907	2714	I-2008
54907	2715	I-2008
66324	2713	I-2008
...		

图 6—11 排课关系（缺少 ASSIGNMENT）

1. 使用 SQL DDL（根据你所使用的 SQL 版本需要，可以缩短、缩写或改变任何数据名称），写出图中所示每个关系的数据库描述。假设下列属性数据类型：

StudentID （整型，主码）
StudentName （25 个字符）
FacultyID （整型，主码）
FacultyName （25 个字符）
CourseID （8 个字符，主码）
CourseName （15 个字符）
DateQualified （日期）
SectionNo （整型，主码）
Semester （7 个字符）

2. 使用 SQL 定义以下视图：

StudentID	StudentName
38214	Letersky
54907	Altvater
54907	Altvater
66324	Aiken

3. 由于参照完整性，在向 SECTION（班）表中输入任何行之前，要输入的 Cour-

seID 必须已经存在于 COURSE（课程）表中。写一个执行此约束的 SQL 断言。

4. 为下列操作写出 SQL 数据定义命令：

a. 如何向 STUDENT 表添加属性 Class？

b. 如何删除 REGISTRATION 表？

c. 如何将 FacultyName 字段的长度由 25 个字符改变为 40 个字符？

5. 为下列操作写出 SQL 命令：

a. 写出两个不同形式的 INSERT 命令，向 STUDENT 表中添加 student ID 为 65798，并且姓为 Lopez 的学生。

b. 现在写一个命令，将 Lopez 从学生表中删除。

c. 创建一个 SQL 命令，将 ISM 4212 课程的名称从"数据库"修改为"关系数据库入门"。

6. 写出 SQL 查询来回答下列问题：

a. 哪些学生的 ID 号码低于 50000？

b. ID 是 4756 的教员，其姓名是什么？

c. 在 2008 年第一学期，使用的最小班号是什么？

7. 写出 SQL 查询来回答下列问题：

a. 在 2008 年第一学期，有多少学生就读于 2714 班？

b. 自 1993 年以来，哪些教师获得了讲授课程的资格？列出教师的 ID、课程和获得资格的日期。

8. 写出 SQL 查询来回答下列问题：

a. 哪些学生注册了数据库和网络课程？

（提示：对于每个班级使用 SectionNo，这样你就可以从 REGIDTRATION 表得出答案。）

b. 哪些教师不能讲授课程 Syst Analysis 和 Syst Design？

9. 写出 SQL 查询来回答下列问题：

a. SECTION 表中包含了什么课程？每门课程只列出一次。

b. 按 StudentName 的字母顺序列出所有学生。

c. 列出 2008 年第一学期每门课程的注册学生。根据所注册的班，将这些学生分组。

d. 列出选修的课程。以课程 ID 的前缀进行分组。（ISM 是显示的唯一前缀，但整个大学也有许多其他前缀。）

参考文献

Arvin, T. 2005. "Comparison of Different SQL Implementations" this and other information accessed at **http://troelsarvin. blogspot.com**.

Codd, E. F. 1970. "A Relational Model of Data for Large Shared Data Banks." *Communications of the ACM* 13,6 (June): 77–87.

Date, C. J., and H. Darwen. 1997. *A Guide to the SQL Standard*. Reading, MA: Addison-Wesley.

Eisenberg, A., J. Melton, K. Kulkarni, J. E. Michels, and F. Zemke. 2004. "SQL:2003 Has Been Published." *SIGMOD Record* 33,1 (March):119–126.

Gorman, M. M. 2001. "Is SQL a Real Standard Anymore?" *The Data Administration Newsletter* (July), available at **www. tdan.com/i016hy01.htm**.

Lai, E. 2007. "IDC: Oracle Extended Lead Over IBM in 2006 Database Market." *Computerworld* (April 26), available at **www.computerworld.com/action/article.do?command= viewArticleBasic&articleId=9017898&intsrc=news_list**.

van der Lans, R. F. 2006. *Introduction to SQL; Mastering the Relational Database Language*, 4th ed. Workingham, UK: Addison-Wesley.

延伸阅读

Bagui, S., and R. Earp. 2006. *Learning SQL on SQL Server 2005*. Sebastopol, CA: O'Reilly Media, Inc.

Bordoloi, B., and D. Bock. 2004. *Oracle SQL*. Upper Saddle River, NJ: Pearson Prentice Hall.

Celko, J. 2006. *Joe Celko's SQL Puzzles & Answers*, 2nd ed. San Francisco: Morgan Kaufmann.

Guerrero, F. G., and C. E. Rojas. 2001. *Microsoft SQL Server 2000 Programming by Example*. Indianapolis: QUE Corporation.

Gulutzan, P., and T. Petzer. 1999. *SQL-99 Complete, Really*. Lawrence, KS: R&D Books.

Nielsen, P. 2003. *Microsoft SQL Server 2000 Bible*. New York: Wiley Publishing, Inc.

网络资源

http：//standards. ieee. org IEEE 标准委员会的主页。

http：//troelsarvin. blogspot. com/提供了不同 SQL 实现（包括 DB2，Microsoft SQL，MySQL，Oracle，以及 PostGreSQL）详细比较的微博。

www. 1keydata. com/sql/sql. html 这个网站上提供了 ANSI SQL 命令子集的教程。

www. ansi. org ANSI 以及最新的美国国家和国际标准的相关信息。

www. coderecipes. net 这个网站解释了大量 SQL 命令并给出了示例。

www. fluffycat. com/SQL/这个网站定义了一个样例数据库，并给出了一些这个数据库的 SQL 查询示例。

www. incits. org 国际信息技术标准委员会的主页，这个委员会的前身是曾经被称为公认标准委员会 X3 的美国信息技术标准委员会。

www. iso. ch 国际标准化组织网站，现行标准可以从该网站上购买。

www. itl. nist. gov/div897/ctg/dm/sql _ examples. htm 这个网站给出了使用 SQL 命令创建表和视图、更新表内容，以及执行数据库管理的示例。

www. java2s. com/Code/SQL/Catalog-SQL. htm 这个网站提供了在 MySQL 环境中如何使用 SQL 的教程。

www. mysql. com MySQL 的官方主页，主页中包含了很多可以在 MySQL 上使用的免费下载组件。

www. paragoncorporation. com/Article-Detail. aspx？ ArticleID＝27 这个网站上提供了 SQL 功能的简要说明，以及很多 SQL 查询样例。

www. sqlcourse. com 与 www. sqlcourse2. com 这些网站上提供了 ANSI SQL 子集的教程，并带有练习数据库。

www. teradatastudentnetwork. com 在这个网站上，教师可能已经为你创建了支持 Web 版 Teradata SQL 助手运行的某些课程环境，该环境中带有本书中松树谷家具公司和山景社区的一个或多个数据集。

www. tizag. com/sqlTutorial/关于 SQL 概念和命令的一组教程。

www. wiscorp. com/SQLStandards. html Whitemarsh 信息系统有限公司的网站，它是关于 SQL 标准包括 SQL：2003 以及后续版本的很好信息源。

第7章

高级 SQL

学习目标

> 明确定义下列关键术语：连接（join），等值连接（equi-join），自然连接（natural join），外连接（outer join），相关子查询（correlated subquery），用户定义数据类型（user-defined data type），持久存储模块（Persistent Stored Modules，SQL/PSM），触发器（trigger），函数（function），过程（procedure），嵌入式 SQL（embedded SQL），动态 SQL（dynamic SQL）。

> 使用 SQL 命令写单表和多表查询。

> 定义三种类型的连接命令，并且使用 SQL 写这些命令。

> 写不相关子查询和相关子查询，知道它们分别在何时使用。

> 使用 SQL 建立参照完整性。

> 理解数据库触发器和存储过程的一般用途。

> 讨论 SQL：200n 标准，解释它的增强和扩展。

引 言

前一章介绍了 SQL，并探讨了它的单表查询功能。关系模型的真正强大之处在于它将数据存储在许多关联实体中。要利用这种数据存储方式的优势，就需要创建关系并构造使用多表数据的查询。本章较为详细地讨论多表查询，介绍了从多个表中获取结果的不同方法，其中包括使用子查询、内连接和外连接以及合并连接。

在了解了基本的 SQL 语法之后，就需要了解 SQL 如何用于应用创建。触发器，一个包含 SQL 的小型代码模块，会在其内部定义的特定条件出现时自动执行。过程是和触发器相似的代码模块，但是它必须通过调用才能执行。SQL 命令经常内置在使用主语言如 C，PHP，.NET 或 Java 等所写的模块中。动态 SQL 能够快速创建 SQL 语句并插入所需的参数值，是 Web 应用中需要的基本功能。本章包括了这些方法的简要介绍和示例，同时介绍了 SQL：200n 标准中 SQL 的增强和扩展。Oracle 这一领先的 RDBMS 生产商，遵从 SQL：1999 标准。

本章的学习将使学生对 SQL 以及它的一些使用方法有大致了解。许多附加的、经常在一些更详细的 SQL 教材中被认为是"难懂"的特性，将在特殊情况下用到。练习本章包含的语法将是你掌握 SQL 的很好开始。

处理多个数据表

既然我们已经探讨了单表操作，现在是该拿出"轻骑兵"、"喷气发动机"，以及"重型工具"的时候了：我们将要讨论多表同时操作。RDBMS 的强大性能在进行多表查询时得到了体现。当多个表之间存在联系时，它们就可以在查询中连接在一起。记得在第 4 章中我们讲到，表之间的联系通过在每个表中包含公共属性列而建立。通常这是通过设置主码—外码关系实现的，这里一个表的外码引用另一个表的主码，而且主码、外码取自相同的域。我们可以通过在这些公共列中寻找相同的属性值来建立两个表之间的连接。图 7—1 选择了图 6—3 中的两个关系，展示了松树谷家具公司数据库的部分表。请注意，Order ＿ T 表中的 CustomerID 列与 Customer ＿ T 表中的 CustomerID 列相对应。根据这一对应关系，我们可以推断 Contemporary Casuals 提交了 1001 和 1010 号订单，因为 Contemporary Casuals 的 CustomerID 是 1，而且表 Order ＿ T 显示 1001 和 1010 号订单是由 1 号客户提交的。在关系系统中，相关联表中的数据被合并成一个结果表或视图，然后显示或者作为表格或报表定义的输入使用。

不同类型的关系系统中，关联表之间的连接方式也有所不同。在 SQL 中，SELECT 命令的 WHERE 子句也用于多表操作。事实上，SELECT 语句可以在同一命令中引用两个、三个甚至更多的表。如下面所述，SQL 有两种方式使用 SELECT 命令合并关联表中的数据。

最常使用的将两个或多个关联表中的数据合并到一个结果表中的关系操作，称为**连接**（join）。最初，SQL 是隐含地通过在 WHERE 子句中，指出待连接表中公共列的匹配来指定连接操作的。在 SQL-92 之后，连接操作也可以在 FROM 子句中指定。无论哪种方式，只要两个表中有共享相同值域的列，就可以执行连接。如前面所述，一个表中的主码和引用它的外码共享同一值域，因此经常用于建立连接。有时候，建

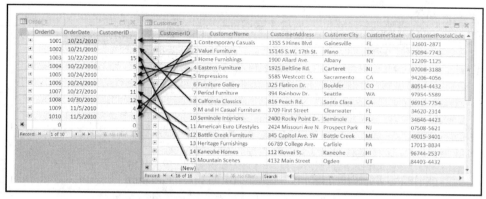

图 7—1 松树谷家具公司数据库的 Customer ＿ T 表和 Order ＿ T 表，箭头从客户指向它们的订单

立连接所用的列共享同一值域但不是主码—外码关系（例如，我们可以基于共同的邮编把客户和销售人员连接到一起，而这两者在数据库的数据模型中没有任何关系）。连接操作的结果为一个单表，包括所有表中的所选属性列。结果表中元组包含的数据，来自不同输入表的满足公共列匹配条件的元组。

显式的 JOIN...ON 命令包含在 FROM 子句中。SQL 标准中包括下列连接操作，但是每个 RDBMS 似乎只支持这些关键字的子集：INNER，OUTER，LEFT，RIGHT，CROSS，UNION。（我们将在后续的小节中对它们进行解释。）NATURAL 是一个可选关键字。无论你使用的是哪种连接，每对连接的表都应该由一个 ON 或 WHERE 明确指定。因此，如果要合并两个表，那么就需要一个 ON 或 WHERE 条件，但是如果是合并三个表（A，B 和 C），那么就需要两个 ON 或 WHERE 条件了，因为有两对表（A-B 和 B-C），依次类推。大部分系统支持在一个 SQL 命令中最多 10 对表的连接。目前，核心 SQL 无法支持 CROSS JOIN，UNION JOIN，FULL［OUTER］JOIN 操作或者 NATURAL 关键字。知道这点有助于你理解为什么在你所用的 RDBMS 中找不到这些操作。由于它们被包含在 SQL：200n 标准中而且很有用，所以希望它们以后可以更广泛使用。

下面将介绍不同类型的连接操作。

☐ 等值连接

等值连接（equi-join）中，连接条件基于公共列值的相等关系。例如，如果我们想了解下过订单的客户数据，而这些数据被保存在 Customer ＿ T 和 Order ＿ T 两个表中，那么就需要使用客户的订单信息来匹配客户，然后将客户姓名和订单号等信息集中到一个表中，作为查询的结果。我们将查询所创建的表称为结果或者答案表（answer table）。

查询：所有客户的客户 ID 和姓名，以及他们所有订单的订单号是什么？

```
SELECT Customer ＿ T. CustomerID，Order ＿ T. CustomerID，
    CustomerName，OrderID
    FROM Customer ＿ T，Order ＿ T
        WHERE Customer ＿ T. CustomerID ＝ Order ＿ T. CustomerID
        ORDER BY OrderID
```

结果：

CUSTOMERID	CUSTOMERID	CUSTOMERNAME	ORDERID
1	1	Contemporary Casuals	1001
8	8	California Classics	1002
15	15	Mountain Scenes	1003
5	5	Impressions	1004
3	3	Home Furnishings	1005
2	2	Value Furniture	1006
11	11	American Euro Lifestyles	1007
12	12	Battle Creek Furniture	1008
4	4	Eastern Furniture	1009
1	1	Contemporary Casuals	1010

10 条记录被选择。

冗余的 CustomerID 列分别来自两个表，这两个列的取值证明了客户 ID 被匹配，并且这种匹配为每个订单建立了一个元组。我们使用每个 CustomerID 所在的表名作为这些列的前缀，这样 SQL 就知道 SELECT 列表中的元素分别对应哪个 Customer-ID 列，CustomerName 或 OrderID 列不需要使用表名作为前缀，因为它们只存在于 FROM 子句中的一个表中。

表之间实现匹配的重要性可通过删除 WHERE 子句看出。该查询操作将返回客户和订单的所有结合，大概 150 行数据，其中包含了两个表中所有元组的可能结合（也就是说，一个订单将会和每个客户，而不只是下此订单的客户，进行匹配）。在这种情况下，连接操作不能反映表之间存在的关系，其结果没有用途或没有任何意义。连接结果的行数等于每个表的行数的乘积（10 个订单×15 个客户＝150 行）。这种连接叫做笛卡尔连接（cartesian join）。当有多个条件的 WHERE 子句的任何连接要素丢失或错误时，笛卡尔连接就会产生带有假造数据的结果。在极少数需要进行笛卡尔连接情况下，省略 WHERE 子句中的配对。笛卡尔连接可以通过在 FROM 语句中使用 CROSS JOIN 短语显式创建。FROM Customer _ T CROSS JOIN Order _ T 将会创建所有订单和所有客户的笛卡尔乘积。（只有当你真正需要时才使用这个查询，因为产品数据库的交叉连接将得到成百上千行数据，大量消耗计算机时间——也许都足够叫一个比萨外卖了！）

关键字 INNER JOIN... ON 用于在 FROM 子句中建立等值连接。这里所示的语法是微软 Access SQL 中所用的语法，请注意，有些系统如 Oracle 和微软 SQL Server，只使用 JOIN 一个词而不用 INNER 来创建等值连接。

查询：所有客户的客户 ID 和姓名，以及他们所有订单的订单号是什么？

```
SELECT Customer _ T. CustomerID，Order _ T. CustomerID，
    CustomerName，OrderID
FROM Customer _ T INNER JOIN Order _ T ON
    Customer _ T. CustomerID ＝ Order _ T. CustomerID
ORDER BY OrderID；
```

结果：和前面的查询相同

如果你所用的 RDBMS 支持，最简单的就是使用 JOIN... USING 语法。如果数据库设计者能够提前想到并且为主码和外码使用相同的列名，就像表 Customer _ T

和 Order ＿ T 中的 CustomerID 列一样，则可以使用下面的查询：

```
SELECT Customer ＿ T. CustomerID，Order ＿ T. CustomerID，
    CustomerName，OrderID
FROM Customer ＿ T INNER JOIN Order ＿ T USING CustomerID
ORDER BY OrderID；
```

请注意，现在 WHERE 子句只起到其传统的作用，即在需要的时候作为过滤器。因为 SQL 语句中的 FROM 子句先于 WHERE 子句执行，所以有些用户喜欢在 FROM 子句中使用新的 ON 或 USING 语法。余下的子句只需要处理满足 JOIN 条件的较小记录集合，这样就可能提高性能。所有的 DBMS 支持传统的在 WHERE 子句中定义连接的方法。微软 SQL Server 支持 INNER JOIN...ON 语法，Oracle 则从 9i 版本开始支持，MySQL 从 3.23.17. 版本开始支持。

我们再次强调，SQL 是一个面向集合的语言。因此，这里所举的连接例子将客户表和订单表作为两个集合，将表 Customer ＿ T 和 Order ＿ T 中有相同 CustomerID 值的元组连接在一起。这是在对集合求交运算，然后把相匹配元组中所选的列附加到一起。图 7—2 使用集合图来显示两个表连接的最常见类型。

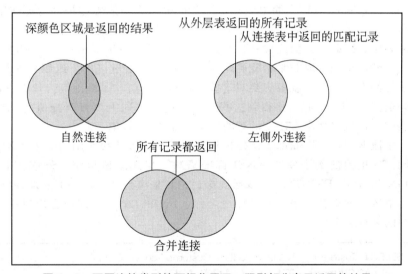

图 7—2　不同连接类型的可视化展示，阴影部分表示返回的结果

☐ 自然连接

自然连接（natural join）和等值连接一样，只是这种连接是在匹配列上进行操作的，并且去掉了结果表中重复的列。自然连接是最常用的连接操作。（不，"自然"连接不是一种带有更多纤维的健康连接，没有非自然的连接，但是你会发现它是关系数据库中一种自然和必不可少的操作。）请注意，在下列命令中 CustomerID 属性列仍然需要限制，因为仍然存在模糊性，CustomerID 同时存在于表 Customer ＿ T 和表 Order ＿ T 中，因此必须明确指明它来自哪个表。当在 FROM 子句中定义连接时，NATURAL 作为可选关键字。

查询：对于每个提交订单的客户，他的 ID、名称和订单号是什么？

```
SELECT Customer _ T. CustomerID， CustomerName， OrderID
FROM Customer _ T NATURAL JOIN Order _ T ON
Customer _ T. CustomerID ＝ Order _ T. CustomerID；
```

请注意，FROM 子句中表名的顺序不重要。DBMS 的查询优化器会决定采用什么顺序处理每个表。公共列上是否有索引，以及在一对多关系中哪个表是 1，哪个表是多，都将影响表被处理的顺序。如果查询所花的时间会因为 FROM 子句中所列表的顺序不同而有显著差异，那么这个 DBMS 没有一个很好的查询优化器。

□ 外连接

在连接两个表时，我们经常发现一个表中的元组在另一个表中没有相匹配的元组。例如，一些 CustomerID 没有出现在表 Order _ T 中。在图 7—1 中，指针从客户指向他们的订单。Contemporary Casuals 提交了两个订单。Furniture Gallery，Period Furniture，M&H Casual Furniture，Seminole Interiors，Heritage Furnishings 和 Kaneohe Homes 在这个简单例子中没有订单。我们猜想这是因为那些客户自从 2010 年月 10 日 21 之后没有下过订单，或者他们的订单未包含在这个非常小的 Order _ T 样例表中。因此，等值连接和自然连接没有包括表 Customer _ T 中出现的所有客户。

当然，组织可能非常希望确定哪些客户没有下过订单。组织可能想要联系他们，鼓励他们下新订单；或者想要对这些客户进行分析，了解他们为什么不订购产品。使用**外连接**（outer join）将得到这些信息：在公共列上没有匹配值的元组也包含在结果表中。在表之间没有匹配的列将会被赋予 NULL 值。

主流 RDBMS 厂商都支持外连接，但是实现外连接所用的语法在各厂商之间有所不同。这里给的例子使用 ANSI 标准语法。当无法显示使用外连接时，可以用 U-NION 和 NOT EXISTS（本章后面会讨论）来执行外连接。下面是一个外连接操作。

查询：列出客户表中所有客户名称、ID 和订单号，即使客户没有订单也要列出客户的名称和 ID。

```
SELECT Customer _ T. CustomerID， CustomerName， OrderID
  FROM Customer _ T LEFT OUTER JOIN Order _ T
  WHERE Customer _ T. CustomerID ＝ Order _ T. CustomerID；
```

使用左侧外连接 LEFT OUTER JOIN 语法是因为表 Customer _ T 写在了前面，并且我们希望列出这个表中的所有记录，无论表 Order _ T 中是否有匹配的订单。如果我们颠倒所列的表的顺序，使用右侧外连接 RIGHT OUTER JOIN 会得到相同的结果。还可以使用完全合并连接 FULL OUTER JOIN，这样，两个表中所有的行都能够被返回和匹配（如果可能），包括在另一个表中没有匹配的行。INNER JOIN 比 OUTER JOIN 更常用，因为外连接只有在用户需要查看所有行的数据时才用到，即使某些行在另一个表中没有相匹配的行。

这里同样需要注意的是，使用 OUTER JOIN 语法进行两个以上表的连接时并不是很容易，其所返回的结果会因厂商不同而有所不同，所以一定要对任何涉及两个以上表的外连接语句进行测试，直到你搞清楚所用的 DBMS 是如何解释外连接的。

此外，外连接的结果表中，第二个表中失配的列值可能被设为 NULL 值（或者某个符号，如??）。如果这列本身就含有 NULL 值，则你无法知道所返回的行是匹配的行还是失配的行，除非你在基本表或视图上运行另一个检查 NULL 值的查询。此外，被定义为 NOT NULL 的列，在 OUTER JOIN 的结果表中同样可被设为 NULL值。在下面的结果中，NULL 值使用空白表示（也就是，没有订单的客户的 OrderID没有任何值）。

结果：

CUSTOMERID	CUSTOMERNAME	ORDERID
1	Contemporary Casuals	1001
1	Contemporary Casuals	1010
2	Value Furniture	1006
3	Home Furnishings	1005
4	Eastern Furniture	1009
5	Impressions	1004
6	Furniture Gallery	
7	Period Furniture	
8	California Classics	1002
9	M & H Casual Furniture	
10	Seminole Interiors	
11	American Euro Lifestyles	1007
12	Battle Creek Furniture	1008
13	Heritage Furnishings	
14	Kaneohe Homes	
15	Mountain Scenes	1003

16 条记录被选择。

再回头看一下图 7—1 和 7—2 会帮助你更好地理解。在图 7—2 中，左侧圆圈代表客户，右侧圆圈代表订单。对于表 Customer _ T 和表 Order _ T 的 INNER JOIN操作，只返回了图 7—1 中标有箭头的 10 个元组。对表 Customer _ T 进行 LEFTOUTER JOIN 操作，返回了所有的客户以及他们所提交的订单，并且即使未提交订单的客户也返回了。ID 为 1 的客户 Contemporary Casuals 有两个订单，所以共返回了 16 行数据，因为 Contemporary Casuals 的每个订单都返回一行。

外连接操作的优势在于不会丢失信息。这里返回了所有的客户名称，无论他们是否有订单。进行 RIGHT OUTER 连接操作将返回所有的订单。（因为参照完整性要求每个订单必须与一个有效的客户 ID 相关联，这样右侧外连接操作只能保证返回执行参照完整性约束得到的结果。）没有提交订单的客户将不包含在结果中。

查询：列出订单表中所有订单对应的客户名称、ID 号和订单号。包括没有客户名称和 ID 号的订单。

```
SELECT Customer _ T. CustomerID，CustomerName，OrderID
 FROM Customer _ T RIGHT OUTER JOIN Order _ T ON
  Customer _ T. CustomerID = Order _ T. CustomerID；
```

☐ 合并连接

SQL：1999 和 SQL：200n 还支持合并连接 UNION JOIN，但不是所有的 DBMS 产品都实现了这种连接。UNION JOIN 的结果是包括两个连接表中所有数据的表。结果表将包含两个表中所有的列，并且将包含对应于每个表中的每一行的实例。因此，表 Customer＿T（15 个客户，6 个属性）和表 Order＿T（10 个订单，3 个属性）的 UNION JOIN，将得到一个 25 行（15＋10）9 列（6＋3）的结果表。假设每个原始表都没有空值，结果表中的每个客户元组将包含 3 个被设为空值的属性，每个订单元组将包含 6 个被设为空值的属性。

UNION JOIN 不能包括关键字 NATURAL，ON 子句或者 USING 子句，这些都隐含着等值操作，与 UNION JOIN 包含所连表中所有数据的结果相冲突。不要将这个命令和连接多个 SELECT 语句的 UNION 命令相混淆，UNION 命令将在本章的后面介绍。

☐ 涉及四个表的连接示例

关系模型的很多功能，来自于其处理数据库中多个对象之间关系的能力。设计一个数据库从而将每个对象的数据保存在独立的表中，可以简化数据维护并易于保证数据完整性。将对象通过表的连接操作彼此关联到一起的能力，可以为雇员提供重要的商业信息和报表。虽然第 6 章和第 7 章提供的例子很简单，只是为了让大家对 SQL 有基本的了解，但是大家一定要意识到，这些命令可以而且经常用于构建复杂的查询，而正是这样的查询为报表或处理操作提供所需的信息。

下面是一个涉及 4 个表连接查询的例子。该查询生成的结果表包含生成 1006 号订单发票需要的所有信息。我们需要客户信息、订单和订单行信息以及产品信息，因此需要连接 4 个表。图 7—3（a）是标注过的这 4 个表的实体关系图，图 7—3（b）是 4 个表的抽象实例图，其中假设 1006 号订单有两行条目，分别对应产品 Px 和 Py。我们建议你画这样的图来帮助你考虑查询涉及的数据，以及如何用连接构建相应的 SQL 命令。

查询：组合为 1006 号订单生成发票所需的所有信息。

```
SELECT Customer ＿ T. CustomerID，CustomerName，CustomerAddress，
   CustomerCity，CustomerState，CustomerPostalCode，Order ＿ T. OrderID，
   OrderDate，OrderedQuantity，ProductDescription，StandardPrice，
   (OrderedQuantity * ProductStandardPrice)
FROM Customer ＿ T，Order ＿ T，OrderLine ＿ T，Product ＿ T
   WHERE Order ＿ T. CustomerID ＝ Customer ＿ T. CustomerID
      AND Order ＿ T. OrderID ＝ OrderLine ＿ T. OrderID
      AND OrderLine ＿ T. ProductID ＝ Product ＿ T. ProductID
      AND Order ＿ T. OrderID ＝ 1006;
```

该查询的结果如图 7—4 所示。请记住，因为连接操作涉及 4 个表，因此有 3 个列连接条件，如下：

(a) 经标注的包含4表连接
关系的实体联系图

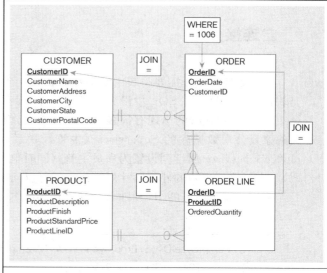

(b) 经标注的4表连接所用
关系的实例图

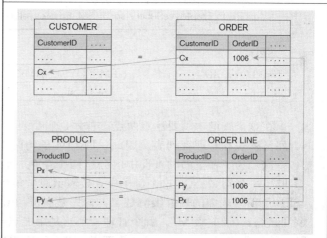

图 7—3　描述 4 表连接的图

CUSTOMERID	CUSTOMERNAME	CUSTOMERADDRESS	CUSTOMER CITY	CUSTOMER STATE	CUSTOMER POSTALCODE
2	Value Furniture	15145 S. W. 17th St.	Plano	TX	75094 7743
2	Value Furniture	15145 S. W. 17th St.	Plano	TX	75094 7743
2	Value Furniture	15145 S. W. 17th St.	Plano	TX	75094 7743

ORDERID	ORDERDATE	ORDERED QUANTITY	PRODUCTNAME	PRODUCT STANDARDPRICE	(QUANTITY* STANDARDPRICE)
1006	24-OCT -10	1	Entertainment Center	650	650
1006	24-OCT -10	2	Writer's Desk	325	650
1006	24-OCT -10	2	Dining Table	800	1600

图 7—4　4 表连接的结果（为了增加可读性而进行了编辑）

（1）Order＿T. CustomerID ＝ Customer＿T. CustomerID，连接了订单和与它关联的客户。

（2）Order＿T. OrderID ＝ OrderLine＿T. OrderID，连接了每个订单和它所订购部件的详细信息。

（3）Order＿T. ProductID ＝ Product＿T. ProductID，连接了每个订单详细记录和该订单行的产品描述。

□ 自连接

有时候连接操作需要将表中的某些行和同一个表的另外一些行进行匹配——也就是表自身的连接。在 SQL 中没有针对这一操作的特殊命令，但人们通常称为自连接（self-join）。自连接的出现有很多原因，其中最常见的是一元联系，如图 2—22 中松树谷家具公司数据库的 Supervises（主管）联系。这个联系的实现，是通过将 EmployeeSupervisor 属性列设置为雇员主管（同时也是另一名雇员）的 EmployeeID（外码）。有了这一递归的外码属性列，我们就可以问下面的问题：

查询：每个雇员的 ID 和姓名及其主管的姓名分别是什么（将主管的姓名标识为 Manager）？

SELECT E. EmployeeID, E. EmployeeName, M. EmployeeName AS Manager
  FROM Employee _ T E, Employee _ T M
  WHERE E. EmployeeSupervisor = M. EmployeeID;

结果：

EMPLOYEEID	EMPLOYEENAME	MANAGER
123—44—347	Jim Jason	Robert Lewis

在这个查询中需要注意两点。首先，雇员表在某种意义上扮演着两个角色：它包含雇员列表和管理者列表。因此，FROM 子句两次引用表 Employee _ T，每种角色各一次。为了在下面的查询中区分这两个角色，我们针对每个角色为表 Employee _ T 取了一个别名。（在这个例子中，E 表示雇员角色，而 M 表示管理者角色）。这样，SELECT 列表中的列就很清楚了：首先是雇员的 ID 和姓名（带前缀 E），然后是管理者的姓名（带前缀 M）。哪个管理者？这是第二点要注意的：WHERE 子句根据从雇员（EmployeeSupervisor）到管理者（EmployeeID）的外码，将"雇员"表和"管理者"表连接到一起。就 SQL 而言，它把 E 和 M 表看做两个有相同列的不同表，因此列名在每次被引用时必须带前缀，以明确来自哪个表。

沿着一元联系，使用自连接可以写出很多有趣的查询。例如，哪个雇员的工资比他的主管高（职业棒球中不罕见，但在商业或政府组织中少见），或者（如果我们数据库中有此类数据）是否有人和他/她的主管结婚（家族企业中不罕见，但是在许多组织中可能是被禁止的）？本章最后的几个问题和练习要求使用自连接查询。

和其他连接一样，自连接操作不一定要基于外码和指定的一元联系。例如，当一个销售员被安排去拜访特定客户时，他可能想要知道有哪些客户和这个客户有相同的邮编。记住，只要用于连接的列有相同的值域，并且这些列上的链接有意义，就可以基于这些不同（或同一个）表的列连接元组。例如，尽管属性列 ProductFinish 和 EmployeeCity 可能有相同的数据类型，但它们取自不同的值域，而且我们想不到使用这两列连接产品和雇员有什么商业意义。但是，我们可能会通过查看销售员销售订单的日期和他的雇用日期，来了解该销售员的业绩。SQL 能够回答的问题令人吃惊（尽管我们对 SQL 如何显示结果，只能有限的控制）。

☐ **子查询**

前面的 SQL 例子说明了两种基本表连接方法中的一种：连接技术。SQL 还提供子查询技术，即在外部查询的 WHERE 或 HAVING 子句中放置一个内部查询（SE-LECT...FROM...WHERE）。内部查询为外部查询的检索条件提供一个或多个值的集合。这样的查询称为子查询或者嵌套查询。子查询可被多次嵌套，它是表明 SQL 是一种面向集合语言的最好例子。

有些情况下，连接操作和子查询技术可用来产生相同的结果，但不同人会偏爱使用某一种技术。另外一些情况下，只能使用连接操作或者只能使用子查询。当需要从多个关系中检索数据并显示时，连接操作就会很有用，并且这些关系不是必须要嵌套，而子查询技术只允许显示外部查询所引用表中的数据。让我们来比较两个返回相同结果的查询。两种查询均回答下列问题：提交 1008 号订单的客户名称和地址是什么？首先我们使用连接查询，由图 7—5（a）说明。

查询：提交 1008 号订单的客户名称和地址是什么？

```
SELECT CustomerName，CustomerAddress，CustomerCity，
    CustomerState，CustomerPostalCode
FROM Customer _ T，Ordet _ T
WHERE Customer _ T. CustomerID ＝ Order _ T. CustomerID
    AND OrderID ＝ 1008;
```

在集合处理期间，查询首先找到表 Order _ T 中 OrderID 为 1008 的子集，然后将该子集中的行与表 Customer _ T 中的有相同 CustomerID 的行相匹配。这种方法不要求只有一个订单的 ID 号是 1008。现在来看使用子查询技术的等价查询，由图 7—5（b）说明。

查询：提交 1008 号订单的客户名称和地址是什么？

```
SELECT CustomerName，CustomerAddress，CustomerCity，
CustomerState，CustomerPostalCode
 .FROM Customer _ T
     WHERE Customer _ T. CustomerID＝
     （SELECT Order _ T. CustomerID
        FROM Order _ T
         WHERE OrderID ＝ 1008);
```

请注意，圆括号内的阴影部分的子查询，遵从我们之前学过的 SQL 查询的构建格式，可以作为独立的查询单独存在。也就是说，子查询的结果同其他查询一样是行的集合——这里是 CustomerID 值的集合，但我们知道结果只有一个值。（1008 号订单只对应一个 CustomerID。）但是为了保险起见，我们在写子查询的时候也许应该使用 IN 操作符而不是"＝"。在这个查询中可以使用子查询技术的原因，在于我们只需要显示外部查询所用表中的数据。OrderID 的值没有出现在查询结果中，它作为选择条件在内部查询中使用。要在结果中包含子查询中的数据，就要使用连接技术了，因为子查询中的数据不能包含在最终的结果表中。

如前面所提到的，我们已经知道前面的子查询最多将返回一个值，即和 1008 号订单关联的 CustomerID。如果 1008 号订单不存在，则返回结果将为空。（建议你检

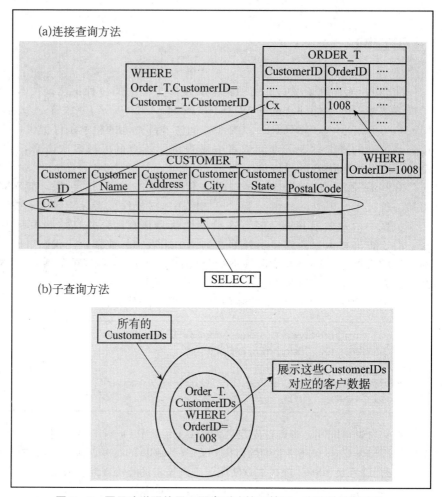

图 7—5　图示法说明使用不同类型连接回答同一查询的两种方法

查一下你的查询在子查询返回 0 个、1 个或多个值时，都能正常运行。）如果子查询使用了关键字 IN，则该子查询可返回一个值的集和（包括 0 个、1 个或多个条目），因为子查询的结果被用于和一个属性比较（在本查询中为 CustomerID），所以子查询的 select 列表中只能包含一个属性。例如，哪些客户已经提交了订单？下面的查询将回答这个问题。

　　查询： 经提交订单的客户的名称是什么？

```
SELECT CustomerName
  FROM Customer _ T
    WHERE CustomerID IN
     （SELECT DISTINCT CustomerID
     FROM Order _ T）；
```

　　这个查询产生下面的结果。按照要求，子查询的 select 列表只包含外部查询中WHERE 子句所需的属性 CustomerID。在查询中使用了 Distinct，因为我们不关心客户下过多少订单，只要他下过订单就可以。对于在表 Order _ T 中标识的每一个客户，查询结果将返回他在表 Customer _ T 中的姓名。（你将在图 7—7（a）中再次学习到这个查询。）

结果：

CUSTOMERNAME
Contemporary Casuals
Value Furniture
Home Furnishings
Eastern Furniture
Impressions
California Classics
American Euro Lifestyles
Battle Creek Furniture
Mountain Scenes
9 条记录被选择。

限定词 NOT，ANY 和 ALL 可用在 IN 前面或者和逻辑操作符如＝，＞，＜等一起使用。因为 IN 可以作用于来自内部查询的 0 个、1 个或多个值，很多程序员直接在所有的查询中使用 IN 代替"＝"，即使"＝"可以使用。下一个例子显示 NOT 的使用，也说明了连接操作可以用在内部查询中。

查询：哪些客户还没有订购过电脑桌？

```
SELECT CustomerName
  FROM Customer _ T
  WHERE CustomerID NOT IN
(SELECT CustomerID
  FROM Order _ T, OrderLine _ T, Product _ T
    WHERE Order _ T. OrderID = OrderLine _ T. OrderID
    AND OrderLine _ T. ProductID = Product _ T. ProductID
    AND ProductDescription = 'Computer Desk');
```

结果：

CUSTOMERNAME
Value Furniture
Home Furnishings
Eastern Furniture
Furniture Gallery
Period Furniture
M & H Casual Furniture
Seminole Interiors
American Euro Lifestyles
Heritage Furnishings
Kaneohe Homes
10 条记录被选择。

结果显示 10 个客户还没有订购过电脑桌。内部查询返回订购过电脑桌的所有客户列表。外部查询列出未包含在内部查询所返回列表中的客户。图 7—6 采用图示法分解了子查询和主查询的结果。

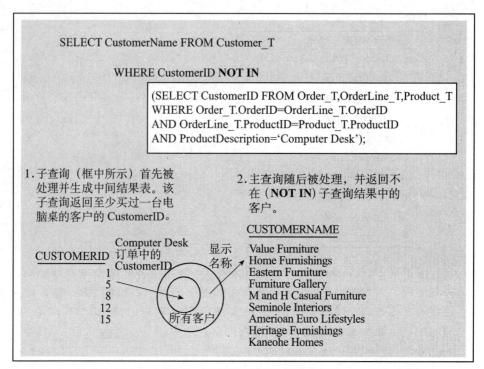

图 7—6　使用 NOT IN 限定词

除了 IN 之外的限定词如＜ANY 或＞＝ALL 也很有作用。例如限定词＞＝ALL 可用于匹配集合中的最大值。但是要小心：几个限定词的组合可能没有意义，例如＝ALL（只有当集合中的所有元素有相同值的时候才有意义）。

和子查询相关的其他两个条件为 EXISTS 和 NOT EXISTS。这两个关键字在 SQL 语句中出现的位置和 IN 一样，都在子查询语句开始之前。如果子查询返回的中间结果表中包含一个或多个行（即非空集合），则 EXISTS 的取值将为 true；如果没有行返回（即空集合），则 EXIST 的取值将为 false。而 NOT EXISTS 则相反，如果没有元组返回将取 true，如果有一个或多个值返回了，则取 false。

那么，何时使用 EXISTS 或 IN，而 NOT EXISTS 和 NOT IN 又各是在什么情况下使用呢？当你只关心子查询是否返回一个非空（空）集合时（也就是你不关心集合中的内容，只关心它是否为空），使用 EXISTS（NOT EXISTS）；当你需要知道集合中都有（没有）哪些值时，使用 IN（NOT IN）。记住，IN 和 NOT IN 只返回一个列的值集合，这个值集合随后可以和外部查询中的一个列进行比较。EXISTS 和 NOT EXISTS 根据内部查询或子查询的结果表是否为空，返回 true 或者 false 值。

考虑下面包含 EXISTS 的 SQL 语句。

查询： 列出所有包含天然岑树材质家具的订单的 ID。

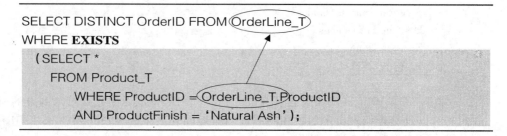

对于外部查询中的每一个订单行，子查询都会被执行一次。子查询检查每一个订单行以确定该订单行中的产品材质是否为天然岑树（如上面查询中增加的箭头所示）。如果结果为真（EXISTS），那么外部查询将显示该订单的订单 ID。外部查询检查所引用的元组集合（表 OrderLine _ T）中的每个元组，一次检查一个元组。如结果所示，有 7 个这样的订单。（我们将在图 7—7（b）中进一步讨论这个查询。）

结果：

ORDERID
1001
1002
1003
1006
1007
1008
1009
7 条记录被选择。

在子查询中使用 EXISTS 或者 NOT EXISTS 时，子查询的 SELECT 列表通常选择所有列（SELECT*）作为占位符，因为选择哪个列并不重要。此时子查询的目的是要检测是否有元组符合条件，而不是从特定列返回值用于外部查询中的比较。需要显示的列严格地由外部查询决定。前面所用的 EXISTS 子查询，和大部分其他EXISTS 子查询一样，是一个相关子查询，相关子查询将会在下一部分介绍。包含关键字 NOT EXISTS 的查询，在未找到任何满足子查询条件的元组时将返回一个结果表。

总之，当限制条件是嵌套的，或者当限制条件采用嵌套方式表达更容易理解时，就使用子查询方法。大多数系统允许内部查询的一个且仅一个列和外部查询的一个列进行两两连接操作。但有一个例外，就是当子查询和 EXISTS 关键字一起使用时。可以被显示的数据只能来自外部查询所引用的表。一般可支持最多 16 层嵌套。查询操作自内向外被处理，而另外一类子查询——相关子查询，采用自外向内的处理过程。

☐ 相关子查询

在上一节的第一个子查询例子中，在考虑外部查询之前需要先检查内部查询。也就是说，内部查询的结果被用于限制外部查询的处理。与此相反，**相关子查询**（correlated subqueries）使用外部查询的结果来确定内部查询的处理。也就是说，内部查询会随着外部查询中引用的元组不同而有所不同。这种情况下，针对每一个外查询中的元组，内部查询都必须被计算一次，而前面的例子中，内部查询只被计算一次以生成外部查询需要的所有元组。前一节中的 EXISTS 子查询例子就有这个特点，对于表OrderLine _ T 中的每一行内部查询都执行一次，而每次执行时，子查询都处理不同的 ProductID 值——该值来自于外部查询表 OrderLine _ T 中的行。图 7—7（a）和图 7—7（b）分别描述了前面子查询一节中两个例子的不同处理顺序。

让我们考虑另外一个需要使用相关子查询的查询示例。

查询： 列出标准价格最高的产品的详细信息。

SELECT ProductDescription，ProductFinish，ProductStandardPrice
FROM Product_T PA ◄
　　WHERE PA.ProductStandardPrice > ALL
　　　　(SELECT ProductStandardPrice FROM Product_T PB
　　　　　WHERE PB.ProductID！=PA.ProductID)；

正如你在下面的结果中看到的，餐桌的单价比其他产品高。

结果：

PRODUCTDESCRIPTION	PRODUCTFINISH	PRODUCTSTANDARDPRICE
Dining Table	Natural Ash	800

　　上面查询中增加的箭头，说明内部查询中的交叉引用值是取自外部查询中的表。这个 SQL 语句的逻辑是，对于每一个产品，子查询都会被执行一次，以确保其他产品没有更高的价格。请注意，我们在将一个表内的元组互相比较，这可以通过为表赋予两个不同的别名 PA 和 PB 来实现，你可能会记得我们在前面将这种操作称为自连接。首先考虑产品 ID 为 1 的茶几。在子查询被执行以后，将返回一个值的集合，其中包含了除外部查询正在处理的产品（在外部查询第一次被执行时是 ID 为 1 的产品）之外的所有产品的标准价格。然后，外部查询将检查正在被处理的产品的标准价格是否高于子查询返回的所有标准价格，如果是，它将作为查询结果被返回；否则，外部查询中的下一个标准价格将被处理，而内部查询将再次返回所有其他产品的标准价格列表。内部查询所返回的集合随着外部查询处理的产品的不同而改变，这就使该查询变成了相关子查询。你能找到一个特殊的标准价格集合，针对这个集合，这个查询将无法产生想要的结果吗？

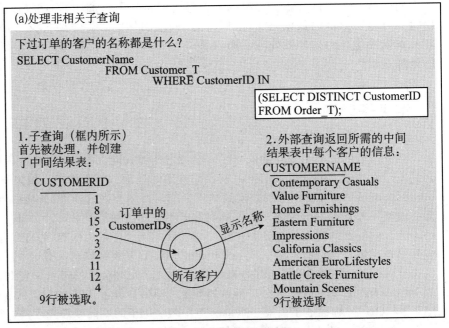

图7—7　子查询处理过程

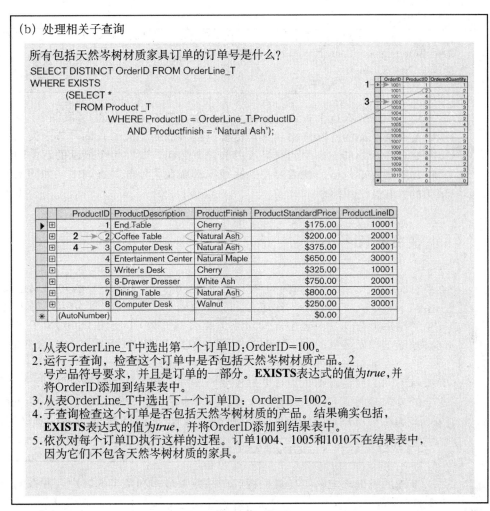

图 7—7 续图

□ 使用导出表

子查询不只限于在 WHERE 子句中使用。就像我们在第 6 章中所看到的，它们也可以用在 FROM 子句中创建查询所用的临时导出表（或集合）。创建包含聚集值的导出表，比如 MAX，AVG 或者 MIN，允许聚集值在 WHERE 子句中使用。下面，列出了价格超过平均标准价格的家具。

查询：显示所有标准价格高于平均标准价格的产品的描述、标准价格和整体平均标准价格。

```
SELECT ProductDescription，ProductStandardPrice，AvgPrice
   FROM
   （SELECT AVG（ProductStandardPrice）AVGPrice FROM Product _ T），
      Product _ T
WHERE ProductStandardPrice＞ AvgPrice；
```

结果：

PRODUCTDESCRIPTION	PRODUCTSTANDARDPRICE	AVGPRICE
Entertainment Center	650	440.625
8-Drawer Dresser	750	440.625
Dining Table	800	440.625

那么，为什么这个查询需要使用导出表，而不是子查询？原因在于我们想同时显示每个所选产品的标准价格和平均标准价格。前面相关子查询一节中类似的查询，可以很好地显示外部查询中的产品表的数据。然而，要在每个显示的行中同时显示标准价格和平均标准价格，就需要把这些数据都放在"外部"查询中，如同上面的查询中采用的方式。

□ 联合查询

有时候，无论你多么聪明，都无法只使用一个 SELECT 语句把你想要的行放在一个结果表中。幸运的是，你还有一个救命稻草！UNION 子句可以用来将多个查询得到的结果整合到一个表中（即对元组集合取并集）。使用 UNION 子句时，每个查询必须输出相同数量的列，而且这些列必须是 UNION 兼容的（可合并的）。这意味着，每个查询对每个列的输出，都应该有兼容的数据类型。不同 DBMS 对兼容数据类型有不同的判定规则。当合并操作要将两种不同类型的数据合并到一个列中时，最安全的方式是显式使用 CAST 命令控制数据类型转换。例如，表 Order_T 中的 DATE 类型可能需要被转换成文本数据类型。下面的 SQL 命令可实现这种转换：

```
SELECT CAST（OrderDate AS CHAR）FROM Order_T；
```

下面的查询确定购买任意松树谷产品数量最多和最少的客户，并在同一个表中返回结果。

查询：

```
SELECT C1.CustomerID，CustomerName，OrderedQuantity，
'Largest Quantity' AS Quantity
FROM Customer_T C1，Order_T O1，OrderLine_T Q1
    WHERE C1.CustomerID = O1.CustomerID
    AND O1.OrderID = Q1.OrderID
    AND OrderedQuantity =
    （SELECT MAX（OrderedQuantity）
    FROM OrderLine_T）
UNION
SELECT C1.CustomerID，CustomerName，OrderedQuantity，
'Smallest Quantity'
FROM Customer_T C1，Order_T O1，OrderLine_T Q1
    WHERE C1.CustomerID = O1.CustomerID
    AND O1.OrderID = Q1.OrderID
    AND OrderedQuantity =
    （SELECT MIN（OrderedQuantity）
    FROM OrderLine_T）
ORDER BY 3；
```

请注意，结果表中创建了一个 Quantity（数量）列，该列中字符串"Smallest Quantity"和"Largest Quantity"可以提高可读性。ORDER BY 子句用于组织输出结果中行的顺序。图 7—8 将查询分解为多个部分，来帮助你理解该查询的处理过程。

结果：

CUSTOMERID	CUSTOMERNAME	ORDEREDQUANTITY	QUANTITY
1	Contemporary Casuals	1	Smallest Quantity
2	Value Furniture	1	Smallest Quantity
1	Contemporary Casuals	10	Largest Quantity

我们一定要用 UNION 回答这个问题吗？我们能够使用一个 SELECT 和一个带有很多 AND 和 OR 的复杂 WHERE 子句回答这个问题吗？一般而言，答案是有时候可以（另一个很学术的回答，类似于"看具体情况"）。通常，用几个简单的 SELECT 语句以及一个 UNION，最容易构思和写出查询。或者，如果是你经常运行的查询，可能一种方法比另一种要更高效。可以从实际经验中找到你用起来最顺手也最适合给定情形的方法。

既然你记得有限数学中的并集操作，那你一定也记得还有其他的集合操作——求交（找到两个集合中相同的元素）和求差（找到一个集合中有而另一个集合没有的元素）。这些操作——INTERSECT 和 MINUS——在 SQL 中同样可用，使用方式和上面的 UNION 一样，用于处理两个 SELECT 语句得到的结果集。

```
SELECT C1.CustomerID, CustomerName, OrderedQuantity, 'Largest Quantity' AS Quantity
    FROM Customer_T C1,Order_T O1, OrderLine_T Q1
    WHERE C1.CustomerID = O1.CustomerID
        AND O1.OrderID = Q1.OrderID
        AND OrderedQuantity =
                    (SELECT MAX(OrderedQuantity)
                    FROM OrderLine_T)
```

1. 上面的查询中，子查询首先被处理并生成一个中间结果表，该表中包含了表 OrderLine_T 中的最大订购数量，值为 10。

2. 接下来的主查询选择出订购量为 10 的客户的信息。Contemporary Casuals 订购了 10 件某种产品。

```
SELECT C1.CustomerID, CustomerName, OrderedQuantity, 'Smallest Quantity'
    FROM Customer_T C1, Order_T O1, OrderLine_T Q1
    WHERE C1.CustomerID = O1.CustomerID
            AND O1.OrderID = Q1.OrderID
            AND OrderedQuantity =
                        (SELECT MIN(OrderedQuantity)
                        FROM OrderLine_T)
ORDER BY 3;
```

1. 在第二个主查询中，采用了同样的处理过程，但返回的结果是最小订单数量的客户信息。

2. 两个查询的结果使用 **UNION** 命令合并到一起。

3. 随后根据 **OrderedQuantity** 的值对结果进行排序。缺省为升序排列，因此数量最少的订单（值为 1）被排在首位。

图 7—8 使用 UNION 合并集合结果

☐ 条件表达式

我们可以使用 CASE 关键字在一个 SQL 语句中建立 IF-THEN-ELSE 逻辑操作。图 7—9 给出了 CASE 的语法，它实际上有 4 种形式。CASE 可以使用等于一个数值的表达式或者断言来构建。断言形式基于三值逻辑（真、假、未知），但允许更复杂的操作。值表达式形式需要与值表达式匹配。NULLIF 和 COALESCE 是与 CASE 的另外两种形式相关的关键字。

```
{CASE 表达式
{WHEN 表达式
THEN {表达式      | NULL}} ...
 | {WHEN 谓词
THEN {表达式      | NULL}} ...
[ELSE {表达式        NULL}]
END }
| ( NULLIF (表达式，表达式)      }
| ( COALESCE (表达式  ...) }
```

图 7—9　CASE 条件语法

CASE 可用于创建回答下列问题的查询："1 号产品线包括哪些产品？"在这个例子中，对于指定产品线中的产品显示其详细信息，而对所有其他产品则显示特殊文本"＃＃＃＃"，这样可以直观表现出指定产品线中的产品。

查询：

```
SELECT CASE
    WHEN ProductLine =  1 THEN ProductDescription
    ELSE ' ＃＃＃＃'
END AS ProductDescription
FROM Product _ T;
```

结果：

PRODUCTDESCRIPTION
End Table
＃＃＃＃
＃＃＃＃
＃＃＃＃
Writers Desk
＃＃＃＃
＃＃＃＃
＃＃＃＃

Gulutzan 和 Pelzer（1999，p.573）指出，"可以这样使用 CASE 表达式来代替检索，但是它更常见的应用是：（a）弥补 SQL 缺少枚举＜数据类型＞的缺陷；（b）执

行复杂的 if/then 计算；（c）用于转换；（d）避免异常。我们发现 CASE 表达式是必不可少的，但是令我们吃惊的是在 SQL-92 之前的 DBMS 中竟然没有。"

□ 更复杂的 SQL 查询

我们在第 6 章和第 7 章用的例子都非常简单，这样可以使你更容易把注意力集中在所介绍的 SQL 各项语法上。我们要知道，产品数据库通常包括成百上千的表，并且其中许多表又包含数百个列。我们很难从第 6 章和第 7 章用到的 4 个表中构造出复杂的查询，因此本节中使用了松树谷家具公司数据库的一个较大版本，它允许构造某种程度上更复杂的查询。这个版本可以在 www. prenhal. com/hoffer 和 www. teradatastudentnetwork. com 上找到，下面是从这个数据库中提取的两个样例。

问题 1：对于每个销售员，列出其销售量最大的产品。

查询：首先，我们定义一个视图，命名为 TSales，它计算每个销售员对每个产品的总销售量。我们创建该视图后，就可以通过将查询分解为几个容易书写的查询，简化查询的解答。

```
CREATE VIEW TSales AS
SELECT SalespersonName,
       ProductDescription,
       SUM（OrderedQuantity）AS Totorders
FROM Salesperson _ T, OrderLine _ T, Product _ T, Order _ T
   WHERE Salesperson _ T. SalespersonID = Order _ T. SalespersonID
   AND Order _ T. OrderID = OrderLine _ T. OrderID
   AND OrderLine _ T. ProductID = Product _ T. ProductID
   GROUP BY SalespersonName, ProductDescription;
```

下面我们使用这个视图写一个相关子查询：

```
SELECT SalespersonName, ProductDescription
    FROM TSales AS A
        WHERE Totorders = （SELECT MAX（Totorders）FROM TSales B
        WHERE B. SalesperssonName = A. SalespersonName）;
```

请注意，一旦有了 TSales 视图，相关子查询写起来就相当简单了。此外，当需要显示的所有数据都已经在视图的虚表所创建的集合中时，最后的查询操作就很容易构思了。我们的思路是，如果能够创建关于每个销售人员总销售量的信息集合，那么就能找到该集合中的最大销售量。然后只需简单地浏览这个集合，便可确定哪个销售员的总销售量等于最大值。回答这个问题的 SQL 语句可能还有其他写法，因此使用能正确运行的并且你最顺手的任何方法都可以。我们建议你就像在本章的图中所看到的，画出图表示你认为可以操作的那些集合，来回答面对的问题。

问题 2：写一个 SQL 查询，列出在茶几销售量最高的地区工作的销售员。

查询：首先，使用下面的 SQL 语句创建一个叫 TopTerritory 的查询：

```
SELECT TOP 1 Territory _ T. TerritoryID,
SUM（OrderedQuantity）AS TopSales
   FROM Territory _ T INNER JOIN（Product _ T INNER JOIN
   （（（Customer _ T INNER JOIN DoesBusinessIn _ T ON
   Customer _ T. CustomerID = DoesBusinessIn _ T. CustomerID）
   INNER JOIN Order _ T ON Customer _ T. CustomerID =
   Order _ T. CustomerID）INNER JOIN OrderLine _ T ON
   Order _ T. OrderID = OrderLine _ T. OrderID）ON
   Product _ T. ProductID = OrderLine _ T. ProductID）ON
   Territory _ T. TerritoryID = DoesBusinessIn _ T. TerritoryID
   WHERE （（ProductDescription）= 'End Table'）
   GROUP BY Territory _ T. TerritoryID
   ORDER BY TotSales DESC；
```

这个查询将返回茶几销量最高的地区的编号。

接下来，将这个查询作为导出表再写一个查询。（为了节省空间，我们只插入上面查询的名字，但是 SQL 要求将上面的查询作为导出表，插入到下面查询语句中出现该查询名字的地方。也可以将 TopTerritory 创建为视图。）

```
SELECT Salesperson _ T. SalespersonID，SalesperspmName
   FROM Territory _ T INNER JOIN Salesperson _ T ON
      Territory _ T. TerritoryID= Salesperson _ T. TerritoryID
   WHERE Salesperson _ T. TerritoryID IN
      （SELECT TerritoryID FROM TopTerritory）；
```

你可能注意到，在上面的 TopTerritory 查询中使用了 TOP 运算符。遵从 SQL：2003 标准的 TOP 运算符，指定了将从排序后的查询结果集中返回的元组数量或百分比（由一个子句指明包括或者不包括连接）。

开发查询的技巧

SQL 简单的基本结构使得它成为一门易于初学者使用的查询语言，初学者可以用它编写简单的即席查询。同时，它也有充分的灵活性以及语法选择，可用于处理产品系统中的复杂查询。然而，这两个特点都导致了查询开发过程中的潜在困难。类似其他计算机编程，你可能无法第一次就写出正确的查询。要确保你能读到 RDBMS 所产生的错误代码的解释。刚开始工作的时候，通常使用小的测试数据集，这样你可以手工计算出想要的结果，从而检查代码的正确性。在写 INSERT，UPDATE 或者 DELETE 命令的时候尤其要这样做，这也是为什么组织机构中的数据库都有测试版、开发版和产品版，这样无法避免的开发错误就不会破坏生产数据。

首先，作为编写查询的新手，你会发现写出运行时不报错的查询命令很简单。恭喜你，但是结果可能不是你想要的。有时，你能明显发现存在问题，尤其当你忘记使用 WHERE 子句定义表之间的连接时，你会得到包含所有记录组合的笛卡尔连接。另外一些时候，你的查询看起来很正确，但是使用测试数据集进一步检查的时候，可能会发现你的查询返回了 24 个元组，而实际应该返回 25 个。有时查询语句返回你不想要的重复数据或者只返回想要的几个记录，有时它根本不能运行因为你试图对不能分组的数据进行分组。在开始做准备工作的时候要小心这些类型的错误。在精心设计的测试数据集上手工完成工作，能帮助你捕获到错误。在构建测试数据集的时候，放一些常见的数据值进去，然后考虑可能发生的异常。例如，真实数据可能出乎意料地包括空值数据、超出值域的数据或者不可能的数据值。

某些步骤在写任何查询的时候都是必需的。当前可用的图形化界面，使我们比较容易地构建查询并且记住所使用表和属性的名字。下面是一些对你有帮助的建议（我们假设你所操作的数据库已经定义和创建好了）：

● 熟悉已创建的数据模型、实体和联系。数据模型表达了很多业务规则，它们可能是你正在考虑的业务或问题特有的一些东西。对所操作的数据有比较好的理解是很重要的。正如图 7—7（a）和图 7—7（b）所展示的，你可以画出查询中所引用数据模型的片段，然后通过标注显示出限制条件和连接条件。或者你可以使用实例数据和韦恩图画出像图 7—5 和 7—6 那样的图表来，这样也可以帮助构思复杂查询中的子查询或者导出表。

● 明确了解你想要从查询中得到什么结果。通常，用户对需求表述得比较含糊，因此要注意和解决你和用户一起工作后产生的所有疑问。

● 确你希望在查询结果中包含哪些属性。在 SELECT 关键字后面包含每个属性。

● 在数据模型中找到你想要的属性，并且确定所需数据都存储在哪些实体中。在 FROM 关键字后面包含这些实体对应的表。

● 检查 ERD（实体关系图）和前面步骤中确定的所有实体。确定每个表中哪些列将用于创建联系。考虑每个实体集合之间使用什么类型的连接操作。

● 为每个连接构造一个 WHERE 等式。计算涉及的实体数量以及创建的连接数量。通常实体数要比 WHERE 子句中的连接条件数多一个。创建了基本的结果集之后，查询就完成了。无论如何要运行该查询并检查得到的结果。

● 当得到基本的结果集之后，就可以通过增加 GROUP BY 和 HAVING 子句，DISTINCT，NOT IN 等来调整你的查询了。增加关键字的同时，要不断测试以确保你正在一步步得到想要的结果。

● 在拥有较丰富的查询编写经验之前，你写的第一个查询语句往往是处理你期望遇到的数据。现在，试着考虑可能遇到的不太常规的数据，包括异常数据、空缺数据、不可能值等，在包含这样数据的测试数据集中测试你的查询。如果可以正确处理这些，那么你的查询就基本完成了。记住，手工检查非常必要，SQL 能运行并不代表它是正确的。

随着你开始使用额外的语法写更加复杂的查询语句，调试查询对你来讲就变得更困难了。如果你使用的是子查询技术，那么通常可以通过将每个子查询作为独立查询运行来定位逻辑错误。从嵌套在最深的子查询开始，如果它的结果正确，再使用它的结果运行外一层子查询，直到将整个查询测试完。导出表中也可以使用类似这样的过程测试。如果简单查询中存在语法问题，试着将查询分解来发现问题。你可能会发现，一次只分析一种操作并返回少数关键属性值，这种方法更容易找到问题。

经验增加之后，你就可以从事大型数据库的查询开发了。随着需要处理的数据量的增加，成功运行一个查询需要的时间，会因为你写的查询语句的不同而有很大差异。像 Oracle 这样比较强大的 DBMS 中通常提供查询优化器，但是有些编写查询的简单技巧可能对你很有用。如果你希望写出更高效的查询，可以考虑下面一些常用策略：

● 不使用 SELECT *，而是花一些时间在查询中列出你需要的属性列的名字。如果你所处理的是一个很宽的表并且只需要几个属性，使用 SELECT * 将产生大量不必要的网络流量，因为不需要的属性也通过网络传送过来了。随后，当查询操作被合并到产品系统中后，基本表的修改将影响查询的结果。指定属性的名字使得我们更容易发现和解决这样的问题。

● 合理构建多个查询，尽量使你想要的结果来自一个查询。检查你的构建逻辑，尽量减少子查询的数目。每个子查询都要求 DBMS 返回一个中间结果集，并将它和余下的子查询合并，从而增加了处理时间。

● 有时，一个表中的数据可能被多个独立的报表使用。与其在多个独立查询中获取这些数据，不如使用一个查询提取所有需要的数据。这样，数据表只需被访问一次而不是重复被访问多次，从而减少了开销。例如，如果一个部门经常使用某些数据，那么可以为这个部门的用户创建一个视图。

☐ 好的查询设计的指导方针

现在你已经有了一些策略，帮助你开发能给出预期结果的查询了。但是这些策略能帮助产生高效的查询吗？或者产生出"来自地狱的查询"，让你有充分的时间叫一个比萨外卖，看《星际迷航》文集或者整理衣柜？很多数据库专家，比如 DeLoach（1987）和 Holmes（1996），提出了很多在不同环境下提高查询处理性能的建议。也可以参见本章和前些章末尾的"Web 资源"部分，寻找发布查询设计建议的网站链接。在这里我们总结了他们的一些建议，这些建议在很多情况下适用：

（1）理解索引在查询处理过程中是如何使用的。很多 DBMS 在查询过程中对每个表只使用一个索引——通常是取值最具有差别的属性列（也就是有最多的码值）。有些管理系统，不会在那些不同属性值的个数相对于元组数来说明显少的列上使用索引。其他管理系统对于有很多空值的属性列也不会使用索引。监视索引的访问并删除不常用的索引，这样可以提高数据库更新操作的性能。一般情况下，使用等式条件选择元组的查询（如，WHERE Finish ＝ "Birch" OR "Walnut"），比使用其他复杂条件的查询（如，WHERE Finish NOT ＝ "Walnut"）执行速度快，因为等式条件可通过索引计算。

（2）保持优化器统计数据是最新的。有些 DBMS 不会自动更新查询优化器所需的统计数据。如果性能降低了，手动执行更新统计数据的命令。

（3）在查询中对字段和文字使用兼容的数据类型。使用兼容的数据类型意味着，DBMS 无须在查询处理过程中进行数据转换。

（4）编写简单查询。最简单的查询通常也是 DBMS 最容易处理的。例如，因为关系型 DBMS 基于集合理论，所以尽量写操作元组集合和文字的查询。

（5）将复杂查询分解为多个简单部分。因为 DBMS 对每个查询只使用一个索引，因此将复杂查询分解成多个简单部分（每个部分均使用索引），然后将小范围查询的结果综合到一起，这样做会比较好。例如，由于关系型 DBMS 针对集合进行操作，所以对 DBMS 而言，使用 UNION 操作将两个简单、独立的查询结果集合并是非常简单的事情。

（6）不要在一个查询内部嵌套另一个查询。通常情况下，嵌套查询尤其是相关子查询的效率要低于不使用子查询而得到相同结果的查询。这也是使用 UNION，IN-TERSECT 或者 MINUS 以及多个查询能更高效地得到结果的另一种情况。

（7）不要进行表自身的连接。如果可能，避免使用自连接。建立表的临时副本然后将原始表和临时表进行连接通常更好（也就是查询处理更高效）。临时表用完后就没用了，因此使用完后应尽快将其删除。

（8）为分组查询建立临时表。如果可能，重复使用查询序列中用到的数据。例如，如果一系列查询都引用数据库中相同的数据子集，那么更高效的处理方法可能是，首先将这个子集存储在一个或多个临时表中，然后在查询序列中引用这个临时表。这样可以避免为每个查询重复地合并相同的数据，或者读取数据库寻找相同的数据库片段。有一点需要权衡的是，如果查询执行过程中原始表被更新了，临时表不会同步更新。临时表可以有效代替导出表，而且只需创建一次就可被多次引用。

（9）合并更新操作。如果可能，将多个更新命令合并成一个。这样可降低查询处理开销并允许 DBMS 寻找并行处理的方法。

（10）只检索你需要的数据。这样可以减少处理和传输的数据量。这个似乎很显然，但是有些查询编写的快捷方式违反了这个原则。例如，SQL 中 SELECT * from EMP 命令将检索表 EMP 中所有元组的所有字段。但是，如果用户只需要查看表中的某些列，则多余列的传输会增加查询处理时间。

（11）不要让 DBMS 在没有索引的情况下执行排序操作。如果数据需要按一定顺序显示，但是在排序关键字段上没有索引，那么可以在得到未排序的结果后在 DBMS 外排序。通常排序工具会比没有索引帮助的 DBMS 更快。

（12）学习！跟踪查询处理时间，使用 EXPLAIN 命令查看查询计划，对 DBMS 如何处理查询加深了解。参加你的 DBMS 厂商提供的关于编写高效查询的培训，这样的培训能使你更好地理解查询优化器。

（13）考虑即席查询的总处理时间。查询总时间包括程序员（或终端用户）编写查询的时间和查询处理时间。很多时候，对于即席查询而言，最好让 DBMS 多做些工作来使用户能够更快地编写查询。这不正是技术所要达到的目的吗——提高人们的工作效率？因此，不要试图花太多时间写出最高效的查询语句，尤其是对于即席查询。写出逻辑正确的查询（也就是能得到预期结果的查询），然后让 DBMS 做其余的工作。（当然，还是要首先执行 EXPLAIN 命令来确保没有写出"来自地狱"的查询，否则其他用户都会感觉到严重的查询处理延时。）这也提出了一个推论：如果可能，在数据库负载较轻的时候运行你的查询，因为总查询处理时间还包括由 DBMS 和数据库的其他负载导致的延时。

上面的这些选择不是在所有的 DBMS 都是可用的，每个 DBMS 因为底层设计的不同而有自己独特的选择。你应该参考你的 DBMS 的使用手册，来了解能够使用什么样的调整选项。

确保事务完整性

RDBMS 的主要职责之一就是准确完整地进行数据维护，这一点和其他类型的 DBMS 相同。即使使用大量测试，如前面部分所讲，在优秀数据管理员身上还是会有一些糟糕的情况发生：数据维护程序因为某人重复提交任务，数据出现预料之外的异常或者事务处理过程中电脑硬件、软件、供电发生故障等原因不能正常工作了。数据维护被定义在称为事务的工作单元中。事务包括一个或多个数据操作命令，是一系列紧密关联的更新命令的完整集合。为了保证数据的合法性，这些命令要么全做，要么全不做。例如，考虑图 7—10。当一个订单被写入松树谷数据库时，所订购的所有条目都应该同时被写入。因此，可以将 OrderLine _ T 中所有来自订单表格的元组，以及表 Order _ T 中的所有信息都写入数据库，或者都不写入。这里的业务事务就是完整的订单，而不是订单中单独的条目。我们需要的是用于定义事务边界的命令、将事务的操作作为对数据库的永久更新提交以及在需要的时候正确地中止事务。另外，我们还要有数据恢复服务，用于在数据库处理过程中事务中途异常终止时的残局清理。也许订单表格是正确的，但是在写入订单的过程中计算机系统发生了故障或断电了，在这种情况下，我们不希望数据一些修改完成了而另外一些没完成。如果我们想得到正确一致的数据库，就必须要么全做，要么全不做。

当单个的 SQL 命令组成一个事务时，有些 RDBMS 会在命令执行后自动提交或回滚。但是，对于用户自定义的事务，通常要执行多个 SQL 命令，而且不管是全部提交或者全部回滚，都需要显式的管理事务的命令。很多系统有 BEGIN TRANSAC-TION 和 END TRANSACTION 命令，它们用于标记逻辑工作单元的边界。BEGIN TRANSACTION 创建日志文件并且开始记录对数据库的所有修改（插入、删除和更新）。END TRANSACTION 或 COMMIT WORK 命令读取日志文件中的内容并把它们应用到数据库，从而永久化修改操作；然后清空日志文件。ROLLBACK WORK 要求 SQL 清空日志文件。有些 RDBMS 还提供了 AUTOCOMMIT（ON/OFF）命令，该命令指定数据的永久化在每个数据修改命令完成之后自动进行（ON），还是使用 COMMIT WORK 命令显式执行（OFF）。

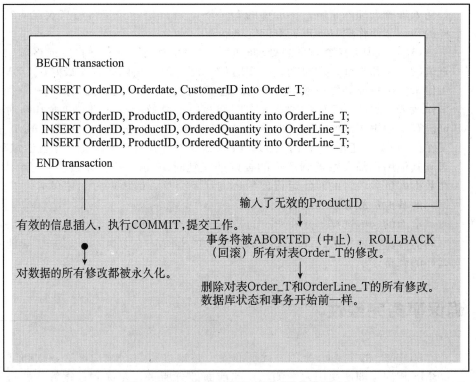

图 7—10 一个 SQL 事务序列（伪代码形式）

用户自定义的事务可以提高系统性能，因为一组事务将被作为集合处理，而不是作为每个事务单独处理，从而降低了系统开销。当 AUTOCOMMIT 被置为 OFF 时，对数据库的修改将不会自动进行，它只是在遇到了事务结束标志时执行。当 AUTO-COMMIT 被置为 ON 时，修改操作会在每个 SQL 语句执行结束后自动进行，这将不允许用户自定义的事务作为整体提交或回滚。

SET AUTOCOMMIT 是一个交互式的命令，因此，给定的用户会话可根据适当的完整性度量标准动态控制。每个 SQL INSERT，UPDATE 和 DELETE 命令通常一次只作用于一个表，而有些数据维护为了完成指定的操作，要求一次更新多个表。因此，这些事务完整性命令对于维护数据库完整性就很重要了，它们要明确定义必须作为整体执行的数据库修改单元。

此外，有些 SQL 系统具有并发控制功能，能处理并发用户对共享数据库的修改。这些控制机制可以记录数据库的修改，从而支持数据库在事务中途异常中断后的恢复。并发控制也支持错误事务的撤销操作。例如，在一个银行应用中，两个并发用户对同一个银行账户余额的修改应该被累计。这样的控制在 SQL 中对用户是透明的，用户程序不需要保证对数据并发访问的正确控制。为了保证特定数据库的完整性，就需要时刻注意事务完整性和恢复问题，并且要保证以适当的方式告知应用程序员何时使用这些命令。

数据字典

RDBMS 将数据库定义信息存储在安全的由系统创建的表中，我们可以把这些系统表看作数据字典。无论你是用户还是数据库管理员，熟悉所用的 RDBMS 的系统表都会为你提供有价值的信息。因为信息存储在表中，所以可以使用 SQL SELECT 语句进行访问，生成关于系统使用、用户权限、约束等的报表。另外，RDBMS 也提供特殊的 SQL（专有）命令，例如 SHOW，HELP 或 DESCRIBE，来显示数据字典中预定义的内容，包括创建数据库对象的 DDL。此外，理解系统表结构的用户，能通过扩展现有表或创建其他表来增强内置特征（例如，包含负责数据完整性的人员的信息）。但是，用户通常不能直接更改系统表的结构或内容，因为 DBMS 对它们进行维护并依赖它们解释和解析查询。

每个 RDBMS 都有很多关于数据库定义信息的内部表。在 Oracle 11g 中，有 522 个数据字典视图提供给数据库管理员（DBA）使用。其中许多视图或者数据库管理员视图的子集（即和单个用户相关的信息），也允许没有数据库管理员权限的用户使用。这些视图以 USER（被授权使用该数据库的用户）或 ALL（任何用户）开头，而不是 DBA。以 V\$ 开头的视图提供数据库的最新的性能统计数据。下面列出了其中的一些表（只允许数据库管理员访问），它们保存了与表、聚集、属性列和安全性相关的信息。另外还有与存储、对象、索引、锁、审计、输出和分布式环境相关的表。

表	描述
DBA_TABLES	描述数据库中的所有表
DBA_TAB_COMMENTS	数据库中所有表的注释信息
DBA_CLUSTERS	描述数据库中所有的聚集
DBA_TAB_COLUMNS	描述所有表、视图和聚集的属性列
DBA_COL_PRIVS	包括数据库中属性列上的所有授权信息
DBA_COL_COMMENTS	表和视图中的所有列的注释信息
DBA_CONSTRAINTS	数据库中所有表上的约束定义
DBA_CLU_COLUMNS	将表中的列映射到聚集上的列
DBA_CONS_COLUMNS	关于约束定义中的所有属性列的信息
DBA_USERS	关于数据库中所有用户的信息
DBA_SYS_PRIVS	描述授予用户和角色的系统权限

续前表

表	描述
DBA_ROLES	描述数据库中的所有角色
DBA_PROFILES	包含分配给每个资源文件的资源限制
DBA_ROLE_PRIVS	描述授予用户和其他角色的角色
DBA_TAB_PRIVS	描述数据库中所有对象上的授权

要想知道系统表中的信息类型，可以使用表 DBA_USERS。DBA_USERS 包括了数据库的合法用户信息，它有 12 个属性列，包括用户姓名、用户 ID、加密的密码、缺省表空间、临时表空间、创建日期和分配的资源文件。表 DBA_TAB_COL-UMNS 有 31 个属性列，包括每个表的所有者、表名、属性名、数据类型、数据长度、精度、小数长度等。下面的 SQL 查询语句，从表 DBA_TABLES 中查找表 PRODUCT_T 的所有者。（这里我们使用 PRODUCT_T 而不是 Product_T，因为 Oracle 使用全大写格式存储数据名称。）

查询：谁是表 PRODUCT_T 的所有者？

```
SELECT OWNER，TABLE_NAME
  FROM DBA_TABLES
    WHERE TABLE_NAME = 'PRODUCT_T';
```

结果：

OWNER	TABLE_NAME
MPRESCOTT	PRODUCT_T

每个 RDBMS 都包括一系列的数据表，其中包含了 Oracle 11g 所描述的这些类型的元数据。微软 SQL Server 2008 根据所需的信息，将系统表（或视图）分为不同的类型：

● 目录视图，返回 SQL Server 数据库引擎所用的信息。所有用户可用的目录元数据都通过目录视图暴露出来。

● 兼容性视图，是 SQL Server 早期版本中系统表的实现。这些视图暴露的元数据和 SQL Server2000 相同。

● 动态管理视图和功能，返回服务状态信息，可用于管理服务实例的运行状态，诊断问题，调整性能。有两类动态管理视图和功能：

■ 服务范围的动态管理视图和函数，要求具有服务器上的 VIEW SERVER STATE 权限。

■ 数据库范围的动态管理视图和函数，要求具有数据库上的 VIEW DATABASE STATE 许可。

● 信息模式视图，提供了独立于内部系统表的 SQL Server 元数据的视图。包含在 SQL Server 中的信息模式视图，符合于 ISO 标准中对 INFORMATION_SCHE-MA 的定义。

● 复制视图，包括在微软 SQL Server 中进行数据复制所用的信息。

SQL Server 元数据表以 sys 开头，就像 Oracle 以 DBA，USER 或 ALL 开头一样。

下面是几个微软 SQL Server2008 的目录视图：

视图	描述
sys. columns	表和列的说明
sys. computed _ columns	计算列的说明
sys. foreign _ key _ columns	外码约束中的列的详细信息
sys. indexes	表索引信息
sys. objects	数据库对象列表
sys. tables	表及其属性名
sys. synonyms	对象名称及其别名

这些元数据视图可以像基本表数据的视图那样查询。例如，下面的查询显示了 SQL Server 数据库中，过去 10 天被修改过的对象的特定信息：

```
SELECT name as object _ name, SCHEMA _ NAME（schema _ id）AS
    schema _ name，type _ desc，create _ date，modify _ date
FROM sys. objects
WHERE modify _ date> GETDATE（）-10
ORDER BY modify _ date;
```

你一定想研究一下，你所使用的 RDBMS 中可用的系统视图和元数据命令。当你需要一些关键信息来做家庭作业或应付考试时（只有这一个动机码?），它们可能就是救命稻草。

SQL：200n 对 SQL 语言的增强和扩展

第 6 章和本章的内容已经证明了 SQL 的强大功能和简洁性。然而，对商业分析感兴趣的读者，可能会对有限的统计功能感到迷惑。熟悉其他语言的程序员，可能不清楚应该如何定义变量、建立流控制或者**创建用户定义数据类型**（user-defined data types，UDT）。并且，随着编程更加面向对象，SQL 要如何进行调整呢？SQL：1999 对 SQL 进行了扩展，提供了更强的编程能力。SQL：200n 有标准化的额外的统计功能。以后，SQL 标准还会引入面向对象的概念。SQL：200n 中其他重要的扩展包括三个新数据类型和新的部分—SQL/XML。这里讨论前两个部分，WINDOW 子句中的附加统计函数和新数据类型。SQL/XML 将在第 8 章简要讨论。

□ 分析和在线分析处理函数

作为 SQL 语言的扩展，SQL：200n 增加了一组分析函数，称为 OLAP（online analytical processing，联机分析处理）函数。其中的大部分已经在 Oracle，DB2，微软 SQL Server 和 Teradata 中实现。在 SQL 标准中增加这些函数，满足了对数据库引擎中分析功能的需求。线性回归，相关性和移动平均数，都可以在数据库上直接计算，而不用把数据导出数据库。随着 SQL：200n 标准的实现，数据库厂商将会严格支持标准，并且不同厂商的数据库将会变得更相似。我们将在第 9 章，将 OLAP 作为数据仓库的一部分深入讨论。

表 7—1 列出了一些最新的标准函数。统计函数和数值函数都包括在其中。ROW _

NUMBER 和 RANK 这样的函数，使开发者可以更灵活地处理排序后的结果。对于市场或客户关系管理应用中，只考虑排列在前 *n* 行的数据或者将结果根据百分比分组，都是受欢迎的新增功能。在这些函数被引入数据库引擎并优化以后，用户可以实现更高效的处理。这些函数一旦标准化，应用开发商就可以在开发中使用这些函数，无须在数据库之外创建自己的函数。

SQL：1999 中补充了 WINDOW 子句，它提高了 SQL 的数值处理能力。它允许一个查询指定某个操作只在部分元组（窗口）上执行。这个子句包含了一组窗口定义，规定了窗口名称和规则，其中规则包括分割、排序和聚集分组。

表 7—1　　　　　　　　　　　　　　　SQL：200n 中增加的内置函数

函数	描述
CEILING	计算大于或等于输入参数的最小的整数值，例如，CEIL（100）或 CEILING（100）。
FLOOR	计算小于或等于输入参数的最小的整数值，例如，FLOOR（25）。
SQRT	计算输入参数的平方根，例如，SQRT（36）。
RANK	计算窗口中行的顺序等级。意味着如果有重复的元组，赋予的等级中将会出现不连续。行的等级被定义为，1 加上该行前面与该行不相同的元组个数。
DENSE_RANK	计算窗口中行的顺序等级。意味着如果有重复的元组，赋予的等级中将不会出现不连续。行的等级是该行以及它前面不同行的个数。
ROLLUP	与 GROUP BY 一起用，计算分组列中指定的每个层次的聚集值。（层次被假定为在 GROUP BY 分组列的列表中，是自左向右的。）
CUBE	与 GROUP BY 一起用，创建聚集中指定的所有可能列的小计。
SAMPLE	通过返回一个或多个样例（带置换或不带置换），来减少行的数目。（这个函数不是遵从 SQL-2003 标准的，但在很多 RDBMS 中都可用。）
OVER 或 WINDOW	基于一个或多个列上的其他分析函数（如 RANK），建立数据的划分。

下面的例子来自提出这一补充的论文（Zemke et al.，1999，p.4）：

```
SELECT SH. Territory，SH. Month，SH. Sales，
AVG（SH. Sales）OVER W1 AS MovingAverage
    FROM SalesHistory AS SH
        WINDOW W1 AS（PARTITION BY（SH. Territory）
            ORDER BY（SH. Month ASC）
            ROWS 2 PRECEDING）；
```

窗口名为 W1，是在 FROM 子句后的 WINDOW 子句中定义的。PARTITION 子句使用地域 Territory 属性，把销售历史 SalesHistory 中的元组进行划分。在每个地域分割中，元组按照月份的升序排列。最后，使用分割中的当前元组和前面的两个元组定义一个聚集组，该组采用 ORDER BY 子句指定的顺序。因此，每个地区销售量的移动平均数将作为 MovingAverage 的值返回。尽管 MOVING_AVERAGE 曾被提出过，但它没有包含在 SQL：1999 或 200n 中，很多 RDBMS 厂商都实现了这个函数，尤其那些支持数据仓库和商业智能的厂商。虽然 SQL 不是在数据集合上进行数值分析的首选方式，但是 WINDOW 子句的使用确实使许多 OLAP 分析更简单。SQL：200n 通过了几个新的 WINDOW 函数，其中的 RANK 和 DENSE_RANK 包

含在表 7—1 中。之前的聚集函数，如 AVG，SUM，MAX 和 MIN 也可以用在 WIN-DOW 子句中。

新数据类型

SQL：200n 新增了三种新的数据类型，去掉了 BIT 和 BIT VARYING 两种传统的数据类型。Eisenberg 等（2004）指出，去掉 BIT 和 BIT VARYING 是因为它们没有被 RDBMS 产品广泛地支持，并且也不指望再被支持了。

三种新的数据类型是 BIGINT，MULTISET 和 XML。BIGINT 是一种小数长度为 0 的精确的数值类型，即它表示整数。BIGINT 的有效位数大于 INT 和 SMALL-INT，但是它的准确定义特定于具体实现。但是，BIGINT，INT 和 SMALLINT 都必须有相同的基数或基数系统。所有可以使用 INT 和 SMALLINT 的操作，也都可以使用 BIGINT 完成。

MULTISET 是一个新的集合数据类型。以前的集合数据类型是 ARRAY，一个 SQL 非核心数据类型。MULTISET 与 ARRAY 的不同之处在于它可以包含重复数据，这一点也将 MULTISET 表和关系区分开来，关系是集合但不能有重复的数据。MULTISET 没有排序，所有元素为相同的类型。元素可以是其他任何支持的数据类型。例如，INTEGER MULTISET 定义了所有元素类型为 INTEGER 的多重集合（multiset）。多重集合中的值可以通过 INSERT 或 SELECT 语句创建。通过 INSERT 方法创建的例子是：MULTISET（2，3，5，7），SELECT 方法：MULTISET（SE-LECT ProductDescription FROM Product _ T WHERE ProductStandardPrice＞200；. MULTISET）反映了现实世界的一个事实：从某些关系中提取的子集可能包含重复数据，但这也是可接受的。

其他增强

除了前面介绍的对窗口表的增强，CREATE TABLE 命令已经使用 CREATE TABLE LIKE 操作进行了扩展。CREATE TABLE LIKE 操作使人们可以创建和一个现有表相似的新表，但是在 SQL：1999 中，像缺省值、生成计算列的表达式等信息不能被复制到新表中。现在通用语法 CREATE TABLE LIKE. . . INCLUDING 已经被通过了。例如，INCLUDING COLUMN DEFAULTS 命令将选择出原始表的 CREAT TABLE 定义中的任何缺省值，并使用 CREATE TABLE LIKE. . . INCLUDING 命令将其转换到新表中。需要说明的是，使用这个命令创建的表看起来类似于物化视图。但是，使用 CREATE TABLE LIKE 命令创建的表独立于原始表，一旦这个表填充了数据，将不会随着原始表的更新而自动更新。

另外一个可用的更新表的方法，是使用 SQL：200n 中新的 MERGE 命令。在事务型数据库中，每天都需要向现有的订单、客户和库存清单表中增加新订单、新客户、新库存清单等。如果要求客户的更新信息和新客户的信息都存储在事务表中，且该表将在营业日结束时写到基本客户表中，则通常需要使用 INSERT 命令增加新客户，并且使用 UPDATE 命令修改现有客户信息。MERGE 命令可以仅使用一个查询就完成这些操作。考虑下面的松树谷家具公司的例子：

```
MERGE INTO Customer _ T as Cust
    USING （SELECT CustomerID，CustomerName，CustomerAddress，
    CustomerCity，CustomerState，CustomerPostalCode
      FROM CustTrans _ T）
      AS CT
    ON （Cust. CustomerID= CT. CustomerID）
WHEN MATCHED THEN UPDATE
  SET Cust. CustomerName = CT. CustomerName，
    Cust. CustomerAddress = CT. CustomerAddress，
    Cust. CustomerCity = CT. CustomerCity，
    Cust. CustomerState = CT. CustomerState，
    Cust. CustomerPostalCode = CT. CustomerPostalCode
WHEN NOT MATCHED THEN INSERT
  （CustomerID，CustomerName，CustomerAddress，CustomerCity，
  CustomerState，CustomerPostalCode）
    VALUES （CT. CustomerID，CT. CustomerName，CT. CustomerAddress，
    CT. CustomerCity，CT. CustomerState，CT. CustomerPostalCode）；
```

▢ 编程扩展

SQL-92 和更早的版本将 SQL 作为数据检索和操作语言开发，而不是将其作为应用语言。因此，SQL 一般与计算完备性语言如 C，.NET 和 Java 等一起使用，创建商业应用程序、过程或函数。但是，SQL：1999 通过在核心 SQL，SQL/PSM 和 SQL/OLB 中增加编程性功能，来对 SQL 进行扩展。这些功能在 SQL：200n 中继续得到支持。

使 SQL 实现计算完备性的扩展包括流控制功能，如 IF-THEN，FOR，WHILE 语句以及循环。这些都包含在基本 SQL 规范的扩展包中。这个扩展包称为**持久存储模块**（Persistent Stored Modules，SQL/PSM），之所以这样命名，是因为创建和删除程序模块的功能存储在其中。持久（persistent）意味着代码模块将会一直存储直到被删除，这使得代码模块能在不同的用户会话中使用，就像基本表在被显式删除前将一直被保留一样。每个模块都作为一个模式对象存储在模式中。模式不一定要包含任何程序模块，也可以有很多程序模块。

每个模块必须有名称、授权 ID、与特定模式的关联、所使用字符集合的说明以及模块运行所需的任何临时表的声明。每个模块必须包含一个或多个 SQL 过程——命名的程序，每个程序在被调用时执行一个 SQL 语句。每个过程必须包含一个 SQLSTATE 声明，该声明作为状态参数，并用于显示 SQL 语句是否被成功执行。

SQL/PSM 可用于创建应用或者使用 SQL 数据类型直接创建过程和函数。SQL/PSM 的使用增加了 SQL 的过程性，因为语句是被顺序执行。记住，SQL 本身是一个非过程性语言，没有任何语句执行顺序。SQL/PSM 包括下列几个 SQL 控制语句：

语句	描述
CASE	根据值的比较结果或 WHEN 子句的值，使用检索条件或数值表达式执行不同的 SQL 序列。逻辑类似于 SQL 的 CASE 表达式，但是它以 END CASE 而不是 END 结尾，并且没有相当于 ELSE NULL 子句的部分。
IF	如果断言为真，执行一个 SQL 语句。该语句以 ENDIF 结尾，使用 ELSE 和 EL-SEIF 语句来管理不同情况下的流控制。
LOOP	使得某个语句被重复执行，直到出现循环出口条件。
LEAVE	设置循环出口条件。
FOR	对结果集中的每个元组执行一次。
WHILE	只要某个特定条件存在就一直执行。与实现 LEAVE 语句功能的逻辑一起使用。
REPEAT	类似于 WHILE 语句，但是在执行 SQL 语句后测试条件。
ITERATE	重新开始一个循环。

SQL/PSM 有希望解决基本 SQL 被广泛关注的几个缺陷。现在还不能确定程序员是会使用 SQL/PSM，还是会继续使用主机语言通过嵌入式 SQL 或通过调用级接口（call-level interface，CLI）调用 SQL 语句。SQL/PSM 标准可以实现下列功能：

● 在 SQL 内部创建过程和函数，因此可以接收输入/输出参数并直接返回结果。

● 在 SQL 内部检测和处理错误，而不需要使用其他语言处理错误。

● 使用 DECLARE 语句创建变量，这些变量的作用域贯穿包含它们的过程、方法或函数。

● 传递 SQL 语句组而不是单个 SQL 语句，从而提高性能。

● 处理阻抗失配（impedance-mismatch）问题，这个问题是指 SQL 处理数据集合，而过程性语言处理模块内的单个数据元组。

SQL/PSM 还没有被广泛实现，因此我们在本章没有使用扩展语法的例子。Oracle 的 PL/SQL 和微软 SQL Server 的 T-SQL，与这个新标准在代码模块和 BE-IN...END，LOOP，WHILE 语句方面有些相似。虽然 SQL/PSM 未被广泛使用，但这种情况很快就会改变。

触发器和例程

SQL：1999 发布前，SQL 标准不支持用户定义的函数或过程。商业产品在意识到市场对这种功能的需求后，曾经在一段时间内进行支持，我们希望它们的语法能不断更新从而符合 SQL：1999 的要求，就像我们希望看到 SQL/PSM 标准被采纳一样。

触发器（trigger）和例程（routine）是非常强大的数据库对象，因为它们存储在数据库中并被 DBMS 控制。因此，创建它们所需的代码只存储在一个位置并且被集中管理。和表以及属性列约束一样，这一特点可在数据库内部实现更强的数据完整性和一致性，并且也有助于创建数据更新日志时的数据审计和安全性。触发器不仅可以用来阻止对数据库的未被授权修改，也可用于评估修改并基于修改采取相应动作。触发器只被存储一次，因此代码维护也很简单（Mullins，1995）。此外，触发器可以包含复杂的 SQL 代码，因此它们比表和列的约束作用更大，但是，约束通常比触发器更高效，因此如果可能，应优先使用约束。触发器相对于实现相同控制的约束的明显优势之一，是触发器的处理逻辑能产生关于特殊事件的用户定制信息，而约束只能产生标准的 DBMS 错误信息，这样的信息往往不能准确描述所发生的特定事件。

　　触发器和例程都包括过程化代码块。例程是存储的代码块，它必须被调用才能执行（见图 7—11），不能自动执行。而触发器则相反，它的代码存储在数据库中并在触发事件出现的时候自动运行，例如一个 UPDATE 请求。触发器是一种特殊的存储过程，可响应 DML 或 DDL 命令而运行。触发器的语法和功能在不同的 RDBMS 之间有所不同。为 Oracle 数据库写的触发器，在移植到微软 SQL Server 时就需要重写，反过来也是这样。例如，Oracle 的触发器可以每执行一个 INSERT，UPDATE 或 DELETE 命令就触发一次，或者对于命令涉及的每个元组都触发一次。微软 SQL Server 的触发器只能每个 DML 命令触发一次，不是每行触发一次。

◻ 触发器

　　因为触发器在数据库内部存储和执行，所以可用于访问数据库的所有应用。触发器也可以级联，引起其他触发器的执行。因此，客户的单个请求可导致服务器端执行一系列的完整性或逻辑检查，而不在客户和服务器间产生额外的网络流量。触发器可用于保证参照完整性、执行业务规则、创建审计痕迹、复制表或激活某个过程（Rennhackkamp，1996）。

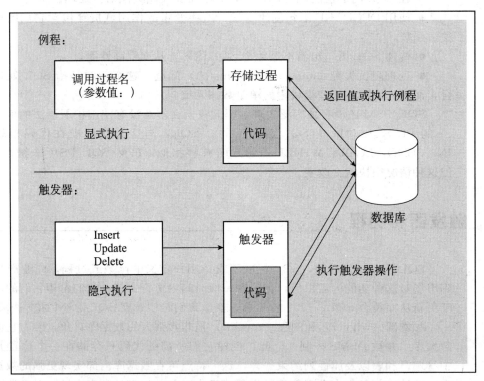

图 7—11　触发器和存储过程的比较

资料来源：改编自 Mullins（1995）。

　　约束也可被认为是触发器的特殊情况。它们也是作为数据操作命令的结果自动运行（触发），但是它们的精确语法要由 DBMS 确定，并且缺少触发器的灵活性。

　　当你需要在特定条件下执行一些操作作为某些数据库事件的结果时（例如，诸如

INSERT，UPDATE 或 DELETEDML 等 DML 语句的执行，或者 DDL 语句 ALTER TABLE 的执行），就可以用触发器。所以触发器有三部分——事件（event）、条件（condition）和操作（action）——这些部分都反应在触发器的代码结构中。（对于简单的触发器语法，请参见图 7—12。）考虑下面松树谷家具公司的例子：负责维护库存清单的经理可能需要知道（被通知）清单条目的标准价格在表 Product ＿ T 中何时被修改（事件）。创建新表 PriceUpdates ＿ T 后可以编写一个触发器，在每个产品被更新时，将修改日期以及新的标准价格写入到这个新表中。触发器被命名为 StandardPriceUpdate，该触发器的代码如下：

```
CREATETRIGGER 触发器名称
    {BEFOREI AFTER I INSTEAD OF} {INSERT I DELETE I UPDATE} ON
    表名
    [FOR EACH {ROW I STATEMENT}] [WHEN (检索条件)]
    <被触发的 SQL 语句>;
```

图 7—12　简化的 SQL：200n 触发器语法

```
CREATE TRIGGER StandardPriceUpdate
AFTER UPDATE OF ProductStandardPrice ON Product ＿ T
FOR EACH ROW
INSERT INTO PriceUpdates ＿ T VALUES （ProductDescription，SYSDATE，
ProductStandardPrice）；
```

在这个触发器中，事件是产品标准价格的一次更新，条件是 FOR EACH ROW（即不是只有某个元组），并且事件后的动作是在表 PriceUpdates ＿ T 中插入指定值，表 PriceUpdates ＿ T 中存储了更新操作的相关记录，包括修改发生的时间（SYSDATE），以及关于表中每个元组的产品标准价格 ProductStandardPrice 上所做修改的重要信息。触发器中可以使用更复杂的条件，例如，当元组的新产品标准价格满足某些限制或产品只和某个产品线关联时，采取相应动作。事件每发生一次，触发器中的过程就会执行一次；没有用户可以请求触发器执行，也没有用户可以阻止它执行，记住这点很重要。因为触发器只和表 Product ＿ T 关联，无论引起触发事件的是哪个应用，都会导致它的执行；因此，交互式的 UPDATE 命令、存储过程中的 UPDATE 命令、针对表 Product ＿ T 中产品标准价格属性的应用程序或存储过程，都会引起触发器的执行。相反，例程（或存储过程）只有在用户或程序发出请求时才会执行。

触发器可以在引起触发器执行的语句之前、之后执行或者代替该语句执行。"代替"触发器和"之前"触发器不同，它代替要发生的事务执行。如果"代替"触发器执行，那么引起触发器的事务将不再执行。DML 触发器可在 INSERT，UPDATE 或 DELETE 命令出现时被触发。并且它们可以在每个元组被修改时得到触发，也可以每个语句触发一次而不考虑受影响的元组数。在刚才展示的例子中，触发器应该在表 Product ＿ T 被更新后，向表 PriceUpdate ＿ T 中插入新的标准价格信息。

DDL 触发器在数据库管理方面很有用，它可用于规范化数据库操作和执行审计功能。它们对 DDL 事件如 CREATE，ALTER，DROP，GRANT，DENY 和 REVOKE，进行响应而被触发。下面的触发器实例，引用自 SQL Server 2008 在线书籍（http：//msdn2. microsoft. com/en-us/library/ms175941），说明了触发器如何被用

于阻止对数据库表的无意修改或删除：

```
CREATE TRIGGER safety
ON DATABASE
FOR DROP _ TABLE，ALTER _ TABLE
AS
    PRINT 'You must disable Trigger "safety" to drop or alter tables!'
    ROLLBACK;
```

想使用触发器的开发者必须要谨慎。因为触发器自动执行，除非触发器会返回给用户一个消息，否则用户不会知道触发器已执行。此外，触发器可以级联，引起其他触发器的执行。例如，一个 BEFORE UPDATE 触发器可以要求在另一个表中插入一个元组。如果那个表中有 BEFORE INSERT 触发器，它也会被触发，从而可能导致不想要的结果。甚至可能创建一个无休止的触发器循环！因此，尽管触发器可实现很多功能，包括实现复杂业务规则、创建复杂精细的审查日志以及执行详细的安全性授权等，但还是应该小心使用。

也可以把触发器编写成在执行时返回少量通知信息。一个可以访问数据库但无权修改访问权限的用户，可能会插入下面的触发器，它同样来自 SQL Server 2008 在线书籍（http://msdn2.microsoft.com/en-us/library/ms191134）：

```
CREATE TRIGGER DDL _ trigJohnDoe
ON DATABASE
FOR ALTER _ TABLE
AS
GRANT CONTROL SERVER TO JohnDoe;
```

当有适当权限的管理员执行任何 ALTER _ TABLE 命令时，DDL _ trigJohnDoe 触发器将在未通知管理员的情况下执行，并赋予 John Doe CONTROL SERVER（控制服务器）权限。

☐ 例程

触发器会在特定事件发生时自动执行，而与触发器相比，例程必须被明确调用，就像调用内置 MIN 函数一样。SQL 调用的例程可以是过程或函数。过程和函数这两个词与在其他编程语言中使用方式一样。**函数**（function）返回一个值且只有输入参数。你已经看到很多 SQL 中的内置函数，包括表 7—1 中列出的最新函数。**过程**（procedure）可以有输入参数、输出参数以及既是输入也是输出的参数。你可以使用 RDBMS 产品中的专有代码，来声明并命名一个过程性代码单元，也可以调用（通过对外部过程的 CALL 操作）宿主语言库中的例程。各种 SQL 产品在发布 SQL：1999 之前开发了自己的例程版本，因此一定要熟悉你所使用产品的语法和功能。某些专有语言，例如微软 SQL Server 的 Transact-SQL 和 Oracle 的 PL/SQL 已经被广泛使用，而且以后将继续可用。为了使你明白不同产品的存储过程语法有多大的不同，表 7—2 考察了三个 RDBMS 厂商使用的 CREATE PROCEDURE 语法，这是存储在数据库中的过程的语法。该表来自 Peter Gulutzan 的 www.tdan.com/i023fe03.htm（摘于

2007 年 6 月 6 日，但现在已不可访问)。

表 7—2 存储过程中厂商语法差异比较

厂商在存储过程上的语法差异要多于普通的 SQL。为了进行说明，下面的表显示了三个产品中的 CREAT PROCEDURE 语句。每个重要的部分使用一行，这样你可以在同一行中进行不同产品相应语句部分的比较。

SQL：1999/IBM	MICROSOFT/SYBASE	ORACLE
CREATE PROCEDURE	CREATE PROCEDURE	CREATE PROCEDURE
Sp _ proc1	Sp _ proc1	Sp _ proc1
（param1 INT)	@param1 INT	（param1 IN OUT INT)
MODIFIES SQL DATA BEGIN	AS DECLARE @num1 INT	AS num1 INT；BEGIN
DECLARE num1 INT；		
IF param1 <> 0	IF @param1 <> 0	IF param1 <> 0
THEN SET param1 = 1；	SELECT @param1 = 1；	THEN param1 ：=1；
END IF		END IF；
UPDATE Table1 SET	UPDATE Table1 SET	UPDATE Table1 SET
column1 = param1；	column1 = @param1	column1 = param1；
END		END

资料来源：**Data from *SQL Performance Tuning*** (Gulutzan and Pelzer, Addison-Wesley, 2002). 浏览自 www. tdan. com/i023fe03. htm，2007 年 6 月 (但从该网站上不再能访问到)。

下面是 SQL 调用例程的一些优势：

● **灵活性** 例程与约束或触发器相比，可以在更多的情况下使用，而约束和触发器只适用于数据修改。正如触发器的代码选择比约束多，例程的代码选择要比触发器多。

● **高效** 例程在经过精心设计和优化后，运行速度比一般的 SQL 语句更快。

● **共享性** 例程可以缓存在服务器上，允许所有用户使用，这样用户无须再重写。

● **适用性** 例程作为数据库的一部分存储，可以应用于整个数据库而不只限于一个应用。这一优势是共享性的必然结果。

SQL：200n 中过程和函数的创建语法如图 7—13 所示。你可以看到，语法很复

```
{CREATE PROCEDURE ❘ CREATE FUNCTION} routine_name
([parameter [{,parameter} . . .]])
[RETURNS data_type result_cast]     /* for functions only */
[LANGUAGE {ADA❘C❘COBOL❘FORTRAN❘MUMPS❘PASCAL❘PLI❘SQL}]
[PARAMETER STYLE {SQL❘GENERAL}]
[SPECIFIC specific_name]
[DETERMINISTIC❘NOT DETERMINISTIC]
[NO SQL❘CONTAINS SQL❘READS SQL DATA❘MODIFIES SQL DATA]
[RETURNS NULL ON NULL INPUT❘CALLED ON NULL INPUT]
[DYNAMIC RESULT SETS unsigned_integer]     /* for procedures only */
[STATIC DISPATCH]                          /* for functions only */
[NEW SAVEPOINT LEVEL ❘ OLD SAVEPOINT LEVEL]
routine_body
```

图 7—13 SQL：200n 创建例程的语法

杂，在此我们不再详细说明每个子句。但是，后面有一个简单的过程，帮助你了解代码是如何工作的。

过程是一系列程序化的 SQL 语句的集合，它在模式内部有唯一的名字并存储在数据库中。当需要运行过程时，通过名字调用它。当过程被调用时，过程中的所有语句都将被执行。过程的这一特点有助于减少网络流量，因为所有的语句被一次传输过去，而不是单个发送。过程能够访问数据库内容，并且可以有本地变量。当过程访问数据库内容时，如果调用过程的用户或程序没有权限访问过程用到的这部分数据库，过程将产生错误信息。

要创建设置销售价格的简单过程，需要在松树谷家具公司现有数据库的 Product _ T 表上，增加一个新的列 SalePrice 来存储产品的销售价格：

```
ALTER TABLE Product _ T
ADD (SalePrice DECIMAL (6, 2));
```

结果：

表已被修改。

这个简单的过程将执行两个 SQL 语句，没有输入或输出参数；如果有，要在过程名称后面的附加子句中列出参数及其 SQL 数据类型，它类似于 CREATE TABLE 命令中的属性列。过程扫描了 Product _ T 表中的所有行。产品标准价格大于等于 400 美元的产品价格降低 10%，标准价格低于 400 美元的产品价格降低 15%。和其他数据库对象一样，过程编码通过 SQL 命令实现创建、修改、替换、删除和显示。下面是一个 Oracle 代码模块，创建并存储名为 ProductLineSale 的过程：

```
CREATE OR REPLACE PROCEDURE ProductLineSale
  AS BEGIN
    UPDATE Product _ T
    SET SalePrice = . 90 * ProductStandardPrice
    WHERE ProductStandardPrice > = 400;
    UPDATE Product _ T
    SET SalePrice = . 85 * ProductStandardPrice
    WHERE ProductStandardPrice < 400;
END;
```

如果语法正确，Oracle 将返回"过程被创建"提示。

要在 Oracle 中执行这个过程，使用下面的命令（该命令可以交互执行，也可以作为应用程序或者其他存储过程的一部分）：

```
SQL > EXEC ProductLineSale
```

Oracle 将返回如下响应：

```
PL/SQL procedure successfully completed.
```

```
exec sql prepare getcust from
  "select cname, c_address, city, state, postcode
from customer_t, order_t
where customer_t.custid = order_t.custid and orderid = ?";
  .
  .
  . /* code to get proper value in theOrder */
exec sql execute getcust into: cname,: caddress,: city,: state,
: postcode using theOrder;
  .
  .
  .
```

失配问题。处理方式为一次一记录的语言,必须能在集合中前后移动游标(FETCH
NEXT 或 FETCH PRIOR)、查找第一个或最后一个元组(FETCH FIRST 和
FETCH LAST)、移动游标到一个特定行或相对于当前位置的行(FETCH ABSO-
LUTE 或 FETCH RELATIVE)、知道要处理的元组数目以及何时到达结果集的末
尾,到达末尾时经常会触发程序结束当前循环(FOR...END FOR)。游标有不同的
类型,类型的数量以及各类游标都是如何被处理的会根据不同 RDBMS 而有所不同。
因此,虽然你现在知道这是嵌入式 SQL 的一个重要内容,但这个话题超出了本书讨
论范围。

动态 SQL 用于在应用被处理的时候快速生成适当的 SQL 代码。大部分程序员使
用 API,例如 ODBC,这个 API 随后就可以把 SQL 命令传送给任何与 ODBC 兼容的
数据库。动态 SQL 是大多数因特网应用的核心。开发者能够创建更灵活的应用,因
为精确的 SQL 查询语句在运行时才被确定,包括传递的参数数目、要访问哪些表等。
如果一个 SQL 语句需要重复使用,只是每次执行时的参数值不一样,则动态 SQL 就
非常有用了。

嵌入式和动态 SQL 容易受到恶意修改。任何包括或者构造了 SQL 语句的过程,
都应该被认真检查以防止被攻击。这种攻击的常见形式,包括将恶意代码插入和
SQL 命令连接在一起的用户输入参数中,然后执行。恶意代码也可能被写入存储在
数据库的文本中。只要恶意代码语法上是正确的,SQL 数据库引擎就会处理它。阻
止和检测这样的攻击非常复杂,也超出了本书的讨论范围。我们鼓励读者在因特网上
搜索关于 SQL 注入的解决方法。至少我们应该仔细检查用户输入,对属性列使用强
类型来限制泄露,通过过滤或修改输入数据,将特殊 SQL 字符(如";")或关键字
(如,DELETE)放入引号中,这样就无法被执行了。

目前,开放数据库连接(Open Database Connectivity,ODBC)标准是最常用的
API。SQL:1999 包含 SQL 调用级接口。它们都使用 C 编写,并且都基于相同的
早期版本。Java 数据库连接(Java Database Connectivity,JDBC)是用于从 Java 连
接数据库的工业标准,它还不是 ISO 标准。SQL:200n 没有增加这方面的新功能。

随着 SQL:200n 的实现越来越完整,嵌入式和动态 SQL 的使用将变得更加标准
化,因为这个标准首次创建了一个计算完备的 SQL 语言。虽然大部分厂商已经独立
实现了这些性能,但未来几年,遵从 SQL:1999 的产品会和较老的又不容易改变的
版本并存。用户需要清楚这些可能性并能够应对。

■ 本章回顾

关键术语

相关子查询　correlated subquery

动态　SQLdynamic SQL

嵌入式　SQL　embedded SQL

等值连接　equi-join

函数　function

连接　join

自然连接　natural join

外连接　outer join

持久存储模块（SQL/PSM）　persis-tent stored modules（SQL/PSM）

过程　procedure

触发器　trigger

用户定义数据类型　user-defined data type（UDT）

复习题

1. 定义下列术语：
   a. 动态 SQL
   b. 相关子查询
   c. 嵌入式 SQL
   d. 过程
   e. 连接
   f. 等值连接
   g. 自连接
   h. 外连接
   i. 函数
   j. 持久存储模块（SQL/PSM）
2. 什么时候使用外连接替代自然连接？
3. 解释相关子查询的处理顺序。

4. 解释下面有关 SQL 的说法：任何可以用子查询方式写出的查询，也可以用连接方式写出，反之则不然。
5. SQL 中 COMMIT（提交）命令的作用是什么？"提交"是如何与业务事务概念相联系的（例如，输入客户订单或发出客户发票）？
6. 讨论触发器和存储过程之间的差异。
7. 解释的 SQL/PSM 的目的。
8. 列出 SQL 调用例程的 4 大好处。
9. 你何时会考虑使用嵌入式 SQL？你何时会使用动态 SQL？
10. 解释使用导出表。

问题和练习

问题和练习 1～5，都是基于图 7—14 中给出的排课 3NF 关系及其示例数据。对于问题和练习 1～5，画一个韦恩图或 ER 图，并标记出你想要在查询中使用的数据。

1. 写出下列每个查询的 SQL 检索命令：

a. 显示带有 ISM 前缀的所有课（COURSE）的课程 ID（CourseID）和课程名称（Course-Name）。

b. 显示 Berndt 教授有资格讲授的所有课程。

c. 显示注册课程 ISM4212 的 2714 班的所有学生的花名册，包括学生的姓名。

2. 写出回答以下问题的 SQL 查询：哪些教师有资格讲授课程 ISM3113？

3. 写出回答以下问题的 SQL 查询：存在这样的教师，他有资格讲授课程 ISM3113，但却没有资格讲授课程 ISM4930 吗？

4. 写出回答以下问题的 SQL 查询：

a. 在 2008 年第一学期，有多少学生注册了 2714 班？

STUDENT (StudentID, StudentName)

StudentID	StudentName
38214	Letersky
54907	Altvater
66324	Aiken
70542	Marra
...	

QUALIFIED (FacultyID, CourseID, DateQualified)

FacultyID	CourseID	DateQualified
2143	ISM 3112	9/1988
2143	ISM 3113	9/1988
3467	ISM 4212	9/1995
3467	ISM 4930	9/1996
4756	ISM 3113	9/1991
4756	ISM 3112	9/1991

FACULTY (FacultyID, FacultyName)

FacultyID	FacultyName
2143	Birkin
3467	Berndt
4756	Collins
...	

SECTION (SectionNo, Semester, CourseID)

SectionNo	Semester	CourseID
2712	I-2008	ISM 3113
2713	I-2008	ISM 3113
2714	I-2008	ISM 4212
2715	I-2008	ISM 4930
...		

COURSE (CourseID, CourseName)

CourseID	CourseName
ISM 3113	Syst Analysis
ISM 3112	Syst Design
ISM 4212	Database
ISM 4930	Networking
...	

REGISTRATION (StudentID, SectionNo, Semester)

StudentID	SectionNo	Semester
38214	2714	I-2008
54907	2714	I-2008
54907	2715	I-2008
66324	2713	I-2008
...		

图 7—14 排课关系（问题和练习 1～5）

b. 在 2008 年第一学期，有多少学生注册了 ISM 3113？

5. 写出回答以下问题的 SQL 查询：哪些学生在 2008 年第一学期没有注册任何课程？

6. 确定图 7—15 所示的 4 个实体之间的联系。列出每个实体的主码，以及建立联系和维护参照完整性所需的外码。在确定表 TUTOR REPORTS 主码时，特别注意该表中的数据。

7. 编写 SQL 命令，向 STUDENT 表中添加 MATH SCORE 属性。

8. 编写 SQL 命令，向 TUTOR 表中添加 SUBJECT 属性。SUBJECT 允许的值只有 Reading，Math 和 ESL。

9. 如果一个辅导教师签约了，并希望教授阅读和数学，那么你该怎么办？绘制新的 ERD 并编写处理这种情况所需的任何 SQL 语句。

10. 编写 SQL 命令，查找没有提交 7 月份报告的辅导教师。

11. 你认为学生和辅导教师的信息，如姓名、地址、电话和电子邮件应保存在哪里？编写必要的 SQL 命令保存这些信息。

12. 按姓名列出 6 月中所有活跃的学生。（如果你实际建立了一个原型数据库，要填充姓名和其他数据）包括学生接受辅导的小时数，以及学生所完成的课程数。

13. 有哪些辅导老师（以姓名列出）可以进行辅导？编写相应的 SQL 命令。

14. 应该提醒哪些辅导教师上交报告？编写相应的 SQL 命令。

TUTOR (TutorID, CertDate, Status)

TutorID	CertDate	Status
100	1/05/2008	Active
101	1/05/2008	Temp Stop
102	1/05/2008	Dropped
103	5/22/2008	Active
104	5/22/2008	Active
105	5/22/2008	Temp Stop
106	5/22/2008	Active

MATCH HISTORY (MatchID, TutorID, StudentID, StartDate, EndDate)

MatchID	TutorID	StudentID	StartDate	EndDate
1	100	3000	1/10/2008	
2	101	3001	1/15/2008	5/15/2008
3	102	3002	2/10/2008	3/01/2008
4	106	3003	5/28/2008	
5	103	3004	6/01/2008	6/15/2008
6	104	3005	6/01/2008	6/28/2008
7	104	3006	6/01/2008	

STUDENT (StudentID, Read)

StudentID	Read
3000	2.3
3001	5.6
3002	1.3
3003	3.3
3004	2.7
3005	4.8
3006	7.8
3007	1.5

TUTOR REPORT (MatchID, Month, Hours, Lessons)

MatchID	Month	Hours	Lessons
1	6/08	8	4
4	6/08	8	6
5	6/08	4	4
4	7/08	10	5
1	7/08	4	2

图 7—15　成人读写教育计划（问题和练习 6～14）

参考文献

DeLoach, A. 1987. "The Path to Writing Efficient Queries in SQL/DS." *Database Programming & Design* 1,1 (January): 26–32.

Eisenberg, A., J. Melton, K. Kulkarni, J. E. Michels, and F. Zemke. 2004. "SQL:2003 Has Been Published." *SIGMOD Record* 33,1 (March):119–126.

Gulutzan, P., and T. Pelzer. 1999. *SQL-99 Complete, Really!* Lawrence, KS: R&D Books.

Holmes, J. 1996. "More Paths to Better Performance." *Database Programming & Design* 9, 2 (February):47–48.

Mullins, C. S. 1995. "The Procedural DBA." *Database Programming & Design* 8,12 (December): 40–45.

Rennhackkamp, M. 1996. "Trigger Happy." *DBMS* 9,5 (May): 89–91, 95.

Zemke, F., K. Kulkarni, A. Witkowski, and B. Lyle. 1999. "Introduction to OLAP Functions." ISO/IEC JTC1/SC32 WG3: YGJ.068 ANSI NCITS H2–99–154r2.

延伸阅读

American National Standards Institute. 2000. *ANSI Standards Action* 31,11 (June 2): 20.

Celko, J. 2006. *Analytics and OLAP in SQL*. San Francisco: Morgan Kaufmann.

Codd, E. F. 1970. "A Relational Model of Data for Large Shared Data Banks." *Communications of the ACM* 13,6 (June): 77–87.

Date, C. J., and H. Darwen. 1997. *A Guide to the SQL Standard*. Reading, MA: Addison-Wesley.

Itzik, B., L. Kollar, and D. Sarka. 2006. *Inside Microsoft SQL Server 2005 T-SQL Querying*. Redmond, WA: Microsoft Press.

Itzik B., D. Sarka, and R. Wolter. 2006. *Inside Microsoft SQL Server 2005: T-SQL Programming*. Redmond, WA: Microsoft Press.

Kulkarni, K. 2004. "Overview of SQL:2003." Accessed at **www.wiscorp.com/SQLStandards.html#keyreadings**.

Melton, J. 1997. "A Case for SQL Conformance Testing." *Database Programming & Design* 10,7 (July): 66–69.

van der Lans, R. F. 1993. *Introduction to SQL*, 2nd ed. Workingham, UK: Addison-Wesley.

Winter, R. 2000. "SQL-99's New OLAP Functions." *Intelligent Enterprise* 3,2 (January 20): 62, 64–65.

Winter, R. 2000. "The Extra Mile." *Intelligent Enterprise* 3,10 (June 26): 62–64.

See also "Further Reading" in Chapter 6.

网络资源

www. ansi. org 美国国家标准学会的网站。它包含了有关 ANSI 联盟和最新美国和国际标准的信息。

www. coderecipes. net 解释和展示各种 SQL 命令及其示例的网站。

www. fluffycat. com/SQL/ 这个网站上定义了一个样例数据库，并给出了该数据库的 SQL 查询示例。

www. iso. ch 国际标准化组织（ISO）的网站，网站上提供了 ISO 的相关信息。现行标准的复本可以从该网站上购买。

www. sqlcourse. com 与 **www. sqlcourse2. com** 这些网站上提供了 ANSI SQL 子集的教程，并带有练习数据库。

standards. ieee. org IEEE 标准化组织的主页。

www. tizag. com/sqlTutorial/ 这个网站提供了有关 SQL 概念和命令的一组教程。

http：//troelsarvin. blogspot. com/ 提供了不同 SQL 实现，包括 DB2，Microsoft SQL、MySQL，Oracle，以及 PostGreSQL 详细比较的微博。

www. teradatastudentnetwork. com 在这个网站上，你的教员可能已经为你创建了支持 Web 版 Teradata SQL 助手运行的某些课程环境，该环境中带有本书中松树谷家具公司和山景社区的一个或多个数据集。

第 8 章

数据库应用
开发

✏️ **学习目标**

➢ 简明地定义下列每个关键术语：**客户/服务器系统**（client/server systems），**胖客户端**（fat client），**数据库服务器**（database server），**存储过程**（stored procedure），**三层体系结构**（three-tier architecture），**瘦客户端**（thin client），**应用分割**（application partitioning），**中间件**（middleware），**应用程序接口**（application program interface，API），**万维网联盟**（World Wide Web Consortium，W3C），**可扩展标记语言**（Extensible Markup Language，XML），**扩展超文本标记语言**（XHTML），**XML 结构定义**（XML Schema Definition），**可扩展样式表语言转换**（Extensible Stylesheet Language Transformation，XSTL），**XML 路径语言**（XPath），**XML 查询语言**（XQuery），**Java 服务器端小程序**（Java Servlet），**Web 服务**（Web Services），**全局描述、发现和集成**（Universal Description，Discovery，and Integration，UDDI），**Web 服务描述语言**（Web Services Description Language，WSDL），**简单对象存取协议**（Simple Object Access Protocol，SOAP）**和面向服务的体系结构**（Service-oriented architecture，SOA）。

➢ 阐述客户/服务器系统的三个组成部分：数据表达服务、处理服务和存储服务。

➢ 区分两层和三层体系结构

➢ 描述在 VB. NET 和 JAVA 语言编写的两层应用中如何连接数据库。

➢ 描述 WEB 应用的主要组成部分以及不同组件之间的信息流。

➢ 描述在 Java Server Pages（JSP），PHP 和 ASP. NET 编写的三层 WEB 应用中如何连接数据库。

➢ 说明在 Internet 上的数据交换中，引入 XML 的目的和用途。

➢ 了解如何使用 XQuery 查询 XML 文档。

➢ 解释 XML 是如何促进 Web 服务的传播以及面向服务体系结构的出现的。

位置，位置，位置！

当你要购买地产的时候，你的朋友中至少有一个人会说，"主要是考虑位置、位置、位置"。存储数据和应用也同样要考虑位置。我们当然不是说要给数据有海景、有热水浴，并且接近好学校的环境。但是好的数据库设计，是建立在选择恰当的存储数据位置的基础上的。

在第 5 章里，你学习了在存储设备上存储数据中的位置概念，也学习了反规范化和数据划分的概念。此外，多层计算机结构在每层都提供了存储能力，并且没有能适应所有情况的解决方案。这就是客户/服务器方法的魅力所在：它可以通过定制来提高系统性能。就像计算机化中的其他重要步骤一样，第一个客户/服务器应用是在非重要场合中尝试的。20 世纪 90 年代中期，成功的故事开始引起人们的注意，并且客户/服务器方法开始被用来处理关键的业务应用。现在，客户/服务器技术已经变得陈旧，而且你可能会觉得这章是整本书中最平常的一章。或许事实就是这样，但是无论如何，你也要对此表示密切关注，因为客户/服务器方法仍将在数据库计算方面驾驭最新的方向。你将会了解到支持 Web 应用的数据库并学习一些最新的缩写，包括面向服务的结构（service-oriented architec tare，SOA）和 Web 服务。在有些作者的笔下，这些最新的方法似乎是不同的，并且已经超出了客户/服务器技术范畴。事实上，客户端可胖可瘦，而服务器也可以通过多种方式连接，但是本章所包含的基本概念是分布式计算（对于本章的 Web 应用和第 12 章里的分布式数据库而言）最新方法的基础。

并且，客户/服务器的重点在于位置：什么东西必须放置在客户端（设想是手机），什么是存放在服务器上的，并且当一个数据请求（考虑 SQL 查询）到达的时候，有多少信息需要从服务器发送到手机上（想想你在旅途中要定位一个旅馆）。优化特定体系结构的部分解决方案，不是在于位置，而是如何在位置之间快速地传送信息。这些问题对移动应用来说是非常重要的，例如智能手机上的这些情况。除了传输声音数据，大多数手机服务现在包括收发短信、文本浏览、对象/图片下载、商务应用等。正像我们能实现世界上任意位置的电话语音呼叫另一部电话一样，我们也希望以同样的方式使用这些新服务，并且我们希望得到快速的响应。解决这些问题，需要你对客户/服务器原理有一个好的认识，这些内容我们将在这章中学习。

引　言

客户/服务器系统（client/server system）运行在网络环境中，把一个应用的处理划分成前端的客户和后端的处理器两部分。通常，客户端处理需要一些资源，由服务器提供给客户端。客户端和服务器可以运行在同一台计算机中，也可以分布在通过网络连接的不同计算机中。客户端和服务器都是智能的和可编程的，所以这两者的计算能力都可以用来开发有效的和高效的应用。

在过去 20 年中，客户/服务器应用带给我们的影响是难以估量的。个人计算机技术的发展和图形化用户界面（graphical user interfaces，GUI）、网络、通信等的快速变革，已经改变了业务领域使用计算机系统的方式，以此来满足日益苛刻的商业需求。电子商务要求客户端浏览器能连接动态的 Web 页面，而这些页面连接到能够提供实时信息的数据库。个人电脑通过网络连接支持工作组计算，这是一种标准的结构。主机应用已经被重写，使其能在客户/服务器环境中运行，并充分利用个人计算机和工作站网络的巨大经济效益。适应特定商务环境的应用策略需求，正通过客户/服务器解决方案得到满足，因为这些方案具有很好的灵活性、可伸缩性（不需要重新设计就可以升级系统）和可扩展性（定义新数据类型和操作的能力）。随着商务运营趋向全球化，他们必须设计分布式系统（将在第 12 章中讨论）；他们的计划常常包含客户/服务器结构。

客户/服务器结构

客户/服务器环境用局域网（local area network，LAN）来支持个人电脑网络，每台电脑都有自己的存储，也能共享连接到局域网上的公共设备（比如硬盘或打印机）和软件（如 DBMS）。

局域网上的每台 PC 和工作站之间的距离在 100 英尺以内，而所有 PC 之间一般相距 1 英里以内。局域网可以是通过网线连接的，也可以是无线的。至少有一台 PC 被指定为文件服务器，在这台机器上存储了共享数据库。LAN 上的 DBMS 模块，增加了并发控制，可能还有额外的安全特性，以及查询或转换队列管理，来支持来自共享数据库的多个用户的并发访问。

经过发展的各种客户/服务器结构，可以通过客户端和服务器上应用逻辑组件的分布方式来进行区分。有三种应用逻辑组件（参见图 8—1）。第一种是输入/输出（I/O）或称表示逻辑组件。这个组件负责在用户的屏幕或其他输出设备上格式化和展示数据，并且管理来自键盘或其他输入设备的用户输入。第二种组件是处理组件。它处理数据处理逻辑、业务规则逻辑和数据管理逻辑。数据处理逻辑包括数据有效性判断和识别处理错误等。尚未在 DBMS 层面上处理定义的业务规则，可以在处理组件中定义和处理。数据管理逻辑确定进行事务和查询处理所需的数据。第三种组件是存储，这个组件负责物理存储设备上应用相关数据的存储和检索。DBMS 的活动通常发生在存储组件逻辑中。

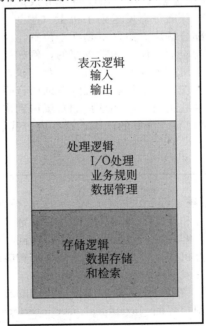

图 8—1 应用逻辑组件

划分应用

目前还没有一种最佳的客户/服务器结构能够解决所有业务问题。但是，客户/服务器结构中固有的灵活性，使各个组织能够调整客户/服务器结构的配置，以适应它们各自的特殊处理需求。图 8—1 描述了必须分布于客户端和服务器上的计算逻辑。表示逻辑存在于客户端上，用户在客户端上和系统交互。处理逻辑可以分别放置在客户端和服务器上。存储逻辑通常放置在数据库服务器上，靠近数据的物理存储位置。数据完整性控制活动，如约束检查，一般就在数据库服务器上进行。在适当的外部条件下触发的触发器，与插入、修改、更新和删除命令相关联。由于这些操作直接影响到数据，所以触发器通常也存储在数据库服务器上。直接使用数据的存储过程，也放在数据库服务器上。那些处理查询结果的程序，可以存放在应用服务器或客户端上。根据业务问题本身的特点，这些通用规则也可以不被遵守，以实现应用最佳吞吐量和性能。

应用分割（application partitioning）有助于上述的结构调整。它为开发人员提供了先写应用代码后进行部署的机会，应用代码可以放置在客户端或服务器上，这取决于哪种位置能够得到最佳的性能。另外，用于放置划分后的程序或编写用于连接各个划分的代码，都是没有必要的。这些活动由应用划分工具来处理。

用面向对象编程方式编写的对象，非常适合用来做应用划分。程序员对每个对象的内容有很强的控制，并且也易于分离用户接口代码、业务规则和数据。这种分离能够支持当今多层系统的快速开发。面向 Internet 和电子商务解决方案的强大商业推动，正带来应用划分以新的方式加速发展。Web 应用必须是多层的和可划分的。它们需要根据浏览器的请求，随意组装应用组件，并且它们需要和不同的操作系统、用户接口和数据库等兼容。在 Web 环境中，为取得所需的性能以及在不可预测的分布式环境中的可维护性、数据完整性和安全性，有效的应用划分是十分必要的。

应用代码可以在客户端计算机上编写和测试，并且关于编码划分和部署的决定可以在稍后进行。这种能力很可能提高开发人员的开发效率。应用模块可以在设计阶段后期部署在客户端或服务器上。然而，开发人员必须知道每个程序需要在何处以及如何运行，以此来使每个程序或事务在数据库和平台之间正确的同步。关于代码在应用和数据库服务器上部署的决定，部分依赖于 DBMS 本身的能力。例如，对于通过存储在数据库服务器上的存储过程和触发器支持静态 SQL（全部是预先写好的 SQL 代码）的 DBMS，如果动态 SQL 代码（即运行时创建的 SQL 代码）位于应用服务器上，则该 DBMS 的性能就有可能下降。每一条动态 SQL 语句在处理时，都会在数据库服务器上产生一个动态绑定（或者和数据库对象的链接）。这种性能的影响取决于动态 SQL 语句使用的集中程度。将处理集中在应用服务器还是数据库服务器，这个决定必须是由开发人员做出，这些开发人员了解可用的硬件环境，也了解硬件和DBMS 软件之间的交互以及应用的需求。

在客户/服务器系统上添加事务处理监控器（transaction processing monitors，TP monitors），有可能提高系统的性能。在有多个应用服务器和数据库服务器的地方，TP 监控器能够平衡负载，把事务引导到空闲的服务器上。TP 监视器在分布式环境中也是很有用的，此时，来自单个工作单元的事务，可以在异构环境中很好地被管理。

为了将环境进行划分产生两层、三层或多层体系结构，我们必须就处理逻辑的放置问题做出决定。在每种情况下，存储逻辑（数据库引擎）都由服务器处理，而表示逻辑由客户端处理。

图 8—2（a）描述了一些可能的两层系统，将处理逻辑放在客户端（创建**胖客户端**（fat client）），放在服务器端（创建瘦客户端），或在服务器与客户端之间分布（分布式环境）。在这三种结构中，强调的是处理逻辑的放置问题。在胖客户端结构中，应用逻辑处理都在客户端进行，而在瘦客户端结构中，这种处理是由服务器承担的。在分布式结构中，应用处理是在客户端与服务器之间分配的。

图 8—2（b）描述了典型的三层结构和 n 层结构。当然，如果有需要的话，一些

处理逻辑也可以安置在客户端上。但是，在支持 Web 应用的客户/服务器环境中，典型的客户端是瘦客户端，用浏览器展示它的表示逻辑。中间层一般是用可移植语言如 C 或 Java 编写的。尽管在层与层之间的通信管理中增加了系统的复杂度，但 n 层结构的灵活性和易管理性，还是使它越来越受到欢迎。Internet 和电子商务快节奏、分布式和异构的环境，已经促使了众多 n 层框架的发展。

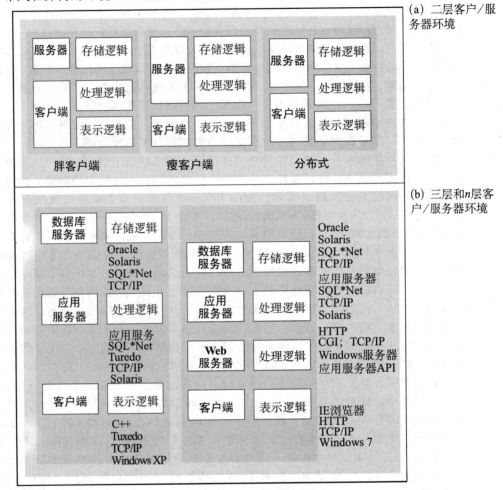

图 8—2　常见的逻辑分布

我们已经对客户/服务器结构的相关重要问题以及它们的优缺点进行了一般性的讨论，在接下来的两小节中，将通过特定的例子说明数据库在这两种结构中的作用。

二层结构中的数据库

在二层结构中，客户端主机负责管理用户接口，包括表示逻辑、数据处理逻辑和业务规则逻辑，而**数据库服务器**（database server）负责数据库存储、访问和处理。图 8—3 展示了一种经典的数据库服务器结构。由于 DBMS 部署在数据库服务器上，所以局域网的流量减少了，因为只有符合请求条件的那些记录才会被传送到客户端，而不是整个数据文件。有些人把重要的 DBMS 功能称作是后端功能（back-end function），而将客户端 PC 上的应用程序称为前端程序（front-end program）。

在这种结构中，只有数据库服务器需要足够的处理能力来管理数据库，并且数据

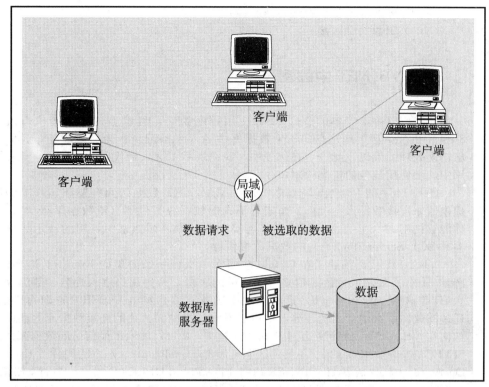

图 8—3　数据库服务器结构（两层结构）

库存放在服务器上，而不是在客户端。因此，可以调整数据库服务器以优化数据处理的性能。由于只有少量的数据通过局域网来传送，通信负载得以降低。用户授权、完整性检查、数据字典维护、查询和更新处理都在一个地方——数据库服务器上执行。

　　使用两层结构的客户/服务器项目的，往往是支持用户数相对较少的部门级应用。这样的应用没有承担至关重要的任务，而这种结构已经非常成功地应用在事务数量比较少、实时性要求不高并且安全性也不是最高关注点的环境。由于公司试图从客户/服务器项目中获得期望的好处，例如可扩展性、灵活性和低成本，它们必须在客户/服务器结构上探索新的方法。

　　大多数两层结构的应用都是用 JAVA，VB. NET 或者 C♯之类的语言编写的。这些由通用编程语言编写的应用与数据库之间连接，是通过使用特殊的软件——面向数据库的中间件（database-oriented middleware）实现的。中间件经常称为连接客户/服务器应用的黏合剂。这个术语通常用于描述 *n* 层结构中 PC 客户端和数据库服务器之间的所有软件组件。简而言之，**中间件**（middleware）是一类不需要用户理解和编写实现操作的底层代码，就能够使应用与其他软件交互（Hurwitz，1998）的软件。连接应用程序和数据库的面向数据库中间件有两部分组成：**应用编程接口**（application programming interface，API）以及连接特定类型数据库（例如，SQL Server 或 Oracle）的数据库驱动。最常用的 APIs 是**开放数据库连接（open database connectivity，ODBC）**，微软平台（VB. NET 和 C♯）上的 ADO. NET 以及 JAVA 程序使用的 JAVA 数据库连接（java database connectivity，JDBC）。

　　不管使用哪个 API 或语言，从应用程序中访问数据库的基本步骤都是惊人地相似：

　　（1）确定和注册数据库驱动。

　　（2）打开一个数据库连接。

　　（3）执行对数据库的查询。

　　（4）处理查询结果。

（5）如果需要重复步骤（3）和（4）。

（6）关闭数据库连接。

□ 一个 VB. NET 中的例子

让我们以一个简单的 VB. NET 应用程序为例，看看上述步骤的执行过程。图 8—4 中的代码段的用途是向学生数据库中插入一条记录。为简单起见，我们没有给出错误处理的代码。此外，在例子中，我们展示了嵌入到代码中的口令，而在商业应用中，要使用其他的机制检索口令。

图 8—4 中的 VB. NET 代码，使用 ADO. NET 数据访问框架和 . NET 的数据源提供器来连接数据库。. NET 框架有不同的数据源提供器（或数据库驱动），它们使你能够把 . NET 语言编写的程序连接到数据库。该框架中可用的通用数据源提供器是 SQL Server 和 Oracle 的数据源提供器。

VB. NET 代码描述了在 Oracle 数据库中执行一条简单的 INSERT 语句的过程。图 8—4（a）展示的代码是建立一个简单的表格，允许用户输入姓名、部门编号、学生 ID 等信息。图 8—4（b）给出的是连接数据库并发出 INSERT 查询的详细步骤。通过阅读图中文本框内的注释，你可以看到，在前面描述的连接数据库的通用操作是如何在 VB. NET 的编程环境中实现的。图 8—4（c）展示了如何访问数据库并且处理 SELECT 查询操作的结果。主要的区别是用 ExecuteReader（）方法代替了 ExecuteNonQuery（）方法。后者用于 INSERT，UPDATE 和 DELETE 操作。执行 SELECT 操作产生的结果表被捕获到一个 OracleDataReader 对象中。你可以通过遍历该对象得到结果中的每一行，一次一行。对象中的列可以通过 Get 方法和查询结果中列的位置（或名称）来获取。ADO. NET 提供了两种主要选择来处理查询结果：DataReader（例如，图 8—4（a）中的 OracleDataReader）和 DataSet。这两者的主要不同在于，前者限制我们在查询结果上遍历时是一次一行。如果结果有很多行的话，这种操作会变得很烦琐。DataSet 对象提供了数据库的分离快照，我们可以用编程语言提供的功能在程序中操作它。在本章的后面部分将会看到，. NET 数据控制（使用 DataSet 对象）是如何在程序中提供更清晰和更简单的方式操作数据的。

图 8—4 说明数据库中 INSERT 操作的 VB. NET 代码样例

(b) 连接到数据库并
发出INSERT语句

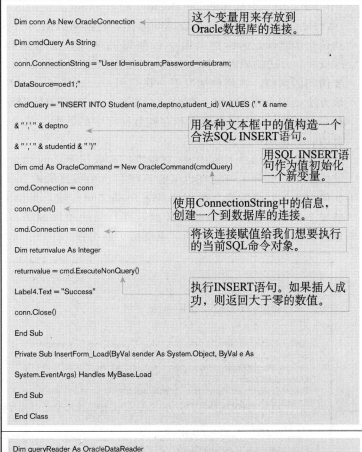

(c) 使用SELECT查
询的代码片段样例

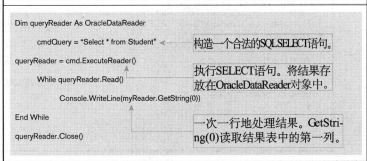

图 8—4 续图

□ 一个 JAVA 例子

接下来让我们看一个 JAVA 应用程序连接数据库的例子（参见图 8—5）。JAVA
应用程序实际上和图 8—4 中的 VB. NET 应用连接的是同一个数据库。它的功能是检
索和打印学生表中所有的学生的姓名。在这个例子中，JAVA 程序使用 JDBC API 和
Oracle 的瘦驱动来访问 Oracle 数据库。

请注意，和 VB. NET 例子中展示的 INSERT 查询不同，运行一个 SQL SELECT
查询需要我们捕获一个对象内部的数据，该对象可以正确处理表格数据。JDBC 为此
提供了两种主要机制：ResultSet 对象和 RowSet 对象。这两个对象的区别和

VB. NET 例子中描述的 DataReader 和 DataSet 之间的区别很相似。

ResultSet 对象有一个设施叫游标，它指向数据的当前行。当 ResultSet 对象首次初始化的时候，游标指向第一行数据的前面。这就是我们在检索数据前需要使用 next（）方法的原因。ResultSet 对象用来遍历和处理每一行数据，并且检索我们想要访问的列值。在这种情况下，我们用 rec. getString 方法来获取特定名称列上的值，该方法是 JDBC API 的一部分。对于每一种通用的数据库数据类型，都有对应的 get 和 set 方法，允许用来检索和存储数据库中的数据。表 8—1 给出了 SQL 到 JAVA 映射的一些常用例子。

请注意，当在 ResultSet 对象维护和数据库之间动态连接的时候，整个表（即查询的结果）实际上可能在也可能不在客户端机器的内存中，这取决于数据表的大小。如何以及何时将数据在数据库和客户端之间传输，是由 Oracle 的驱动处理的。缺省情况下，ResultSet 对象是只读的，并且只能单向遍历（向前）。然而，ResultSet 对象的高级版本允许双向滑动，也支持更新操作。

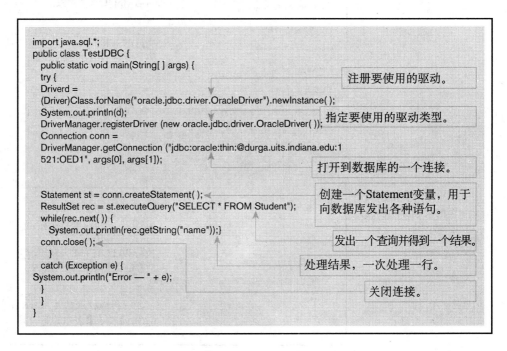

图 8—5 从 JAVA 程序中访问数据库

表 8—1   常用的 Java 到 SQL 的映射

SQL 类型	Java 类型	常用 Get/Set 方法
INTEGER	int	getInt（），setInt（）
CHAR	String	getString，setString（）
VARCHAR	String	getString，setString（）
DATE	java. util. Date	getDate（），setDate（）
TIME	java. sql. Time	getTime（），setTime（）
TIMESTAMP	java. sql. Timestamp	getTimestamp（），setTimestamp（）

三层结构

一般而言，**三层结构**（three-tier architecture）是在前面提到的客户端和数据库服务器之间，新加一个其他服务器层［参见图 8—6（a）］。这样的配置也被称为 n 层、多层或增强式客户/服务器结构。在三层结构中增加的服务器可以有不同的用途。通常，应用程序驻留和运行在这个新增的服务器上，在这种情况下，我们也称该服务器为应用服务器。或者，新增加的服务器可以保存本地数据库，而另外一个服务器保存企业数据库。这些配置方式都可能称为三层结构，但是，这些配置的功能各有不同，并且，各有适合的应用场景。三层结构和二层结构相比在很多方面具有优势，比如可扩展性、灵活性、高性能和可重用性，这些优势使得三层结构成为 Internet 应用和以网络为中心信息系统的一种流行结构。我们将在后面详细讨论这些优势。

在一些三层结构中，大部分应用程序代码被存放在应用服务器上。这种部署可以得到和二层结构中，将存储过程放在数据库服务器上同样的好处。使用应用服务器也能通过使用机器代码，增强应用程序代码到其他平台的可移植性，以及降低对 SQL*Plus这样的专有语言的依赖，来提高性能（Quinlan，1995）。在很多情况下，大多数的业务处理发生在应用服务器上而不是在客户端主机或数据库服务器上，导致了**瘦客户端**（thin client）的出现。用 Internet 浏览器访问 Web 就是一个瘦客户端的例子。应用存放在服务器上，并且不需要下载到客户端而直接在服务器上执行，这种模式正变得越来越常见。因此，升级应用程序只需要在应用服务器上下载新的版本就可以，而不用在各个客户端主机上都进行升级。

当前的组织中最常用的三层应用是基于 Web 的应用。这样的应用不仅可以从 Internet 上访问，也可以通过内部网（intranet）访问。图 8—7 描述了建立 Internet 或 Intranet 数据库连接所需要的基本环境。图右边的框中是一个关于 Intranet 的描述。客户/服务器的特性从标签上看是显而易见的。连接客户端主机、Web 服务器和数据库服务器的网络使用 TCP/IP。而多层 Intranet 结构也被使用，如图 8—7 描述了一种比较简单的结构，该结构中，来自客户端浏览器的请求通过网络发送到 Web 服务器，Web 服务器中存放了要返回到客户端并由客户端浏览器显示的 HTML 脚本页面。如果请求需要从数据库获得数据，Web 服务器构造一个查询，并将它发送到数据库服务器上，数据库服务器处理查询并返回结果集合。同样的，在客户端输入的数据可以通过 Web 服务器上传和存储到数据库中，客户端的数据首先发送到 Web 服务器上，再由它将数据传递给数据库服务器，然后由数据库服务器提交数据到数据库中。

从公司外部连接时的处理过程和上述描述是相类似的。特定客户或供应商的专用连接，或者任何其他连接到 Internet 的主机，都是采用这种处理过程。然而，对外开放 Web 服务器需要部署额外的数据保护措施。安全对于 Web 服务的部署是很重要的，我们将在第 11 章中详细讨论。

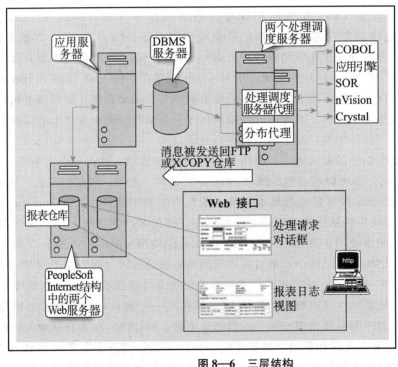

图8—6　三层结构

在系统内部，数据访问一般是由数据库管理系统来控制的，由管理员设定雇员对数据的访问权限。防火墙限制外部对公司数据的访问，并控制将公司数据转移到公司控制域之外的操作。所有的通信都要由公司网络之外的一个代理服务器进行路由。代理服务器控制经过公司网络的消息或文件的数据包。它也能缓存被频繁请求的页面，使得这些页面不需要连接 Web 服务器就可以显示出来，以此提高网站的性能。

前面已经给出了三层结构的最常见类型——Web 应用，在下一小节中，我们将更加详细的讨论 Web 应用中的关键组件。然后，我们将给出用三种常用编程语言——Java Server Pages（JSP），ASP. NET 和 PHP 编写的简单 Web 应用示例。

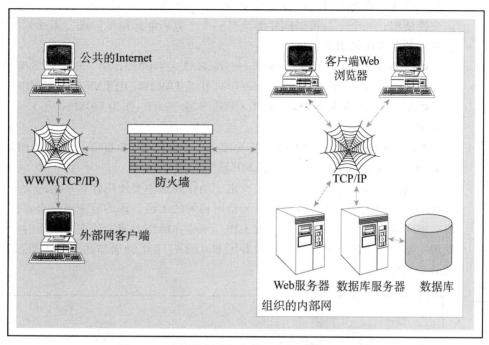

图 8—7 支持数据库运行的 Intranet/Internet 环境

Web 应用组件

图 8—2 展示了一般 Web 应用的各种组件。创建 Web 应用站点必须一起使用的 4 个关键组件是：

（1）**数据库服务器** 这个服务器保存了存储逻辑，并安装运行 DBMS。你已经阅读了关于它们中许多系统的内容，包括 Oracle，Microsoft SQL Server，Informix，Sybase，DB2，Microsoft Access 和 MySQL。DBMS 可以驻留在单独的机器上，也可以安装在 Web 服务器上。

（2）Web **服务器** Web 服务器提供接受和应答来自浏览器客户端请求的基本功能。这些请求使用 HTTP 或 HTTPS 作为协议。目前最通用的 Web 服务器软件是 Apache，但是你也可能遇到微软的 Internet Information Server（IIS）Web 服务器。Apache 可以运行在不同的操作系统上，例如，windows，UNIX 或者 Linux。IIS 则主要运行在 Windows 服务器上。

（3）**应用服务器** 这个软件提供了动态 Web 网站和基于 Web 应用的构建模块。例如，来自微软的 . NET 框架、JAVA 平台的企业版本（JAVA EE）以及 ColdFusion。此外，虽然在技术上不被认为是应用服务器平台，但那些支持用 PHP，Python 和 Perl 等语言编写应用程序的软件，也属于这一类。

（4）Web **浏览器** 例如，微软的 Internet Explorer，Mozilla 的 Firefox，苹果的 Safari，谷歌的 Chrome 和 Opera。

正如大家所看到的，有很多的工具都是可以用来做 Web 应用开发。虽然图 8—7

概括了 Web 应用所需的体系结构，但不是只有一种正确的方法将这些组件组合在一起，利用这么多工具，可以有很多种可能的配置。通常，同一种类的 Web 技术可以交换使用。一个工具可以同样解决另一个工具所能解决的问题。下面列出的是你将会遇到的最常用的组合：

● IIS Web 服务器，SQL Server/Oracle 作为 DBMS，用 ASP. NET 编写应用。

● Apache Web 服务器，Oracle/IBM 作为 DBMS，用 JAVA 编写应用。

● Apache Web 服务器，Oracle/IBM/SQL Server 作为 DBMS，用 ColdFusion 编写应用。

● Linux 操作系统，Apache Web 服务器，MySQL 数据库，并且用 PHP/Python 或 Perl 写的应用（有时也称为 LAMP 堆）。

你的开发环境可能由你的雇主决定。当你知道你要使用什么环境的时候，可以通过很多可用的途径，使你逐渐熟悉和精通相关的工具。你的雇主或许会将你送进培训班，或聘用该领域的专家和你一起工作。当你在网络上搜索或在书店里时，你可能会发现一本或多本关于每一个工具的专用书。图 8—8 生动地描述了创建动态 Web 网站的必要组件。

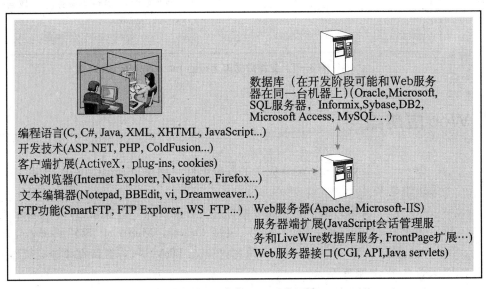

图 8—8　动态 Web 开发环境

□ 创建 Web 页面的语言

万维网联盟（World Wide Web Consortium，W3C）是 HTTP 和 HTML 标准的主要制定者。在 1994 年由 Tim Berners-Lee 建立后，W3C 成为国际性的公司联盟。W3C 的主要目的是建立开放标准以推动 Web 协议的发展，使得 Web 文档可以在所有平台上具有一致的显示。联盟把它的工作划分成四个领域，每个领域都会在 W3C 的 Web 网站上（www. w3. org）公布该领域当前的活动。四个领域分别是体系结构（Architecture）、交互（Interaction）、技术和社会（Technology and Society）以及 Web 可访问性（Web Accessibility Initiative）。

用来创建 Web 文档的基础语言是超文本标记语言（Hypertext Markup Language，HTML）。HTML 类似于标准通用标记语言（Standard Generalized Markup Language，SGML），SGML 给出了文档标签元素的规则，使得标签可以用标准的方式确定格式。HTML 的标签约定是建立在 SGML 规则基础上的。HTML 是一种脚本语言，通过使用多种标签和属性，定义页面显示中 Web 文档的结构和布局。例如，HTML 文档以标签开头（文档的主题就在这里输入），后面接着要展示的信息和其他的格式化标签，并且文档以标签结束。

XML 是一种发展迅速的脚本语言，也是以 SGML 为基础的，已经作为一种描述数据结构的方法而被广泛使用。XML 是 Extensible Markup Language 的缩写，是由 W3C 开发的一种规范。XML 是为 Web 文档设计，它允许创建自定义标签。这种标签可以在组织中使用，支持应用之间和组织之间的数据的定义、传输、验证和解释。在将遗留数据推送到 Web 时，XML 也被证实十分有效，因为 XML 可以按照遗留数据原有的格式定义标签，这也避免了数据的重新格式化。我们将在本章的后面详细讨论 XML。

W3C 已经公布了一种混合超文本标记语言的规范——**扩展超文本标记语言**（Extensible Hypertext Markup Language，XHTML），它扩展了 HTML 代码以使 HTML 能够和 XML 兼容。XHTML 使用了三种与 HTML4.0 数据类型定义（data type definitions，DTD）相对应的 XML 的命名空间：Strict，Transitional 和 Frameset。由于在 XHTML 中使用的模块遵守一定的标准，所以布局和表示在不同平台上也能保持一致。W3C 想让 XHTML 代替 HTML 成为标准脚本语言。我们推荐读者去访问 W3C 的网站，了解该组织在实现这个目标上的进展。

到目前为止所提及的语言都是脚本或标记语言，用于处理文档的布局和显示（或者，对于 XML 是处理数据定义和解释），而不是用于编写功能或活动。Web 页面也包括用 JavaScript（不要和 JAVA 混淆）编写的代码。Web 程序员使用 JavaScript 实现交互功能和动态内容。例如，鼠标滚动、内容更新自动通知、错误处理等，都能通过将 JavaScript 嵌入到 HTML 代码中实现。当一个事件发生时，比如鼠标移动到按钮上，JavaScript 就会被激活。JavaScript 是一种开放语言，不需要许可证，Internet Explorer 和其他浏览器都支持它的使用。VBScript 和 JavaScript 相类似。就像 JavaScript 是基于 JAVA 而比 JAVA 简单一样，VBScript 也是基于 Visual Basic 却比它更简单。VBScript 可以用来向 Web 页面中添加按钮、滚动条和其他类型的交互控制。微软开发了 VBScript，并且微软的 Internet Explorer 支持这种脚本语言。

既然我们已经了解了创建 HTML 页面能够使用的技术，现在让我们重点了解如何将 Web 服务器、应用服务器和数据库服务器结合在一起，创建数据库驱动的 Web 应用。我们将看到一些用三种流行语言——JSP，ASP.NET 和 PHP 编写的应用示例。

▊ 三层应用中的数据库

图 8—9（a）展示了 Web 应用中信息流的大致情况。提交 Web 页面请求的用户，不会知道所请求页面返回的是静态页面，还是同时包含了静态信息和数据库检索得到的动态信息的页面。从 Web 服务器上返回的数据，一般是采用可以被浏览器解析的

格式（即 HTML 或 XML）。

如图 8—9（a）所示，如果 Web 服务器认为来自客户端的请求可以不经过应用服务器就能得到处理，则它将处理该请求，并返回适当格式的信息到客户端主机。Web 服务器通常是基于文件后缀做出判定的。例如，所有 .html 和 .htm 文件都能由 Web 服务器自行处理。

如果请求中含有需要应用服务器介入的后缀，就需要启动到图 8—9（b）中展示的信息处理流程。如果有必要，应用程序会使用我们以前提及的某种机制（ADO. NET 或 JDBC）或一种专有机制调用数据库。虽然，各种流行平台（JSP/Java servlets，ASP. NET，ColdFusion 和 PHP）内部对请求的处理是非常不同的，但是创建 Web 应用的逻辑和图 8—9（b）中所展示的十分相似。

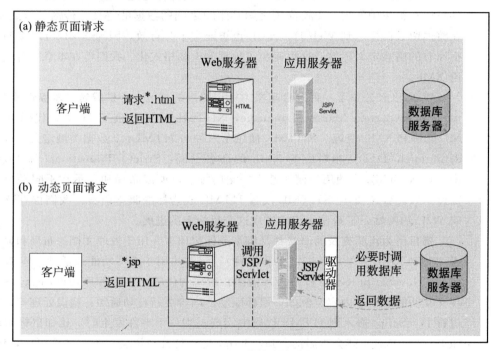

图 8—9　三层结构中的信息流

□ 一个 JSP Web 应用

正如前面所指出的，有好几种很好的语言和开发工具可以用来创建动态页面。当前在用的最流行的语言之一是 Java Server Pages（JSP）。JSP 页面是 HTML 和 Java 的混合体。HTML 部分用于在浏览器上显示信息，而 Java 部分用于处理来自 HTML 表单的信息。

图 8—10 显示了一个 JSP 应用示例，该应用的功能是获取用户的注册信息并存储数据到数据库中。我们假定该页面的名称为 registration. jsp。这个 JSP 页面执行以下功能：
- 显示注册表单。
- 处理用户填入的表单信息并检查常见错误，如漏填项，并且匹配密码。
- 如果有错误，则重新显示整个表单，并用红色显示错误信息。
- 如果没有错误，则把用户信息输入到数据库，并把"成功"页面发送给用户。

(a)验证及数据库连接代码

```
<%@ page import="java.sql.*" %>
<%

// Create an empty new variable
String message = null;

// Handle the form
if (request.getParameter("submit") != null)
{
  String firstName = null;
  String lastName = null;
  String email = null;
  String userName = null;
  String password = null;

  // Check for a first name
  if (request.getParameter("first_name")=="") {
    message = "<p>You forgot to enter your first name!</p>";
    firstName = null;
  }
  else {
    firstName = request.getParameter("first_name");
  }

  // Check for a last name
  if (request.getParameter("last_name")=="") {
    message = "<p>You forgot to enter your last name!</p>";
    lastName = null;
  }
  else {
    lastName = request.getParameter("last_name");
  }

  // Check for an email address
  if (request.getParameter("email")=="") {
    message = "<p>You forgot to enter your email address!</p>";
    email = null;
  }
  else {
    email = request.getParameter("email");
  }

  // Check for a username
  if (request.getParameter("username")=="") {
    message = "<p>You forgot to enter your username!</p>";
    userName = null;
  }
  else {
    userName = request.getParameter("username");
  }

  // Check for a password and match against the confirmed password
  if (request.getParameter("password1")=="") {
    message = "<p>You forgot to enter your password!</p>";
    password = null;
  }
```

<%@page%>指示符作用于整个JSP页面。import 语句指定了在JSP文件中应该包含的JAVA包。

检查表单是否需要处理

验证名字的有效性

验证姓的有效性

验证E-mail地址的有效性

验证用户名

验证密码

图 8—10 JSP 应用示例

(a) 验证及数据库连接代码（续）

```
else {
    if(request.getParameter("password1").equals(request.getParameter("password2"))) {
    password = request.getParameter("password1");
    }
    else {
    password = null;
    message = "<p>Your password did not match the confirmed password!</p>";
    }
}

// If everything's OK
PreparedStatement stmt = null;
Connection conn = null;
if (firstName!=null && lastName!=null && email!=null && userName!=null && password!=null) {

// Call method to register student
 try {

// Connect to the db
DriverManager.registerDriver(new oracle.jdbc.driver.OracleDriver( ));
conn=DriverManager.getConnection("jdbc:oracle:thin:@localhost:1521:xe","scott","tiger");

// Make the query
String ins_query="INSERT INTO users VALUES ('"+firstName+"','"+lastName+"','"
+email+"','"+userName+"','"+password+"')";
stmt=conn.prepareStatement(ins_query);

// Run the query
 int result = stmt.executeUpdate(ins_query);
conn.commit();
message = "<p><b> You have been registered ! </b></p>";

// Close the database connection
stmt.close();
conn.close();
}
catch (SQLException ex) {

message = "<p><b> You could not be registered due to a system error. We apologize
for any inconvenience. </b></p>"+ex.getMessage()+"</p>";
stmt.close();
conn.close();
}
}
else {
    message = message+"<p>.Please try again</p>";
}
}
%>
```

如果所有的用户信息已经验证完毕，数据就会插入到数据库中（本例中使用的是Oracle数据库）

连接到数据库：
连接字符串：jdbc：oracle:thin:@localhost:1521:xe
用户名：scoot
密码：tiger

准备和执行插入语句

如果插入成功，则打印信息

关闭连接和语句

如果插入失败，则打印错误信息

JSP代码结束

图 8—10　续图

(b) 在JSP应用中创建表单的HTML代码

```
HTML code to create a form in the JSP application
<html>                                              ←———————  HTML表单的开始
<head> <title> Register </title></head>
<body>
<% if (message!=null) {%>
<font color ='red'><%=message%></font>
<%}%>
<form method="post">
<fieldset>
<legend>Enter your information in the form below:</legend>
<p><b> First Name:     </b>
        <input type="text"    name="first_name"  size="15" maxlength ="15" value=""/></p>
<p><b> Last Name:     </b>
        <input type="text"    name="last_name"   size="30" maxlength ="30" value=""/></p>
<p><b> Email Address:    </b>
        <input type="text"    name="email"       size="40" maxlength ="40" value=""/></p>
<p> User Name:       </b>
        <input type="text"    name="username"    size="10" maxlength ="20" value=""/></p>
<p><b> Password:       </b>
        <input type="password" name="password1"   size="20" maxlength ="20" value=""/></p>
<p><b> Confirm Password: </b>
        <input type="password" name="password2"   size="20" maxlength ="20" value=""/></p>
</fieldset>
<div align="center"><input type="submit" name="submit" value="Register"/></div>
</form> <!-- End of Form -->
</body>
</html>
```

(c) JSP应用中输出的示例表单

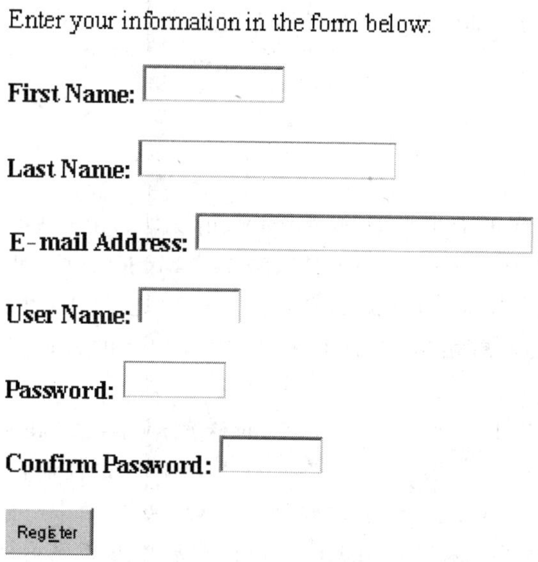

Enter your information in the form below.

First Name: [ ]

Last Name: [ ]

E-mail Address: [ ]

User Name: [ ]

Password: [ ]

Confirm Password: [ ]

[Register]

图 8—10　续图

　　让我们来查看一下代码的各个片段，了解如何实现上述功能。所有的 Java 代码都写在＜％和％＞之间，而且不在浏览器中显示。在浏览器中显示的仅仅是包含在 HTML 标签中的部分。

当一个用户在浏览器中输入类似 http：//myserver. mydomain. edu/regapp/reg-istration. jsp 的 URL，访问到 registration. jsp 页面时，Web 参数 "message" 的值是 NULL。因为 IF 的条件不满足，所以 HTML 表单被显示出来，并且不带有错误消息。请注意，表单有一个提交按钮，并且按钮操作表明处理数据的页面也是 registra-tion. jsp。

当用户填写了表单并点击提交按钮以后，填写的数据就会被发送到 Web 服务器上。Web 服务器把数据（也叫参数）传递给应用服务器，应用服务器就会调用页面中动作参数指定的代码（即 registration. jsp 页面）。这就是页面中在＜％和％＞之间的用 Java 写的代码。这些代码有一些 IF-ELSE 语句用于检查错误，也有一部分代码包含了存储用户数据到数据库的逻辑。

如果用户的输入有任何错误或密码不匹配，Java 代码就会把 "message" 的值设置为 NULL 之外的其他值。在检查结束时，原始的表单被显示出来，但这次根据最早的 IF 语句，在表单的上方将显示红色错误信息。

另外，如果表单填写正确，将会执行往数据库中插入数据的代码。请注意，这部分代码和我们前面 Java 例子中的代码很相似。在用户的信息插入到数据库后，＜jsp：for-ward＞触发应用服务器执行一个名为 success. jsp 的新 JSP 页面。请注意，这个页面需要显示的信息就是变量 "message" 的值，并且以 Web 参数的形式传递给该页面。值得注意的是，所有的 JSP 页面在执行前都将在应用服务器上编译成 **Java 服务器端小程序** （Java servlet）。

如果从数据库访问的角度看应用的代码段（从 try 语句块开始），你会发现 JSP 页面中的代码，和以前描述的 Java 应用程序代码没有本质上的区别。它也遵循本章前面确定的六个步骤。主要的不同在于，此处连接数据库的代码不是在客户端上执行，而是作为 Java Servlet 的一部分在应用服务器上运行。

□ 一个 PHP 例子

Java，C，C＋＋，C♯和 Perl 具有使用 MySQL 的 API。由于某些原因，PHP 成为最流行的 API 之一。从 PHP4 开始，PHP 已经支持 MySQL 了。据称，PHP 具有易用、开发时间短和高性能的特点。近期发布的 PHP5 比 PHP4 更加面向对象，也包含了一些类库。它被认为是相当容易学习的。中级程度的程序员将会很容易上手。

图 8—11 包含了一个出自 Ullman（2003）的样例脚本，它展示了 PHP 和 MySQL，HTML 代码的集成。这个脚本接收客户在 Web 网站的注册，包括姓、名、email 地址、用户名和密码。一旦这些信息存放到 MySQL 数据库中，数据库所有者就会检索它。Ullman 也包括了用来检索结果以及以恰当表单形式显示结果的样例脚本。查看图 8—11，你会大致了解建立带有数据库的动态 Web 网站的方法，也会看到 PHP 使用其他语言的语法规则，这使得脚本相对容易理解。当你查看该图的时候，注意观察那些嵌入的建立动态网站所必需的 SQL 代码。

上面展示的 PHP 和 JSP 例子中还存在一些缺点。首先，HTML 代码，Java 代码和 SQL 代码都混在一起。由于同一个人不太可能精通所有这三个技术，因此使用这种模式建立大的应用会具有挑战性。此外，即使应用中某个部分的小改动，也可能引起一连串影响，使得很多页面要重新编写，而这又可能产生新的错误。例如，如果数据库的名称需要从 xe 改成 oedl，那么每个连接数据库的页面都需要改动。

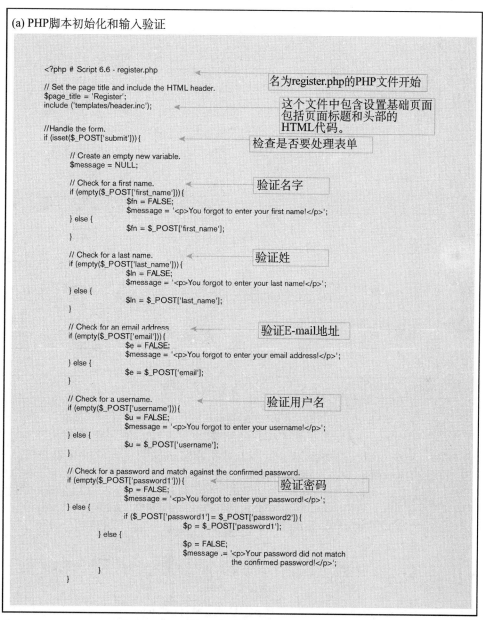

图8—11　接收用户注册输入的 PHP 脚本示例

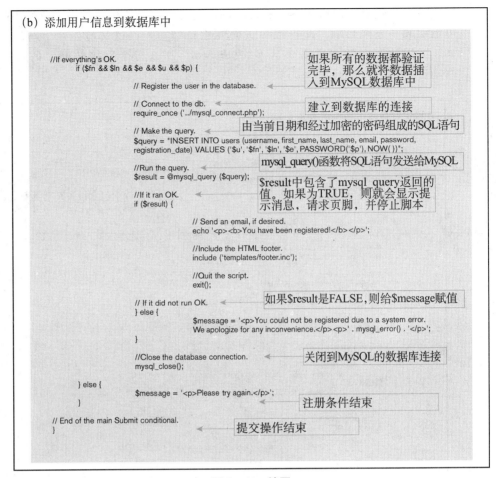

图 8—11　续图

　　为了解决这个问题，大多数的 Web 应用都使用一个称为模型—视图—控制器（Model-View-Controller，MVC）的概念进行设计。使用这种结构，显示逻辑（视图）、业务逻辑（控制器/模型）以及数据库逻辑（模型）就被分隔开了。第 14 章将详细讲述如何用 Java 实现这种结构。

□ 一个 ASP. NET 的例子

　　最后需要研究的代码段（参见图 8—12），展示的是如何用 ASP. NET 来写注册页面。

　　请注意，ASP. NET 代码比 PHP 或 JSP 代码都要短。这有部分原因是我们没有在这段代码中加入所有的错误处理。另外，我们使用了 ASP. NET 内置的一些功能强大的控制来实现应用的大部分功能，而这些功能在另外两种语言中都是我们自己编码实现的。例如，DetailsView 控制自动获取来自 Web 页面的各种文本框中的数据，并把这些值赋予控制中相应数据域变量（例如，表单中的 User Name 字段被存放在 username 数据域中）。此外，SqlDataSource 控制隐藏了连接数据库、发出 SQL 查询和检索结果步骤的细节。

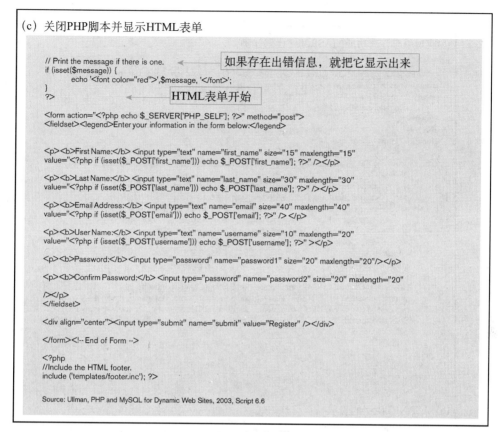

图 8—11　续图

三层结构应用中要考虑的关键问题

在前面小节关于应用的数据库组件描述中，我们注意到，当从二层应用转移到三层应用时，数据库中的连接、检索和数据存储等基本要素并没有很大改变。事实上，改变的只是连接数据库代码的存放位置。不管怎样，为了能建立一个稳定的高性能应用，开发人员需要时刻考虑一些关键问题。

存储过程

存储过程（与过程相同，详见第 7 章的定义）是实现应用逻辑的代码模块，并且包含在数据库服务器中。正如 Quinlan（1995）所指出的，存储过程有以下优点：
- 由于 SQL 语句都经过编译，从而使性能得到提高。
- 由于处理从客户端转到了服务器，从而减少了网络流量。
- 如果用户访问的是存储过程而不是数据，并且程序代码转移到服务器上避免终端用户的直接访问，则系统的安全性也得到了提高。
- 由于多个应用使用同一个存储过程，数据的完整性也得到了保障。
- 存储过程导致客户端更瘦，数据库服务器变得更肥。

(a)实现用户注册功能的ASP.NET代码样例

```
<%@ Page Language="C#" AutoEventWireup="true" CodeFile="users.aspx.cs" Inherits="users" %>
<html xmlns="http://www.w3.org/1999/xhtml" >
<head runat="server">
   <title>Register</title>
</head>
<body>
<form id="form1" runat="server">
<div>
<asp:DetailsView ID="manageUsers" runat="server" DataSourceID="usersDataSource">
     <Fields>
          <asp:BoundField DataField="username" HeaderText="User Name" />
          <asp:BoundField DataField="first_name" HeaderText="First Name" />
          <asp:BoundField DataField="last_name" HeaderText="Last Name" />
          <asp:BoundField DataField="email" HeaderText="Email Address" />
          <asp:BoundField DataField="password" HeaderText="Password" />
          <asp:CommandField ShowInsertButton="True" ButtonType="Button" />
     </Fields>
     </asp:DetailsView>
<asp:SqlDataSource ID="usersDataSource" runat="server"
     ConnectionString="<%$ ConnectionStrings:StudentConnectionString %>"
     InsertCommand="INSERT INTO users(username, first_name, last_name, email, password,
     registration_date) VALUES (@username, @first_name, @last_name, @email, @password, GETDATE())"
     SelectCommand="SELECT [username], [first_name], [last_name], [email], [password] FROM [users]">
</asp:SqlDataSource>
</div>
</form>
</body>
</html>
```

(b) ASP.NET应用的表单

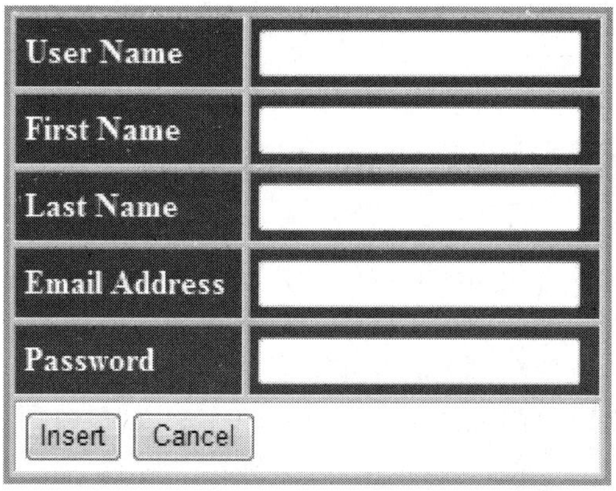

图 8—12 用 ASP. NET 编写的注册页面

然而，编写存储过程比用 Visual Basic 或 Java 写应用程序更费时间。并且，存储过程的专有特性也降低了它的可移植性，要更换 DBMS 就可能需要重写存储过程。尽管如此，正确使用存储过程也能使数据库代码的处理更高效。

图 8—13（a）展示了一个用 Oracle 的 PL/SQL 写的存储过程，该存储过程检查用户的姓名是否在数据库中已经存在了。图 8—13（b）中的代码段，说明了这个存储过程能够被 Java 程序调用。

(a) Oracle PL/SQL存储过程样例

```
CREATE OR REPLACE PROCEDURE p_registerstudent
(
p_first_name    IN VARCHAR2
p_last_name     IN VARCHAR2
p_email         IN VARCHAR2
p_username      IN VARCHAR2
p_password      IN VARCHAR2
p_error         OUT VARCHAR2
)
IS
l_user_exists NUMBER := 0;
l_error       VARCHAR2(2000);

BEGIN

BEGIN
    SELECT COUNT(*)
    INTO  l_user_exists
    FROM  users
    WHERE  username = p_username;

  EXCEPTION
  WHEN OTHERS THEN
    l_error := 'Error: Could not verify username';
  END;

IF l_user_exists = 1 THEN
    l_error := 'Error: Username already exists !';
ELSE

  BEGIN
    INSERT INTO users VALUES(p_first_name,p_last_name,p_email,p_username,p_password,SYSDATE);

  EXCEPTION
    WHEN OTHERS THEN
      l_error := 'Error: Could not insert user';
  END;
END IF;

p_error = l_error;
END p_registerstudent;
```

过程p_registerstudent接收学生的姓名、E-mail和用户名以及密码作为输入，并返回错误信息（如果有的话）

这条语句检查输入的用户名是否在数据库中存在

如果用户名已经存在，则为用户创建一个出错信息

如果用户名在数据库中不存在，则输入的数据被插入到数据库中

(b) 调用Oracle PL/SQL存储过程的Java代码样例

```
CallableStatement stmt =
    connection.prepareCall("begin p_registerstudent(?,?,?,?,?,?); end;");

// Binds the parameter types

stmt.setString(1, first_name);
    stmt.setString(2, last_name);
    stmt.setString(3, email);
    stmt.setString(4, username);
    stmt.setString(5, password);
    stmt.registerOutParameter(6, Types.VARCHAR);

stmt.execute();

error = stmt.getString(6);
```

绑定第一个参数
绑定第二个参数
绑定第三个参数
绑定第四个参数
绑定第五个参数
绑定第六个参数
执行可调用语句
获取错误信息

图 8—13　Oracle PL/SQL 存储过程示例

事务

　　到目前为止展示的例子中，我们只看到了包含一个 SQL 操作的代码。然而，大多数的商业应用需要几个 SQL 查询来完成一个业务事务（参考图 7—10）。缺省情况下，大多数数据库连接假定你会立即把一个语句的执行结果提交到数据库。然而，在你的程序中还是可以定义业务事务。图 8—14 中展示了 Java 程序是如何执行一个数据库事务的。

　　假设在某个给定的时间点，有成千上万个用户同时通过 Web 应用程序访问和/或修改数据库（想想 Amazon. com 或 eBay），应用开发人员需要对数据库事务的概念十分精通，并且能够在开发应用时正确运用。

图 8—14　SQL 事务的 JAVA 代码片段示例

数据库连接

　　在大多数的三层结构的应用中，Web 服务器和应用服务器在同一台机器上是很常见的，而数据库服务器则通常在不同的机器上。在这种情况下，建立数据库连接并保持连接可用是十分耗资源的。此外，大多数数据库在给定的时间只允许打开有限的连接数。这对于 Internet 应用来说是具有挑战性的，因为很难预测用户的数量。幸好，大多数数据库驱动使用连接池概念，减轻了开发人员管理数据库连接的负担。但是，应用开发人员还得注意控制应用程序连接数据库的频率和保持连接的时间。

三层应用的主要好处

　　三层结构应用的合理利用，将会给组织带来几大好处（Thompson 1997）：

　　● **可扩展性**　三层结构比二层结构更具扩展性。例如，在中间层，可以通过使用事务处理（transaction processing，TP）监控器来降低服务器连接的数量，从而减轻数据库服务器的负担，并且也可以添加其他的应用服务器分担应用处理。TP 监控器是控制客户端和服务器之间数据传输的程序，目的是为在线事务处理（online transaction processing，OLTP）提供一种稳定的环境。

● **技术灵活性**　在三层结构中，虽然触发器和存储过程需要重写，但是更换 DBMS 引擎也变得比较容易。中间层甚至可以移动到不同的平台上。简化的显示服务，使得实现各种所需界面如 Web 浏览器或自助服务机（kiosks）等变得容易。

● **长期成本较低**　在中间层采用现成的商用组件或服务可以降低成本，因为这使得模块替换可以在局部而不是整个应用中进行。

● **系统更好地满足业务需求**　特定业务需求可以通过创建新的应用模块，而不是更通用的、完整的应用程序来支持。

● **改进客户服务**　在不同客户端上的多种界面，可以连接相同的业务处理。

● **竞争优势**　修改少量模块而不是整个应用，可以使组织具有对业务变化做出快速反应的能力，从而获得竞争优势。

● **降低风险**　小模块化代码的快速实现，并将它们和从供应商那里买来的代码相融合，这种能力控制了大规模开发项目的风险。

可扩展标记语言（XML）

可扩展标记语言（Extensible Markup Language，XML）是一项关键的发展，它持续改变着 Internet 上数据的交换方式。正如在前面一个小节中提及的那样，HTML 文档决定 Web 浏览器中显示的内容，而 XML 解决 Internet 上数据交换以及不同组件（即浏览器、Web 服务器和应用服务器）中数据解释所涉及的数据表示结构和格式问题。XML 不能取代 HTML，它和 HTML 一起使用，使得数据传输、交换和操纵更加方便。

XML 使用标签——包含在尖括号（< >）里的简短描述来表示数据。XML 中尖括号的用途和它在 HTML 标签中的用途是相似的。但是，HTML 标签用来描述内容的显示外观，而 XML 标签用来描述内容或数据本身。考虑下面存放在文件 PVFC. xml 中的 XML 文档，该文件用来描述 PVFC（松树谷家具公司）中一个产品：

```
< ? xml version = "1. 0" />
< furniturecompany>
    < product ID= "1" >
        < description> End Table< /description>
        < finish> Cherry< /finish>
        < standard price> 175. 00< /standard price>
        < line> 1< /line>
    < /product>
< /furniturecompany>
```

<description>，<finish>等是 XML 标签的例子。<description>End Table</description>是一个元素的例子。因此，XML 文档由一系列的嵌套元素组成。对于在 XML 元素中，什么能够或不能够构成标签有很少的限制。然而，XML 文档自身的结构必须遵循一系列规则。有三项技术可以用来验证 XML 文档的结构是否正确（即遵守合法 XML 文档组成的所有规则）：文档结构声明（Document Structure Declaration，DSD），**XML 模式定义**（XML Schema Definition，XSD），基于语法的

XML 模式语言 Relax NG。所有这些都是文档类型定义（Document Type Declaration，DTD）的备用方案。第一版的 XML 中就包含 DTD，但是有一些限制。它们不能指定数据类型且需要用它们自己的语言来写，不是用 XML。此外，DTD 不支持 XML 的一些新特性，例如命名空间。

为了解决这些难点，W3C 在 2001 年 5 月发布了 XML 模式标准。该标准定义了数据模型并为文档数据建立了数据类型。W3C 的 XML 模式定义（XSD）语言使用了自定义 XML 词汇来描述 XML 文档。XSD 象征着从使用 DTD 向前迈出了一步，因为它允许表示数据类型。下面列出的是一个十分简单的 XSD 模式，它描述了销售人员记录的数据结构、数据类型和数据的有效性。

```xml
< ?xml version= "1.0" encoding= "utf-8" ? >
< xsd:schema id= "salespersonSchema"
xmlns:xsd= "http://www.w3.org/2001/XMLSchema" >
  < xsd:element name= "Salesperson" type= ".SalespersonType" />
  < xsd:complexType name= "SalespersonType" >
        < xsd:sequence>
                < xsd:elementname= "SalespersonID"
                                type= "xsd:integer"/>
                < xsd:elementname= "SalespersonName"
                                type= "xsd:string" />
                < xsd:element name= "SalespersonTelephone"
                                type= "PhoneNumberType">
                < xsd:element name= "SalespersonFax"
                                type= "PhoneNumber" minOccurs= "0"/>
                < /xsd:element>
        < /xsd:sequence>
  < /xsd:complexType>
  < xsd:simpleType name= "PhoneNumberType" >
        < xsd:restriction base= "xsd:string" >
                < xsd:length value= "12" />
                < xsd:pattern value= "\d{3} -\d{3} -\d{4}" />
        < /xsd:restriction>
  < /xsd:simpleType>
< /xsd:schema>
```

下面的 XML 文档符合上面所列出的模式：

```xml
< ? xml version= "1.0" encoding= "utf-8" ?>
< Salesperson xmlns:xsi= http://www.w3.org/2001/XMLSchema-instance
xsi:noNamespaceSchemaLocation= "salespersonSchema.xsd" >
    < SalespersonID> 1< /SalespersonID>
    < SalespersonName> Doug Henny< /SalespersonName>
    < SalespersonTelephone> 813-444-5555< /SalespersonTelephone>
< /Salesperson>
```

虽然你可以像上述例子那样建立自己的 XML 词汇，但目前已经存在很多可以用来标记你的数据的公共 XML 词汇。很多词汇都在这两个网页上列出：http://wdvl.com/Authoring/Languages/XML/Spec-ifications.html 和 www.service-architecture.com/xml/articles/xml_vocabularies.html。这样的词汇使得组织间的数据交换变得比较容易，不需要和每个伙伴单独达成共识。选择最好的 XML 词汇来描述数据库是十分重要的。随着 XML 的流行，会有更多可用的 XML 外部模式库，但目前 Web 搜索和口碑可能是你寻找适当模式能够使用的方法。

新的基于 XML 的词汇，例如可扩展商业报告语言（Extensible Business Reporting Language，XBRL）和结构化产品标签（Structured Product Labeling，SPL），正在作为新的标准出现，这使人们可以对 XML 词汇做出有意义的、明确的比较，而这在以前是很难做到的。支持 XBRL 的金融组织，可以使用标准的 XBRL 标签定义记录多达 2 000 个财务数据点，例如支出、资产、净收入等。这些财务数据点随后可以在各个机构的财务报告之间，相互结合或做比较。随着便捷使用 XBRL 的产品进入市场，大型金融机构希望在清理和规范数据以及和商业伙伴交换数据上，花费更少的时间。小型企业则期望在财务分析的使用上有所改进并且开销不要太高（Henschen，2005）。FDA 也开始要求使用 SPL，针对所有处方和直接售给顾客的药物，用 SPL 描述药物标签上的信息。

有些站点正在做自己网站的标准化工作，使得外部开发者的工作变得更容易。例如，开发者可以通过 XML 使用 eBay API，在任意第三方网站上显示 eBay 列表。此外，在下载开发包、创建账号、获取许可证代码之后，开发者可以在他们自己的网站或应用程序上使用 Google API 访问 Google 的数据库。由于本书内容范围的限制，在此不对 XML 的深入理解做进一步阐述。但是，eBay 和 Google 提供的功能，已经充分显示出 XML 随着电子商务的持续发展将与传统数据库内容紧密融合。

现在，你已经对 XML 文档的组成有了基本的认识，我们可以把关注点转向如何在现代计算环境中使用 XML 数据以及它们给表带来的特殊挑战。

存储 XML 文档

随着 XML 数据的逐步流行，人们面临的一个最大问题是"我们把这些数据存储在什么地方"？虽然可以将 XML 数据作为一组文件存储，但这样做将重现我们第 1 章中所讲的文件处理系统的不足。幸运的是，我们在存储 XML 数据时可以有多种选择：

（1）**通过切碎 XML 文档来把 XML 数据存储到关系数据库中**　切碎 XML 文档本质上的含义是，我们将 XML 模式中的每个元素都独立存放到关系表中，并且用其他的表保存元素之间的关系。现代数据库如 Microsoft SQL Server 和 Oracle，提供了标准 SQL 之外的功能来帮助存储和检索 XML 数据。

（2）**将整个 XML 文档存放到有能力存放大对象的字段中，例如二进制大对象**（binary large object，BLOB）**或者字符大对象**（character large object，CLOB）　如果你需要在 XML 文档内部搜索数据，则这种技术不是非常有用。

（3）**使用可以作为数据库组成部分的特殊的 XML 列来存放 XML 文档**　例如，这种列能和 XSD 关联，以确保被插入的 XML 文档是有效的文档。

（4）**使用纯 XML 数据库保存 XML 文档**　这些是被设计专门用来存储 XML 文档的非关系型数据库。

一般情况下，当待处理的大部分信息是 XML 格式的时候，后两个方式使用的比较多。例如，很多学术和专业会议正开始要求作者用 XML 格式提交他们的演讲稿和文章。另一方面，前两个方式主要是在 XML 用于浏览器和应用服务器之间的数据交换格式时使用。

□ 检索 XML 文档

现代数据库对于从 XML 格式数据库中检索信息，提供了丰富的支持。XML 数据检索的关键技术是 XPath 和 XQuery。上面列出的每一个存储方法都提供了特定的机制，使你能够检索 XML 格式的数据。对于前三个方法，这些机制采用的是对 SQL 语言扩展的形式（基于 XPath 和 XQuery）。在纯 XML 数据中，最好的方法是 XQuery 自身。XQuery 实现在 XML 文档中定位和提取元素，它可以用来完成如下工作：将 XML 数据转换成 XHTML 格式，向 Web 服务提供信息，生成总结报告以及搜索 Web 文档。

XML 查询工作组用下列语言最简洁地描述了 XQuery，这段描述发布在 www.w3c.org/XML/Query 上："XQuery 是融合文档、数据库、Web 页面和几乎所有其他数据的一种标准化语言。它被广泛实现，功能强大并且容易学习。XQuery 正在替代专用的中间件语言和 Web 应用开发语言。XQuery 正在以几行代码替代复杂的 Java 和 C++程序。XQuery 比其他可选语言更容易使用和维护。"

建立在 XPath 表达式之上，XQuery 现在被主要的关系数据库引擎所支持，包括 IBM，Oracle 和 Microsoft。

请阅读图 8—15（a）中的 XML 文档。现在，考虑如下的 XQuery 表达，它返回所有标准价格＞300.00 的产品：

```
for $p in doc("PVFC. xml")/furniture company/product
where$p/standardprice> 300. 00
order by $p/description
return $p/description
```

在这个例子中，你可以看到 XQuery 和 SQL 的相似之处。人们经常说，XQuery 对于 XML 就好比 SQL 对于关系数据库。本例中说明了，随着你对 SQL 理解的加深，你对 XQuery 的使用也会随之变得很流畅。上面描述的 XQuery 表达式，被称为 FLWOR 表达式。FLWOR 是 For，LET，Where，Order by 和 Return 的首字母缩写词。

- FOR 子句把家具公司所有产品选取到变量 $p 中。
- WHERE 子句选择出标准价格大于 300 的所有产品。
- ORDER BY 子句通过 "description" 元素，设置结果的排列顺序。
- RETURN 子句指定了需要返回的 "description" 元素。

上述 XQuery 语句返回的结果如下所示：

```
< description> 8-Drawer Desk< /description>
< description> Computer Desk< /description>
< description> Dining Table< /description>
< description> Entertainment Center< /description>
< description> Writer's Desk< /description>
```

(a) XML模式

```
<?xml version = "1.0"?>
<furniture company>
    <product ID="1">
        <description>End Table</description>
        <finish>Cherry</finish>
        <standard price>175.00</standard price>
        <line>1</line>
    </product>
    <product ID="2">
        <description>Coffee Table</description>
        <finish>Natural Ash</finish>
        <standard price>200.00</standard price>
        <line>2</line>
    </product>
    <product ID="3">
        <description>Computer Desk</description>
        <finish>Natural Ash</finish>
        <standard price>375.00</standard price>
        <line>2</line>
    </product>
    <product ID="4">
        <description>Entertainment Center</description>
        <finish>Natural Maple</finish>
        <standard price>650.00</standard price>
        <line>3</line>
    </product>
    <product ID="5">
        <description>Writers Desk</description>
        <finish>Cherry</finish>
        <standard price>325.00</standard price>
        <line>1</line>
    </product>
    <product ID="6">
        <description>8-Drawer Desk</description>
        <finish>White Ash</finish>
        <standard price>750.00</standard price>
        <line>2</line>
    </product>
    <product ID="7">
        <description>Dining Table</description>
        <finish>Natural Ash</finish>
        <standard price>800.00</standard price>
        <line>2</line>
    </product>
    <product ID="8">
        <description>Computer Desk</description>
        <finish>Walnut</finish>
        <standard price>250.00</standard price>
        <line>3</line>
    </product>
</furniture company>
```

图 8—15 XML 代码片段

这个例子说明了如何查询 XML 格式的数据。由于 XML 已成为重要的数据交换格式，很多关系数据库也提供了以 XML 格式从关系表中返回数据的机制。在 Microsoft SQL Server 中，这种机制的实现，是通过在普通查询语句的末尾加上 FOR XML AUTO 或 PATH 语句。实际上，SELECT 查询的结果表被转化成 XML 形式并返回给调用程序。在查询的背后，很多这样的附加特性都使用 XPath 作为查询的基础。

显示 XML 数据

请注意，在目前为止的 XML 例子中，我们对如何处理 XML 数据讲解得比较少。事实上，将数据显示与数据格式分离是 XML 比 HTML 更受欢迎的一个重要原因，这

(b) XSLT代码

```
<?xml version = "1.0"?>
<xsl:stylesheet version="1.0" xmlns:xsl="http://www.w3.org/1999/XSL/Transform">
<xsl:template match="/">
    <html>
        <body>
        <h2>Product Listing</h2>
        <table border="1">
        <tr bgcolor="orange">
                <th>Description</th>
                <th>Finish</th>
                <th>Price</th>
        </tr>
        <xsl:for-each select="furniturecompany/product">
        <tr>
                <td><xsl:value-of select="description"/></td>
                <td><xsl:value-of select="finish"/></td>
                <td><xsl:value-of select="price"/></td>
        </tr>
        </xsl:for-each>
        </table>
        </body>
    </html>
</xsl:template>
</xsl:stylesheet>
```

(c) XSLT转换
的输出

产品列表

Description	Finish	Price
End Table	Cherry	175.00
Coffee Table	Natural Ash	200.00
Computer Desk	Natural Ash	375.00
Entertainment Center	Natural Maple	650.00
Writers Desk	Cherry	325.00
8-Drawer Desk	White Ash	750.00
Dining Table	Natural Ash	800.00
Computer Desk	Walnut	250.00

图 8—15　续图

是因为 HTML 中数据和格式混合在一起。在浏览器上显示 XML 数据，是由**可扩展样式表单转换语言**（Extensible Stylesheet Language Transformation，XSLT）定义的特定样式表单控制的。大多数现代浏览器和编程语言都提供对 XSLT 的支持。因此，XML 的转换既可以在 Web 服务器上进行，也可以在应用服务器上进行。图 8—15（b）中展示了在 HTML 表单中显示销售员数据的 XSLT 描述的样例。输出结果如图 8—15（c）所示。

XSLT 的一个优点是它可以用来处理 Internet 上使用的无数设备。智能手机有内置浏览器，允许用户连接到 Internet。有些浏览器要求传递过来的内容用无线标记语言（Wireless Markup Language，WML）描述，并通过无线应用协议（Wireless Application Protocol，WAP）进行传送。只要将 HTML 根据移动设备屏幕的尺寸进行适当转换，其他移动设备就可以处理 HTML 并使其能在移动设备显示屏上产生最佳的显示效果。通过使用 XSLT，XML 和其他技术，同一组数据可以在不同的设备上展示，而不需要专门为每一种设备写单独的页面。

□ XML 和 Web 服务器

Internet 有力推动了软件应用的生产者和使用者之间的交流融合。由于 Internet 已经演化为分布式计算平台，一系列新出现的标准正在影响这个平台上的软件开发和部署。**Web 服务**（Web services）通过使用 HTTP、电子邮件等 Internet 协议实现软件之间的自动通信，提高了计算机在网络上自动通信的能力，从而为公司内部或行业之间的应用开发和部署提供了有力支持。现有的通信建立方法如电子数据交换（EDI）仍在使用，但 XML 的普及意味着，Web 服务方法能够更加容易创建运行于分布式环境中的应用程序模块。

Web 服务承诺的是建立不同应用之间的标准化通信系统，这些应用以基于 XML 的技术为核心。由于开发人员不需要熟悉集成应用的相关细节，也不必学习集成中相关应用的开发语言，因此应用之间的集成变得更加容易。建立企业集成应用和 B2B 关系所需时间和精力的显著减少，给人们带来了提升业务敏捷性的期望，从而增强了人们对 Web 服务方法的兴趣。图 8—16 是一个简单的订单录入系统示例，该系统包括了内部 Web 服务（订单登录服务和会计服务），以及外包到其他提供认证和信用验证业务公司的 Web 服务（Newcomer，2002）。

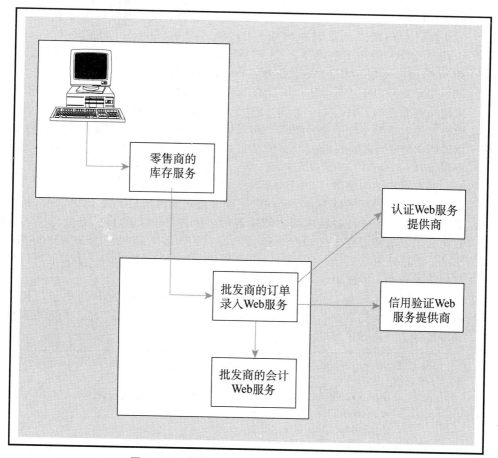

图 8—16 使用 Web 服务的典型订单录入系统

资料来源：改编自 Newcomer（2002）。

发布，发现和使用服务	UDDI	**U**niversal **D**escription, **D**iscovery, **I**ntegration
描述服务	WDSL	**W**eb **S**ervices **D**escription **L**anguage
服务交互	SOAP	**S**imple **O**bject **A**ccess **P**rotocol
数据格式	XML	**eX**tensible **M**arkup **L**anguage
开放通信	Inetrnet	

图 8—17　Web 服务协议栈

使用 Web 服务时有其他一些关键术语。图 8—17 描述了一个通用的数据库/Web 服务协议栈。应用程序和数据库输入/输出数据的转换和通信，依赖于一组基于 XML 的协议。**全局描述、发现和集成**（Universal Description, Discovery, and Integration, UDDI）是用于创建 Web 服务注册信息的技术规范，注册信息描述了 Web 服务和 Web 服务对外提供的商业服务。**Web 服务描述语言**（Web Services Description Language, WSDL）是基于 XML 的语言，用来描述一个 Web 服务能做什么，并指定使用该服务的公共接口。WSDL 用于创建能自动生成客户端接口的文件，该接口允许开发人员更专注于业务逻辑，而不是应用之间的通信请求。公共接口的定义，可以说明 XML 消息的数据类型、消息格式、指定 Web 服务的位置信息，使用的传输协议（HTTP, HTTPS 或 E-mail）等。这些描述都存储在 UDDI 库中。

简单对象访问协议（Simple Object Access Protocol, SOAP）是一个基于 XML 的通信协议，用于通过 Internet 在应用程序之间发送消息。由于 Internet 是一个独立于语言的平台，支持各种应用之间的通信。因为 SOAP 的目标是成为 W3C 的标准，它概括了以前特定程序之间专有通信的能力。很多人都视它为最重要的 Web 服务。SOAP 消息分为三部分：可选的头部、必需的主体、可选的附件。头部可以支持传输过程中的处理，因此可以处理防火墙安全问题。

下面是一个改编自 http：//en. wikipedia. org/wiki/SOAP 的例子，展示了松树谷家具公司如何构造一条消息，向它的一个供应商请求产品信息。松树谷家具公司需要知道哪个产品和供应商 ID 号为 32879 的产品相对应。

```
< soap:Envelope xmlns:soap= http://schemas. xmlsoap. org/soap/envelope/>
  < soap:Body>
      < getProductDetails xmlns= http://supplier. example. com/ws
        < productID> 32879< /productID>
      < /getProductDetails>
  < /soap:Body>
< /soap:Envelope>
```

供应商的 Web 服务可以用如下格式构造应答消息,应答消息中将包含请求的产品信息:

```
< soap:Envelope xmlns:soap= http://schemas. xmlsoap. org/soap/envelope/>
  < soap:Body>
    < getProductDetailsResponse xmlns= "suppliers. example. com/ws" >
      < getProductDetailsResult>
      < productName> Dining Table< /productName>
      < Finish> Natural Ash< /Finish>
      < Price> 800< /Price>
      < inStock> True< /inStock>
      < /getProductDetailsResult>
    < /getProductDetailsResponse>
  < /soap:Body>
< /soap:Envelope>
```

图8—18 展示了应用和系统与 Web 服务的交互。请注意,当事务从一个业务流动到另一个业务或从客户流动到某个业务时,SOAP 处理器创建消息信封以实现 XML 格式数据在 Web 上的交换。由于 SOAP 消息连接远程站点,所以为了维护数据的完整性,必须要采取一些合理的安全措施。

Web 服务,被认为能够提供企业和客户(无论是其他企业客户还是个体零售商)之间的自动通信功能,在过去的几年里已经吸引了人们很多的讨论和期待。当应用关注于事务处理速度、安全性和可靠性时,可以考虑采用 Web 服务方法。连接到 Web 的计算机之间通过自动通信建立的开放系统,在安全性和可靠性上必须进行更深层的开发,以满足传统的企业应用需求。

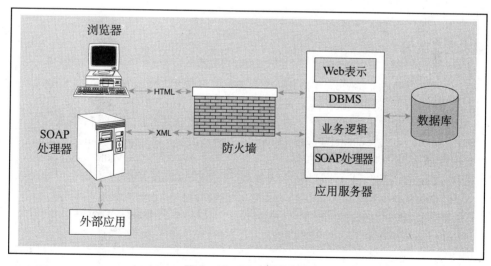

图 8—18　Web 服务部署

资料来源:改编自 Newcomer (2002)。

显然 Web 服务已经存在并且发挥着重要作用。一些组织也因为使用了 Web 服务而受到了人们的关注。Amazon. com 和 Google 两大公司,非常广泛地使用了 Web 服务。Google 在 2002 年 4 月开始了它的计划,允许开发人员出于非商业目直接访问其搜索数据库,并且创建自己的数据接口。对 Amazon. com 的库存数据库的访问是在 2002 年 7 月开放的。将服务与一种博客工具相结合,使博客们只需一个步骤就能够创建一个到 Amazon. com 相关产品的链接。程序员受益于易访问性的改进，客户可执行更有效的搜索，而 Amazon. com 和 Google 仍在继续传播和支持他们的品牌。Google 的 "Amazon Web 服务文档" 或 "Google Web 服务"，通过提供这些免费服务而被人们很快熟知。

其他公司都是有偿提供 Web 服务。微软 . NET 开发人员可以使用微软的 MapPoint Web 服务，在他们的网站上提供基于位置的服务（location-based services，LBS）。MapPoint Web 服务提供通过任意 HTTPS 连接访问的位置和地图绘制功能。MapQuest 提供类似的功能。在交付了初始设置费以后，用户可以选择按年或按月支付，费用取决于事务量。地形观测图像和卫星图像可以通过 MSR Maps 获得（参见 http: //msrmaps. com）。

Web 服务的流行及其可用性的增长，也使组织对于它们的 IT 应用和能力发展的思考方式发生了改变。一种被称为**面向服务的架构**（service-oriented architecture，SOA）被提出。SOA 是一些服务的集合，这些服务通过某种方式彼此间通信，通常是传递数据或在一项业务活动中彼此协同。虽然这些服务不一定要是 Web 服务，但 Web 服务却是所采用的主要机制。SOA 和传统面向对象方法的不同之处在于，这些服务是松耦合的，并且互操作性很强。软件组件具有很强的可重用性，而且可以在不同的开发平台如 Java 和 . NET 上运行。使用 XML，SOAP 和 WSDL，使组件之间必要连接的建立变得更容易。

SOA 方法的使用，建立了一种支持应用建模、设计和软件开发的有效方法。采用这种方法的组织，发现他们的开发时间减少了 40%。这些组织不只是在减少开发时间，他们还希望对于快速变化的商业环境的反应上，具有更强的灵活性。

本章回顾

关键术语

应用分割　application partitioning

应用程序接口　application program interface（API）

客户/服务器系统　client/server system

数据库服务器　database server

可扩展标记语言　Extensible Markup Language（XML）

胖客户端　fat client

Java 服务器端小程序　Java servlet

中间件　middleware

开放数据库连接　Open Database Connectivity（ODBC）

瘦客户端　thin client

三层体系结构　three-tier architecture

面向服务的体系结构　service-oriented architecture（SOA）

简单对象访问协议　Simple Object Access Protocol（SOAP）

全局描述、发现和集成　Universal Description，Discovery，and Integration（UDDI）

Web 服务　Web services

Web 服务描述语言　Web Services Description Language（WSDL）

万维网联盟　World Wide Web Consortium（W3C）

扩展超文本标记语言　XHTML

XML 结构定义　XML Schema Definition（XSD）

XML 路径语言　XPath

XML 查询语言　XQuery

可扩展样式表语言转换　Extensible Stylesheet Language Transformation（XSLT）

复习题

1. 对比下列术语：
   a. 两层体系结构，三层体系结构
   b. 胖客户端，瘦客户端
   c. ODBC，JDBC
   d. XHTML，XSLT
   e. SQL，XQuery
   f. Web 服务，SOA
2. 描述两层体系结构的优点和缺点。
3. 描述三层体系结构的优点和缺点。
4. 描述创建基于 Web 应用所需的共同组件。

5. 从不同的编程语言访问数据库时，常用的数据库 API 是什么？
6. 从一般的程序访问数据库所需要的六个常见步骤是什么？
7. 存储 XML 数据的 4 个常用的方法是什么？
8. 什么是 XSLT，它与 XML 有何不同？它在创建 Web 应用中起到什么作用？

问题和练习

1. 从历史上看，什么类型的应用迅速转移到了客户/服务器数据库系统？什么类型的应用转移的速度比较慢，为什么？你认为客户/服务器数据库系统与大型机数据库系统的比例，将会变得怎样？
2. 使用 VB.NET 重写图 8—5 所示的例子。
3. 使用 Java 重写图 8—4 所示的例子。

4. 构建一个描述辅导教师的简单 XML 模式。在 TUTOR 元素中，包括教师姓氏、名字、电话、E-mail 地址、发证日期等信息作为子元素。
5. 使用你在问题 8 中给出的模式，写一个 XQuery 的 FLWOR 表达式，只列出辅导教师的名字，并按姓氏的字母顺序列出。

参考文献

Henschen, D. 2005. "XBRL Offers a Faster Route to Intelligence." *Intelligent Enterprise 8, 8* (August): 12.

Hurwitz, J. 1998. "Sorting Out Middleware." *DBMS* 11,1 (January): 10–12.

Newcomer, E. 2002. *Understanding Web Services, XML, WSDL, SOAP, and UDDI.* Boston: Addison-Wesley.

Quinlan, T. 1995. "The Second Generation of Client/Server." *Database Programming & Design* 8,5 (May): 31–39.

Thompson, C. 1997. "Committing to Three-Tier Architecture." *Database Programming & Design* 10,8 (August): 26–33.

Ullman, L. 2003. *PHP and MySQL for Dynamic Web Sites.* Berkeley, CA: Peachpit Press.

延伸阅读

Anderson, G., and B. Armstrong. 1995. "Client/Server: Where Are We Really?" *Health Management Technology* 16,6 (May): 34, 36, 38, 40, 44.

Cerami, E. 2002. *Web Services Essentials.* Sebastopol, CA: O'Reilly & Associates, Inc.

Frazer, W. D. 1998. "Object/Relational Grows Up." *Database Programming & Design* 11,1 (January): 22–28.

Innocenti, C. 2006. "XQuery Levels the Data Integration Playing Field." *DM Review* accessed at *DM Direct*, **http://www.information-management.com/infodirect/20061201/1069184-1.html** (December).

Koenig, D., A. Glover, P. King, G. Laforge, and J. Skeet. 2007. *Groovy in Action.* Greenwich, CT: Manning Publications.

Mason, J. N., and M. Hofacker. 2001. "Gathering Client-Server Data." *Internal Auditor* 58:6 (December): 27–29.

Melton, J., and S. Buxton. 2006. *Querying XML, XQuery, XPath, and SQL/XML in Context.* Morgan Kaufmann Series in Data Management Systems. San Francisco: Morgan Kaufmann.

Morrison, M., and J. Morrison. 2003. *Database-Driven Web Sites,* 2nd ed. Cambridge, MA: Thomson-Course Technologies.

Richardson, L., S. Ruby, and D. H. Hansson. 2007. *RESTful Web Services.* Sebastopol, CA: O'Reilly Media, Inc.

Valade, J. 2006. *PHP & MySQL: Your Visual Blueprint for Creating Dynamic, Database-Driven Web Sites.* Hoboken, NJ: Wiley & Sons.

Wamsley, P. 2007. *XQuery.* Sebastopol, CA: O'Reilly Media, Inc.

网络资源

www. javacoffeebreak. com/articles/jd-bc/index. html 由 David Reilly 撰写的 "JD-BC 入门" 的主页。

ASP http：//www. w3schools. com/ASP-NET/default. asp. NET 的教程。

www. cs. wisc. edu/arch/www WWW 计算机体系结构网站，由威斯康星大学计算机科学领域的计算机体系结构组维护。

www. w3. org/html/wg W3C 的 HTML 主页。

www. w3. org/MarkUp W3C 的 XHTML 主页。

www. w3. org/XML/Query W3CX 的 Query 主页。

www. w3. org/XML/1999/XML-in-10-points 解释 XML 基本概念的 W3C 文章 "关于 XML 的 10 点" 的主页。

www. netcraft. com The Netcraft Web 服务器调查主页，它跟踪展示了不同 Web 服务器和 SSL 站点操作系统的市场份额。

www. projectliberty. org 自由联盟的主页。开放标准规范以及规范的草案可以在这里下载。

www. w3schools. com/default. asp 一个 Web 开发人员的网站，它提供了从基本的 HTML、XHTML 到高级的 XML、SQL、数据库、多媒体和 WAP 的 Web 开发教程。

www. ws-i. org Web 服务互操作组织（WS-I）的主页。

www. oasis-open. org/home/index. php 结构化信息标准进展组织（Organization for the Advancement of Structured Information Standards，OASIS）的主页。

xml. apache. org/cocoon Cocoon 项目主页，Cocoon 是一个 Java Web 发布的框架，该框架将文档内容、样式和逻辑分离，从而允许这三项能够独立设计、创建和管理。

第9章

数据仓库

✏️ **学习目标**

➤ 简明地定义以下关键术语：**数据仓库**（data warehouse），运营系统（operational system），信息系统（informational system），数据集市（data mart），独立数据集市（independent data mart），依赖性数据集市（dependent data mart），企业数据仓库（enterprise data warehouse，EDW），运营数据存储（operational data store，ODS），逻辑数据集市（logical data mart），实时数据仓库（real-time data warehouse），调和数据（reconciled data），派生数据（derived data），临时性数据（transient data），周期性数据（periodic data），星型模型（star schema），粒度（grain），一致性维度（conformed dimension），雪花模型（snowflake schema），联机分析处理（online analytical processing，OLAP），关系型在线分析处理（relational OLAP，ROLAP），多维联机分析处理（multidimensional OLAP，MOLAP），数据可视化（data visualization）和数据挖掘（data mining）。

➤ 给出两个重要原因：为什么在信息管理者的需求和可得到的信息之间，会存在"信息鸿沟"。

➤ 列出两个重要的原因：为什么今天大部分组织需要数据仓库。

➤ 说出数据仓库三层结构的名称并给出简要描述。

➤ 描述星型模型的两个重要组成部分。

➤ 估计一个事实表的行数和以字节为单位的表的大小，给出数据库维度相关的合理假设。

➤ 设计一个数据集市，利用各种方案规范化和非规范化维度，并考虑历史事实、维度之间的层次关系，以及改变维度属性值。

➤ 从决策支持的问题角度入手，建立数据集市的需求。

■ 引 言

　　每个人都认为方便易用的高质量信息在当今业务中是至关重要的。考虑如下的实际情况：

　　2004 年 9 月，飓风 Frances 正在前往佛罗里达大西洋沿岸。在距此 1 400 英里以外的阿肯色州的本顿维尔，沃尔玛的执行官们已经准备好了。通过在他们数据仓库中的 460T 字节的数据上，重点分析几周前当飓风 Charley 袭击佛罗里达海湾沿岸时的销售数据，执行官们就能预测迈阿密的人们想要买什么。当然，他们需要手电筒，但是沃尔玛也发现人们需要买草莓味的果酱馅饼和啤酒。沃尔玛可以大量储存有需求的货物，提供给人们想要的东西而避免缺货现象，由此获得由于准备充分而带来的丰厚收入。

　　除了像飓风这样的特殊情况，通过研究客户的购物篮搞清他们在买什么东西，沃尔玛会据此设置价格，以吸引想要购买"亏本出售"商品的顾客，而这些顾客也会放几件高利润的商品在他们的购物车里。详细的销售数据也帮助沃尔玛根据年度、节假日、天气、价格和其他很多因素，决定不同商店在不同时段所需的收银员数量。沃尔玛的数据仓库包括一般的销售数据，能有效回答飓风 Frances 这样的问题，同时，它也使沃尔玛能够获得很多与单个客户相关的统计信息，如人们何时使用信用卡和借记卡来购买物品。在公司的山姆俱乐部链中，会员卡具有个人标识作用。通过这些识别信息，沃尔玛能把产品销售和客户的地理位置、收入、住宅价格等其他个人统计资料联系起来。数据仓库有助于将最合适的产品推销给单个客户。此外，公司利用这些销售数据，通过和供应商商谈关于货物运送、价格和承诺等事宜，改进自己供应链。通过利用集成、全面的企业范围数据仓库，以及对堆积如山的数据进行处理的重要分析工具，上述所有这些都是可能的（改编自 Hays，2004）。

　　根据对当前信息技术的重视和最新进展，你可能希望大多数组织都能拥有先进的系统，把信息传递给管理者和用户。然而，事实并不总是如此。实际上，尽管拥有堆积如山的数据（PB 数量级——1 000T 字节，或者 1 000^5 字节）和很多数据库，但是没有几个组织能够拥有所需要的大部分信息。管理者常常会因为不能够访问或使用所需要的数据和信息而感到沮丧。这种情况也是人们抱怨"业务智能"是一个矛盾修饰法的原因。

　　当前的组织被认为淹没在数据中，但是却急需信息。抛开混在其中的隐喻，这种说法似乎非常准确地刻画了很多组织中存在的情形。导致这种状态的原因是什么？让我们来检查一下大多数组织中存在信息鸿沟的两个（并且相关的）重要原因。

　　信息鸿沟存在的第一个原因是，机构多年来采用碎片方式开发信息系统及其支持数据库。本文中强调的是精心计划的、体系化的应用系统开发方法，该方法会产生一组兼容的数据库。然而事实上，时间和资源上的限制，使得大多数组织只能使用"一次一事"的方法来开发一个个信息孤岛。这种方法不可避免地会产生一些不协调和不一致的数据库。通常，这些数据库建立在很多硬件、软件平台和购买的应用程序之上，并且是随着不同机构之间的合并、收购和重组而产生的。在这样的情况下，让管理者在各种系统和记录中定位和使用准确信息，即使不是不可能的，那也是极端困难的。

　　信息鸿沟存在的第二个原因是，大多数系统开发的目的是支持操作处理，很少考虑做决策所需的信息和分析工具。操作处理（operational processing）也称为事务处理，用以获取、存储和操纵数据以支持机构的日常运营。它倾向于把数据库设计的关注点，放在优化对小部分事务相关数据（例如，客户、订单和相关的产品数据）的访问上。信息处理是分析数据或其他形式的信息以支持决策。它需要大量推导信息所需的"样本"数据（例如，所有产品近几年来自每个销售区域的销售额）。大部分内部开发或从外部厂商购买的系统，都是设计用来支持操作处理的，很少考虑信息处理问题。

在信息鸿沟上架起桥梁的是数据仓库（data warehouse），它将来自内部和外部的信息进行合并和集成，并且以特定格式进行组织、表达，以支持准确和及时的业务决策。数据仓库通过诸如趋势分析、目标市场定位、竞争分析、客户关系管理等应用，支持执行官、管理人员和业务分析师做出复杂的业务决策。数据仓库已经发展为在不干扰现有操作处理的情况下，满足这些需求。

Web 客户交互的快速增长，使情况变得更加有趣，也更加实时。客户和供应商在同一个组织网站上的活动，提供了很多有助于理解客户行为和偏好的数据流，并且创造了传送恰当消息（例如，产品—销售消息）的独特机会。大量的细节信息，例如，时间、IP 地址、访问的页面、页面请求的上下文、点击的链接、在页面上花费的时间等，都可以在客户不知觉的情况下获取。这些数据，以及从各种事务系统中并入到数据仓库中的客户事务、支付、产品返回、咨询和其他历史记录等，可以用来建立专有页面。这样合理、积极的交互，可以使客户、业务合作伙伴满意，并且带来更多有价值的业务关系。决策数据的一种相类似的增长，是源于 RFID 和 GPS 生成的用于追踪包裹、库存量或者人的移动的数据。

本章主要对数据仓库进行概述。这是个内容异常广泛的话题，通常需要一本书进行描述，尤其是当业务智能这样的庞大主题成为关注点的时候。这也是为什么大多数书刊只讲其中的一个方面，例如数据仓库设计和管理、数据质量和管理、业务智能。我们关注与数据库管理主题相关的两个领域：数据体系结构和数据仓库中的数据库设计。你将首先学习数据仓库与现有运营系统的数据库之间的关联。接下来是三层数据体系结构，它描述了大多数数据仓库环境的特征。然后，我们将展示数据仓库中常用的一些数据库设计元素。最后，你将看到用户是如何和数据仓库交互的，包括联机分析处理、数据挖掘和数据可视化。最后这个话题可以作为本书和业务智能之间的桥梁。业务智能是一个比较大的范畴，是数据仓库最广泛的一个应用领域。

数据仓库需要从现有的运营系统中抽取数据，为决策清洗和转换数据，并把它们加载到数据仓库中，这个过程通常称为抽取—转换—加载（extract - transform - load，ETL）。该过程固有的一部分工作是保证数据质量，当数据是来自各种不同的系统时，数据质量问题就尤为突出。数据仓库并不是组织用来整合数据，从而获得组织内部数据更好利用的唯一方法。因此，我们将在第 10 章——本书下一篇的第一章，讲述数据质量的问题，该问题不仅适用于数据仓库也适用于其他形式的数据集成，这些形式也将在第 10 章中介绍。

▍数据仓库的基本概念

数据仓库（data wharehouse）是面向主题、集成、反映历史变化和不可更新的数据集合，它被用于支持决策过程管理和商业智能（Inmon and Hackathorn，1994）。这个定义中的关键术语的含义如下：

● **面向主题** 数据仓库围绕企业的核心主题（或高层实体）来组织。主要的主题可能包括：客户、病人、学生、产品和时间。

● **集成的**　存放在数据仓库中的数据，使用一致的命名规则、格式、编码结构和相关特征进行定义。这些特征是从内部记录系统和组织外部搜集得来的。这意味着数据仓库保存着"真理"的一个版本。

● **反映历史变化**　数据仓库中的数据包含一个时间维度，使得它们可以用于研究趋势和变化。

● **不可更新的**　数据仓库中的数据从运营系统中加载和更新，不能由终端用户更新。

数据仓库并不仅仅是组织中所有运营数据库的合并。由于数据仓库的关注点在于业务智能、外部数据、反映历史变化的数据（不仅仅是当前状态），所以它是一种独特类型的数据库。

数据仓库是组织创建、维护数据仓库，并通过这些数据仓库从它们的信息资产中抽取信息做决策的过程。成功的数据仓库除了正确的技术决策，还需要遵循经过证明的数据仓库实践、合理的项目管理以及有力的组织保证。

数据仓库简史

数据仓库是过去几十年信息领域发展的一个结果。以下是几个关键的发展：

● 数据库技术的改进，尤其是关系数据模型和关系型数据库管理系统（ralational database management systems，RDBMS）的发展。

● 计算机硬件的发展，特别是负担得起的海量存储和计算机并行体系结构的出现。

● 终端用户计算的出现，在强大、直观的计算机接口和工具的促进下出现的。

● 中间件产品的发展，中间件使企业数据库能够具有跨异构平台的连接性（Hackathorn，1993）。

触发数据仓库发展的关键发现，是关于运营（或事务处理）系统（有时也称为记录系统（system of record），因为这些系统的作用是保存组织正式、合法的记录）和信息（或决策支持）系统之间本质差别的认识（以及随后的定义）。Devlin 和 Murphy（1988）基于这种区别，发表了第一篇描述数据仓库体系结构的文章。在 1992年，Inmon 出版了第一部描述数据仓库的书，他随后成为该领域最多产的作者之一。

数据仓库的需求

有两个重要因素驱动了当今大多数组织对数据仓库的需求：

（1）组织的业务需要集成的、公司范围的高质量信息视图。

（2）信息系统部门必须把信息从运营系统中分离出来，以显著提高公司数据管理的性能。

公司范围视图的需求　运营系统中的数据通常是片段化的，即存在所谓的数据孤岛或数据竖井。它们往往分布在众多互不兼容的硬件和软件平台上。例如，一个包含客户信息的文件可能存放在运行 Oracle DBMS 的 UNIX 服务器上，而另外一个可能存放在运行 DB2 DBMS 的 IBM 大型机上。然而，为了决策的目的，常常有必要提供这些信息的单一整体视图。

为了理解获得单一整体视图的困难，请仔细查看图 9—1 中的简单例子。该图中展示的是来自三个单独记录系统的三个表，每个都包含相似的学生信息。学生数据表（STUDENT DATA）来自班级注册系统，学生雇员表（STUDENT EMPLOYEE）来自职员系统，而学生健康表（STUDENT HEALTH）来自健康中心系统。每个表都包含学生某方面的特有数据，但是即使是共同的信息（例如，学生姓名 Student Name）也用不同的格式存放。

STUDENT DATA

StudentNo	LastName	MI	FirstName	Telephone	Status	•••
123-45-6789	Enright	T	Mark	483-1967	Soph	
389-21-4062	Smith	R	Elaine	283-4195	Jr	

STUDENT EMPLOYEE

StudentID	Address	Dept	Hours	•••
123-45-6789	1218 Elk Drive, Phoenix, AZ 91304	Soc	8	
389-21-4062	134 Mesa Road, Tempe, AZ 90142	Math	10	

STUDENT HEALTH

StudentName	Telephone	Insurance	ID	•••
Mark T. Enright	483-1967	Blue Cross	123-45-6789	
Elaine R. Smith	555-7828	?	389-21-4062	

图 9—1　异构数据示例

假如你想为每个学生制定一个配置文件，把所有的数据合并成一种文件格式。如下就是一些你必须解决的问题：

● **不一致的码结构**　前两个表的主码是学生社会安全号码的某些版本，而 STUDENT HEALTH 的主码是学生姓名（StudentName）。

● **同义词**　在 STUDENT DATA 中，主码是 Student No，而在 STUDENT EMPLOYEE 中，被命名为 StudentID。（我们在第四章中讨论了如何处理同义词。）

● **自由形态字段与结构化字段**　在 STUDENT HEALTH 中，学生姓名（StudentName）是一个字段，而在 STUDENT DATA 中，StudentName（是复合属性）被拆分成它的组成部分：LastName，MI 和 FirstName。

● **不一致的数据值**　Elaine Smith 在 STUDENT DATA 表中有一个电话号码，而在 STUDENT HEALTH 中却有另一个不同的电话号码。这是错误，还是这个人有两个电话号码？

● **缺失数据** 在 STUDENT HEALTH 表中，Elaine Smith 的保险（Insurance）值是空缺的（或者是 null）。这个值该如何确定？

这个简单的例子阐述了构造单一整体视图的问题本质，但不能描述该项任务的复杂性。真实的情况可能有好几十个（即使不是成百上千）文件和成千上万条（甚至是数百万条）记录。

为什么组织需要将各种记录系统中数据集中到一起呢？当然，其根本原因是为了获取更多的利润，更具竞争力，或者通过为增加客户价值来壮大自己。这可以通过提高决策速度和灵活性、改进业务处理流程或者更清楚地了解用户的行为来实现。对于前面学生的例子，大学管理人员可能想研究学生的健康状况和校园工作时间是否与学生的学术表现相关，选修某门课程是否与学生的健康相关，或者学术表现差的学生是否花费更多，例如由于更多的医疗保健和其他一些开销。一般来说，组织中的某些趋势推动着数据仓库需求的产生，这些趋势包括：

● **没有单一记录系统** 几乎没有一个组织只拥有一个数据库。很奇怪，不是吗？还记得我们在第 1 章中讨论的，与使用文件处理系统相对比而提出的使用数据库的原因吗？因为不同运行环境中对数据的不同种类的需求，因为公司的兼并和收购，也因为很多组织的庞大规模，所以存在多个运营数据库。

● **多个系统不是同步的** 维持不同数据库的一致性，即便不是不可能，也是非常困难的。即使元数据是可控的并通过一个数据管理员（见第 11 章）使其保持一致，但同一个属性的值也不一定能保持一致。这是由于每个系统对于相同的数据都有自己的更新周期和数据存放位置。因此，为了获得组织的单一视图，来自不同系统的数据必须定期地整理和同步到一个附加的数据库中。我们可以看到实际上存在两个这样的数据库——一个运营的数据存储和一个企业数据仓库，这两个都将包含在数据仓库的话题中。

● **组织想要用平衡的方式分析活动** 很多组织已经实现了某种形式的平衡计分卡——是同时显示组织在财务、人员、客户满意度、产品质量和其他一些方面结果的一种度量。为了确保组织的这种多维视图显示一致的结果，数据仓库是必需的。当问题在平衡计分卡上出现时，工作在数据仓库上的分析软件可以用来"下钻"、"分片和分块"、可视化展示和以其他方式挖掘业务智能。

● **客户关系管理** 所有领域中的组织都意识到，拥有与客户在所有接触点上交互的完整视图，是很有价值的。不同的接触点（例如对于银行，这些接触点包括 ATM 取款机、在线银行、出纳员、电子转账、投资组合管理以及贷款）由不同的运营系统支持。因此，在没有数据仓库的情况下，如果一笔大的非典型自动存款事务出现在出纳员的屏幕上，他可能不知道试着向该客户交叉销售银行的共有基金。拥有给定客户的全部活动视图，需要对来自不同运营系统的数据进行整合。

● **供应商关系管理** 供应链管理对很多组织来说，已经成为降低消费和提高产品质量的重要因素。组织希望基于它们与供应商交互的整体描述，包括从开单到约定交货时间，到质量控制、定价和售后支持，来建立战略性的供应商伙伴关系。关于这些不同活动的数据可能被锁在不同的经营系统中（例如，可支付会计、装运和接收，生产调度和维护）。ERP 系统通过把很多这样的数据存放到一个数据库中，从而改善了这种状况。然而，ERP 系统倾向于优化运行，而不是我们接下来要介绍的信息或分析处理。

分离运营系统与信息系统的需求 运营系统（operational system）是一种基于当前数据实时地支持业务运行的系统。运营系统的例子有销售订单处理、预订系统、门诊挂号系统。运营系统必须处理大量的相对简单的读/写事务并提供快速响应。运营系统也称为"记录系统"（system of record）。

　　信息系统（informational system）设计用来支持基于历史时间点和预测数据的决策。它们也是为复杂查询或数据挖掘应用设计的。信息系统的例子包括销售趋势分析、客户分类以及人力资源计划。

　　运营系统和信息系统的主要区别如表 9—1 所示。这两类处理几乎在每个做比较的方面都有很不同的特征。特别是，请注意它们有很不相同的用户群体。运营系统是由职员、管理员、销售人员和其他必须处理业务事务的人使用。信息系统则是由经理、执行官、业务分析师和想要搜索状态资讯或做决定的客户使用的。

　　分离运营和信息系统的需求，是建立在如下三个基本因素基础上的：

　　（1）数据仓库把分散在不同运营系统中的数据集中起来，并使这些数据能够很容易地支持决策应用。

　　（2）设计良好的数据仓库，通过提高数据质量和一致性增加了数据的价值。

　　（3）单独的数据仓库消除了当信息应用与运行处理混合存在时所产生的很多资源竞争。

表 9—1　　　　　　　　　　　　　　　运营系统和信息系统的比较

特征	运营系统	信息系统
主要目的	在当前基础上运行业务	支持管理决策
数据类型	业务状态的当前表示	历史时间点（快照）及预测
主要用户	职员、销售人员、管理员	经理、业务分析员、客户
使用范围	有限的、有计划的简单更新和检索	广泛的、专门的复杂检索和分析
设计目标	性能：吞吐量、可用性	便于灵活访问和使用
操作数量	很多持续的更新和查询是针对一个或少量表的记录行	需要很多或所有行的定期批量更新和查询

□ 数据仓库的成功

　　"如果你建了它，他们就会来"可能在经典棒球电影中是成立的。然而，数据仓库的成功是不能保证的。数据仓库项目有 40％ 是失败的（Whiting，2003）。数据仓库是复杂的，并且需要组织内部的通力合作。例如，当在加载的数据中发现错误时，修正数据的最好位置是在源系统中，这样一来，错误的数据以后就不会再被载入了。但是，在源系统中这些错误可能是可以接受的，或者，甚至源系统的业务单位根本不认为那是错误的。

　　一些专业组织发起了年度奖励计划，用以表彰最佳的数据仓库实践。声望最高的奖项之一，是数据仓库协会奖（Data Warehousing Institute Awards）。2003 年和 2006 年的获奖者阐述了数据仓库的成功变得越来越普遍的很多原因（TDWI，2006；Whiting，2003）。下面是一些获奖者的概要信息：

　　● **大陆航空（Continental Airlines）——最佳企业数据仓库**　大陆数据仓库有实时的体系结构和自动的数据转换。这简化了对来自不同系统数据的整合处理。跨业务单元指导委员会开发了标准数据定义（元数据）。数据仓库的使用和改变必须被相应的收入和收益预测证明。

　　● **美国银行（Bank of America）——数据仓库集成**　当国家银行和美国银行在 1998 年合并的时候，原来单独建立的数据仓库要被集成起来。这些数据仓库之间的连接，引起了突出的运行问题，并且促使各部门用独立的系统（称为数据集市）创建单独的工作环境，从而削弱了数据仓库的价值。最高领导阶层指定数据仓库整合为最高优先级，分配了适当的资源，并且做出了广泛的用户需求规划。

● **加拿大皇家银行（Royal Bank of Canada）——企业数据仓库**　企业数据仓库结构在设计之初，就确定了要长期具备可扩展性、可靠性、灵活性和适应性。特别是，企业信息管理小组使用规范化的方法进行数据结构定义，提供集成的数据和元数据，以支持高效管理和快速有效的数据复用。EDW（Enterprise Data Warehousing）目前每月都要执行一百万次以上的查询和 25 000 次的抽取—转换—加载（Extract-Transform-Load，ETL）批量处理。它存放了超过 30TB 的业务数据，支持的用户超过 33 000 个。

● **美国丰田汽车销售（Toyota Motor Sales USA）——元数据管理**　元数据仓库通过帮助 IT 工作者和业务客户访问仓储中数据的含义，以及数据仓库所产生报表中信息的含义，提高丰田汽车数据仓库的性能。它也使人们易于确定数据描述的改变所产生的影响。

● **艾奥瓦州税收部门（Iowa Department of Revenue）——政府或非营利组织**　部门管理人员感觉到有很多公司和个人没有申报纳税或者少报收入。发现这些问题的数据被埋没在很多不同的大型机应用、文件提取程序和 20 个不同的系统中。数据仓库现在每年产生 1 000 万美元的额外税收，这些钱可用于业务提升和支持数据仓库的运行。

基于这些获奖者的情况，我们可以看到成功变得更加可能，当下列条件存在时更是如此：有高层管理者的支持，充分的资源保障，真正的业务价值明显，具有管理良好的元数据，组织有企业级视图，并且变化是预期之内并被很好管理。技术是重要的，高性能的技术使成功的数据仓库成为可能。但是此处所讲的组织相关因素比技术因素更重要。正如一位来自消费产品公司的数据仓库执行官告诉作者的，"技术是容易的，而组织问题是困难的"。因此，本章后续部分的主线，是如何在组织中为数据仓库做出合理的数据库管理决策。

数据仓库体系结构

数据仓库的结构已经进化了，组织对于创建各种结构具有相当大的自由度。我们将描述两种核心结构，它们已经成为大多数实现的基础。第一个是三层结构，它采用自下而上、增量式的方法演化数据仓库。第二个也是一种三层数据结构，它通常采用自上而下的方法，强调更多协同和企业范围的视图。即使这两种结构有所不同，它们也还是有很多相同之处。

独立数据集市的数据仓库环境

图 9—2 展示了数据仓库的独立数据集市结构。建立这种结构需要 4 个基本步骤（在图 9—2 中从左到右）：

（1）数据从各种内部和外部源系统文件和数据库中提取。在大型组织中，可能有成百上千这样的文件和数据库。

（2）来自源系统的各种数据，在加载到数据集市之前需要经过转换和融合。在这个阶段，源系统中可以利用事务来纠正数据中的错误。

（3）数据仓库是一组物理上截然不同，为决策支持而组织起来的数据库。它同时包含细节数据和概要数据。

（4）用户通过各种查询语言和分析工具访问数据仓库。结果（例如预报、预测）可能被反馈到数据仓库和运营数据库。

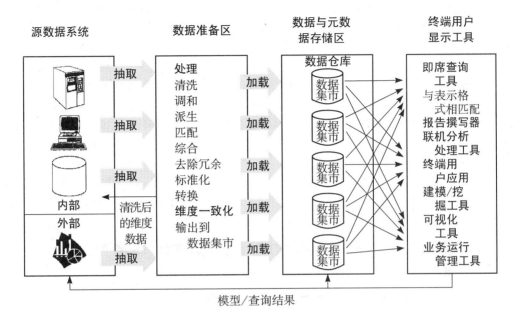

图 9—2　独立数据集市的数据仓库结构

我们将在第 10 章详细讨论，从源系统中抽取、转换和加载数据（ETL）到数据仓库的重要处理过程。我们将在后续小节中讲述各种终端用户显示工具。

抽取和加载是周期性进行的——有时候是每天、每周或每月。因此，数据仓库没有也没必要含有当前数据。请记住，数据仓库不（直接）支持运营事务处理，即使它可能拥有事务数据（但更多的时候是事务概要或者状态变量快照，例如账户余额和库存量）。对于大多数数据仓库应用来说，用户需要的不是单个事务的信息，而是通过大量的数据仓库数据获取企业的状态和未来发展趋势。但是，在数据仓库中最少应保存五个财政季度的数据，这样至少可以看出年度的趋势和模型。旧的数据可以被清除或归档。我们稍后将会看到一种先进的数据仓库结构——实时数据仓库，它是基于对当前数据的需求而建立的。

与讨论到现在的很多原则相悖的是，独立的数据集市没有创建单一的数据仓库。这种方法建立了很多独立的数据集市，每一个集市都基于数据仓库技术而不是事务处理数据库技术。**数据集市**（data mart）是一种数据仓库，它的范围有限，是为特定终端用户群的决策应用而定制的。它的内容来自独立的 ETL 处理，如图 9—2 所示的**独立数据集市**（independent data mart），或者从数据仓库中导出，我们将在接下来的两节里讨论导出问题。数据集市设计用来优化定义良好和可预见的数据访问的性能，有时数据访问可能只是一个或两个查询。例如，组织可以拥有营销数据集市、财务数据集市、供应链数据集市等等，来支持一些已知的分析处理。每个数据集市可以用不同的工具建立，例如，财务数据集市可以使用专门的多维工具像 Hyperion 的 Essbase，销售数据集市可以建立在通用的数据仓库平台之上，如 Teradata，使用 MicroStrategy 和其他工具来生成报表、查询和数据可视化。

我们接下来将给出各种数据仓库结构的比较，但是你可以看出独立数据集市策略的一个明显的特征：当终端用户想要访问多个独立数据集市中数据时的复杂性（可以由连接所有数据集市和终端用户显示工具之间的交叉连接线证明）。这种复杂性不仅仅来源于访问独立的数据集市数据库，也可能来源于一种新产生的不一致数据系统——数据集市。如果所有的数据集市都基于一个元数据集，并且通过数据准备区中的活动使得各数据集市中的数据保持一致（例如，通过图9—2中数据准备区框中的"维度一致化"活动），那么用户的复杂性就可以降低。图9—2中不太明显的是ETL处理的复杂性，因为需要为每个独立数据集市建立单独的转换和加载工具。

由于组织关注一系列短期有利的业务目标，所以常常需要创建独立数据集市。有限的短期目标与实现独立数据集市相对低廉的开销（钱和组织资本）更相称。然而，围绕不同的短期目标设计数据仓库环境，意味着你将失去长期目标的灵活性以及对多变业务条件的应变能力。并且，应变能力对于决策支持是至关重要的。组织拥有独立的小规模的数据仓库，相比于让所有组织部门认可组织中央数据仓库的单个视图，从组织上和行政上都相对简单。此外，一些数据仓库技术对所支持的数据仓库规模有技术限制——我们在后面称之为可扩展性问题。因此，如果你在不了解数据仓库需求之前，先把自己封闭在一些技术中，那么技术而不是业务将决定数据仓库的结构。我们将在接下来的小节中，讨论独立数据集市结构与其主要竞争结构相比的优势和劣势。

□ 依赖型数据集市和运营数据存储结构：三层方法

图9—2所示的独立数据集市结构，有几个重要的局限（Marco，2003；Meyer，1997）：

（1）每个数据集市都要开发单独的ETL处理，这样可能产生重复的数据和处理。

（2）数据集市之间可能不一致，因为它们通常是用不同技术开发的，并且可能无法提供清晰的关于重要主题，如客户、供应商和产品等的企业范围数据视图。

（3）不能下钻到更具体的细节，或其他数据集市的相关事实，或共享的数据仓库，因此分析是有限的，或者是很困难的（例如，跨多个独立平台连接不同的数据集市）。本质上，在数据集市间关联数据，是由用户在数据仓库之外执行的一个任务。

（4）扩展的开销是很大的，因为每个创建独立数据集市的应用，都要重复所有的抽取和加载步骤。通常运营系统具有有限的批量数据抽取时间窗，所以在某些时候，运营系统上的负载意味着需要增加额外开销来引入新技术。

（5）如果我们要保持独立数据集市之间的一致性，那么为此付出的代价是很高的。

独立数据集市的价值一度激烈地争论过。Kimball（1997）强烈支持独立数据集市的开发，并将其作为逐步发展决策支持系统的可行策略。Armstrong（1997），Inmon（1997，2000），和Marco（2003）指出了包括前面提及的5个问题在内的很多缺陷。关于独立数据集市的真正价值，有两点争论：

（1）一个争论点涉及实现数据仓库环境的阶段性方法。争论的本质在于，每个数据集市是否应该或不应该以自下而上的方式，从企业范围的决策支持数据演化。

（2）另一个争论点涉及适用于分析处理的数据库体系结构。这个争论的中心是，数据集市数据库应该具有的规范化程度。

这两个争论的本质将自始至终在本章中涉及。

解决独立数据集市局限性的最流行的方法之一，是使用依赖型数据集市和运营数据存储结构所采用的三层方法（见图9—3）。这里新的层次是运营数据存储，并且数据和元数据存储层是被重新配置了。第一个和第二个局限，通过从**企业数据仓库**（enterprise data warehouse，EDW）加载**依赖型数据集市**（dependent data mart）解决，EDW是一个集中式的、集成的数据仓库，它是终端用户在决策支持应用中所使用数据的单一来源和控制点。依赖型数据集市还有一个目的，这一目的是提供与用户群决策需求相适应的简单、高性能环境。数据集市可以是单独的物理数据库（并且不同的数据集市可能在不同的平台上）；也可以是逻辑（用户视图）数据集市，在被访问的时候进行实例化。我们将在下一小节介绍逻辑数据集市。

用户组可以访问自己的数据集市，并且当需要其他数据的时候，用户可以去访问EDW。依赖型数据集市之间的冗余是经过设计的，并且冗余数据能够保持一致性，因为每个数据集市都是以一种同步方式从公共数据源中（或者是数据仓库的视图）加载的。数据集成是管理企业数据仓库的 IT 职员的职责，而终端用户没有责任为每个查询或应用，集成独立数据集市中的数据。依赖型数据集市和运营数据存储结构，通常称为"毂—辐"（hub and spoke）方法，在这种方法中，EDW 是毂，源数据系统和数据集市是输入和输出辐条的末端。

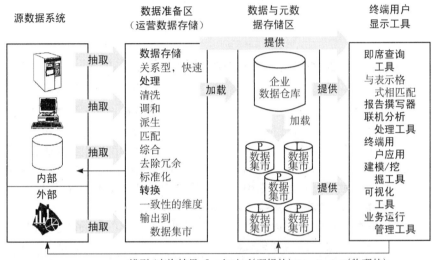

图 9—3　依赖型数据集市和运营数据存储：一种三层结构

第三个局限是通过在运营数据存储中集成所有运营数据来解决的。**运营数据存储**（operational data store，ODS）是一个集成的、面向主题的、持续更新的、有当前价值的（包括近期历史）、组织范围的、详细的数据库，该数据库用来支持运营用户做决策处理（Imhoff，1998；Inmon，1998）。ODS 一般是关系数据库，它像记录系统中的数据库一样需要规范化，但它是为决策应用设计的。例如，索引和其他关系数据库设计元素是为了在大量数据中检索而设计的，而不是为了事务处理或查询单个和直接相关记录（例如，某个客户订单）而设计的。因为 ODS 含有不稳定的、当前的和最近的历史数据，所以相同的 ODS 查询在不同时间可能输出不同结果。ODS 通常不包含"很深"的历史，而 EDW 一般保存了多年的组织状态的快照。ODS 可以从 ERP应用的数据库加载，但是因为大多数组织不是只有一个 ERP，也不是只在一个 ERP上运行所有的操作，所以 ODS 通常不同于 ERP 数据库。ODS 还作为加载数据到EDW 的数据准备区。ODS 可以立即或带有一些延迟地从记录系统中接收数据，这些对于它所支持的决策需求都是可接受的。

这种依赖型数据集市和运营数据存储结构，通常被称为组织信息工厂（corporate information factory，CIF）（Imhoff，1999）。它被认为是支持所有用户需求的组织数据整体视图。

在该领域中，不同的领导者支持不同的数据仓库方法。那些支持独立数据集市方法的人，声称该方法有两个重要好处：

（1）它允许数据仓库概念通过一系列小的项目得以展示。

（2）因为在所有数据集中之前，组织没有延迟建立数据仓库的进程，所以从数据仓库获取效益的等待时间缩短了。

CIF 的拥护者（Armstrong，2000；Inmon，1999）提出关于独立方法的重要问题，这些问题包括前面提出的独立数据集市的 5 个限制。Immon 暗示物理上独立的依赖型数据集市的优点，在于它们可以满足每个用户群体的需求。特别是，他提出了探索型仓库（exploration warehouse）的需求，这种数据仓库是 EDW 的特殊版本，使用先进的统计学、数学模型和可视化工具优化数据挖掘和业务智能。Armstrong（2000）和其他人进一步说明，独立数据集市支持者声称的优势，实际上是由数据仓库阶段化方法带来的。阶段化方法也可以在 CIF 框架中实现，并且是由我们将在下节中讲述的最终数据仓库结构支持下实现的。

逻辑数据集市和实时数据仓库结构

逻辑数据集市和实时数据仓库结构，只适用于中型的数据仓库，或者使用像 Teradata 系统这样的高性能数据仓库技术的环境。正如图 9—4 所示，这种结构具有如下特征：

（1）**逻辑数据集市**（logical data mart）不是物理上独立的数据库，而是轻度去规范化的一个关系型数据仓库的不同关系视图。（关于视图的概念，详见第 6 章。）

（2）数据被移入数据仓库中，而不是移入单独数据准备区，从而可以利用数据仓库技术的高性能计算能力来执行清洗和转换步骤。

（3）新的数据集市可以很快被创建，因为不需要创建物理数据库或获取其他数据库技术，也不需要写新的加载程序。

（4）数据集市通常是最新的，因为当视图被引用时，视图就会被动态创建，如果用户有一系列的查询和分析需要用到同一个数据集市实例，则视图可以被物化。

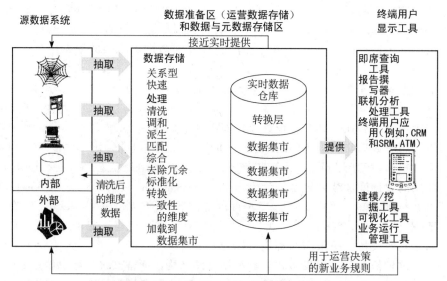

图 9—4　逻辑数据集市和实时数据仓库结构

不管是逻辑的还是物理的，数据集市和数据仓库在数据仓库环境中发挥着不同的作用，这些不同的作用如表 9—2 所示。尽管是有限的范围，但数据集市可能并不小。因此，可扩展技术常常是至关重要的。当用户需要自己在独立的物理数据集市上集成数据时（如果可能的话），沉重的负担和开销就落在用户身上。随着数据集市的增加，数据仓库可以阶段性建立，实现这个过程最简单的方式，是采用逻辑数据集市和实时数据仓库结构。

如图 9—4 所示的结构从**实时数据仓库**（real-time data warehouse）方面意味着，源数据系统、决策支持服务和数据仓库几乎实时交换数据和业务规则，因为需要对组织当前的综合视图做出快速反应（即动作）。实时数据仓库的目的是了解正在发生什么，什么时候发生，并且在运营系统中让想要的事情发生。例如，服务台回答和记录问题的工作人员，将会有客户的最新销售信息、账单和支付事务、维修活动和订单的全部情况。有了这些信息，服务台的支持系统就可以基于对最新仓库数据持续分析得到的运行决策规则，自动为专业人员生成一个脚本，告诉他分析结果显示的最可能并且能够获利的维修合同、更新的产品，或者与客户已购买产品相似配置的另一个产品。一个重要的事件，例如某个新产品订单的输入，可以被立即考虑，这样组织对于自己与客户之间的关系就至少了解得和客户一样多。

表 9—2　　　　　　　　　　　　　　数据仓库与数据集市的对比

数据仓库	数据集市
范围	范围
· 应用独立	· 特定于 DSS 应用
· 集中的、可能是企业范围的	· 根据用户域进行分布
· 预先计划好的	· 自然发展的、可能不是预先计划好的
数据	数据
· 历史的、详细和摘要性的	· 有一些历史、详细和摘要性的
· 轻度去规范化的	· 高度去规范化
主题	主题
· 多个主题	· 用户关注的一个中心主题
数据源	数据源
· 多个内部或外部数据源	· 少数几个内部或外部数据源
其他特征	其他特征
· 灵活的	· 限制性的
· 面向数据	· 面向工程
· 生命期长	· 生命期短
· 规模大	· 开始很小，逐渐变大
· 单一的复杂结构	· 多个、半复杂结构、合起来复杂

资料来源：基于 Strange 1997。

实时数据仓库的另一个例子（带有实时分析）是邮件和包裹快递服务，它们使用频繁扫描的方式来准确了解包裹在运输系统中的位置。基于这种包裹数据的实时分析，以及定价、客服等级协议以及运销机会，可以自动变更包裹邮寄路径以达到运送承诺。RFID 技术使得实时数据仓库和实时分析能够结合使用，从而大幅降低了事件数据捕获和采取恰当动作之间的延迟。

每个事件，例如与用户之间的一个事件，都是一个潜在的用户化、个性化和最优化的交流机会，这个交流过程是基于如何提供给用户特定资源配置的战略决策。基于如何用特定的属性回应客户的策略。因此，决策和数据仓库是动态包含在运营处理指导中的，这也是为什么有些人将其称为主动数据仓库。目的是为了缩短以下操作的周期：

- 在业务事件中捕获客户数据（发生了什么）。
- 分析客户行为（为什么这些事情会发生），并且预测客户对可能引起的操作的反应（将会发生什么）。
- 制定优化客户交流的规则，包括恰当的响应以及产生最佳结果的渠道。
- 在和客户的接触点上，基于由决策规则确定的对客户最佳响应，及时采取动作，以使期望的结果发生。

这里的一个结论是，采取正确动作的潜在价值，会随着事件与动作之间的时间延迟变长而衰减。实时数据仓库汇聚了所有的智慧，以减少这种延迟。因此实时数据仓库把数据仓库从后台搬到了前台。对于实时数据仓库上的全面状态报告，请参阅 Hackathorn（2002）。其他作者也把实时数据仓库看做是面向动作或主动（@ctive）数据仓库。

下面是实时数据仓库的一些有益应用：

- 基于最新库存水平变更投递的及时运输。
- 电子商务，比如说，一辆废弃的购物车可以在用户注销之前，触发促销邮件的发送。
- 销售员可以实时监视重要账户的关键操作迹象。
- 信用卡交易中的欺诈检测，不寻常的交易模型能够引起销售员的警觉，或者使在线购物车程序采取额外的防范措施。

这样的应用通常具有 24/7（一周 7 天，每天 24 小时）的在线用户访问特征。对于所有的数据仓库结构，用户可以是雇员、顾客或业务合作伙伴。

高性能计算和数据仓库技术的应用，可能不需要独立于企业数据仓库的 ODS。当 ODS 和 EDW 功能相同并成为一体的时候，当用户处理一系列特定并且相互关联问题时，就可以更加简单地在数据仓库中下钻和上卷。此时体系结构也会变得简单，因为依赖型数据集市和运营数据存储结构中一个层次已经去掉了。

三层数据结构

图 9—5 展示了数据仓库的三层结构。这个结构具有如下特征：

（1）运营数据存放在组织的各种运营记录系统中（有时候存放在外部系统中）。

（2）调和数据是存放在企业数据仓库和运营数据存储中的数据。**调和数据**（reconciled data）是详细的当前数据，它们是所有决策支持应用的单一的权威数据源。

（3）派生数据是存放在每个数据集市中的数据。**派生数据**（derived data）是为终端用户决策支持应用挑选的、格式化的、汇总后的数据。

我们将在下一章讨论调和数据，因为多个源系统之间的数据调和处理，是比单纯的数据仓库更大的话题——数据质量和数据集成的一部分。和数据仓库相关的是派生数据，它在本章的后续部分中会提到。图 9—5 中有个组件在数据结构中发挥着重要作用：企业数据模型和元数据。

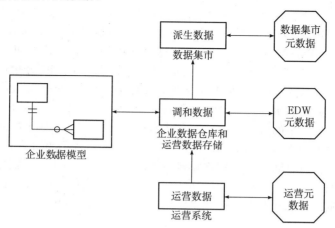

图 9—5 数据仓库的三层数据结构

企业数据模型的作用 在图 9—5 中，我们展示了连接到企业数据模型的调和数据层。记得在第 1 章中曾讲到，企业数据模型展示了描述组织数据需求的整体视图。如果调和数据层是面向决策支持的单一权威数据源，则它必须遵从企业数据模型中的特定设计。因此，企业数据模型控制着数据仓库的阶段性演变。通常企业数据模型随着新问题的处理和新决策应用的出现而发展。在一个步骤中开发企业数据模型需要花费很长的时间，并且决策的动态需求会在数据仓库建立之前改变。

元数据的作用 图 9—5 也展示了连接到三层结构每一层的元数据层。记得在第 1 章中讲到，元数据是描述其他数据的性质或特征的技术和业务数据。以下是图 9—5 中给出的三种类型元数据的简短描述：

（1）**运营元数据** 描述各种运营系统中的数据（以及外部数据），这些数据向企业数据仓库提供。运营元数据通常以不同的格式存在，并且质量比较差。

（2）**企业数据仓库（EDW）元数据** 是从企业数据模型派生出来的（或至少和企业数据模型保持一致）。EDW 元数据描述了调和数据层，同时也描述将运营数据进行抽取、转换和加载到调和数据的规则。

（3）**数据集市元数据** 描述派生数据层，以及调和数据到派生数据的转换规则。

关于数据仓库元数据很全面的信息，请参阅 Macro（2000）。

数据仓库数据的一些特征

为了理解和建模数据仓库三层数据结构中每一层的数据，你需要了解一些数据的基本特征，因为这些数据会存放在数据仓库数据库中。

状态数据与事件数据

状态数据和事件数据之间的不同如图 9—6 所示。图中展示了一个银行应用程序处理业务事务时，DBMS 记录下的典型的日志条目。这个日志条目不仅包括状态数据也包括事件数据："前映像"和"后映像"表示的是提款前后银行账户的变化。表示提款的数据在图的中间部分给出。

　　事务是引起数据库层上一个或多个业务事件的业务活动，这个概念将在第 11 章中讨论。一个事件会导致一个或多个数据库操作（创建、更新或删除）。图 9—6 所示的提款事务将导致一个更新操作，即将账户余额从 750 减少到 700。另一方面，一个账户到另一个账户的转账业务包括两个操作：处理提款和存款的两个更新。有时，某些非事务操作，例如被放弃的网上购物车、忙信号或断开的网络连接，或者把一件东西放到购物车中，而在结账前把它拿出来等，都是需要被记录到数据仓库中的重要事件。

　　状态数据和事件数据都可以存放在数据库中。然而，实际上，存放在数据库（包括数据仓库）中的大多数数据都是状态数据。数据仓库中可能包含状态数据的历史快照，或事务和事件的摘要（每小时汇总）。表示事务的事件数据，可能会在定义的时间段内被存放，而随后会被删除或归档以节省存储空间。状态数据和事件数据通常存放在数据库日志中（如图 9—6 所示），以便于数据备份和恢复。正如下面将要描述的，数据库日志在数据仓库填充中扮演中重要角色。

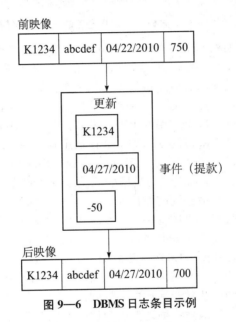

图 9—6　DBMS 日志条目示例

临时性数据和周期性数据的比较

　　在数据仓库中，通常需要维护过去所发生事件的记录。这是必要的，例如，将特定日期或特定时间段的销售和存货情况，和前几年相同日期或时间段的销售情况相比较。

　　大多数运营系统建立在临时数据上。**临时性数据**（transient data）是这样一些数据，它记录的更新直接在以前记录上进行，因此会破坏之前的数据内容。记录被删除时，将不保存这些被删记录原有的内容。

　　你可以容易地可视化临时性数据，如图 9—6 所示。如果之后映像覆盖了之前映像，则前映像（包括之前的余额）就会丢失。然而，由于这是一个数据库日志，因而所有的状态都被很规范地保存起来了。

　　周期性数据（periodic data）是这样一种数据，它一旦被加入到存储后就永远不会被物理更改或删除。图 9—6 中的前映像和后映像是周期性数据。请注意，每条记录都包含一个时间戳，它表示最近一次更新发生的日期（和时间，如果需要的话）。

（我们已经在第 2 章中介绍了时间戳的使用。）

☐ 临时性数据和周期性数据的一个例子

比较临时性数据和周期性数据的更详细的例子，如图 9—7 和图 9—8 所示。

临时性数据 图 9—7 显示了初始包含 4 行的一个关系（表 X）。这个表有三个属性：一个主码和两个非码属性——A 和 B。这些属性在日期 10/09 的值如图所示。例如，对于记录 001，属性 A 的值在这一天为 a。

在日期 10/10，表中出现了三个变化（行的变化由表左侧的箭头指示）。行 002 被更新了，A 的值从 c 变到 r。行 004 也被更新了，A 的值从 g 变到 y。最后，一个新行（主码 005）被插入到表中。

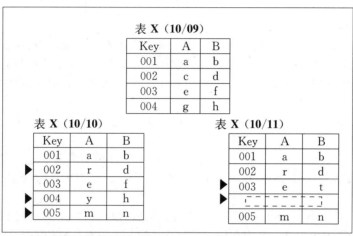

图 9—7 临时性运营数据

表 **X**（10/09）

Key	Date	A	B	Action
001	10/09	a	b	C
002	10/09	c	d	C
003	10/09	e	f	C
004	10/09	g	h	C

表 **X**（10/10）

Key	Date	A	B	Action
001	10/09	a	b	C
002	10/09	c	d	C
▶002	10/10	r	d	U
003	10/09	e	f	C
004	10/09	g	h	C
▶004	10/10	y	h	U
▶005	10/10	m	n	C

表 **X**（10/11）

Key	Date	A	B	Action
001	10/09	a	b	C
002	10/09	c	d	C
002	10/10	r	d	U
003	10/09	e	f	C
▶003	10/11	e	t	U
004	10/09	g	h	C
004	10/10	y	h	U
▶004	10/11	y	h	D
005	10/10	m	n	C

图 9—8 周期性仓库数据

请注意，行 002 和 004 被更新的时候，新的行替换了原来的行。因此，以前的值丢失了，这些值没有历史记录。这是临时性数据的特征。

在日期 10/11，数据发生了更多的变化（为了简化讨论，我们假定在给定日期中，每行只能有一个变化）。行 003 被更新，行 004 被删除。请注意，没有历史记录表明行 004 曾经存储在数据库中。图 9—7 中的数据处理方式是运营系统中典型的临时性数据特征。

周期性数据　数据仓库的一般目标是维护关键事件的历史记录，或者为特定变量如销售额等创建时间序列。这通常需要存储周期性数据，而不是临时性数据。图 9—8 展示了图 9—7 中用到的表，但改为表示周期性数据。图 9—8 中做了如下改变：

（1）表 X 中添加了两个新列：

a）列 Data 是一个时间戳，记录了行的最近更新日期。

b）列 Action 用来记录发生变化的类型。这个属性的可能值有：C（Create），U（Update）和 D（Delete）。

（2）一旦有记录被存放到表中，该记录就永远不会改变。当在记录上有更新操作发生时，前映像和后映像都会存放在数据库中。虽然记录可能被逻辑上删除，但被删除记录的历史版本将会在数据库中维护着，并且存储的历史记录数将由分析趋势的需要而定（至少 5 个季度）。

现在让我们看一看与图 9—7 相同的一组操作。假定在 10/09 创建了 4 个行，如第一个表所示。

在第二个表中（10/10 的），行 002 和 004 已经被更新了。这个表中现在包含这些行的老版本（10/09 的）和新版本（10/10 的）。这个表中也包含了在 10/10 创建的行 005。

第三个表（10/11 的）展示了行 003 的更新，包括新、老两个版本。此外，行 004 从这个表中删除了。这个表现在包含了行 004 的 3 个版本：最初的版本（10/09）、更新版本（10/10）和删除版本（10/11）。行 004 的最后一行中的 D，表明这行已经被逻辑删除了，所以该行对用户或他们的应用来说不再可用。

如果你仔细阅读图 9—8，你就会明白为什么数据仓库的增长速度会非常快。存储周期性数据会带来大量的存储需求。因此，用户必须慎重选择需要用这种处理方式的关键数据。

其他的数据仓库变化　除了前面提到的周期性数据变化，数据仓库必须处理数据仓库模型的其他六种变化：

（1）**新的描述属性**　例如，产品或客户的一些需要存储在数据仓库的重要新特性需要被存放好。在本章的后面部分，我们称这些新特性为维度表的属性。这种变化可以通过向表中加入列而简单地得到处理，并使得现有行在这些新列上的取值为 null 值（如果在源系统中存在历史数据，则不需要存储 null 值）。

（2）**新的业务活动属性**　例如，仓库中已存储事件的新特征必须被保存好，如在图 9—8 所示的表中增加 C 列。这种情况可以归为上面的第一条，但是当这些属性信息非常细致时，则这个问题将更困难，如在图 9—8 的例子中，与星期中的某天而不只是与月和年相关的数据。

（3）**新的描述属性类**　这等同于向数据库中添加新的表。

（4）**描述属性变得更加细致**　例如，关于商店的数据必须按照单个收银机进行分解，以了解销售数据。这种变化主要是数据的粒度，我们在本章的后面部分进一步讨论这个概念。这可能是非常难以处理的变化。

（5）**描述数据相互关联**　例如，商店数据和地理数据相关。这就使得数据模型要包含新的关系，这种关系通常是分层的。

（6）**新的数据源**　这是一个非常普遍的修改，在这种修改中，一些新的业务需求导致其他的源系统或者新安装的运行系统的数据必须装入仓库。这个变化可以引起前面提到的所有变化，同时也需要新的抽取、转换和加载处理。

对于所维护的整个数据历史，如果通过回退或者重新加载数据仓库来解决所有这些类型的变化，通常是不可能的。但是平稳地适应这些变化，使数据仓库满足新业务条件信息和业务智能的需求是非常关键的。所以，在设计数据仓库时考虑这些变化的处理是十分重要的。

派生数据层

我们现在转到派生数据层。这是和逻辑或物理数据集市相关的数据层（请参见图 9—5）。用户一般正是在这层上与他们的决策系统交互。理想情况下，无论数据集市是依赖型的、独立的或逻辑的，调和数据层都先设计，并作为派生数据层的基础。为了派生我们所需的数据集市，使 EDW 成为存储临时性和周期性数据的完全规范化的关系数据库，是非常重要的，这使我们能够非常灵活地将数据合并为适应所有用户需求的最简单的格式，即使有些数据在 EDW 设计的时候并没有预料到。在本节中，我们首先讨论派生数据层的特征。然后我们介绍星型模型（或空间模型），这是目前该数据层实现中最常用的数据模型。星型模型是特殊设计的、去规范化的关系数据模型。我们强调指出派生数据层可以使用企业数据仓库中的规范化关系，但是，大多数企业还是会建立很多数据集市。

派生数据的特征

早些时候，我们把为终端用户决策应用而选择的格式化后的聚集数据，定义为派生数据（derived data）。如图 9—5 所示，派生数据的来源是经过相当复杂数据处理得到的调和数据，调和数据是企业内外很多记录系统的数据集成并进行一致性调和后得到的。数据集市中的派生数据通常是为特定的用户组如部门、工作组甚至个人优化的，以此来度量和分析业务活动和趋势。操作的共同模型是从企业数据仓库中选择每天的相关数据，根据需要对这些数据进行格式化和聚集，然后把这些数据加载到数据集市中并为其建立索引。数据集市一般通过在线分析处理工具（OLAP）访问，我们将在本章的后续部分介绍在线分析处理工具。

派生数据追求的目标与调和数据的目标有很大不同。典型的目标如下：

● 为决策支持系统提供简单的使用方法。

● 为预定义的用户查询和信息请求提供快速响应（信息通常以某种度量形式存在，通过这种度量形式测度企业在诸如客户服务、盈利能力、处理效率或者销售增长等方面的健康程度）。

● 为特定的用户群体定制数据。

● 支持特殊查询、数据挖掘以及其他分析应用。

为了满足这些需求，我们通常发现派生数据具有如下的特征：

● 同时包含详细数据和聚集数据；

　　　　a. 详细数据常常是周期性的（但不总是）——即它们提供了历史记录。

　　　　b. 聚集数据被格式化了，以快速响应预定义的（或一般的）查询。

●　数据分布在不同用户群组的独立数据集市中。

●　数据集市中最常用的数据模型是空间模型，通常是星型模型，它是类关系模型（这种模型由在线关系分析处理工具［ROLAP］使用）。专用模型（看上去往往像超立方体）有时也会被使用（多维在线分析处理工具［MOLAP］使用这些模型），这些工具将在本章后续部分讲述。

□ 星型模型

　　星型模型（star schema）是一个简单的数据库设计（尤其适合即席查询），在这种模型中，维度数据（描述如何聚集数据）与事实或事件数据分离开（描述业务活动）。星型模型是多维模型（Kimball，1996a）的一个版本。虽然星型模型适合即席查询（以及其他形式的信息处理），但它不适合在线事务处理，因此一般不用于运营系统、运行数据存储或 EDW 中。它之所以被称为"星型模型"是因为它的视觉外观，而不是因为它已经被认可出现在好莱坞的星光大道上。

　　事实表和维度表　星型模型包含两种表：一种事实表以及一种或多种维度表。事实表（fact table）包含业务的事实性或定量的数据（数值型、值是连续的并具有可增加性），如销售量、订单量等。维度表（dimension table）存储了关于业务主题的描述性数据（上下文）。维度表所包含的属性，通常用来限定、分类和概括那些查询、报表或图表中的事实。数据集市可能包含几个星型模型，这些模型具有相似的维度表，但是每个模型都有不同的事实表。典型的业务维度（主题）有产品、客户和周期。周期或时间通常是一个维度。这种结构如图 9—9 所示，包含了四个维度表。正如我们即将看到的，这种基本星型模型有很多变种，这些变化后的模型为事实数据的概括和分类提供了更多的能力。

　　每个维度表与核心事实表之间都是一对多的联系。每个维度表通常有一个简单的主码，以及几个非码属性。主码是事实表的外码（如图 9—9 所示）。事实表的主码是组合码，它由所有的外码组合（图 9—9 中是四个外码），加上其他可能和维度不相对应的属性。每个维度表和事实表之间的联系都为用户提供了一个连接路径，它使用户能够通过预定义或即席 SQL 查询语句很容易地查询数据库。

　　到现在为止，你可能已经认识到星型模型不是一种新的数据模型，而是关系数据模型的一种去规范化实现。事实表起着规范化的 n 维关联实体的作用，它连接了各种维度表的实例，这些维度表是第二范式但可能不是第三范式。关于关联实体的概念，请参见第 2 章，而对于使用关联实体的应用，请参见图 2—11 和图 2—14。维度表是去规范化的。大多数专家认为这种去规范化是可接受的，因为维度是不更新的并且避免了连接的开销，因此，星型模型围绕一定的事实和业务对象进行优化，以响应特定的信息需求。维度之间不允许有联系，虽然组织中可能存在这样的联系（例如雇员和部门之间的联系），这样的联系已经超出了星型模型的范围。除了我们接下来将要看到的，还可能有其他表和维度相关，但是这些表绝对不会和事实表直接关联。

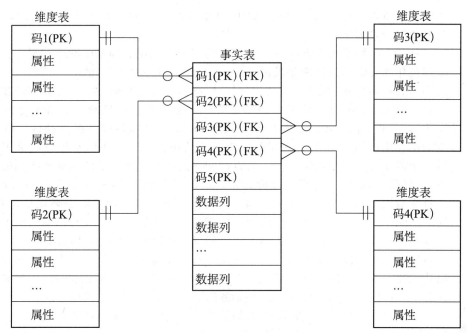

图 9—9　星型模型的组成元素

星型模型的例子　星型模型为一定领域的业务问题提供了答案。例如，考虑下面的问题：

（1）哪些城市大件商品的销售量最高？

（2）每个分店经理的平均月销售量是多少？

（3）我们在哪个店的哪种产品上有亏损？这种情况是按季度变化的吗？

能够解答这些问题的一种简单星型模型示例如图 9—10 所示。这个例子中含有三个维度表：产品（PRODUCT），周期（PERIOD）和（商店）STORE，以及一个名为销售（SALES）的事实表。这个事实表用来记录三个业务事实：总销售量、总销

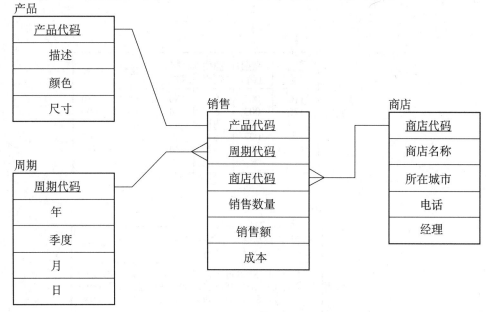

图 9—10　星型模型示例

售额、总成本。在每天（周期 PERIOD 中的最小周期）商店销售商品时，这些汇总信息都要记录下来。

这三个问题能否根据在事务型数据的完全规范化的数据模型得到解答？当然，完全规范化的详细的数据库是最灵活的，它可以支持任何问题的解答。然而，它会涉及更多的表和表之间的连接，数据需要以标准的方式进行聚合，并且数据需要以可理解的顺序存储。这些任务使得一般的业务经理更加难以审核数据（特别是使用生疏的SQL），除非他们使用的业务智能工具（OLAP）可以隐藏这种复杂性（详见本章后续的用户接口部分）。并且大量的销售历史将被保存，这些历史信息将多于事务处理应用所需要的。在数据集市中，为直接回答这些问题所需要的数据连接和汇总（可以引起更深层的数据库处理）处理过程，已经转移到调和层面（reconciliation layer），并且终端用户不需要参与相关处理。然而，需要回答问题的范围必须是预先知道的，这样才能设计信息丰富的、优化的、易于使用的数据集市。此外，当组织不再对这三个问题感兴趣的时候，这个数据集市（如果是物理建立的）可以被废弃，而且可以建立新的数据集市以回答新的问题，然而，对于支持动态变化比较小的数据库需求，可以建立完全规范化的模型（可以带有逻辑数据集市以满足临时需求）。在本章的后续部分中，我们将介绍一些基于这些业务问题选择星型模型的简单方法。

这个星型模型的一些样例数据如图9—11所示。例如，从事实表中，我们找到了110 号产品在 002 时间段中的如下事实：

（1）商店 S1 销售了 30 个。总销售额为 1 500 美元，总成本为 1 200 美元。

（2）商店 S3 销售了 40 个。总销售额为 2 000 美元，总成本为 1 200 美元。

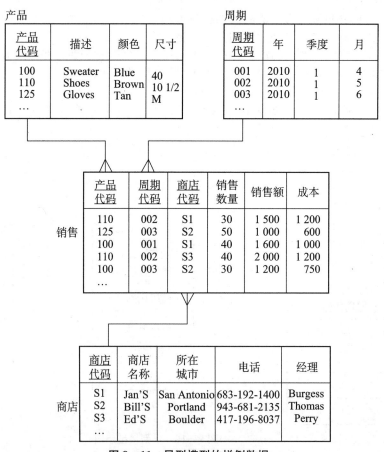

图9—11 星型模型的样例数据

关于这个例子维度的其他信息，可以在维度表中获得。例如，在周期表中，我们发现 002 时间段对应的时间是 2010 年 1 季度 5 月。请试着以相似的方法跟踪其他维度。

替代码 用于连接事实表和维度表的每个码都应该是替代码（非智能的或系统分配的），而不是使用业务数据值的码（有时被称为自然的、智能的或产品码）。即在图 9—10 中，事实表和维度表中的产品代码、商店代码和周期代码都是替代码。举例来说，如果有必要知道产品分类号、工程数量或者产品的库存编号，这些属性将和描述信息、颜色和尺寸一起作为属性存到产品维度表中。以下是使用替代码规则的主要理由（Kimball，1998a）：

● 业务码总是随时间缓慢变化，并且我们需要记住同一个业务对象的新旧业务码值。正如我们将在后续关于维度变化的章节中看到的，替代码使我们能够轻松地处理变化的码和未知码。

● 使用替代码，也使我们能够随时间保持对相同产品代码的不同非码属性值的跟踪。因此，当一个产品在包装尺寸上变化的时候，我们可以把同一个产品的产品代码和几个替代码相关联，每一个替代码对应不同的包裹尺寸。

● 替代码通常更简单、更简短，尤其是当产品代码是组合码的时候。

● 替代码对于所有码都可以采用相同长度和相同格式，不管数据库中包含什么业务维度，即使是日期。

每个维度表的主码是它的替代码。事实表的主码是相关维度表替代码的组合，并且每个组合码的属性显然是相关维度表的外码。

事实表的粒度 星型模型中的原始数据都存放在事实表中。一个事实表中的所有数据都是由相同的组合码决定的。所以，举例来说，如果事实表中最详细的数据是按日记录的，那么所有的度量数据也必须是按日存放在事实表中的，并且周期维度的最低层也必须是一天。确定所存储事实数据的最低层次，是数据集市设计中最重要也是最难的一个步骤。这些数据的详细程度是由事实表的所有主码组成元素的交集决定的。这些主码元素的交集被称为事实表的**粒度**（grain）。确定粒度是至关重要的，而且必须取决于业务决策的需求（即数据集市需要回答的问题）。虽然总有方法通过使用维度属性聚合来概括事实数据，但是在数据集市中，却无法在比事实表更细的粒度上理解业务活动。

通用的粒度是每个业务事务，例如产品销售账单上的单个行，一张人员变更单，材料收据上的一行，一个保险政策的声明，一张登机牌，或者单个 ATM 事务。事务粒度允许用户进行诸如市场购物篮的分析操作，该分析研究了每个顾客的购买行为。比事务层次高的粒度可以是某种产品在指定一天中的所有销售情况，特定仓库在给定月份中原材料的所有收据，或者与一个 ATM 会话相关的所有 ATM 事务。事实表的粒度越细、维度越多、事实表中的行越多，则通常数据集市模型与运营数据的数据模型越接近。

随着基于 Web 商业的蓬勃发展，点击可能成为最低的粒度。网站的购买习惯分析需要点击量数据（举例来说，在页面上花费的时间，前一个和后一个页面）。这样的分析对于理解网站可用性以及基于导航路径定制信息都是十分有用的。然而，这么细的粒度对于实际应用来说可能过细了。据估计，90%甚至更多的点击量数据是没有用的（Inmon，2006），例如，在某些时候，用户移动鼠标是没有业务价值的，像用户锻炼手腕移动了鼠标，撞了一下鼠标，或者移动鼠标给桌上的东西让出空间。

Kimball（2001）和其他人根据数据集市技术的局限，建议使用最小的粒度。即使当数据集市用户信息需求预示着一定的聚合粒度层次，通常在一些使用之后，用户会提出更多细节方面的问题（下钻），以寻求某种聚合模式存在的道理。你不能"下钻"到事实表粒度之下（除非借助于其他数据源，如 EDW，ODS 或者最初的源系统，这些数据源可以对分析有很大的帮助）。

数据库的持续时间　在 EDW 和 ODS 中，设计数据集市的另一个重要决策是要保留的历史记录的数量，即数据库的持续时间。自然的持续时间大概是 13 个月或者 5 个日历季度，这段时间足以看出数据的年度循环。一些业务，如金融机构，需要更长的持续时间。如果需要来自数据源的新属性，则旧一些的数据就可能难以获得和清洗。即便是可以得到旧数据，要找出维度数据的旧值可能是更困难的，它比事实数据保留的可能性更小。不带有相关维度数据的事实数据，是没有价值的。

事实表的大小　正如你所预期的，事实表的粒度和持续时间对表的大小有直接影响。我们可以按下列方法估计事实表的行数：

（1）估计和事实表相关联的每个维度可能值的数量（换句话说，就是事实表中每个外码可能的取值数量）。

（2）在做必要的调整之后，把第一步中获得的值乘起来。

让我们把这种方法应用到图 9—11 中展示的星型模型。假定各个维度值如下：

商店的总数＝1 000
产品总数＝10 000
周期总数＝24（相当 2 年的月数）

尽管总共有 10 000 件产品，可能只有小部分产品会在指定的月份中记录销售情况。因为在事实表中出现的产品汇总，只是针对在指定月中记录了销售信息的产品，所以我们需要调整上述数字。假定在指定月中平均有 50%（或 5 000 个）的产品记录了销售情况。那么事实表中行的数目的计算如下：

总行数＝1 000 个商店×5 000 件销售产品×24 个月
　　　＝120 000 000 行（！）

因此，在我们这个相对较小的例子中，包含了两年月收入汇总的事实表，将有超过 1 亿行的记录。这个例子清晰地说明了事实表的大小将比维度表大出很多倍。例如，STORE 表有 1 000 行，PRODUCT 表有 10 000 行，而 PERIOD 表有 24 行。

如果我们知道事实表中每个字段的大小，就可进一步估计该表的大小（按字节计）。图 9—11 中的事实表（名为销售）有 6 个字段。如果每个字段平均长度为 4 个字节，则可以用如下的方式估计事实表的大小：

总大小＝120 000 000 行×6 个字段×4 字节/字段
　　　＝2 880 000 000 字节（或 2.88 千兆字节）

事实表的大小依赖于维度数和事实表的粒度。假定在使用了图 9—11 所示数据库一段时间之后，市场部要求将每日的总额汇总在事实表中。（这是数据集市的一种典型演化。）随着事实表的粒度转变到每日产品汇总，行数将按下面的算式计算：

总行数＝1 000 个商店×2 000 件销售产品×720 天（2 年）
　　　＝1 440 000 000 行

在这种计算中，我们假定 20％的产品记录某天的销售情况，则现在可以预测数据库将有 10 亿多行。数据库的大小计算如下：

总大小＝1 440 000 000 行×6 个字段×4 字节/字段
　　　＝34 560 000 000 字节（或 34.56 千兆字节）

很多大型的零售商（例如沃尔玛、凯马特、西尔斯）和电子商务网站（例如，Travelocity.com，MatchLogic.com），现在都已经拥有数据仓库（或者数据集市）。这些数据仓库的大小大都在 TB 级，并且随着市场人员持续要求更多的维度和更细的事实表粒度，这些数据也会快速增长。

给日期和时间建模　由于数据仓库和数据集市随时间记录维度相关的事实，因此日期和时间（此后简称日期［date］）通常是一个维度表，并且日期替代码总是任何事实表主码的组成部分之一。因为用户可能想在日期的不同方面或在不同种类的日期上聚合事实，所以日期维度可能有很多非码属性。此外，因为日期的一些特征是特定于国家或事件的（例如，日期是不是节日或者在给定的日子中有一些特殊事件，如音乐节或足球比赛），所以给日期维度建模可能比现在阐述的还要复杂。

图 9—12 展示了一个典型的日期维度设计。正如我们之前看到的，日期替代码以事实表的主码的一部分出现，并且是日期维度表的主码。日期维度表的非码属性包括用户需要的所有日期特性，用户使用这些日期特性，对不随国家或事件变化的事实进行分类、摘要和分组。对于在不同国家从事商业的组织来说（或者在有不同日期特征的几个地理位置），我们添加了一个国家日历表来保存每个国家的日期特征。因此，日期码是国家日历表的外码，并且，国家日历表的每一行是由日期码和国家唯一确定的，它们组成了这个表的组合码。在特定的日期可能发生特殊的事件。（为了简单起见，我们在这里假定每天发生的特殊事件不超过一件。）我们通过创建一个事件表把事件数据规范化，这样，每个事件的描述数据（例如，"草莓节"或者"回家游戏"）都只存储一次。

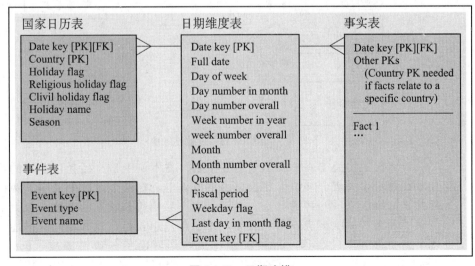

图 9—12　日期建模

有时，一个事实可能和多种日期相关联，包括事实发生的日期、事实报道的日期、事实被记录到数据库的日期以及事实更新的日期。这些信息中的每一条，都可能在不同的分析中有着重要作用。

星型模型的变种

前面介绍的简单星型模型对于很多应用已经足够了。然而，为了解决复杂的建模问题，需要对星型模型进行各种扩展。在本节中，我们简要介绍几种这样的扩展：带有一致性维度的多个事实表和非事实型事实表。对于其他扩展和变种的讨论，请参见后续章节，Poe（1996），和 www.ralphkimball.com。

多个事实表 为了追求性能或其他原因，常常需要在给定的星型模型中定义多个事实表。例如，假设不同用户需要不同层次的聚集（换而言之，有不同的表粒度）。为每个聚集层次定义不同的事实表，可以提高星型模型性能。但带来的突出问题是，存储需求可能随着每个新事实表一起显著增长。更普遍的是，需要用多个事实表来存储不同用户组的不同维度组合的事实。

图 9—13 描述了两个相关星型模型的多个事实表的典型情况。在这个例子中，有两个事实表，它们分别位于两个星型模型的中心：

（1）销售——关于一个产品在一个商店于某个日期销售给顾客的事实。

（2）收据——在某天产品由供应商提供给仓库的收据。

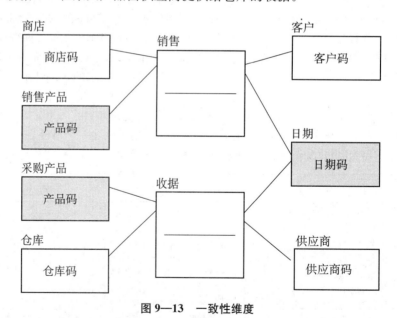

图 9—13　一致性维度

一般情况下，关于一个或多个业务主题（在本例中是产品和日期）的数据，需要存放在每个事实表——销售和收据的维度表中。在这个设计中采用了两种方法来处理共享的维度表。一种情况是，由于关于产品销售和收据的描述有很大不同，所以创建了两个产品维度表。另一方面，由于用户想要日期具有相同的描述，因此只使用了一个维度表。在每一种情况中，我们都创建了**一致性维度**（conformed dimension），这意味着维度对于每个事实表表示相同的事物，因此使用相同的替代主码。即使这两个星型模型被存储在分离的物理数据集市中，如果维度是一致的，那么就可以询问跨这两个数据集市的问题（例如，某个供应商是否意识到销售更快，并且他们能在更短的时间内补充货物？）。一般情况下，一致性维度使用户能够执行如下操作：

- 共享非码维度数据。
- 跨多个事实表进行一致性查询。
- 操作对于所有用户都具有相同含义的事实和业务主题。

非事实型事实表 看起来似乎很奇怪，但是确实有某些应用的事实表没有非码（事实）数据，却有相关维度的外码。非事实型事实表的两种应用场景是追踪事件（参见图 9—14（a））和记录可能发生的情况（称为覆盖）（参见图 9—14（b））。图 9—14（a）中的星型模型追踪的是，学生在什么时间、什么样的教学设施条件下，上哪位老师的哪门课程，结果由 5 个外码的交集表达。图 9—14（b）中的星型模型展示的是，在商店某个促销的特定时间中的产品可能的一组销售信息。第二个销售事实表，没在图 9—14（b）中展示，可能包含同一维度组合的销售金额和销售量（也就是说，具有相同的促销事实表的 4 个外码，加上这两个非码的事实）。有了这两个事实表和 4 个一致性维度，就可能发现在指定的时间和特定的商店中哪件商品在促销中没有卖出去（也就是说，销售量为 0），这可以通过查找促销事实表中的四个码值的组合来发现，但它不在销售事实表中。销售事实表自身不能回答这个问题，因为它没有 4 个码值组合的、具有 0 销售量的行。

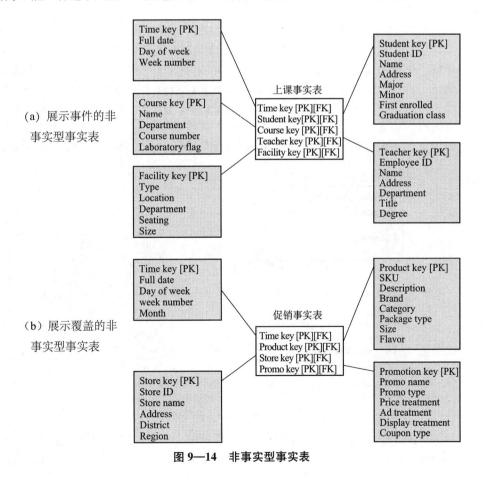

图 9—14 非事实型事实表

规范化维度表

事实表是完全规范化的，因为每一个事实都依赖且仅依赖于整个组合码。然而，维度表可以是非规范化的。大多数数据仓库专家发现，这对于指定用户群的优化和简化的数据集市来说是可接受的，因此所有的维度数据与相关的事实之间都只有一次连接。（请记住，这可以由逻辑数据集市完成，所以不需要存储冗余的数据。）有时，和其他关系数据库一样，去规范化维度表的一些性质会引起插入、更新和删除问题。在本节中，我们将涉及各种有必要进行维度表规范化的情况。

多值维度表 同一个业务主题的事实常常需要通过一组值来进行限定。例如，考虑图 9—15 中医院的例子。在这种情况下，某个日期中特定的医院收费和病人付款（例如，财务事实表中的所有外码）是和一个或多个诊断相关的。（我们通过诊断表和财务表之间的 $M : N$ 联系的虚线来表示。）我们可以选取最重要的诊断作为财务表的一个组合码，但是这将意味着可能丢失其他相关诊断的重要信息。或者，我们可能用固定数量的诊断码来设计财务表，这个数量要多于我们能够想到的可能相关诊断的数量，但是这将使很多行都出现主码部分为空值（null）的情况，从而违反了关系数据库的性质。

最好的方法（规范化的方法）是在诊断表和财务表之间创建一个关联实体表，在本例中是诊断组表。（因此图 9—15 中的虚线联系就不再需要了。）在数据仓库数据库领域，这样的关联实体表被称为"辅助表"，我们将在后续章节中看到更多辅助表的例子。辅助表可能有非码属性（就如所有关联实体表一样）；例如，图 9—15 的诊断组表中权重（weight）这个元素，表明每个诊断在每个组中所起的作用，所有诊断信息的权重加起来应该是百分之百。还请注意，不可能存在财务表中的多行和同一个诊断组码相关联的情况，因此，诊断组码确实是财务事实表部分组合主码的替代。

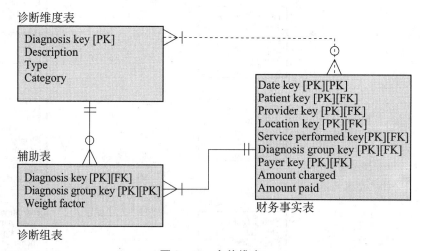

图 9—15 多值维度

层次 很多时候，星型模型的维度形成了自然的、固定深度的层次。例如，有地理层次（如，州中有市场，地区包含州，而国家包含区域）和产品层次（产品有包装和尺寸，产品包中包含产品，以及产品组包含产品包）。当一个维度参与在层次中时，数据库设计者有两个基本选择：

（1）为层次中最详细的层次建立一个去规范化的维度表，该表中包含每个层次的所有信息，这样会带来相当大的冗余和更新异常。虽然这很简单，但通常不是推荐的方法。

（2）把维度规范为一组固定数目的嵌套表，表之间是 1：M 的联系。只将最低层次表和事实表关联在一起。在任何一个层次都可以聚合数据，但用户必须按层进行嵌套连接或提供给用户预先连接的层次视图。

在层次深度固定的情况下，每一层都是单独的维度实体。有些层次可能比其他层更易于使用这种结构。考虑图 9—16 中的产品层次。在这里，每一个产品都是产品系列的一部分，而一个产品系列是某个产品种类的一部分，而产品种类是产品组的一部分。如果每个产品都依照这种层次，则这种结构就会工作得很好。这种层次在数据仓库和数据集市中是十分常见的。

现在，考虑一个更一般的关于咨询公司的例子，该公司在项目的特定时间周期给用户开发票。在这个例子中，收入事实表显示有多少收入开出了发票，以及每张发票包含的多少小时的咨询时间，具体还包含了特定时间周期、客户、服务、雇员、项目等信息。由于咨询工作可能是提供给组织的不同部门，因此，如果我们想要理解咨询在客户组织的任意一个层次中的作用，我们就需要一个客户层次。这个层次在组织单元之间是一种递归的关系。正如图 4—17 所示的管理层次，将该层次表达为规范化数据库的标准方法，是在行中加入指向其上层单元的外码。

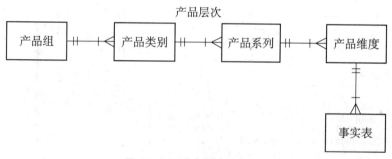

图 9—16 固定的产品层次

用这种方式实现的递归联系，对于一般的终端用户来说是有困难的，因为在任意层次上实现聚集都需要复杂的 SQL 编程。一种解决方法是，通过将临近层合并成通用的类别，从而将递归联系转化成固定数量的层次。例如，对于一个组织层来说，在每个单元上的递归层可以分组合并为企业、分公司和部门。每层上的每个实体实例都具有一个替代主码和属性，它们用于描述该层支持决策所需的各种特性。在调和层所做的工作将会形成和维护这些实例。

另一个简单但更普遍的例子如图 9—17 所示。图 9—17（a）展示了如何通过辅助表在数据仓库中建模这种层次结构（Chisholm，2000；Kimball，1998b）。接受咨询公司服务的每个客户组织单元，在客户维度表中都有不同行和替代客户码（customer key），并且客户替代码是收入事实表的外码。这个外码与辅助表中的子客户码（sub customer key）相关联，因为收入事实表与组织分层中最低的层次相连。在任意深度的递归联系中做连接的问题，是用户必须写代码来完成任意层次的连接（对于每个子层都要写一次代码），并且由于数据仓库规模庞大，因此这些连接可能是非常耗时的（除了一些使用并行处理的高性能数据仓库技术）。为了避免这个问题，辅助表通过记录每个组织子单元与其各父单元之间的联系，包括从该组织子单元到组织顶层单元之间的所有联系，使组织层次扁平化。辅助表的每一行有三个描述符：Depth from parent 表示从该行中的父单元到子单元的层数，Lowest flag 是表明子单元是否是最低层次的标志，Topmost flag 是表明子单元是否是最高层次的标志。图 9—17（b）描述了一个客户组织层次的例子，以及表示整个组织的辅助表中的行。（在其他客户组织中，辅助表中可能存在表示子单元—父单元关系的其他行。）

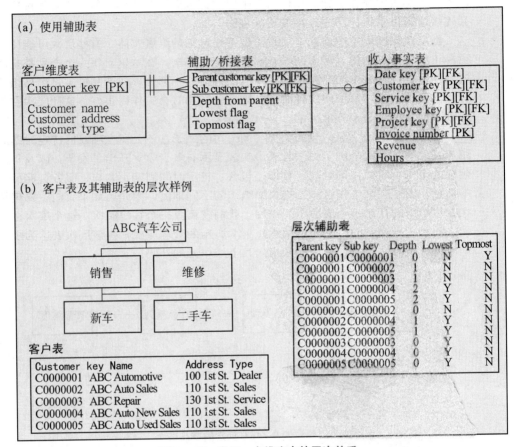

图 9—17　表示一个维度内的层次关系

图 9—17（a）的收入事实表包含了一个发票编号（Invoice number）的主码属性。发票编号是一个退化维度的例子，它没有有价值的维度属性。（因此，没有相应的维度表存在，并且发票编号也不是维度表的主属性。）发票编号也不是一个事实，因为该属性上的算术运算是没有意义的。如果需要在 ODS 或源系统搜寻发票事务的其他细节信息，或把相关的事实进行分组，那么这个属性可能很有用处（例如，在同一张发票上的所有收入项）。

当使用辅助表（有时叫做桥接表（bridge table），或参照表（reference table），对维度表进行进一步规范化的时候，简单的星型模型就转变成**雪花模型**（snowflake schema）。雪花模型类似于 ODS 或源数据库片段聚集在事务表（该表摘要得到事实表）周围，并且所有的表都直接和间接地与这些事务表相关联。很多数据仓库专家不鼓励使用雪花模型，因为它们对用户来说更加复杂，并且需要更多的连接才能把这些结果合并到一个表中。如果维度规范化节省了大量冗余空间（例如，有很多冗余的长的文本属性），或者当用户觉得浏览规范化表很有用时，才可能需要雪花模型。

□ 逐步改变维度

大家还记得数据仓库和数据集市会随着时间跟踪业务活动，通常会跟踪很多年。业务不会随着时间的推移一直保持不变，产品会改变尺寸和重量，客户会重新分布，商店会改变布局，销售人员会被安排到不同的地方。大多数记录系统只保存业务主题的当前值（例如，当前客户地址），而运营数据存储只保存更新的简短历史来表示更新的发生，并且支持业务程序处理实时的变化。但是在数据仓库或数据集市中，我们需要知道历史值，才能在事实发生的时候把事实的历史与正确的维度描述相匹配。例如，我们需要把一个销售事实在该销售事实发生期间，与相关客户的描述相关联，这些描述可能不是该客户当天的描述。当然，业务主题的变化与大多数事务型数据（例如库存量）相比，还是比较缓慢的。因此，维度数据是变化的，但是缓慢变化的。

我们可以用以下三种方式中的一种，来处理缓慢变化的维度属性（slowly changing dimension，SCD）（Kimball，1996b，1999）：

（1）用新值覆盖当前值，但这是不可接受的，因为该方法抹掉了对过去业务的描述，而我们需要用这些描述来说明历史事实。Kimball 称之为类型 1 方法。

（2）对于每个改变的维度属性，创建一个当前值字段和预计数量的多个旧值字段（也就是说，一个带有固定事件数量的有限历史视图的多值属性）。如果在数据仓库保存的历史记录中，改变的次数是可以预计的，那么这种模型或许可以使用（例如，我们只需要保留 24 个月的历史记录，并且属性值每个月修改一次）。然而，该模型只在这种严格的假设下有效，它不能适用于一般的缓慢变化的维度属性。此外，查询可能变得很复杂，因为需要在具体的查询中确定所需要的列。Kimball 称之为类型 3 方法。

（3）在维度对象每次改变时都创建一个新的维度表行（带有一个新的替代码）。这个新行包含修改时的所有维度特征，新替代码是原来的替代码加上这些维度值生效的起始日期。事实表中的一行，将和属性与事实所处的日期/时间相符的替代码相关联（即事实的日期/时间介于维度行的起始日期和结束日期之间，这些维度行将具有相同的初始替代码）。我们也可能想在维度行中存储修改失效的日期/时间（对于每个维度对象的当前行，该日期可能是最新日期或者为 null）和修改的理由代码。这种方法允许我们根据需要创建任意多个维度对象的修改。但是，如果行频繁变化或者行非常长，那么该方法也会变得不实用。Kimball 称之为类型 2 方法，这也是最常用的方法。

某些维度属性上的更改可能是不重要的。因此，类型 1 方法可以用于这些属性。类型 2 方法是处理重要属性缓慢变化的最常用方法。在这种模型下，我们也许要在维度行中存储原始对象的替代码，通过这种方式，我们可以把同一个对象的所有相关的修改联系在一起。实际上，维度表的主码是原始替代码加上修改日期的组合，如图 9—18 所示。在这个例子中，每当有客户属性修改时，维度表中就会出现一个新的客户行，该行的主码是该客户的原始替代码 Customer Key 加上修改日期 Start Date。非码元素是修改发生时所有非码属性的值（即有些属性会因为修改而有新值，但可能大多数属性都将保留该客户最新行中的值）。定位一个事实表行对应的维度行是比较复杂的，SQL 的 WHERE 子句可以包含如下内容：

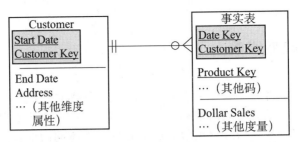

图 9—18 类型 2 SCD 客户维度表示例

WHERE Fact. CustomerKey＝Customer. CustomerKey
AND Fact. DateKey BETWEEN Customer. StartDate and Customer. EndDate

为了使上述语句能正常运行，对客户维度数据上次修改的 EndDate 必须是可能的最大日期。如果不是，上次修改时的 EndDate 可以是 null，并且可以通过修改 WHERE 子句处理这种情况。类型 2 方法的另一个共同特征，是在每个新维度行中包含一个记录修改原因的原因代码（Kimball，2006），在某些情况下，原因代码对决策支持是很有用的（例如，在纠正错误、解决重复发生问题过程中发现趋势，或者发现业务环境中的模式）。

然而，如上所说，这种模型在维度对象频繁改变或维度行异常庞大时，会导致过多数量维度表行的产生。此外，如果只是维度行的小部分有改变，就会产生很多冗余数据。图 9—19 阐述了一种方法——维度分段，该方法解决了上述问题，同时也能处理更一般的维度属性子集的情况，这些子集具有不同的修改频率。在这个例子中，客户维度被分割成两个维度表：一部分保存几乎不变或缓慢变化的维度，其他部分（在本例中我们只展示了两部分）保存了改变速度比较快的属性聚集，并且对于那些在同一聚集中的属性，通常是同时改变的。这些变化比较快的属性，通常被数据仓库设计者称为"热"属性。

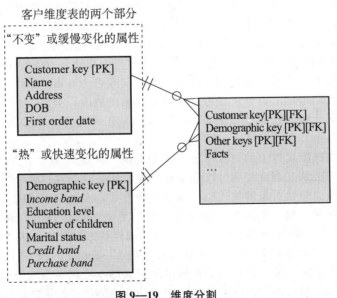

图 9—19 维度分割

这种分割的另一方面是，对于热属性而言，我们把单个维度属性，如客户收入（例如，75 400 美元/年），修改成一个收入区间的值（例如，60 000 美元/年～89 999 美元/年）。区间值根据用户需求定义，并且根据需要定义范围的大小，但是这肯定会在一定程度上丢失精度。区间使热属性的热度降低，因为在区间范围内的修改不需要添加新行。这种设计对用户来说更加复杂，因为他们需要在分析中，将事实与多个维度段进行连接。

另一种处理缓慢变化维度的通用方法，是将维度表水平分割成两个表，一个用于保存维度实体的当前值，另一个用于保存所有的历史记录，也可能包括当前行。这种方法的逻辑是，很多查询只需要访问当前值，这可在只包含当前行的小表中快速完成；当查询需要查看历史时，则使用历史维度表。同种方法的另一种形式是只使用一个维度表，但是添加一个列来说明该行包含的是最新值还是以前的值。对于处理缓慢变化维度的其他方法，请参见 Kimball（2002）。

☐ 确定维度和事实

数据集市需要哪些维度和事实由决策需求决定。每个决策都是基于特定的尺度来监视一些重要因素的状态（例如，库存周转情况），或者预测一些关键事件（例如，客户变动）。很多决策都建立在度量标准、金融平衡、处理效率、客户和业务增长等多种因素的基础之上。决策通常是从一些问题开始的，例如上个月销售额是多少、为什么有如此的销售额，下个月销售额会是多少，以及怎样做才能完成预计的销售额。

解答这些问题，常常会使我们提出新的问题。因此，虽然对于一个给定的领域，我们能够预计出用户对数据集市一开始可能提出的问题，但却不能很好地预测用户想知道的所有事情。这也是独立数据集市不被提倡的原因。在依赖性数据集市中，如果用户新问题所需要的数据不在当前数据集市中，还比较容易扩展现有的数据集市，或者让用户访问其他数据集市或 EDW。

确定数据集市中应该存放哪些数据，要从用户要求回答的问题开始。每个问题可以分解成用户想要了解的业务信息条目（事实），以及用来访问、排序、分组、摘要和展示事实（维度属性）的标准。对问题建模的一种简单方法是使用矩阵，如图 9—20（a）所示。在这个图中，行是限定符（维度或维度属性），列是问题中涉及的指标（事实）。矩阵单元格中的代码指示了在每个问题中包含的限定符和指标。例如，问题 3 使用的事实（指标）是投诉数量，以及产品种类、客户地域、年和月等维度属性。对于任意一组问题，都可能需要一个或多个星型模型。对于图 9—20（a）的例子，因为事实的粒度不同（例如，我们认为投诉和商店或销售人员无关），所以设计了两个事实表，如图 9—20（b）所示。我们还在产品和产品分类之间、客户和客户地域之间建立了层次关系，另外一种方法也可能是可行的，例如，将产品分类分解为产品，但这样会带来冗余。我们也将旺季理解为是与月份分开的概念，并且是依赖于地域的。产品、客户和月份是一致的维度，因为它们被两个事实表共享。

(a) 销售与客户服务跟踪的事实限定矩阵			
(1) 在北美过去三年的每年中，向年龄在 50 岁以上的客户销售保健和美容产品的销售额是多少美元？ (2) 在本年度的第一个季度中，拥有每种产品的最高销售额的销售人员姓名是什么？ (3) 在过去的一年中，我们收到的宠物食品类产品的欧洲客户投诉有多少？本年度中投诉量是如何按月变化的？ (4) 在夏季期间，拥有休闲服最高平均月销售量的商店名称是什么？	销售额	投诉数量	平均销售量
产品类型	1	3	4
客户区域	1	3	
客户年龄	1		
年度	1	3	
销售员姓名	2		
产品	2		
季度	2		
月份		3	
商店			4
季节			4

(b) 销售与客户服务跟踪的星型模型

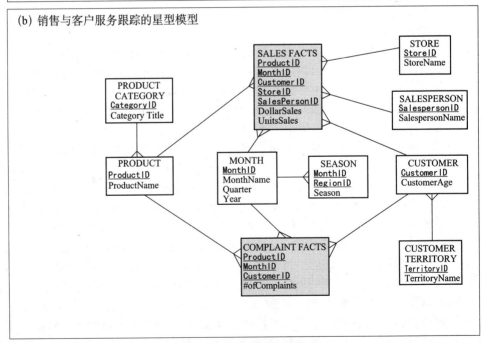

图 9—20　确定维度和事实

因此，如果图 9—20 中所描述的分析类型，表示了确定维度模型的维度和事实的起点，那么你什么时候知道已经做完了呢？我们不知道这个问题的确切答案（并且实际上你真的可能永远做不完，而只是不断地扩展数据模型覆盖的范围）。然而，Ross（2009）确定了 Ralph Kimball 和 Kimball 大学提出的维度建模 10 个基本规则。我们在表 9—3 中总结了这些规则；我们认为你将会发现这些规则是本章中讲过的很多规则的有益综合。当这些规则满足时，你就做完了（是暂时的）。

表 9—3	维度建模的 10 个基本规则

1. **使用原子事实**：用户最终都会想要详细数据，即使他们最初的请求是概要事实。

2. **创建单处理事实表**：每个事实表都应该涉及一个业务处理的重要度量，如接收客户订单或提交材料购买订单。

3. **为每个事实表都包含一个日期维度**：一项事实都应该由与该事实相关的天（或更细的）日期/时间的特性来描述。

4. **使用一致的粒度**：事实表中的每个度量，对于相同的组合码（相同粒度）都必须是原子的。

5. **在事实表中禁止使用 null 码**：事实表使用组合码值，并且可能需要辅助表来表示某些 $M:N$ 联系。

6. **尊重分层**：理解维度的层次，并且在将层次变成雪花结构或去规范化为单个维度时，要非常谨慎。

7. **解码维度表**：将事实表中使用的替代码和代码的描述，存储在相关的维度表中，这样这些信息可以在报表或查询中使用。

8. **使用替代码**：所有维度表的行都应该由替代码标识，而通过描述列展示相关的源系统中的码。

9. **使维度一致**：多个事实表之间应该使用一致的维度。

10. **平衡实际数据的需求**：不幸的是，源数据可能不能精确满足所有的业务需求，因此，你必须在技术上的可能性与用户需求之间取得平衡。

列数据库：数据仓库的新选择

　　RDBMS 厂商（例如，Oracle 和 IBM）为支持分析型查询处理，已经增加了相应的功能，并且 RDBMS 厂商（例如，Teradata 和 Netezza）已经开发了全新的数据库引擎，来处理数据仓库和商业智能处理。这些厂商围绕标准关系数据模型和文件物理结构来构建他们的相关技术，关系模型中的表是由行和列构成，而文件中将行存储为记录，将列表示为每个记录中的一个字段。新兴的厂商声称分析型查询需要不同的存储结构——这种结构是以列而不是以行为基础存储数据。也就是说，表中的值按列的顺序存储，首先存第一列的值，接着又是另一列的值，以此类推，相当于数据表被旋转了 90 度。

　　数据仓库和商业智能（Business intelligence，BI）查询，通常基于一些列的共同值访问很多行，例如总结销售数据，找到在西北地区最畅销的 10 种产品。这往往和事务处理任务相反，事务处理查找很多列的值，但是为了找一行或相关的几行，例如，一个特定客户订单以及相关的客户记录，订单中的条目以及相关产品的细节。基于列的产品厂商声称可以减少存储空间（因为一个值只被存储一次），并加快查询速度，因为数据的物理组织支持分析型查询。数据仓库的概念和逻辑数据模型没有改变。SQL 仍是查询语言，而且你写的查询语句没有什么不同，这种 DBMS 和传统的面向行的 RDBMS 相比，只是在数据存储和访问方面有所不同。

　　列数据库技术用存储空间的节省减少了计算时间（70％以上的数据压缩是常见的）。例如，客户 ID 在数据库中有多次出现，如客户数据标识，甚至是作为外码与客户订单、付款、产品退货、服务回访和其他活动关联，但对于该数据项的所有出现只需存储一次。对所有的数据列来说都是这样，包括城市名、街道名、各类团体名称等等。数据的内部编码用于将业务数据值与该值的物理数据库引用相关联。通过在稠密的存储空间中搜寻与查询值关联的列值代码，一个查询能够得到快速执行。列数据库与基于行的关系数据库相比的优势，是基于如下假设：磁盘存储空间和访问磁盘存储的带宽，比用于从压缩的存储上重构业务数据的 CPU 时间更昂贵。并且，在压缩存储下，查询处理的整体时间会减少。

关于列数据库技术的细节已经超出了本书的讨论范围，因为这主要涉及 DBMS 的设计而不是数据库的设计。然而，对你来说，要理解为分析型查询而设计的新 DBMS 技术正在涌现，并且在数据仓库环境的整个结构设计中，也要考虑这些新的技术。主要的列数据库厂商有 Sybase 和 Vertica，并且 Infobright 有一个能够在 MySQL 上使用的开源的选项。

▍用户接口

尽管我们已经介绍了开始设计数据仓库时需要了解的大部分内容，你仍可能要问"我们用它能做什么呢？"即使一个数据集市或者企业数据仓库设计良好，并且加载了有关数据，但如果没有为用户提供功能强大、直观的接口，使他们能够方便地进行数据分析，则它可能是不可用的。在本节中，我们将简单介绍当前流行的数据仓库和集市接口。

有很多工具可以用来查询和分析存放在数据仓库和数据集市中的数据。这些工具可以分为如下类型：
- 传统的查询和报表工具
- OLAP，MOLAP 和 ROLAP 工具
- 数据可视化工具
- 业务运行管理和仪表盘工具
- 数据挖掘工具

传统的查询和报表工具包括电子表格、个人电脑数据库、报表编辑和生成器。由于篇幅的原因（也因为它们在别处涉及），我们不在本章中描述这些工具。我们将在介绍元数据的作用之后，介绍剩下的 4 类工具。

▢ 元数据的作用

建立用户友好接口的第一个需求是一组元数据，这些元数据采用用户易于理解的业务术语对数据集市中数据进行描述。我们在图 9—5 中所示的三层结构中，展示了元数据与数据集市之间的联系。

与数据集市相关的元数据，通常被称为"数据目录"（data catalog 或 data directory）或其他相类似的术语。元数据的作用类似于数据集市中数据的"黄页"目录。元数据应该能使用户很容易地回答如下的问题：

（1）数据集市中描述的主题是什么？（典型的主题包括客户、病人、学生、产品、课程等。）

（2）数据集市中包括什么维度和事实？事实表的粒度是什么？

（3）数据集市中的数据如何从企业数据仓库中派生出来？在派生过程中使用什么规则？

（4）企业数据仓库中的数据如何从运营数据中派生？在这个派生过程中使用什么

规则？

（5）查看数据都有什么可用的报表和预先定义的查询？

（6）有哪些可用的下钻和其他数据分析技术是可用的？

（7）谁对数据集市的数据质量负责？修改请求要向谁提出？

SQL OLAP 检索

最常用的数据库查询语言——SQL（参见第 6 章和第 7 章），被扩展以支持数据仓库环境所需要的某些类型的计算和检索。但是，一般意义上说，SQL 不是分析型语言（Mundy，2011）。分析型查询的核心是执行分类（例如，根据维度特征对数据进行分组）、聚集（例如，计算每个种类的平均值）和排名（例如，找到月销售额最高的某种类型产品的客户）。考虑如下的业务问题：

哪个客户购买我们所出售的产品最多？显示产品 ID 和描述、客户 ID 和姓名，以及那个产品对该客户的销售总数，以产品 ID 的顺序显示结果。

即使在标准 SQL 的限制下，这个分析型检索也可以不用 SQL 的 OLAP 扩展写。写这种检索的一种方法——使用本书提供的松树谷家具数据库的完整版本，如下所示：

```
SELECT P1. Productld，ProductDescription，C1. Customerld，
Customer Name，SUML1. OrderedQuantity）AS Tot Ordered
FROM Customer _ T AS C1，Product _ T AS P1，OrderLine _ T
    AS OL 1，Order _ T AS O1
WHERE C1. Customerld＝O1. Customerld
    AND O1. Orderld＝OL1. Orderld
    AND OL1. Productld＝P1. Productld
GROUP BY P1. Productld，ProductDescription，
    C1. Customerld，CustomerName
HAVLNG TotOrdered＞＝ALL
（SELECT SUM（OL2. ORDEREDQuantity）
FROM Or derLine _ T AS OL2，Order _ T AS O2
WHERE OL2. Productld＝P1. Productld
    AND OL2. Orderld＝O2. Orderld
    AND O2. Customerld＜＞C1. Customerld
（GROUP BY O2. Custoerld）
ORDER BY P1. Productld；
```

这种方法使用相关子查询来找到所有客户对每个产品的订单总量，然后通过外查询选择订货量比所有这些都大或相等的客户（换言之，等于订单总量集合中的最大量）。除非你写过很多这样的检索，否则写这样的语句还是很具有挑战性的，训练有素终端的用户通常也很难具有这种能力。并且，即使这种检索比较简单，因为它没有涉及多个分类，不需要随时间的改变信息，也不用图形化展示结果，但是找到排名第二的客户将是更加困难的。

某些 SQL 版本支持特殊子句，使得有关排名的查询更容易编写。例如，微软的 SQL Server 和一些其他的 RDBMS 支持 FIRST n，TOP n，LAST n 和 BOTTOM n

行等子句。因此，上面介绍的检索，通过在外查询的 SUM 运算前增加 TOP 1，可以得到很大的简化，并可以不使用 HAVING 子句和子查询。TOP 1 在第 7 章中进行了介绍，具体是在"更复杂的 SQL 查询"部分。

最新的 SQL 版本包括数据仓库和商业智能扩展。因为很多数据仓库操作需要处理多类对象，这些对象可能通过日期排序，所以 SQL 标准包含了 WINDOW 子句来定义行的动态集合。（在很多 SQL 系统中，用关键词 OVER 来代替 WINDOW，我们接下来将会进一步说明。）例如，一个 OVER 子句可以以用来定义 3 个相邻的天，作为计算移动平均值的基础。（假想一个窗口在其窗体框架的底部和顶部之间移动，展现给你一个移动的数据行视图。）在 OVER 子句中的 PARTITION BY 和 GROUP BY 相类似，PARTITION BY 告诉 OVER 子句每个集合划分的依据，ORDER BY 子句将集合的元素排序，而 ROWS 子句说明了序列中有多少行用于计算。例如，考虑销售历史（Sales History）表（区域 ID，季度和销售额等列），要求展示三个季度的移动销售额平均值。接下来的 SQL 使用这些 OLAP 子句得到需要的结果：

```
SELECT TerritoryID，Quarter，Sales，
   AVG（Sales）OVER（PARTITION BY TerritoryID
      ORDER BY Quarter ROWS 2 PRECEDING）AS 3QtrAverage
 FROM SalesHistory；
```

PARTITION BY 子句通过区域 ID 划分销售历史表（SalesHistory），以进行 3 季度平均值 3QtrAverage 的计算，并且 ORDER BY 子句在这些分组中按季度对其进行排序。ROWS 子句表明在多少行上计算平均值 AVG（Sales）。下面是该查询的一个结果样例：

TerritoryID	Quarter	Sales	3Qtr Average
Atlantic	1	20	20
Atlantic	2	10	15
Atlantic	3	6	12
Atlantic	4	29	15
East	1	5	5
East	2	7	6
East	3	12	8
East	4	11	10
...			

此外，虽然在此处没有展示，QUALIFY 子句类似于 HAVING 子句，都可以用来过滤掉一些 OVER 子句要引用的结果行。

RANK 窗口函数可以执行在标准 SQL 中很难实现的计算，是关于表中基于某些条件（例如，在给定时间段里的销售额名列第三的客户）的特定相对位置的行。在出现并列的情况下，RANK 会生成空缺（例如，如果排名第三有两个并列的，那么就不会有第四，而接下来的排名是第五）。DENSE_RANK 和 RANK 的原理一样，但是没有空缺。CUME_DIST 函数在一组值中找到特定值的相对位置，这个函数可被用来发现百分点的分界点（例如，前 10% 销售额的分界点是什么值，或是哪些客户在销售额的前 10%？）。

不同的 DBMS 厂商将实现 SQL：1999 的部分或全部 OLAP 扩展命令，以及其产品的一些其他特定命令。例如，Teradata 支持 SAMPLE 子句，该子句允许查询返回行的样例。样例可以是随机的，可以带有也可以不带有替换，结果集可以指定行的百分比或

数量，并且可以设置条件从样例中去除某些行。SAMPLE 用来创建数据库的一些子集，例如这些子集将给予产品不同的折扣来观察消费者行为的差异，或者一个样例用来做实验，而另一个样例作为最后促销。SQL：1999 仍不是一个功能齐全的数据仓库查询和分析工具，但是它已经开始认识到决策支持系统和商业智能的特殊查询需求。

□ 联机分析处理（OLAP）工具

目前已经出现了为用户提供多维数据视图的专业工具。这类工具通常也为用户提供图形化界面，使得他们方便地进行数据分析。在最简单的情况下，数据被看成一个三维立体。

联机分析处理（Online Analytical Processing，OLAP）通过使用一系列查询和报表工具，向用户提供数据的多维视图，并且使用户能够利用简单的窗口技术对数据进行分析。联机分析处理是和更传统的术语——联机事务处理（online transaction processing，OLTP）相对应的一个术语。表 9—1 中总结了这两种处理之间的差异。多维分析（multidimensional analysis）通常用作 OLAP 的同义词。

OLAP 中典型的"数据立方体"（或多维视图）的例子，如图 9—21 所示。这个三维视图和图 11—10 中介绍的星型模型非常相符。图 9—21 中的两个维度与图 9—10 中的维度表（产品和周期）相对应，而第三个维度（名称是度量）和图 9—10 的事实表中的数据相对应。

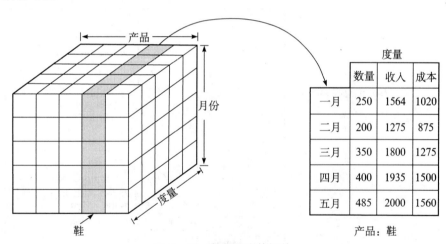

图 9—21 数据立方体切片

OLAP 事实上是对数据仓库和数据集市几类访问工具的一个通称（Dyché，2000）。**关系型联机分析处理**（Relational OLAP，RLOAP）工具使用 SQL 的变种，并且把星型模型数据库或其他规范化或去规范化的表，都看成传统的关系数据库。RLOAP 工具直接访问数据仓库或数据集市。**多维联机分析处理**（Multidimensional OLAP，MLOAP）工具把数据载入到一种中间结构中，通常是三维或更高维的数组（超立方体）。因为 MOLAP 很流行，所以我们将在后续几个小节中介绍它。请注意，在 MLOAP 中，数据不是被简单地看成多维超立方体，而是创建了一个 MLOAP 数据集市，该数据集市中的数据都是从数据仓库或数据集市中抽取的，并且被存储到专门的单独数据存储中，所存储的数据只能通过一种多维结构查看。其他不太常见的 OLAP 工具类型，是数据库 OLAP（Database OLAP，DOLAP），DOLAP 在 DBMS 查询语言中包含了 OLAP 功能（有专有的非 ANSI 标准的 SQL 系统对此进行了实现），以及混合 OLAP（Hybrid OLAP，HLOAP），HOLAP 同时支持多维超立方体或关系查询语言的数据访问。

立方体切片 图 9—21 展示了一个典型的 MLOAP 操作：将数据立方体切片，以产生简单的二维表或视图。在图 9—21 中，这种分片是针对鞋这个产品的。结果表展示了一定时间区间（或月份）内产品的三种度量（数量、收入和成本）。其他视图可以由用户通过简单的"拖放"操作建立。这类型的操作通常被称为立方体切片（slicing）和切块（dicing）。

和切片和切块密切相关的另一个操作是数据旋转（和 Microsoft 的 Excel 的旋转相似）。这个术语是指旋转一个特定数据点的视图，以获得另一个观察角度。例如，图 9—21 展示了 4 月份的 400 双鞋的销售情况。分析师可以旋转该视图以得到按商店列出的同一个月鞋的销售情况。

下钻 另一种在多维分析中经常使用的操作方法是下钻（drill-down）——即在更细的层次上分析给定的数据集。下钻的例子如图 9—22 所示。图 9—22（a）显示了指定品牌纸巾的三个包装尺寸：2 个一包、3 个一包和 6 个一包的总销售额的汇总报表。但是，纸巾是不同颜色的，分析师需要在这些包装尺寸中按颜色把销售额进行更细的分解。使用 OLAP 工具，用鼠标"指向并点击"方法，这种分解就可以轻松获取。

下钻的结果如图 9—22（b）所示。请注意，下钻结果的表示和向原始报告中添加一列是等价的。（在这个例子中，增加了一列颜色（Color）属性。）

执行下钻（正如这个例子所示），可能需要 OLAP 工具"返回"到数据仓库去获取下钻所需的详细数据。这种类型的操作可以由 OLAP 工具完成（无需用户参与），但前提条件是 OLAP 工具可以访问到集成的元数据集合。有些工具对于给定的查询，甚至允许 OLAP 工具在必要时返回到运营数据。

（a）汇总报表

Brand	Package size	Sales
SofTowel	2-pack	$75
SofTowel	3-pack	$100
SofTowel	6-pack	$50

（b）增加颜色属性的下钻

Brand	Package size	Color	Sales
SofTowel	2-pack	White	$30
SofTowel	2-pack	Yellow	$25
SofTowel	2-pack	Pink	$20
SofTowel	3-pack	White	$50
SofTowel	3-pack	Green	$25
SofTowel	3-pack	Yellow	$25
SofTowel	6-pack	White	$30
SofTowel	6-pack	Yellow	$20

图 9—22 下钻的示例

汇总三个以上的维度 采用列、行和表单（页）作为三个维度的类电子表格格式展示三维超立方体，是很直接的。然而，展示三维以上的数据也是可能的，具体是通过级联的行或列，并使用下拉选择显示不同的片。图 9—23 展示的是微软 Excel 的一个四维数据透视表的一部分，该表中旅行方法和天数是串联的列。OLAP 查询和报表工具，通常使用这种方法来处理二维打印或显示空间中的共享维度。将在下一节中介绍的数据可视化工具，允许使用形状、颜色和其他多种图形特性，在同一个显示上包含三个以上的维度。

国家 （所有）

平均价格	旅行方式　天数 汽车			汽车汇总	飞机									飞机汇总
旅行地名称	4	5	7		6	7	8	10	14	16	21	32	60	
Aviemore			135	135										
Barcelona														
Black Forest	69			69										
Cork							269							269
Grand Canyon													1128	1128
Great Barrier Reef												750		750
Lake Geneva							699							699
London						295			375					335
Los Angeles									399					399
Lyon										234				234
Malaga					198				255					226.5
Nerja						289								289
Nice														
Paris-Euro Disney		95		95										
Prague								199						199
Seville											429			429
Skiathos														
总计	69	95	135	99.66666667	198	292	484	199	343	234	429	750	1128	424.5384615

**图 9—23　具有四个维度——国家（页）、旅行地名称（行）、
旅行方式，天数（列）的数据透视表**

数据可视化

通常当数据用图的形式展示的时候，人眼可以有最好的模式识别能力。**数据可视化**（data visualization）是用图和多媒体方式展示数据，以支持人们对数据的分析。数据可视化的好处包括：更好地观察趋势和模式，并识别相关性和聚集。数据可视化通常和数据挖掘和其他分析技术结合使用。

本质上来说，数据可视化是展示多维数据的一种方式，该方式不是用数字和文本而是用图表。因此通常没有展示精确的值，而展示的目的是更容易地呈现数据之间的关系。通过使用 OLAP 工具，图表的数据通常从数据库的 SQL 查询中计算得到（或者来自电子表格中的数据）。SQL 查询由 OLAP 或数据可视化软件，根据用户的浏览意图自动生成。

图 9—24 是用数据可视化工具 Tableau 展示的销售数据的简单视图。这个图中使用了常见的多个小视图技术，该技术把很多图放在一页上以支持比较。每一幅小图都将总销售额的汇总指标 SUM（Total Sales）放在横轴上，而将毛利润的汇总 SUM（Gross Profit）放在纵轴上。有一个单独的图展示地区和年份这两个维度，不同的市

场划分通过不同绘图符号表示。用户简单地把这些指标和维度拖放到菜单中，然后选择可视化的样式，或者让工具选择最合适的图表类型。用户指出他想要看的内容和格式，而不必关心如何从数据仓库或数据集市中检索数据。

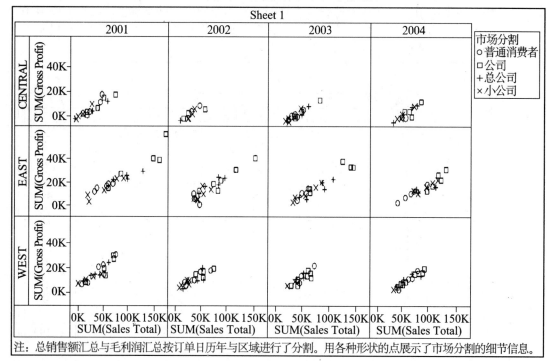

图 9—24　包含多个小图的样例数据可视化

□ 业务执行管理和仪表盘

业务执行管理（business performance management，BPM）系统允许管理人员度量、监视和管理关键活动和过程，以实现组织目标。仪表盘通常用来提供一个信息系统以支持 BPM。仪表盘，就如汽车或飞机驾驶座舱中的一样，包含了很多显示区来展示组织不同方面的状态。通常最顶层的仪表盘——执行经理仪表盘，是基于平衡计分卡的，它采用不同的度量尺度显示不同过程和部门的数据值，例如运行效率、财务状态、客户服务、销售额和人力资源。仪表盘的每个显示都会采用不同方式涉及不同领域。例如，一个显示可能包含针对主要客户及其购货行为的提示，另一个可能展示生产制造的关键性能指标，用红色、黄色和绿色信号灯符号，指示相应的值是在容忍极限范围之内还是之外。组织的每个部分都可以有自己的仪表盘，以此来确定其功能的健康情况。例如，图 9—25 是一个简单的财务度量——收入的仪表盘。左边的面板展示了过去三年收入的刻度盘，指针表明这些值在理想范围内的位置。其他面板展示了一些更细节性的信息，帮助管理人员找到超过容忍极限的值。

每个面板都是对数据集市或数据仓库进行复杂查询的结果。当用户想要知道更多细节时，通常可以在图上点击获得选择菜单，使用户可以进一步研究图标或图表之后的细节。面板可能是运行某些预测模型后得到的结果，这些模型基于数据仓库中的数

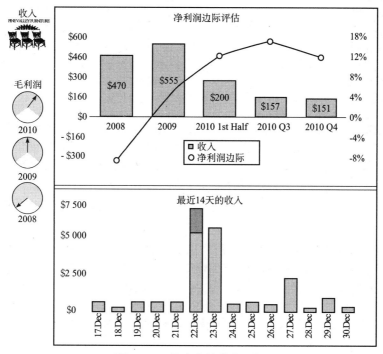

图9—25 仪表盘的简单示例

据预测未来的环境状况（所谓的预测建模）。

建立综合仪表盘，只在每个显示之间具有一致数据的情况下是可能的，这需要数据仓库和依赖型数据集市。可以开发独立数据集市的独立仪表盘，但这种模式下，在不同的领域之间跟踪问题（例如，由于超预期的销售所引起的生产瓶颈）就变得比较困难。

数据挖掘工具

利用OLAP，用户可以搜索到很多问题的答案，如"医疗保健的费用，相比而言是单身人士多还是已婚人士多？"通过数据挖掘，用户在一些事实或观察资料中找寻模式和趋势。**数据挖掘**（data mining）是综合传统统计、人工智能和计算机图形学的先进技术，进行知识发现的过程（Weldon，1996）。

数据挖掘有三重目标：

（1）**解释** 解释一些观察到的事件或现象，如为什么敞篷小型载货卡车在科罗拉多州的销售额上升了。

（2）**证实** 证实一种假设，如双收入家庭是否比单收入家庭更可能购买家庭医疗保险。

（3）**探究** 分析数据以获取新的或预料之外的关系，如信用卡诈骗可能会伴随什么样的消费模式。

数据挖掘技术 数据挖掘通常采用几种不同的技术。表9—4对这些技术中最常用的一些进行了总结。合适技术的选择，依赖于所分析数据的特性，也考虑数据集合的大小。数据挖掘可以用于数据集市或企业数据仓库（或者两者都使用）。

表 9—4	数据挖掘技术
技术	**功能**
回归	检验或发现历史数据中的联系
决策树归纳	为决策倾向测试或发现 if…then 规则
聚类和信号处理	发现子群或片段
关联性分析	发现强烈的相互关系
序列关联	发现事件和行为的周期
基于案例的推理	从现实世界案例中推导规则
规则发现	在大数据集中搜寻模式和相关性
分形	在不丢失信息的前提下压缩数据库
神经网络	开发基于人脑原理的预测模型

数据挖掘应用 数据挖掘技术已经在广泛的现实世界系统中，得到了成功应用。表 9—5 总结了一些典型的应用类型，并给出了每种应用类型的示例。数据挖掘应用正在快速增长，其原因如下：

● 数据仓库和数据集市中数据量呈指数级增长。用户需要数据挖掘工具提供的自动化技术，来挖掘这些数据中的知识。

● 带有扩展功能的新的数据挖掘工具不断出现。

● 持续增长的竞争压力，迫使公司充分利用数据中的信息和知识。

对于数据挖掘，以及商业智能中对数据仓库各种分析的全面介绍，请参见 Turban et al.（2008）。

表 9—5	典型的数据挖掘应用
数据挖掘应用	**示例**
搜集资料	搜集高价值客户、信用风险和信用卡欺诈的资料
业务趋势分析	确定高于（或低于）平均增长水平的市场
目标市场营销	确定促销活动的客户（或客户群体）
使用分析	确定产品和服务的使用模式
商业活动效力	比较商业活动策略的有效性
产品亲和力	确定同时购买的产品或者确定特定产品组购买者的特征
客户保留和变动	研究流向竞争对手客户的行为，以防止剩余客户流失
收益分析	确定哪些客户是有利可赚的，给出这些客户在本组织中的所有活动集合
客户价值分析	确定各年龄段客户群体中有价值的客户
向上销售	基于事件和生活方式的改变，确定销售给客户的新产品或服务

■ 本章回顾

关键术语

一致性维度　conformed dimension

数据集市　data mart

数据挖掘　data mining

数据可视化　data visualization

数据仓库　data warehouse

依赖性数据集市　dependent data mart

派生数据　derived data

企业数据仓库　enterprise data ware-

house（EDW）

粒度　grain

独立数据集市　independent data mart

信息系统　informational system

逻辑数据集市　logical data mart

多维联机分析处理　multidimensional

OLAP（MOLAP）

联机分析处理　online analytical processing（OLAP）

运营数据存储　operational data store（ODS）

运营系统　operational system

周期性数据　periodic data

实时数据仓库　real-time data warehouse

调和数据　reconciled data

关系型在线分析处理　relational OLAP（ROLAP）

雪花模型　snowflake schema

星型模型　star schema

临时性数据　transient data

复习题

1. 对比下列术语：

a. 临时数据，周期性数据

b. 数据仓库，数据集市，运行数据存储

c. 调和数据，派生数据

d. 事实表，维度表

e. 星型架构，雪花架构

f. 独立数据集市，依赖性数据集市，逻辑数据集市

2. 列出使数据仓库成为当今许多组织必要组成部分的 5 个主要趋势。

3. 简要描述数据仓库架构的主要组成部分。

4. 列出三层数据仓库体系结构中出现的 3 种类型元数据，并简要介绍了每种元数据的用途。

5. 列出数据仓库的 4 个特点。

6. 列出独立数据集市的 5 个限制。

7. 列出独立数据集市的 2 个好处。

8. 星型架构是关系数据模型吗？为什么？

9. 解释数据仓库的挥发性与运营信息系统数据库的挥发性的不同。

10. 解释逻辑数据集市的利与弊。

11. 为什么时间几乎总是数据仓库或数据集市的一个维度？

12. 事实表可以不含有非码属性吗？为什么？

13. 解释处理缓慢变化维度的最常用方法。

14. 数据仓库声称的特点之一是它的不可更新性。这个特点的含义是什么？

问题和练习

1. Millennium 学院希望你能帮助设计一个星型模型，以记录学生所完成课程的成绩。有 4 个维度表，其属性如下：

CourseSection（课程班）	属性：CourseID，SectionNumber，CourseName，Units，RoomID 和 RoomCapacity（即课程 ID、班号、课程名称、单元数、房间 ID、房间容量）。在一个给定的学期，学院平均提供 500 个课程班。
Professor（教授）	属性：ProfID，ProfName，Title，DepartmentID 和 DepartmentName（即教授 ID、教授姓名、职务、系 ID 和系名称）。在任何特定的时间，Millennium 学院通常有 200 名教授。
Student（学生）	属性：StudentID，StudentName 和 Major（即学生 ID、学生姓名和专业）。每个课程班平均有 40 名学生，学生通常在每学期选修 5 门课程。
Period（学期）	属性：SemesterID 和 Year（即学期 ID 和年度）。该数据库将包含 30 个学期（共 10 年）的数据。

事实表中记录的唯一事实就是 CourseGrade。

a. 设计这个问题的星型模式。参见图 9—10，了解应该采用的格式。

b. 估计事实表中的行数，使用前面所做的假设。

c. 估计事实表总的大小（以字节为单位），假设每个字段平均有 5 个字节。

d. 如果对于这个数据集市，你不想也没有被要求坚持使用严格的星型模式，你会如何改变设计？为什么？

e. 班、教授和学生的各种特性会随时间变化。你提出的星型模式设计如何支持这些变化？为什么？

2. Millennium 学院（参见"问题和练习"第 1 题）想要增加关于课程班的新数据：开设课程的系、接收系提交成绩单报告的单位、系所属的预算单位。针对新的数据需求，修改你在第 1 题中的答案。解释你对星型模型所做的修改。

3. 一家食品生产企业需要一个数据集市，来概括订单与货物运输之间的事实。有些订单在内部转移货物，有些是将货物销售给客户的，有些是从供应商采购货物，而有些是从客户退回的商品。该公司要求将客户、供应商、工厂和存储位置作为不同的维度来看待，这些维度可以在一个搬运事件的两个端点。对于每种类型的目的地或始发地，该公司想知道位置的类型（即顾客、供应商等）、名称、城市和国家。关于每一个搬运的事实，包括以美元计的移动量、搬运成本，以及搬运中的收入（如果有的话，并且对于往返情况这个值可能为负）。设计星型模型来表示这个数据集市。提示：在你设计了一个典型的星型模式后，可以考虑如何通过使用概括简化设计。

4. 松树谷家具希望你帮助设计一个销售分析数据集市。数据集市的主题如下：

Salesperson（销售员）	属性：SalespersonID, Years with PVFC, SalespersonName 和 SupervisorRating（即销售员 ID、在松树谷家具公司的年限、销售员姓名、主管级别）。
Product（产品）	属性：ProductID, Category, Weight, and YearReleasedToMarket（即产品 ID、类别、重量和投放市场年度）。
Customer（客户）	属性：CustomerID, CustomerName, CustomerSize, and Location（即客户 ID、客户名称、客户规模和区域）。区域也是层次结构，这样他们能够基于区域汇总数据。每个区域具有如下属性：LocationID, AverageIncome, PopulationSize, and NumberOfRetailers（即区域 ID、平均收入、人口规模和零售商数量）。对于任何给定的客户，在区域层次结构中有任意数量的层次。
Period（周期）	属性：DayID, FullDate, WeekdayFlag, and LastDay of MonthFlag（即日 ID、完整日期、工作日标志和月末日标志）。

这个数据集市的数据来自于企业数据仓库，但也有许多记录系统向这个数据仓库提供数据。事实表中记录的唯一事实就是以美元计的销售额。

a. 设计一个典型的多维模型来表示这个数据集市。

b. 在各种维度中，变化的维度是客户信息。特别是，随着时间的推移，客户可能会改变他们的区域和规模。重新设计你在问题 a 中的答案，以保存这些变化的历史，这样销售额（DollarSales）的历史，能够与销售时间段中客户的准确特性相匹配。

参考文献

Armstrong, R. 1997. "A Rebuttal to the Dimensional Modeling Manifesto." A white paper produced by NCR Corporation.

Armstrong, R. 2000. "Avoiding Data Mart Traps." *Teradata Review* (Summer): 32–37.

Chisholm, M. 2000. "A New Understanding of Reference Data." *DM Review* 10,10 (October): 60, 84–85.

Devlin, B., and P. Murphy. 1988. "An Architecture for a Business Information System." *IBM Systems Journal* 27,1 (March): 60–80.

Dyché, J. 2000. *e-Data: Turning Data into Information with Data Warehousing*. Reading, MA: Addison-Wesley.

Hackathorn, R. 1993. *Enterprise Database Connectivity*. New York: Wiley.

Hackathorn, R. 2002. "Current Practices in Active Data Warehousing," available at **www.teradata.com** under White Papers.

Hays, C. 2004. "What They Know About You." *New York Times*. November 14: section 3, page 1.

Imhoff, C. 1998. "The Operational Data Store: Hammering Away." *DM Review* 8,7 (July) available at **www.dmreview.com/article_sub.cfm?articleID=470**.

Imhoff, C. 1999. "The Corporate Information Factory." *DM Review* 9,12 (December), available at **www.dmreview.com/article_sub.cfm?articleID=1667**.

Inmon, B. 1997. "Iterative Development in the Data Warehouse." *DM Review* 7,11 (November): 16, 17.

Inmon, W. 1998. "The Operational Data Store: Designing the Operational Data Store." *DM Review* 8,7 (July), available at **www.dmreview.com/article_sub.cfm?articleID=469**.

Inmon, W. 1999. "What Happens When You Have Built the Data Mart First?" *TDAN* accessed at **www.tdan.com/i012fe02.htm** (no longer available as of June, 2009).

Inmon, W. 2000. "The Problem with Dimensional Modeling." *DM Review* 10,5 (May): 68–70.

Inmon, W. 2006. "Granularity of Data: Lowest Level of Usefulness." *B-Eye Network* (December 14) available at **www.b-eye-network.com/view/3276**.

Inmon, W., and R. D. Hackathorn. 1994. *Using the Data Warehouse*. New York: Wiley.

Kimball, R. 1996a. *The Data Warehouse Toolkit*. New York: Wiley.

Kimball, R. 1996b. "Slowly Changing Dimensions." *DBMS* 9,4 (April): 18–20.

Kimball, R. 1997. "A Dimensional Modeling Manifesto." *DBMS* 10,9 (August): 59.

Kimball, R. 1998a. "Pipelining Your Surrogates." *DBMS* 11,6 (June): 18–22.

Kimball, R. 1998b. "Help for Hierarchies." *DBMS* 11,9 (September) 12–16.

Kimball, R. 1999. "When a Slowly Changing Dimension Speeds Up." *Intelligent Enterprise* 2,8 (August 3): 60–62.

Kimball, R. 2001. "Declaring the Grain." from Kimball University, Design Tip 21, available at **www.ralphkimball.com**.

Kimball, R. 2002. "What Changed?" *Intelligent Enterprise* 5,8 (August 12): 22, 24, 52.

Kimball, R. 2006. "Adding a Row Change Reason Attribute." from Kimball University, Design Tip 80, available at **www.ralphkimball.com**.

Marco, D. 2000. *Building and Managing the Meta Data Repository: A Full Life-Cycle Guide*. New York: Wiley.

Marco, D. 2003. "Independent Data Marts: Stranded on Islands of Data, Part 1." *DM Review* 13,4 (April): 30, 32, 63.

Meyer, A. 1997. "The Case for Dependent Data Marts." *DM Review* 7,7 (July–August): 17–24.

Mundy, J. 2001. "Smarter Data Warehouses." *Intelligent Enterprise* 4,2 (February 16): 24–29.

Poe, V. 1996. *Building a Data Warehouse for Decision Support*. Upper Saddle River, NJ: Prentice Hall.

Ross, M. 2009. "Kimball University: The 10 Essential Rules of Dimensional Modeling." (May 29), available at **www.intelligententerprise.com/showArticle.jhtml?articleID=217700810**.

TDWI. 2006. "What Works: Best Practice Awards 2006." (November), available at **www.tdwi.org/Publications/WhatWorks/display.aspx?id=8209**.

Turban, E., R. Sharda, J. Aronson, and D. King 2008. *Business Intelligence*. Upper Saddle River, NJ: Prentice Hall.

Weldon, J. L. 1996. "Data Mining and Visualization." *Database Programming & Design* 9,5 (May): 21–24.

Whiting, R. 2003. "The Data-Warehouse Advantage." *InformationWeek* 648 (July 28): 63–66.

延伸阅读

Gallo, J. 2002. "Operations and Maintenance in a Data Warehouse Environment." *DM Review* 12,12 (2003 Resource Guide): 12–16.

Goodhue, D., M. Mybo, and L. Kirsch. 1992. "The Impact of Data Integration on the Costs and Benefits of Information Systems." *MIS Quarterly* 16,3 (September): 293–311.

Jenks, B. 1997. "Tiered Data Warehouse." *DM Review* 7,10 (October): 54–57.

Mundy, J., W. Thornthwaite, and R. Kimball. 2006. *The Microsoft Data Warehouse Toolkit: With SQL Server 2005 and the Microsoft Business Intelligence Toolset*. Hoboken, NJ: Wiley.

网络资源

www. teradata. com/tdmo *Teradata* 杂志的网站，它包含了有关 *Teradata* 数据仓库系统技术和应用的文章。（这个杂志最近更换了名称。该杂志新、旧名称下的文章可以在 www. teradatamagazine. com 网站上找到。）

www. dmreview. com 每月出版的商业杂志《DM 评论》的网站，该杂志包含了关于数据仓库的文章和专栏。

www. tdan. com 关于数据仓库的一种电子期刊的网站。

http：//www. inmoncif. com/home/ Bill Inmon 的网站，它是数据管理和数据仓库方面的重要权威。

www. ralphkimball. com Ralph Kimball 的网站，它是数据管理和数据仓库方面的重要权威。

www. tdwi. org 致力于数据仓库方法和应用的工业群组数据仓库学会的网站。

www. datawarehousing. org 数据仓库知识中心网站，它包含了到很多供应商的链接。

www. olapreport. com 这个网站提供了有关 OLAP 产品和应用的详细信息。

www. information-quality. com 作为数据质量管理领域领导者之一的 Larry English 的网站。

www. teradatastudentnetwork. com 一个提供数据库、数据仓库和商业智能相关资源的门户网站。本书中的数据集都存储在软件站点上，在该站点上，你可以使用 SQL、数据挖掘、维度建模以及其他工具。另外，可以通过该站点访问到阿肯色大学的资源，从而可以访问一些大规模数据仓库数据库。新的文章和网络讨论会一直不断地加入到这个网站中，因此，最好经常访问这个网站或预定它的 RSS 服务，这样能够及时获悉新资料。你可能需要从你教员那里获得这个网站的口令。

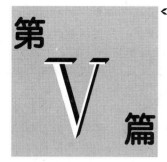

第 V 篇

高级数据库主题

■ 数据质量与数据集成

■ 数据和数据库管理

■ 概述：分布式数据库

■ 概述：面向对象数据建模

■ 概述：使用关系数据库提供对象持久化

第 II 篇至第 IV 篇，已经使你为开发有用而高效的数据库做好了准备。第 V 篇介绍其他一些重要的数据库设计及其管理问题，包括数据质量的维护（如遵从数据报表准确性管理规定），以及组织分散数据库的集成（第 10 章）；数据库安全、备份及恢复、数据并发访问控制，数据库性能调整的部分高级主题（第 11 章）；分布式数据库（第 12 章）和面向对象数据库（第 13 章）；在面向对象系统开发环境中使用关系数据库（第 14 章）。本书印刷版包括第 10 章、第 11 章的全部内容，第 12 章至第 14 章的完整版放在本书的 Web 网站上，而印刷版中包含这几章的概要内容。第 V 篇后面有三个附录，涵盖了可选的 E-R 表示法（附录 A，补充第 2 章、第 3 章）、高级范式（附录 B，补充第 4 章）、数据结构（补充第 5 章）。

现代组织都很快意识到数据是最珍贵的资产之一，并且对企业数据进行高效控制及管理是竞争优势的一个潜在来源。第 10 章（"数据质量与数据集成"）聚焦于企业数据管理的关键话题：数据治理、数据质量、主数据管理及数据集成。目前数据质量已经成为各组织中的一个主要问题，原因有两个：许多组织的数据质量较差，并且新的美国及国际条例都对报告错误的经济及健康数据，规定了犯罪处罚。尽管在本书中数据质量成为一个主题，但第 10 章主要讲述组织可用于系统处理数据质量问题的过程（包括数据监管与治理）。另一主要的数据管理话题，是为用户提供对多个数据库一致及透明的访问功能。在第 IV 篇最后一章中介绍的数据仓库，是实现该目标的一种方法。其他数据集成策略将在第 10 章中阐述。在集成分散数据源时，数据质量需特别关注。

通过阅读本书，你可能会发现数据是一种不能被随意处理的珍贵的企业资源。在第 11 章（"数据和数据库管理"）中，你将了解到如下角色：

● **数据管理员**——全面负责数据、元数据及使用策略的人。

● **数据库管理员**——负责数据库物理设计，以及处理诸如安全实施、数据库性能、备份与恢复等与数据库管理相关的技术问题的人。

第 11 章还定义了基于 Web 的数据仓库及移动系统的数据和数据库管理员角色。最后，在第 11 章你会学到对数据库中数据进行安全管理所面临的挑战，以及应对这些挑战的可用技术。你将学习所有有助于管理数据安全的重要机制，包括视图、完整性控制、授权规则、数据加密与认证。你还会了解在《萨班斯—奥克斯利法案》中数据库所扮演的角色，这在美国公开上市公司中是热点话题。最后，你会学习开源 DBMS、并发控制、死锁、信息仓库、加锁、数据库恢复与备份、系统目录、事务以及版本控制等当今所有管理数据资源的核心话题。

在比较大型的组织中，数据库可能分布于多台计算机及多个地理位置。当组织试图将分布式数据作为一个数据库，而不是多个分散的数据库来管理时，会出现一些特殊问题。在第 12 章（"分布式数据库"）中，你会学到同构和异构的分布式数据库，分布式数据库的目标和折中平衡，及分布式数据库的几种可选体系结构。你还会学到数据复制与数据分割，以及如何将分布式数据库中同一数据的多个复本进行同步等重要概念。你同时还会学习分布式 DBMS 的特性，包括分布式事务控制（如提交协议）。第 12 章还回顾了分布式 DBMS 的演变历程，以及分布式 DBMS 的一系列产品。

第 13 章（"面向对象数据建模"）介绍了另一种 E-R 建模技术。面向对象数据模型以及其他系统设计开发技术正日益流行，这是由于面向对象技术能够通过高度相关的建模符号来表达复杂思想。这一章使用统一建模语言（UML），它是这一领域的标准，主要使用的是静态图中的一种——类图。在 UML 中对象是一个实体，包含状态、行为以及标识三个属性。对象的行为是由封装在对象中的一个或多个操作决定的。关联、概括、继承及多态是几个重要概念。这一章为第 2 章的松树谷家具公司例子提供了面向对象方式表达的版本（以类图形式）。

第 14 章（"使用关系数据库提供对象持久化"）关注的问题是，如何将关系数据库用于面向对象系统开发环境的数据存储，关系数据库仍然是组织数据库管理系统的标准。这是必要的，因为真正的面向对象 DBMS 从未成为主流，而面向对象开发方法和关系数据模型并不是直接兼容的。这一章将涉及数据和系统的关系模型与面向对象模型之间的不匹配问题，以及在使用 Java EE 和.NET及其他面向对象开发环境建立信息系统时，解决这些不匹配问题的各种方法。这一章还将通过介绍 Hibernate（最常见的一种对象—关系映射框架）的一些示例，来深入说明和讨论几种对象—关系技术（包括 JDBC）。

第10章

数据质量与数据集成

学习目标

➤ 简明地定义如下术语：**数据治理**（data governance），**数据管家**（data steward），**主数据管理**（master data management，MDM），**更新数据捕获**（changed data capture，CDC），**数据联邦**（data federation），**静态抽取**（static extract），**增量抽取**（incremental extract），**数据清洗**（data scrubbing），**刷新模式**（refresh mode），**更新模式**（update mode），**数据转换**（data transformation），**选择**（selection），**连接**（joining）与**聚合**（aggregation）。

➤ 描述数据治理的重要性，并明确数据治理程序的关键目标。

➤ 描述数据质量的重要性，并列举出几种提高质量的方法。

➤ 定义高质量数据的特点。

➤ 描述组织中数据质量差的原因。

➤ 描述提高组织中数据质量的程序，包括数据监管。

➤ 描述主数据管理的目的及作用。

➤ 描述三种类型的数据集成方法。

➤ 描述在数据仓库的数据集成中，ETL过程的四个步骤和活动。

➤ 解释在准备数据仓库数据时所需要的各种数据转换形式。

■ 引　言

高质量数据是所有信息处理的基础，也是运转良好的组织所必需的。请关注如下信息：

> 本年的 2 月份［2001］，一场文字战争在鞋帽服装制造商 Nike 公司，以及为 Nike 公司提供了新的需求供给库存系统的软件开发商 i2 Technologies 之间爆发。Nike 列举了在新系统部署期间出现的导致昂贵制造成本的订单问题。
>
> 例如，有些鞋的订单被提交两次，在新旧系统中各一次，而新系统却使得其他订单消失了。这导致一些型号被超量生产而其他型号生产数量不足。Nike 甚至被迫在购买者的最后期限前才做好鞋并进行空运。
>
> 最终 Nike 公司估算这个问题使其第三季度的销售额减少 8 千万～1 亿美元，而这使公司损失了高达 13 个百分点的利润。在 Nike 公司宣布这件事的那天，其股价下跌 25%，从 49.17 美元跌至 38.80 美元。另一边 i2 公司的高管声明，他们的软件不对 Nike 的销售额减少负责（Loshin，2001）。

我们在本书中始终关注数据质量，从开始设计能够准确描述组织运行规则的数据模型，在数据库定义中包含数据完整性控制，到保护数据不被污染与丢失的数据安全与备份程序。但是，随着对财务报告准确性的日益重视，组织内外对数据供应需求的快速增长，以及为实现商业智能而提出的不同数据源数据的集成需求，数据质量得到了数据库专业人士的特殊重视。

高质量数据是由旁观者进行评价的。在某个信息系统中数据可能是高质量的，满足该系统用户的标准。但是，当用户看到了自己系统之外的其他系统，比如说，用本系统的用户数据与其他系统的用户数据相比较，数据质量是否令人满意则成了疑问。因此，数据质量仅仅是高度相关的企业数据管理主题中的一个组成部分，相关主题还包括数据治理、主数据管理和数据集成。

本章数据质量和数据集成涉及了与上述四个主题相关的主要问题。首先，我们给出了数据治理的概述，以及数据治理如何为企业范围的数据管理活动奠定基础。然后我们讨论为什么数据质量是重要的，如何衡量数据质量，并使用了高质量数据的 8 个重要特征：标识唯一性、准确性、一致性、完整性、及时性、流动性、符合性和参照完整性。接着，我们解释为什么许多组织都在提高数据质量上有困难，而后讨论解决这些难题提高数据质量的一种方案。该方案的一部分涉及通过数据治理过程，为提高数据质量创建新的组织数据管家和组织监督角色。然后我们讨论主数据管理问题，以及它作为核心资产在实现跨应用数据共享中所起的重要作用。

经理和执行主管们越来越需要从许多数据系统中获取数据，并要求这些数据就像出自一个数据库一样，能够以一致和统一的方式呈现。合并、联邦和传播等数据集成方法，和主数据管理一起使这种希望成为可能。数据仓库（参见第 9 章）——一种用来支持决策和商业智能的重要数据管理方法，经常使用一种称为抽取—转换—加载（extract-transform-load，ETL）的合并方法，我们将在本章中对 ETL 进行详细解释。首先，对 ETL 四个主要步骤进行解释，这四个步骤是源到目标的映射与元数据管理，抽取、加载以及最终的转换。本章说明了两种类型的抽取：静态抽取和增量抽取。从数据仓库角度看数据清洗是 ETL 步骤中与获得高质量数据最相关的，所以本章介绍了与数据仓库相关的一些特殊数据质量问题。然后，本章对不同类型的数据转换方法，在记录层和字段层进行了描述。最后，介绍几个 ETL 中的选辅助工具。

数据治理

数据治理（data governance）是在组织数据的管理中，为了实现数据可用性、完整性及遵从法规等目标，而建立的一组流程与程序。数据治理以度量风险及安全漏洞的方式监视数据访问政策（Leon，2007）。数据治理为处理数据问题提供了指导。据 2005 年的一个 TDWI（Russom，2006）调查显示，只有约 25％～28％（取决于问题发问的方式）的组织拥有数据治理方法。当然，大量的数据治理方案仍在不断涌现。数据治理是由 IT 和商业组织共同拥有的功能。成功的数据治理需要来自公司高级管理层的支持。保证组织成功进行数据治理的关键角色是数据管家。

2002 年的《萨班斯—奥克斯利法案》（SOX），明确要求组织采取措施以确保数据的准确性、及时性和一致性（Laurent，2005）。尽管在法规中没有规定，许多组织还是要求需要 CIO 和 CEO 以及 CFO 正式同意组织的财务报告，认可 IT 在构建数据质量保证机制过程中所起的作用。建立商业信息顾问委员会有助于提高数据质量，这个委员会由来自各主要业务单位、有权做出企业政策决策的代表组成（Carlson，2002；Moriarty，1996）。委员会的成员充当 IT 部门与他们所在业务单位间的联络员，他们不仅要考虑自己职能部门的数据需求，还考虑企业范围的数据需求。这些成员大多是他们所监管数据的相关主题专家，因此需要对信息作为企业资源管理具有浓厚的兴趣，并深入了解组织业务，拥有良好的协商技巧。这些成员（通常是高层管理者）有时称作**数据管家**（data stewards），他们有责任确保组织应用程序正确支持组织的企业目标。

数据治理程序需要包括以下内容：

● 由高级管理人员和业务单位共同发起。

● 一名数据管家主管，支持、训练及协调各个数据管家。

● 多名数据管家，分别监管不同业务单位、数据主题、源系统或这些元素的组合。

● 一个治理委员会，由一个人领导，由数据管家主管，执行官和高级副总裁，IT 领导（例如，数据管理员），以及其他业务领导组成。这个委员会制定战略目标，协调各项活动，并为所有的数据管理活动提供准则和标准。

数据治理的目标是向监管者提供组织内外数据的透明性，并提升组织所拥有数据的价值。数据治理委员会评估数据的质量和可用性，确定数据质量和可用性的目标，指导克服不良或不安全数据所带来的风险，并且审查数据审计的结果。数据治理最好由组织的最高层领导特许。

数据治理也为在引言中提到的企业数据管理的关键领域提供了指导，这些领域包括：数据质量方案、数据架构、主数据管理、数据集成、数据仓库/商业智能和其他数据相关的事项（Russom，2006）。我们已经在第 9 章讨论了数据仓库问题。在接下来的几节中，我们将讨论其他领域中的关键问题。

管理数据质量

高质量数据的重要性不能被夸大。根据 Brauer（2002）：

关键业务决策和资源分配是以数据中发现的信息、知识或规律为基础的。价格变动、策划市场活动、与客户沟通、日常业务活动，都是围绕组织中不同系统所产生的数据点进行的。作为这些系统基础的数据必须是好的数据，否则我们还未开始就已经失败了。不管屏幕显示有多好、界面有多直观、性能有多高多快、自动化处理程度有多高、方法有多么新颖、系统访问支持有多远，如果数据是糟糕的，那么系统也还是失败。如果系统失败或提供了极少的不准确信息，则即使不会对业务本身造成灾难性影响，也会对每个处理、决策、资源分配、通信或系统交互造成损害。

这段引言，实质上重述了一句老的 IT 格言"垃圾进，垃圾出"（garbage-in，garbage-out，GIGO），但更突出强调了在当今环境中的巨大危害。

高质量的数据，即准确、一致、及时可用的数据，是当今组织管理中不可缺少的。组织必须努力确定与其决策制定相关的数据，以便制定确保数据准确性和完整性的业务策略和实践，并为企业范围的数据共享提供方便。管理数据质量是组织范围的职责，其中数据管理（第 11 章中的话题）通常在这项工作的规划和协调中，起着主导作用。

什么是数据质量的 ROI？在这里，ROI 并不是指投资回报率（return on investment），而是指监禁风险（risk of incarceration）。据 Yugay 和 Klimchenko（2004）所述，"实现 SOX 法案的关键在于 IT，它是最终支持创建有效报告机制、提供必要的数据集成和管理系统、确保数据质量、及时提供所需信息的仅有资源"。糟糕的数据质量可以使高管入狱。需要特别指出的是，SOX 法案要求组织度量和提高元数据质量，确保数据安全，度量并提高数据的可访问性和易用性，度量和提高数据的可用性、及时性和相关性，度量并改进数据的准确性、完整性、总账数据的可理解性，识别和消除重复数据及不一致数据。根据一家领先的数据质量和集成技术供应商 Informatica（2005）所述，数据质量对于实现下列目标很重要：

● **最小化 IT 项目风险**　脏的数据可能造成信息系统项目延误并带来额外工作，特别是对于那些涉及重用现有系统数据的项目，尤为如此。

● **做出及时的业务决策**　当经理们没有高质量的数据或对数据缺乏信心时，做出快速和合理业务决策的能力就会受到影响。

● **确保符合法规**　不仅在 SOX 法案和 Basel II（欧洲）法规中高质量数据是必需的，高质量数据也可为组织在司法、情报和反欺诈活动中提供帮助。

● **扩大客户基础**　能够准确地拼出一个客户的姓名，或准确了解客户与组织交互中的所有信息，将对向上销售和交叉销售的新业务有所帮助。

☐ 高质量数据的特征

那么，什么是高质量数据呢？Redman（2004）将数据质量概括为"在运营、决策和规划中的使用与预期相符"。换句话说，意味着这些数据是无缺陷的并且拥有所需的特性（相关的、全面的、详细程度合适、易读且易解释）。Loshin（2006）和Russom（2006）进一步描述了高质量数据的特点：

● **唯一性**（uniqueness）　唯一性意味着，每个实体在数据库中只存在一个，并拥有一个码，这个码可用来唯一地定位和访问该实体。这一特点要求标识匹配（寻找同一个实体的数据）和分辨能力，以找出并删除重复的实体。

● **准确性** （accuracy）准确性与数据对所建模的真实实体表达的准确程度有关。准确性一般通过与某些公认的权威数据源（如某个源系统，甚至一些外部数据提供者）达成的协议来度量。数据相对于其使用意图，必须是足够准确和精确的。例如，准确了解销售额是重要的，但对于一些决策，仅了解每种产品每月销售额接近1 000美元就足够了。即数据可以是有效（即满足一个指定的值域）但并不精准的。

● **一致性** （consistency） 一致性是指一个数据集（数据库）中数据的值，与另一数据集（数据库）中相关数据的值是一致的。一致性可存在于表的一行中（例如，产品的重量与其大小和材料种类有一定关系），也可以存在于不同的行之间（例如，两种具有相似特点的产品的价格，应该相差不多，或冗余的数据应该具有相同的值），还可以存在于同一属性的不同时刻值之间（例如，前后两个月的产品价格应该是相同的，除非进行了价格调整），或存在于一定范围误差中（例如，由已填写订单所计算出的销售总额，和由已结算订单所计算的销售总额，应大体相同）。一致性也与超类与子类之间的继承特性关系有关。例如，若没有相对应的超类，子类实例是不能存在的，并且可以实施重叠或不相交的子类规则。

● **完整性** （completeness） 完整性是指如果数据需要有值，数据即会被赋值。这一特征包括 SQL 的 NOT NULL（非空）和外码约束，但是也可能存在更复杂的规则（例如，男性职员不需要有未婚时的姓，但女职员可能有未婚时的姓）。完整性还意味着所有需要的数据均有记录（例如，如果我们想知道销售总额，可能需要知道出售总量和单价信息；如果某雇员的记录表明该雇员已经退休，就需要记录其退休的日期）。有时完整性还具有顺序先后的一面。例如，雇员表中的某雇员，在申请表中没有相应的记录，则表明可能存在数据质量问题。

● **及时性** （timeliness） 及时性是指，需要使用数据的时刻与数据实际可用的时刻之间的间隔满足期望。由于组织试图降低业务活动发生与对此活动采取措施之间的时延，所以及时性正成为越来越重要的数据特性（即，如果不能及时了解信息以采取行动，那么我们就没有高质量的数据）。与及时性相关的一个方面是保留的时间，即数据表达现实世界的有效时间范围。有些数据需要用时间戳，来表明从什么时候到什么时候它们是可用的，缺失起始时间或结束时间，可能预示着数据质量问题。

● **流动性** （currency） 流动性是指数据的新旧程度。例如，我们可能要求客户的电话号码是最新的，以便在任何时间都可以联系到他们，但雇员人数却并不需要实时刷新。数据间不同的流通程度，可能会预示着质量问题（例如，不同员工的工资有着不同的更新日期）。

● **符合性** （conformance） 符合性是指数据是否按照元数据指定的格式进行存储、交换或表达。元数据包括域的完整性规则（例如，属性值来自一个合法集合或某个取值范围）和实际的格式（例如，特殊字符的特定位置，文字、数字及特殊符号的精确混合）。

● **参照完整性** （referential integrity） 引用其他数据的数据需要是唯一的，并满足存在的必要条件（即满足基数是必需的 1 或可选的 1）。

这些都是很高的标准。高质量数据不仅要求错误纠正，还需要具有错误预防和报告功能。由于数据经常更新，保证数据质量需要持续不断的监控、度量以及相应改善措施。在某些情况下，高质量数据是不能完全实现的，也不是绝对必要的（有一些生死攸关的情况，那时完美是目标）；"恰好的质量"可能是权衡成本与回报的最佳商业决策。

在过去几年中组织数据库的数据质量不断恶化，表 10—1 列出了 4 个重要原因，我们将在下面部分对这些原因进行介绍。

表 10—1 数据质量恶化的原因

原因	解释
外部数据源	缺乏对数据质量的控制
冗余数据存储和不一致的元数据	无数据冗余和元数据控制的数据库激增
数据输入问题	低劣的数据捕获控制
缺乏组织承诺	没有将数据质量作为组织问题

外部数据源 组织的数据很多都来源于组织之外，难以按组织的要求对数据源进行控制。例如，一个公司可能从 Internet 上收到用户填写的大量 Web 表单，这样的数据通常是不准确和不完全的，甚至有些是故意弄错的（你是否曾经在 Web 表单中填写过错误的电话号码？因为要求输入电话号码，而你又不愿意透露自己真实的号码）。其他 B2B 事务的数据通过 XML 方式呈现给组织，而这些数据也可能是不准确的。此外，组织经常会从外部组织购买数据文件和数据库，而这些数据源可能会包含一些过时的、不准确的或与内部数据不兼容的数据。

冗余数据存储和不一致的元数据 很多组织允许电子数据表格、桌面数据库、遗留数据库、数据集市、数据仓库和其他数据存储无控制的激增。这些数据有可能是冗余的，并且有很多不一致和不相容的情况。数据错误有可能是错误的元数据所导致的（例如，在电子数据表中用错误的公式聚合数据，或使用过时的数据抽取例程对数据集市进行刷新）。那么，当这些数据库作为集成系统的数据源时，就会产生一连串的问题。

数据输入问题 一项 TDWI 的调查（Russom，2006）表明，没有数据完整性控制（如数据自动填充，提供下拉选择列表以及其他数据录入控制方法）的用户接口，是导致低质量数据产生的首要原因之一。提高所有应用数据输入质量的最佳控制点是数据库定义，在这些定义中，可以定义和执行完整性控制、表值的合法验证和其他控制。

缺乏组织承诺 出于各种原因，许多组织根本没有做出资源承诺或投资来改进他们的数据质量。有些组织完全否认它们存在数据质量问题。其他组织认识到数据质量存在问题，但是担心解决方案的成本太高，或他们不能量化投资的回报。但是情况正在朝好的方向发展，一项 2001 年的 TDWI 调查（Russom，2006）显示，大约 68% 的受访者表示对数据质量控制没有计划或只在考虑阶段，但在 2005 年这个比例降为 58%。

数据质量改进

成功实现一个数据质量改进计划，将需要组织全体成员的积极承诺与参与。下面简要介绍这样一个计划的部分关键步骤（参见表 10—2）。

表 10—2 数据质量计划的关键步骤

步骤	动机
获得商业认可	向企业高管展示数据质量管理的价值
开展数据质量审计	理解数据质量问题的范围与特点
建立数据管家计划	获得组织承诺与参与
改进数据获取过程	克服"垃圾进，垃圾出"现象
应用现代数据管理的原理与技术	使用经过验证的方法技术，使数据质量管理活动更容易执行
应用 TQM 的原理和实践	遵从最佳实践来开展数据质量管理的各方面工作

获得商业认可　数据质量方案要视为商业需要，而不是一个 IT 项目。因此，适当层次的行政支持和确定良好的商业事例是很关键的。此外，确定和定义关键性能指标体系，使改进的结果得到量化，也是很重要的。

由于当今的资源竞争需求，管理者必须确信数据质量计划将会带来足够的 ROI（在这种情况下，ROI 指投资回报率）。幸运（或不幸）的是，在当今大多数组织中，这不是很难做到的。这种计划大体上会带来两种好处：避免亏损和避免丢失机会。

考虑一个简单的例子。假设某银行的客户文件中有 500 000 个客户。该银行计划以直接邮寄广告的方式来宣传一种新产品。假设客户文件中的错误率是 10%，包括重复的客户记录、过时的地址等（这样的错误率是常见的）。如果直接邮寄成本是 5 美元（包括邮费和材料费），预计由于不良数据导致的亏损为：500 000 客户×0.10×5 美元，或 250 000 美元。

通常情况下，由不良数据所带来的机会丢失会大于直接的开销。例如，假设平均每个银行客户每年通过利息、服务费等带来 2 000 美元的收入。经过 5 年，这个值就将变成 10 000 美元。假设银行实施了一个企业范围的数据质量计划，提高了客户关系管理、交叉销售以及其他相关活动。如果这个计划只带来 2% 的新业务净增（一种合理假设），则 5 年的结果是可观的：500 000 客户×10 000 美元×0.02，或 5 000 万美元。这就是为什么有时说："质量是免费的。"

开展数据质量审计　未建立数据质量计划的组织应该从数据审计开始，通过数据审计理解数据质量问题的范围和性质。数据质量审计包括很多过程，但一项简单的任务是从统计学角度对所有数据进行剖析。剖析时记录了每个字段的值集。通过审查，可以识别出模糊的以及预料之外的极端值。可以对数据模式（分布、外置、频率）进行分析，以确定此分布是否有意义。（一个值以意想不到的高频率出现，可能表明用户正在输入一个简单的数字或常常使用默认值，因此准确的数据未被记录。）可以对照相关业务规则检查数据，以确保设置的监控是有效的，并且没有被绕开（例如，有些系统允许用户覆盖当输入数据违反规则时的警告信息。如果这种情况发生过于频繁，则可能是业务规则执行不严的信号）。数据质量软件，如本章后面将提到的 ETL 处理程序，它可用来检查地址的合法性，发现由于不同数据源之间缺乏客户或其他主题的匹配方法而导致的冗余记录，并发现特定的业务规则违反情况。

被检查的业务规则可以很简单，如某个属性值必须大于零，也可能包括非常复杂的条件（例如，如果贷款账户余额大于零且开户超过 30 天，则必须有一个大于零的利率）。可以在数据库中实施规则（例如外码），但如果操作人员有绕过规则的方法，则也不能保证这些规则将被严格遵守。业务规则由应用小组及数据库专家小组进行审查，要检查的数据也被标识。一般不需要对现有的所有数据进行规则检查，只检查随机的但具有代表性的样本通常就足够了。一旦发现数据违反规则，小组人员断定应采取什么行动来处理被破坏的规则，通常以某种优先顺序进行处理。

使用专门的数据剖析工具使数据审计更富有成效，特别是考虑到数据剖析不是一次性的任务。由于数据库和应用的变化，所以需要定期进行数据剖析。事实上，有的组织结构定期报告数据剖析结果，并将其视为信息系统组织是否成功的关键因素。Informatica 的 PowerCenter 是支持数据分析工具的代表。PowerCenter 可以对各种数据源进行剖析，并且在业务规则库中支持复杂规则。它可以随着时间的推移跟踪剖析结果，以显示数据质量改善程度及产生的新问题。规则可以检查列值（例如，合法的取值范围）、数据源（例如，行数和冗余检查），以及多个表（例如，内连接与外连接的结果）。任何以新方法分析数据的数据库应用程序，可以利用专业的数据分析，观察使用了以前隐含业务规则的新查询是否会失败，因为数据库不再针对违反这些规则的情况进行保护。通过专门的数据剖析工具，新规则可以被快速检查，并且编入到所有规则中，这是整个数据质量审计方案的一部分。

审计将对数据输入和维护的所有过程进行控制，进行全面审查。更改敏感数据的过程需要至少两个人参与，他们有着不同的职责。主码值和重要的财务数据就属于敏感数据。应该对所有字段定义并实施适当的校验检查。对每个数据源（如用户、工作站或源系统）数据处理的错误日志，应该认真分析，以发现模式或高频率出现的错误和被拒绝事务，并且应该采取措施提高数据源的性能，使其能够提供高质量的数据。例如，应该禁止用户将数据输入到不应输入的字段中。某些用户不使用某一数据，却可能使用此字段来存储他们需要的但并没有对应字段的数据，这会使使用这些字段的其他用户感到疑惑不解，并看到一些不该看到的数据。

建立数据管家计划　正如本章数据治理部分所指出的那样，数据管家应对他们所负责管理数据的质量负责。他们还必须确保获取的数据是准确的且在组织范围内是一致的，这样组织的用户可以很好地信任这些数据。数据管家是一种角色，而不是一项工作，因此数据管家并不拥有数据，而且数据管家经常在数据管理领域内外承担其他职责。

Seiner（2005）全面概述了数据管家的角色和职责。角色包括数据管家计划的监督者、数据主题领域（如客户、产品等）的管理者、每个主题领域数据定义的管家、每个主题数据准确和有效的生产/维护管家。

关于数据管家是否应在业务组织或 IT 组织中负责，存在着争论。数据管家需要有业务敏锐性，了解数据需求和用途，并了解元数据的细节信息。业务数据管家可清楚表达特定的数据使用，并从业务角度理解数据间的复杂关系。商务数据管家强调数据的业务所有权，并能够描述业务数据的访问权限、隐私和对数据有影响的法规/政策。他们应该知道为什么数据会是当前的状态，并可以洞察到数据重用的可能性。

但是，Dyché（2007）发现，业务数据管家往往是"近视的"，他们只是以所来自的组织部门、领域的深度来看待数据。如果数据不是来自数据管家所在的部门，他只能对数据具有有限的认识，并可能在与其他数据管家的辩论中处于不利位置。Dyché 也赞成设立源数据管家，这些人员了解记录系统、系统之间的关系以及不同数据系统的格式。源数据管家由于了解源系统获得并处理数据的细节，因此可以帮助确定满足用户数据需求的最佳数据源。

改进数据获取过程　正如前面所提到的，不严谨的数据录入是出现低质量数据的主要原因，因此改进数据获取过程是数据质量改进计划的一个基本步骤。Inmon（2004）指出了数据输入的三个关键点：（1）数据初始捕获（如客户订单输入界面）；（2）数据进入集成过程（如数据仓库的 ETL 过程）；（3）数据被加载到集成数据存储，如数据仓库。数据库专业人员可以在上述每一个步骤改善数据质量。为简单起见，我们只对 Immon 所推荐的原始数据捕获步骤进行总结，具体如下（我们在本章后续小节中，将讨论 ETL 中清理数据的过程）：

● 使用自动、非人工的方法输入尽可能多的数据（例如，从智能卡存储中输入的数据，或从数据库中提取的数据，例如检索当前地址、账号及其他个人信息）。

● 在数据必须手工录入时，如果可能的话，保证其是在预先设置的选项（如下拉选择框中来自数据库的选项）中选出的。

● 如果可能，使用经过训练的操作员（帮助系统和良好的提示/示例，会辅助终端用户正确输入数据）。

● 遵循良好的用户界面设计原则（具体原则请参见 Hoffer et al.，（2010），包括：构建一致的界面布局，简单易跟随的导航路径，明确的数据输入掩码和格式（可在 DDL 定义），最少使用模糊代码（完整的代码值，可从数据库中而不要在应用程序中查找及显示）等。

● 立即基于数据库中的数据对所输入数据进行质量检查，所以使用触发器或用户定义的过程，来确保只有高质量数据被存入数据库中。当可疑数据输入时（例如，性别的值为 T），需要为操作员提供及时且可理解的反馈，质疑数据的合法性。

应用现代数据管理的原理与技术　目前出现了功能强大的软件，可以从技术方面帮助用户改进数据质量。这类软件通常采用先进技术，如模式匹配、模糊逻辑和专家系统，它们可用来分析当前数据的质量问题，识别并消除冗余数据，将来自多个数据源的数据进行集成等等。本章后续在数据抽取、转换和加载主题中，将讨论其中的一些程序。

当然，在数据库管理书籍中，我们不能忽视合理的数据建模是数据质量计划的核心组成部分。第 3 章至第 6 章介绍了概念与物理数据建模与设计的原理，它们是高质量数据模型的基础。Hay（2005）（借鉴以前工作）将此总结为高质量数据模型的六原则。

应用 TQM 原理和实践　改进数据质量应被视为一项持续不断的工作而非一次性的项目。基于此，许多处于领先地位的组织采用全面质量管理（total quality management，TQM）来提高数据质量，如同其他业务领域一样。所采用的一些 TQM 理论包括：缺陷预防（而不是纠正）、持续改进接触数据的过程以及使用企业数据标准。例如，当发现遗留系统中的数据有缺陷时，比较好的做法是纠正产生这些数据的遗留系统，而不是在数据转移到数据仓库时进行数据纠正。

TQM 使客户（特别是客户满意度）与产品或服务（对于我们是数据资源）的中心得以平衡。最终，TQM 会使成本降低、利润增加和风险降低。正如本章前面论述的，数据质量是以旁观者的角度进行评价的，因此高质量数据的 8 个特点取决于数据用户。TQM 是基于坚实的度量基础建立的，例如我们已讨论的数据剖析就是一种度量手段。关于 TQM 在数据质量中应用的深入讨论，请参见 English（1999a，1999b，2004）。

☐ 数据质量小结

如果要使用户对系统有信心，就必须保证输入到数据库和数据仓库中数据的质量。用户对数据质量有自己的看法，基于对唯一性、准确性、一致性、完整性、及时性、流动性、符合性和参照完整性等特点的平衡、统一评价。保证数据质量目前是诸如 SOX 法案和 Basel II 协议等法规所要求的。许多组织目前还没有积极主动的数据质量计划，而且低质量数据是一个普遍的问题。在本章，我们简要论述了一个积极主动的数据质量方案，它使用了数据审计与剖析、最佳的数据捕获与输入方法、数据管家、已证实的 TQM 原则与实践、现代数据管理软件技术以及正确的 ROI 估算。

▓ 主数据管理

如果对大型组织应用中所使用的数据进行研究，你很可能会发现某些种类的数据相比于其他数据，在企业的运营及分析系统中会被更多引用。例如，几乎所有的信息系统与数据库均涉及通用的主题领域（人、事物、地点），并且通常利用只与应用或数据库相关的本地数据（事务）增强这些通用数据。组织所面临的挑战是，确保应用中所使用的这些领域的通用数据如客户、产品、雇员、发票、设施等，有可用的"单一的事实来源"。**主数据管理**（master data management，MDM）是指一些规程、技术和方法，它们用来维护及保证各种主题领域内和领域之间引用数据的流动性、含义以及数据质量（Imhoff and White，2006）。MDM 保证每个人都了解产品的当前描述、雇员的当前工资以及客户的当前账单地址。主数据可以和一个城市名称及缩写的列表一样简单。MDM 并不涉及共享事务数据，如客户采购信息。但也可以用特殊的形式实现。目前讨论最多的，一个是客户数据整合（customer data integration，CDI），CDI 中 MDM 只关注客户数据（Dyché and Levy，2006），另一个是产品数据整合（product data integration，PDI）。

由于目前组织合并和收购很活跃，并且要求遵守诸如 SOX 法案等法规，MDM已经越来越普遍。有许多厂商（顾问和技术供应商）提供 MDM 方法和技术，而对公司来说认识到主数据是企业一个重要的战略资产是很重要的。因此，当务之急是MDM 项目获得相应级别管理者的认可与支持，并且被视为企业范围的举措。主数据管理项目也需要与正在进行的数据质量和数据治理工作紧密结合。

没有源系统会一直包含与一个数据主题所有事实相关的"黄金记录"。例如，客户主数据可能从客户关系管理、支付、ERP 和外购数据源中集成而来。MDM 确定每一个数据（例如，客户的地址或名称）的最佳来源，并确保所有的应用程序都引用同一个虚拟的"黄金记录"。MDM 还提供分析和报告服务，通知数据质量管理人员跨数据库的主数据质量（例如，存储在单独数据库中的城市数据与主城市数据值相符的百分比是多少）。最后，因为主数据是"黄金记录"，没有应用拥有主数据。相反，主数据是真正的企业资产，并且企业经营管理者必须为主数据的质量负责。

主数据管理有三种流行的架构：标识注册、集成中心和持久化。在标识注册（i-dentity registry）方法中，主数据保留在源系统中，应用程序通过注册信息确定特定数据源（如客户地址）的位置。注册信息可以帮助每个系统，通过使用主题领域中每个实例的全局标识，将其主记录与存在于另一系统的相应主记录进行匹配。注册信息保留了所有主数据元素的列表，并且对于每个属性都指示了能够提供最佳值的源系统。因此，一个应用可能要访问多个数据库以检索需要的数据，而一个数据库可能需要允许很多应用的访问。这类似于数据集成中的联邦式结构。

在集成中心（integration hub）方法中，数据的改变通过中央服务对所有相关的数据库进行传播（通常是异步的）。冗余的数据被保留，但是存在数据一致性保证机制，而且每个应用不必收集和维护所需要的数据。当这种风格的集成中心被创建时，它像数据集成中的传播器一样工作。然而，在某些情况下，也要为某些主数据创建中央主数据存储，因此它可能是一种传播和合并的组合。但是，即使进行合并、记录或输入系统，即分布式事务系统，仍然维护它们自己的数据库，这些数据库中包含了系统常用处理所需要的本地数据和传播数据。

在持久化（persistent）方法中，保存了一个合并记录，且所有的应用程序都访问"黄金记录"以获得公有数据。因此，需要大量工作将每个应用程序中捕获的所有数据加入这个持久化记录中，以便记录中包含数据最新值，并且任何系统需要公有数据时均可访问持久化记录。持久化方法中可能存在数据冗余，因为每个应用的数据库也可能保存任何数据元素的本地版本，即使某些数据已经保存在持久化合并表中了。这是一个纯粹的主数据合并数据集成方法。

需要注意的是，MDM 并不是想要代替数据仓库，主要是因为集成的只有主数据

且通常是当前主数据，而数据仓库需要主数据和事务性数据二者的历史视图。MDM
只是为每一主数据类型的每个实例构造单一视图。然而，数据仓库可能是（而且经常
是）使用主数据的一个系统，把主数据作为数据仓库的数据源，或者当用户想下钻到
源数据时，作为数据仓库当前数据的扩展。MDM确实进行数据清洗，与数据仓库所
进行的清洗相类似。基于这个原因，MDM并不是运营数据存储（关于ODS的描述，
请参见第9章）。大多数人认为MDM是组织数据基础设施的一部分，而ODS甚至数
据仓库则被视为应用平台。

数据集成：概述

许多数据库，特别是企业级数据库，是通过合并现有内部和外部数据源中的数
据，可能还加上一些新数据建立的，用这样的数据库支持新的应用。大多数组织为不
同的目的建立不同数据库（参见第1章），有些用于企业不同部门的事务处理（例如，
生产计划与控制、订单输入），有些用于本地的战略或战术决策（如产品定价和销售
预测），还有一些则用于企业范围的协同与决策（例如，客户关系管理和供应链管
理）。组织正努力在允许一定程度本地自治的情况下，打破数据孤岛。为实现这种和
谐，在很多时候数据必须跨不同数据源进行集成。

可以肯定的是，你不能避免数据集成问题。作为一个数据库专业人员，甚至是基
于已存在数据源来创建数据库的用户，为了完成工作或了解将要面对的问题，都需要
了解许多数据集成的概念。这是本章后续几节的目的。

我们已经在第9章中学习了一种数据集成方法——数据仓库。数据仓库创建数据
存储以支持决策和商业智能。在下面一节中，我们将介绍数据是如何通过ETL过程
被送入到数据仓库调和数据层中的，调和数据层曾在第9章中描述。但在详细深入到
这个方法前，对另两种常用的数据集成方法，即数据联邦和数据传播，进行概要了解
是有帮助的。这两种方法有着不同的目的，并且可以作为不同环境下的理想方法。

数据集成的一般方法

数据集成为业务数据创建了统一的视图。这个视图可通过多种技术创建，我们将
在下面的小节中简述这些技术。但是，数据集成并不是企业数据合并的唯一方法，其
他合并数据的方法如下（White，2005）：

● **应用集成**　通过协调业务应用间的事件信息流实现（面向服务的架构会促进应
用集成）。

● **业务过程集成**　通过跨业务过程活动（如销售及支付）更紧密地协同工作实
现，这样应用可以被共享并且可能出现更多的应用集成。

● **用户交互集成**　通过创建少量的适合不同数据系统的用户界面实现（例如，使
用企业门户与不同的数据报告和商业智能系统交互）。

任何数据集成的核心是捕获更改的数据（**更改数据捕获**（changed data capture，
CDC）），因此只有改变了的数据需要通过集成方法进行刷新。更改的数据可以通过标
识或最后更新日期（即，如果该日期是在最后的集成活动之后，则表明是新数据）进
行识别。另外，分析事务日志也能够发现哪个数据在何时被更新。

有三项技术构成了数据集成方法的基石：数据整合（data consolidation）、数据

联邦（data federation）及数据传播（data propagation）。数据仓库中所使用的 ETL 过程即是数据整合的实例，我们利用本章后面的小节，对这种方法进行深入说明。其他两种方法在这里简要讲述。在表 10—3 中对三种方法进行了详细比较。

表 10—3　　　　　　　　　整合、联邦和传播形式的数据集成比较

方法	优点	缺点
整合（ETL）	• 用户与相冲突的源系统工作相隔离，特别是数据更新。 • 可以保留历史数据，不仅仅是当前值。 • 为特定需求设计的数据存储可被快速访问。 • 当数据需求范围被提前预计时，能够运行良好。 • 可以进行批量数据转换以提高效率。	• 网络、存储及数据维护开销可能很高。 • 当数据仓库变得非常庞大时（通过使用某些技术），性能会下降。
联邦（EII）	• 当请求时数据总是最新的（如同关系视图）。 • 对于调用应用来说是易于操作的。 • 对于只读应用运行良好，因为只检索请求的数据。 • 当不允许出现数据复本时此方法是理想的。 • 当不能提前预期数据集成需求或有一次性需求时，可进行动态 ETL。	• 由于要为每个请求执行所有的集成任务，所以每个请求会有很重的工作负载。 • 不支持对数据源的写访问。
传播（EAI&ERD）	• 数据可用性接近实时。 • 对于实时数据仓库，可以与 ETL 一起工作。 • 可透明地访问数据源	• 对重复数据进行同步会带来大量开销（是后台进行）

数据联邦　　数据联邦（data federation）为集成的数据提供一个虚拟视图（如同在一个数据库中），而实际上并不把所有数据都放入同一个物理上集中的数据库。当应用需要使用数据时，联邦引擎（并不是来自宇宙飞船公司！）在实际的数据源（实时的）中检索相关数据，并将结果传送给需要的应用（因此，联邦引擎对于应用程序来说就像是数据库）。数据转换是按需动态进行的。企业信息集成（enterprise information integration，EII）是应用数据联邦方法时的通用术语。XML 通常作为数据源与应用服务间传送数据和元数据的工具。

数据联邦的一个主要优点是可以对当前数据进行访问：不会因为对联合数据存储的更新过少而产生延迟。这种方法的另一个优点是，对给定的查询或应用隐藏了其他应用的复杂性以及数据在这些应用中的存储方式。但是，在数据量很大或应用需要频繁进行数据集成活动时，就会造成巨大的工作负担。数据联邦需要组合及运行某种形式的分布式查询，但 EII 会对查询编写者和应用开发者隐藏这些信息。对于查询及报告型（只读）的应用，以及在非常强调数据安全而数据安全性又能够由数据源保证时，数据联邦具有很好的效果。在更加紧密集成的数据库及应用建成之前，数据联邦也是一种消除数据孤岛的权宜之计。

数据传播　　这种方法跨数据库进行数据复制，几乎是实时完成的。当更新发生时，更新后的数据被推送到复制站点（所谓的事件驱动传播）。这些更新可以是同步的（一个真正的分布式数据库技术，即直到所有数据副本都更新了，事务才完成，参见第 12 章），也可以是异步的，即各远程数据副本的更新操作分别进行。企业应用集成（enterprise application integration，EAI）和企业数据复制（enterprise data replication，EDR）技术均可在数据传播中应用。

对数据集成来说，数据传播的主要优点是，接近实时地在组织中对数据更新进行瀑布式的传播。要达到高性能并且能够应对频繁的更新，数据传播需要非常专业的技术。在第 9 章中讨论的实时数据仓库应用需要数据传播方法（我们在数据仓库中常称为"点滴式供给"）。

数据仓库中的数据集成：调和数据层

目前你已经大体上学习了数据集成方法，现在让我们来详细了解其中的一种。尽管我们只详细介绍一种方法，但很多活动对于所有方法都具有普遍性。具有共性的任务包括：从源系统中抽取数据、匹配来自不同源系统但属于同一实体实例（如相同的客户）的记录、清洗数据以得到所有用户认同的真值、将数据按用户共享所需的数据格式与细节进行转化、将整理好的调和数据加载至共享视图或存储位置中。

如图 9—5 中对数据仓库所描述的那样，我们使用调和数据（reconciled data）这一术语，来表示与运营数据存储和企业数据仓库相关联的数据层。这个术语是 IBM 公司在 1993 年描述数据仓库体系结构时所使用的。虽然这一术语并未广泛使用，但它准确描述了企业数据仓库中数据应该具有的性质以及这些数据的导出方式。更通常的情况下，调和数据指的是 ETL 过程的结果。EDW 或 ODS 通常是规范化的关系数据库，因为它们需要具有相当的灵活性以支持各种决策需求。

☐ ETL 后数据的特征

ETL 过程的目标，是为支持决策的数据提供单一的权威数据来源。理想情况下，这个数据层应具有如下特征：

（1）**详细的**　数据是详细的（不是概括性的），为各种不同用户群组织最符合他们需求的数据，提供了最大的灵活性。

（2）**历史的**　数据是周期性的（或时间点的），以提供历史视图。

（3）**规范化的**　数据是完全规范化的（即达到第三范式或更高的范式，有关规范化的讨论请参见第 4 章）。规范化数据与去规范化数据相比，可提供更好的完整性和使用上的灵活性。去规范化对性能的提高并不是必需的，因为调和数据常常使用批处理方式被周期性地访问。但是，我们将会看到，一些流行的数据仓库数据结构是非规范的。

（4）**全面的**　调和数据反映了企业范围的数据视图，其设计符合企业数据模型。

（5）**及时的**　除了实时数据仓库之外，数据不需要是（近似）实时的，但数据必须是足够新的，以便能够支持及时的决策反应。

（6）**有质量保证的**　调和数据的质量和完整性必须是毫无问题的，因为它们要汇总到数据集市并用于决策制定。

请注意，调和数据的这些特征与导出它们的典型运营数据相比，有很大区别。运营数据通常是详细的，但它们在之前提到的其他 4 个维度中有很大区别：

（1）运营数据是暂时的而不是历史的。

（2）运营数据不是规范化的。取决于它们不同的起源，运营数据可能从未被规范化，也可能是为了性能原因而被去规范化。

（3）运营数据不是全面的，它们一般被限制在某一特定应用的范围。

（4）运营数据的质量通常较差，存在许多不一致及错误。

数据调和过程负责将运营数据转化为调和数据。由于这两种类型的数据间有非常明显的区别，所以在构建数据仓库时，数据调和明显是最难且最具有技术挑战性的部分。数据仓库学会支持这个结论，它发现在实施数据仓库的商业智能项目中，60％～80％的工作花费在 ETL 活动上（Eckerson and White，2003）。幸运的是，有一些先进的软件产品可辅助这一活动的开展。（关于为什么 ETL 工具是有用的，并且如何在组织中成功应用这种工具的总结，请参见 Krudop（2005）。）

☐ ETL 过程

在填充企业数据仓库的过程中，数据调和在两个阶段出现：

（1）在初始加载过程中，EDW 首次被创建。

（2）在随后的更新（一般周期性地进行）中，目的是使 EDW 保持最新和/或对 EDW 进行扩展。

数据调和能够被可视化为一个过程，如图 10—1 所示，包括 5 个步骤：映射与元数据管理（结果是图 10—1 中的元数据仓库）、捕获、清洗、转换以及加载和索引。在实际工作中，这些步骤可以按不同方式进行合并。例如，数据捕获和清洗可以合并为一个过程，或者清洗和转换合并为一个过程。一般情况下，清洗步骤拒绝的数据会导致一些消息被发送到相应的运营系统，以便在源头修正数据，并且在后续的抽取步骤中会重新发送修改后的数据。实际上图 10—1 大大简化了 ETL 过程。Eckerson（2003）总结了 ETL 过程的 7 个组成部分，而 Kimball（2004）概括出了 ETL 的 38 个子系统。我们没有足够篇幅来详细描述所有这些子系统。有多达 38 个子系统的事实，突出说明了为什么要在数据仓库的 ETL 上花费这么多时间，以及为什么选择 ETL 工具会如此重要与困难。我们接下来讨论映射与元数据管理、捕获、清洗、加载和索引，然后全面讨论数据装换。

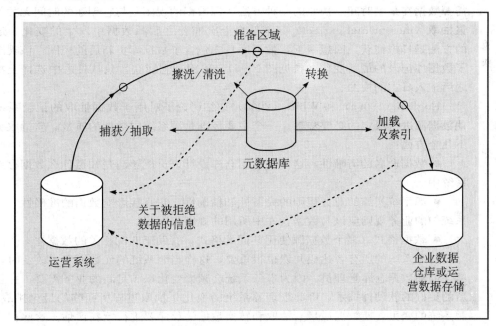

图 10—1 数据调和的步骤

映射和元数据管理 ETL 过程以一个设计步骤开始，在该步骤中，仓库需要的数据（详细的或聚合的）会被映射回到用来构成仓库数据的源数据。映射可以用图形化方式展现，也可以用简单的矩阵呈现，矩阵中的行表示源数据元素，列表示数据仓库的表列，而矩阵中的格说明了需要进行的重新格式化、转换及清洗操作。处理中的这些流程使源数据经过一系列步骤的处理，包括联合、合并、冗余去除，并且简单地形成一个一致的任务流传递给清洗和转换操作。为了进行这样的映射，包括为数据选择最可靠的来源，我们必须掌握很好的元数据，这样就能够在多个数据源中了解看似相同数据间的细微差别。元数据会被随后创建，以对映射和任务流进行解释。这个映射及任何需要的更多信息（例如，为何选择某个数据源，进行抽取的时间及频率）会在元数据仓库中进行记录。为目标仓库数据选择合适数据源，是基于本章前面所述的各种数据质量特征。

抽取　从用来填充 EDW 的源文件和数据库中捕获相关数据，一般称为抽取（extracting）。通常，不需要包含在各种不同运营源系统中的所有数据，而只需要其中的一个子集。抽取数据子集是基于对源系统和目标系统的拓展分析，而且分析工作最好由一个团队在数据管理员的指导下进行，团队中包括终端用户和数据仓库专业人员。

从技术上来说，ETL 过程的这一经典开始步骤也可以由一类称为企业应用集成（enterprise application integration，EAI）的新工具支持，我们在本章前面部分简要介绍过 EAI。通过 EAI 工具，可以捕获事件驱动（实时）的数据，并以集成的方式在各种源系统中使用这些数据。当数据变化不是周期性的，而这在很多 ETL 过程中是很常见的，此时 EAI 可用来捕获这些数据。为了使实时数据仓库体系结构能够支持主动商业智能，点滴式供给就变得非常重要。EAI 工具也可以向其他 ETL 工具提供输入，这常常可以具有更丰富的清洗及转换能力。

数据抽取一般分为两种类型：静态抽取和增量抽取。在初始填充数据仓库时用静态抽取，而增量抽取用于随后的数据仓库维护。**静态抽取**（static extract）是捕获所需源数据在某一时间点快照的一种方法。源数据的视图是与它创建的时间无关的。**增量抽取**（incremental extract）只捕获自上次捕获之后源数据中发生的变化。最常见的方法是日志捕获。回想一下，数据库日志包含了数据库更新后的视图，该视图包含了数据库记录的最新变化（参见图 9—6）。采用日志捕获，只从日志中选择上次捕获之后记入日志的视图。

English（1999a）和 White（2000）详细讨论了对用于数据抽取的记录系统和其他数据源进行限定的必要步骤。一个主要标准是源系统中数据的质量。质量取决于以下几个方面：

● 数据命名的清晰性，这使得数据仓库设计人员能够清楚知道什么数据存放在源系统中。

● 源系统实施的业务规则的完备性和精确性，它直接影响数据的准确性，并且源系统中的业务规则应该与数据仓库中所用的规则相匹配。

● 数据格式（多个数据源使用共同的格式，有助于匹配相关的数据）。

与源系统的所有者达成共识也很重要，这样当源系统的元数据发生改变时，他们就会通知数据仓库管理员。因为事务系统会频繁变化以满足新的业务需要，并且使用新的更好的软硬件技术，因此管理源系统的变化是抽取过程所面临的最大挑战之一。源系统的变更，使数据质量及抽取和转换数据的程序要进行重新评估。这些程序将源系统中的数据映射到目标数据仓库（或数据集市）中。对于数据仓库中的每个数据元素，映射指出了该数据是从哪些源系统的哪些数据中所导出的。我们将在单独的小节中讨论转换规则，会接着说明如何执行导出。对于定制构建的源系统，数据仓库管理员必须开发定制的映射和抽取例程，可为某些打包好的应用软件如 ERP 系统，购买预定义的映射模板。

抽取可以用源系统相关的工具所写的例程完成，例如，数据导出工具。数据通常以一种中性格式抽取，如逗号分隔的 ANSI 格式。有时 SELECT…INTO 这一 SQL 命令可用来创建一个表。一旦选择了数据源并编写了抽取例程，数据就可被移动到准备区中，在那里开始清洗过程。

清洗　ETL 过程（正如任何其他数据集成活动）公认的一个作用是识别错误数据，而并不修正它们。专家们均认为数据修正应在相应的源系统中进行，这样，系统程序上的错误所带来的错误数据不会再次发生。被拒绝的数据会从后面的步骤中移除，并且在相关源系统的下一次供给中被重新处理。有些数据可在清洗过程中被修正，使数据仓库的数据加载过程不会被拖延。在上述任何一种情况下，都应向有问题的源系统发送信息，以阻止更多错误及混淆发生。

糟糕的数据质量是 ETL 的祸根，事实上它是所有信息系统的祸根（"垃圾进，垃圾出"）。不幸的是，从过去到现在历来如此。Eckerson 和 While（2003）发现，确保适当的数据质量是 ETL 所面临的最大挑战，紧随其后的是一个高度相关的问题——理解源数据。处理程序应该能够确保数据在源系统中被"正确"地捕获。但是，什么是正确的取决于源系统，因此，ETL 清洗步骤在最低限度上，必须解决源系统间对高质量数据观点上的差别。问题可能是与时间有关，也就是说，一个系统在另一系统之前更新公共或相关的数据。（你稍后将会看到，时间在数据仓库中是一个非常重要的因素，因此，建立数据仓库时理解数据的时间戳是很重要的。）因此，在 ETL 中需要采取进一步的措施来管理数据质量。

由于很多常见的原因，包括雇员和客户的数据输入错误、源系统改变、糟糕的和不一致的元数据、系统错误或抽取过程中数据受污染等，导致运营系统中数据的质量不佳或者多个源系统间数据不一致。即使源系统工作正常，你也不能假定数据是干净的（例如，系统使用了缺省但并不准确的值）。会给数据仓库带来麻烦的一些典型错误和不一致如下：

（1）拼写错误的名称和地址，以及名称及地址的奇怪格式（例如，前导空格、词间的多个空格、缩写间缺少句点、使用不同的大小写字体，如用全部的大写字母替代大小写字母）。

（2）不可能或错误的出生日期。

（3）字段未按其本意使用，或在不同数据表行中有不同的含义（本质上是同一列有多重含义）。

（4）不匹配的地址和区域码。

（5）缺失数据。

（6）重复的数据。

（7）数据源之间的值或格式（例如，数据以不同的详细程度存储或者是不同时期的数据）不一致（如不同地址）。

（8）数据源之间主码不同。

彻底的数据清洗包括检测这些错误并进行修正，并且阻止错误以后再次出现。某些类型的错误可在清洗过程中加以改正，并且数据能够为加载做好准备。在任何情况下，都要向源系统拥有者报告错误，使源系统的处理程序可进行修改，以防止类似的错误再次发生。

我们来考虑一下这些错误的一些例子。客户名在客户文件中常常作为主码或用作搜索条件。但是，这些名称在这些文件中常常是拼写错误的，或以不同方式进行拼写。例如 "The Coca-Cola Company" 是该软饮料公司的正确名称，但这一名称输入到客户记录中则可能是 Coca-Cola，Coca Cola，TCCC 等。在一项研究中，一个公司发现"McDonald's"竟然有 100 种不同的拼写方式！

许多 ETL 工具的一个特点是具有对文本字段进行语法分析的能力，使 ETL 能够识别同义词及拼写错误，并可以重新定义数据格式。例如，名称和地址字段可能会以许多格式从源系统中抽取出来，对它们进行语法分析可以识别名称及地址中的每个部分，这样就能够以一种标准格式将它们存入数据仓库中，并且利用它们匹配来自不同源系统的记录。这些工具也经常可以修正名称的拼写错误并解决地址不一致问题。实际上，通过地址分析可以找到匹配的记录。

另一种数据污染是在字段未按本意使用时发生的。例如，一家银行设计了一个字段用来存放电话号码。但是，部门经理并未如此使用这一字段，他们用这一字段存储了利率。另一个例子是由一家主要的英国银行报道的，这个例子更不可思议。数据清洗程序发现其中一个客户的职业是"泰坦尼克号上的乘务员"（Devlin，1997）。

你可能疑惑为什么这样的错误在运营数据中如此普遍。运营数据的质量，在很大程度上是由数据对于负责收集它们的组织的价值来决定的。不幸的是，经常出现这样的情况：数据收集组织认为某种数据价值很小，但该数据的准确性对下游的应用很重要，如数据仓库。

考虑到错误发生的普遍性，最坏的情形是公司简单地将数据拷贝至数据仓库。通过数据清洗技术提高源数据质量是很重要的。**数据清洗**（data scrubbing 或 data cleansing），在将数据转换并传送到数据仓库之前，使用模式识别和其他一些技术来提升原始数据质量。如何清洗每条数据根据属性有所不同，因此每个 ETL 清洗步骤的设计都需要大量分析。而且每次对源系统进行改变时，都必须重新评估数据清洗技术。有些清洗会完全拒绝明显不好的数据，并向源系统发送信息，要求修正错误数据并对下次抽取做好准备。其他清洗结果可以对数据加上标记，以便在拒绝数据前进行更详细的手工分析（例如，为什么一个销售员的销售额比另一个销售员多 3 倍？）。

成功的数据仓库要求实施一个正式的全面质量管理（TQM）。TQM 关注的是预防缺陷而不是纠正缺陷。虽然数据清洗能够帮助提高数据质量，但它并不是数据质量问题的长期解决方案（关于数据质量管理中的 TQM，请参见本章前面部分）。

需要的数据清洗类型取决于源系统中的数据质量。除了修正早期识别的问题以外，其他常见的清洗任务包括：

- 解码数据，以便数据仓库应用可以理解它们。
- 解析文本字段，将其分解出更细的组成部分（例如，将地址字段分离为不同组成部分）。
- 对数据进行标准化，如前面给出的多种客户名称的例子。标准化可能包括很简单的操作，如对所有值都使用固定的词汇（例如，用 Inc. 代表 Incorparated，用 Jr. 代表 junior）。
- 重新格式化和改变数据类型，并执行其他功能，以便把来自每个源系统的数据转换为标准数据仓库格式，为转换做好准备。
- 增加时间戳，以便区分相同属性在不同时间的值。
- 在不同的度量单位间进行转换。
- 为表的每一行生成主码。（本章稍后将讨论数据仓库表主码和外码的形成方法。）
- 匹配分别抽取的数据，将这些数据合并到一个表或文件中，并将匹配的数据写到所生成数据表的同一行中。（如果在不同源系统中使用的码不同，或命名规则不同，或源系统数据有错误时，这个过程可能是非常复杂的。）

● 将检测到的错误记入日志，修正这些错误，并且重新处理纠正后的数据而不产生重复的输入。

● 找到丢失的数据，保证随后加载所需的批量数据完整。

不同数据源的处理顺序也可能很重要。例如，在外部系统的新客户统计数据与客户信息匹配之前，有必要先处理来自销售系统的客户数据。

一旦数据在准备区被清洗后，数据就可以进行转换了。但是，在详细讨论转换之前，我们先在下面的小节中，简要论述将数据加载到数据仓库或数据集市中所使用的程序。在加载讨论之后介绍转换是有意义的。数据仓库的一个趋势是将 ETL 表示为 ELT，用数据仓库技术的力量协助清洗和转换活动。

加载及索引　填充企业数据仓库（参见图 10—1）的最后一步，是将已选择的数据加载到目标数据仓库并创建必要的索引。将数据加载到 EDW 的两种基本方式是刷新和更新。

刷新模式（refresh mode）是通过定期批量重写目标数据来填充数据仓库的一种方法。即，一开始将目标数据写入数据仓库，然后定期重写数据仓库取代以前的内容。这种模式与更新模式相比，已经变得不太流行了。

更新模式（update mode）是只将源数据的变化写到数据仓库中的一种方法。为支持数据仓库的周期性特点，将这些新记录写入到数据仓库时，通常不覆盖或删除以前的记录（参见图 9—8）。

正如你所料，在最初创建数据仓库时，一般采用刷新模式来填充数据库。而在随后的目标仓库维护中一般采用更新模式。刷新模式与静态数据捕获一同使用，而更新模式则与增量数据捕获一同使用。

采用刷新和更新这两种模式，都有必要创建和维护用来管理仓库数据的索引。在数据仓库环境中常使用两种索引方式，即映射索引（mapped indexing）和连接索引（join indexing）（参见第 5 章）。

由于数据仓库中保存的是从完全不同的源系统中集成而来的历史数据，因此，知道数据来源于何处对于使用数据仓库的那些人来说很重要。元数据可以提供关于特定属性的信息，但是元数据也必须表示历史（例如，源系统也可能随时间变化）。如果有多个源系统，或知道哪个特定的抽取文件或加载文件将数据存放至仓库，或知道哪个转换例程创建了数据的时候，则会需要更详细的程序。（这可能对于揭示在仓库中发现错误的根源是必要的。）Variar（2002）概述了跟踪仓库数据来源的复杂之处。

Westerman（2001）基于引起高度关注并取得成功的沃尔玛公司的数据仓库技术，讨论了确定数据仓库更新频率的一些新因素。他的指导思想是根据实际需要对数据仓库进行更新。更新频率低会引发大量数据加载，并且用户需要等待新数据。对于活跃的数据仓库，接近实时的加载是必需的，但对于大多数数据挖掘和分析应用，则可能是低效和不必要的。Westerman 建议对大多数组织来说，进行每日更新已经是足够的（统计表明 75% 的组织实施每日更新）。但是，每日更新不可能对某些变化情况作出反应，例如重新定价或改变滞销物品的购货单。沃尔玛持续更新它的数据仓库，考虑到它使用大规模并行数据仓库技术，这是实际可行的。业界趋势是在一天中近乎实时地更新若干次，并且减少使用长时间的刷新间隔，例如，每月进行刷新（Agosta，2003）。

将数据加载到数据仓库一般意味着在仓库的表中追加新的行。也可能意味着用新数据更新现有的行（例如，从其他数据源填充缺失的值），还可能意味着在数据仓库中清除某些数据，这些数据由于时间过长而过时，或是在以前的加载操作中被错误加载。数据可通过以下方式从准备区加载到仓库：

- SQL 命令（如 INSERT 或 UPDATE）。
- 由数据仓库厂商或第三方供应商提供的专用加载工具。
- 由仓库管理员编写的定制例程（这是一种很普遍的做法，并且它使用了上述两种方法）。

在任何情况下，这些例程不仅必须更新数据仓库，而且必须生成错误报告，以显示被拒绝的数据（例如，试图追加新行带有重复的码，或更新的行在数据仓库表中不存在）。

加载工具的工作方式可以是批处理模式，也可以是连续模式。可以使用工具编写脚本，定义准备区中数据的格式，并定义准备区中的数据与数据仓库字段之间的映射关系。工具能够将准备区中字段的数据类型转换为仓库中的目标字段类型，并能够执行 IF…THEN…ELSE 逻辑来处理准备区中各种格式的数据，或直接将数据输入到不同的数据仓库表中。实用工具能在数据加载（刷新模式）之前清除数据仓库表中的所有数据（DELETE * FROM tablename），或追加新的数据行（更新模式）。实用工具可以对输入数据进行分类，以便在更新操作之前追加数据行。工具程序与 DBMS 的任何存储过程一样运行，理想情况下，DBMS 对并发访问的所有控制，以及加载过程中 DBMS 发生故障时的重启和恢复，都将正常运行。由于执行加载会非常耗时，因此，在执行加载期间 DBMS 发生崩溃的情况下，能够从一个检查点重新启动加载过程是至关重要的。数据库重启和恢复的全面讨论，请参见第 11 章。

数据转换

数据转换处于数据调和的中心。**数据转换**（data transformation）将数据从源运营系统的格式转换为企业数据仓库的格式。数据转换从数据捕获组件接收数据（如数据需要清洗，则在数据清洗之后），将数据映射为调和数据层的格式，再将数据传送到加载和索引组件。

数据转换的范围，可以从数据格式或数据表示方法的简单变化到非常复杂的数据集成活动。下面是说明转换范围的 3 个示例：

（1）一名销售员需要从大型主机数据库中，将客户数据下载到她的便携式计算机上。在这种情况下，需要的转换只是从 EBCDIC 到 ASCII 表示法的简单映射，通过现成商用软件可以很轻松地完成这一任务。

（2）一家制造公司在三种不同的遗留系统中存储产品数据：制造系统、市场销售系统和工程应用系统。公司需要开发这些产品数据的合并视图。数据转换涉及几种不同的功能，包括解析不同的码结构、转换为相同的代码集、集成来自不同数据源的数据。这些功能十分简单明了，大多数必需的软件都能使用带有图形界面的标准商用软件包来生成。

（3）一家大型健康护理组织管理地域上分散的一组医院、诊所和其他护理中心。因为已经随着时间的推移收集了许多数据单元，所以数据是异构的和不协调的。出于很多重要原因，该组织需要开发数据仓库以提供单一的组织视图。这项工作需要下面所描述的全部转换功能，包括一些自定义软件的开发。

数据清洗和数据转换中执行的功能可能发生混淆。一般来说，数据清洗的目的是纠正源数据中数据值的错误，而数据转换的目的是将源系统的数据格式转换为目标系统中的数据格式。请注意，在数据转换之前对数据进行清洗是很必要的，因为如果数据在转换之前有错误，则错误会一直保留在转换之后的数据中。

数据转换功能

　　数据转换包含多种不同的功能。这些功能广义上分为两类：记录级功能和字段级功能。在大多数数据仓库应用中，需要联合使用其中的某些功能，甚至是所有功能。

　　记录级功能　操作对象是记录集合，如文件和表，最重要的记录级功能包括选择、连接、规范化和聚合。

　　选择（selection，也称为子集构造）是根据预定义条件来分割数据的一个过程。对于数据仓库应用而言，选择就是在源系统中抽取相关数据的过程。实际上，选择就是前面所讨论的捕获功能的一部分。当源数据是关系数据时，可使用 SQL 的 SE-LECT 语句实现选择（详细信息请参见第 6 章）。例如，还记得增量捕获的实现，经常是从数据库日志中选择上次捕获后创建的更新后视图。典型的更新后视图如图 9—6 所示。假设这个应用的更新后视图，存储在一个名为 AccountHistory _ T 的表中，那么在 2010 年 12 月 31 日之后所创建的更新后视图，就可用如下语句进行选择：

```
SELECT*
FROM AccountHistory _ T
WHERE CreateDate> 12/31/2010;
```

　　连接（joining）把来自不同源的数据合并为一个表或视图。数据连接在数据仓库应用中是一项很重要的功能，因为合并来自不同源的数据常常是必要的。例如，一家保险公司的客户数据，可能分布在许多不同的文件或数据库中。当源数据是关系数据时，可使用 SQL 语句来执行连接操作。（详细信息请参详见第 6 章。）

　　由于下列原因，连接常常非常复杂：

　　● 源数据通常不是关系型数据（摘要是平面文件），在这种情况下，不能使用SQL 语句。取而代之的是必须编写过程语言语句，或先将数据移动到使用 RDBMS的准备区。

　　● 即使是关系数据，要进行连接的数据表的主码通常来自不同的域（例如，工程零件编号与分类编号）。这些码必须在执行 SQL 连接之前进行调和。

　　● 源数据可能含有错误，这使得连接操作也可能产生错误。

　　规范化（normalization）是分解带有异常的关系，以产生较小的、结构良好关系的过程。（详细讨论见第 4 章。）正如前面所指出的，运营系统中的数据常常是去规范化的（或只是没有进行规范）。因此，作为数据转换任务的一部分，数据必须规范化。

　　聚合（aggregation）是将数据从详细层次转换为概要层次的过程。例如，在零售业务中，可以根据商场、产品、日期等汇总单个销售事务，以产生总的销售统计。因为在我们的模型中数据仓库只包含详细的数据，聚合一般与这一部分无关。然而，聚合在填充数据集市时非常重要，这一点将在下面讲到。

　　字段级功能　字段级功能将数据从源记录中给定的格式，转换为目标记录中的不同格式。字段级功能有两种类型：单字段和多字段。

　　单字段（single-field）转换将数据从单个源字段转换为单个目标字段。图 10—2（a）是这种类型转换的基本表示（在图中用字母"T"表示）。单字段转换的一个示例，是将文本表示的"YES/NO"转换为数字表示"1/0"。

　　执行单字段转换有两种方法：算法和表查找，如图 10—2（b）和 10—2（c）所示。算法转换使用公式或逻辑表达式。图 10—2（b）展示了使用公式将华氏温度转换为摄氏温度。当无法使用简单算法时，可以使用查找表的方法。图 10—2（c）展示了通过使用表将州编码转换为州名称。（这种类型的转换在数据仓库应用中很常见。）

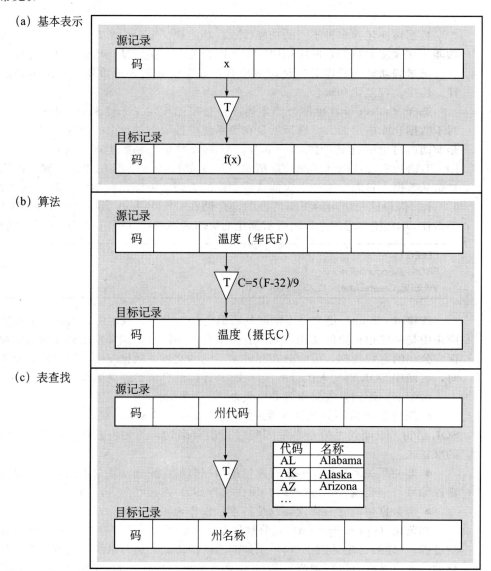

（a）基本表示

（b）算法

（c）表查找

图 10—2　单字段转换

多字段（multifield）转换把数据从一个或多个源字段转换到一个或多个目标字段。这种类型转换在数据仓库应用中非常普遍。图 10—3 展示了两种多字段转换。

图 10—3（a）是多对一转换的示例（在此例中，两个源字段被映射到一个目标字段）。在源记录中，雇员姓名 EmpName 和电话号码 TelephoneNo 的组合作为主码。这种组合码比较笨拙，而且可能不能唯一标识一个人。因此，在创建目标记录时，组合码被映射到唯一的雇员 ID（EmpID）。可创建一个查找表来支持这种转换。也可以使用数据清洗程序来帮助确定源数据中的重复数据。

图 10—3（b）是一个一对多转换的例子。（在此例中，一个源字段被转换为两个目标字段。）在源记录中，用产品代码 ProductCode 对品牌名称和产品名进行编码。（这种编码方式常用于运营数据。）但是，在目标记录中，需要描述产品名称 Product-

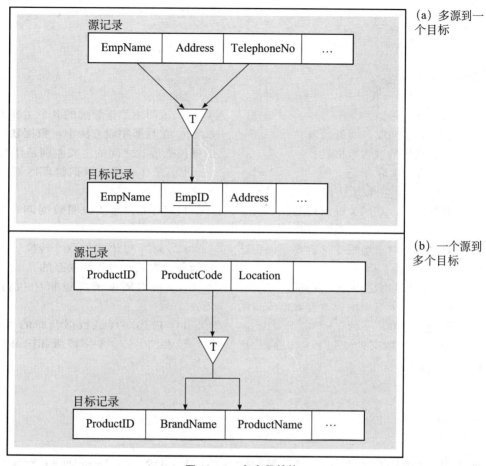

图 10—3　多字段转换

Name 和品牌名称 BrandName 的完整文字。此外，可以同样采用查找表方法来实现这种转换。

在图 10—3 中，所展示的多字段转换只涉及一个源记录和一个目标记录。更一般的情况是，多字段转换可能涉及多个源记录和/或多个目标记录。在最复杂的情形下，这些记录甚至来自不同的运营系统和不同的时区（Devlin，1997）。

▌ 本章回顾

关键术语

聚合　aggregation

更新数据捕获　changed data capture（CDC）

数据联邦　data federation

数据治理　data governance

数据清洗　data scrubbing

数据管家　data steward

数据转换　data transformation

增量抽取　incremental extract

连接　joining

主数据管理　master data management（MDM）

刷新模式　refresh mode

选择　selection

静态抽取　static extract　　　　　　更新模式　update mode

复习题

1. 对比下列术语：

    a. 静态抽取，增量抽取

    b. 数据清洗，数据转换

    c. 合并，联邦

    d. ETL，主数据管理

2. 数据治理计划的关键组件是什么？

3. 数据管家是如何与数据管理相关的？

4. 数据质量对于组织非常重要，说明这种说法的 4 个理由。

5. 定义高质量数据的 8 个特征。

6. 描述在一个组织中，改善数据质量的关键步骤。

7. 如何改善数据捕获过程以提高数据质量？

8. 说明主数据管理的 3 个主要方法。

9. 在数据集成方法中，数据联邦方式和数据传播形式之间的主要差别是什么？

10. 是什么使主数据管理区别于其他数据集成形式？

11. 列出和简要说明数据调和过程的 5 个步骤。

12. 解释短语"抽取—转换—加载"是如何与数据调和过程相联系的。

13. 列出数据清洗过程中执行的共同任务。

14. 描述在加载数据仓库的 ETL 过程中，经常发生的一些字段级和记录级的数据转换。

参考文献

Agosta, L. 2003. "Data Warehouse Refresh Rates." *DM Review* 13,6 (June): 49.

Brauer, B. 2002. "Data Quality—Spinning Straw into Gold," **www2.sas.com/proceedings/sugi26/p117-26.pdf**.

Carlson, D. 2002. "Data Stewardship Action," *DM Review* 12,5 (May): 37,62.

Devlin, B. 1997. *Data Warehouse: From Architecture to Implementation.* Reading, MA: Addison-Wesley Longman.

Dyché, J. 2007. "The Myth of the Purebred Data Steward." (February 22) available at **www.b-eye-network.com/print/3971**.

Dyché, J., and E. Levy. 2006. *Customer Data Integration: Reaching a Single Version of the Truth.* Hoboken, NJ: Wiley.

Eckerson, W. 2003. "The Evolution of ETL." *Business Intelligence Journal* (Fall): 4–8.

Eckerson, W., and C. White. 2003. *Evaluating ETL and Data Integration Platforms.* The Data Warehouse Institute, available at **www.tdwi.org**, under "Research Reports."

English, L. 1999a. *Business Information Quality: Methods for Reducing Costs and Improving Profits.* New York: Wiley.

English, L. P. 1999b. *Improving Data Warehouse and Business Information Quality.* New York: Wiley.

English, L. P. 2004. "Six Sigma and Total Information Quality Management (TIQM)." *DM Review* 14,10 (October): 44–49, 73.

Moriarty, T. 1996. "Better Business Practices." *Database Programming & Design* 9,7 (September): 59–61.

Redman, T. 2004. "Data: An Unfolding Quality Disaster." *DM Review* 14,8 (August): 21–23, 57.

Russom, P. 2006. "Taking Data Quality to the Enterprise through Data Governance." *TDWI Report Series.* (March).

Seiner, R. 2005. "Data Steward Roles & Responsibilities," available at **www.tdan.com**, July, 2005.

Hay, D. C. 2005. "Data Model Quality: Where Good Data Begin." Published online at **www.tdan.com** (January).

Hoffer, J., J. George, and J. Valacich. 2010. *Modern Systems Analysis and Design,* 5th ed. Upper Saddle River, NJ: Prentice Hall.

Imhoff, C., and C.White. 2006. "Master Data Management: Creating a Single View of the Business," available at **www.beyeresearch.com/study/3360**.

Informatica. 2005. "Addressing Data Quality at the Enterprise Level." (October).

Inmon, B. 2004. "Data Quality." (June 24) available at **www.b-eye-network.com/view/188**.

Kimball, R. 2004. "The 38 Subsystems of ETL." *Intelligent Enterprise* 8,12 (December 4): 16, 17, 46.

Krudop, M. E. 2005. "Maximizing Your ETL Tool Investment." *DM Review* 15,3 (March): 26–28.

Laurent, W. 2005. "The Case for Data Stewardship." *DM Review* 15,2 (February): 26–28.

Leon, M. 2007. "Escaping Information Anarchy." *DB2 Magazine* 12,1: 23–26.

Loshin, D. 2001. "The Cost of Poor Data Quality." *DM Review* (June 29) available at **www.information-management.com/infodirect/20010629/3605-1.html**.

Loshin, D. 2006. "Monitoring Data Quality Performance Using Data Quality Metrics." A white paper from Informatica (November).

Yugay, I., and V. Klimchenko. 2004. "SOX Mandates Focus on Data Quality & Integration." *DM Review* 14,2 (February): 38–42.

Variar, G. 2002. "The Origin of Data." *Intelligent Enterprise* 5,2 (February 1): 37–41.

Westerman, P. 2001. *Data Warehousing: Using the Wal-Mart Model.* San Francisco: Morgan Kaufmann.

White, C. 2000. "First Analysis." *Intelligent Enterprise* 3,9 (June): 50–55.

延伸阅读

Eckerson, W. 2002. "Data Quality and the Bottom Line: Achieving Business Success Through a Commitment to Data Quality." **www.tdwi.org**.

Weill, P., and J. Ross. 2004. *IT Governance: How Top Performers Manage IT Decision Rights for Superior Results*. Boston: Harvard Business School Press.

网络资源

www. informationintegrity. org 推动信息完整性认知和理解的一个非营利性组织的网站。

www. knowledge-integrity. com 数据质量和商业智能领域的领先顾问 David Loshin 的网站。

http：//mitiq. mit. edu MIT 有关数据质量研究的网站。

www. tdwi. org 数据仓库学会的网站，除了很多只对会员提供的资源以外，它还有大量面向一般公众的白皮书、研究报告和网络讨论会。

www. teradatastudentnetwork. com Teradata 学生网络（以及为教师提供的相应的大学网络），它提供了很多与数据质量、数据集成主题相关的期刊文章、培训材料、网络讨论会，以及其他专题报告。

第11章

数据和数据库管理

✎ 学习目标

➢ 明确定义下列关键术语：数据管理（data administration），数据库管理（database administration），开源 DBMS（open source DBMS），数据库安全（database security），授权规则（authorization rules），用户自定义过程（user-defined procedures），加密（encryption），智能卡（smart card），数据库恢复（database recovery），备份工具（backup facilities），日志工具（journalizing facilities），事务（transaction），事务日志（transaction log），数据库变更日志（database change log），前映像（before image），后映像（after image），检查点工具（checkpoint facility），恢复管理器（recovery manager），恢复/重新运行（restore/rerun），事务边界（transaction boundaries），后向恢复（backward recovery）或回滚（rollback），前向恢复（forward recovery）或前滚（rollforward），中止事务（aborted transaction），数据库销毁（database destruction），并发控制（concurrency control），不一致读问题（inconsistent read problem），封锁（locking），封锁级别（locking level）或锁粒度（lock granularity），共享锁（shared lock）或 S 锁（S lock）或读锁（read lock），排他锁（exclusive lock）或 X 锁（X lock）或写锁（write lock），死锁（deadlock），死锁预防（deadlock prevention），两段锁协议（two-phase locking protocol），死锁解除（deadlock resolution），版本化（versioning），数据字典（data dictionary），系统目录（system catalog），信息仓库（information repository），信息资源字典系统（Information Resource Dictionary System，IRDS），数据归档（data archiving），心跳查询（heartbeat query）。

➢ 列出数据管理和数据库管理的主要功能。

➢ 描述数据管理员和数据库管理员在当前业务环境中作用的变化。

➢ 描述数据字典和信息仓库的作用，以及在数据管理中如何使用它们。

➢ 比较乐观并发控制系统和悲观并发控制系统。

➢ 描述数据库安全问题，并列举出 5 种用来增强安全的技术。

➢ 理解数据库在 SOX 法案中的作用。

➢ 描述数据库恢复问题，列举 DBMS 中包含的用来恢复数据库的 4 种基本工具。

➢ 描述调整数据库以达到更好性能中存在的问题，并列出调整数据库时可能改变的 5 个方面。

➢ 描述数据可用性的重要性，并列举提高可用性的几种措施。

引 言

　　ChoicePoint 公司——更多身份标识（ID）失窃警告：身份标识公司表示，犯罪分子能够获得几乎 140 000 个姓名、地址和其他信息。

　　　　ChoicePoint 公司是美国一家身份认证和信用认证服务提供商，该公司表示将向人们发送 110 000 份声明，通知他们一伙有组织的犯罪分子能够通过该公司获取大约 140 000 名消费者的个人信息，因此可能发生身份信息失窃。

　　　　根据 ChoicePoint 公司在网上的声明，这起事件的起因并不是系统被黑客攻击，而是由于犯罪分子假冒合法业务请求以获得对个人信息的访问权。

　　　　ChoicePoint 公司指出，犯罪分子可能已经获取了人们的姓名、地址、社会安全号码及信用报告。

　　　　公司指出，在周二曾向加利福尼亚州的 30 000～35 000 名消费者发出了警告信，该州是唯一要求公司公开所遭受的安全攻击的州。

　　　　虽然公司去年秋季就了解到有欺诈行为，但公司之前并未公开这一信息，直到目前权威人士提出公开要求，并指出这会危及到调查。

　　　　ChoicePoint 公司指出，35 000 名加利福尼亚州居民已经接收到通知，而另外的 110 000 名加州以外的居民也很快会接到通知。

　　　　位于佐治亚州阿尔法利塔的 ChoicePoint 公司维护着几乎每个美国消费者的个人信息，并将这些信息出售给雇主、老板、销售公司以及大约 35 家美国政府机构。

　　　　ChoicePoint 的数据库包含 190 亿条公共记录，包括驾驶记录、性犯罪名单以及 FBI 追捕的通缉犯和可疑恐怖分子的名单。

　　　　ChoicePoint 公司指出，该公司的记录使执法者追捕到连续作案的杀人恶魔，并帮助寻找到了 822 名丢失儿童。

　　　　资料来源：CNN Money 网站，2005 年 2 月 17 日。

　　数据对组织的重要性已经得到广泛认可。就如同人员、物资、财力资源等都是公司资产一样，数据也是一种公司资产。与其他资产相同，数据信息是非常有价值的信息，不能随意管理。信息技术的发展，使得公司对数据进行有效管理的可能性大大增加，但是，数据在偶然和恶意的破坏及误用情况下是很脆弱的。数据和数据库管理能够帮助组织实现有效管理数据的目标。

　　另一方面，数据管理不足会导致数据质量、安全性及可用性出现问题。数据管理不足包括以下在组织中很常见的特征：

　　（1）同一数据实体存在多种定义，和/或不同数据库中相同数据元素的表示不一致，这些使得不同数据库之间的数据集成充满了危险。

　　（2）丢失了关键的数据元素，从而使现有数据的价值降低。

　　（3）由于数据源不合适，或数据从一个系统到另一系统的转换时机不合适，从而导致数据质量处于低水平，因而降低了数据的可靠性。

　　（4）对现有数据的熟悉程度不够，包括对数据位置和数据的含义理解不清，从而降低了使用数据制定有效战略或决策规划的能力。

　　（5）糟糕的和不稳定的查询响应时间、过长的数据库停机时间，以及为确保数据私密性和安全性而采取的控制过于严格或不够充分。

（6）文件被损坏、破坏、偷窃，或硬件错误去除了用户需要的数据路径，会使数据无法访问。

（7）未授权的数据访问会使组织处境窘迫。

这些情况使组织面临着无法遵守诸如 SOX 法案、《健康保险与责任法案》（Health Insurance Portability and Accountability Act，HIPAA）、Gramm-Leach-Bliley 法案等条例的风险，这些法案原本可帮助组织建立合理的内部控制和程序，以支持有效的财务控制、数据透明性控制和数据私密性保护。由于不鼓励通过手动过程来实施数据控制，因此组织需要通过 DBMS（例如，复杂的数据有效性控制、安全特征、触发器和存储过程）等来实现自动控制，以阻止和检测数据的意外破坏和欺诈行为。必须对数据库进行备份和恢复，以防止数据的永久丢失。数据相关的使用者、内容、时间和位置必须记录在元数据库中，以供审计者审查。以审查数据质量控制程序为目标的数据管家计划正日益流行。跨组织的合作是必要的，这样由多个分布式数据库合并而来的数据才是精确的。数据准确性或安全性中的问题，必须与高级管理人员和经理沟通。

Morrow（2007）将数据视为组织活力的源泉。良好的数据管理包括管理数据质量（在第 10 章讲述）和数据安全性及可用性（将在本章讲述）。各组织已经采用了不同策略应对这些数据管理问题。有些组织创建了数据管理（data administration）的功能。负责这项功能的人称为数据管理员（data administrator，DA）或信息资源管理者，他负责数据资源的整体管理。第二种功能是数据库管理（database administration），负责物理数据库设计并处理与数据库管理相关的技术问题，例如安全保护的实施、数据库性能以及备份和恢复。有些组织则将数据管理和数据库管理功能进行了合并。业务的快速变化已经使数据管理员和数据库管理员（DBA）的作用发生了改变，改变的方式将在下面部分讨论。

数据管理员和数据库管理员的作用

几种新技术和趋势使得数据管理和数据库管理的作用发生了变化（Mullins，2001）：

（1）专有技术和开放源码技术，以及必须由许多组织并发管理的不同平台上的数据库的快速增长。

（2）复杂数据类型的存储以及当今组织对商业智能的需求，推进了数据库规模的迅速增长。

（3）业务规则以触发器、存储过程和用户自定义函数等形式嵌入到数据库中。

（4）电子商务应用快速膨胀，这类应用需要将公司数据库接入 Internet，并对 Internet 活动进行跟踪，从而使数据库更加开放并接受外部组织的未授权访问。

针对这些变化的背景，理解数据管理与数据库管理的传统作用是很重要的。这将有助于理解在具有不同信息技术体系结构的组织中，这些角色相互结合的各种方式。

传统的数据管理

数据库是属于整个企业的共享资源，它们并不是组织中某一职能部门或个人的私有财产。数据管理是组织数据的管理者，这与审计官是财政资源的监管人相类似。与审计官相仿，数据管理员必须开发用来保护和控制资源的程序。此外，当数据被集中控制并在用户间共享时，可能出现的争端必须由数据管理解决，并且在确定数据的存储和管理地点时，数据管理也起着重要作用。**数据管理**（data administration）是一种高级功能，它全面负责组织中数据资源的管理，包括维护公司范围内的数据定义和标准。

选择数据管理员并组织功能，是非常重要的组织决策。数据管理员必须是一位具有高级技能的管理者，能够引导用户协作，并能解决组织出现重大变动时所产生的争端。数据管理员应是一位受人尊敬的、从组织中挑选出的高级管理者，而不是计算机技术专家，或者是为这一岗位新聘用的人员。但是，数据管理员必须具有足够的技能，使其能与数据库管理员、系统管理员和程序员等技术人员有效地交流与配合。

下面是传统数据管理的一些核心作用：

● **数据策略、程序及标准**　每个数据库应用都需要保护，这种保护通过数据策略、程序和标准的一致执行来建立。数据策略是明确表达数据管理目标的陈述，例如，"每个用户必须拥有一个有效的密码"。数据程序是书面的纲要，描述了为完成某项活动而采取的操作。例如，备份和恢复程序，应该传达到所涉及的所有雇员。数据标准是明确的规则和行为，它们应该被遵循，并能够用来评估数据库质量。例如，数据库对象的命名规则对于程序员来说应该是标准化的。外部数据源使用的增加，以及从组织外访问组织数据库情况的增多，已经使雇员对数据策略、程序和标准重要性的理解有所增强。这样的策略和程序需要很好地进行编档，以遵从财务报告、安全性和隐私条例的透明性要求。

● **规划**　一个关键的管理功能，在开发组织的信息体系结构中起领导作用。有两个方面的有效的管理需求，既要求理解组织对数据及信息的需求，也要求对满足各种需求的信息体系结构开发具有领导能力。

● **数据冲突解决方案**　数据库要被共享，并且通常涉及组织内多个不同部门的数据。数据的所有权是一个难以处理的问题，在每个组织都会不时出现。需要配备专门的数据管理人员来处理所有权问题，因为数据并不只与某一部门相关。建立解决这种冲突的程序是必要的。如果数据管理部门被赋予了足够的权限来调解和解决冲突，则这些程序将会非常有效。

● **管理信息库**　信息库中包含描述组织数据的元数据和数据处理资源。在许多组织中信息库正在取代数据字典。尽管数据字典是简单的数据元素编档工具，但信息库被数据管理员和其他信息专家用来管理整个信息处理环境。以信息库作为信息和功能的必要来源的对象包括：

（1）用户。用户必须理解数据定义、业务规则以及数据对象间关系。

（2）自动的 CASE 工具。用来说明和开发信息系统。

（3）应用程序。访问并操纵公司数据库中的数据（或业务信息）。

（4）数据库管理系统。维护信息库、系统更新权限、密码、对象定义等。

● **内部营销**　尽管数据和信息对组织的重要性已在组织内部得到广泛认可，但包括信息体系结构、数据建模、元数据、数据质量及数据标准等在内的数据管理问题，还未得到正确的评价。建立策略及程序的重要性，必须提前通过数据（和数据库）管理员的工作得到认同。有效的内部营销可能会降低人们对系统变更以及数据所有权问题的抵抗情绪。

当数据管理角色在组织中并未单独定义时，上述任务由 IT 组织的数据库管理员和/或其他人员承担。

传统的数据库管理

一般情况下，数据库管理是一种需要具体参与一个或多个数据库管理的任务。**数据库管理**（database administration）是一种技术功能，它负责数据库的逻辑及物理设计，并处理诸如安全性实施、数据库性能、备份与恢复以及数据库可用性等技术问题。**数据库管理员**（database administrator，DBA）必须理解数据管理所建立的数据模型，能够将其转换成有效、恰当的逻辑及物理数据库设计（Mullins，2002）。DBA 实施由数据管理员制定的标准和过程，包括执行编程标准、数据标准、政策及程序。

与数据管理员一样，DBA 也需要具有丰富的工作技能，需要具有扎实的技术背景，包括正确理解当前的软硬件（操作系统和网络）的体系结构与功能，以及深入理解数据处理过程。理解数据库开发生命周期，包括传统方法和原型法，也是很有必要的。扎实的设计和数据建模技能，尤其是在逻辑和物理层次上，也是必不可少的。然而，管理技能也是很重要的，因为在分析、设计和实现数据库时，DBA 必须管理其他信息系统（information systems，IS）人员，而且 DBA 还必须与参与数据库设计和使用的终端用户进行交互，为他们提供服务支持。

下面是数据库管理的一些核心作用：

● **分析并设计数据库** 在数据库分析阶段 DBA 所起到的关键作用，是对数据字典库进行定义及创建。DBA 在数据库设计中的主要任务包括：对应用事务按大小、重要程度以及复杂度进行优先级排序。因为这些事务对于应用是至关重要的，所以应该在开发事务之后立即审查事务的规范说明。数据库逻辑建模、数据库物理建模和原型系统建立应该是同步进行的。DBA 应努力对数据库环境执行充分的控制，但要允许开发者具有进行实验的空间和机会。

● **选择 DBMS 和相关软件工具** 硬件和软件的评估及选择，对组织的成功至关重要。数据库管理小组必须建立关于 DBMS 和相关系统软件（例如，编译器、系统监视器等）的策略。这需要对厂商和其软件产品进行评估、基准测试等。

● **安装和升级 DBMS** 一旦选择了 DBMS，它就需要进行安装。在安装之前，应当拿到 DBMS 厂商提供的计算机上数据库的工作负载标准检查程序。运行标准检查程序可以预见实际安装中必须处理的问题。DBMS 安装是一个复杂的过程，这一过程要确保各个模块具有正确的版本，拥有正确的设备驱动程序，并且 DBMS 可以正确地与任何第三方软件产品协同工作。DBMS 厂商会定期更新软件包模块，计划、测试和安装升级以确保现有的应用程序仍能正常工作，是很花费时间并且很复杂的工作。DBMS 一旦安装好，就必须创建并维护用户账号。

● **调整数据库性能** 由于数据库是动态的，因此，希望数据库的最初设计能确保它在整个生命周期内都能达到最佳处理性能，是不现实的。数据库性能（查询和更新的处理时间，数据存储的利用情况）需不断加以监控。数据库的设计必须经常改变以满足新的需求，并克服多次内容更新所产生的退化效应。数据库必须定期重建、重组织和重索引，以便恢复浪费的空间，使用新的空间规模更正不好的数据存储分配和分片，并纠正不良的数据库使用方法。

● **改善数据库查询处理性能** 一个数据库的工作负载是会随时间增加的，因为越来越多的用户找到更多方法使用数据库中不断增长的数据。因此，最初在小型数据库运行速度很快的一些查询，要想在某个数据量很大的数据库中获得满意的运行时间，就必须将其改写成更有效的形式。可能需要追加或删除索引，以便平衡所有查询的性能。为了更快地并发执行查询与更新处理，也可能要将数据重新部署到不同的设备上。DBA 的绝大部分时间，都花在调整数据库性能和缩短数据查询处理时间上。

● **管理数据安全性、私密性和完整性** 保护组织数据库的安全性、私密性与完整性，依靠的是数据库管理功能。关于确保私密性、安全性和完整性的方法，将在本章后面部分进行更详细的介绍。这里重要的是要意识到，将数据库连接到 Internet 和内部网，以及将数据和数据库分布到多个站点，会使得数据安全性、私密性和完整性的管理更为复杂。

● **执行数据备份和恢复** DBA 必须确保建立备份程序，以恢复由于应用程序故障、硬件故障、物理或电子故障、人为错误或不当行为而丢失的所有重要数据。本章稍后也将讨论常见的备份和恢复策略。这些策略必须定期地进行测试与评估。

了解这些数据和数据库管理功能，可以使读者意识到无论是在组织级或是项目级，合理进行管理都是很重要的。未采取合理措施会大幅降低组织有效运作的能力，甚至可能造成组织破产。减少应用程序开发时间的要求要严格审查，确保不能为了更快完成而放弃质量保证，因为这种无质量保证的捷径可能会产生严重的负面影响。图 11—1 总结了从系统开发生命周期构成阶段的角度所观察到的典型数据和数据库管理功能。

数据库管理的趋势

快速变化的商业环境，需要 DBA 拥有比上述技能更深、更高的技能。这里我们列举三个趋势及其所需要的相关新技能：

（1）**程序逻辑使用的增加** 触发器、存储过程和持久性存储模块（都已在第 7 章中讲述）等特征，提供了在 DBMS 中而不是在单独的应用程序里定义业务规则的能力。一旦开发人员开始依赖这些对象，则 DBA 必须解决质量、可维护性、性能和可用性等问题。DBA 负责确保所有这样的数据库程序逻辑被有效规划、测试、实现、共享和重用（Mullins，2002）。充当此角色的人一般来自应用程序编程人员，且他能与这些人员紧密地在一起工作。

（2）**电子商务应用的增加** 当一个业务在 Internet 上开始运营以后，将不会有关闭的时候。人们期望站点能够以 24/7 的服务时间正常运转。这样环境中的 DBA 需要拥有 DBA 的全部技能，此外还能管理基于 Internet 的应用和数据库（Mullins，2001）。在此环境中需要重点优先考虑的问题包括：高数据可用性（24/7）、遗留数据与基于 Web 应用的集成、跟踪 Web 活动，以及 Internet 的性能。

（3）**智能手机使用的增加** 智能手机在组织中的使用呈爆炸式增长。大多数 DBMS 厂商（如 Oracle，IBM 和 Sybase）都提供能在智能手机上运行的功能范围较小的版本，这些版本一般支持特定的应用。（这是第 1 章中描述的个人数据库的一个例子。）一般在智能手机中存储少量的关键数据，并定期将这些数据与企业数据服务器上的数据进行同步。在这样的环境中，DBA 会经常被问到如何设计这些个人数据库（或当用户遇到麻烦时如何帮他们摆脱困境）。但更大的问题是，如何使来自成百上千个智能手机的数据保持同步，并同时满足企业对数据完整性及可用性的需求。但是，目前大量的智能手机应用允许 DBA 远程监控数据库，并可以不在物理上占用设备的情况下解决一些小问题。

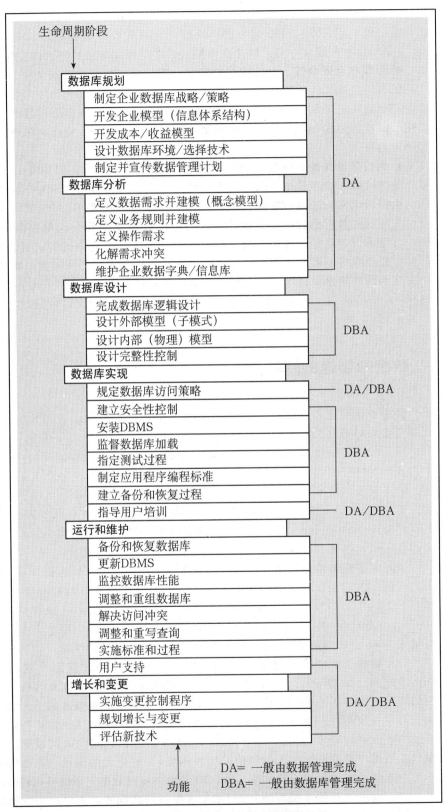

图 11—1　数据管理和数据库管理的功能

☐ 数据仓库管理

最近 5 年数据仓库的明显增长（见第 9 章）催生了一种新的角色：数据仓库管理员（data warehouse administrator，DWA）。DWA 的作用可概括为两点：

（1）DWA 对于数据仓库和数据集市数据库的作用，有很多与 DA 和 DBA 是相同的，其目的是支持决策型应用（而不是一般由 DA 和 DBA 管理的事务处理应用）。

（2）DWA 的作用重点是跨多个数据源的元数据和数据的集成与协调（抽取协议、运营数据存储、企业数据仓库），这些分散管理数据源中的数据未必是标准化的，而且这些数据也超出了 DWA 的控制范围。Inmon（1999）提出了 DWA 特有的职责范围：

● 建立并管理支持决策型应用的环境。因此，DWA 更加关注决策制定的时间，而不是查询响应时间。

● 构建一个稳定的数据仓库体系结构。DWA 更加关注数据仓库增长（数据量和用户数的扩展）的影响，而不是重新设计现有的应用。Inmon 将这种体系结构称为企业信息工厂（corporate information factory）。有关该体系结构的详细讨论，请参见第 9 章和 Inmon，Imhoff 及 Sousa（2001）。

● 与数据仓库的供应商及消费者建立服务级别协议。因此，DWA 与 DA 和 DBA 相比，其工作与最终用户和运营系统管理员的关系更加密切，以便对差别很大的目标进行协调，并监督新应用的开发（数据集市、ETL 程序和分析服务）。

（3）选择技术、与用户就数据需求进行交流、做出性能和容量决策、对数据仓库需求编制预算并进行规划等，这些职责是 DA 和 DBA 的常规职责之外的一些职责。

据 Inmon（1999）估计，EDW 中每 100GB 的数据就需要配备一名 DWA。另外一种度量方法是，在 EDW 中每年的数据都需要一名 DWA。ETL 定制工具的使用常常会增加所需要的 DWA 的数量。

DWA 通常通过组织的 IT 部门进行汇报，但是同市场部门和依赖 EDW 应用（例如，用户或供应商关系管理、销售分析、渠道管理和其他分析应用程序）的其他业务部门也有着密切联系。DWA 不应当像 DBA 一样是传统的系统开发组织的一部分，因为数据仓库应用的开发不同于运营系统，并且应该将数据仓库视为与任何特定运营系统相独立的应用。另一种做法是，将 DWA 设置在 EDW 主要的终端用户组织中，但这可能会创建很多数据仓库和数据集市，而并未创建一个真正可扩展的 EDW。

☐ 发展中的数据管理角色小结

DA 和 DBA 在任何组织中都是一些最具有挑战性的角色。DA 对最新制定的财务控制法规有清楚的了解，并对数据质量有更大的兴趣。DBA 始终被认为要及时了解快速变化的新技术，并且经常参与关键应用。DBA 必须随叫随到，解决随时出现的问题。作为回报，DBA 是 IS 职业中薪金最高的职位。

许多组织将数据管理和数据库管理的角色相融合。这些组织强调快速构建一个数据库，将其调整至最佳性能，并能在出现问题时快速恢复运行。这些数据库更可能是部门使用的客户/服务器数据库，它们是使用比较新的开发方法（如原型法，该方法允许进行快速的改变）开发的。数据管理和数据库管理角色的融合，也意味着在这些组织中的 DBA 需要创建并实施数据标准和策略。

人们希望 DBA 角色向更加专业化的方向发展。具有如下专业技能的 DBA 是很重要的：分布式数据库/网络能力、服务器编程 DBA、定制现货 DBA 及数据仓库 DBA（Dowgiallo et al.，1997）。能够使用多种数据库、通信协议、操作系统的工作能力将一直被很看重。具有大量经验并能迅速适应变化环境的 DBA，会有很多机会。当前的一些 DBA 活动，如性能调整，有可能会被决策支持系统所替代，这些决策支持系统可通过分析使用模式来调整系统。一些如备份和恢复的运营功能，可以外包给提供远程数据管理服务的商家。大公司继续使用超大规模数据库（very large databases，VLDB），以及中小型公司管理台式机及中等服务器的几率仍然是很大的。

开放源代码运动和数据库管理

正如前面提到的，DBA 的一项工作是为组织选择要使用的 DBMS。各类组织中的数据库管理员和系统开发人员，在选择 DBMS 时都有新的选择。各种规模的组织更加认真地考虑将 MySQL，PostgreSQL 等开源 DBMS，与 Oracle，DB2，Microsoft SQL Server，Informix 和 Teradata 一起作为可行的备选项。Linux 操作系统和 Apache 服务器的成功，推动了这种做法的流行。开放源代码运动大约开始于 1984 年，自由软件基金会的创建时期。如今，开源协会（www.opensource.org）是一个致力于管理和促进源代码开放运动的非营利组织。

开源软件为什么会变得如此流行？这并不全是费用问题。开源软件有如下一些优点：

● 大量的志愿测试和开发人员，为在相对较短的时间内构造可靠的、低成本的软件提供了方便。（但需要意识到，只有使用最广泛的开源软件才能充分利用上这个优点，例如，MySQL 已经拥有 11 000 000 个安装。）

● 源代码的可用性使人们能够对代码进行修改，以增加新的功能，其他人可很容易地对这些功能进行验证检查。（实际上，你也同样共享了有利于所有人的修改。）

● 由于开源软件并不是某一厂商所专有的，你不会被锁定于某一个厂商的开发计划（即新特性、时间线），此供应商也许并不会为你的环境增加所需的新特性。

● 开源软件通常具有多个版本，你可选择适合自己的版本（从简单到复杂，从完全免费到需要一些费用的特别功能）。

● 对依赖并使用开源软件的应用代码进行分发，并不会增加任何拷贝成本或许可证费用。（在同一组织的多个服务器上安装软件，也不会为 DBMS 增加任何开销。）

但是，开源软件同样具有一些风险和缺点：

● 常常缺乏完整的文档（尽管有偿服务可能会提供非常充分的文档）。

● 跨组织的具有特殊或特有需求的系统，并不具备开放源代码的特性，因此，并不是所有的软件都能以开放源代码的形式提供出来。（但 DBMS 是可以的。）

● 有不同类型的开放源代码许可证，但不是所有的开源软件都可在相同的条款下获得，因此，你必须了解每种许可证的细节（参见 Michaelson，2004）。

● 一个开源工具可能不会具有全部需要的功能。例如，早期的 MySQL 版本不支持子查询（尽管它现在的许多版本都支持子查询）。并且开源工具的某些功能可能不带有选项，因此它需要具有"一种规格符合所有需求"的特点。

● 开源软件供应商通常没有认证程序。对你来说这可能不是个大问题，但一些组织（特别是软件开发承包商）希望在投标竞争中，通过雇员的某种认证来证明组织的竞争力。

开放源码 DBMS（open source DBMS）是免费或几乎免费的数据库软件，其源代码可以公开获得。（有人将开放源码称为"带规则的共享"。）免费 DBMS 可以运行数据库，但各厂商提供额外的收费组件和支持服务，这使其产品功能更加完整，并可与传统的领先产品相媲美。由于很多厂商提供额外的收费组件，因此，使用开源 DBMS 意味着组织并不与某一厂商的专有产品绑定在一起。

核心开放源代码 DBMS 并不会与 IBM 的 DB2，Oracle 或 Teradata 形成竞争，但它会对 Microsoft Access 和其他面向 PC 的 DBMS 构成竞争压力。到编写本章时为止，MySQL 商用版本的费用是一个许可证 495 美元，而相比之下，根据所选版本不同，Oracle，DB2 或 Microsoft SQL Server 的价格则在 5 000 美元~4 0000 美元之间。根据 Hall（2003），一个典型 Oracle 数据库每年的许可证费用是 300 000 美元，与此相当的 MySQL，每年用于缺陷修补和代码更新的费用是 4 000 美元。

开源 DBMS 正在快速改进以实现更加强大的功能，包括本章稍后提到的事务控制，它是关键应用所需要的。开源 DBMS 是完全支持 SQL 的，并可运行在大多数流行的操作系统上。对于无法为软件和雇员支付很多开销的组织来说（例如小型商业机构、非营利组织和教育机构），开放源代码 DBMS 是理想的选择。例如，许多 Web 站点的后端使用 MySQL 或 PostgreSQL 数据库。关于这两种领先的开源 DBMS 的详细信息，请访问 www. postgresql. org 和 ww. mysql. com。

当选择开源 DBMS（实际上是任何 DBMS）时，需要考虑如下一些因素：

● **特性** DBMS 是否包含你需要的功能，例如子查询、存储过程、视图和事务完整性控制？

● **支持** DBMS 使用的广泛程度如何？存在什么能够帮助你解决问题的备选方案？DBMS 是否提供文档和辅助工具？

● **易用性** 这常常取决于工具的可用性，这些工具通过 GUI 接口等，使系统软件，如 DBMS，更容易使用。

● **稳定性** 随着时间的变化或使用量的增多，DBMS 发生故障的频率和严重程度如何？

● **速度** 数据库在进行适当调整以后，对查询和事务的响应时间有多快？（由于开源 DBMS 通常不包含高级和不常用的功能，所以它们的性能是很有吸引力的。）

● **培训** 开发人员和用户学习使用 DBMS 的难易程度如何？

● **许可证** 开源许可证的条款是什么？是否有商业许可证提供你所需要的支持类型？

管理数据安全

考虑如下情况：

● 在本书一名作者所在的大学，任何可以进入学生和教师数据主系统的人，都可以看到每个人的社会保险密码。

● 一名之前很忠诚的雇员被授予访问敏感文档的权限，并在之后的几周内离开了组织，据称是将商业秘密提供给了有关的竞争企业。

● FBI 称（Morrow，2007），在美国有 3 000 个秘密组织，它们的唯一目的就是为外国组织窃取秘密和技术。

● SOX 法案要求公司对授权用户的敏感数据访问进行审计，并且支付卡行业标准要求公司在信用卡数据被使用的任何时候，都要跟踪用户的标识信息。

数据库安全（database security）的目标是保护数据，避免数据完整性和数据访问遭受意外或有意的威胁。数据库环境已变得更加复杂，例如，分布式数据库采用客户/服务器体系结构，并且除了部署在大型主机上还部署在个人计算机上。数据库和Internet，公司内部网以及移动计算设备的连接，使数据的访问变得更加开放。这也导致有效管理数据安全变得更困难并且更费时间。客户/服务器系统和基于 Web 系统的一些安全程序，曾在第 8 章中介绍过。

　　由于数据是至关重要的资源，组织中的所有人员都必须对安全威胁保持敏感，并采取措施保护他们所属部门的数据。例如，包含敏感数据的计算机清单或计算机磁盘不应该遗留在无人看管的桌面上。数据管理通常有责任设计保护数据库的整体策略和程序。数据库管理一般负责数据库安全的日常管理。稍后，我们将讨论数据库管理员在建立适当数据安全时要使用的工具，但首先有必要检查数据安全的潜在威胁。

数据安全面临的威胁

　　数据安全的威胁可能是数据库的直接威胁。例如，获得对数据库未授权访问的人，可能会浏览、更改甚至偷窃所访问的数据。（参见本章开篇的新闻报道，它是一个很好的例子）但是，单独关注数据库安全并不能确保获得一个安全的数据库。系统的所有部分都必须是安全的，包括数据库、网络、操作系统、物理存放数据库的建筑以及有机会访问系统的人员。图 11—2 展示了可能存在数据安全威胁的很多位置。要完成这一级别的安全，必须仔细审查，建立安全策略和程序并加以实施。在综合的数据安全计划中，下面列出的威胁必须加以处理：

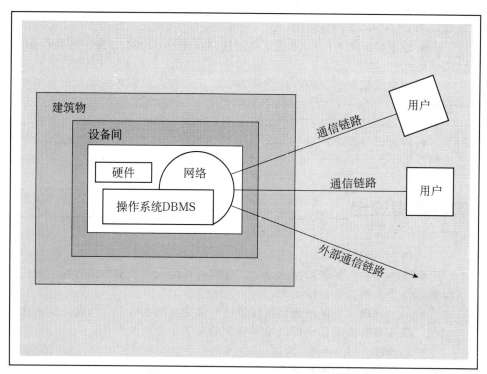

图 11—2　数据安全威胁的可能位置

　　● **意外损失，包括人为错误、软件和硬件引起的破坏**　建立操作程序，如用户授权、统一的软件安装程序、硬件维护计划表等，都是应对由于意外丢失所引起威胁的措施示例。正如与人所参与的任何其他工作一样，一些损失是在所难免的，但考虑周全的策略和过程会减少损失的数量并减轻损失的严重程度。更加严重的潜在后果，是非意外的威胁所造成的。

● **偷窃和欺诈** 这些活动常常是通过电子手段实施的人为犯罪，可能改变数据，也可能不改变。这里应将注意力集中在图 11—2 所示的所有可能位置上。例如，必须保证物理安全，使未授权的人员不能进入放置计算机、服务器、通讯设施或计算机文件的房间。对于雇员办公室，和其他任何存储或能够简便访问敏感数据的地方，都应提供物理安全。建立防火墙，防止通过外部通信链路对数据库中不适宜部分的未授权访问，这是阻止有偷窃和欺诈意图的人的一个安全程序示例。

● **私密性或机密性受损** 私密性受损通常意味着对个人数据的保护失败，而机密性受损则意味着对组织具有战略价值的关键数据保护失败。信息私密性控制失败，可能会导致敲诈勒索、行贿受贿、社会形象受损或用户密码失窃。而机密性控制失败，可能会导致企业失去竞争优势。现存的美国联邦政府法律和州立法法律，要求一些组织制定并宣传相关策略，以保护客户数据的私密性。组织的安全机制必须实施这些策略，不这么做可能意味着财政和声誉的巨大损失。

● **数据完整性受损** 当数据完整性受到损害时，数据可能是无效的或是被污染的。除非通过建立备份和恢复过程以恢复数据完整性，否则组织可能遭受严重损失，或基于无效数据制定错误的和代价高昂的决策。

● **可用性受损** 硬件、网络或应用遭到破坏，可能会使用户无法获得数据，进而产生严重的运营困难。这种类型的威胁包括，引入意在破坏数据、软件或者使系统无法使用的病毒。安装最新的杀毒软件并且培训职员了解病毒来源，都是对抗这种威胁的重要方法。本章稍后将讨论数据可用性。

正如前面所提到的，数据安全必须在总体安全计划背景下实现。数据安全的两个重要领域是客户/服务器安全和 Web 应用安全。我们接下来会讨论这两个主题，之后将简要论述更直接的数据安全方法。

☐ 建立客户/服务器安全

数据库安全仅保证整个计算环境的安全。物理安全、逻辑安全和变更控制安全，需在客户/服务器环境的所有组件上建立，包括服务器、客户工作站、网络及其相关组件和用户。

服务器安全 在现代客户/服务器环境中，需要保护包括数据库服务器在内的多种服务器。每个服务器都应位于安全区域内，并且只有经授权的管理员和超级用户才可以直接接触。逻辑访问控制，包括服务器及管理员密码，提供了阻止非法入侵的保护层。

大多数现代 DBMS，具有与系统级别密码安全相似的数据库级别密码安全。数据库管理系统，如 Oracle 和 SQL Server，为数据库管理员赋予了相当多功能以帮助他们建立数据安全，这些功能包括限制每个用户对数据库中表的访问权限和用户的活动权限（例如，选择、更新、插入或删除）。另外，也可通过操作系统的认证功能，将认证信息从操作系统传递过来，但这样减少了密码安全的层次。所以在数据库服务器中，不应该提倡完全依赖于操作系统的认证。

网络安全 保护客户/服务器系统的安全，包括保护客户和服务器间网络的安全。网络本身很容易受到安全攻击，攻击的手段包括窃听和非授权连接，以及非授权检索传输中的数据包等。因此，对数据进行加密，使攻击者不能读取正在传输的数据包，显然是网络安全的重要部分。（本章稍后将讨论加密。）此外，对试图访问服务器的客户机实施认证，也有助于加强网络安全性，并且应用程序认证使用户确信所连接的服务器确实是他所需要的。对用户的尝试性访问进行审计追踪，可以帮助管理员识别未授权使用系统的企图。也可以配置路由器等其他系统组件，来限制授权用户、IP 地址等的访问。

□ 三层客户/服务器环境的应用安全问题

Web 站点的激增，使浏览者能够通过 Internet 对数据进行访问，但也产生了一些新问题，这些问题超出了刚刚讨论的传统客户/服务器安全范畴。在一个三层结构中，从数据库动态创建的 Web 页面需要访问数据库，如果数据库未采取适当的保护措施，那么它会很容易受到任何用户不当访问的攻击。这是一个新弱点，之前由专门的客户端访问软件加以保护。另一个有趣的问题是私密性。公司可以收集访问其网站的用户的信息。如果他们正在从事电子商务活动，在 Web 上销售产品，则他们能够收集到对其他业务有价值的客户信息。如果公司在客户不知情的情况下将这些客户信息销售出去，或客户认为可能发生了这样的事，则会引发必须加以处理的道德和隐私问题。

图 11—3 说明了一个基于 Web 的数据库的典型环境。Web 中包含支持基于 Web 应用的 Web 服务器和数据库服务器。如果组织只希望使用静态 HTML 页面，则必须对存储在 Web 服务器中的 HTML 文件建立保护机制。一些静态 Web 页面会包含抽取自数据库的数据，创建这样的页面会使用传统的程序开发语言，如 Visual Basic. NET 或 Java，因此这些页面的创建，可以通过数据库访问控制的标准方法进行控制。如果 Web 服务器上加载的某些文件是敏感的，则可将它们存放在由操作系统安全进行保护的目录中，或将它们设置为可读的，但不在目录中公开。因此，用户必须知道准确的文件名，才能访问这些敏感的 HTML 页面。常见的做法还有隔离 Web 服务器，限制该服务器上可公开浏览的 Web 页面内容。敏感文件可以存放在另一个服务器上，并通过组织内部网进行访问。

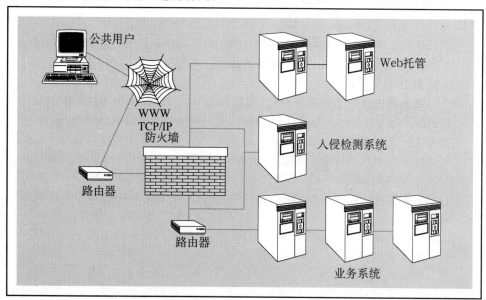

图 11—3 建立 Internet 安全

动态 Web 页面生成所采取的安全措施则有所不同。动态 Web 页面被存储为模板，与网页相关联的查询一旦执行，适当的当前数据库中的数据或用户的输入信息会插入到模板中。这意味着 Web 服务器必须能够访问数据库。为了使系统正常运行，通常连接需要数据库的全部访问权限。因此，建立恰当的服务器安全保障，对保护数据是极其重要的。与数据库连接的服务器，物理上应该是安全的，并且该服务器上运行的程序也应该是可控的。用户输入，可能包含 SQL 命令，也需要进行过滤以保证非授权脚本不会被执行。

数据的访问还可以通过另一个安全层进行控制：用户认证安全。使用 HTML 登陆表单，可以使数据库管理员定义每个用户的权限。每个会话可通过在客户机器上存储的一条数据或 cookie 进行跟踪。此信息可以返回给服务器，并提供关于登录会话的信息。为确保在会话期间私密数据不会面临威胁，必须建立会话安全。由于为使某个特定机器能够接收数据，数据会在网络上广播，因此数据很容易被截获。TCP/IP 并不是一个非常安全的协议，因此加密系统（例如本章稍后将讨论的加密系统）是必需的。安全套接字层（Secure Socket Layer，SSL）是一种标准加密方法，很多开发人员使用它对会话期间在客户和服务器之间传输的所有数据进行加密。以 https：// 开头的 URL 使用 SSL 进行传输。

Web 安全的其他方法，包括限制 Web 服务器访问的方法：

● 尽量限制 Web 服务器上的用户数量。在这些用户中，尽可能少地赋予他们超级用户或管理员的权限。只有被赋予这些权限的用户，才被允许加载软件或编辑、增加文件。

● 限制对 Web 服务器的访问，并开放尽量少的端口。尝试开放最少数量的端口，最好只开放 http 和 https 端口。

● 清除服务器启动时自动加载的任何不必要的程序。有时服务器上包含的演示程序，可能为黑客提供访问。编译器和解释器，如 Perl，不应位于可以从 Internet 直接访问的路径上。

数据私密性   使用 Internet 时，保护个人隐私已经成为一个重要问题。电子邮件、电子商务和营销以及其他的在线资源，已经开辟了以计算机为媒介的新通信途径。许多团体，包括雇主、政府和商业机构等，对人们在 Internet 上的行为很感兴趣。返回个性化响应的应用需要收集个人信息，但同时应当尊重雇员、市民和客户的隐私及尊严。

随着更多人对计算机有所了解，以及人们通过计算机进行交流的快速增多，人们越来越强调个人信息不能被随意并草率地收集与传播。信息隐私法律使个人有权知道关于自己的哪些数据被收集，并能够修改其中的任何错误。随着数据交换的不断增多，建立充分数据保护的需求也在增长。而同样重要的是，建立适当的规定以使数据被合理合法地使用，使组织可以访问所需的数据并对数据质量有信心。人们需要有机会表述什么样的人能够共享他们的数据，而人们的这些愿望随后必须得以执行，如果基于人们愿望的访问规则是由 DBA 建立并由 DBMS 处理的，则执行结果将是更加可信的。

人们必须保护自己的隐私权，要知道自己正在使用工具的隐私方面的问题。例如，在使用浏览器时，用户可以选择将 cookie 存放在自己的机器上，或者也可拒绝这一选项。为了做出人们认为合理的决策，必须明白几件事情。必须知道 cookie，理解 cookie 是什么，评估接收定制信息的要求和保留自己浏览行为的愿望，以及学会如何设置计算机来接受或拒绝 cookie。浏览器和 Web 站点还不能帮助用户理解所有这些方面。随着人们越来越多地通过 Web 进行通信、购物或其他活动，滥用隐私如出售在 cookie 中收集到的客户信息，增强了人们对网上活动所引发隐私问题的总体认识。

在工作中，雇员需要意识到，在其雇主的机器和网络上执行的通信不是私密的。法院认为，雇主有权监视所有雇员的电子通信。

在 Internet 上，通信的私密性是不能保证的。加密产品、匿名邮件系统、通用软件中的内置安全机制，有助于保护隐私。私人拥有和操作的计算机网络，是目前基础设施的一个非常重要的组成部分，保护这种网络对进一步发展 Web 上的电子商务、银行业务、健康保健以及物流应用，都是很必要的。

W3C 已经制定了隐私优选平台（Platform for Privacy Preferences，P3P）标准，它将 Web 站点设置的隐私策略与用户自己优选的策略相比较。P3P 在 Web 站点服务器上使用 XML 代码，它可以由任何装备 P3P 的浏览器或插件自动获取。随后，客户浏览器或插件可将网站的隐私策略与用户的优选隐私策略相比较，并将所有差异通知用户。P3P 涉及在线隐私的以下几个方面：

- 谁在收集数据？
- 收集的信息是什么？其目的是什么？
- 哪些信息将与其他人共享？其他人指的是谁？
- 用户能够以收集者使用数据的方式对数据进行更改吗？
- 如何解决争端？
- 遵从何种策略来保留数据？
- 在哪里能找到站点的可读格式的详细策略？

匿名是 Internet 通信面临压力的另一方面。虽然美国法律保护匿名权，但聊天室和电子邮件论坛已被要求公开匿名张贴消息者的名字。1995 年的一个欧洲议会指令，宣布与缺乏足够隐私保护的任何国家终止数据交换，这个指令导致一个协议的产生——美国将对欧洲客户提供与欧洲商业机构相同的保护。这可能会使美国国会制定保护性更强的法律。

数据库软件数据安全特性

全面的数据安全计划包括建立管理策略和程序、物理保护以及数据管理软件保护。保护数据中心和工作区、处理废旧介质、保护便携设备以防偷窃等物理保护，在此不进行讨论。管理策略和程序稍后在本节讨论。数据安全计划的所有元素需要共同作用，才能达到期望的安全级别。有些行业如卫生保健，有设立安全计划标准的法规，从而可对数据安全提出要求。（有关 HIPPA 安全指导方针的详细讨论，参见 Anderson（2005）。）数据管理软件最重要的安全特征如下：

（1）视图或子模式，它们限制了用户对数据库的查看范围。

（2）定义为数据库对象的域、断言、检查以及其他完整性控制，这些控制由 DBMS 在数据库查询与更新时执行。

（3）授权规则，标识用户并限制用户可对数据库进行的操作。

（4）用户自定义过程，定义在使用数据库时的附加约束与限制。

（5）加密程序，把数据编码成不可识别的形式。

（6）认证方案，明确标识试图访问数据库的人。

（7）备份、日志和检查点功能，这些有助于完成恢复。

☐ 视图

在第 6 章中，我们把视图定义为展示给一个或多个用户的数据库子集。创建视图首先要查询一个或多个基本表，然后在用户发出请求时动态产生一个结果表。因此，视图总是基于其所依赖的基本表的当前数据。视图的优势在于，它能够仅显示用户需要访问的数据（某些列和/或行），有效防止用户查看一些可能是隐私或机密的数据。可以授予用户访问视图的权限，但不允许该用户访问此视图所赖以建立的基本表。因此，将用户访问限制到视图，比允许用户访问视图基于的基本表更具约束力。

例如，我们可以为松树谷公司的雇员构建一个视图，该视图提供了制造一个松树谷公司家具公司产品所需要的材料信息，但不提供其他与雇员工作无关的信息，例如产品单价。下面的命令创建了一个视图，它列出了每一件产品所需要的木材和目前可用的木材：

```
CREATE VIEW MATERIALS _ V AS
  SELECT Product _ T. ProductID，ProductName，Footage，
    FootageOnHand
  FROM Product _ T，RawMaterial _ T，Uses _ T
  WHERE Product _ T. ProductID = Uses _ T. ProductID
  ANDC RawMaterial _ T. MaterialID = Uses _ T. MaterialID；
```

所创建视图的内容，在每次访问该视图时都将进行更新，这里给出的是此视图的当前内容，可用如下 SQL 命令访问：

SELECT * FROM MATERIALS _ V;

ProductID	ProductName	Footage	FootageOnHand
1	End Table	4	1
2	Coffee Table	6	11
3	Computer Desk	15	11
4	Entertainment Center	20	84
5	Writer's Desk	13	68
6	8-Drawer Desk	16	66
7	Dining Table	16	11
8	Computer Desk	15	9

8 条记录被选择。

用户可针对视图编写 SELECT 语句，将视图视为一个表。尽管视图通过限制用户对数据的访问提高了安全性，但它并不是最充分的安全措施，因为未授权人员可能会了解或访问特定的视图。此外，几个人可用共享特定的视图，其中每个人都有权读取数据，但其中只有有限的几个人有权更新数据。最后，利用高级查询语言，未授权人员通过简单的试验就可能获得数据。因此，我们还需要更为复杂的安全措施。

☐ 完整性控制

完整性控制保护数据，使其避免遭受未授权的使用或更新。通常，完整性控制限

制某个字段的取值及在数据上所能进行的操作，或者触发执行某个过程，如在某个日志上增加条目，以便记载哪个用户对哪些数据进行了什么操作。

完整性控制的形式之一是域。实际上，域是创建用户自定义数据类型的一种途径。一旦定义了某个域，任何字段都能将该域作为其数据类型。例如，下面用 SQL 定义的 PriceChange 域，就可作为任何数据库字段如 PriceIncrease 和 PriceDiscount 的数据类型，以限制在一个事务中标准价格可提升的幅度：

```
CREATE DOMAIN PriceChange AS DECIMAL
   CHECK  (VALUE BETWEEN.001 and.15) ;
```

然后，比方说在定价事务表的定义中，可使用下列代码：

```
PriceIncrease PriceChange NOT NULL ,
```

域的一个好处是，如果要对它进行改变，那么可以只在一个地方，即域定义中做出修改，则该域的所有字段都会自动改变。否则的话，在 PriceIncrease 和 PriceDiscount 字段的约束中要包含相同的 CHECK 子句，但是在这个例子中，如果 CHECK 的限制需要改变，那么 DBA 就必须找出这个完整性控制的所有实例，并分别在每一处进行修改。

断言（assertion）是执行某些数据库条件的强有力约束。当事务运行涉及存在断言的表或字段时，DBMS 会自动对断言进行检查。例如，假定某个雇员表包含字段 EmpID，EmpName，SupervisorID 和 SpouseID。假设有这样一条公司规则，任何雇员不能管理其配偶。下面的断言实施这条规则：

```
CREATE ASSERTION SpousalSupervision
   CHECK (SupervisorID 〈 〉 SpouseID) ;
```

如果此断言失败，则 DBMS 会产生一条错误信息。

断言可能变得相当复杂。假设松树谷家具公司有这样一条规则：两个销售员不能同时被分配到同一个销售区域。假设 Salesperson 表包含 SalespersonID 和 TerritoryID 字段。此断言可以使用相关子查询表达为：

```
CREATE ASSERTION TerritoryAssignment
   CHECK   (NOT EXISTS
       (SELECT * FROM Salesperson _ T SP WHERE SP. TerritoryID IN
          (SELECT SSP. TerritoryID FROM Salesperson _ T SSP WHERE
             SSP. SalespersonID < > SP. SalespersonID ) ) ) ;
```

最后，触发器（在第 7 章定义并说明过）可用于安全目的。触发器中包含事件、条件和动作，它要比断言更加复杂。例如，一个触发器可以完成如下任务：

● 禁止不适宜的操作（例如，在正常工作日之外修改工资值）。

● 引起特殊处理程序的执行（例如，倘若在规定日期之后才收到顾客的支付票据，那么可以对该顾客的账户追加罚金）。

● 向日志文件写入一行，以反映有关用户和涉及敏感数据的事务的重要信息，这样，该日志可以通过人工或自动化过程来审阅，确定是否存在不适宜行为（例如，日志可以记载哪个用户对哪名雇员的工资值进行了修改）。

和域一样，触发器的强大优势在于，它可以像任何存储过程那样，由 DBMS 对所有用户和数据库活动实施这些触发器控制，而不必将控制编码到每个查询或程序中。因此，用户和程序无法绕开必要的控制。

断言、触发器、存储过程和其他形式的完整性控制，不可能阻止所有恶意或意外的数据使用或修改。因此有人建议（Anderson，2005）启用变更审计过程，将所有用户活动都记入日志并进行监控，以便检查确认所有策略和约束都已经实施。遵循这一建议意味着，每个数据库查询和事务都记入日志，以记录所有数据的使用特征，特别是修改：谁访问了数据、何时进行的访问、运行了什么程序和查询、请求是在计算机网络的什么位置产生的，以及其他可用来调查可疑活动或对安全性和完整性产生破坏的因素。

▢ 授权规则

授权规则（authorization rules）是包含在数据库管理系统中的控制，它限制对数据的访问，也限制人们访问数据时可以采取的动作。例如，提供一个特定口令的人，可被授权读取数据库中的任何记录，但不能修改其中的任何一个记录。

Fernandez（1981）等人已经提出了一个数据库安全的概念模型。他们的模型以表或矩阵的形式表达授权规则，表中包括主体、对象、动作和约束。表的每一行指出，一个特定主体被授权对数据库的某个对象实施某种动作，可能要遵守某些约束。图 11—4 显示了这种授权矩阵的例子。此表中包含与会计数据库记录相关的一些条目。例如，表的第一行指出，销售部门的任何人都可以将新的客户记录插入到数据库中，只要此客户的信贷限额不超过 5 000 美元。最后一行指出，程序 AR4 被授权可以不受限制地修改订单记录。数据管理负责制定和执行在数据库层次实现的授权规则。授权方案也可在操作系统级别或应用程序级别进行实现。

当前大多数的数据库管理系统，并未实现如图 11—4 所示的授权矩阵，它们一般使用简化的版本，主要有两种类型：主体授权表和对象授权表。图 11—5 展示了每种类型的一个示例。例如在图 11—5（a）中，我们看到销售人员被允许修改用户记录，但不允许删除这些记录。在图 11—5（b）中，Order Entry 或 Accounting 中的用户能够修改订单记录，但销售人员不能修改。一个给定的 DBMS 产品可提供其中一种授权方法或两种都提供。

授权表，例如图 11—5 所展示的，是组织数据及其环境的属性，因此它们被视为元数据。因而这些表应该存储在信息库中。由于授权表包含高度敏感的数据，所以它们本身应该受到严格安全规则的保护。一般情况下，只有经过挑选的数据管理人员才有权访问和修改这些表。

例如，在 Oracle 中，图 11—6 中所包含的权限可在数据库级或表级授予用户。INSERT 和 UPDATE 可在列级授权。如果很多用户（例如，从事同一类工作的用户）需要相似的权限，就可创建一个包含这些权限的角色，然后通过为用户授予角色而达到授予所有权限的目的。为了将读取产品表并更新价格的权利，赋予登录 ID 为 SMITH 的用户，可以使用下面的 SQL 命令：

```
GRANT SELECT，UPDATE (UnitPrice)ON Product _ T TO SMITH;
```

有 8 个数据字典视图包含已有的授权信息。其中 DBA _ TAB _ PRIVS 为每个被赋予对象（如表）访问权限的用户，保存用户及用户被授权的对象。DBA _ COL _ PRIVS 包含在表列上被授权的用户。

主体	对象	动作	约束
Sales Dept.	顾客记录	插入	信用限制低于 5 000 美元
Order trans.	顾客记录	读取	无
Terminal 12	顾客记录	修改	仅限于账户余额
Acctg.Dept.	订单记录	删除	无
Ann Walker	订单记录	插入	订单总额大于 2 000 美元
Program AR4	订单记录	修改	无

图 11—4　授权矩阵

(a) 主体授权表（销售员）

	顾客记录	订单记录
读取	Y	Y
插入	Y	Y
修改	Y	N
删除	N	N

(b) 对象授权表（订单记录）

	销售人员 （口令 BATMAN）	订单录入 （口令 JOKER）	会计 （口令 TRACY）
读取	Y	Y	Y
插入	N	Y	N
修改	N	Y	Y
删除	N	N	Y

图 11—5　实现授权规则

权限	能力
SELECT	查询对象。
INSERT	将记录插入到表/视图中。可授予某些特定列。
UPDATE	更新表/视图中的记录。可授予某些特定列。
DELETE	从表/视图中删除记录。
ALTER	修改表。
INDEX	创建表的索引。
REFERENCES	创建引用该表的外码。
EXECUTE	执行过程、包或函数。

图 11—6　Oracle 的权限

用户自定义过程

除了刚刚描述的授权规则外，有些 DBMS 产品还提供用户接口（或视图），允许系统设计人员或用户创建他们自己的**用户自定义过程**（user-defined procedures）以增加安全性。例如，可以设计一个用户自定义过程来提供确定用户 ID。当用户试图登录计算机时，除要求提供简单的口令外，还可能要求提供过程名。如果提供了有效的口令和过程名，则系统会调用此过程向用户提出一系列问题，这些问题的答案应该只有此口令的持有者才会知道（例如，母亲的婚前姓氏）。

☐ 加密

数据加密可用来保护高度敏感的数据，例如客户信用卡号或账户余额。**加密**（en-cryption）是把数据编码或转换为不规则形式，以便人们不能读懂它们。有些 DBMS 产品包括加密例程，当存储或在通信频道上传输敏感数据时，这些加密例程会自动对数据进行编码。例如，电子资金转账（electronic funds transfer，EFT）系统通常采用加密技术。其他一些 DBMS 产品则为用户提供接口，允许他们编写自己的加密例程。

提供加密功能的系统，必须同时提供配套的数据解码例程。这些解码例程必须受到足够的安全保护，否则加密的好处就会丧失。解密也需要相当多的计算资源。

有两种常见的加密形式：单密钥方法和双密钥方法。单密钥方法也称为数据加密标准（Data Encryption Standard，DES），采用这种方法时，发送方和接收方都需要知道对传输或存储的数据进行编码的密钥。双密钥方法也称非对称加密，使用一个私有密钥和一个公开密钥。双密钥方法（请参见图 11—7）在电子商务应用中非常流行，用来提供支付数据（如信用卡号码）的安全传输和数据库存储。

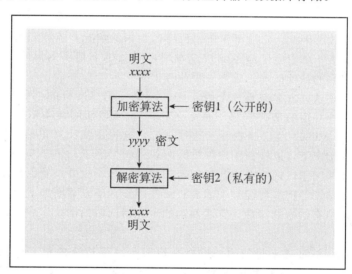

图 11—7 基本的双密钥加密

双密钥方法的一种流行实现，是 Netscape 通信公司开发的安全套接字层（Secure Sockets Layer，SSL）。SSL 内置于大多数主流的浏览器和 Web 服务器中。它提供数据加密、服务器认证以及 TCP/IP 连接中的其他服务。例如，美国银行业使用 128 位版本的 SSL（目前可用的最高安全级别），来确保在线银行事务的安全性。

关于加密技术的细节信息已超出了本书的范围，并且通常由 DBMS 独立控制而不需要 DBA 的参与。重要的只是要知道，数据库加密是 DBA 可用的一项强大技术。

☐ 认证模式

计算机领域长期存在的一个问题是，如何正确识别试图访问计算机及其资源如数据库、DBMS 等的人。在电子环境中，用户可以通过提供下列一项或多项因子来证明其身份：

（1）用户知道的某种信息，通常是密码或个人身份证号（PIN）。

（2）用户持有的某种东西，例如智能卡或令牌。

（3）用户特有的一些个人特征，例如指纹或视网膜扫描。

根据使用因素的多少，认证方案可分为单因子认证、双因子认证和三因子认证，认证强度随使用因子数的增多而增强。

密码　第一道防线是使用密码，这是一种单因子认证方案。在这种方案中，任何提供有效密码的人都可以登录到数据库系统。（可能也要求提供用户 ID，但用户 ID 一般是不被保护的。）DBA（或也可能是系统管理员）负责管理为 DBMS 和/或特定应用程序分配或创建密码的具体方案。

尽管对于认证来说密码是一个很好的起点，但众所周知这种方法也有许多缺点。被分配了不同设备密码的人会很快想各种方法记住这些密码，这些方法会使密码的安全性大打折扣。有些密码被写下来，但可能会被其他人发现。有时密码被多个用户共享，整个部门使用同一个密码进行访问的情况并不少见。有时密码被包含在自动登录脚本中，这虽然会消除记忆和输入密码的不便，但同时密码的作用也丧失殆尽。而且密码常常以明文形式在网络上传输，并未加密，因此如果被截获则很容易破解。另外，密码本身并不能确保计算机及其数据库的安全性，因为密码不能指出是谁在试图获得访问权。因此，对用不正确密码尝试登录的情况，应该记入日志并进行分析。

强认证　随着电子商务的快速发展，以及越来越多的黑客、身份窃取等安全威胁，更可靠的认证技术已成为一种业务需要。

双因子认证方案需要三个因子中的两个：用户持有的某种东西（通常是卡或令牌）和用户知道的某种信息（通常是 PIN）。通过使用自动柜员机（automated teller machine，ATM）你已经熟悉了这种系统。这种方案比简单的密码方案要安全得多，因为一般情况下，未授权用户很难同时获得两个因子。

虽然两因子认证方案比起只用密码的认证有所改进，但也并非绝对可靠。卡可能会丢失或被窃，PIN 可能被中途截获。三因子认证方案增加了第三个重要因子：每个个人用户持有的生物特性。普遍使用的个人特征包括指纹、声波、视网膜和签名力度变化。

三因子认证通常是使用一种称为智能卡（或智能徽章）的高科技卡片实现的。**智能卡**（smart card）是信用卡大小的塑料卡片，卡中嵌入了微处理器芯片，具有安全存储、处理和输出电子数据的能力。智能卡正在取代我们颇为熟悉的已使用了几十年的磁条卡。使用智能卡是一种强有力的认证数据库用户的方法。此外，智能卡本身就可以是数据库存储设备，目前智能卡可存储的数据已经超过 100MB 字节，且这一数字还在快速增长。智能卡可以安全存储个人数据，例如，医疗记录或药物使用概要。

这里讨论的所有认证方案，包括使用智能卡，只能具有与发放它们的过程相同的安全性。例如，一张智能卡被发放给冒名顶替者（由于粗心大意或有意为之），则这个人可自由地使用这张智能卡。因此，在任何形式的认证之前，例如，将新卡发放给雇员或其他人之前，发放机构必须完全确认此人的身份。在这一过程中常常会用到纸质证件——出生证、护照、驾驶证等，但这些证件并不可靠，因为它们很容易被复制或伪造，因此，需要对工作人员进行充分的培训，通过使用先进的技术和对过程进行充分监督，以保证身份确认步骤是严格的并得到很好控制。

《萨班斯—奥克斯利法案》与数据库

《萨班斯—奥克斯利法案》（SOX）和其他一些类似的全球性法规的设计目的，是确保上市公司财务报表的完整性。其中的关键部分是对组织的财务系统和使用中的 IT 设施，实施充分的控制与安全保护。这导致人们越来越重视理解围绕信息技术的控制。鉴于 SOX 的重点是财务报表的完整性，对这些数据来源——数据库和应用程序的控制是关键。

SOX 审计的重点是围绕三个方面的控制：

（1）IT 变更管理

（2）数据逻辑访问

（3）IT 操作

多数审计以一个走访调查开始，即与业务拥有者（业务的数据属于审计范围）和应用程序及数据库的技术设计人员进行座谈。在走访调查中，审计人员会了解上述三个方面在 IT 组织中是如何处理控制的。

☐ IT 变更管理

IT 变更管理（IT change management）指运营系统和数据库经授权的变更过程。通常任何对生产系统或数据库的变更操作，都会由商业及 IT 组织代表所组成的变更控制委员会进行审核。授权的变更在进入操作前，需要经过一个严格的过程（本质上是微型系统的开发生命周期）。从数据库的角度来看，最常见的变更类型是对数据库模式、数据库配置参数的变更，以及对 DBMS 软件本身的缺陷修补/更新。

与变更管理相关的一个关键问题，也是 SOX 审计员发现的最严重的不足之处，在于三种典型环境——开发、测试和生产中，对数据库进行访问的人员没有适当的职责分离。SOX 要求在这三种环境中有权修改数据的 DBA 应是不同的。这主要是为了保证操作环境的变更，在被实现之前能够对变更进行足够的测试。在组织的规模不允许这样做的情况下，应授权其他人员定期检查 DBA 对数据库的访问，可使用如数据库审计（将在下一节讨论）等特性。

☐ 数据的逻辑访问

数据的逻辑访问本质上是防止非授权访问数据的一种安全过程。以 SOX 观点看来，需要注意两个关键问题：谁对什么数据具有访问权？谁拥有的访问权过多？为了回答这两个问题，组织必须建立管理策略和程序，为有效执行这些措施提供环境。两种类型的安全策略和过程分别是人员控制和物理访问控制。

人员控制 由于业务安全的最大威胁通常来自内部，而非外部，因此必须制定并遵循充分的人员控制。除了刚刚讨论的安全授权和认证程序外，组织还应制定程序以确保挑选雇员流程，能够对应聘雇员所描述的背景和能力加以确认。应该监督并确保雇员遵循已建立的规则、定期休假、与其他雇员协同工作等。应在与雇员工作相关的安全及质量方面对雇员进行培训，并鼓励雇员了解并遵守标准的安全和数据质量措施。也应实施一些标准的工作控制，例如实施职责分离，以防止出现某一个雇员负责整个业务过程的情况，或者使应用程序开发人员不具有产品系统的访问权。如果有雇员要调离，则应有一组井然有序的过程及时消除该雇员的授权和认证，并将这一职位变化通知给其他雇员。类似地，如果某个雇员的职位发生了变化，要确保他的新角色与责任不会违反职责分离。

物理访问控制　限制对建筑物内特定区域的访问，常常是物理访问控制的一个组成部分。门禁卡和感应访问卡可用来获得安全区域的访问权，并且每次访问都能加上时间戳并记录到数据库中。应该向包括厂商维护人员在内的来宾，发放证件卡并在有关人员陪同下进入安全区域。对于硬件和外围设备在内的敏感设备，例如打印机（可能用来打印机密报告），可以通过放置在安全区域来进行控制。其他设备可锁在桌子或柜子里，或可以与报警器连接。备份数据磁带应存放在防火的数据保险箱内，或放在远离现场的安全区域。另外还需建立其他一些程序，以便明确媒介的移动或部署计划，并为所有存储的资料建立标签和索引。

将计算机显示屏放置在从建筑之外看不到的地方，这一点也很重要。也应该为办公大楼外部区域制定控制程序。公司应经常启用保安人员控制对办公大楼的访问，或使用门禁卡系统或指纹识别系统（智能标记卡）对雇员进出办公大楼进行自动控制。应该向来访者发放一张标识卡，并要求其在整个办公大楼的活动都有人陪同。

随着工作流动性的日益增加，一些新的问题出现了。便携式电脑非常容易被盗，因此将数据存放在便携式电脑中是有风险的。如果便携式电脑被盗，则加密和多因子认证可以保护数据。防盗设备（例如，安全电缆、地理位置跟踪芯片）可能阻止偷窃行为，或者能帮助迅速找回存储关键数据的便携式电脑。

☐ IT 操作

IT 操作（IT operation）是指与组织的基础设施、应用程序和数据库日常管理相关的策略与程序。其中与数据和数据库管理员有关的关键部分，是数据库备份与恢复及数据可用性。这些将在随后的部分详细讨论。

供应商管理是有助于维护数据质量和可用性的一个控制领域，但常常被忽略。组织应定期对它们使用的所有硬件和软件的外部维护协议进行审查，以确保就维护系统质量和可用性的适当响应速率达成一致。考虑与所有关键软件的开发人员达成共识也很重要，以便在开发人员歇业或停止对程序的支持时，组织能够获得对源代码的访问权。完成这一设想的一种方法是，让第三方持有源代码，并协议约定当这种情况发生时提供源代码。应该落实控制措施，来保护数据免遭不适当的访问，并避免外部维护人员和其他合同工人使用数据。

▊ 数据备份和恢复

数据恢复（database recovery）是数据管理对墨菲定律（Murphy's law）的响应。由于一些系统问题，数据库不可避免地遭到破坏或丢失，或进入不可用状态。产生系统问题的原因包括人为错误、硬件故障、错误或非法数据、程序错误、计算机病毒、网络故障、冲突事务或自然灾害。保护数据库中所有关键数据并在数据丢失后能够进行恢复，是 DBA 的职责。由于组织严重地依赖于自己的数据库，因此，DBA 必须能够最小化数据库做备份或恢复时的停机时间和其他干扰。为了实现这些目标，数据库管理系统需要能够在尽可能少耽误生产时间的情况下对数据进行备份，并在数据丢失或破坏时尽可能快速准确地恢复数据库。

基本恢复工具

数据库管理系统应提供 4 种基本的数据库备份与恢复工具：

（1）备份工具，提供整个或部分数据库的周期性副本。

（2）日志工具，维护事务和数据库变更的审计跟踪。

（3）检查点工具，通过检查点工具，DBMS 定期挂起所有处理，同步其文件和日志，建立恢复点。

（4）恢复管理器，允许 DBMS 将数据库恢复到正确的状态，并重新启动事务处理。

备份工具　DBMS 应该提供**备份工具**（backup facilities），它产生整个数据库及控制文件和日志的备份副本。每种 DBMS 一般都提供用于此目的的 COPY 工具。除了数据库文件，备份工具还应创建相关数据库对象的副本，包括元数据库（或系统目录）、数据库索引、源代码库等。备份副本一般至少每天生成一次。此副本应存放在安全的地方并加以保护，以防丢失或遭到破坏。备份副本用来在发生硬件故障、灾难性损失或破坏时恢复数据库。

有些 DBMS 为 DBA 提供了用来进行备份的备份工具。另一些 DBMS 则认为 DBA 将使用操作系统命令、导出命令或 SELECT…INTO SQL 命令来执行备份。由于每晚为某一特定数据库执行备份是重复性的工作，因此可以创建一个脚本自动执行有规律的备份，这会节省时间并产生较少的备份错误。

对于大型数据库来说，进行有规律的备份是不切实际的，因为完成备份所需的时间可能要超出允许的范围。或者，某个数据库可能是关键性的系统，它必须始终保持可用状态，若采用需要关闭数据库的冷备份也是不切实际的。因此，有规律地备份动态数据（即所谓热备份，其中仅有一部分数据库被关闭），而不备份通常不变的静态数据，往往能减少占用的时间。可以在两次备份中间采用增量备份，这种备份记录上次完全备份以来发生的变化，而做起来也不会花费太多的时间，这可以使完全备份的时间间隔变长。因此，必须基于组织对数据库系统的要求来制定备份策略。

数据库停机时间可能是非常昂贵的。需要将由于停机所造成的收入损失（例如，无法生成订单或安排预订），与达到目标可用性级别所需的额外技术（主要是磁盘存储方面）的开销进行权衡。为了实现所需的可靠性级别，一些 DBMS 会在数据库进行更新时自动实时备份（通常称为后备）数据库副本。这些后备副本通常存放在不同的磁盘驱动器和磁盘控制器中，并且在硬件故障导致数据库部分无法访问时，它们可作为当前数据库的副本使用。由于辅助存储的费用在逐步下降，在更多情况下建立冗余副本的花费变得更贴近实际承受能力。后备副本与第 5 章中讨论的 RAID 存储是不同的，因为 DBMS 只是对发生事务的数据库做副本，而操作系统在任何存储页面更新时，都使用 RAID 生成所有存储元素的冗余副本。

日志工具　DBMS 必须提供**日志工具**（journalizing facilities）对**事务**（transactions）和数据库变更进行审计跟踪。如果发生故障，使用日志中的信息以及最新备份可以重建一致的数据库状态。在图 11—8 中，有两种基本的日志。第一种是**事务日志**（transaction log），它为每个数据库事务建立了一条包含事务基本数据的记录。为每个事务记录的数据包括：事务编码或标识、事务操作或类型（例如插入）、事务时间、终端号或用户 ID、输入数据值、访问的表或记录、修改的记录，也可能包括新旧字段值。

第二种日志是**数据库变更日志**（database change log），它包含已被事务修改的记录的前映像和后映像。**前映像**（before image）是记录发生变化前的副本，而**后映像**（after image）是同一记录发生变化后的副本。有些系统也保存一个安全日志，它能够将已经发生或试图进行的任何违反安全性的行为向 DBA 报警。恢复管理器使用这些日志来取消或重做操作，本章稍后会加以介绍。这些日志可以保存在磁盘或磁带上，由于它们对于数据库恢复至关重要，所以它们也必须进行备份。

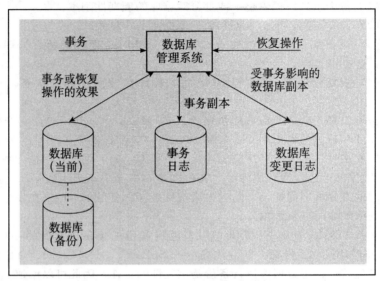

图 11—8　数据库审计跟踪

检查点工具　DBMS 中的**检查点工具**（checkpoint facility）定期拒绝接受任何新事务。首先完成所有进行中的事务，然后更新日志文件。此刻，系统处于一种平静状态，而数据库和事务日志是同步的。DBMS 将一条特殊的记录（称为检查点记录（checkpoint record））写入日志文件，该记录就像是数据库状态的一个快照。检查点记录包含重新启动系统所必需的信息。任何脏数据块（指包含未被写入磁盘的修改的内存页面）从内存写入到磁盘存储器中，从而确保在该检查点之前完成的一切改变，都已被写入可长期保存的存储器中。

DBMS 可自动地（推荐）或者以响应用户应用程序的形式来建立检查点。检查点应经常设置（比如说，每小时若干次）。一旦发生故障，通常可从最近一次检查点恢复系统处理。因此，只有几分钟的处理工作需要重新完成，而不必完全重做当天若干小时的处理工作。

恢复管理器　**恢复管理器**（recovery manager）是 DBMS 的一个模块，当故障发生时，它将数据库恢复到一个正确的状态，并重新开始处理用户请求。所采用的重启类型取决于故障的性质。恢复管理器使用图 11—8 所示的日志（如果需要的话，还使用备份副本）来恢复数据库。

▢ 恢复与重启过程

在特定情况下使用的恢复过程的类型，取决于故障的性质、DBMS 恢复工具的复杂性以及操作策略和过程。下面讨论最常用的一些技术。

磁盘镜像 为了能够切换到数据库现有的副本，数据库必须被镜像。也就是说，必须至少同时保存和更新两个数据库副本。当媒介出现故障时，处理被切换到当前数据库的副本。考虑到这种策略能够以最快的速度恢复数据库，且随着永久存储器价格降低，在要求高可用性的应用中这种策略日益流行。1 级 RAID 系统实现镜像。损坏的磁盘能够从镜像磁盘重建，而不会中断为用户提供服务。这样的磁盘称为可热交换（hot-swappable）的磁盘。但是，这种策略并不能阻止掉电或对两个数据库的灾难性破坏。关于 RAID 的详细讨论，请参见第 5 章。

恢复/重运行 恢复/重运行（restore/rerun）技术是指在要恢复的数据库或部分数据库的备份副本上，重新处理当天（直到故障点为止）的事务。首先关闭数据库，接着安装要恢复数据库或文件的最近（比如说前一天的）副本，然后重新运行自该副本以来发生过的所有事务（它们存放在事务日志里）。这可能也是制作备份副本和清除或重做事务的最佳时机。

恢复/重运行的优点是简单。DBMS 不需要创建数据库变更日志，也不需要专门的重启动程序。但是，它也有两个缺点。首先，重新处理事务的时间可能是不可接受的。重新处理可能需要好几个小时，这取决于做备份副本的频率。处理新事务将要等到恢复完成之后进行，倘若系统负载很重，则新事务处理延迟就会很大。其次，事务的顺序与最初的处理顺序通常是不一样的，这可能会产生完全不同的结果。例如，在原来的运行中，在用户取款之前可以先进行存款。而在重运行时，可能先运行取款事务，这可能会使系统向顾客发送资金不足的通知。由于这些原因，恢复/重运行并不是一个充分有效的恢复过程，而且它仅作为数据库处理不得已而采用的手段。

维护事务完整性 数据库更新是通过处理事务来完成的，事务会导致一条或多条数据库记录发生变化。如果处理事务时出现了错误，则数据库可能会遭到破坏，因而需要某种形式的数据库恢复。所以，为了理解数据库恢复，我们必须先理解事务完整性的概念。

一个业务事务是构成某些定义明确的业务活动的一系列步骤。医院的"接纳病人"和制造公司的"输入顾客订单"，都是业务事务的例子。一般情况下，一个业务事务需要对数据库进行若干操作。例如，考虑"输入顾客订单"事务。当输入新顾客订单时，应用程序可能执行下面这些步骤：

（1）输入订单数据（由用户键入）。

（2）读取 CUSTOMER 记录（如果是新顾客，则插入记录）。

（3）接受或拒绝订单。如果欠款（Balance Due）加上订单金额（Order Amount）不超过信贷限额（Credit Limit），则接受订单。否则就拒绝订单。

（4）如果订单被接受，则将订单金额加入到欠款。存储更新过的 CUSTOMER 记录。将接受的 ORDER 记录插入到数据库中。

当处理事务时，DBMS 必须确保事务具备下列广为接收的 ACID 的 4 个特性：

（1）**原子性**（atomic），意味着事务不能再分割，因此它要么被整体处理，要么不被处理。一旦事务被整体处理，我们就称变更已提交。如果事务在任一中间点发生故障，我们就说它被异常中止。例如，假设程序接受新顾客订单，增加了欠款（Balance Due），并存储所更新的 CUSTOMER 记录。但是，假设新 ORDER 记录并未成功插入（可能因为存在重复的订单编号主码，或没有足够的物理文件空间）。在这种情况下，我们不希望事务的任何部分影响数据库。

（2）**一致性**（consistent），意味着在事务处理前成立的任何数据库约束，在事务处理之后也必须成立。例如，如果当前库存量等于总入库量和总出库量的差，则在订单事务之前和之后这一约束都必须成立，该事务将减少现有库存量以满足订单。

（3）**隔离性**（isolated），意味着对数据库的变更直到事务被提交后才展示给用户。例如，此特性意味着直至库存事务完成之前，其他用户是不知道现有库存量的。这一性质还意味着在更新处理过程中，禁止其他用户同时更新数据，甚至可能禁止读取数据。本章稍后在并发控制和加锁机制中，会详细讨论这个话题。事务隔离的结果是，多个并发事务（即处于部分完成状态的几个事务）对数据库产生的影响仿佛与它们以串行方式提交给 DBMS 一样。

（4）**持久性**（durable），这意味着变更是永久性的。因此，一旦某个事务被提交，随后的任何数据库故障都不可能逆转事务的影响。

为了维护事务完整性，DBMS 必须为用户或应用程序提供定义**事务边界**（transaction boundaries）的工具，事务边界指事务的逻辑开始和结束。在 SQL 中，BEGIN TRANSACTION 语句放在事务的第一条 SQL 命令之前，而 COMMIT 命令则放在事务末尾。这两个命令间可放置任意数量的 SQL 命令，它们是执行某一明确业务活动的数据库处理步骤，这在前文已经解释过。如果在 BEGIN TRANSACTION 执行之后而在 COMMIT 命令执行之前，执行诸如 ROLLBACK 这样的命令，则 DBMS 会中止这一事务，并取消事务此前已处理的 SQL 语句的影响。当 DBMS 在执行事务中的 INSERT 或 UPDATE 命令时，生成了一个错误消息，则事务所在的应用程序很可能要执行 ROLLBACK 命令。因此，DBMS 对于成功的事务（它们到达了 COMMIT 语句）提交变更（使之持久化），而对于中止的事务（它们遇到了 ROLLBACK 语句）则拒绝作出变更。在 COMMIT 或 ROLLBACK 之后和 BEGIN TRANSACTION 之前的任何 SQL 命令，都作为单一事务来执行，如果执行没有错误，则被自动提交；如果执行期间产生错误，则被中止。

虽然在概念上事务是业务工作的一个逻辑单元，例如一个顾客订单或来自供应商的新供货收据，但你也可以将业务单元分成若干数据库事务，以便于数据库处理。例如，因为隔离特性，包含很多命令和很长处理时间的事务，会阻止其他人同时使用相同的数据，从而延迟了其他关键（可能是只读的）工作。有些数据库数据使用频繁，所以尽快完成这些热点数据上的事务处理是很重要的。例如，某个主码和其银行账号的索引可能需要被每个 ATM 事务访问，因此，必须使数据库事务快速使用和释放这一数据。另外还需记住，事务边界间的所有命令都必须执行，即使是从联机用户获得输入的那些命令也不例外。如果用户对事务边界内的输入请求响应很慢，则其他用户可能会遭遇明显的延迟。因此如果可能的话，应在事务开始之前收集所有的用户输入。另外，为了使事务长度最小，应在事务中尽可能早地检查可能的错误，如重复的码或不足的用户余额，这样，如果事务要被中止，就可尽快为其他用户释放部分数据库。有些约束（例如，配平收到物品的数量与扣除退货后的库存数量）直到执行很多数据库命令后才可进行检查，所以为确保数据库完整性此事务必定很长。所以，基本指导原则是，使数据库事务尽可能短，同时仍要保持数据库的完整性。

后向恢复 DBMS 通过**后向恢复**（backward recovery），也称**回滚**（rollback），来退出或撤销不想要的数据库变更。如图 11—9（a）所示，已改变的那些记录的前映像被应用于数据库。因此，数据库会返回到早前的状态，而不想要的变更被撤销。

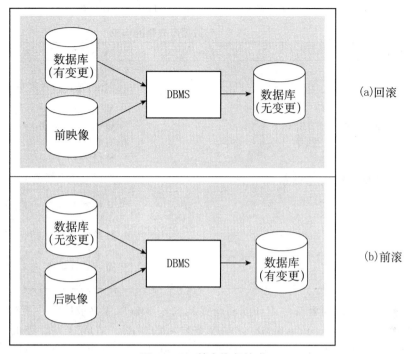

图 11—9　基本恢复技术

后向恢复用于对已经中断或异常中止的事务所做的变更，进行逆向处理。为了阐述后向恢复（或 UDNO）的必要性，我们假设一个银行事务，将从客户 A 的账户转账 100 美元到客户 B 的账户。需要执行如下步骤：

（1）程序读取客户 A 的记录，并从账户余额中减去 100 美元。

（2）然后程序读取客户 B 的记录，并向其账户余额增加 100 美元。现在程序将客户 A 更新过的记录写入数据库。但在试图写客户 B 的记录时，程序出现错误（例如，磁盘故障）无法写入这个记录。现在数据库是不一致的，即记录 A 已更新而记录 B 没有更新，因此事务必须中止。UNDO 命令将使恢复管理器应用记录 A 的前映像，将账户余额恢复到原来的值。（恢复管理器可能再重启事务，进行再次尝试。）

前向恢复　DBMS 通过**前向恢复**（forward recovery），也称**前滚**（rollforward），启用数据库的一个较早副本。应用后映像（正常事务的结果）使数据库迅速移动到某个较新的状态（请参见图 11—9（b））。基于下列原因，前向恢复比恢复/重运行更加快捷与精确：

● 不必再重复重新处理每个事务的耗时逻辑。

● 只需要应用最新的后映像。数据库记录可能有一系列后映像（一系列更新的结果），但只有最近的"好的"后映像才是前滚所需要的。

使用前滚，不同事务的顺序问题是可以避免的，因为使用的是相关事务的结果，而不是事务本身。

数据库故障的类型

在数据库处理中会发生各种各样的故障，包括输入某个不正确的数据值，数据库崩溃或完全损坏。四种最常见的问题是中止事务、不正确的数据、系统故障和数据库损坏或崩溃。下面分别介绍这 4 种问题，并指出可用的恢复程序（参见表 11—1）。

表 11—1 　　　　　　　　　　　　　　对数据库故障的响应

故障类型	恢复技术
中止事务	回滚（推荐） 前滚/重运行事务至中止前状态
不正确的数据（更新错误）	回滚（推荐） 重新处理事务，不发生错误的数据更新 补偿事务
系统故障（未影响数据库）	切换至副本数据库（推荐） 回滚 从检查点重启（前滚）
数据库崩溃	切换至副本数据库（推荐） 前滚 重新处理事务

异常中止的事务　　正如前面所提到的，事务常常要求执行一系列处理步骤。**中止事务**（aborted transaction）就是事务异常的中断。造成这类故障的原因包括：人为错误、输入非法数据、硬件故障或死锁（在下一节介绍）。硬件故障的常见类型，是在事务处理过程中通信链路传输失败。

当事务异常中止时，我们想要"回收"该事务并取消对数据库所做的（但尚未提交的）任何修改。恢复管理器通过后向恢复（运用问题事务的前映像）来完成这一任务。这一功能应由 DBMS 自动完成，并会通知用户更正和重新提交事务。也可以用其他过程（例如前滚或事务重处理）来使数据库恢复到异常发生前的状态，但回滚是这种状况下的首选。

不正确的数据　　当数据库已经用不正确但合法的数据完成更新时，情况就变得更加复杂。例如可能为学生录入了一个不正确的成绩，或为客户输入了不正确的付款金额。

不正确的数据很难被检测到，且常常会使情况复杂化。首先，在错误被检测到和数据库记录被纠正之前，可能已经过了一段时间。就在这段时间里，有许多其他用户可能使用过这些错误数据，于是由于各种应用都使用了不正确的数据，因而会出现错误的连锁反应。此外，基于不正确数据的事务输出（例如，文档和消息）可能已传送给人们。例如，不正确的成绩单可能已发给学生，或者给用户发送了不正确的财务声明。

当不正确的数据已经被处理，数据库可用下列方法之一进行恢复：

● 如果错误发现足够及时，则可使用后向恢复。（但是，必须小心确保所有后续出现的错误都已被修正。）

● 如果只有几个错误发生，则可通过人为干预引入一系列补偿事务以便纠正错误。

● 如果前两种方法都不适用，那么只能从错误发生之前的最新检查点重启，并且在不出现该错误的条件下处理后续事务。

已经由错误事务所产生的错误消息或文件，必须通过适当的人工干预予以纠正（发解释信函或打电话等）。

系统故障　　在系统故障中，有些系统组件发生故障，但数据库并未遭到破坏。系统故障的一些原因包括：断电、操作员错误、通信传输丢失和系统软件故障。

当系统崩溃时，有些事务可能正在进行。恢复的第一步是使用前映像取消这些事务（后向恢复）。然后，如果系统被镜像，则可切换到镜像数据，并在新的磁盘上重建被破坏的数据。如果系统未被镜像，由于内存中的状态信息已经丢失或遭到破坏，因此不能重新启动。最安全的方法是从系统故障之前的最近检查点重启，然后用检查点之后处理的所有事务的后映像，对数据库进行前滚。

数据库崩溃 在**数据库崩溃**（database destruction）的情况下，数据库本身丢失或被破坏或不能被读取。数据库崩溃的典型原因是磁盘驱动器故障（或磁头损坏）。

同样，使用数据库镜像副本是在这种情况下进行恢复的首选策略。如果没有镜像副本，则需要数据库的备份副本。可以使用前向恢复将数据库恢复到发生丢失前的状态。任何在数据库丢失时正在进行的事务都会被重新启动。

□ 灾难恢复

每个组织都需要配备应急计划，以应对可能严重破坏或摧毁其数据中心的灾难。这种灾难可能是自然灾害（例如，洪水、地震、龙卷风和飓风），也可能是人为的（例如，战争、蓄意破坏或恐怖袭击）。例如，2001 年发生在美国世贸中心的恐怖袭击，导致多个数据中心被完全摧毁并致使数据丢失。

制定灾难恢复计划是组织范围的职责。数据库管理负责制定恢复组织数据和还原数据操作的计划。下面是恢复计划的一些主要组成部分（Mullins，2002）：

- 制定一个详细的书面灾难恢复计划。安排对计划的定期测试。
- 挑选并培训一支多学科团队来执行此计划。
- 在距离现场较远的地方建立数据备份中心。这一站点位置必须与主站点位置距离足够远，以便可预见的灾难不会同时破坏两个站点。如果一个组织有两个或多个数据中心，则每个站点都可以是另一个站点的备份。如果不是这样，组织可与灾难恢复服务提供商签订合同。
- 按照预定时间，定期将数据库的备份副本发送到数据备份中心。数据库备份可以通过快递或复制软件发送到远程站点。

▌ 并发访问控制

数据库是共享资源。很可能有多个用户试图同时访问和加工处理数据，数据库管理员必须为这种情况作好规划。对于涉及更新的并发处理，没有**并发控制**（concurrency control）的数据库会由于用户间的相互干扰而受到损害。并发控制有两种基本方法：悲观方法（包括加锁）和乐观方法（包括版本化）。在接下来的小节中，我们会概要介绍这两种方法。

如果用户只是读数据，则不会遇到数据完整性问题，因为数据库并没有任何变化。但是，如果一个或多个用户正在更新数据，那么维护数据完整性的问题就会出现。当同时有多个数据库的事务被处理时，这些事务就视为并发的。用于确保数据完整性的操作称为并发性控制操作（currency control actions）。虽然这些操作由 DBMS 实现，但数据库管理员必须理解这些操作，并可能需要做出某些选择来调整这些操作的实现。

我们知道CPU每次只能处理一条指令。当提交新事务时，如果其他事务正在对数据库进行操作，则事务常常是交替处理的，此时CPU在多个事务之间切换，以便使每个事务都能运行一部分。由于CPU能非常快地在事务之间切换，所以大多数用户都不会感觉到他们是在和其他用户共享CPU时间。

丢失更新问题

在没有进行适当并发控制的情况下，多个用户试图更新数据库时最常遇到的问题，就是丢失更新。图11—10展示了一种常见的情况。John和Marsha有一个联合支票账户，并且两人同时想提取一些现金，他们在不同的地方使用ATM终端。图11—10展示了在缺乏并发控制时可能发生的事件序列。John的事务读取账户余额（1 000美元），然后他取款200美元。在John的事务写入新账户余额（800美元）之前，Marsha的事务读取账户余额（仍是1 000美元），然后她取款300美元，剩余700美元。而后她的事务将这一账户余额写入数据库，覆盖了John的事务所写的账户余额。上述操作的后果是，由于事务间的相互干扰使John更新的结果丢失了，而银行不希望出现这样的情况。

当没有建立并发控制机制时，可能出现的另一个类似的问题是**不一致读问题**（inconsistent read problem）。这个问题是当一个用户读取已经被其他用户部分修改的数据时发生的。读取的内容将是不正确的，这种情况有时被称为脏读（dirty read）或不可重复读（unrepeatable read）。丢失更新与不一致读问题，是当DBMS没有隔离事务（事务的ACID特性的一部分）时发生的。

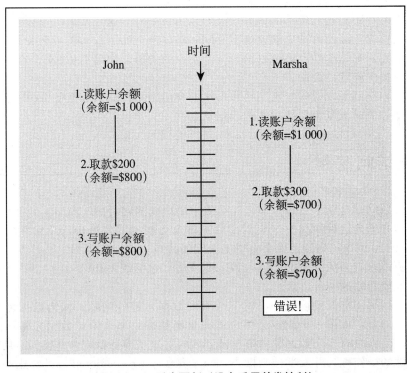

图11—10　丢失更新（没有采用并发控制）

□ 串行化

并发的事务需要隔离，以便它们之间互不干扰。如果一个事务在另一事务之前处理完毕（事务串行执行），则不会发生干扰问题。使事务运行结果与这些事务串行执行相同的处理过程称为串行化（serializable）。使用串行化调度处理事务的结果，将与事务被一个接一个地处理所得到的结果相同。设计调度的目的，是为了使彼此不会产生干扰的事务仍能并行执行。例如，从数据库不同表中请求数据的事务就不会发生冲突，它们可以并发运行，并且不会引起数据完整性问题。虽然可通过不同方法实现串行化，但加锁机制是最常见的并发控制机制。采用**加锁机制**（locking），用户为了更新而被检索的任何数据必须被加锁，或拒绝其他用户的访问，直到更新完成或中止。对数据加锁和从图书馆借书非常相似，在借阅者还书之前，该书对于其他人是不可用的。

□ 加锁机制

图 11—11 展示了使用记录锁来维护数据完整性。John 通过 ATM 启动一个取款事务。由于 John 的事务将要更新此记录，所以应用程序在将此记录读到内存之前先将其加锁。John 接着取款 200 美元，新的余额是 800 美元。Marsha 在 John 的事务开始之后不久启动了一个取款事务，但她的事务不能访问账户记录，直到 John 的事务将更新过的记录写入数据库并解除对记录的封锁。因此，加锁机制强制实施一个顺序的更新过程来防止错误的更新。

　　加锁级别　在实施并发控制时需要考虑的一个重要事项，是选择加锁级别。**加锁级别**（locking level），也称为**锁粒度**（lock granularity），是被每个锁锁住的数据库资源的范围。大多数商业化产品都在下述某个级别上加锁：

● **数据库**　整个数据库被封锁，且对其他用户不可用。这个级别的应用很有限，例如，在对整个数据库备份期间（Rodgers，1989）。

● **表**　包含被请求记录的整个表被封锁。这个级别主要适用于涉及整个表的批量更新，例如，为每名雇员加薪 5％。

● **块或页**　包含被请求记录的物理存储块（或页）被封锁。这是最常实现的加锁级别。页有固定的大小（4K、8K 等），并且可能包含多种类型的记录。

● **记录**　仅锁定被请求的记录（或行）。所有其他的记录，甚至是同一个表中的记录，都可以供其他用户使用。当一次更新涉及几条记录时，这种封锁会产生一些开销。

● **字段**　仅仅锁定所请求记录的特定字段（或列）。当大部分更新最多影响记录里的一个或两个字段时，这一级锁定是最合适的。例如，在库存应用中，现有量字段会常常变化，但其他字段（例如，描述字段或存储柜位置字段）并不经常更新。字段级封锁需要相当大的开销，因此很少使用。

　　锁的类型　到目前为止，我们仅仅讨论了防止对锁定项进行访问的加锁。实际上，数据库管理员一般可在两种类型的锁中进行选择：

　　（1）**共享锁**　共享锁（shared lock），也称为 **S 锁**（S locks）或**读锁**（read locks），它允许其他事务读取（但不能更新）一条记录或其他资源。当一个事务只读取而不更新记录时，应该在记录或数据资源上设置共享锁。在记录上放置共享锁可阻止另一用户在该记录上放置排他锁，但不能阻止其放置共享锁。

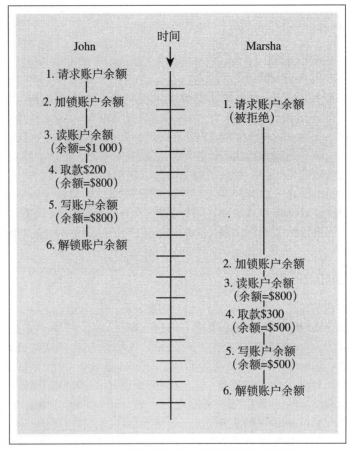

图 11—11 采用加锁机制（并发控制）的更新

（2）**排他锁** 排他锁（exclusive locks），也称 **X 锁**（X locks）或**写锁**（write locks），它阻止另一个事务读取（因而也阻止更新）记录，直到该记录被解除锁定。当事务打算更新记录时，应该对该记录设置排他锁（Descollonges，1993）。在记录上放置排他锁，可以阻止另一用户在该记录上放置任何类型的锁。

图 11—12 展示了对支票账户使用共享锁和排他锁的例子。当 John 启动他的事务时，程序在他的账户记录上放置一个读锁，因为他在读记录并检查账户余额。当 John 请求取款时，因为这是一个更新操作，所有程序将试图在此记录上放置一个排他锁（写锁）。但是，正如你在图中所看到的，Marsha 已经启动了一个事务，该事务在同一记录上放置了一个读锁。结果，John 的请求被拒绝。请记住，如果一个记录加了读锁，则另一个用户不能获得写锁。

死锁 加锁虽然解决了错误更新问题，但可能会导致另一个问题，即**死锁**（deadlock）。两个或多个事务锁定同一个资源，且每个事务都在等待另一个事务解除对此资源的封锁，此时所产生的僵局即为死锁。图 11—12 展示了一个简单的死锁例子。John 的事务正在等待 Marsha 的事务取消对账户记录的读锁，反过来也一样。两个人均不能从账户中取款，即使账户余额是足够的。

图 11—13 展示了稍微复杂一些的死锁例子。在此例中，用户 A 锁住了记录 X，用户 B 锁住了记录 Y。然后用户 A 请求记录 Y（打算进行更新），而用户 B 请求记录 X（也打算进行更新）。结果双方的请求均遭到拒绝，因为请求的记录已被锁住。除非 DBMS 进行干预，否则两个用户都将无期限地等待下去。

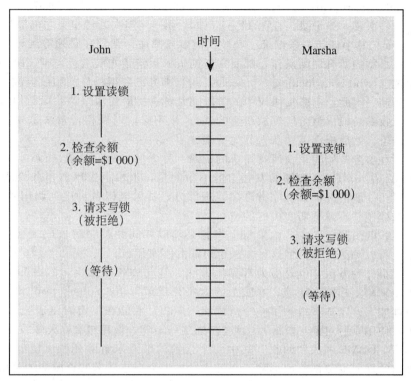

图 11—12 死锁问题

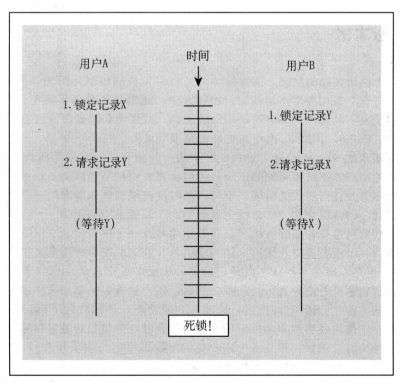

图 11—13 另一个死锁的例子

管理死锁 解决死锁有两个基本方法：死锁预防和死锁解除。当采用**死锁预防**

（deadlock prevention）时，用户程序必须在事务开始时封锁它们需要的所有记录，而不是一次锁一条记录。在图 11—13 中，用户 A 需在处理事务之前锁住记录 X 和记录 Y。如果其中任何一条记录已经被其他事务锁住，则程序必须等到记录被释放。如果事务必需的所有加锁操作，都要在任何资源被解锁之前进行，则该事务使用了**两段锁协议**（two-phase locking protocol）。一旦事务已获得的任何锁被释放，就不再获得更多的锁。因此，两段锁协议中的阶段通常称为扩展阶段（该阶段获得所有必需的锁），以及收缩阶段（该阶段释放所有的锁）。锁不必同时获得，常常是先获得某些锁并开始处理，然后根据需要获得其他的锁。

在事务开始时锁住所有需要的记录（称为保守两阶段锁（conservative two-phase locking）），可防止死锁的发生。但不幸的是，很难事先预测事务处理中将需要哪些记录。一般情况下，程序有许多处理部分，并可能以各种序列调用其他程序。因此，预防死锁并不总是切实可行的。

在两阶段封锁中，如果每个事务必须以相同的顺序请求记录（即串行化资源），则也可以预防死锁，但这种方法也可能并不实用。

第二种方法，也是更为常见的方法，是允许死锁发生，但在 DBMS 中构建一些机制来检测和解除死锁。本质上，这些**死锁解除**（deadlock resolution）机制的工作原理如下：DBMS 维护了一个资源使用矩阵，它能在指定时刻表明哪些主体（用户）正在使用哪些对象（资源）。通过扫描这一矩阵，计算机会在死锁发生时检测到死锁。然后，DBMS 通过"回收"其中一个死锁的事务来解除死锁。该项事务在死锁前所做出的任何变更都将被消除，并且该事务将会在它请求的资源变为可用时，被重新启动。我们后面将简要描述事务回收过程。

□ 版本化

上面所描述的加锁，通常被称为悲观并发控制机制，因为每当一个记录被请求，DBMS 都会采用高度谨慎的记录加锁方法，使得其他程序不能使用此记录。实际上，大多情况下其他用户不会请求相同的文档，或者他们只是想读这些文档，这是没有问题的（Celko，1992）。因此发生冲突是很罕见的。

版本化（versioning）是并发控制的一种新方法，它采用乐观方法，大多数时间里其他用户并不需要相同的记录，或即使需要也只是想读而不是更新记录。利用版本化就不需要任何形式的封锁。事务启动时就被限制到数据库的一个视图，当事务修改记录时，DBMS 创建一个新的记录版本而不是覆盖旧的记录。

理解版本化的最好方法，是将数据库看作一个中央记录室（Celko，1992）。该记录室有一个服务窗口。用户（相当于事务）到达此窗口并请求文档（相当于数据库记录）。但是，原始文档从不离开记录室。相反，工作人员（相当于 DBMS）制作请求文档的副本，并给它盖上时间戳。然后，用户将他们的私用文档副本（或版本）带到自己的工作室阅读，并/或进行修改。完成之后，他们将做了标记的副本返还给工作人员。工作人员将副本中标记的变更进行合并，并将整合结果存储到中央数据库。当没有冲突时（例如，只有一个用户对一组数据库记录做了修改），此用户的变更将直接合并到公共（或中央）数据库中。

假设存在冲突，例如，两个用户对他们的私用数据库副本做了有冲突的修改。在这种情况下，其中一个用户所做的修改会被提交给数据库。（记住事务加了时间戳，因此更早的事务具有优先权。）同时必须告知另一用户发生了冲突，他的工作不能提交（或不能合并到中央数据库）。他必须拿走数据记录的另一份副本，并重复以前的工作。在乐观假设下，这种重复工作会是少数情况而不是惯例。

图 11—14 展示了对存款账户使用版本化的一个简单例子。John 读取包含账户余额的记录，成功地提取了 200 美元，并用 COMMIT 语句将新的余额（800 美元）写入账户。与此同时，Marsha 也读取此账户记录并请求提款，这被记入她本地版本的账户记录。但是，当 Marsha 的事务试图进行 COMMIT 时，会发现更新冲突，她的事务被异常中止（也许还会显示诸如"此时不能完成事务"的消息）。随后 Marsha 可以重启事务，从正确的余额 800 美元开始操作。

版本化相对于加锁机制的主要优点是提高了性能。只读事务能够与更新事务并发执行，而不会损坏数据库的一致性。

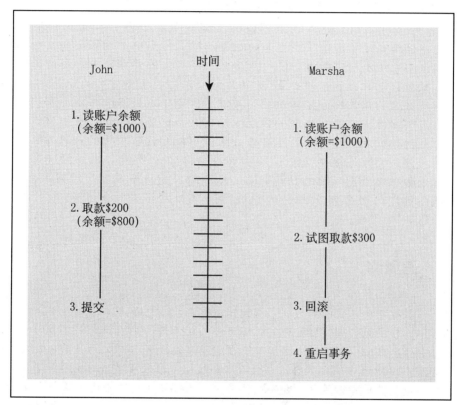

图 11—14 版本化的使用

数据字典和信息库

在第 1 章中，我们将元数据（metadata）定义为，描述最终用户数据的属性或特征以及上下文的数据。任何组织要取得成功，都必须制定正确的策略来收集、管理和使用他们的元数据。这些策略应致力于识别需要收集和维护的元数据的类型，并制定有序地收集和存储这些元数据的方法。数据管理里通常负责元数据策略的总体方向。

元数据必须使用 DBMS 技术进行存储和管理。元数据的集合称为数据字典（data dictionary）（早期术语）或信息库（现代术语）。在本节会分别介绍这两个术语。一些用于访问数据库中存储的元数据的 RDBMS 工具在第 7 章中进行介绍。

☐ 数据字典

关系 DBMS 的一个不可分割的部分是**数据字典**（data dictionary），它存储元数据或关于数据库的信息，包括数据库中每个表的属性名称和定义。数据字典常常是为每个数据库生成的**系统目录**（system catalog）的一部分，系统目录描述所有数据库对象，包括与表相关的数据，如表的名称、表的创建者或所有者、列名和数据类型、外码和主码、索引文件、授权用户、用户访问权限等。系统目录由数据库管理系统自动创建与维护，并且这些信息存储在系统表中，如果用户有足够的访问权限，则可以通过查询任何其他数据表相同的方式查询这些系统表。

数据字典可以是主动型的或被动型的。主动型（active）数据字典由数据库管理软件自动管理。主动型系统总是与数据库当前结构和定义是一致的，因为它们是由系统本身进行维护的。大多数关系数据库管理系统，目前都包含可由它们的系统目录导出的主动的数据字典。被动型（passive）数据字典由系统用户管理，并且每当数据库结构改变时被修改。由于这种修改必须由用户手工完成，所以有可能数据字典与当前的数据库结构并不同步。但是，被动型数据字典可作为单独的数据库进行维护。这在设计阶段可能是比较理想的，因为它允许开发人员尽可能长时间地保持与特定 RDBMS 的独立性。另外，被动型数据字典并不只限定于数据库管理系统可以识别的信息。由于被动型数据字典是由用户进行维护，所以他们可对数据字典进行扩展，使其包含未被计算机化的组织数据的其他信息。

☐ 信息库

数据字典是简单的数据元素编档工具，而信息库是由数据管理员和其他信息专家使用，目的是管理信息处理的总体环境。**信息库**（information repository）是开发环境和生产环境中必不可少的组件。在应用开发环境中，人们（无论是信息专家还是最终用户）使用 CASE 工具、高级语言和其他工具来开发新的应用程序。CASE 工具可能自动与信息库相关联。在生产环境中，人们使用应用来构建数据库并保持数据是最新的，并通过应用从数据库中抽取数据。为了构建数据仓库和开发商业智能应用，组织绝对有必要构建并维护全面的信息库。

正如前面所提到的，与编档工具、项目管理工具和数据库管理软件一样，CASE工具生成的信息也应该是信息库的一部分。当它们最初被开发出来时，由这些产品所记录的信息不容易集成。然而现在已经出现了使这些信息更容易被访问和共享的尝试。**信息资源字典系统**（Information Resource Dictionary System，IRDS），是一个用来管理和控制信息库访问的计算机软件工具。它提供了记录、存储、处理组织重要数据和数据处理资源描述的功能（Lefkovitz，1985）。当系统与 IRDS 兼容时，就可以在各种产品所产生的数据字典之间传递数据定义。IRDS 已经被国际标准化组织采纳为标准——ISO/IEC 10027（www. iso. org/iso/catalogue _ detail. htm？csnumber＝17985），它包含了用来存储数据字典信息并访问这些信息的一组规则。

图 11—15 展示了信息库系统体系结构的 3 个组件（Bernstein，1996）。首先是信息模型。该模型是信息库中所存储信息的模式，与数据库相关的工具可以使用该模型

来解释信息库的内容。第二个组件是信息库引擎，它管理着信息库对象，包括诸如读取与写入信息库对象、浏览以及扩展信息模型等服务。最后一个组件是信息库数据库，信息库对象就存储在该数据库中。

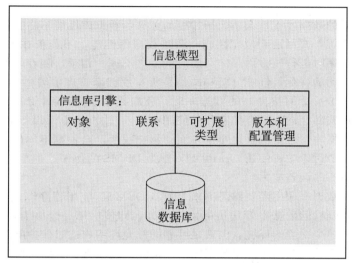

图 11—15　信息库系统体系结构的三个组件（改编自 **Bernstein，1996**）

请注意，信息库引擎支持 5 种核心功能（Bernstein，1996）：

（1）**对象管理**　面向对象的信息库存储着对象的相关信息。随着数据库越来越面向对象，开发人员将能够使用信息库中存储的数据库对象信息。信息库可以基于面向对象数据库，或者增加支持对象的功能。

（2）**关系管理**　信息库引擎包含了有关对象关系的信息，这些信息有助于数据库附属软件工具的使用。

（3）**动态可扩展性**　信息库信息模型定义了类型，这些类型应该容易进行扩展，即易于增加新的类型或扩展已存在类型的定义。这种能力使得新软件工具可更容易地集成到开发过程中。

（4）**版本管理**　在开发期间，建立版本控制是很重要的。信息库能用来为软件设计工具提供版本控制功能。对象的版本控制比文件的版本控制更难管理，因为应用程序中的对象比文件多，并且对象的每个版本之间可能有许多关系。

（5）**配置管理**　将已版本化的对象分组为表示整个系统的配置，也是有必要的，这些配置也被版本化。你可以将配置看作与文件目录相类似，不同的是配置可以版本化，且它们包含的是对象而不是文件。信息库经常使用校验系统来管理对象、版本和配置。当开发人员希望使用对象时，就将对象检出并进行适当的变更，之后再将该对象检入。此时，一个新的对象版本将被创建，并且其他开发人员可以使用该对象了。

随着面向对象数据库管理系统的可用性越来越高，以及与关系数据库相关的面向对象编程的日益增多，信息库也变得越来越重要，因为面向对象开发要求使用（或重用）信息库中包含的元数据。而且，由于 IRDS 标准已经被普遍认可，由不同的软件工具生成的元数据和应用程序信息，将更容易地集成到信息库中。信息库已经包含在企业级开发工具中，但面向对象开发方法越来越被重视，以及数据仓库解决方案的爆炸性增长，使得信息库的使用更加广泛。

数据库性能调整概述

有效的数据库支持会使数据库更加可靠，数据库性能不易受到硬件、软件或用户问题的干扰，并可达到最佳性能。调整数据库性能，不能仅在 DBMS 安装或者实现某个新应用时进行该方面工作，而后就置之不理。相反，随着软件和硬件配置的变化及用户活动的变化，性能分析和调整是所有数据库管理中需要持续进行的一项工作。当想要维护一个调整良好的数据库时，就应当解决 DBMS 管理的 5 个方面的问题：DBMS 的安装、内存和存储空间的使用、输入/输出竞争、CPU 使用情况及应用程序调整。数据库管理员对上述每个方面的影响程度，会根据不同的 DBMS 而有所不同。我们在本节讨论中将使用 Oracle 11g 作为 DBMS 的例子，但应当注意到每个产品都具有其特有的调整能力。

调整数据库应用需要熟悉系统环境、DBMS、应用程序以及应用中使用的数据。这方面正是检验数据库管理员能力的地方，即使对于一个富有经验的管理员也是这样。达到一个平静的环境，也就是可靠的并允许用户适时保护所需信息的环境，所需的技巧和经验只有通过多年数据库工作实践才能获得。下面对这些相关方面的讨论只是作一般性的介绍，而不是调整特定数据库应用所需活动的详细讲解，我们希望通过这些介绍，使读者对数据库调整所涉及的活动范围有初步了解。

☐ DBMS 的安装

正确安装 DBMS 对于任何环境都是必要的。产品中经常包含 README 文件，其中包含详细的安装指导说明、程序的修订以及提示安装时所需增加的磁盘空间等。快速浏览 README 文件，可以节省安装时间并且可以使系统安装得更好。如果没有很好阅读总体安装指导说明，可能会导致在安装过程中采用缺省参数值，而这些值对于特定环境可能不是最优的。下面列出了一些可能需要考虑的事项。

在安装之前，数据库管理员应确保有足够的可用磁盘空间。你可能需要查看特定的 DBMS 手册，将逻辑数据库关于空间的参数（例如，字段长度、表行数和估计的增长）转换为实际的物理空间需求。有时，空间分配建议可能会比较低，而随着对 DBMS 进行变更空间可能会变大，但文档可能并不会反映出这种变化。为保险起见，至少应比推荐的标准计算结果再多分配 20% 的空间。安装完成之后，应该查看安装过程中生成的任何日志文件。日志文件会展示出未注意到的安装问题，或能够帮助确认安装按预期进行。

为数据库分配存储空间也应该在考虑之列。例如，有些 UNIX 备份系统在处理超过 1GB 大小的数据文件时会出现问题。保存数据文件大小在 1GB 以下会避免可能出现的问题。按标准大小分配数据文件会使 I/O 平衡更加容易，因为有 I/O 瓶颈需要解决时，这使得数据文件的位置交换会比较易于进行。

☐ 内存和存储空间的使用

高效地使用内存包括理解 DBMS 如何使用内存、使用什么缓存以及内存中的程序有什么要求。例如，Oracle 有很多驻留在内存中的后台进程，它们在数据库运行时负责执行数据库管理功能。有些操作系统需要连续的一块内存才能加载 Oracle，内存不足的系统必须先释放内存。Oracle 在内存中维护了一个数据字典高速缓存，理想情况下它应该足够大，并且至少应使对数据字典的 90% 请求在此高速缓存中找到，而不必再从磁盘检索信息。所有这些都是调整数据库时，应该考虑的典型内存管理问题的例子。

磁盘空间管理可能包含很多活动，有些已在本书中讨论过，例如去规范化和分割。另外一个活动是**数据归档**（data archiving）。任何存储历史记录（如事务历史或某一字段不同时间下的一系列值）的数据库，最终都会包含没有什么用处的陈旧数据。数据库统计信息显示，对记录或页的访问频率可以作为确定哪些数据不再有用的一个线索。业务规则也可能指出，超过某个值（例如，7 年）的数据不需要再为当前处理保存。但是，某些法律原因或使用频率不高的商业智能查询，会提示数据不应简单地被废弃。因此，数据库管理应开发一个对不活动数据进行归档的程序。数据可能归档到不同的数据库表（使活动表更紧凑，因此也能被更快速地处理），或存储在数据库之外的文件中（可能是磁带或光存储器）。为节省空间，也可以对归档文件进行压缩。需要开发一些方法，以便根据需要在适当的时候将归档数据恢复到数据库中。（需记住的是，归档数据只是不活动的数据，并不是完全没有用的。）归档操作通过将活动数据存储在开销较少的存储空间，回收了磁盘空间，节省了磁盘存储开销并可能提高数据库的性能。

□ 输入/输出（I/O）竞争

数据库应用的 I/O 操作是密集的，生产数据库在工作时，常常从磁盘读取大量数据或向磁盘写入大量数据。尽管 CPU 的时钟速率已经大幅提高，但 I/O 速率并未成比例地增加，而且越来越复杂的分布式数据库系统也使 I/O 功能变得更加复杂。

理解最终用户如何访问数据，对管理 I/O 竞争至关重要。当热点（被反复访问的物理磁盘位置）出现时，理解引起热点的活动，能够使数据库管理员更有效地减轻当前的 I/O 竞争。Oracle 允许 DBA 控制表空间的放置，表空间中包含了多个数据文件。DBA 对用户活动的深入理解，会帮助他/她将一起访问的数据文件分开放置以减少 I/O 竞争。如果可能，可将并发访问的大型数据库对象分别放到不同的磁盘上，以减少 I/O 竞争并提高性能。在磁盘和控制器上均匀分布 I/O 活动的总目标，应该在 DBA 调整 I/O 的过程中起指导作用。

□ CPU 使用

大多数数据库操作都需要 CPU 的工作。因此，当调整数据库时，评估 CPU 的使用状况是非常重要的。使用大量的 CPU 并且当这些 CPU 并行工作时，查询处理能力得到共享，而且性能大大提高。在计划通过 CPU 的更新换代来提升效率的同时，DBA 需要最大化其现有 CPU 的性能。

监视 CPU 负载以掌握整个 24 小时的典型负载情况，可以向 DBA 提供开始一次 CPU 负载重新平衡所需的基本信息。对于每种环境，可能都需要调整在线处理和后台处理的混合问题。例如，建立"凡是可以在非工作时间运行的所有作业，都必须在非工作时间里运行"这样的规则，会有助于减轻机器在高峰工作时间的负载。给用户账号加上空间限制，也有助于管理 CPU 负载。

□ 应用程序调整

前面几节集中讨论了调整 DBMS 的活动。分析最终用户正在使用的数据库应用也可能提高性能。尽管许多使用关系数据模型的组织要求至少规范化到 3NF，但精心规划的去规范化（参见第 5 章）可能会提高性能，这常常是通过执行 SQL 查询时减少连接的表数量来实现的。

分析并修改应用程序中的 SQL 代码也可能会提高性能。例如，应避免全表扫描查询，因为它们未进行选择也不可能长时间驻留在内存中，这就迫使要在永久存储器中进行更多的检索。如果所使用的 DBMS 可管理多表连接，则应主动进行管理，因为连接类型可能对性能产生巨大影响，尤其是连接需要在整个表上进行时更是如此。一般的经验是，CPU 与 I/O 时间的比率超过 13：1 的任何查询，都可能是设计得不好的查询。DBMS 对查询的监视，可用来实际终止超过这一比率的查询作业。另一种方案是，将这些查询放到"惩罚箱"中等待，直到作业调度程序确定有充分的 CPU 时间来继续处理这些查询。

类似地，包含视图和子查询的语句也应加以主动审查。应当调整这些语句，以最有效的方式分解语句的组件，这可能会使性能显著提高。第 5 章讨论了多种可供 DBA 使用的调整技术，这些技术可用来调整应用处理速度和磁盘空间利用（例如，重索引、重写自动查询计划、调整数据块大小、跨存储设备重新分配文件以及更高效查询的设计指导）。DBA 在向程序员和开发者推荐最有效技术方面，起着重要作用。

相同的数据库活动花费的时间有可能大不相同，这取决于查询或程序运行时的工作负载情况。有些 DBMS 具有作业调度程序，该程序可以查看查询运行历史的统计信息，并且批量调度作业，以实现期望的 CPU 和 I/O 的混合利用。DBA 可以通过运行所谓的"心跳"查询或"金丝雀"查询，主动监视查询处理次数。**心跳查询**（heartbeat query）是一个非常简单的查询（可能是 SELECT * FROM table WHERE some condition），它每天由 DBA 运行很多次以监视处理中的变化。当心跳查询花费很长时间时，很可能是运行中作业的混合并不合理，或是有些效率低下的查询消耗太多的 DBMS 资源。心跳查询也可能完全类似于某些常规的用户查询，在对这些查询的最长响应时间上，会有与用户签署的服务等级协议（service-level agreements，SLA）。在这种情况下，心跳查询定期运行，以确保如果用户提交此查询会满足 SLA 目标。

应用程序调整的另一方面是确立实际的用户期望。应该对用户进行培训，使他们认识到更复杂的查询（尤其查询是即席提交的时候）会花费更多的处理时间和响应时间。也应培养用户先使用 EXPLAIN 或类似的功能来提交查询，这些功能实际上并没有运行查询，而是依据数据库统计信息估计出查询处理的时间。这样就可避免很多编写糟糕的查询。为了有效设置显示的用户期望，DBA 需要意识到必须频繁地重计算数据库统计信息（例如，表的行数，以及常常用作限定条件的某些字段值的分布）进行计算。统计信息的重新计算至少应该在表的每次批量加载之后立即进行，对于经常在线更新的表会更加频繁。统计信息会影响查询优化程序，因此合理的最新统计信息，对 DBMS 建立一个良好的查询处理计划（即使用哪些索引和以什么顺序执行连接）是必要的。

前面对可能影响数据库性能的几个潜在领域的描述，应该使你确信有效的数据库管理和调整的重要性。当 DBA 深入了解了 DBMS 和应用程序的职责以后，调整数据库性能的重要性就变得更加明显。希望关于数据库性能调整的这部分简单描述，能够促使你为提高调整技能而学习一种或多种数据库产品。

数据可用性

确保数据对用户的可用性，始终是数据库管理员高优先级的职责。然而，电子商务的发展已经使这项职责从一个重要目标，提升为一种商业需要。电子商务必须对它的客户保持 24/7 全天候地运作和可用。研究表明，如果在线客户在几秒钟内未获得他所期望的服务，则该客户就会将其业务转向一个竞争对手。

停机的损失

停机（数据库不可用时）所造成的损失由如下部分组成：停机期间的业务损失、恢复业务所需成本、存货损失、法律开销以及永久丧失的客户信任。这些损失常常很难精确估计，并且对于不同的业务类型损失也会有很大的不同。表 11—2 展示了几种业务类型估计的每小时停机损失。

表 11—2 几种业务类型的停机损失

业务类型	估计每小时的损失
零售业	645 万美元
信用卡销售授权	260 万美元
家庭购物频道	113 750 美元
分类销售中心	90 000 美元
航空预订中心	89 500 美元
包装运输服务	28 250 美元
ATM 服务费	14 500 美元

资料来源：Mullins（2002），p.226.

DBA 需要对停机损失和期望达到的可用性级别的成本进行权衡。但是，几乎不可能提供 100％的服务等级。中断服务的故障可能会随时发生（正如本章前面所述）。另外，需要定期执行的数据库重组或其他维护活动，也可能会导致服务中断。尽量减少发生这些中断所造成的影响，是数据管理的职责。目的是提供高可用性以平衡各种损失。表 11—3 展示了几种可用性级别（用百分比表示），以及每个级别每年近似的停机时间（以分钟和小时表示）。同时也展示了某组织一年的停机损失，该组织每小时的停机损失是 100 000 美元（比方说购物网络或在线拍卖）。请注意，随着可用性的下降，每年的损失急剧增加，但在表中所展示的最坏情况下，停机时间也只有 1％。

表 11—3   **可用性的停机损失**

可用性	每年的停机时间		每年损失
	分钟	小时	
99.999%	5	0.08	8 000 美元
99.99%	53	0.88	88 000 美元
99.9%	526	8.77	877 000 美元
99.5%	2 628	43.8	4 380 000 美元
99%	5 256	87.6	8 760 000 美元

资料来源：Mullins（2002），p. 226.

☐ 确保可用性的措施

目前新一代的硬件、软件和管理技术，已经被开发（并将继续开发）出来协助数据库管理员实现当今组织所期望的高可用性级别。在本章（例如，数据库恢复）或前几章（例如，RAID 存储）中，我们已经讨论了很多这样的技术，在这里我们只简短地概述潜在的可用性问题和应对措施。大量其他技术，例如系统组件故障影响分析（component failure impact analysis，CFIA）、故障树分析（fault-tree analysis，FTA）、CRAMM 等，以及关于如何管理可用性的很多指导，在 IT 基础架构库（IT Infrastructure Library，ITIL）（www.itil-officialsite.com）中进行了描述。

硬件故障　任何硬件组件，如数据库服务器、磁盘子系统、电源或网络交换机，都会成为使服务中断的故障点。通常的解决方案是提供冗余的或备用的组件来替换故障系统。例如，对于集群服务器，故障服务器的工作负荷会被重新分配到集群中的另一台服务器上。

数据丢失或损坏　当数据丢失或变得不精确时，服务会被中断。在高可用性系统中几乎都要提供镜像（或备份）数据库。此外，使用最新的备份和恢复系统（本章前文曾讨论过）也是很重要的。

人为错误　"大多数……中断……并不是由于技术原因引起的，而是由于人们进行某些改变引起的"（Morrow，2007，p. 32）。采用成熟并经过多次重复使用的标准操作过程，会阻止人为错误的发生。此外，组织培训、编制文档并坚持遵循国际认可的标准过程（例如 COBIT（www.isaca.org/cobit）或者 ITIL（www.itil-officialsite.com）），对于减少人为错误也是必要的。

停机维护　从历史上看，数据库停机多数是由计划中的数据库维护活动导致的。在数据库活动并不繁忙期间（夜间和周末）使数据库脱机，以便进行数据库的重组、备份及其他活动。对高可用性应用来说，这种奢侈已经不会再有了。目前已经出现带有自动维护功能的新型数据库产品。例如，有些实用工具（称为非中断工具）在系统保持读写操作正常运行的同时，执行例行维护，并且这种维护不会破坏数据完整性。

网络相关问题　高可用性应用几乎总是要依赖于内部和外部网络的适当功能。硬件和软件故障都会导致服务中断，但是，Internet 又带来了可能使服务中断的新威胁。例如，计算机黑客可以使用计算机生成的消息来淹没 Web 站点，从而发起拒绝服务攻击。为了应对这些威胁，组织应细致地检查流量，并制定当活动突然出现峰值时的快速响应策略。组织也必须采用最新的防火墙、路由器和其他网络技术。

本章回顾

关键术语

中止事务　aborted transaction

后映像　after image

授权规则　authorization rules

备份工具　backup facility

后向恢复（回滚）　backward recovery（rollback）

前映像　before image

检查点工具　checkpoint facility

并发控制　concurrency control

数据管理　data administration

数据归档　data archiving

数据字典　data dictionary

数据库管理　database administration

数据库变更日志　database change log

数据库销毁　database destruction

数据库恢复　database recovery

数据库安全　database security

死锁　deadlock

死锁预防　deadlock prevention

死锁解除　deadlock resolution

加密　encryption

排他锁（X 锁或写锁）　exclusive lock（X lock，or write lock）

前向恢复（前滚）　forward recovery（rollforward）

心跳查询　heartbeat query

不一致读问题　inconsistent read problem

信息仓库　information repository

信息资源字典系统　information Resource Dictionary System（IRDS）

日志工具　journalizing facility

封锁　locking

封锁级别（锁粒度）　locking level（lock granularity）

开源 DBMS　open source DBMS

恢复管理器　recovery manager

恢复/重新运行　restore/rerun

共享锁（S 锁或读锁）　shared lock（S lock，or read lock）

智能卡　smart card

系统目录　system catalog

事务　transaction

事务边界　transaction boundaries

事务日志　transaction log

两段锁协议　two-phase locking protocol

用户自定义过程　user-defined procedures

版本化　versioning

复习题

1. 比较下列术语：

　　a. 数据管理，数据库管理

　　b. 元数据库，数据字典

　　c. 死锁预防，死锁解除

　　d. 反向恢复，前向恢复

　　e. 主动型数据字典，被动型数据字典

　　f. 乐观并发控制，悲观并发控制

　　g. 共享锁，排他锁

　　h. 前映像，后映像

　　i 两段锁协议，版本化

　　j. 授权，认证

　　k. 数据备份，数据归档

2. 说明数据管理或数据库管理是否通常

具有以下功能：

　　a. 管理数据的元数据库

　　b. 安装和升级 DBMS

　　c. 概念数据建模

　　d. 管理数据安全和隐私

　　e. 数据库规划

　　f. 调整数据库性能

　　g. 数据库备份和恢复

　　h. 运行心跳查询

3. 描述在当前的商业环境中，数据管理员和数据库管理员不断变化的作用。

4. 列出数据管理员需要具有的 4 个工作技能。列出数据库管理员需要具有的 4 个工作技能。

5. 列出并讨论可能会出现数据安全威胁的 5 个领域。

6. 解释创建视图如何能够增加数据的安全性。解释为什么人们不应该完全依靠使用视图，以加强数据安全。

7. 身份验证方案和授权方案之间的差别是什么？

8. 与悲观并发控制相比，乐观并发控制的优点是什么？

9. 死锁预防和死锁解除之间的差别是什么？

10. 简要描述数据库备份和恢复所需的 4 个 DBMS 设施。

11. 什么是事务完整性？为什么它很重要？

12. 列出并简要说明数据库事务的 ACID 特性。

问题和练习

1. 下面列出了 5 个恢复技术。对于所描述的每种情况，决定以下恢复技术哪个是最合适的。

- 后向恢复
- 前向恢复（从最新的检查点开始）
- 前向恢复（使用数据库的备份副本）
- 重新处理事务
- 切换

a. 当用户进入一个事务后，发生了电话断线。

b. 在进行正常运作期间，一个磁盘驱动器出现故障。

c. 雷雨导致停电。

d. 输入和发布了不正确的学生上缴学费金额。这个错误几个星期内都没有被发现。

e. 当数据库损坏而进行完全数据备份后，数据录入员已经执行了两个小时的输入事务。此时发现数据库的日志设施在备份之后一直未激活。

2. Whitlock 百货商店在局域网文件服务器上运行多用户数据库管理系统。不幸的是，目前 DBMS 没有执行并发控制。Whit-lock 的一个客户有一笔 250 美元的应付款，此时有如下 3 个与该客户有关的事务几乎在同一时间处理：

- 支付 250 美元
- 用信用卡购买商品 100 美元
- 退回商品（信用卡）50 美元

当余额为 250 美元时（即在任何其他交易完成之前），3 个事务中的每一个都在读该客户的记录。更新后的客户记录，以上述罗列的顺序返回到数据库中。

a. 在最后一笔交易完成后，该客户的余额将是多少？

b. 在 3 个事务被处理后，该客户的余额应该是多少？

3. 对于下列描述的每一种情况，说明以下哪项安全措施是最合适的：

- 授权规则
- 加密
- 身份验证方案

a. 某国家经纪公司采用电子资金转账（EFT）系统，在不同地点之间传输敏感的金融数据。

b. 某组织成立了一个异地的基于计算

机的培训中心。该组织希望对授权员工限制该中心的访问。因为每个员工对该中心的使用都不是经常性的，所以中心不希望给员工提供访问中心的钥匙。

c. 某制造公司使用一个简单的密码系统保护其数据库，但发现需要一个更全面的系统，为不同的用户授予不同的权限（例如，读取、创建或更新）。

d. 某所大学经历了未经授权的用户盗用合法用户口令，从而访问文件和数据库的问题。

4. 如果你接受了一份数据库管理员的工作，并发现该数据库的用户在每天早晨开始工作时，都使用一个共同的密码登录到数据库，并且你还了解到他们整天都将计算机连接到数据库上，甚至当他们长时间离开自己机器时，数据库连接依然保持。你认为这样会有什么问题？

5. 在使用 Web 服务开发 B2B 应用时，需要解决什么安全和数据质量问题？

参考文献

Anderson, D. 2005. "HIPAA Security and Compliance," available at **www.tdan.com** (July).

Bernstein, P. A. 1996. "The Repository: A Modern Vision." *Database Programming & Design* 9,12 (December): 28–35.

Celko, J. 1992. "An Introduction to Concurrency Control." *DBMS* 5,9 (September): 70–83.

Descollonges, M. 1993. "Concurrency for Complex Processing." *Database Programming & Design* 6,1 (January): 66–71.

Dowgiallo, E., H. Fosdick, Y. Lirov, A. Langer, T. Quinlan, and C. Young. 1997. "DBA of the Future." *Database Programming & Design* 10,6 (June): 33–41.

Fernandez, E. B., R. C. Summers, and C. Wood. 1981. *Database Security and Integrity*. Reading, MA: Addison-Wesley.

Hall, M. 2003. "MySQL Breaks into the Data Center," available at **www.computerworld.com/printthis/2003/0,4814,85900,00 .html**.

Inmon, W. H. 1999. "Data Warehouse Administration." Found at **www.billinmon.com/library/other/dwaadmin.asp** (no longer available).

Inmon, W. H., C. Imhoff, and R. Sousa. 2001. *Corporate Information Factory*, 2nd ed. New York: Wiley.

Lefkovitz, H. C. 1985. *Proposed American National Standards Information Resource Dictionary System*. Wellesley, MA: QED Information Sciences.

Michaelson, J. 2004. "What Every Developer Should Know About Open Source Licensing." *Queue* 2,3 (May): 41–47. (Note: This whole issue of *Queue* is devoted to the open source movement and contains many interesting articles.)

Morrow, J. T. 2007. "The Three Pillars of Data." *InfoWorld* (March 12): 20–33.

Mullins, C. 2001. "Modern Database Administration, Part 1." *DM Review* 11,9 (September): 31, 55–57.

Mullins, C. 2002. *Database Administration: The Complete Guide to Practices and Procedures*. Boston: Addison-Wesley.

Rodgers, U. 1989. "Multiuser DBMS Under UNIX." *Database Programming & Design* 2,10 (October): 30–37.

延伸阅读

Loney, K. 2000. "Protecting Your Database." *Oracle Magazine*. 14,3 (May/June): 101–106.

Surran, M. 2003. "Making the Switch to Open Source Software." *THE Journal*. 31,2 (September): 36–41. (This journal is available at **www.thejournal.com**)

Quinlan, T. 1996. "Time to Reengineer the DBA?" *Database Programming & Design* 9,3 (March): 29–34.

网络资源

http：//gost. isi. edu/publications/ker- beros-neuman-tso. html 用户认证方法 Kerberos 的指南。

www. abanet. org/scitech/ec/isc/dsg-tu- torial. html 美国律师协会科学与技术分部信息安全委员会的数字签名的一份优秀指南。

http：//tpc. org 事务处理性能委员会的网站，该委员会是非盈利组织，目标是定义事务处理和数据库的测试基准，并且向工业界发布客观、可验证的事务处理性能数据。这个网站对于人们通过数据库基准测试的技术文章，了解 DBMS 和数据库设计的评估会很有帮助。

第 12 章

概述：分布式数据库

注：本章的一个完整的版本在教材的网站上（www.pearsonhighered.com/hoffer）。下面是一个简短的概述。

学习目标

➤ 简明定义以下关键术语：**分布式数据库（distributed database）**，**分散式数据库（decentralized database）**，**位置透明性（location transparency）**，**局部自治（local autonomy）**，**同步分布式数据库（synchronous distributed database）**，**异步分布式数据库（asynchronous distributed database）**，**本地事务（local transaction）**，**全局事务（global transaction）**，**复制透明性（replication transparency）**，**事务管理器（transaction manager）**，**故障透明性（failure transparency）**，**提交协议（commit protocol）**，**两阶段提交（two-phase commit）**，**并发透明性（concurrency transparency）**，**时间戳（time-stamping）**以及**半连接（semijoin）**。

➤ 解释促使组织使用分布式数据库的业务条件。

➤ 描述各种分布式数据库环境的显著特点。

➤ 解释分布式数据库潜在的优势和风险。

➤ 解释分布式数据库设计的 4 个策略，每个策略的选项，以及在这些策略中做选择时要考虑的因素。

➤ 说明同步和异步数据复制以及分割作为分布式数据库设计 3 种主要方法的优点。

➤ 概述分布式数据库中查询处理所包含的步骤，以及分布式查询处理优化所采用的几种方法。

➤ 解释几个分布式数据库管理系统的显著特征。

引 言

当一个组织地理上分散，它可以选择将其数据库存储在一个中央数据库服务器，或分布存储在各个本地服务器上（或两者的组合）。**分布式数据库**（distributed database）是一个单一的逻辑数据库，它物理上分布在通过数据通信网络连接的多个地点的计算机上。我们强调的是，分布式数据库是一个真正的数据库，而不是松散的文件集合。分布式数据库仍然作为企业资源集中管理，同时提供本地访问的灵活性和可定制性。连接多个地点的网络必须允许用户共享数据，在 A 地点的用户（或程序）必须能够访问（或更新）B 地点的数据。分布式系统的地点可能分布于很大的区域上（如美国或世界），也可能是一个小的区域内（如建筑物或校园）。计算机的类型可能从个人电脑到大型服务器，甚至是超级计算机。

分布式数据库需要多个数据库管理系统（或 DBMS）实例，每个实例都运行在一个远程站点上。这些不同 DBMS 实例之间的协作关系或协作程度，以及是否有一个主站点负责协调涉及多站点数据的请求，是区分不同类型分布式数据库环境的依据。

在如下各种业务条件下，鼓励人们使用分布式数据库：业务单位是分布的、自治的，需要数据共享，数据通信成本低并且可靠性要求高，有多个应用和供应商，需要数据库恢复，以及同时提供交易型和分析型处理。

目标和取舍

分布式数据库的一个主要目标，是为位于很多不同地点的用户提供简单方便的数据访问。为了达到这个目标，分布式数据库系统必须提供**位置透明性**（location transparency），这意味着查询或更新数据的用户（或用户程序）不需要知道数据的位置。任何检索或更新任意地点数据的请求，是由系统自动转发到处理请求相关的一个或多个地点。理想情况下，用户不知道数据的分布，并且网络中的所有数据，看起来就像是存储在一个地点的单个逻辑数据库。在这种理想的情况下，单个查询可以连接多个地点表中的数据，就好像数据都是在一个地点。

分布式数据库的第二个目标，是**局部自治**（local autonomy），这是管理本地数据库和连接到其他节点失败时独立运作的能力（Date，2003）。有了局部自治，每个站点都有能力控制本地数据、管理安全性、记录事务、当本地发生故障时进行恢复，并在任何中央或协调站点无法运行时，向本地用户提供对本地数据的所有访问。这种情况下，数据虽然可以被远程站点访问，但它们被局部站点拥有和管理。这意味着，系统没有依赖于一个中心站点。

与集中式数据库相比，任意形式的分布式数据库有许多优点。其中最重要的是：提高了可靠性和可用性、具有局部控制、模块性、降低通信成本，以及更快的响应。分布式数据库系统也要面对必要的开销和缺点：软件成本和复杂性、处理开销、数据的完整性和响应速度慢（如果数据分布不是很适当）。

□ 数据库分布的选项

数据库应该如何在网络的站点（或节点）上分布？我们在第 5 章讨论了这个物理数据库设计中的重要问题，介绍了评价可选分布策略的分析程序。在那一章中，我们注意到，分布数据库有 4 个基本策略：数据复制、水平分割、垂直分割，以及上述几个策略的组合。

数据复制有很多形式，在本章的在线完整版本中进行了详细讨论。数据复制有 5 个好处：可靠性，响应速度快，尽可能避免复杂的分布式事务完整性例程，节点去耦合，并在高峰时间减少网络流量。复制有 3 个主要缺点：存储需求、复杂性和更新成本。

在水平分割中（关于不同形式表分割的描述，请参阅第 5 章），表（或关系）的某些行被放入一个站点的基本关系中，而其他行被放入另一个站点的基本关系中。更一般的情况是，一个关系中的行被分布到许多站点。分布式数据库的水平分割有 4 大优势：效率、局部优化、安全、方便查询。因此，如果组织的业务是分布式的，但每个站点只与某个实体实例的子集（经常基于地理位置）有关，此时很多组织就会采用水平分割。水平分割也有 2 个主要缺点：存取速度不一致和备份漏洞。

□ 分布式数据库管理系统

为了建立分布式数据库，必须有一个数据库管理系统，该系统协调各个节点数据的访问，我们把这样的系统称为分布式 DBMS。虽然每个站点都可能有一个 DBMS 管理该站点的本地数据库，但分布式数据库管理系统将执行以下功能（Buretta，1997；Elmasri and Navathe，2006）：

（1）利用分布式数据字典跟踪数据的位置。这在一定程度上意味着，向开发者和用户呈现单一的逻辑数据库和模式。

（2）确定检索所请求数据的位置，以及分布式查询每个部分的处理位置，并且在该过程中不需要开发者或用户的任何特殊操作。

（3）如果需要，将一种局部 DBMS 站点的请求翻译成使用不同 DBMS 数据模型的另一个站点的正确请求，并把数据以请求站点所接受的格式返回给用户。

（4）提供数据管理功能，如安全性、并发控制和死锁控制、全局查询优化，以及自动的故障记录和恢复。

（5）在远程站点之间提供数据副本的一致性（例如，通过使用多阶段提交协议）。

（6）将物理上分布的数据库呈现为单一的逻辑数据库。实现这种数据视图的技术之一是全局主码控制，这意味着相同业务对象的数据无论存储在分布式数据库的什么位置，都与相同的主码关联，而不同的对象要与不同的主码关联。

（7）具有可伸缩性。可伸缩性是一种系统规模增长或收缩的能力，并且能够在业务需求变化时，使系统的异构性变得更强。因此，分布式数据库必须是动态的，可以在合理范围内更改而无须重新设计。可伸缩性也意味着，能够有简单的方法添加新站点并进行初始化。

（8）在分布式数据库节点之间复制数据和存储过程。将存储过程分布存储的原因与数据分布存储的原因相同。

（9）透明地使用剩余的计算能力，以提高数据库处理性能。这意味着，举例来说，相同的数据库查询如果在不同的时间提交，则可能在不同的站点以不同的方式处理，这取决于查询提交时整个分布式数据库的工作负载情况。

（10）允许不同的节点运行不同的 DBMS。中间件（请参见第 8 章）可用于分布式 DBMS 和每个局部 DBMS，用来屏蔽查询语言的差异以及本地数据的细微差异。

（11）允许不同版本的应用程序代码驻留在分布式数据库的不同节点上。在具有多个分布式服务器的大型组织中，让每个服务器/节点运行相同的软件版本可能不太现实。

分布式数据库管理系统提供位置透明性（前面定义的），**复制透明性**（replication transparency），**故障透明性**（failure transparency），以及**并发透明性**（concurrency transparency）。分布式数据库管理系统采用**提交协议**（commit protocol），以保证数据实时、分布式更新操作的完整性。最常见的提交协议是**两段提交**（two-phase commit）（在本章的在线完整版本中有详细说明）。

□ 查询优化

在分布式数据库中，查询响应可能需要 DBMS 组装来自几个不同站点的数据（虽然有位置透明性，用户对此并不知晓）。DBMS 要做的一个主要决定，是如何处理查询，与此相关的影响因素包括用户查询的表达方法，以及分布式数据库管理系统制定高效查询处理计划的智能性。完整章节中详细介绍了几种看似合理的查询处理策略。所选择的策略不同，一个查询所需的时间可能从一秒到数天不等！

改善分布式查询处理效率的一种技术是**半连接**（semijoin）操作（Elmasri and Navathe, 2006）。在半连接中，只是将连接属性从一个站点传送到另一个，而后返回的也只是所需要的行。如果只有很小比例的行参加连接，则传输的数据量是最小的。

▨ 本章回顾

对于关键术语，复习题，问题与联系，实地练习等，请参见本书网站上这一章的完整版本。下面列出的是本章的全部参考文献，以及有关分布式数据库的其他信息资源。

参考文献

Bell, D., and J. Grimson. 1992. *Distributed Database Systems.* Reading, MA: Addison-Wesley.

Buretta, M. 1997. *Data Replication: Tools and Techniques for Managing Distributed Information.* New York: Wiley.

Date, C. J. 2003. *An Introduction to Database Systems*, 8th ed. Reading, MA: Addison-Wesley.

Edelstein, H. 1993. "Replicating Data." *DBMS* 6,6 (June): 59–64.

Edelstein, H. 1995. "The Challenge of Replication, Part I." *DBMS* 8,3 (March): 46–52.

Elmasri, R., and S. Navathe. 2006. *Fundamentals of Database Systems*, 5th ed. Menlo Park, CA: Benjamin Cummings.

Froemming, G. 1996. "Design and Replication: Issues with Mobile Applications—Part 1." *DBMS* 9,3 (March): 48–56.

Koop, P. 1995. "Replication at Work." *DBMS* 8,3 (March): 54–60.

McGovern, D. 1993. "Two-Phased Commit or Replication." *Database Programming & Design* 6,5 (May): 35–44.

Özsu, M. T., and P. Valduriez. 1992. "Distributed Database Systems: Where Were We?" *Database Programming & Design* 5,4 (April): 49–55.

Thé, L. 1994. "Distribute Data without Choking the Net." *Datamation* 40,1 (January 7): 35–38.

Thompson, C. 1997. "Database Replication: Comparing Three Leading DBMS Vendors' Approaches to Replication." *DBMS* 10,5 (May): 76–84.

延伸阅读

Edelstein, H. 1995. "The Challenge of Replication, Part II."
　　DBMS 8,4 (April): 62–70, 103.

网络资源

http：//databases. about. com　这个网站提供了关于各种数据库技术，包括分布式数据库的很多新闻和评论。

http：//dsonline. computer. org　IEEE 网站，它提供了有关各种分布式计算的资料，并且在分布式计算主题中包括了分布式数据库。最新的资料可以通过 IEEE 的 Computing Now 网站（**http：//computingnow. computer. org**）上获得。

第13章

概述：面向对象数据建模

注：本章的一个完整的版本在教材的网站上（www. pearsonhighered. com/ hoffer）。下面是一个简短的概述。

✏️ 学习目标

➤ 简明定义以下关键术语：类（class），对象（object），状态（state），行为（behavior），类图（class diagram），对象图（object diagram），操作（operation），封装（encapsulation），构造操作（constructor operation），查询操作（query operation），更新操作（update operation），类作用域操作（class-scope operation），关联（association），关联作用（association role），数量（multiplicity），关联类（association class），抽象类（abstract class），具体类（concrete class），类作用域属性（class-scope attribute），抽象操作（abstract operation），方法（method），多态（polymorphism），覆盖/重写（overriding），多分类（multiple classification），聚集（aggregation）以及合成（composition）。

➤ 描述面向对象开发的生命周期中，不同阶段的活动。

➤ 说明面向对象建模方法与结构化方法相比的优点。

➤ 将面向对象模型与 E-R 和 EER 模型相比较。

➤ 使用统一建模语言 UML 类图，对现实世界的一个领域进行建模。

➤ 使用 UML 对象图，提供系统在某个时间点的详细状态快照。

➤ 知道何时使用概括、聚集以及合成关系。

➤ 指定类图中不同类型的业务规则。

引　言

在第 2 章和第 3 章中，你学习了使用 E-R 和 EER 模型进行数据建模。在这些章节中，你学会了如何使用实体、属性和各种联系去建模组织的数据需求。本章将介绍面向对象的模型，这种模型目前越来越受欢迎，因为它能够完全表达复杂关系，并且能用一致的、综合的符号表达数据和系统的行为。好在你在前面提到的两章学到的概念可以对应到面向对象建模中的概念，但面向对象模型比 EER 模型具有更强的表达能力。

面向对象模型是围绕对象建立的，正如 E-R 模型是围绕实体建立的一样。对象封装了数据和行为，这意味着我们不仅可以使用面向对象方法进行数据建模，同时也可以为系统的行为建模。要彻底建模任何真实世界的系统，你需要对数据、过程以及操作数据的行为建模（请回顾在第 1 章中讨论的信息规划对象）。通过将上述这些内容在一个共同的表示方法中表达，并且通过提供诸如继承和代码重用等好处，面向对象建模方法为开发复杂系统提供了强大的环境。

Coad 和 Yourdon（1991）确定了面向对象建模的几个动机和好处：具有应对更具挑战性问题的能力；促进了用户、分析师、设计师和程序员之间的沟通；增强了分析、设计和编程等活动之间的一致性；明确表达系统组件之间的共性；系统的鲁棒性；分析、设计和编程结果的可重用性；对于在面向对象分析、设计和编程过程中开发的所有模型，增加了这些模型之间的一致性。

在本章中，我们把面向对象数据建模作为一个高层次的概念活动进行介绍。正如你将在第 14 章中学习的，对于使用关系数据库实现对象永久化的面向对象应用程序，一个好的概念模型对其设计和开发是非常重要的。

统一建模语言

统一建模语言（Unified Modeling Language，UML）是由一个共同元模型支持的一组图形化表示方法，该元模型广泛用于业务建模，以及描述、设计和实现软件系统。为了有效地表示一个复杂的系统，所开发的模型必须由一组独立的视图构成。UML 允许你用不同类型的图表示系统的多个视图，这些图包括用例图、类图、状态图、时序图、组件图和部署图等。如果这些图在定义明确的建模过程中被正确使用，则 UML 能够使你基于一个一致的概念模型，分析、设计并实现系统。

因为本书是有关数据库的，所以我们将只描述类图（class diagram），该图是 UML 中的一种静态图，主要描述感兴趣领域的结构特征。类图还允许我们捕捉到类能够履行的职责，而不带有任何行为的细节。我们不会介绍其他类型的图，因为它们提供的视图与数据库系统没有直接关系，例如，描述系统动态特性的图。请记住，数据库系统通常是一个整体系统的一部分，而整个系统的基本模型应该包括所有不同的视图。对于其他 UML 图的讨论，请参见 Hoffer 等（2010）和 George 等（2007）。重要的是要注意，UML 类图可在生命周期模型的多个阶段使用，并可用于多种目的。

面向对象的数据建模

类（class）是一个实体类型，在组织希望保持状态、行为和标识的应用领域中，具有明确的角色定义。类是一个概念，一种抽象，或者是在应用程序上下文中有意义的一个东西（Blaha and Rumbaugh，2005）。类可以代表一个有形的或可见的实体类型（例如，一个人、地方或事物）；它可能是一个概念或事件（例如，部门、性能、婚姻、登记等）；或者可能是设计过程中产生的一种东西（例如，用户界面、控制器、调度器等）。**对象**（object）是类的一个实例（例如，一个特定的人、地点或事物），对象中封装了维护对象所需的数据和行为。一类对象共享共同的一组属性和行为。

对象的**状态**（state）包含了对象的特性（属性和关系）以及相应的特性值，而对象的**行为**（behavior）表示了对象的行为和反应（Booch，1994）。因此，对象的状态是由对象属性值和与其他对象的链接来确定的。对象的行为取决于它的状态和正在执行的操作。操作只是对象为响应请求而执行的一个动作。可以把操作看做对象（供应商）向其客户提供的服务。客户向供应商发送一个消息，供应商通过执行相应的操作来提供所需的服务。

考虑一个例子，学生类和这个类中一个特定对象——Mary Jones。该对象的状态由它的属性（比如姓名、出生日期、年级、地址和电话）以及这些属性的当前值来刻画。例如，姓名是"Mary Jones"，年级是"大学三年级"等。该对象的行为是通过 calcGpa 等操作来表达的，calcGpa 用来计算学生的当前绩点平均值。因此，对象 Mary Jones 将其状态和行为封装在一起。每个对象都有一个永久标识，也就是说，没有两个相同的对象，并且对象在其生命周期中都一直保持自己的标识。例如，如果 Mary Jones 结婚了，那么属性姓名、地址和电话都要更改，但她仍然用同一个对象表示。

你可以在如图 13—1（a）所示的类图中，图形化描述类。（注：在这个概述中图号不连续，因为此处只包含了从教材网站上的完整章节内容中选择的几个图）。**类图**（class diagram）展示了面向对象模型的静态结构：对象的类，它们的内部结构，及其所参与的关系。该图显示了两个类，即学生和课程以及它们的属性和操作。所有学生都有共同的属性：姓名 name，出生日期 dateOfBirth，年级 year，地址 address 和电话 phone。他们也通过共享 calcAge，calcGpa，registerFor（course）等操作，表现出共同的行为。

操作（operation），如类 Student 的 calcGpa（参见图 13—1（a）），是类的所有实例都提供的一个服务或功能。通常情况下，其他对象只有通过这样的操作，才能够访问或操纵对象中存储的信息。因此，操作提供了类的一个对外接口，该接口展示了类的外在视图，而没有显示出其内部结构或其操作是如何实现的。这种将对象的内部实现细节从其外部视图中隐藏的技术，称为**封装**（encapsulation）或信息隐藏。因此，虽然在类接口中提供了类的所有实例共同的行为抽象，我们也在类中封装了它的结构和行为的秘密。

与 E-R 模型的联系定义相类似，**关联**（association）是对象类实例之间的命名联系。在图 13—2 中，我们用图 3—12 的例子，来说明如何用面向对象模型表示不同度的关联关系。关联的末端，即关联所链接的类，称为**关联角色**（association role）（Rumbaugh et at.，2004）。角色可通过靠近关联末端的标签显式命名（请参见图 13—2（a）中的 manager 角色）。

每个角色都具有**数量**（multiplicity），它表明参与一个给定联系的对象数量。在类图中，数量规格表达为一个用文本字符串表示的整数区间，具体格式如下：

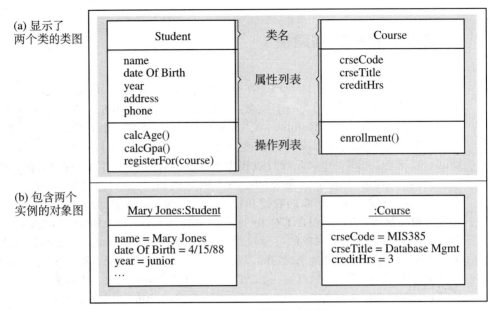

(a) 显示了两个类的类图

(b) 包含两个实例的对象图

图 13—1　UML 类图和对象图

```
lower-bound..upper-bound
```

除了整数值，数量的上限可以为星字符（＊），表示无限的上限。如果只指定了一个整数值，则意味着该范围只包括这个值。

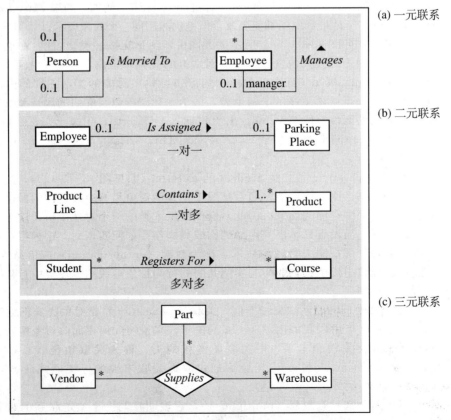

(a) 一元联系

(b) 二元联系

(c) 三元联系

图 13—2　关联关系示例

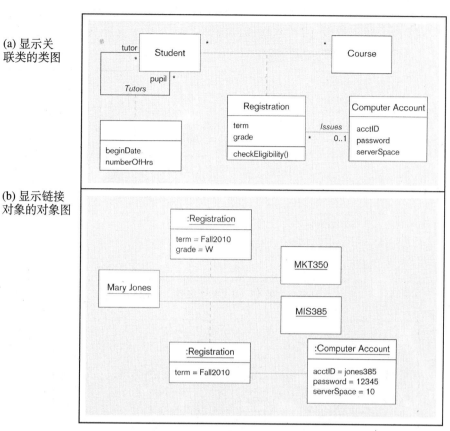

(a) 显示关联类的类图

(b) 显示链接对象的对象图

图 13—3 关联类和链接对象

当关联本身有自己的属性或操作，或它与其他类有联系时，则将关联关系建模为**关联类**（association class）（正如我们在第 3 章所采用的"关联实体"）是很有用的。例如，在图 13—3（a）中，属性学期 term 和等级 grade，以及操作 checkEligibility，都真正地属于学生 Student 和课程 Course 之间的多对多关联。

关联类的名称可以显示在关联路径上，或显示在类的符号上，或两者都用，可自行选择。当关联只有属性而没有任何操作，或不参与其他关联时，推荐的做法是在关联路径上显示关联名称，但是要省略关联类符号，以强调其"关联本质"（UML 表示法指南，2003）。图 13—3（a）中的关联"辅导教师（Tutors）"就是用这种方法展示的。另一方面，我们显示了关联"注册（Registration）"，它有两个属性和自身的一个操作，并且与计算机账号（Computer Account）类之间有一个称为"发布（issues）"的关联，我们把 Registration 关联放在了类的长方形框中，以强调它的"类本质"。

在第 3 章中我们介绍了概括（generalization）和特定化（specialization）。在对象数据建模中，被概括的类称为子类，而由这些类概括出来的类称为超类（父类），正好与 EER 图中的子类和超类完美对应。

考虑图 13—5（a）（图 3—5 是该图对应的 EER 图）中所示的例子。概括的路径由子类到父类的实线表示，这些实线指向父类并且末端带有空心三角形。你可以把给定父类的一组概括路径表达为一棵树，该树的多个分支连接多个独立的子类，而一个带有空心三角形的共享线段连接并指向父类。例如，在图 13—5（b）（对应于图 3—3）中，我们把从门诊病人（Outpatient）到病人（Patient），以及从住院病人（Resident Patient）到病人（Patient）的概括路径结合起来，形成一条带有三角形的指向父类病人（Patient）的共享线段。我们还可以指定这种概括是动态的，也就是说，一个对象可能会改变子类类型。

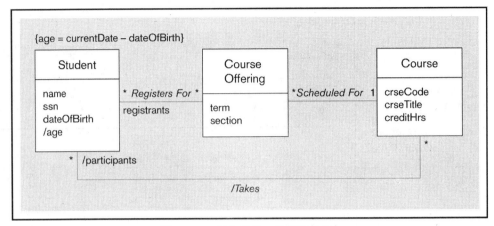

图 13—4　派生属性，关联和角色

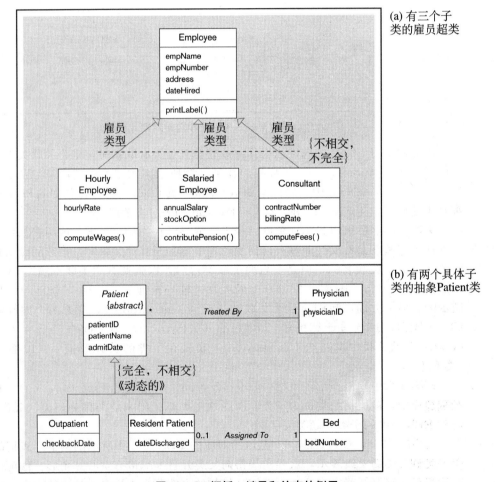

图 13—5　概括、继承和约束的例子

请注意，图 13—5（b）中病人（Patient）类是斜体，这意味着它是一个抽象类。

抽象类（abstract class）是一种没有直接实例的类，但其子类可能有直接的实例（Booch，1994；Rumbaugh et al.，1991）。（注：你还可以在类名下方或旁边的括号内写上"abstract"字样，当你手工生成一个类图时，这样做是非常有用的。）可以有直接实例的类（例如，门诊病人或住院病人），称为一个**具体类**（concrete class）。因此，在这个例子中，门诊病人 Outpatient 和住院病人 Resident Patient 可以有直接的实例，但病人 Patient 不能有自己的任何直接实例。

在图 13—5（a）和 13—5（b）中，"完全"（complete），"不完全"（incomplete）和"不相交"（disjoint）等词，被放在概括线段旁边的括号内。它们表示子类之间的语义约束。（在 EER 表示法中，"完全"对应全部特定化，"不完全"对应部分特定化。）可以使用下列任何 UML 约束关键字：重叠（overlapping）、不相交（disjoint）、完全（complete）和不完全（incomplete），它们分别对应于 EER 模型中的重叠（overlapping）、不相交（disjoint）、全部（total）和部分（partial）。

如图 13—6 所示，我们在一个学生计费模型中，表示了研究生和本科生两个类。calcTuition 操作计算学生应支付的学费，这笔款项取决于每学分学费（tuitionPerCred）、所选修的课程以及这些课程中每门课程的学分（creditHrs）。每学分的学费又取决于学生是研究生还是本科生。在这个例子中，这一数额对于所有研究生是 900 美元，而对于所有本科生是 750 美元。需要指出的是，我们在这两个子类的 tuitionPerCred 属性及其取值上加了下划线。这样的属性称为**类作用域属性**（class-scope attribute），因为它指定了整个类公共的值，而不是特定于某个具体实例的值（Rumbaugh et al.，1991）。

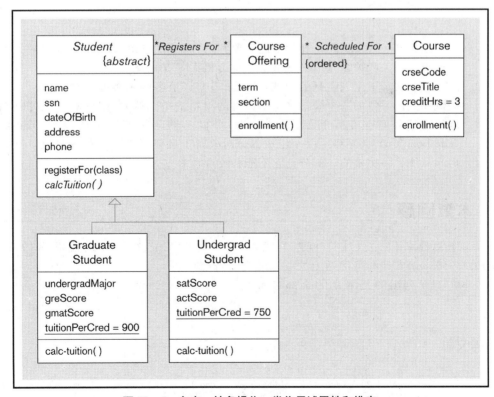

图 13—6　多态、抽象操作，类作用域属性和排序

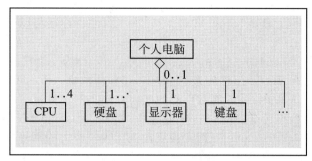

图 13—7　聚集的例子

重要的是要注意，虽然研究生类 Graduate Student 和本科生类 Undergraduate Student 共享相同的 calcTuition 操作，但这两个类实现该操作的方式可能很不相同。例如，研究生类实现该操作的方法中，可能对学生选修的每门课程都要添加一个特殊的研究生费。具有相同名称的操作，可能会根据类的上下文给出不同方式的响应，这种情况称为**多态**（polymorphism）——面向对象系统的一个关键概念。图 13—6 中的注册（enrollment）操作是说明多态的另一个例子。课程设置类（Course Offering）中的注册操作 enrollment，计算一个特定课程设置或一个班的注册人数；而课程类（Course）中名称相同的操作，则计算给定课程的所有班的总注册人数。

表示聚集

聚集（aggregation）表示组件对象和集合对象之间的部分（part-of）关系。它是一种更强的关联关系（语义增加了"部分的"），是由聚集端的空心菱形表示。例如，图 13—7 展示了个人电脑的组成，它是 CPU（最多四个多处理器）、硬盘、显示器、键盘和其他对象的一个聚集（一个典型的材料清单结构）。组件对象也可以不作为整体的一部分而存在（例如，可以有一个显示器，它不属于任何 PC）。而在**合成**（composition）关系中，一个组成部分对象属于且只属于一个整体对象，例如，一个房间只能是一栋楼的一部分，它不能独立存在。

本章回顾

对于关键术语、复习题、问题与联系、实地练习等，请参见本书网站上这一章的完整版本。下面列出的是本章的全部参考文献，以及有关分布式数据库的其他信息资源。

参考文献

Blaha, M., and Rumbaugh, J. 2005. *Object-Oriented Modeling and Design with UML*, 2nd ed. Upper Saddle River, NJ: Prentice Hall.

Booch, G. 1994. *Object-Oriented Analysis and Design with Applications*, 2nd ed. Redwood City, CA: Benjamin/Cummings.

Coad, P., and E. Yourdon. 1991. *Object-Oriented Design*. Upper Saddle River, NJ: Prentice Hall.

Fowler, M. 2003. *UML Distilled: A Brief Guide to the Standard Object Modeling Language*, 3rd ed. Reading, MA: Addison-Wesley-Longman.

George, J., D. Batra, J. Valacich, and J. Hoffer. 2007. *Object-Oriented Systems Analysis and Design*, 2nd ed. Upper Saddle River, NJ: Prentice Hall.

Hoffer, J., J. George, and J. Valacich. 2010. *Modern Systems Analysis and Design,* 6th ed. Upper Saddle River, NJ: Prentice Hall.

Jacobson, I., M. Christerson, P. Jonsson, and G. Overgaard. 1992. *Object-Oriented Software Engineering: A Use Case Driven Approach.* Reading, MA: Addison-Wesley.

Larman, C. 2004. *Applying UML and Patterns: An Introduction to Object-Oriented Analysis and Design and Iterative Development*, 3rd ed. Upper Saddle River, NJ: Prentice Hall.

Rumbaugh, J., M. Blaha, W. Premerlani, F. Eddy, and W. Lorensen. 1991. *Object-Oriented Modeling and Design.* Upper Saddle River, NJ: Prentice Hall.

Rumbaugh, J., I. Jacobson, and G. Booch. 2004. The Unified Modeling Language Reference Manual. Reading, MA: Addison-Wesley.

UML Notation Guide. 2003. Needham, MA: Object Management Group, available at **www.omg.org/cgi-bin/doc?formal/ 03-03-10.pdf** (accessed September 12, 2009).

UML Superstructure Specification. 2009. Needham, MA: Object Management Group, available at **www.omg.org/technology/ documents/formal/uml.htm** (accessed September 12, 2009).

延伸阅读

Arlow, J., and I. Neustadt. 2005. *UML 2 and the Unified Process: Practical Object-Oriented Analysis and Design*, 2nd ed. Reading, MA: Addison-Wesley.

Pilone, D., and N. Pitman. 2005. *UML 2.0 in a Nutshell.* Sebastopol, CA: O'Reilly.

网络资源

www. omg. org 对象管理组织 OMG 的网站。OMG 是关于面向对象分析和设计的领导性工业组织。

www. omg. org/technology/documents/ formal/uml. htm OMG 的官方 UML 网站。

第14章

概述：使用关系数据库提供对象持久化

注：本章的一个完整的版本在教材的网站上（www. pearsonhighered. com/ hoffer）。下面是一个简短的概述。

✏ 学习目标

➢ 简明定义以下关键术语：持久化（persistence），串行化（serialization），对象—关系映射（object-relational mapping，ORM），对象—关系的阻抗失配（object-relational impedance mismatch），对象标识（object identity），访问器方法（accessor method），调用级应用编程接口（call-level application programming interface），透明持久化（transparent persistence），关注点分离（separation of concerns），数据库连接池（pooling of database connections），实体类（entity class），提取策略（fetching strategy），N＋1 选择问题（N＋1 selects problem），声明映射模式（declarative mapping schema）以及值类型（value type）。

➢ 了解面向对象模型和关系模型之间基本的失配问题，以及在面向对象开发环境中使用关系数据库时，这种不匹配所带来的后果。

➢ 了解对象—关系阻抗失配问题各种解决方法之间的相似性和差异。

➢ 使用 Hibernate 创建面向对象核心结构与关系结构之间的映射。

➢ 确定对象—关系阻抗失配各种处理方法的使用背景，使得这些方法能够最有效地使用。

➢ 了解使用对象—关系映射方法对数据库性能、并发控制和安全可能造成的影响。

➢ 使用 HQL 构造各类查询。

引　言

面向对象开发方法的主要特点之一，是相同的核心概念可以应用在各个开发阶段。在需求规格分析阶段确定的概念级领域模型（正如你在第 13 章中学习的），将直接被转化为相互连接的软件对象模型。许多核心的面向对象的概念（用类与对象建模世界、行为和数据的集成、继承、封装和多态）都可以在不同的抽象层次无缝地应用。除了在数据管理领域，面向对象原理在其他各种系统开发活动中也得到广泛应用。长期以来，人们普遍认为，面向对象的数据库管理系统（object-oriented database management systems，OODBMS）将非常流行。这些系统旨在为面向对象应用中的对象，提供直接、透明的持久化功能，并且人们期望这些系统像面向对象语言和系统分析设计方法那样，能够被广泛使用。但由于各种原因，它们没有发展起来。

对于面向对象应用来说，将所有相关对象一直保存在内存是不实际的。因此，面向对象开发环境，需要一种存储机制来保存应用会话之间对象的状态（即提供对象的**持久化**（persistence））。在实际应用中，关系数据库管理系统由于在组织数据管理中的主导作用，已经被用来提供对象持久化。然而，面向对象和关系方法之间还是有显著的概念差异，这些差异往往统称为**对象—关系阻抗失配**（object-relational impedance mismatch），表 14—1 对此进行了总结。

表 14—1 　　　　　　　　　　　**对象—关系阻抗失配的因素**

- 数据类型的性质和粒度
- 结构化联系：
  - 继承结构
  - 关联的表示
- 定义对象/实体实例的标识
- 访问持久数据的方法
- 专注于数据（关系数据库）与专注于集成的数据和行为（面向对象方法）
- 结构风格
- 支持事务管理

因此，系统架构师和应用开发人员目前面临一个重大的挑战：在应用软件开发中，面向对象方法已经逐渐占据了主导地位，大部分新应用开发的软件项目，都是以某种方式基于面向对象方法论。最常用的应用开发框架，Java EE 和微软 .NET，都是面向对象的。同时，关系型数据库几乎总是被用来作为组织数据长期持久化的机制，这不可能在短期内改变。此外，我们别无选择，只能为实际的组织应用提供长期的对象持久化。组织建立信息系统的关键原因，是维护业务相关重要对象的长期信息。面向对象应用需要对象持久化，而在可预见的未来，在企业环境中能够提供可靠、可伸缩方式的唯一技术，将是关系数据库管理系统。因此，弥补这两种方法之间差距的解决方案，是现代计算基础设施的重要组成部分。

☐ 使用关系数据库提供对象持久化

关于使用关系数据库解决对象持久化问题，已经出现了许多不同的方法。大多数现代关系数据库管理系统提供了面向对象的扩展，一般用于处理非标准的、复杂的以及用户定义的数据类型。但是，本章中我们的关注点是，为真正的面向对象设计和实现模式提供持久化支持的机制，并且我们会介绍其中一些最常见的机制。

调用级的应用编程接口 从早期的 Java 开始，Java 数据库连接（Java Database Connectivity，JDBC）已经成为**调用级应用编程接口**（call-level application programming interface，API）的行业标准，Java 程序可以通过 API 访问关系数据库。如果你正使用微软的 . NET Framework 开发软件，那么 ADO. NET 也为访问关系数据库提供了相似类型的功能。开放式数据库连接（open database connectivity，ODBC）是另一种广泛使用的 API，它使不同类型的应用程序可以访问存储在关系数据库中的数据。所有这些机制都是基于同样的想法：将开发人员手工编写的 SQL 查询，作为字符串参数传递到驱动程序，并由驱动程序传递给 DBMS，DBMS 接下来会把由若干（无类型的）列组成的一组行作为结果返回。虽然这些机制之间是有差异的（例如，ADO. NET 提供了一个中间数据集结构），但它们在概念上非常相似。

SQL 查询映射框架 这一类工具，通过连接面向对象解决方案中的类与 SQL 查询（而不是数据库表）的结果和参数，为使用关系数据库实现对象持久化提供了更多支持和更高层次的抽象。这些工具不是完全的对象—关系映射工具，因为它们不基于表和类之间描述的映射生成所需的 SQL。然而，它们是"优雅的妥协"（用 Tate 和 Gehtland 的话来说，2005），即这些工具隐藏了纯粹的 JDBC 或 ADO. NET 解决方案的复杂性，但仍然能使开发人员能够充分访问 SQL。此类工具中最知名的是 iBATIS 和 iBATIS. NET。它们由两部分组成：iBATIS 的数据映射器/ SQL 映射，它用来创建 SQL 查询和 Java 对象之间桥梁的结构；iBATIS 数据访问对象，该部分软件形成了持久化解决方案细节与实际应用之间的一个抽象层。

对象—关系映射框架 综合性的**对象—关系映射**（object-relational mapping，ORM）框架，例如，Java 持久化 API（Java Persistence API，JPA）规范及其实现 Hibernate，OpenJPA 以及 EclipseLink，从面向对象应用中隐藏了关系数据访问方法，并提供了一个完全透明的持久层。这些框架，当与面向对象应用程序集成后，就把对持久化相关问题的管理转移到了面向对象应用的核心结构之外。它们提供了一个声明**映射架构**（declarative mapping schema），将需要持久化的领域类链接到关系表以及一些管理机制，这些机制采用对应用隐藏的方式管理数据库事务、安全性和性能。基于 ORM 框架实现持久化的类，不知道它们是持久的：这些类的持久化对象的创建、加载和删除，都是由 ORM 框架完成的。很多 ORM 框架还包括一种查询语言，通过优化对象从数据库加载到内存的时间以及使用缓存，来管理并提高性能，并允许应用分离可以被修改的对象，并在适当的时候重新进行持久化（Richardson，2006）。这类工具中有相当多的可用工具。其中最广泛使用的是 Hibernate（以及其在 . NET 中的对应版本 NHibernate），这是 JPA 几种实现中的一种。除了 Hibernate，Apache 的 OpenJPA 和 Eclipse 的 EclipseLink（连同 Oracle 比较旧的与此密切相关的 TopLink），都是被广泛使用的 JPA 实现。在过去的几年中，出现了多个 ORM 框架并行开发的情况。此时，JPA 已经作为整体框架规范出现，而 Hibernate 成为最流行的规范实现。在本章中，我们选择使用 Hibernate 作为我们表达例子的工具，因为它长期以来是最广泛使用的 ORM 框架，也因为它基于 XML 的映射规范为我们提供了内部映射结构更多的可视性。

专有方法 最后，还有很多将数据访问直接集成到面向对象环境和语言的专有方法，如微软的语言集成查询（Language Integrated Query，LINQ），它是 . NET 框架的组成部分。LINQ 的目标是将数据访问查询非常紧密地融入编程语言，不局限于访问关系数据库或 XML，而是提供任何类型数据存储的访问。LINQ 的第一个版本，名为 LINQ to SQL，是作为 . NET Framework 3.5 第一个版本的一部分发布的。该技术更先进但也更复杂的一个版本，被称为 LINQ to Entities，与 NET 3.5 SP1 一起发布。LINQ to Entities 与 LINQ to SQL 相比，显著接近于提供全部完整的 ORM 框架功能，并且它似乎构成了微软未来在这方面工作的基础。

选择正确的方法 对于提供使用关系数据库提供对象持久化的 4 种主要方法，在特定的项目中应该使用哪一个呢？为了帮助你了解这个决定的相关问题，表 14—2、14—3 和 14—4 总结了前 3 种方法的优点和缺点。我们在比较中没有包括专有方法，因为这类方法没有一个被广泛使用，但我们鼓励你追踪这一领域的发展。所有的方法都有长处和短处，并且在细节层次上，它们将随时间而改变。因此，任何具体产品的详细比较，已经超出了本书的范围。但是，重要的是，你知道什么是最重要的实现选项，并且不断评估这些选项是否适合自己的开发环境和项目。

表 14—2 调用级 API 方法的优点和缺点

优点	缺点
● 开销低 ● 对数据库连接细节的控制层次最高	● 增加数据库连接的代码 ● 需要编写很多详细的代码 ● 代码重用少 ● 开发人员需要详细了解 DBMS 功能和数据库模式 ● SQL 代码不能自动生成 ● 该方法不提供透明的持久化

表 14—3 SQL 查询映射框架的优点和缺点

优点	缺点
● 通过 SQL 直接访问 DBMS 提供的所有功能 ● 更容易映射到遗留数据库模式 ● 所需的代码量显著少于调用级 API ● 数据库访问代码与调用级 API 相比更容易管理	● 开销比调用级 API 多 ● 开发人员需要详细了解 DBMS 功能和数据库模式 ● SQL 代码不自动生成 ● 该方法不提供透明的持久化

表 14—4 对象—关系映射框架的优点和缺点

优点	缺点
● 提供最高层次的透明持久化 ● 开发人员并不需要详细了解 DBMS 或数据库模式 ● 持久化的实现代码与其余代码完全分离 ● 实现了真正的面向对象设计	● 开销高于调用级 API 和查询映射框架 ● 对于复杂的情况往往需要更细致的处理 ● 对于遗留数据库会有困难

□ 对象—关系映射示例

在本节中，我们将给出关系数据库模式和面向对象模型之间映射的简要描述。图 14—1 包含了一个 UML 类图，该图表示了我们感兴趣领域的面向对象设计模型。（注：在这个概述中图号不连续，因为此处只包含了从教材网站上的完整章节内容中选择的几个图。）图 14—2 给出了图 14—1 中设计模型的 Java 表示。请注意，每个类也需要一个没有参数的构造方法（所谓的无参数构造方法）以及属性获取和设置方法（getter 和 setter），Hibernate 需要这些方法以正常运行。图 14—3 包含了该应用数据库可能的关系模型。由于对象解决方案和关系解决方案都已经定义好了，我们现在可以对使用 Hibernate 实现二者连接的方案进行特点分析。

映射文件 Hibernate 的核心要素是 XML 映射文件，一般命名为〈类名〉

.hbm.xml，该文件定义了面向对象的类和关系表之间的联系。下面的例子似乎比较简单，但它揭示了有趣的映射问题。

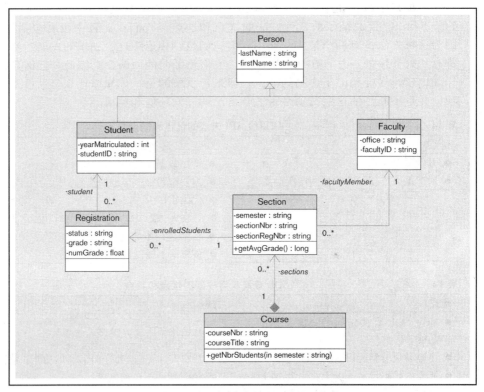

图 14—1　面向对象的设计模型

```
public abstract class Person {
        private Long id;

        private String lastName;
        private String firstName;

}

public class Student extends Person {
        private int yearMatriculated;
        private String studentID;
}

public class Faculty extends Person {

        private String office;
        private String facultyID;

}

public class Course {

        private Long id;

        private String courseNbr;
        private String courseTitle;
        private Set<Section> sections;

        public int getNbrStudents(String semester) {
        // the body of the method is intentionally missing
        }

}
```

```
public class Section {

        private Long id;

        private String sectionRegNbr;
        private String sectionNbr;
        private String semester;
        private Faculty facultyMember;
        private Set<Registration> enrolledStudents;

        public double getAvgGrade() {
        // the body of the method is intentionally missing
        }

}

public class Registration {

        private Long id;

        private Student student;
        private String status;
        private String grade;
        private float numGrade ;

}
```

图 14—2　图 14—1 设计模型的 Java 实现

```
PERSON (PersonID, LastName, FirstName)
FACULTY (FacultyPersonID, FacultyID, Office)
STUDENT (StudentPersonID, StudentID, YearMatriculated)
COURSE (CourseID, CourseNbr, CourseTitle)
SECTION (SectionID, SectionRegNbr, SectionNbr, Semester, CourseID, FacultyPersonID)
REGISTRATION (SectionID, StudentPersonID, Status, Grade, NumGrade)
```

图 14—3　图 14—1 设计模型的关系表示

在某些情况下，映射文件非常简单，例如对于课程（Course）：

```
〈class name = "registrations. Course" table= "Course _ T"〉
    〈id column = "courseID"〉
    〈generator class = "native"/〉
    〈/id〉
    〈property name = "courseNbr" column = "courseNbr"/〉
    〈property name = "courseTitle" column = "courseTitle"/〉
    〈set name = "sections" inverse = "true" table = "Section _ T"〉
    〈key column = "courseID"/〉
    〈one-to-many class = "registrations. Section"/〉
    〈/set〉
〈/class〉
```

请注意，映射是基于编程语言中的类（在本例中是 Java），而不是基于数据库结构。因此，最基本的元素是类，后面跟着它的属性名和表，它们指定了编程语言中的类名（Course）和相应的表名（Course _ T）。元素〈id〉指定了数据库表的主码，在本例中是一个非智能码，Course _ ID。元素〈generator〉就如何创建主码值向 DBMS 发出了指示。标签〈property〉指定了编程语言类的属性和数据库列名之间的关系。最后，我们需要指定一个课程有多个班（在 Java 属性 sections 中保存），并且那些班是永久地存储在表 Section _ T 中的。

以同样的方式，我们将指定班（Section）这个类的映射：

```
〈class name= "registrations. Section"〉
    〈id name= "id" column= "sectionID"〉
        〈generator class= "native"/〉
    〈/id〉
    〈property name= "sectionRegNbr" column= "sectionRegNbr"/〉
    〈property name= "sectionNbr" column= "sectionNbr"/〉
    〈property name= "semester" column= "semester"/〉
    〈many-to-one name= "course" class= "registrationsHCourse" column=
"courseID"/〉
    〈many-to-one name= "faculty" class= "registrations. Faculty" column= "faculty -
ID" not-null= "true"/〉
    〈set name= "enrolledStudents" table= "Registration _ T"〉
        〈key column= "sectionID"/〉
        〈composite-element class= "registrations. Registration"〉
            〈parent name= "Section"/〉
            〈many-to-one name= "student" column= "studentPersonID" class= "registra-
tions. Student" not-null= "true"/〉
```

```
        〈property name= "status" column= "status"/〉
        〈property name= "grade" column= "grade"/〉
        〈property name= "humGrade" column= "humGrade"/〉
      〈/composite-element〉
    〈/set〉
  〈/class〉
```

在这个映射中，我们使用〈many-to-one〉标签告诉 Hibernate，有一门课程并且每门课程都有一名教师，而每门课程可以有多个班，一名教师可以负责多个班。此外，我们将表 Registration_T 映射为类 Registration。它们都是表示学生和班之间的多对多联系。在 Hibernate 配置文件中，这种结构称为复合元素（composite-element）。

将 Java 表示映射到关系表所需的最后一个配置文件，描述抽象超类人（Person）与其两个子类——学生（Student）和教师（Faculty）的映射关系。该文件如下所示：

```
〈class name= "registrations. Person" table= "Person_T"〉
  〈id name= "id" column= "personID"〉
    〈generator class= "native"/〉
  〈/id〉
  〈property name= "firstName" column= "firstName"/〉
  〈property name= "lastName" column= "lastName"/〉
  〈joined-subclass name= "registrations. Student" table= "Student_T"〉
    〈key column= "studentPersonID"/〉
    〈property name= "studentID" column= "studentID"/〉
    〈property name= "yearMatriculated" colume= "yearMatriculated"/〉
  〈/joined-subclass〉
  〈joined-subcalss name= "registrations. Faculty" table= "Faculty_T"〉
    〈key column= "facultyPersonID"/〉
    〈property name= "facultyID" column= "facultyID"/〉
    〈property name= "office" column= "office"/〉
  〈/joined-subclass〉
〈/class〉
```

Hibernate 提供了多种方式来映射继承层次结构。在本例中，我们选择使用一种通常被称为"每个子类一个表"（table per subclass）的方法。这个名字有点误导，因为这种方法要为每个需要持久化的类和子类建立一个表。配置文件首先指定超类的映射方法，然后使用〈joined-subclass〉标签来映射子类。请注意，不必为学生或教师子类提供单独的配置文件，映射这些子类需要的全部定义都在这个文件中了。

关于这些映射文件更全面的解释，包含在本书网站上提供的这一章的完整版中了。

☐ 对象—关系映射框架的作用

本节详细总结了 ORM 框架的作用。

第一，ORM 框架提供了一个抽象层，将面向对象应用与具体的数据库实现细节分离。对象持久化状态的操作是使用编程语言的语句实现的，而不是使用单独的数据库语言。

第二，尽管人们应该在理解底层数据库和 DBMS 特点的基础上使用 ORM 框架，但框架有义务生成数据库访问的 SQL 代码，这意味着应用程序开发人员不必担心如何访问数据库。另外一个好处是，不需要为每个类单独编写数据库访问代码，框架集中、系统地定义了类结构和数据库模式之间的关系。

第三，ORM 框架包含了在面向对象应用的上下文中进行数据库性能管理的工具。典型的 ORM 框架能够使用连接池（例如，C3P0）服务，对昂贵的数据库连接进行高效管理。另一个与性能相关的问题是提取策略的规格说明，它也是 ORM 框架使用中的核心问题，它定义了在运行过程中框架何时以及如何把持久对象检索到运行时内存。必须解决的一个特殊问题是 **N＋1 选择问题**（N＋1 selects），这是指一个定义不清的**提取策略**（fetching strategy）可能会导致的一种情况，即对于一对多联系中的每个相关对象，都会有一个单独的 SELECT 语句。例如，Hibernate 缺省使用的所谓懒惰加载方法（lazy loading），即对象只在被需要的时候才从数据库中检索出来。另一种方法是积极加载（eager loading），即所有相关联的对象都与它们所链接的对象一起被检索出来。精心设计的提取策略，对于基于 ORM 应用实现高性能是至关重要的。

第四，ORM 框架提供了事务和事务完整性支持。这个话题已经在第 11 章中介绍了，所以，在这里我们不再对此进行详细讨论。ORM 框架的事务支持机制，可以与标准事务管理工具如 Java 事务 API（Java Transaction API，JTA）一起工作，很多应用程序服务器（例如，JBoss 和 WebSphere）都提供 JTA。企业级应用的开发，一般都需要事务支持，这在 ORM 范畴内尤为重要，因为在许多情况下，一个持久对象的改变会导致数据库中的连锁变化，而这些变化必须同时接受或拒绝。

ORM 框架提供了也是在第 11 章讲到的并发控制服务。Hibernate 缺省使用乐观并发控制，但是当需要更严格的隔离保证时，其行为是可以修改的。在 Hibernate 中，最高的隔离级别是完全串行化隔离，这保证事务是一个接一个地被执行，但这种隔离方式是有性能代价的。

第五，ORM 框架通常包含一个自定义的查询语言，如 Hibernate 中的 HQL，以及其他运行查询的机制，如 SQL 和 Hibernate 中的标准应用编程接口（Criteria application programming interface）。Hibernate 的查询语言 HQL，在很多方面类似于 SQL。基于在第 6 章和第 7 章学习的 SQL 知识，将很容易学习 HQL。

▋ **本章回顾**

对于关键术语、复习题、问题与联系、实地练习等，请参见本书网站上这一章的完整版本。下面列出的是本章的全部参考文献，以及有关分布式数据库的其他信息资源。

参考文献

Ambler, S. 2006. *Mapping Objects to Relational Databases: O/R Mapping in Detail*. Available at **www.agiledata.org/ essays/mappingObjects.html**. (accessed September 19, 2009).

Bauer, C., and G. King. 2006. *Java Persistence with Hibernate*. Greenwich, CT: Manning.

Neward, T. 2005. *Comparing LINQ and Its Contemporaries*. Available at **http://msdn2.microsoft.com/en-us/library/ aa479863.aspx** (accessed September 19, 2009).

Richardson, C. 2006. *POJOs in Action*. Greenwich, CT: Manning.

Tate, B., and J. Gehtland. 2005. *Spring: A Developer's Notebook*. Sebastopol, CA: O'Reilly.

延伸阅读

Elliott, J., T. O'Brien, and R. Fowler. 2008. *Harnessing Hibernate.* Sebastopol, CA: O'Reilly.

Keith, M., and M. Schincariol. 2006. *Pro EJB 3: Java Persistence API.* Berkeley, CA: Apress.

Minter, D., and J. Linwood. 2006. *Beginning Hibernate: From Novice to Professional.* Berkeley, CA: Apress.

Panda, D., R. Rahman, and D. Lane. 2007. *EJB 3 in Action.* Greenwich, CT: Manning.

网络资源

www. java-source. net/open-source/per-sistence 一组包含各种开源持久化框架的链接。

www. hibernate. org Hibernate 的网站。

http：//java. sun. com/javaee/overview/faq/persistence. jsp 描述了 Java EE 持久化标准的 Sun 官方网站。

附录 A　数据建模工具和表示法

第 2 章和第 3 章给出了几种常见的概念数据模型表示法。对于不同的数据模型描述工具，你使用相应表示法的能力会有所不同。正如业务规则和策略不具有普遍性，各种数据建模工具使用的符号和表示法也不具有普遍性。每种建模工具都使用不同的图形结构和方法，它们可能可以也可能无法表示特定业务规则的含义。

本附录的目的，是帮助你将书中建模工具的表示法，与你所使用的建模工具的表示法相比较。附录中包括 4 种常用的工具：CA ERwin 数据建模器 r7.3，Oracle Designer 10g，Sybase PowerDesigner15，以及微软的 Visio Pro 2003。表 A—1（a）和表 A—1（b）绘制了每种表示法表达实体、联系、属性、规则、约束等的符号样本。

图 2—22 的松树谷家具公司（PVFC）的数据建模图，是本附录例子的基础。该图显示了根据第 2 章叙述的 PVFC 业务规则而得到的数据模型，并且该图采用了与本教材使用的表示法非常相似的 Visio 符号系统。本附录包含的图 A—1 与该图相同。表 A—1 比较了本教材的表示法与四个软件工具所采用的表示法。

▉ E-R 建模惯例比较

从表 A—1 中可以看到，建模工具在创建数据模型所使用的表示法方面，存在着显著不同。这里没有打算对各种工具进行深入比较，下面的解释通过使用图 2—22 和 A—1 中描述的 PVFC 数据模型，对工具的差异进行了分析。要特别注意在描述多对多联系、基数和/或可选性、外码以及超类/子类关系上的差异。每个工具都提供了多种表示法。我们选择了每个工具的实体/联系符号集。请特别注意，如何绘制关联实体，如何包含外码联系。

☐ Visio 专业 2003 表示法

Visio 的专业版包含了一个数据库建模绘图工具，该工具支持概念模型或物理模型建模。Visio 提供了 3 个数据库建模模板。为新数据模型选择"数据库模型图"，将使你可以进一步选择关系或 IDEF1X 符号。这两种选择都支持现有物理数据库的逆向工程。其他两个模板是 Express-G 和 ORM，这些模板允许你使用这些方法相关的符号，只有 Visio 企业版才支持逆向工程。每个模板都支持定制，以表示主码（PK）、外键（FK）、辅助索引、非码字段、数据类型，等等。你还可以选择将主码字段显示在每个实体的顶部，或显示在其实际的物理位置上。本书使用的是关系模板。

表 A—1　　Hoffer，Ramesh和Topi表示法与4个软件工具表示法的比较

(a) 常见建模工具与符号

	Hoffer-Ramesh-Topi 表示法	Visio PRO 2003	CA ERWin Data Modeler r7.3	Sybase Power Designer 15	Oracle Designer 10g
基本实体	强实体　弱实体	EMPLOYEE	EMPLOYEE	EMPLOYEE	PRODUCT LINE
关联实体	关联实体				（没有特殊符号。使用普通的实体符号。）
子类	EMPLOYEE　HOURLY EMPLOYEE　SALARIED EMPLOYEE	SALARIED EMPLOYEE / HOURLY EMPLOYEE / EMPLOYEE	EMPLOYEE / SALARIED EMPLOYEE / HOURLY EMPLOYEE	EMPLOYEE	SUPERTYPE　SUBTYPE A　SUBTYPE B
递归联系	Manages　EMPLOYEE	Subordinate is supervised by	EMPLOYEE	Manager / is subordinate by	
属性	ENTITY NAME Identifier Partial identifier Optional [Derived] {Multivalued} Composite(..)	EMPLOYEE PK　Employee_ID Employee_Name Employee_Address Employee_Type	EMPLOYEE Employee_ID Employee_Name Employee_Address Employee_Name	EMPLOYEE	PRODUCT LINE #PRODUCT_LINE_ID *PRODUCT_LINE_NAME

续前表

(b) 常见建模工具的基数/可选符号

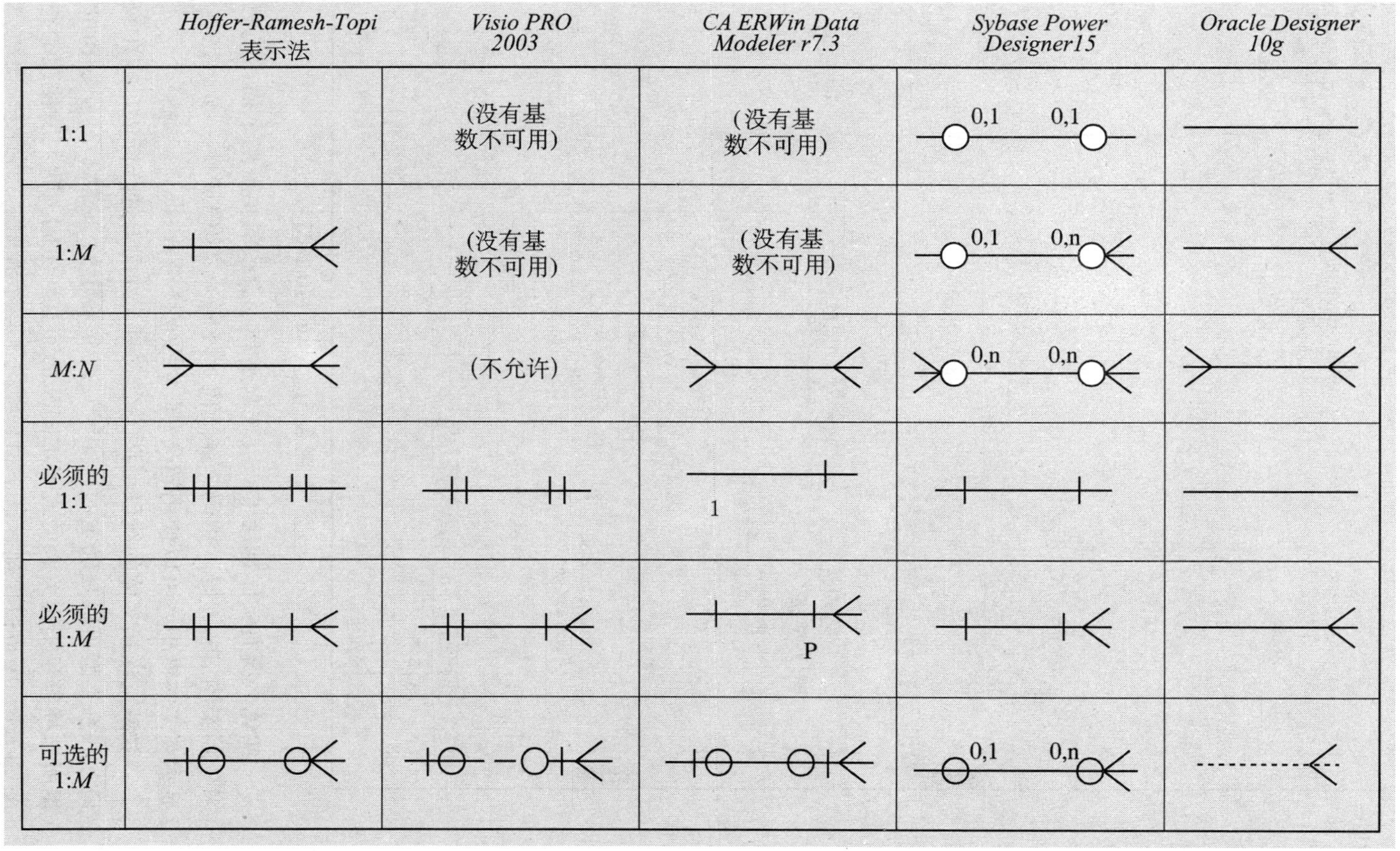

	Hoffer-Ramesh-Topi 表示法	Visio PRO 2003	CA ERWin Data Modeler r7.3	Sybase Power Designer15	Oracle Designer 10g
1:1		(没有基数不可用)	(没有基数不可用)	0,1 0,1	
1:M		(没有基数不可用)	(没有基数不可用)	0,1 0,n	
M:N		(不允许)		0,n 0,n	
必须的 1:1			1		
必须的 1:M			P		
可选的 1:M				0,1 0,n	

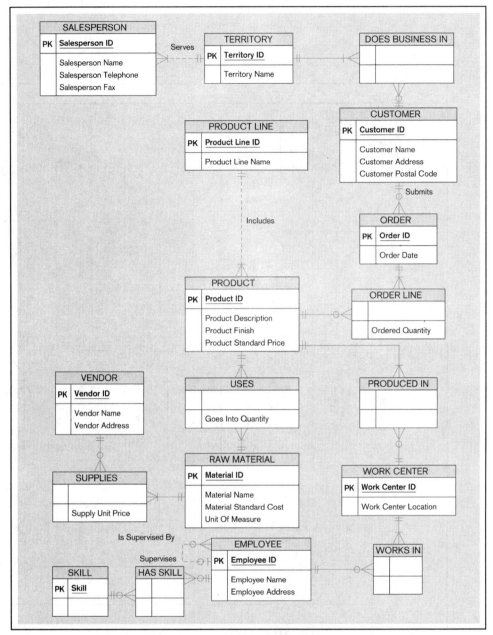

图 A—1 Visio Pro 2003 模型

　　实体　所有实体都用带有可选水平和垂直线的矩形框来描述，矩形框中的直线用来分隔实体信息。码（主码、候选码、外码）、非码属性、参照完整性等，可以选择显示在实体框中。可以使用超类/子类的连接符。

　　联系　连接实体的线段可在一个或两个方向上进行标记，或在两个方向上都不标记，联系类型可以是确定的（实线）或非确定的（虚线）。基数和可选性的符号，根据所选择符号集是关系的或 IDEF1X 的而有所不同。我们所使用的符号集样例，在表 A—1（b）中可以找到。这个工具提供了一个有用的"范围"选项，可以为基数设置最低和最高的值。当建立了确定或非确定的联系以后，码会自动移到实体的水平分隔线的上方或下方。递归的 Supervises 联系显示了这样的业务规则：一位主管可以不管理任何人或管理任意数目的雇员，并且只能显示每个雇员都有一个主管，而不能显示总裁没有主管。不能建立两个实体之间的多对多联系，而必须添加一个新的（关联）实体解决这个问题。工具提供了许多可用于绘制多对多联系的线连接符，但这些连接符对象不能建立功能关系。

☐ CA ERwin Data Modeler r7.3 表示法

对于物理或逻辑建模，人们可以从 IDEF1X，IE（information engineering，信息工程），或 DM（dimensional modeling，立体建模）等表示法中进行选择。这里展示的例子使用的是 IE。ERwin 提供了非常丰富的功能，可以向实体、属性和联系中添加多种类型的元数据。用户可以选择在多个层次上显示图，包括只显示实体和关系，显示带有码属性的实体，以及显示带有所有属性的实体。与许多其他工具一样，该工具可以建立和显示逻辑数据模型和物理数据模型。概念数据模型和逻辑数据模型之间的主要区别在于，工具要决定逻辑数据模型中的所有主码，这对于转换到物理数据模型是必要的。因此，许多工具如 ERwin，不支持纯粹的概念数据模型的开发。

实体　独立实体是用带有一条水平线的直角框表示。如果实体是一个确定联系中的子（弱）实体，它就显示为依赖实体，这种实体用圆角框表示。关联实体也是用这种方式表达。ERwin 根据实体所参与的联系决定实体类型。例如，当你最初将一个实体放置在模型中时，它显示作为一个独立实体。当你使用联系将它连接到另一实体时，ERwin 基于所选择的联系类型，决定该实体是独立实体还是依赖实体。

联系　ERwin 用连接两个实体的实线或虚线表示联系。根据选择的线的不同，线末端处的符号可能会改变。基数选项是灵活的，并且可以明确指定。联系线的源端可以连接到的实体数目可以是："0 个、1 个或多个"，由空白表示；"1 个或多个"，由 P 表示；"0 个或 1 个"，由 Z 表示；或某个 "精确" 的实例数。ERwin 可以表示多对多联系，用户也可以选择自动或手动解决这些问题。图 2—22（A—1）中没有任何多对多联系，因为它已经将所有可能的多对多联系用关联实体（例如，DOES BUSINESS IN）表示了。（Visio 中不支持 $M : N$ 联系。）在 Erwin 中可以手动创建关联实体以解决每个 $M : N$ 联系，其结果如图 A—2 所示。例如，考虑供应商和原材料之间多对多联系。用户选择联系线上的 "显示关联实体" 选项，然后工具会自动消除多对多联系，建立带有基数和可选性符号的新联系线，创建关联实体，并允许 SUPPLIES 联系的 "Supply Unit Price"（供应单位价格）属性在图中显示。SUPPLIES 不是自动赋予的关联实体名称，是我们重命名后的结果。ORDER LINE 也是 ERwin 显示的关联实体。在递归的非确定 Supervises 联系中，父实体与子实体被显示为同一个实体，显示了一个雇员（主管）可以监督许多其他雇员，但并不是所有雇员都是主管。这个符号也表示允许空值，表明一个主管可能没有雇员，而一个雇员（总裁）也可能没有主管。该图为雇员实体的 PK 属性引入了 Role Name（Supervisor ID），作为该属性在 Supervises 联系中以 FK 属性出现时的名称。当联系建立以后，码会自动迁移，并且外码会被标记为 "FK"。在一个确定联系中，外码会迁移到子实体内部水平线的上面，并成为子实体主码的一部分。在非确定联系中，外码会迁移到子实体内部水平线的下面，并成为子实体的非码属性。在 ERwin 中，虚线表示非确定联系。

图 A—2　CA ERwin Data Modeler r7.3 模型

图 A—3 中的图表是从 ERwin 的联机帮助中抓取的，展示了该工具提供的各种 ER 表示法中，表示基数范围的符号。

□ SYBASE PowerDesigner 15 表示法

PowerDesigner 的项目都包含在一个可定制的工作区中，该工作区还包括文件

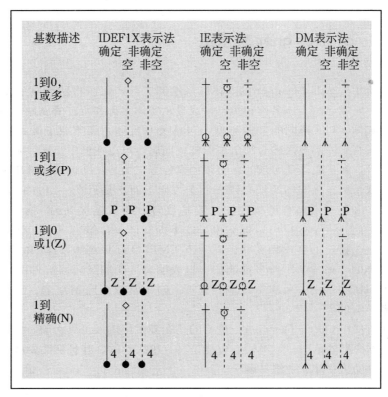

图 A—3 ERwin 基数/可选性符号

夹和模型的层次结构，模型文件、报告文件和外部文件的链接也存储在工作区中。当数据建模人员需要同时忙于多个项目，或是处理一个项目具有不同需求的多个部分时，可以按需定义多个工作区。每个工作区都在本地保存并可重复使用，但同一时间只能在一个工作区中工作。PowerDesigner 15 在数据建模工具之外，还包含了各种集成建模工具，包括 XML 建模、数据迁移建模，以及各种企业信息架构工具。

本附录的例子使用了支持信息工程表示法（IE）的概念数据模型图。所支持的其他概念建模表示法是 Barker 和 IDEF1/X。概念设计可以用来先产生逻辑模型，然后产生物理数据模型。此外，PowerDesigner 15 增加了数据仓库的设计能力，包括确定维度和事实表，以及生成立方体。

实体 在数据模型中显示哪些详细信息是由建模者选择的，可以包括主标识符、预定数目的属性、数据类型、可选性和/或域。双击该实体将可以访问实体的特性表单。表单中显示的特性包括名称、技术代码名称、注释字段（如果需要的话，可包含一个描述性的标签）、实体的子类、估计的实例数，并可能生成一个物理数据模型中的表。其他的实体特性包括属性、标识符和规则，这些特性都有自己的属性表单。

联系 PowerDesigner 使用实线表示实体之间的任何联系。与 Hoffer 符号类似，鸟足符号用来建立基数，圆圈和线建立可选性。联系属性包括名称、技术代码名称、注释、类型、相关的实体对（只支持二元和一元联系）等。可以表达多对多联系，而不需要将联系线拆开增加关联实体。然而，如果需要的话，可以建立并显示关联实体，还可以很容易建立递归（自反性）联系以及子类。

☐ Oracle Designer 表示法

使用 Oracle Designer 的实体联系绘图工具，可以将所绘制的图设置为只显示实体名称，或显示实体名称和主码，或显示实体名称和所有的属性标签。

实体 对于不同的实体类型，包括关联实体、超类或子类，没有特定的表示符号。所有实体都被描述为圆角矩形框，而属性可以在框中显示。唯一标识符之前加以 ♯ 符号，并且应该是必须的。必须的属性标记为 *，而可选属性用。标记。

联系 连接实体的线必须在两个方向上而不是只在一个方向标记，并且对线进行操作和排列是具有挑战性的。读基数时，要从连接到另一个实体的基数符号读起。因此，一个客户可以提交也可以不提交订单，但当一个订单被提交时，它就必须与一个特定的客户相关联。看一下 EMPLOYEE 实体，递归的管理联系是用连接到实体的"猪耳朵"符号描述的。这表明，一个雇员可以管理一个或多个雇员，而每个雇员必须由一名雇员或主管管理。对于基数到底是 0 个、1 个或多个，是有些模糊不清的。

要使用 Oracle Designer，重要的是在尝试使用该工具之前，要仔细全面地绘制你的数据模型的草图。编辑模型可能是具有挑战性的，并且从图中删除一个对象，系统不会自动从存储库中将其删除。

▌ 工具的界面和 E-R 图比较

使用表 A—1 中的每个软件建模工具绘制的图 2—22（图 A—1）的数据模型，都在这里给出了。这些图能够通过实际例子，使你更好地了解这些表示法。图 A—1 使用 Visio PRO 2003 及其关系模板绘制。图 A—2 使用 CA ERwin Data Modeler r7.3 和信息工程（IE）选项绘制，该图中包含了外码。图 A—4 使用 Sybase PowerDesigner 15 的概念数据模型模板绘制。图 A—5 是使用 Oracle Designer 10g 中的信息工程（IE）选项绘制的。请注意，在图 A—5 中，所有数据名称都大写，并且单词之间都使用下划线连接，这是与本书中其他 E-R 图不同的。我们这么做有两个原因：（1）这是许多 Oracle 从业人员习惯采用的做法；（2）Oracle 和许多其他 RDBMS 一样，一直使用大写字母显示 SQL 语句以及查询结果中的数据名称，因此以这种方式表示数据名称，会使很多人感觉容易阅读。

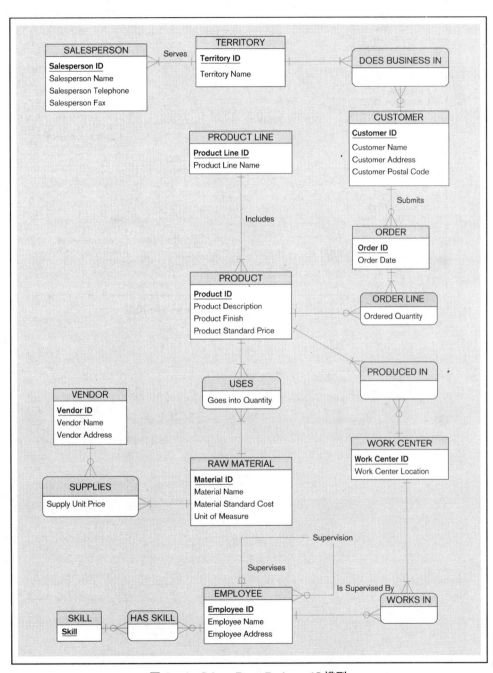

图 A—4   Sybase PowerDesigner 15 模型

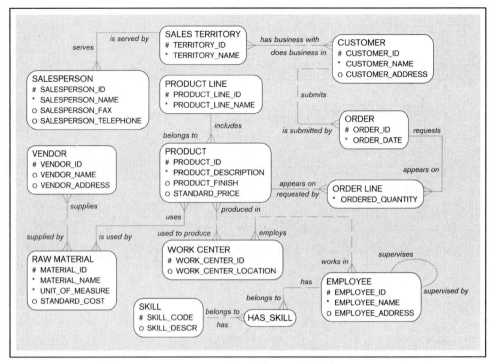

图 A—5　Oracle Designer 10g 模型

附录 B　高级范式

在第 4 章中，我们介绍了规范化问题，并详细描述了第一范式到第三范式。第三范式（3NF）关系对于实际数据库应用就已经足够了。然而，3NF 并不能保证去除所有的异常。正如在第 4 章指出的，人们设计了其他范式来消除这些异常：Boyce-Codd 范式、第四范式和第五范式（参见图 4—22）。在本附录中，我们描述 Boyce-Codd 范式和第四范式。

Boyce-Codd 范式

当一个关系有多个候选码时，即使关系是 3NF 也可能会导致异常。例如，考虑图 B—1 中的学生顾问 STUDENT ADVISOR 关系。该关系具有以下属性：SID（学生 ID），Major（专业），Advisor（顾问）和 MajGPA（专业 GPA）。该关系的示例数据如图 B—1a 所示，函数依赖如图 B—1b 所示。

从图 B—1b 可以看出，该关系的主码是由 SID 和 Major 组成的组合码。因此，属性 Advisor 和 MajGPA 函数依赖于此码。这反映出，虽然一个学生可能有一个以上的专业，但对于一个专业学生只能有一个顾问和一个 GPA。

在这个关系中还有第二个函数依赖：Major 函数依赖于 Advisor。也就是说，每个顾问只提供一个专业的咨询。请注意，这个依赖是不是传递依赖。在第 4 章中，我们把传递依赖定义为两个非码属性之间的函数依赖。与此相反，在这个例子中，一个码属性（Major）是函数依赖于非码属性（Advisor）。

☐ STUDENT ADVISOR 表中的异常

STUDENT ADVISOR 关系显然是 3NF，因为它没有部分函数依赖，也没有传递依赖。然而，由于 Major 和 Advisor 之间的函数依赖，使得这个关系中存在异常。请看下面的例子：

（1）假设在物理专业中，顾问霍金由爱因斯坦取代。这种变化，必须在表的两行（或更多行）上进行修改（更新异常）。

（2）假设巴贝奇在计算机科学专业中做顾问，我们要把表达该信息的行插入到表中。当然，这要求至少有一个攻读计算机科学专业学生指定巴贝奇为顾问，这个插入操作才能执行成功（插入异常）。

（3）最后，如果学生 ID 为 789 的学生退学，我们就失去了巴赫指导音乐专业的信息（删除异常）。

(a) 带有样本数据的关系

(b) STUDENT ADVISOR中的函数依赖关系

图 B—1　是 3NF 但不是在 BCNF 的关系

☐ Boyce-Codd 范式（BCNF）的定义

STUDENT ADVISOR 表的异常，是由于决定因素（Advisor）不是该关系的候选码导致的。R. F. Boyce 和 E. F. Codd 认识到了这个不足，并提出了更强的 3NF 定义对该问题进行弥补。我们说一个关系是 **Boyce-Codd 范式（BCNF）**（Boyce-Codd normal form，BCNF），当且仅当关系中的每一个决定因素都是候选码。STUDENT ADVISOR 不是 BCNF，因为属性 Advisor 虽然是决定性因素，但它不是候选码。（只有 Major 函数依赖于 Advisor。）

☐ 将关系转换到 BCNF

是 3NF（但不是 BCNF）的关系，可以通过一种包含两个步骤的简单过程，转换为 BCNF 的关系。这个过程如图 B—2 所示。

第一步，修改关系，使不是候选码的决定因素成为修改后关系主码的组成部分。函数依赖于该决定因素的属性，成为一个非码属性。这是基于原来的函数依赖对关系的合法重组。

对 STUDENT ADVISOR 应用此规则所得的结果，如图 B—2（a）所示。决定因素 Advisor 成为组合主码的一部分。函数依赖于 Advisor 的属性 Major，变成了非码属性。

如果仔细查看图 B—2（a），你会发现新关系有一个部分函数依赖。（Major 函数依赖于 Advisor，而 Advisor 只是主码的一部分。）因此，新关系是第一（但不是第二）范式。

转换过程的第二步是，分解关系以消除部分函数依赖，这正如我们在第 4 章所学到的。分解产生了两个关系，如图 B—2（b）所示。这些关系是 3NF。事实上，这些关系也是 BCNF，因为在每个关系中只有一个候选码（主码）。于是，我们看到如果一个关系只有一个候选码（即主码），则如果它是 3NF 则它也是 BCNF。

分解得到的两个关系（现在名称为 STUDENT 和 ADVISOR）及其样本数据，如图 B—2（c）所示。可以验证，这些关系已经没有 STUDENT ADVISOR 表所具有的异常了。还可以验证，将 STUDENT 和 ADVISOR 关系做连接，可以重新建立 STUDENT ADVISOR 关系。

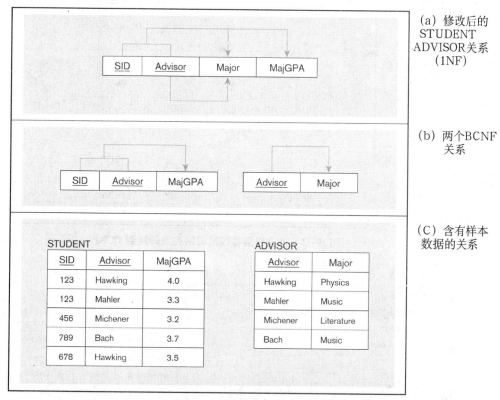

图 B—2　将关系转换到 BCNF

违反 BCNF 的另一种常见情况是，关系有两个（或更多）重叠的候选码。考虑图 B—3（a）中的关系。在这个例子中，有两个候选码：（SID，CourseID）和（SNAME，CourseID），其中 CourseID 在两个候选码中出现。这个关系的问题是，只有学生选修了课程，我们才能记录该学生的数据（SID 和 SNAME）。图 B—3（b）给出了两个可能的解决方案，每种方案都创建了两个 BCNF 关系。

第四范式

对于 BCNF 关系，不会再有任何由于函数依赖导致的异常。但是，仍可能存在由于多值依赖（在下一节定义）导致的异常。例如，考虑图 B—4（a）所示的用户视图。此用户视图显示了每门课程的任课教师及其所使用的教材。（这些在视图中分别以组的形式出现。）在这个视图中，有以下假设：

（1）每门课程有明确定义的一组教师（例如，Management 课有三个教师）。

（2）每门课程有明确定义的一组教材（例如，Finance 有两本教材）。

（3）一门课程使用的教材与该课程的教师无关（例如，Management 有两本教材，无论三个教师中的哪个教授这门课程，都是如此）。

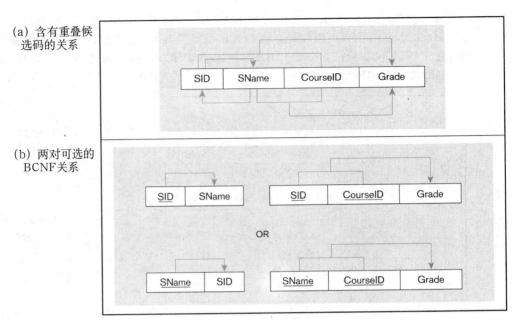

图 B—3　将含有重叠候选码的关系转换到 BCNF

(a) 课程、教师和教材的视图　　　　　　　　(b) BCNF关系

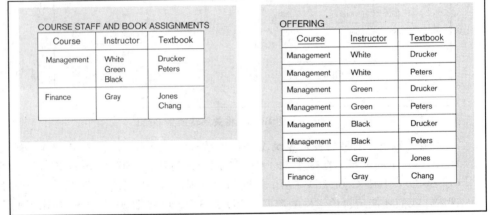

图 B—4　含有多值依赖的数据

　　在图 B—4（b）中，已经通过填写所有的空单元格将表视图转换成了一个关系。这个关系（名为 OFFERING）是 1NF。因此，对于每门课程，所有可能的教师和教材组合都出现在 OFFERING 表中。请注意，这个关系的主码由所有的三个属性（Course，Instructor，Textbook）组成。由于除了主码以外没有决定因素，该关系实际上是 BCNF。但它确实包含了许多容易导致更新异常的冗余数据。例如，假设我们要向 Management 课程中添加第三本教材（作者 Middleton）。这种变化将需要在图 B—4（b）的表中增加 3 个新行，即每个教师添加一行（否则，该教材将只适用于某些教师）。

多值依赖关系

　　在这个例子中出现的依赖被称为**多值依赖**（multivalued dependency），一个关系至少有三个属性（如 A，B 和 C），才可能存在这种依赖关系。对于 A 的每一个值，有一组确定的 B 值和 C 值，并且这组 B 的值独立于这组 C 的值，反之亦然。

要从关系中去除多值依赖，我们将该关系分为两个新的关系。每个表都包含两个属性，这两个属性在原来的关系中具有多值依赖的关系。图 B—5 显示了图 B—4b 中 OFFERING 关系的分解结果。请注意，名为 TEACHER 的关系中包含了 Course 和 Instructor 的属性，因为每门课程都有一组确定的教师。此外，出于同样的原因，TEXT 中包含了 Course 和 Textbook 的属性。然而，没有关系包含属性 Instructor 和 Course，因为这些属性是相互独立的。

第四范式（4NF）（fourth normal form，4NF）是指，已经是 BCNF 且不包含多值依赖的关系。可以很容易地验证，图 B—5 中的两个关系是 4NF，并且已经没有先前描述的异常。还可以验证，通过连接这两个关系能够重构原来的关系（OFFER-ING）。另外，请注意，图 B—5 中的数据比图 B—4（b）中的数据少。为了简单起见，假设 Course，Instructor 和 Textbook 长度都相等。因为在图 B—4（b）中有 24个单元格的数据，而图 B—5 中有 16 个单元格的数据，所以 4NF 表可以节省空间 33％。

更高级别的范式

至少目前已经定义了两个更高级别的范式：第五范式（5NF）和域—码范式 DKNF（domain-key normal form）。第五范式处理所谓的"无损连接"问题。据 Elmasri 和 Navathe（2006），5NF 没有现实意义，因为无损连接很少出现并且难以察觉。出于这个原因（也因为 5NF 的定义非常复杂），我们在本书中不描述 5NF。

域—码范式试图定义"终极范式"，该范式考虑所有可能的依赖和约束类型（Elmasri and Navathe，2006）。DKNF 的定义很简单，但它的实用价值也是最小的。出于这个原因，我们在本书中不描述 DKNF。

如果想要了解有关这两个高级别范式的更多信息，请参见 Elmasri 和 Navathe（2006），以及 Dutka 和 Hanson（1989）。

TEACHER

Course	Instructor
Management	White
Management	Green
Management	Black
Finance	Gray

TEXT

Course	Textbook
Management	Drucker
Management	Peters
Finance	Jones
Finance	Chang

图 B—5 4NF 关系

■ 附录回顾

主要术语

Boyce-Codd 范式（BCNF） Boyce-Codd normal form

第四范式（4NF） fourth normal form

多值依赖 multivalued dependency

参考文献

Dutka, A., and H. Hanson. 1989. *Fundamentals of Data Normalization*. Reading, MA: Addison-Wesley.

Elmasri, R., and S. Navathe. 2006. *Fundamentals of Database Systems*, 5th ed. Reading, MA: Addison-Wesley.

附录 C　数据结构

数据结构是任何数据库物理架构的基本模块。无论你使用的是什么文件组织或DBMS，都要利用数据结构来连接相关的数据块。虽然许多现代 DBMS 隐藏了底层的数据结构，但数据库设计者在调整物理数据库时，需要了解对数据结构可以有哪些选择。本附录涉及所有数据结构的基本要素，并且简要介绍了存储和定位数据物理元素的常见方案。

指　针

指针的概念是在第 5 章介绍的。正如在那一章中所描述的，指针一般用作另外一个数据块地址的引用。事实上，有三种类型的指针，如图 C—1 所示：

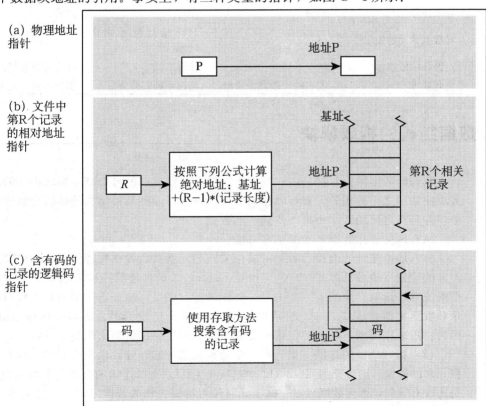

(a) 物理地址指针

(b) 文件中第R个记录的相对地址指针

(c) 含有码的记录的逻辑码指针

图 C—1　指针类型

（1）**物理地址指针**　这类指针包含了被引用数据实际的完全确定的磁盘地址（设备、柱面、磁道和块号）。使用物理指针是找到另一块数据的最快方式，但也是最严格的方式：如果被引用数据的地址变了，则所有指向该地址的指针也必须改变。物理指针通常在采用网络和层次数据库架构的遗留数据库应用中使用。

（2）**相对地址指针**　这类指针包含了数据相对于某一基点或起点的位置（或"偏移量"）。相对地址可以是字节位置、记录或行号。相对指针的优势是，当整个数据结构变化位置时，所有对该结构的相对引用都将保留。相对指针在各种各样的 DBMS 中使用，一种常见的用法出现在索引中，通过索引键匹配的索引项中，将包含键值所匹配记录的行标识符（相对指针类型）。

（3）**逻辑键指针**　这类指针包含了关于相关数据元素有语义的数据。逻辑指针必须通过表查找、索引搜索或数学计算转化成物理或相对指针，才能真正定位到所引用的数据。关系数据库中的外码通常是逻辑键指针。

表 C—1 总结了这三种类型指针的突出特点。数据库设计者可以根据数据库的不同应用背景，选择使用哪种类型的指针。例如，关系中的外码可以使用这三种指针中的任意一种实现。此外，当数据库损坏时，如果数据库管理员了解所使用的指针类型，那么就有可能重建数据库内容之间断开的链接。

表 C—1　　　　　　　　　　　　　**各类指针的比较**

特征	指针类型		
	物理	相对	逻辑
形式	二级存储器（磁盘）的实际地址	相对于参考点（文件的开头）的偏移量	有含义的业务数据
存取速度	最快	中等	最慢
对数据移动的敏感性	最大	只对相对位置变化敏感	最小
对毁坏的敏感性	情况不同	情况不同	往往可以轻松地重建
空间要求	固定的，通常比较短	情况不同，通常最短	情况不同，通常最长

数据结构的构成模块

所有的数据结构，都是由一些用于连接和定位数据的可选基本模块构建的。连接方法使数据之间的相关元素可以移动。定位方法可以使某种结构的数据先被放置或存储，并且在之后的操作中再次找到这些数据。

只有两种连接数据元素的基本方法：

（1）**地址连续的连接**　后继（或相关）的元素被放置在物理内存空间中紧随当前元素的位置（请参见图 C—2（a）和 C—2（c））。地址连续连接方法对于读取整个数据集或顺序读取存储的下一个记录，性能最佳。相反，地址连续结构对于检索任意记录和数据更新操作（添加、删除和修改），效率是比较低的。更新操作也是低效的，因为物理顺序必须不断维护，这通常需要在更新后立即重新组织整个数据集。

（2）**指针连续的连接**　指针与一个数据元素一起存储，以确定后继（或相关）数据元素的位置（请参见图 C—2（b）和 C—2（d））。指针连续的方法对于数据更新操作是比较有效的，因为数据可以存储于任何位置，只要相关数据之间的链接被很好保持。指针连续方法的另一个重要特点是，通过使用多个指针能够维持同一组数据之间许多不同的连接顺序。我们稍后将介绍各种常见形式的指针连接方法（线性数据结构）。

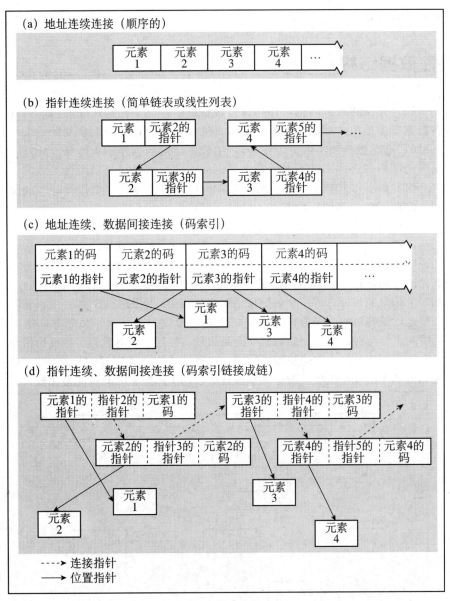

图 C—2　基本定位方法

此外，对于数据相对于连接机制的存储位置，有两种基本方法：

（1）**数据直接放置**　连接机制将一个数据项与其后继（或相关的）数据项直接相连接（请参见图 C—2（a）和 C—2（b））。直接放置的好处是，当遍历连接时可以立即找到数据。缺点是实际数据分布在整个磁盘存储的大部分区域，因为实际数据空间肯定是位于连接元素之间的。

（2）**数据间接放置**　连接机制链接了指向数据的指针，而不是实际的数据（请参见图 C—2（c）和 C—2（d））。间接放置的好处是，在数据结构中扫描具有指定特征的数据通常效率很高，因为扫描是在关键特征的稠密条目和相关数据指针上进行的。此外，连接和数据的放置是分开的，使得数据记录的物理组织可以采用最合适的方案（例如，某种指定排列顺序的物理顺序）。缺点是检索数据的指针和数据都需要额外的存取时间，并且指针需要额外的空间。

任何数据结构、文件组织或数据库架构，都使用这四种基本方法的组合来连接和放置数据元素。

线性数据结构

　　指针连续的数据结构，在高挥发性数据的存储中已经广泛使用，这样的数据在运营数据库中是很典型的。交易性数据（例如，客户订单或人事变动请求）和历史数据（例如，产品报价和学生班级注册），组成了运营数据库的大部分。此外，由于运营数据库的用户需要按多种不同的顺序（例如，客户订单需要采用订单日期、产品编号或客户编号的顺序）查看数据，因此在相同的数据上维持多个指针链，能使一组数据支持一定范围内的多种用户需求。

　　线性数据结构（保持数据排序的指针顺序结构）处理数据更新的能力，如图 C—3 所示。图 C—3 （a）显示了将新记录插入到线性（或链表）结构中，是多么容易。这个图说明了一个产品记录文件。为简单起见，每个产品记录只包含产品编号和指向下一个产品记录的指针。一个新的记录被存储在一个可用的位置（S），并且通过改变位置 R 和 S 上记录的指针，将这个新记录增加到链表中。在图 C—3 （b）中，删除记录的操作同样是比较容易的，因为只需要改变位置 R 上记录的指针。虽然存储指针需要有额外的空间，但与存储所有产品数据（产品编号、描述、现有数量、标准价格等）所需的数百个字节相比，这个空间是很小的。在这种结构中，按产品编号顺序很容易找到记录，但如果顺序记录在磁盘上的存储都很分散，则实际检索时间可能会比较长。

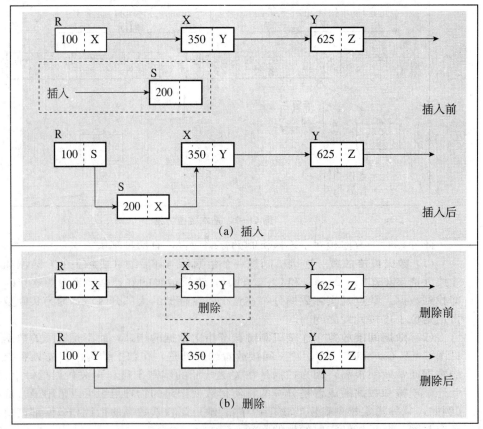

图 C—3　指针连续数据结构的维护

有了上述线性数据结构的简单介绍，现在可以考虑这种结构的四个特定版本：堆栈、队列、排序列表和多重列表。在本部分结束时，会介绍一些关于线性链表数据结构的注意事项。

🔲 堆栈

堆栈的特点是，所有记录的插入和删除都是在数据结构的同一端进行。堆栈展示了后进/先出（last-in/first-out，LIFO）的特性。堆栈的一个常见例子是餐厅中垂直叠放的盘子。在商业信息系统中，堆栈用来存放无优先级或无序的记录（例如，与同一个客户订单相关的行条目）。

🔲 队列

队列的特点是，所有的插入在一端进行，而所有的删除在另一端进行。队列展示了先进先出（first-in/first-out，FIFO）的特性。队列的一个常见例子是杂货店的结账通道。在商业信息系统中，队列用来保存按时间顺序插入的记录列表。例如，图C—4 显示了一个订单行记录的链接队列，这些记录以松树谷家具同一个产品的订单到达时间为顺序排列。

在这个例子中，Product（产品）记录作为数据结构的链头节点。OldestOrder-Line 字段的值，是指向订购 0100 产品的最早（第一个进入的）Order Line（订单行）记录的指针。OrderLine 记录中的 NextOrderLine 字段，包含了指向下一个记录的指针。含有 ∅ 值的指针称为一个空指针，标志着链表的末端。

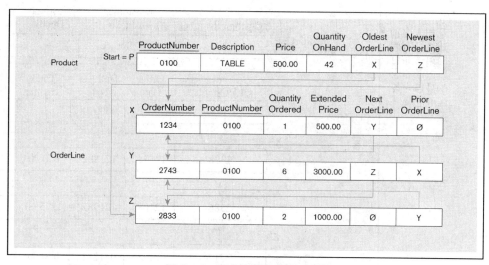

图 C—4 双向指针队列的示例

这个例子还介绍了双向链的概念，它具有向前和向后的指针。"下一个"和"前一个"指针的好处是，记录中的数据能够以向前或向后的顺序进行检索和呈现，并且这种链表的维护代码与单方向链表的维护代码相比，更容易实现。

☐ 排序列表

排序列表的特点是，插入和删除可以在列表中的任何位置进行，并且基于键字段的值来维护记录的逻辑顺序。一个常见的排序列表例子是电话簿。在商业信息系统中，排序列表经常出现。图 C—5（a）说明了一个单向、指针连续的 Order 记录排序列表，这些 Order 记录与一个 Customer 记录相关，并且按交货日期（DeliveryDate）排序。

(a) 新订单记录插入之前并且不带有假的第一条订单记录和假的最后一条订单记录

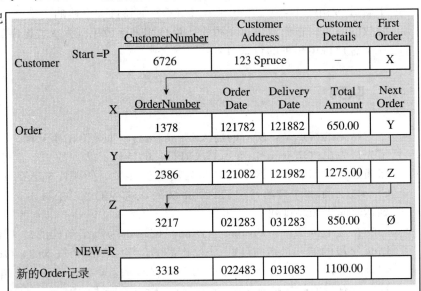

(b) 新订单记录插入之前并且带有假的第一条订单记录和假的最后一条订单记录

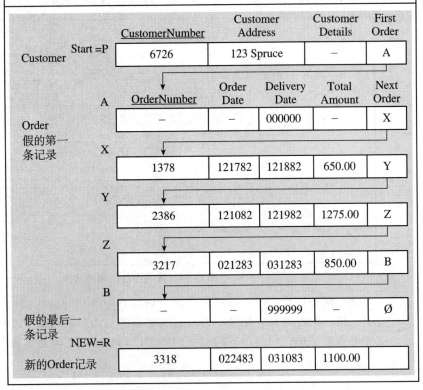

图 C—5　排序列表示例

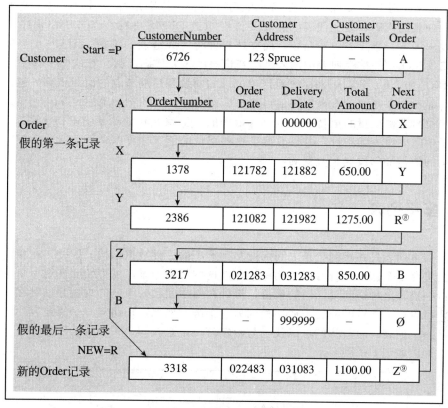

(c)新订单记录插入之后（指针旁边圆圈内的数字，指示了图C—6中改变指针值的维护程序中的步骤编号）

图 C—5 续图

维护排序列表比维护堆栈或队列更为复杂，因为插入或删除可能在链表的任何地方进行，而链表中可能没有或有多个记录。为了保证插入和删除总是发生在链表的内部，通常在链表中包含"假的"的第一个和最后一个记录（请参见图 C—5（b））。图 C—5（c）显示了在图 C—5（b）的排序列表中插入一个新订单记录后的结果。为了执行插入操作，是从指针 FirstOrder 的地址开始扫描该列表。当找到链表中的适当位置时，如果像本例一样允许有重复键值记录，则必须有规则决定重复键值记录存储在什么地方。通常这种重复键值记录将位于所有相同键值记录的第一个位置，这样会使扫描时间最少。

```
/* 建立位置变量的开始值 */
1  PRE←FirstOrder(START)
2  AFT←NextOrder(PRE)
/* 在链表上扫描，直到发现合适的位置 */
3  DO WHILE DeliveryDate(AFT)<DeliveryDate(NEW)
   4  PRE←AFT
   5  AFT←NextOrder(AFT)
6  ENDO
7  [如果DeliveryDate(AFT) = DeliveryDate(NEW)，则说明出现了一个Duplicate Error，
   程序终止。]
/* 融入新的链表元素 */
8  NextOrder(PRE)←NEW
9  NextOrder(NEW)←AFT
```

图 C—6 插入记录的程序代码概览

如果你使用的文件组织或 DBMS 支持链表，特别是排序列表，那么就不必再写维护列表的代码，这些代码已经在文件组织或 DBMS 中存在了。用户程序只需简单地发出插入、删除或更新命令，而支持软件将完成链表的维护。图 C—6 中包含了在图 C—5（b）的排序列表中插入一个新记录的主要代码步骤。在这些步骤中，位置变量 PRE 和 AFT 分别用来存放新订单记录的前续和后继节点的值。步骤 7 包含在括号中，显示如果需要检查重复键值，则相应操作会出现在什么位置。符号←的含义是，用该符号右侧变量的值替换其左侧变量的值。步骤 8 和步骤 9 明确指出图 C—5 所示例子中需要改变的指针，并且改变了这些指针的值。你可以动手运行这个程序，看看变量的值是如何设置和改变的。

多重列表

多重列表是在相同记录之间保持多种顺序的一种数据结构。因此，在相同的记录上会贯穿多个链，并且可以不用重复存储这些数据记录，就可按照任意一个链对数据进行扫描。这种访问灵活性的代价是额外存储空间和每个链的维护开销。在多重列表中，可以在一个链的遍历中途切换到另一个链。例如，在访问一个给定客户的订单记录（一个列表）时，我们可以找到与给定订单记录在同一天发货的所有订单。这样的多重列表如图 C—7 所示。

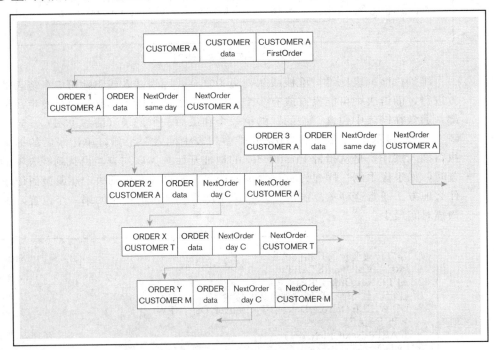

图 C—7　多重列表结构示例

多重列表提供了与多重索引相同的一些好处。（参见第 6 章讨论的主码和辅助码索引。）多重列表的主要缺点，以及它们没有在关系 DBMS 中使用的主要原因，是与访问索引相比扫描列表的开销比较高，而且多重列表对于多重码约束搜索缺乏快速响应方法（例如，查找西北地区并且订购纸品生产线产品的客户的所有订单）。出于此类原因，索引在现代数据库技术中逐步取代了线性数据结构。然而，传统应用仍然可能使用单列表和多重列表技术。

链表结构的危害

链表除了在快速响应多重码约束搜索方面的局限以外，还有以下危害和限制：

（1）长链的扫描可能会耗费大量时间，因为链中的记录物理上不一定彼此靠近存储。

（2）链表容易被打破。如果链表的日常维护例程在运行过程中发生了异常，则链表可能部分被更新，从而使链表变得不完整或不准确。可以采取一些安全措施应对这样的错误，但这些措施增加了存储或处理开销。

树

线性数据结构可能变得很长，导致扫描时间增加，这是任何线性结构所固有的问题。幸运的是，出现了采用分而治之策略的非线性结构。主流的非线性数据结构是树。树这种数据结构（请参见图 C—8）由一组节点构成，这些节点从树的顶端节点分支出来（因而树是倒置的）。树有一种层次结构。根节点是树的顶端节点，树中除了根节点以外的每个节点，都只有一个父节点，但可以有零个、一个或一个以上的子节点。节点是通过层次定义的：根节点是 0 层，该节点的子节点是第 1 层，以此类推。

叶节点是树中没有子节点的节点（例如，图 C—8 中的节点 J，F，C，G，K，L 和 I）。节点的子树，由该节点及其所有子孙节点组成。

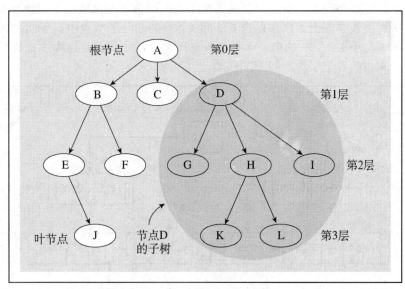

图 C—8 树数据结构示例

☐ 平衡树

在当今数据库管理系统中，树的最常见用途是作为组织码索引条目的一种方法。与使用线性数据结构一样，数据库程序员也不需要维护树结构，因为这项工作是由 DBMS 软件完成的。然而，数据库设计者可以有机会控制索引树的结构，以调整索引处理性能。

码索引中最常使用的树，是平衡树（balanced tree，B 树）。在 B 树中，所有的叶子节点到根的距离都是相同的。正是由于这个原因，B 树的效率是可预见的。B 树支持随机和顺序检索记录。最流行的 B 树形式是 B＋树。度为 m 的 B＋树，具有以下特殊的平衡树性质：

● 每个节点的子节点数目在 $m / 2$ 和 m 之间（其中 m 是一个大于或等于 3 的整数，且通常为奇数），但根节点除外，它不服从这个下界约束。

正是这个特性导致了节点的动态重组，稍后部分将对此进行说明。

虚拟顺序访问方法（Virtual sequential access method，VSAM），是许多操作系统都支持的数据访问方法，该方法基于 B＋树数据结构。VSAM 是索引顺序访问方法（indexed sequential access method，ISAM）更现代的版本。ISAM 和 VSAM 之间的区别主要有两个：（1）ISAM 索引条目的位置是受磁盘驱动器的物理边界限制的，而 VSAM 的索引条目可以跨越物理边界。（2）在 ISAM 中，当文件结构由于很多码的增加或删除操作而变得效率低下时，ISAM 文件有时需要进行重构；而在 VSAM 中，当索引片段出现效率问题时，索引是采用增量方式进行动态重组的。

B＋树的一个例子（度为 3）如图 C—9 所示，该图描述了松树谷家具公司的产品文件。在这个图中，每个竖直向下箭头指向的值，与该箭头左侧数字相等但是小于该箭头右侧数字。例如，在包含 625 和 1 000 的非叶子节点中，中间的箭头指向的是等于 625 但小于 1 000 的值。水平箭头是用来连接叶节点，这样在进行顺序处理时，就无须在树的各个层次之间上下移动。

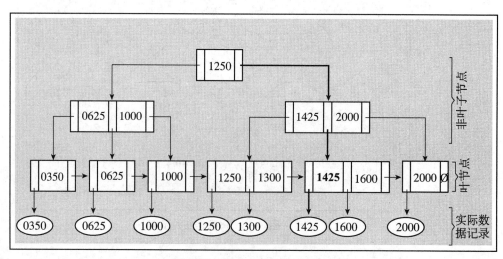

图 C—9 度为 3 的 B＋树示例

假设要检索产品编号为 1 425 的数据记录。请注意，根节点的值是 1 250。因为 1 425 大于 1 250，所以要顺着根节点右侧的箭头找到下一个层次的某个节点。在这个节点中会找到目标值（1 425），因此可以顺着中间的箭头向下找到包含 1 425 的叶节点。该节点包含指向产品编号为 1 425 数据记录的指针，这样就找到了这个记录。通过类似的路径追踪也可以找到产品编号为 1 000 的记录。由于数据记录存储在索引以外，所以在相同的数据上可以维护多个 B＋树索引。

B＋树也能很容易地支持记录的添加和删除。任何 B＋树结构的必要变更，都是动态的并且要保持 B＋树的特性。考虑向图 C—9 的 B＋树中加入码为 1 800 的记录。添加后的结果如图 C—10（a）所示。由于节点①仍然只有 3 个子节点（水平指针不能算作子节点指针），所以图 C—10（a）中的 B＋树仍然满足所有的 B＋树特性。现在考虑向图 C—10（a）的 B＋树中，加入另一条码为 1 700 的记录。这个插入操作的最初结果如图 C—10（b）所示。在这种情况下，节点①违反了度的限制，所以这个节点必须分裂成两个节点。节点 1 的分裂将导致在节点②上产生一个新的入口，这将使该节点有 4 个子节点，多了一个节点。因此，节点②也必须进行分裂，这将在节点③上添加一个新入口。最终结果如图 C—10（c）所示。

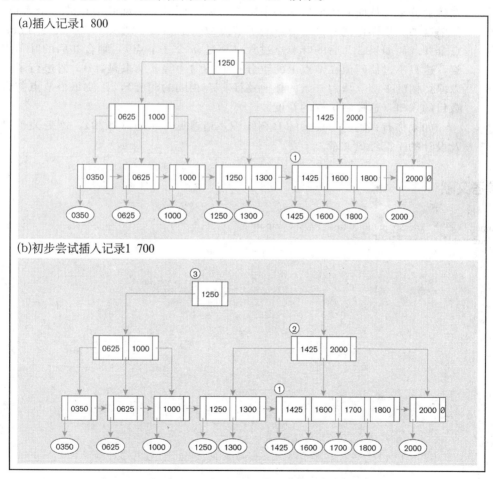

图 C—10 在 B＋树中插入记录

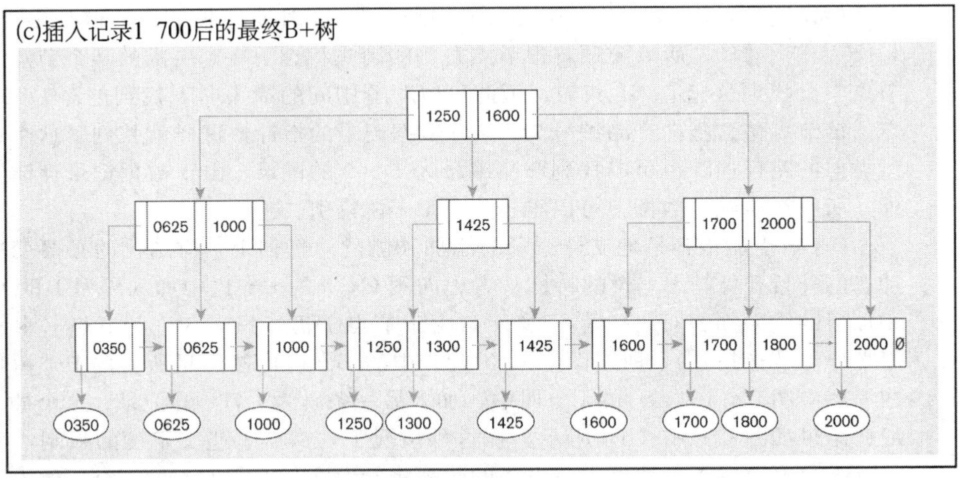

图 C—10　续图

当根变得太大（超过 m 个子节点）时，就会出现有趣的情况。在这种情况下，根就会分裂，从而使树增加了一个层次。删除记录会引起叶节点的一个入口被删除。如果这种删除操作使一个叶节点的子节点数少于 $m/2$，则该叶节点就要与相邻的叶节点合并。而如果合并后的叶节点过大（超过 m 个子节点），则合并后的叶节点就会分裂，这只不过使码值在节点上的重分布更均匀一些。结果是，B＋树进行了动态重组以保持树的平衡（从根开始的任何路径都有相同的深度），并使每个节点都含有有限数目的入口（这控制了树的宽度）。

如果你有兴趣学习更多的 B 树知识，请参见 Comer（1979），这是关于 B 树特性及设计的一篇经典文章。

参考文献

Comer, D. 1979. "The Ubiquitous B-tree." ACM Computing
　Surveys 11,2 (June): 121–37.

术语表

注：括号里的数字或字母是相应术语出现的章号（附录）。第 12 章到第 14 章的术语，可以在这些章的网站完整版中找到。

中止事务（aborted transaction）
在运行过程中异常终止的事务。（11）

抽象类（abstract class）
一种没有直接实例的类，但其子类可能有直接的实例。（13）

抽象操作（abstract operation）
在类的定义中，定义了形式或协议但没有定义实现的操作。（w13）

访问器方法（accessor method）
对象中，向其他对象提供对象自身状态的方法。（w14）

后映像（after image）
记录（或内存页）被修改后的副本。（11）

聚集（aggregation）
表示组件对象和集合对象之间的部分（part-of）关系。（w13）

聚合（aggregation）
将数据从详细层次转换为概要层次的过程。（10）

敏捷软件开发（agile software development）
一种数据库和软件开发方法，它强调"人和交互胜过程序和工具，运行的软件胜过全面的文档，客户合作胜过合同谈判，响应变化胜过遵循计划"。（1）

别名（alias）
属性可以使用的可选名称。（4）

异常（anomaly）
当用户试图更新一个包含冗余数据的表时，可能产生的错误或不一致性。有三种类型的异常：插入异常、删除异常和修改异常。（4）

应用分割（application partitioning）
将应用代码的各个部分分配到客户端或服务器上，目的是获得更好的性能和互操作性（能够使组件在不同平台上运行）。（8）

应用编程接口（application program interface，API）
一组程序，应用软件使用它们可以访问到其他程序的功能。（8）

关联（association）
对象类实例之间的命名联系。（13）

关联类（association class）
一种关联，它本身有自己的属性或操作，或它与其他类有联系。（13）

关联角色（association role）
关联的末端，即关联所链接的类。（13）

关联实体（associative entity）
它是一种实体类型，关联一个或多个实体类型的实例，并且包含特定于这些实体实例之间联系的属性。（2）

异步分布式数据库（asynchronous distributed database）
一种分布式数据库技术形态，其中，数据的副本在不同的节点上保存，这样本地服务器可以就近访问数据。（12）

属性（attribute）
组织感兴趣的实体类型的特性或特征。（2）

属性继承（attribute inheritance）
子类实体继承超类的所有属性和超类所有联系实例的特性。（3）

授权规则（authorization rules）
包含在数据库管理系统中的控制，它限制对数据的访问，也限制人们访问数据时可以执行的动作。（11）

备份工具（backup facility）
一种 DBMS 复制工具，它产生整个数据库或数据库部分数据的后援副本。（11）

后向恢复（回滚）（backward recovery [rollback]）

撤销不想要的数据库变更。已改变记录的前映像被应用于数据库。因此，数据库会返回到早前的状态。回滚（rollback）用来倒转（复原）已失败或终止事务之前所做的更新。（11）

基本表（base table）

关系数据模型中的一种包含原始数据的表。基本表对应于在数据库概念模式中定义的关系。（6）

前映像（before image）

记录（或内存页）被修改前的副本。（11）

行为（behavior）

对象动作和反应的方式。（13）

二元联系（binary relationship）

一种两个实体类型的实例之间的联系。（2）

Boyce-Codd 范式（boyce-Codd normal form，BCNF）

每一个决定因素都是候选码的关系范式。（B）

业务规则（business rule）

一种对业务的某些方面进行定义或限制的声明。业务规则的目的是声明业务结构或控制与影响业务的行为。（2）

调用级应用编程接口（call-level application programming interface）

一种能够使应用程序对外部服务如数据库管理系统进行访问的机制。（14）

候选码（candidate key）

关系中能够唯一标识记录的属性或属性组合。（4）

基数约束（cardinality constraint）

它是一个规则，指定了一个实体可以有多少个实例与另一个实体的每个实例相关联。（2）

目录（catalog）

一个模式的集合，当这些模式放在一起时，组成了一个数据库的描述。（6）

更改数据捕获（changed data capture，CDC）

一种能够指出在上次数据集成活动以后被更改数据的技术。（10）

检查点工具（checkpoint facility）

这种工具使 DBMS 定期拒绝接受任何新事务，这期间系统处于静止状态，数据库与事务日志实现同步。（11）

类（class）

一个实体类型，在组织希望保持状态、行为和标识的应用领域中，具有明确的角色定义。（13）

类图（class diagram）

展示面向对象模型静态结构的一种图，展示的内容包括：对象的类、它们的内部结构及其所参与的关系。（13）

类作用域属性（class-scope attribute）

类中的一种属性，它指定了整个类的公共值，而不是特定于某个具体实例的值。（13）

类作用域操作（class-scope operation）

类中的一种操作，它适用于一个类而不是一个对象实例。（w13）

客户/服务器系统（client/server system）

一种网络计算模型，它将提供服务的程序分布在客户端和服务器端。在一个数据库系统中，数据库一般位于运行 DBMS 的服务器上。客户端可以运行应用系统或从驻留应用程序的服务器请求服务。（8）

提交协议（commit protocol）

一种保证事务成功完成或终止的算法。（12）

完备性约束（completeness constraint）

一种类型的约束，它解决的问题是，超类的实例是否也一定是至少一个子类的成员。（3）

复合属性（composite attribute）

包含有意义的组成部分（属性）的属性。（2）

复合标识符（composite identifier）

由复合属性组成的标识符。（2）

组合码（composite key）

由一个以上的属性组成的主码。（4）

合成（composition）

关于对象的一种部分与整体的从属关系，其中，作为组成部分的对象属于且只属于一个整体对象，并且随整体对象一起存在和消亡。（13）

计算机辅助软件工程工具（computer-aided software engineering [CASE] tools）

为系统开发过程的某些部分工作提供自动支持的软件工具。（1）

概念模式（conceptual schema）

组织中数据整体结构的详细的、独立于实现技术的规格说明。（1）

具体类（concrete class）

可以有直接实例的类。（13）

并发控制（concurrency control）

对数据库上同时进行的操作进行管理的过程，管理的目的是保持数据完整性，并且保证多用户环境下这些操作之间不会互相干扰。（11）

并发透明性（concurrency transparency）

分布式数据库的一个设计目标。内容是：虽然分布式系统运行很多事务，但看起来好像给定事务

是系统中唯一运行的事务。因此，当多个事务并行执行时，返回结果必须与这些事务串行执行的结果相同。(12)

一致性维度（conformed dimension）
　　与两个或多个事实表相关的一个或多个维度表，这些维度表对于每个事实表都具有相同的业务含义和主码。(9)

约束条件（constraint）
　　数据库用户不能违反的规则。(1)

构造操作（constructor operation）
　　创建一个类的新实例的操作。(w13)

相关子查询（correlated subquery）
　　SQL 中的一种子查询，在处理内层查询时要用到外部查询的数据。(7)

数据（data）
　　在用户环境中具有含义与重要性的对象和事件的一种存储表示。(1)

数据管理（data administration）
　　一种高级功能，它全面负责组织中数据资源的管理，包括维护公司范围内的数据定义和标准。(11)

数据归档（data archiving）
　　将不活跃的数据转移到另一个存储位置的过程，在这些位置上，数据可以在需要时被访问到。(11)

数据控制语言（data control language，DCL）
　　用来控制数据库的命令，具体包括权限管理和数据提交（保存）的命令。(6)

数据定义语言（data definition language，DDL）
　　用来定义数据库的命令，具体包括创建、修改和删除表以及建立约束的命令。(6)

数据字典（data dictionary）
　　数据库相关信息的仓库，它包含了数据库中数据元素的注释说明。(11)

数据联邦（data federation）
　　一种数据集成技术，它为集成的数据提供一个虚拟视图，而不需要实际创建一个集中式数据库。(10)

数据治理（data governance）
　　监视组织数据工作的高层次工作组和程序，指导组织内数据质量、数据架构、数据集成和主数据管理、数据仓库和商业智能，以及其他数据相关的事情。(10)

数据独立性（data independence）
　　数据描述与使用数据的应用程序之间的一种分离状态。(1)

数据操作语言（data manipulation language，DML）
　　用来维护和查询数据库的命令，具体包括更新、插入和查询数据的命令。(6)

数据集市（data mart）
　　一种范围有限的数据仓库，它的数据是从数据仓库的数据中选取或摘要而来，或从源数据系统中单独抽取、转换或加载而来。(9)

数据挖掘（data mining）
　　综合使用传统统计学、人工智能和计算机图形学等先进技术的知识发现。(9)

数据模型（data model）
　　用于捕获数据的本质以及数据之间联系的图形化系统。(1)

数据清洗（data scrubbing 或 data cleansing）
　　在将数据转换并传送到数据仓库之前，使用模式识别和其他一些技术来提升原始数据质量的过程。(10)

数据管家（data steward）
　　企业的工作人员，其职责是保证组织的应用正确支持组织的数据质量目标。(10)

数据转换（data transformation）
　　数据调和的组成部分，该过程中把数据从源运营系统的格式转换为企业数据仓库的格式。(10)

数据类型（data type）
　　系统软件（如数据库管理系统）为表示组织数据而确定的一种详细编码方案。(5)

数据可视化（data visualization）
　　用图和多媒体方式展示数据，以支持人们对数据的分析。(9)

数据仓库（data warehouse）
　　面向主题、集成、反映历史变化和不可更新的数据集合，被用于支持决策过程管理。(9) 一种决策支持数据库，它的内容是来自各种运营数据库。(1)

数据库（database）
　　逻辑上相关数据的一个有组织的集合。(1)

数据库管理（database administration）
　　一种数据管理技术，它负责数据库的逻辑及物理设计，并处理诸如安全性实施、数据库性能、备份与恢复以及数据库可用性等技术问题。(11)

数据库应用（database application）
　　代表数据库用户执行一系列数据库活动（创建、读取、更新以及删除）的一个应用程序或一组相关程序。(1)

数据库变更日志（database change log）

　　包含事务已修改记录的前映像和后映像的日志。（11）

数据库崩溃（database destruction）

　　数据库本身丢失、被破坏或不能被读取。（11）

数据库管理系统（database management system, DBMS）

　　一种软件系统，用来创建、维护并提供用户对数据库的可控访问。（1）

数据恢复（database recovery）

　　在数据丢失或数据库损坏后，快速准确地恢复数据库的相应机制。（11）

数据库安全（database security）

　　保护数据库中的数据，防止意外或有意的损失、破坏或滥用。（11）

数据库服务器（database server）

　　在客户/服务器环境中，负责数据库存储、访问和处理的计算机。有些人也用这个术语描述两层客户/服务器应用。（8）

死锁（deadlock）

　　两个或多个事务锁定同一个资源，且每个事务都在等待另一个事务解除对此资源的封锁，此时所产生的僵局即为死锁。（11）

死锁预防（deadlock prevention）

　　解决死锁问题的一种方法，该方法中，用户程序必须在事务开始时封锁它们需要的所有记录，而不是一次封锁一条记录。（11）

死锁解除（deadlock resolution）

　　处理死锁问题的一种方法，它允许死锁发生，但在 DBMS 中构建一些机制来检测和解除死锁。（11）

分散式数据库（decentralized database）

　　一种存储在多个位置的计算机上的数据库。这些计算机没有通过网络连接起来，并且数据库软件使这些数据似乎是在一个逻辑数据库中。（w12）

声明映射架构（declarative mapping schema）

　　一种结构，它定义了面向对象模型中的领域类与关系模型中关系之间的联系。（14）

度（degree）

　　参与一个联系的实体类型的数量。（2）

去规范化（denormalization）

　　把规范化的关系转化成非规范化的物理记录规格的过程。（5）

依赖型数据集市（dependent data mart）

　　一种数据集市，它的数据全部来自企业数据仓

库及其中的调和数据。（9）

派生属性（derived attribute）

　　值可以从相关属性值计算得到的属性。（2）

派生数据（derived data）

　　为终端用户决策支持应用挑选的、格式化的、汇总后的数据。（9）

决定因素（determinant）

　　在函数依赖中，箭头左边的属性。（4）

不相交规则（disjoint rule）

　　一个规则，它规定超类的一个实例，不能同时是两个或多个子类的成员。（3）

不相交约束（disjointness constraint）

　　一种约束，它涉及超类的一个实例能否同时是两个（或更多）子类的成员。（3）

分布式数据库（distributed database）

　　单一的逻辑数据库，物理上分布在通过数据通信链路连接的多个地点的计算机上。（12）

动态 SQL（dynamic SQL）

　　当一个应用程序被处理时，动态产生的特定 SQL 代码。（7）

动态视图（dynamic view）

　　在用户请求时动态创建的虚表。动态视图不是临时表。它的定义存储于系统目录中，它的内容是由 SQL 查询的结果物化的。它与物化视图不同，后者可以存储在磁盘中，并且可以定期或在使用后更新（更新方式取决于具体的 RDBMS）。（6）

嵌入式 SQL（embedded SQL）

　　硬编码的 SQL 语句，这些语句包含在用其他语言如 C 或 Java 编写的程序中。（7）

封装（encapsulation）

　　将对象的内部实现细节从其外部视图中隐藏的技术。（13）

加密（encryption）

　　对数据编码或将其转换为不规则形式，以便人们不能读懂它们。（11）

增强型实体—联系模型（enhanced entity-relationship (EER) model）

　　用一些新结构扩展最初 E-R 模型后得到的模型。（3）

企业数据建模（enterprise data modeling）

　　数据库开发的第一个步骤，在这个步骤指定组织数据库的范围和基本内容。（1）

企业数据仓库（enterprise data warehouse, EDW）

　　一个集中式的、集成的数据仓库，它是终端用

户在决策支持应用中所使用数据的单一来源和控制点。(9)

企业码（enterprise key）

一种主码，它的值在所有的关系中都是唯一的。(4)

企业资源规划（enterprise resource planning，ERP）

是一种业务管理系统，该系统集成了企业的所有功能，如制造、销售、财务、市场、库存、会计以及人力资源。ERP 系统是为企业检查和管理其业务活动提供支持的软件应用。(1)

实体（entity）

描述用户环境中有关组织数据的一种信息，如一个人、一个地点、一个对象、一个事件或一个概念。(1，3)

实体类（entity class）

表示一个现实世界实体的类。(w14)

实体聚类（entity cluster）

一个或多个实体类型和相关联系的集合，聚合成单个抽象实体类型。(3)

实体实例（entity instance）

实体类型的一个具体实例。(2)

实体完整性规则（entity integrity rule）

一种规则，它规定主码属性（或组成主码的属性）不能为空值。(4)

实体类型（entity type）

有着共同属性或特征的实体的集合。(2)

实体—联系图（E-R 图或 ERD）（entity-relationship diagram，E-R diagram，or ERD）

实体—联系模型的图形化表示。(2)

实体—联系模型（E-R 模型）（entity-relationship model，E-R model）

对一个组织或业务领域数据的逻辑表示，用实体表示数据的各种类型，用联系表示实体之间的关联关系。(2)

等值连接（equi-join）

以公共列值相等为连接条件的连接运算。公共列在结果表中（冗余地）出现。(7)

排它锁（X 锁或写锁）（exclusive lock，X lock，or write lock）

阻止另一个事务读取记录，因而也阻止其更新记录，直到该记录被解除锁定。(11)

可扩展标记语言（extensible Markup Language，XML）

一种基于文本的脚本语言，使用类似于 HTML 的标签，用于层次式地描述数据的结构。(8)

可扩展样式表单转换语言（extensible Stylesheet Language Transformation，XSLT）

一种用来变换复杂 XML 文档的语言，也可用来从 XML 文档创建 HTML 页面。(8)

区（extent）

磁盘存储空间中的一个连续部分。(5)

事实（fact）

是两个或更多术语之间的关联。(2)

故障透明性（failure transparency）

分布式数据库的一个设计目标，它要求保证每个事务的所有操作要么都提交，要么都不提交。(12)

胖客户端（fat client）

一台客户端计算机，它处理表示逻辑、大量应用和商业规则逻辑，以及很多 DBMS 功能。(8)

提取策略（fetching strategy）

一种模型，它规定了在运行过程中 ORM 框架何时以及如何把持久对象检索到运行时内存。(14)

字段（field）

系统软件能够识别的最小的应用数据单位。(5)

文件组织（file organization）

在二级存储设备上安排文件记录的技术。(5)

第一范式（first normal form，1NF）

关系有一个主码，并且关系中没有重复组，这样的关系是第一范式。(4)

外码（foreign key）

一个关系中的属性（或属性组），该属性是同一个数据库中另一个关系的主码。(4)

前向恢复（前滚）（forward recovery，rollforward）

启用数据库一个较早副本的技术。对数据库应用后映像（正常事务的结果），使数据库迅速移动到某个较新的状态。(11)

第四范式（fourth normal form，4NF）

已经是 BCNF 且不包含多值依赖的关系。(B)

函数（function）

返回一个值且只有输入参数的存储子程序。(7)

函数依赖（functional dependency）

两个属性或两组属性之间的一种约束。在约束中，一个属性的值由另一个属性的值决定。(4)

概括（generalization）

从一组具体的实体类型定义更一般化实体类型的过程。(3)

全局事务（global transaction）

分布式数据库中的一种事务，它需要使用到一个或多个非本地站点上的数据来处理请求。(w12)

粒度（grain）

事实表中数据的详细程度，由事实表主码的所有元素（包括所有外码和任何其他主码元素）的交集确定。(9)

哈希索引表（hash index table）

一种文件组织，它使用哈希函数将键映射到索引中的位置，该位置上有一个指针指向匹配该哈希键的实际数据记录。(5)

哈希文件组织（hashed file organization）

一种存储系统，其中每条记录的地址都是通过哈希算法确定。(5)

哈希算法（hashing algorithm）

一种将键值转换成记录地址的例程。(5)

心跳查询（heartbeat query）

由 DBA 发出的一种查询，目的是测试数据库的当前性能，或预测具有承诺响应时间查询的响应时间。也称为探测查询。(11)

异义词（homonym）

一个属性名称可能有一个以上的含义。(4)

水平分割（horizontal partitioning）

把一个逻辑关系中的记录，分布到多个分离的表中。(5)

标识符（identifier）

一个属性（或属性组合），其值能够区分实体类型的单个实例。(2)

标识所有者（identifying owner）

弱实体类型所依赖的实体类型。(2)

标识联系（identifying relationship）

弱实体类型和它的所有者之间的关系。(2)

不一致读问题（inconsistent read problem）

一种不可重复读的问题，当一个用户读取被其他用户部分更新的数据时，就会出现这种情况。(11)

增量抽取（incremental extract）

一种数据抽取方法，该方法只捕获自上次捕获之后源数据中发生的变化。(10)

独立数据集市（independent data mart）

一种数据集市，它的数据是从运营环境中抽取的，而不是来自数据仓库。(9)

索引（index）

一种表或其他数据结构，用来在一个文件中定位满足某些条件的记录。(5)

索引文件组织（indexed file organization）

记录的存储采取顺序方式或带有索引的非顺序方式，该索引使应用软件可以定位单个记录。(5)

信息（information）

已经经过特定处理的数据，这种处理能够使数据使用者的知识得到增加。(1)

信息库（information repository）

一种数据库，它存储了描述组织数据和数据处理资源的元数据，管理整个信息处理环境，并且对组织的业务信息和应用资料进行综合。(11)

信息资源字典系统（information Resource Dictionary System，IRDS）

一个用来管理和控制信息库访问的计算机软件工具。(11)

信息系统（informational system）

为决策支持而设计的系统，它基于面向复杂查询或数据挖掘应用的历史和预测数据。(9)

Java 服务器端小程序（Java servlet）

一种 Java 程序，它存储在服务器上，并且包含了 Java 应用的业务和数据库逻辑。(8)

连接（join）

一种关系运算，它使两个具有公共域的表合成一个表或视图。(7)

连接索引（join index）

两个或多个表中具有相同值域的列上的索引。(5)

连接（joining）

把来自不同源的数据合并为一个表或视图的过程。(10)

日志工具（journalizing facility）

对事务以及数据库的变化进行审计跟踪的程序。(11)

局部自治（local autonomy）

分布式数据库的一个设计目标，要求每个站点在与其他站点的链接失败时，能够独立管理与运行自己的数据库。(12)

本地事务（local transaction）

分布式数据库中的一种事务，它只需要访问存储在发起事务站点的本地数据。(w12)

位置透明性（location transparency）

分布式数据库的一个设计目标，要求使用数据的用户（或用户程序）不需要知道数据的位置。(12)

加锁机制（locking）

用户为更新而检索的任何数据必须被加锁，或拒绝其他用户的访问，直到更新完成或中止。(11)

加锁级别（锁粒度）（locking level，lock granularity）

被每种封锁锁住的数据库资源的范围。（11）

逻辑数据集市（logical data mart）

通过数据仓库的关系视图而创建的一种数据集市。（9）

逻辑模式（logical schema）

特定数据管理技术对数据库的表示。（1）

主数据管理（master data management，MDM）

一些规程、技术和方法，它们用来保证各种主题领域内和领域之间引用数据的流动性、含义以及数据质量。（10）

物化视图（materialized view）

与动态视图相同，是基于 SQL 查询而创建的数据复本。但是物化视图作为一个表存在，因此必须采取措施，使它与相关基本表之间保持同步。（6）

最大基数（maximum cardinality）

一种实体可能与另一种实体的每个实例相关联的最大实例数量。（2）

元数据（metadata）

描述终端用户数据特性与特征以及数据上下文的数据。（1）

方法（method）

一个操作的实现。（w13）

中间件（middleware）

一类软件，它不需要用户理解和编写实现互操作的底层代码，就能够使应用与其他软件交互。（8）

最小基数（minimum cardinality）

一种实体可能与另一种实体的每个实例相关联的最小实例数量。（2）

多维联机分析处理（multidimensional OLAP，MOLAP）

一种 OLAP 工具，它把数据载入到一种中间结构中，通常是三维或更高维的数组。（9）

多分类（multiple classification）

一个对象是多个类（一个以上的类）的实例，这种情况称为多分类。（w13）

数量（multiplicity）

一种规格说明，它表明参与一个给定联系的对象数量。（13）

多值属性（multivalued attribute）

对于给定的实体（或联系）实例可能有多个值的属性。（2）

多值依赖（multivalued dependency）

一种类型的数据依赖，如果关系至少包含三个属性（如 A，B 和 C），对于 A 的每一个值，有一组确定的 B 值和 C 值，并且这组 B 的值独立于这组 C 的值，反之亦然，则存在 B 和 C 多值依赖于 A。（B）

N＋1 选择问题（N＋1 selects problem） 由于 ORM 框架产生过多的 SELECT 语句而带来的性能问题。（14）

自然连接（natural join）

一种连接操作，它和等值连接一样，只是去掉了结果表中重复的列。（7）

范式（normal form）

关系的一个状态，该状态下关系属性之间的联系（函数依赖）满足一定的规则。（4）

规范化（normalization）

将包含异常的关系分解为更小、结构良好的关系的过程。（4）

空值（null）

当没有其他值可用或适用值未知时，可以被赋给一个属性的值。（4）

对象（object）

类的一个实例，封装了数据和行为。（13）

对象图（object diagram）

与给定类图相一致的对象的图。（w13）

对象标识（object identity）

对象的一个性质，它使对象基于自身的存在而区别于其他对象。（w14）

对象—关系阻抗失配（object-relational impedance mismatch）

面向对象的应用设计方法，和数据库设计和实现中的关系模型之间的概念差异。（14）

对象—关系映射（object-relational mapping）

数据的面向对象表示与关系表示之间的结构关系定义，通常是为了使用关系数据库实现对象持久化。（14）

联机分析处理（online analytical processing，OLAP）

通过一系列图形化工具向用户提供数据的多维视图，并且使用户能够利用简单的窗口技术对数据进行分析。（9）

开放数据库连接（open database connectivity，ODBC）

一种应用编程接口，它为应用程序访问 SQL 数据库提供了独立于特定 DBMS 的公共语言。（8）

开放源码 DBMS（open source DBMS）

免费开放源代码的 DBMS 软件，该软件提供了

SQL 兼容的 DBMS 核心功能。(11)

操作（operation）

类的所有实例都提供的一个服务或功能。(13)

运营数据存储（operational data store, ODS）

一个集成的、面向主题的、持续更新的、有当前价值的（包括近期历史）、企业范围的、详细的数据库，该数据库用来支持运营用户做决策处理。(9)

运营系统（operational system）

一种基于当前数据实时地支持业务运行的系统。也称为记录系统。(9)

可选属性（optional attribute）

对于属性所关联到的每个实体实例（或联系），该属性可以没有一个值。(2)

外连接（outer join）

一种连接操作，在公共列上没有匹配值的元组也包含在结果表中。(7)

重叠规则（overlap rule）

一种约束，它规定了超类的一个实例可以同时是两个或多个子类的成员。(3)

覆盖/重写（overriding）

把从父类继承而来的方法，在子类中用更特殊的实现来替的过程。(w13)

部分函数依赖（partial functional dependency）

一个或多个非码属性函数依赖于主码的一部分（而不是主码的全部）。(4)

部分特定化规则（partial specialization rule）

一个规则，它规定允许一个超类的实体实例不属于任何子类。(3)

周期性数据（periodic data）

这种数据一旦被加入到存储后就永远不会被物理更改或删除。(9)

持久化（persistence）

对象所具有的保存应用会话之间自身状态的一种能力。(14)

持久存储模块（Persistent Stored Modules, SQL/PSM）

SQL：1999 中定义的扩展，是创建和删除存储于用户数据库模式中的代码模块的能力。(7)

物理文件（physical file）

二级存储（如硬盘）中分配用来存储物理记录的指定部分。(5)

物理模式（physical schema）

一组规格说明，描述了数据库管理系统如何将逻辑模式表达的数据存储在计算机的辅助存储器中。(1)

指针（pointer）

一个数据字段，给出了可用于找到相关字段或记录数据的目标地址。(5)

多态（polymorphism）

具有相同名称的操作能够根据类的上下文给出不同响应的能力。(13)

数据库连接池（pooling of database connections）

多个应用和用户共享有限数量的数据库连接的过程。(w14)

主码（primary key）

唯一标识关系中的每一个记录的属性或属性组合。(4)

过程（procedure）

一组程序和 SQL 语句，在模式中有唯一的名称并且存储在数据库中。(7)

项目（project）

一组相关活动的有计划执行，以达到一定的目标，有起点和终点。(1)

原型法（prototyping）

一个系统开发的迭代过程，在这个过程中，需求不断地通过分析人员和用户之间的紧密合作转换为工作系统。(1)

查询操作（query operation）

一种访问对象的状态但不改变其状态的操作。(w13)

实时数据仓库（real-time data warehouse）

一种企业数据仓库，它实时地从记录系统接收事务数据、分析仓库数据，并且实时地将业务规则传播到数据仓库和记录系统，这样在响应业务事件时能够立即采取行动。(9)

调和数据（reconciled data）

详细的当前数据，这些数据是决策支持应用的单一、权威的数据来源。(9)

恢复管理器（recovery manager）

DBMS 的一个模块，当故障发生时，它将数据库恢复到一个正确的状态，并重新开始处理用户请求。(11)

递归外码（recursive foreign key）

关系中的一种外码，它引用了同一个关系的主码值。(4)

参照完整性约束（referential integrity constraint）

一种规则，它规定每个外码的值必须与另一个关系的主码值相匹配，或者为空。(4)

刷新模式（refresh mode）

通过定期批量重写目标数据来填充数据仓库的一种方法。（10）

关系（relation）

一个具有名称的二维数据表。（4）

关系数据库（relational database）

这种数据库把数据表示为一组表，在这些表中，所有的数据联系都通过相关表之间的公共值表示。（1）

关系型 DBMS（Relational DBMS，RDBMS）

一种数据库管理系统，它将数据作为一组表来进行管理，并且数据之间的所有联系都通过相关表中的共同值来表示。（6）

关系型联机分析处理（Relational OLAP，ROLAP）

一种 OLAP 工具，该工具把包含星型模型或其他规范化或去规范化表的数据库，都看成传统的关系数据库。（9）

联系实例（relationship instance）

实体实例之间的一个关联，其中每个联系实例只关联每个参与联系实体类型的一个实例。（2）

联系类型（relationship type）

实体类型之间一种有意义的关联。（2）

复制透明性（replication transparency）

分布式数据库的一个设计目标，内容是：虽然给定数据有多个副本并且存储在网络的多个站点上，但开发者或用户可以把数据看成是存储在单一节点上的单一副本数据。（12）

元数据库（repository）

所有数据定义、数据联系、报表格式以及其他系统组件的集中式知识库。（1）

必需属性（required attribute）

对于属性所关联到的每个实体实例（或联系），该属性必须有一个值。（2）

恢复/重运行（restore/rerun）

在数据库后援副本上，重新处理当天（直到故障点为止）事务的一种技术。（11）

标量聚集（scalar aggregate）

从一个包含聚集函数的 SQL 语句中返回的单个值。（6）

模式（schema）

一种结构，它包含了用户所创建对象（如基本表、视图和约束）的描述，是数据库的一部分。（6）

第二范式（second normal form，2NF）

如果关系是 1NF，且每个非码属性都完全函数依赖于主码，则该关系是 2NF。（4）

辅助码（secondary key）

一个字段或一个字段组合，可能有多个记录在这些字段上有相同的值。也称为非唯一码。（5）

选择（selection）

根据预定义条件来分割数据的过程。（10）

半连接（semijoin）

在分布式数据库中使用的一种连接操作。它的含义是：只有站点上的连接属性被传送到另一个站点，而不是每个符合条件记录的所有属性。（12）

关注点分离（separation of concerns）

将应用或系统分割为特征或行为的集合，这些集合之间要尽量少地重叠。（w14）

顺序文件组织（sequential file organization）

文件中的记录按照一个主码值的顺序存储。（5）

串行化（serialization）

将对象作为一个数据流写到存储介质或通信通道。（w14）

面向服务架构（service-oriented architecture，SOA）

一些服务的集合，这些服务通过某种方式彼此间通信，通常是传递数据或在一项业务活动中彼此协同。（8）

共享锁（S 锁或读锁）（shared lock，S lock，or read lock）

允许其他事务读取但不能更新一条记录或其他资源的技术。（11）

简单或原子属性（simple（or atomic）attribute）

不能被分解成有意义的更小组成部分的属性。（2）

简单对象访问协议（Simple Object Access Protocol，SOAP）

一个基于 XML 的通信协议，用于通过 Internet 在应用程序之间发送消息。（8）

智能卡（smart card）

信用卡大小的塑料卡片，卡中嵌入了微处理器芯片，具有安全存储、处理和输出电子数据的能力。（11）

雪花模型（snowflake schema）

星型模型的扩展版本，在该类模型中维度表被规范化为几个相关的表。（9）

特定化（specialization）

定义超类的一个或多个子类并且形成超类/子类关系的过程。（3）

星型模型（star schema）

一种简单的数据库设计模型，在这种模型中，

维度数据与事实或事件数据分离开。星型模型也称为空间模型。(9)

状态（state）

对象的特性（属性和联系）以及相应的特性值。(13)

静态抽取（static extract）

捕获所需源数据在某一时间点快照的一种方法。(10)

强实体类型（strong entity type）

独立于其他实体类型而存在的实体类型。(2)

子类（subtype）

对组织有意义的某种实体类型的实体子群，并且这个子群共享区别于其他子群的共同属性或联系。(3)

子类判别符（subtype discriminator）

超类的一个属性，其值确定了一个或多个目标子类。(3)

超类（supertype）

通用的实体类型，并和一个或多个子类有联系。(3)

超类/子类层次（supertype/subtype hierarchy）

超类和子类的一种分层排列结构，在这种结构中，各子类只有一个超类。(3)

替代主码（surrogate primary key）

一种序列号或其他系统分配的关系主码。(4)

同步分布式数据库（synchronous distributed database）

一种分布式数据库技术形态，其中网络上的所有数据都一直保持是最新的，这样任意站点的用户在任何时候访问网络上任意节点上的数据，都将得到相同的答案。(w12)

同义词（synonyms）

两个（或多个）属性有不同的名称但含义相同。(4)

系统目录（system catalog）

系统创建的一种数据库，它描述了所有的数据库对象，包括数据字典信息以及用户访问权限信息。(11)

系统开发生命周期（systems development life cycle, SDLC）

用来开发、维护和更新信息系统的传统方法。(1)

表空间（tablespace）

命名的逻辑存储单元，用以存储一个或多个数据库表、视图或其他数据库对象的数据。(5)

术语（term）

一个词或短语，有某种特定业务含义。(2)

三元联系（ternary relationship）

三个实体类型的实例之间同时存在的联系。(2)

瘦客户端（thin client）

在应用中，访问应用服务器的客户端计算机主要提供用户界面和某些应用处理，通常这些客户端没有或有有限的本地数据存储。(8)

第三范式（third normal form，3NF）

如果一个关系是第二范式，并且不存在传递依赖，则该关系是 3NF。(4)

三层结构（three-tier architecture）

一种包含了三个层次的客户/服务器结构：一个客户端层以及两个服务器层。虽然服务器层各不相同，但一般都包含应用服务器和数据库服务器。(8)

时间戳（time stamp）

与一个数据值相关联的时间值，该值通常指示出影响这个数据值的某种事件的发生时间。(2)

打时间戳（time-stamping）

分布式数据库中的一种并发控制机制，它给每个事务都分配一个全局唯一的时间戳。在分布式数据库中，打时间戳是封锁的一种替代方法。(w14)

全部特定化规则（total specialization rule）

一个规则，它规定超类的每个实体实例必须是关系中某个子类的成员。(3)

事务（transaction）

一个离散的工作单元，在计算机系统中，它要么全部执行，要么全部不执行。输入某个客户的订单就是一个事务的例子。(11)

事务边界（transaction boundaries）

事务的逻辑开始和结束。(11)

事务日志（transaction log）

一种包含了数据库中每个事务基本数据的记录。(11)

事务管理器（transaction manager）

分布式数据库中的一个软件模块，它维护了所有事务的日志以及适当的并发控制方案。(w12)

临时性数据（transient data）

这些数据的更新直接在以前的数据记录上进行，因此会破坏之前的数据内容。(9)

传递依赖（transitive dependency）

主码与一个或多个非码属性之间的一种函数依赖关系。在这种依赖关系中，非码属性是通过另一个非码属性依赖于主码的。(4)

透明持久化（transparent persistence）

一种隐藏底层存储技术的持久化解决方案。(w14)

触发器（trigger）

一个命名的 SQL 语句集合，该组语句在发生数据修改（即 INSERT，UPDATE，DELETE）或遇到某些数据定义时被考虑。如果触发器中声明的一个条件被满足，则触发器会执行某个预先定义的操作。(7)

两段提交（two-phase commit）

一种分布式数据库更新的协调算法。(12)

两段锁协议（two-phase locking protocol）

事务获得必要锁的过程，该过程中，在任何锁被释放前要获得所有必要的锁，获得封锁的过程就是扩展阶段，而放锁时就形成了收缩阶段。(11)

一元联系（unary relationship）

单一实体类型的实例之间的一种联系。(2)

通用数据模型（universal data model）

一种通用或模板数据模型，该模型能够被重用，作为数据建模项目的起点。(3)

全局描述、发现和集成（Universal Description, Discovery, and Integration, UDDI）

用于创建 Web 服务注册信息的技术规范，注册信息描述了 Web 服务和 Web 服务对外提供的商业服务。(8)

更新模式（update mode）

只将源数据的变化写到数据仓库，来填充数据仓库的一种方法。(10)

更新操作（update operation）

一种改变对象状态的操作。(w13)

用户视图（user view）

对数据库中，用户完成某个任务所需的部分数据的逻辑描述。(1)

用户定义数据类型（user-defined data type, UDT）

用户通过从标准类型派生子类或创建一个对象类，而定义的一种数据类型。(7)

用户自定义过程（user-defined procedures）

一种用户接口，允许系统设计人员定义他们自己的安全程序以及授权规则。(11)

值类型（value type）

对象的类规格说明，它保存了另一个对象的特性值。(w14)

矢量聚集（vector aggregate）

从一个包含聚集函数的 SQL 语句中返回的多个值。(6)

版本化（versioning）

并发控制的一种方法，该方法中，事务启动时就被限制到数据库的一个视图，当事务修改记录时，DBMS 创建一个新的记录版本而不是覆盖旧的记录。因此，不需要任何形式的封锁。(11)

垂直分割（vertical partitioning）

把一个逻辑关系中的列分布到多个分离的表中。(5)

虚表（virtual table）

在 DBMS 需要时自动构造的表。虚表不作为真实的数据进行维护。(6)

弱实体类型（weak entity type）

依赖于其他一些实体类型而存在的实体类型。(2)

Web 服务（web services）

一组新兴的标准，该组标准定义了各种软件程序通过 Web 进行自动通信的协议。Web 服务基于 XML，并且一般都在后台运行以建立计算机之间的透明通信。(8)

Web 服务描述语言（Web Services Description Language, WSDL）

一种基于 XML 的语言，用来描述一个 Web 服务并指定该服务的公共接口。(8)

结构良好的关系（well-structured relation）

这种关系包含最小的冗余，并且在用户插入、修改和删除表中行的时候，不会产生错误或不一致。(4)

万维网联盟（World Wide Web Consortium, W3C）

一个国际性的公司联盟，致力于开发促进 Web 协议发展的开放标准，使得 Web 文档能够在所有平台上显示一致。(8)

扩展超文本标记语言（XHTML）

一种混合脚本语言，它扩展了 HTML 代码使其能够与 XML 兼容。(8)

XML 模式定义（XML Schema Definition，XSD）

W3C 推荐的用于定义 XML 数据库的一种语言。(8)

XPath（XPath）

一种支持 XQuery 的 XML 技术。XPath 表达式用来定位 XML 文档中的数据。(8)

XQuery（XQuery）

一种 XML 转换语言，它使应用程序可以对关系数据库和 XML 数据进行查询。(8)

图书在版编目（CIP）数据

现代数据库管理：第 10 版/霍弗，拉梅什，托皮著；郎波译. —北京：中国人民大学出版社，2013.2
（管理科学与工程经典译丛）
ISBN 978-7-300-17076-3

Ⅰ.①现… Ⅱ.①霍…②郎… Ⅲ.①数据库管理系统-高等学校-教材 Ⅳ.①TP311.13

中国版本图书馆 CIP 数据核字（2013）第 034893 号

管理科学与工程经典译丛
现代数据库管理（第 10 版）
杰弗里·A·霍弗
V. 拉梅什　　　　　著
海基·托皮
郎波　译
Xiandai Shujuku Guanli

出版发行	中国人民大学出版社		
社　　址	北京中关村大街 31 号	邮政编码	100080
电　　话	010 - 62511242（总编室）	010 - 62511398（质管部）	
	010 - 82501766（邮购部）	010 - 62514148（门市部）	
	010 - 62515195（发行公司）	010 - 62515275（盗版举报）	
网　　址	http://www.crup.com.cn		
	http://www.ttrnet.com（人大教研网）		
经　　销	新华书店		
印　　刷	北京市易丰印刷有限责任公司		
规　　格	185 mm×260 mm　16 开本	**版　　次**	2013 年 3 月第 1 版
印　　张	34 插页 1	**印　　次**	2013 年 3 月第 1 次印刷
字　　数	886 000	**定　　价**	68.00 元

尊敬的老师：

您好！

为了确保您及时有效地申请培生整体教学资源，请您务必完整填写如下表格，加盖学院的公章后传真给我们，我们将会在 2~3 个工作日内为您处理。

请填写所需教辅的开课信息：

采用教材				□ 中文版　□ 英文版　□ 双语版
作　者			出版社	
版　次			ISBN	
课程时间	始于　　年　月　日		学生人数	
	止于　　年　月　日		学生年级	□ 专科　　　□ 本科 1/2 年级 □ 研究生　□ 本科 3/4 年级

请填写您的个人信息：

学　校			
院系/专业			
姓　名		职　称	□ 助教 □ 讲师 □ 副教授 □ 教授
通信地址/邮编			
手　机		电　话	
传　真			
official email（必填） (eg：×××@ruc.edu.cn)		email (eg：×××@163.com)	
是否愿意接受我们定期的新书讯息通知：	□ 是　□ 否		

系/院主任：＿＿＿＿＿＿＿（签字）

（系／院办公室章）

＿＿＿＿＿年＿＿月＿＿日

资源说明：

——教材、常规教辅（PPT、教师手册、题库等）资源：请访问 www.pearsonhighered.com/educator；（免费）

——MyLabs/Mastering 系列在线平台：适合老师和学生共同使用；访问需要 Access Code。（付费）

100013　北京市东城区北三环东路 36 号环球贸易中心 D 座 1208 室

电话：(8610) 57355169

传真：(8610) 58257961

Please send this form to：Service.CN@pearson.com

教师教学服务说明

中国人民大学出版社工商管理分社以出版经典、高品质的工商管理、财务会计、统计、市场营销、人力资源管理、运营管理、物流管理、旅游管理等领域的各层次教材为宗旨。为了更好地服务于一线教师教学，近年来工商管理分社着力建设了一批数字化、立体化的网络教学资源。教师可以通过以下方式获得免费下载教学资源的权限：

（1）在"人大经管图书在线"（www. rdjg. com. cn）注册并下载"教师服务登记表"，或直接填写下面的"教师服务登记表"，加盖院系公章，然后邮寄或传真给我们。我们收到表格后将在一个工作日内为您开通相关资源的下载权限。

（2）如果您有"人大出版社教研服务网络"（http：//www. ttrnet. com）会员卡，可以将卡号发到我们的电子邮箱，无须重复注册，我们将直接为您开通相关专业领域教学资源的下载权限。

如您需要帮助，请随时与我们联络：

中国人民大学出版社工商管理分社

联系电话：010-62515735，62515749，82501704

传真：010-62514775，62515732　　　电子邮箱：rdcbsjg@crup. com. cn

通讯地址：北京市海淀区中关村大街甲 59 号文化大厦 1501 室（100872）

教师服务登记表

姓　名		□先生 □女士	职　称		
座机/手机			电子邮箱		
通讯地址			邮　编		
任教学校			所在院系		
所授课程	课程名称	现用教材名称	出版社	对象（本科生/研究生/MBA/其他）	学生人数
需要哪本教材的配套资源					
人大经管图书在线用户名					

院/系领导（签字）：

院/系办公室盖章